老黄历

王伟光/编著

南方出版社

编著者简介

王伟光

中国著名易经风水学家
中国国情研究会研究员
《香港商报》专访嘉宾
广东南方电视台专访嘉宾
汇丰银行（中国）风水主讲嘉宾
荷兰银行（中国）风水主讲嘉宾
雷克萨斯（中国）风水主讲嘉宾
深圳市无极信息咨询有限公司董事长

王伟光先生精研易经八卦、八字命理、地理风水、姓名学、择吉学、中医学及易经与商战文化等十余年，著《居家客厅风水宜忌》、《商业风水宜忌》、《办公风水宜忌》、《东方命理学》、《简易看八字（上、下部）》、《易经养生》、《易经与商战》等多部易学及易理著作。

联系方式：0755-2111-4111
138-2353-6696
网址：http://www.wwg98.com

序　言

为满足各行业人士学习历法知识的需要，我特地编著了本书，若能给各界人士查阅历法带来方便，本人将甚感欣慰！

本书内容包含了二十四节气知识、公历农历对照、十天干和十二地支理论、五行八卦理论的运用和起源意义、择吉常识、红白喜事的常识、《周易》知识运用方法及大小月的推算，并收录了1800～2111年间三百多年的农历闰月表万年历、十二生肖的渊源及十二生肖人的性格运势、民俗风情常识等内容，内容精确、实用面广，乃一本不可多得的实用工具书。

为了使读者了解更多的中国周易知识，本书重点详细讲解了较多的周易八卦基础知识，使本书更具有独特的实用价值，各个栏目都作了详细论述。在这个“天人合一”的自然环境中生存，我想我们更应该多多研究一些与自然、人类密切相关的宇宙科学知识，在研究天、地、人的自然科学关系中，当然离不开一本精确详细、内容丰富、深入浅出的天文历法书。这又是本书的一大参考作用。

王伟光

二○○九年仲秋于深圳

目录

第四章 十二生肖

第八章 用农历择吉日

第九章 日常实用知识

附 录

第一章

中国古代纪年文化

中国是四大文明古国之一，在很早的时候就有了自己的纪年文化。中国古代纪年文化涉及到很多天文地理知识，形成独特实用的历法系统。

一、天干与地支

天干地支就是十天干与十二地支，简称“干支”，是农历中用来编排年号和日期用的。聪明的古人在很早的时候就开始使用干支法来计时。

1. 干支的起源

我们知道所谓的“干支”包括了十个天干与十二个地支。在一般情形下，“干支”共有二十二个，其中“支”比较容易理解，因为“支”有可以代替的动物的名字：子为鼠，丑为牛，寅为虎，卯为兔，辰为龙，巳为蛇，午为马，未为羊，申为猴，酉为鸡，戌为狗，亥为猪。

十二地支与十天干二者都可以用以说明季节的变动：

“子”就是“孳”，表示万物繁茂的意思。

“丑”就是“纽”，是用绳子捆住的意思。

“寅”，就是“演”或“蝼”，指万物开始生长的意思。

“卯”就是“茂”，为万物茂盛的意思。

“辰”就是“伸”或“震”或“蜄”，也就是万物震动伸长的意思。

“巳”就是“已”，指万物已成的意思。

“午”就是“仵”，指万物已过极盛之时，又是阴阳相交的时候。

“未”就是“味”，指万物已成，有滋味。

“申”就是“身”，是万物初具形体的意思。

“酉”就是“老”或“鲍”或“缁”，指万物十分成熟的意思。

“戌”就是“灭”，指万物消灭归土的意思。

“亥”就是“核”，指万物成“种子”的意思。

以上是关于十二地支的来源分析，下面我们再来学习关于十天干的知识。

所谓的十天干包括甲、乙、丙、丁、戊、己、庚、辛、壬和癸。与十二地支相对应，十天干也有各自所表达的意思。

“甲”为“钟甲”，指万物冲破其“甲”而突出的意思。

“乙”为“轧”，指万物伸长的意思。

“丙”为“炳”，指万物茂盛的意思。

“丁”为“壮”，指到达“壮丁”的时候。

“戊”为“茂”，也是万物繁茂的意思。

“己”为“起”，指万物奋然而起。

“庚”为“更”，指万物更新的意思。

“辛”为“新”，为万物一新的意思。

“壬”为“任”或“妊”，为万物被养育的意思。

“癸”为“揆”，指万物萌芽的意思。

以上我们根据文字学的音韵了解了十天干与十二地支的来源，下面我们对于十天干与十二地支进行详细解释。

2. 天干

在中国的古代文化中经常会提到“十天干”，那么“十天干”到底是什么呢?

（1）十天干的介绍

十天干是指甲、乙、丙、丁、戊、己、庚、辛、壬、癸。其中甲、丙、戊、庚、壬为阳干，乙、丁、己、辛、癸为阴干。

甲乙同属木，甲为阳木，乙为阴木；

丙丁同属火，丙为阳火，丁为阴火；

戊己同属土，戊为阳土，己为阴土；

庚辛同属金，庚为阳金，辛为阴金；

壬癸同属水，壬为阳水，癸为阴水。

甲木为纯阳之木，名为大林之木，有参天之势，其性坚质硬，栋梁之材，故为阳木。

乙木为纯阴之木，名为花卉之木，有娆艳大地之美，其性柔质软，情满人间，故为阴木。

丙火为纯阳之火，名为太阳之火，有光明天地之功，其性猛烈，欺霜侮雪，普照万物，故为阳火。

丁火为纯阴之火，名为灯烛之火，有照千家万户之功，其性柔质软，为人不为己，故为阴火。

戊为纯阳之土，名为城垣之土，为万物之司命，其性高亢质硬而向阳，生育万物，故为阳土。

己为纯阴之土，名为田园之土，有培木止水之能。其性湿质软，低洼向阴，造福人间，故为阴土。

庚金为纯阳之金，名为剑戟之金，有刚健肃杀之力，其性刚质硬，肃杀万物，故为阳金。

辛金为纯阴之金，名为珠玉，有镶嵌珠宝之用，其性柔软，质温清润，装饰人间，故为阴金。

壬水为纯阳之水，名为江河湖海之水，通天河而川流不息，其性猛质硬，灌溉万物，故为阳水。

癸水为纯阴之水，名为雨露之水，有气化之神，其性至静至弱，滋生万物，故为阴水。

（2）十天干生旺死绝表

十天干生旺死绝表，是以十天干的时令旺衰来说明事物由生长、兴旺到衰、死这一个发展变化的全过程。这个过程是事物发展的必然规律。

表中“长生”指人刚出生于世，或

降生阶段，“沐浴”为婴儿降生后洗浴阶段；“冠带”为小儿可以穿衣戴帽了；“临官”也称“进禄”，与“帝旺”都为身旺运气旺的阶段。事物旺者必有衰败阶段，故从“衰”至“绝”都为败地。“胎”、“养”在运上讲多为“平运”，因为“胎”为怀胎，“养”又称为休养。下表中所列的各种状态，从事物发展、变化规律来讲，就是事物由生到成长、壮大，到衰败、死亡，然后又有生这样一个循环往复的过程。

表中地支的长生，冠带的查法，寅木按甲木，卯木按乙木，辰土按戊土，丑土按己土，巳火按丁火，午火按丙火，申金按庚金，酉金按辛金，子水按壬水，亥水按癸水的查法进行。如下表：

天干 生旺	五阳干 甲丙戊庚壬 木火土金水	五阴干 乙丁己辛癸 木火土金水
长生	亥寅寅巳申	午酉酉子卯
沐浴	子卯卯午酉	巳申申亥寅
冠带	丑辰辰未戌	辰未未戌丑
临官	寅巳巳申亥	卯午午酉子
帝旺	卯午午酉子	寅巳巳申亥
衰	辰未未戌丑	丑辰辰未戌
病	巳申申亥卯	子卯卯午酉
死	午酉酉子寅	亥寅寅巳申
基	未戌戌丑辰	戌丑丑辰未
绝	申亥亥寅巳	酉子子卯午
胎	酉子子卯午	申亥亥寅巳
养	戌丑丑辰未	未戌戌丑辰

（3）十天干配四时方位

甲乙东方木，丙丁南方火，戊己中央土，庚辛西方金，壬癸北方水。

甲乙属木，其时春，触地而生产万物，其位东方，故甲乙称东方木。

丙丁属火，其时夏，火炎其上，使成物生长，其位南方，故丙丁称南方火。

戊己属土，其时季夏，得皇极之正气，含黄中之德，能包万物，其位内通，故戊己称中央土。

庚辛属金，其时秋，阴气始起万物禁止，其位西方，故庚辛称西方金。

壬癸属水，其时冬，阴化濡流施潜行，万物至此终藏，其位北方，故壬癸称北方水。

（4）十天干配人体

十天干配身体：甲为头，乙为肩，丙为额，丁齿舌，戊己鼻面，庚为筋，辛为胸，壬为胫，癸为足。

十天干配脏腑：甲为胆，乙为肝，丙为小肠，丁为心，戊为胃，己为脾，庚为大肠，辛为肺，壬为膀胱，癸为肾。

3. 地支

与十天干相对应的还有十二地支，十二地支比较好理解，可以与十二生肖相对应。

（1）十二地支的介绍

所谓的十二地支就是指子、丑、寅、卯、辰、巳、午、未、申、酉、戌和亥。其中子、寅、辰、午、申、戌为阳，丑、卯、巳、未、酉、亥为阴。

寅卯属木，寅为阳木，卯为阴木。

巳午属火，巳为阴火，午为阳火。

申酉属金，申为阳金，酉为阴金。

子亥属水，子为阳水，亥为阴水。

辰戌丑未属土，辰戌为阳土，丑未为阴土。未戌为干土，丑辰为湿土，干土者其中藏火，湿土者其内含水之故。

（2）十二地支与四时方位

寅卯东方木，巳午南方火，申酉西方金，子亥北方水，辰戌丑未四方土。

寅卯辰为春季，巳午未为夏季，申酉戌为秋季，亥子丑为冬季。其中辰戌丑未在每个季的最后一个月，都因土旺于四季，故为四季土。其四时方位之理，与十天干四时方位同。

（3）十二地支配月建

正月建寅，二月建卯，三月建辰，四月建巳，五月建午，六月建未，七月建申，八月建酉，九月建戌，十月建亥，十一月建子，十二月建丑。

天上月建寅，是寅木当令，而寅木当令必在立春之后才能行使生杀之权。到了惊蛰节，即是卯木当令。所以有一、二为木，四、五为火，七、八为金，十、十一为水，三、六、九、十二为土。

十二地支配十二时辰

时辰	子	丑	寅	卯	辰	巳
时间	23:00~1:00	1:00~3:00	3:00~5:00	5:00~7:00	7:00~9:00	9:00~11:00
时辰	午	未	申	酉	戌	亥
时间	11:00~13:00	13:00~15:00	15:00~17:00	17:00~19:00	19:00~21:00	21:00~23:00

（4）十二地支配人体

十二地支配身体：子为耳，丑为肚，寅为手，卯为指，辰为肩、胸，巳为面、咽喉，午为眼，未为脊梁，申为经络，酉为精血，戌为命门、腿足，亥为头。

（5）十二地支配六合

子与丑合化土，寅与亥合化木，卯与戌合化火，辰与酉合化金，巳与申合化水，午与未合日月，午为太阳，未为太阴。

六合又合中有克，合中有生。如子与丑合，卯与戌合，巳与申合：子为水，丑为土，土克水；卯为木，戌为土，木克土；巳为火，申为金，火克金。此为合中有克。如寅与亥合，辰与酉合，午与未合：寅为木，亥为水，水生木；辰为土，酉为金，土生金；午为火，未为土，火生土。此为合中有生。

（6）十二地支三合局

申子辰合化水局，亥卯未合化木局，寅午戌合化火局，巳酉丑合化金局。三合局中必得三字全者才能成局，少一字则不成。但是少一字者可以成半局，半合局分为生地半合与墓地半合两种。

生地半合局：亥卯半合木局，寅午半合火局，巳酉半合金局，申子半合水局。生地半合局其力次于三合局。

墓地半合局：卯未半合木局，午戌半合火局，酉丑半合金局，子辰半合水局。其力次于生地半合局。

4. 干支的详解

前面都介绍过了，天干地支简称为“干支”。天干有十，分别为甲、乙、丙、丁、戊、己、庚、辛、壬、癸，又称为“十天干”；地支有十二，分别为子、丑、寅、卯、辰、巳、午、未、申、酉、戌、亥，又称为“十二地支”。天干分阴阳，其中甲、丙、戊、庚、壬为阳干，乙、丁、己、辛、癸为阴干。地支也分阴阳，其中子、寅、辰、午、申、戌为阳支，丑、卯、巳、未、酉、亥为阴支。

干支原为古时用于纪年、纪日的，后又被扩大为纪月、纪时。大约在殷商时期，古人就开始用干支来纪日。到了春秋战国时期，干支便成了史官纪日的传统方法。此方法是以十天干和十二地支依次相互配合，天干在前，地支在后，天干自“甲”起，地支自“子”始，以阳干配阳支，以阴干配阴支（注意阳干不能配阴支，阴干不能配阳支），总共有六十个组合，故干支又称为“六十甲子”。

干支自甲子开始排列，继而乙丑、丙寅……依次排列。满了六十轮转又回到了甲子，如此周而复始，循环无穷。其组合排列见下表：

1.甲子	11.甲戌	21.甲申	31.甲午	41.甲辰	51.甲寅
2.乙丑	12.乙亥	22.乙酉	32.乙未	42.乙巳	52.乙卯
3.丙寅	13.丙子	23.丙戌	33.丙申	43.丙午	53.丙辰
4.丁卯	14.丁丑	24.丁亥	34.丁酉	44.丁未	54.丁巳
5.戊辰	15.戊寅	25.戊子	35.戊戌	45.戊申	55.戊午
6.己巳	16.己卯	26.己丑	36.己亥	46.己酉	56.己未
7.庚午	17.庚辰	27.庚寅	37.庚子	47.庚戌	57.庚申
8.辛未	18.辛巳	28.辛卯	38.辛丑	48.辛亥	58.辛酉
9.壬申	19.壬午	29.壬辰	39.壬寅	49.壬子	59.壬戌
10.癸酉	20.癸未	30.癸巳	40.癸卯	50.癸丑	60.癸亥

5. 干支的法诀

天干所属阴阳：甲丙戊庚壬为阳，乙丁己辛癸为阴。

地支所属阴阳：子寅辰午申戌为阳，丑卯巳未酉亥为阴。

天干合化：甲己合化土，乙庚合化金，丙辛合化水，丁壬合化木，戊癸合化火。

地支六合：子丑合土，寅亥合木，卯戌合火，辰酉合金，巳申合水，午未合日月。

天干相冲：甲戊相冲，乙己相冲，丙庚相冲，丁辛相冲，戊壬相冲，己癸相冲，庚甲相冲，辛乙相冲，壬丙相冲，癸丁相冲。

地支相冲：子午相冲，卯酉相冲，寅申相冲，巳亥相冲，辰戌相冲，丑未相冲。

地支相刑：子刑卯，巳刑申，丑刑戌，戌刑未，寅刑巳，辰午酉亥相自刑。

地支相害：子未相害，丑午相害，寅巳相害，卯辰相害，申亥相害，酉戌相害。

地支三合：申子辰合成水局，亥卯未合成木局，寅午戌合成火局，巳酉丑合成金局，辰戌丑未合成土局。即为四库地支暗藏：子宫单癸水，丑宫己癸辛，寅宫甲丙戊，卯宫独乙木，辰宫戊乙癸，巳宫丙戊庚，午宫丁己土，未宫乙己丁，申宫戊庚壬，酉宫独辛金，戌宫辛戊丁，亥宫壬甲木。

6. 干支的意义

古时人们用干支来记录时间，即用来纪月、纪日及纪时等。

（1）干支纪月法

干支纪月法未普遍实行，主要为星相家推算八字用。其方法为：若遇甲或己的年份，正月是丙寅；遇上乙或庚之年，正月为戊寅；遇上丙或辛之年，正月为庚寅；遇上丁或壬之年，正月为壬寅；遇上戊或癸之年，正月为甲寅。正月之干支知道了，其余月可按六十甲子的顺序推知。

（2）干支纪日法

干支纪日法具体是甲子为第一日，乙丑为第二日，丙寅为第三日……60日为一周。一周完了再由甲子日起，周而复始，循环下去。例如：农历己巳年（1989年）正月初一是丁酉日，初二是戊戌日……到三月初一正好是60天，因此三月初二又是丁酉日。

（3）干支纪时法

一天中时辰的地支也是确定的，所以二十四小时配十二地支，由夜间十一点至一点为子时，一点至三点为丑时，三点至五点为寅时，其余照推。时的天干由该日所对天干推求，其歌诀如下：

甲己还生甲，乙庚丙作初，

丙辛从戊起，丁壬庚子居，

戊癸何方发，壬子是真途。

即如果该日是甲或己的，在子时上配上甲为甲子；日是乙或庚的，在子时上配上丙为丙子；丙辛日子时配上戊为戊子；丁壬日为庚子；戊癸日为壬子。知道了子时的干支，便可推知其余。

干支除了用来纪年、纪月、纪日和纪时外，还有以下意义：

天干方位：甲乙东方木，丙丁南方火，戊己中央土，庚辛西方金，壬癸北方水。这些都是以天干定方位、五行。

天干五季：甲乙属春，丙丁属夏，戊己属季夏，庚辛属秋，壬癸属冬。这些都是以天干定季节。

天干合化：甲己合化土，乙庚合化金，丙辛合化水，丁壬合化木，戊癸合化火。这些都是为天干合化，亦称天干化合。

地支方位：寅卯东方木，巳午南方火，申酉西方金，亥子北方水，辰戌丑未四方土。这些都是以地支定方位、五行。

地支四季：寅卯辰为春，巳午未为夏，申酉戌为秋，亥子丑为冬。这些都是以地支定季节。

地支六合：子与丑合化土，寅与亥合化木，卯与戌合化火，辰与酉合化金，巳与申合化水，午与未合，午为太阳，未为太阴，合而为土。这种地支六合一般是用在四柱中，即人的出生年、月、日、时中的天干地支的排列中。如出生的年、月、日、时中，地支中有子与丑，就是子与丑合；如有寅与亥二支，就是寅与亥合。相合者，为合好之意也。

地支相冲：子午相冲，丑未相冲，

寅申相冲，卯酉相冲，辰戌相冲，巳亥相冲。相冲者，对冲之意也。在八卦图上就可看出地支相冲，例如卯为木在东，酉为金在西，午为火在南，子为水在北，都是在互对的位置上，故此又为对冲，也就是相克的意思。

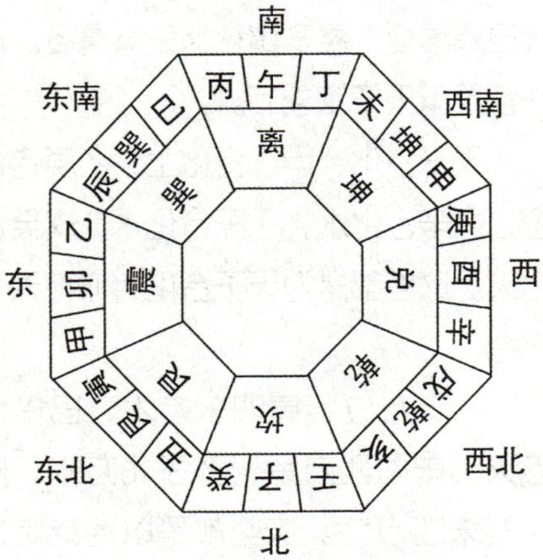

后天八卦指示的八方

地支相害：子未相害，丑午相害，寅巳相害，卯辰相害，申亥相害，酉戌相害。相害也是相克的意思。

7. 干支纪时计算方法

我们知道干支可以用来纪时，那么干支纪时到底是如何计算的？干支纪时把一天分为十二辰，每辰为两个小时，并规定：

子时：23时0分到次日1时0分前为“子”时；

丑时：1时0分到3时0分前为“丑”时；

寅时：3时0分到5时0分前为“寅”时；

卯时：5时0分到7时0分前为“卯”时；

辰时：7时0分到9时0分前为“辰”时；

巳时：9时0分到11时0分前为“巳”时；

午时：11时0分到13时0分前为“午”时；

未时：13时0分到15时0分前为“未”时；

申时：15时0分到17时0分前为“申”时；

酉时：17时0分到19时0分前为“酉”时；

戌时：19时0分到21时0分前为“戌”时；

亥时：21时0分到23时0分前为“亥”时。

每辰的两个小时，又有“初”和“正”之分。辰的前一个小时称为“初”，辰的后一个小时称为“正”。

二、五行与八卦

中国古代劳动人民用阴阳五行来阐释自然界的现象与规律，用周易八卦来表述自然、人文以及社会生活中的一切变化与发展。

1. 阴阳五行

我国古代人民经过长期对自然现象的观察、分析、综合、归纳，用阴阳和五行学说阐述自然界的一切现象和事物之间的关系。

五行是指金、木、水、火、土这五种物质和它们的运动。

运用五行的各种特性，以金木水火土为中心，对自然界物质以及其他各种现象的特征、形态、功能、表现等诸方面进行分析，和五行中某一行的特性相类似，就把它归纳于那一行中，分成五大类，分门别类作系统的归纳。这样就将各种纷繁复杂的现象，理出了头绪，从而可以说明各类之间的关系。

阴阳五行图表

五行	木、火、土、金、水
五方	东、南、中、西、北
五季	春、夏、长夏、秋、冬
五气	风、暑、湿、燥、寒
五化	生、长、化、收、藏
五色	青、赤、黄、白、黑
五味	酸、苦、甘、辛、咸
五脏	肝、心、脾、肺、肾
五腑	胆、小肠、胃、大肠、膀胱
五官	目、舌、口、鼻、耳
五体	筋、脉、肉、皮毛、骨
五志	怒、喜、思、悲、恐

2. 周易八卦

《周易》以八卦的形式来推测自然、人文和社会的变化。

“卦”就是“挂”的意思，即挂物象以示于人。

《周易》大体包括“经”和“传”两部分。“经”主要是六十四卦和三百八十四爻。卦、爻各有说明，卦的解释通称卦辞，爻的说明为爻辞。“传”的内容包括解释卦辞、爻辞的七种文辞，共十篇，称为十翼。据传，伏羲制卦，周文王系辞，孔子作十翼。古书云：“河出图，洛出书，圣人则之。”后代学者据此推断先有河图后有伏羲八卦，即：“河图、八卦、伏羲王天下，龙可出河，遂则其文以书八卦，谓之河图。”

八卦的产生，《周易·系辞》上说：“易是太极，太极生两仪。两仪生四象，四象生八卦，八卦定吉凶，吉凶成大业。”意思是说，天地未形成之前的宇宙处于一种无边无际无形的元气状态（太极），天地万物都是由它演化而来的。太极的演化是元气的分离，清阳者上升为天，浊阴者下沉为地，天为阳，地为阴，阴阳即两仪（分别称为阳爻、阴爻）。八卦相重生出六十四卦、三百八十四爻，古人以此断吉凶，趋吉避凶。

阴阳近取诸身，远取诸物。近者取自男女阴阳二性的区别，远者法于天地万物、日月星辰、昼夜寒暑、生老病死……各种自然和人文现象。

正如前面所说，古人认为大地宇宙间阴阳为两种相反相成的基本动力，它们是用来说明宇宙的各种现象和变化的根源。即天地万物生灵开始于太极，太极动静则分阴阳二仪，阴阳消长进退，千变万化，而转化出天地间无限事物来；二仪再生四象，天的四象是日月星辰，地的四象是水火土石；四象即分为水火木金土五行山；五行分则气候行，气候即行则阴阳风雨晦明六气通顺。

人们还从日常生活中接触最频繁的自然现象中，选出八种作为代表，即天、地、雷、风、水、火、山、泽，而用表示阴阳的交叉重叠，构成八卦，象征八种物象（即古人所说的现象）。这八种物象即八卦之象：

乾：为健，为天，为父，为首，为马，为君，为玉，为金，为寒，为冰，为大赤，为木果……

坤：为顺，为地，为母，为腹，为牛，为布，为釜，为吝啬，为均，为文，为众，为大兴……

辰：为动，为雷，为龙，为足，为长男，为决躁，为大涂，为玄黄……

巽：为人，为风，为水，为股，为长女，为鸡，为白，为高，为不果……

坎：为陷，为水，为豕，为耳，为中男，为隐仪，为弓轮……

离：为丽，为水，为日，为雉，为目，为中女，为甲胄，为戈兵，为电……

艮：为止，为山，为狗，为手，为少男，为径路，为小石，为门阙，为阍寺……

兑：为说，为泽，为羊，为口，为少女，为巫，为毁折，为附决，为妾……

3. 阴阳八卦的医学应用

阴阳八卦在医学上，表达得更是淋漓尽致。“阴阳者天地之道也。”“万物之纲纪，变化之父母，生杀之本始，神明之府也。”再把阴阳推用到病理上“阴胜则阳病，阳胜则阴病，阳胜则热，阴胜则寒，重寒则热，重热则寒，寒伤形，热伤气，气伤痛，形伤肿。”阴阳不协调能使人体生发出各种疾病。

《周易》也以阴阳来说明宇宙的生成，称阳为天，称阴为地，阴静阳躁，阳杀阴藏，阳化气，阴成形，寒极生热，热极生寒，所以阴阳是身体平衡的两个不同的砝码，偏向任何一方，身体都会出现疾病。

4. 阴阳八卦的天文地理应用

八卦在创立之初就与天文历法有着紧密的联系，八卦的四象即表示四季：春是少阳，即阳气初生；夏是老阳，即阳气正盛；秋是少阴，阴气初生；冬是老阴，阴气正盛。历史上曾有人把六十四卦、三百八十四爻用来纪日的记载，八卦本身也可以进行排序，并组成八卦图，用以表示方位，预测过去和未来。

阴阳在气候上表现出寒暑，可以定春、夏、秋、冬四时，可以造十二月令，对春生、夏长、秋杀、冬藏以及二十四节气各种农作物的播种、调配都能安排到。

阴阳在军事上也可以表示虚实，用它来分析敌情，以备应战。如诸葛亮的空城计，又如通典的声东击西、兴兵出奇制胜等，八卦阵都是阴阳虚实的实际运用。

阴阳八卦在数理化上的应用为信息时代奠定坚实理论基础。逻辑代数（布尔代数）是1701年德国数学家鲍威特在八卦二仪基础上发展起来的，把八卦最基本的太极阴阳两面用0和1来表示，这就是二进制数。二仪的两层叠成“2的平方等于4”即四象，二仪三层叠成“2的立方等于8”即八卦，二仪六层叠成“2的6次方等于64”即周易六十四卦，可以说易经是以数的推算做基础的。

物理也是由《易经》阐述的永远平衡关系（物质不灭定理）发展而来的。从小到大，整个宇宙磁场的运动，到音律的声学、色盘的光学等全部都是。人们研究观察到的原子、原子核、电子、质子、中子等结构模型，在宇宙天体宏观中也是同样成立的。

化学中门捷列夫元素表也严格地与六十四卦相对应，更令人惊奇的是所有地球生动的秘诀同易经的教导十分相似。六十四卦严格地规循着遗传密码中的六十四个DNA密码子。

易经六十四卦的原理在科学领域的渗透无处不在，就当今信息电脑时代而言，由二仪到布尔代数再到逻辑电路（计算机内部的运算为二进制，全由逻辑电路完成）、大规模集成电路块、电脑，用于社会科学各个领域。从上边的循环中我们可以看到，社会的科技发展离不开电脑，而电脑的发展最基本的理论是布尔代数——八卦中的两仪。

易经中讲“在天成象，在地成形，变化见矣”。四象是2的平方，是在二维平面上讨论事物为“地、物”。八卦则是2的立方，是在三维空间讨论“天象、宇宙、空间物质变化规律”。而六十四卦是2的六次方，是六维的对应世界，六十四卦之尚难透悟深知，是六十四卦的六维空间与知识尚处在三维空间的认识，差距的存在是必然的。

三、阴历与阳历

现在我国的日历主要是采用阴历和阳历相结合的方法，这样就可以互相补充，互相完善，更方便人们的查询。

1. 历的起源

历的作用是用来判别气候、记载时日、规定时间计算标准的。太古时期的人们“日出而作，日落而息”。随着人类逐渐进化，关系日益复杂，需要有一条计量时间的准绳，这种单位必须以所经时间有一定的固有事项为依据，且须是人们所共同认可的。于是以一昼夜为一日，是即一般立法之基本单位；以月球盈亏为一月，是即太阴历之基础；以一寒暑为一年，是即太阳历之基础。

中国相传天皇氏制干支，伏羲氏作甲历，黄帝氏命大尧作甲子，太昊氏设历正，颛顼氏作新历，帝尧氏命羲和敬授人时，期三百有六旬有六日，以闰月定四时成岁，与近世推算回归年略相等。夏后氏颁夏历时，以建寅之月为岁首，商以建丑之月为岁首，周以建子之月为岁首，秦以建亥之月为岁首。汉初因承秦制未改，武帝时始改用夏历。王莽改用殷历建丑，其后魏明帝、唐武后及肃宗，先后都采用了这种历法。

古希腊历与我国旧历最相近，亦是采用太阴历。罗马人建国时所定之历法，一年为10个月，共304日。公元前46年，罗马大帝凯撒命执政官改正历法，为现今所用太阳历之鼻祖，至公元1582年经罗马法王格列高里进一步修正，即今世界各国通行之公历。

2. 阳历与阴历

阳历又名“太阳历”，系以地球绕行太阳一周为一年，为西方各国所通用，故又名“西历”。我国自民国元年采用阳历，故又名曰“国历”。为与我国旧有之历相对称，故又名曰“新历”。

阴历又名“太阴历”，系以月球绕行地球一周为一月，再配合地球绕日一周之时数为一年，实际上等于阴阳合历，我国在民国纪元前采用此历，为与现行之历相对称，故名之曰“旧历”。一般人以为阴历适用于农业生产，而名之曰“农历”，实际上并不如此。农历的功能与用途很多，并不只是限于为农业生产所用。

我国用这种太阴历，因岁首之不同而有四种历史版本。秦建亥，即以现行的阴历十月初一为正月初一。周建子，即以现行的阴历十一月初一为正月初一。《四书·孟子》内有“七八月之间旱则苗槁矣”之句，其中所谓七八月，即现在阴历的五六月。商建丑，即以现行的阴历十二月初一为正月初一。夏建寅，以周历的三月为正月，为寅月（十一月为子月，十二月为丑月）。新年春联写“斗柄回寅”，意即在此。因现行的阴历是夏朝采用正月建寅的太阴历，故又名“夏历”。

3. 阳历的计算

年有三种：地球绕日一周，历365日6小时9分9秒，谓之“恒星年”；太阳过近地点，循黄道东行一周，复过近地点，历365日6小时13分48秒，谓之“近点年”；太阳过春分点，循黄道东行一周，复过春分点，历365日5小时48分46秒，谓之“回归年”，亦称“岁实”。因2分点（春分点、秋分点）每年沿黄道向西逆行约50秒，故回归年较恒星年之时间为短，相差20分23秒，谓之“岁差”。

此三种年之时间不同，为使每年之节气寒暑不变，故取回归年为制历之年。为便于记忆，有歌诀如下：

地球绕日一周年，要知时间有多少？

三六五日加五小，四十八分四六秒。

自一月一日至次年一月一日谓之一年，年长本应与岁实相等，然一年之日数必须是整数，不便将奇零之时数计入，故以365日为一年。每年余5时48分46秒，积至四年约满一日，故每四年增加一日，为闰日，此年谓之“闰年”。其他无闰日之年，谓之“平年”。平年365日，闰年366日。

但四年之闰余，仅23时15分4秒，今闰一日，未免过多，超过之44分56秒积至25闰，为17时58分24秒，约合一日之3／4，故每满百年废一闰，至第400年又不废。如是每四年置一闰，每400年减三闰，计超过2小时53分20秒，须8个400年后，即3200年后，始补足此一日之差。

置闰之法，为便利起见，按公元计算：凡公元年数能以4除尽者（例如1928年、1976年）皆为闰年；唯世纪年（例如1800年、1900年）则不闰，世纪年前两位数可以被4除尽者（例如1600年、2000年）则仍为闰年；即公历年数，若以百除之得整数，再以四除之而除不尽者，皆不置闰，能除尽者则仍为闰年。

地球之轨道为椭圆形，故距日有远近，一月一日其距离最近，谓之“近日点”，七月二日距离最远，谓之“远日点”。一年的开始，谓之“岁首”，亦称“年始”，阳历以近日点为岁首，为元月一日。

4. 阴历的计算

月球运行的轨道，名曰白道，白道与黄道同为天体上之两大圆，以五度九分而斜交，月球绕地球一周，出没于黄道者两次，历27日7小时43分11秒半，为月球公转一周所需之时间，谓之“恒星月”。唯当月球绕地球之时，地球因公转而位置亦有变动，计前进二十七度余，而月球每日行十三度十五分，故月球自合朔，全绕地球一周，复至合朔，实需29日12时44分2秒8，谓之“朔望月”。习俗所谓一月，即指朔望月。

因为每月天数不能有奇零，故阴历一个月为29日或30日。每月以合朔之日为首，即以朔日为初一。每年以立春之朔日为岁首。

地球绕日一周，即月绕地球12次又1/3，一年内之月数不能有奇零，故一年十二个月仅354日，与岁实相较约余11日，积至三年余33日，故每三年须置一闰月。尚余三日或四日，再积二年，共余25日或26日，可置一闰月，平均计算，每19年须置七闰。以有节无气之月为闰月（参阅二十四节气），有闰月之年为闰年，闰年有13个月，平年则12个月。

5. 正月

农历新年的第一天叫正月初一，也叫做春节。农历第一个月不叫一月而叫“正月”，这是怎么一回事呢？

原来，在我国古代，每年以哪一个月当第一个月，有时是随着朝代的更换而变化的。在汉朝以前，每换一个朝代，就往往把月份的次序改一改。例如，商朝把夏朝规定的十二月算作每年的第一个月，而周朝又把夏历的十一月算作每年的第一个月。秦始皇统一天下以后，又把夏历的十月算作每年的第一个月。直到汉朝的汉武帝，才恢复夏朝的月份排列法，一直沿用到现在。这几代王朝更改了月份的次序，便把更改后的第一个月叫做“正月”，“正”就是改正的意思。在他们看来，既然他们当了皇帝，居了正位，一年十二个月的次序，也得跟着他们“正”过来。既然“正”是改正的意思，那么正月的“正”字，就应该读作“改正”的“正”字音，为什么人们却把它读作“长征”的“征”字音呢？原来是秦始皇姓嬴名政，他嫌“正”字的读音同他的名字同音，于是下令读作“征月”。后来人们习惯了，就一直沿用到现在。

6. 腊月

农历十二月，俗称“腊月”。为什么把十二月称为“腊月”呢?这要追溯到距今一两千年的古代。

据《说文解字》注：“腊，合也，合祭诸神者。”《玉炖宝典》说：“腊者祭先祖，腊者报百神。同日异祭也。”可见腊是古人们祭祀百神及祖先的一种活动。因为腊祭多在农历十二月进行，因此从周代开始，便把农历十二月叫做腊月。到了汉代，又按干支纪日的方法，把“冬至”后的第三个戊日定为“腊日”，就是“腊八”。

7. 九九与三伏

“九九”与“三伏”分别代表了一年中最冷的时候与最热的时候。

数九，是从冬至日数起，一九、二九、三九、四九……以至“九九”，共81天，最为寒冷。“春打六九头”，因为五九四十五天，六九的头一天是从冬至起第46天，两个节气相隔平均为15天，从冬至数到六九头相隔45天，所以是冬至后的第三个节气，第一个是小寒，第二个是大寒，第三个是立春，故立春日一定在六九的头一天。

数伏，并不是从夏至数起，“夏至三庚便数伏”，在夏至以后的第三个庚日是“初伏”，第四个庚日是“中伏”，第六个庚日是“末伏”，是谓“三伏”，在三伏天，天气最为炎热。两个庚日之间是10天，初伏与夏至之间的天数不一定，最少是21天，最多是30天。末伏的末一天距夏至最少51天，夏至到立秋是45天，故“秋后有一伏”。

“伏天”是指我国广大地区每年夏季的一段酷热、晴朗和少雨的天气。其起讫时间每年都不尽相同，大致在7月中旬到8月中旬。关于伏天的历史，据《史记·秦本记》所述，在秦德公2年（公元前676年），夏季很热，用杀狗来禳解热毒，便把要解毒热的酷热日子称为伏日。之所以要杀狗，是因为当时迷信的说法认为取狗血涂在四门可阻止鬼物进入城内，“伏”字是人旁有犬，表示犬能保护主人。这就是伏的原意。伏天应在哪些日子呢?

我国从公元前776年至今，流行“干支纪日法”，人们用天干与地支60组不同名称来记日子，每逢有庚字的日子叫庚日。秦汉时代盛行“五行生克”的唯心说法，认为最热的夏天日子属火，而庚属金，金怕火烧熔（火克金），所以到庚日，金必伏藏。于是规定从夏至日后第三庚日起为初伏（有10天），第四庚日起为中伏（有的年有10天，有的年有20天），立秋后第一庚日起为三伏（有10天）。

8. 春节与阳历

春节，就是农历的正月初一。每年的春节在公历的日期都不是固定的，最早可在元月21日，最晚可在2月22日。我们知道，公历是以回归年为准的，每年总是十二个月，365~366天，各月大小（除2月份外）也很有规律，而且年年相同。但农历却不是这样，平年十二个月，353～355天；闰年十三个月，383～384天，而且每月的天数也不固定，有时连续几个大月30天，有时连续几个小月29天。因此，春节在公历的日期并不固定。不过春节多在公历的2月上中旬或元月下旬，现将2000年到2010年的春节在公历的日期列出如下：

2000年春节：2月5日
2001年春节：1月24日
2002年春节：2月12日
2003年春节：2月1日
2004年春节：1月22日
2005年春节：2月9日
2006年春节：1月29日
2007年春节：2月18日
2008年春节：2月7日
2009年春节：1月26日
2010年春节：2月14日

9. 如何算闰年

如何计算农历哪年是闰年，这里介绍一个简便的方法。

除去世纪年（如1800年为19世纪，1900年为20世纪……）外，凡是年数能被4除尽的就是闰年，如1948年、1952年、1956年和1960年等等。至于世纪年，只有世纪年前两位数能被4除尽，或年数能被400除尽的，才是闰年，如1200年、1600年、2000年……所以我们也可以预知哪个世纪年是闰年。1600年到2000年当中的1700年、1800年和1900年，前两位数不能被4除尽，同样年数也不能被400除尽，所以这三个世纪年不是闰年，也就是从1600年到2000年400年中减少的那三个闰年。

10. 闰月

农历闰哪个月，取决于一年中的二十四个节气。我国农历将二十四个节气分为十二个节气和十二个中气。二十四节气在农历中的日期是逐月推迟的，于是有的农历月份中气落在月末，下个月就没有中气。一般每过两年多就有一个没有中气的月，这正好和需要加闰月的年份相符。所以农历就规定把没有中气的那个月作为闰月，跟在几月后面就叫闰几月。

例如，1987年农历六月二十八日是中气大暑，再隔一个月的初一才是下一个中气处暑，当中这一个月没有中气，就定为闰月，它跟在六月后面，所以叫闰六月。

11. 时辰

我国以一昼夜分为十二时辰，以子丑寅卯辰巳午未申酉戌亥十二地支表示十二时辰，每时辰分为八刻，又区分为上四刻下四刻。欧美以一昼夜分为24小时，每小时分为四刻，恰等于一个时辰的一半，又可分为60分，每分为60秒，再精细分析，可计至1/10秒。在钟表上仅有12小时，只合一昼夜之半，于是以上午、下午辨别。在交通机关多采24小时制，以夜十二时正为零时，夜一时为一时，以正午十二时为十二时，下午一时为十三时，下午六时为十八时，下午十一时为二十三时。

一昼夜之起讫时间，有两个不同算法，欧美的二十四小时自零时起算，即自夜十二时起算，在夜十二时以前为前一日，夜十二时以后为次日。我国的十二时辰以子时为首，由夜晚十一时起至夜一时为子时，在夜十一时以前为前一日，夜十一时以后为次日，与现代的夏令时间同。现在施行夏令时间，将时钟提早一小时，夏令时间的夜十二时等于夜十一时，即等于夜十一时起为次日。兹将时辰与小时列表对照如下：

子：夜十一时至夜一时

丑：夜一时至三时

寅：夜三时至晨五时

卯：晨五时至七时

辰：上午七时至九时

巳：上午九时至十一时

午：上午十一时至下午一时

未：下午一时至三时

申：下午三时至五时

酉：晚五时至七时

戌：晚七时至夜九时

亥：夜九时至十一时

地球自转一周，称为“太阳日”，昼夜的形成即由此而来。其向阳的地面为昼，背阳地面则为夜。春分以后，日照北半球渐多，因此北半球夜短昼长，南半球则相反；秋分以后，日照南半球渐多，故北半球昼短夜长，南半球仍相反。

昼夜长的划分方法，欧美是以24小时，每小时分为四刻，又分60分，每分为60秒来计算。而我国传统则以12个时辰来算，以子、丑、寅、卯、辰、巳、午、未、申、酉、戌、亥十二地支来表示，每一时辰分为八刻，又区分为上四刻、下四刻。时表与小时对照同欧美。

四、农历与纪年

对于农历的纪年，很多人可能还不是很熟悉，下面就用几组表格来讲解。

1800~2110年农历闰月表

年份	闰月	年份	闰月	年份	闰月	年份	闰月	年份	闰月	年份	闰月	年份	闰月
1803	一月	1805	六月	1808	五月	1811	三月	1814	二月	1816	二月	1819	四月
1822	三月	1824	七月	1827	五月	1830	八月	1832	九月	1835	六月	1838	四月
1841	三月	1843	七月	1846	五月	1849	四月	1851	八月	1854	七月	1857	五月
1860	三月	1862	八月	1865	五月	1868	四月	1870	十月	1873	六月	1876	五月
1879	三月	1881	七月	1884	五月	1887	四月	1890	二月	1892	六月	1895	五月
1898	三月	1900	八月	1903	五月	1906	四月	1909	二月	1911	六月	1914	五月
1917	二月	1919	七月	1922	五月	1925	四月	1928	二月	1930	六月	1933	五月
1936	三月	1938	七月	1941	六月	1944	六月	1946	二月	1949	七月	1952	五月
1955	三月	1957	三月	1960	六月	1963	四月	1966	三月	1968	七月	1971	五月
1974	四月	1976	八月	1979	六月	1982	四月	1984	十月	1987	六月	1990	五月
1993	三月	1995	八月	1998	五月	2001	四月	2004	二月	2006	七月	2009	五月
2012	四月	2014	九月	2017	六月	2020	四月	2023	二月	2025	六月	2028	五月
2031	三月	2033	七月	2036	六月	2039	五月	2042	二月	2044	七月	2047	五月
2050	三月	2052	八月	2055	六月	2058	四月	2061	三月	2063	七月	2066	五月
2069	四月	2071	八月	2074	六月	2077	四月	2080	三月	2082	七月	2085	五月
2088	四月	2090	八月	2093	六月	2096	四月	2099	二月	2103	六月	2107	三月

二十四节气常驻阴阳历月份表

历别	月份	一月	二月	三月	四月	五月	六月	七月	八月	九月	十月	十一月	十二月
农历	节气	立春	惊蛰	清明	立夏	芒种	小暑	立秋	白露	寒露	立冬	大雪	小寒
	中气	雨水	春分	谷雨	小满	夏至	大暑	处暑	秋分	霜降	小雪	冬至	大寒
公历	节气	立春	惊蛰	清明	立夏	芒种	小暑	立秋	白露	寒露	立冬	大雪	小寒
	中气	雨水	春分	谷雨	小满	夏至	大暑	处暑	秋分	霜降	小雪	冬至	大寒
	当日月期	5 6	4 5	5 6	5 6	5 6	6 7	7 8	7 8	8 9	8 9	7 8	7 8
	中气	大寒	雨水	春分	谷雨	小满	夏至	大暑	处暑	秋分	霜降	小雪	冬至
	当日月期	20 21	19 20	20 21	20 21	21 22	21 22	23 24	23 24	23 24	23 24	22 23	21 22

农历十二个月的别名

月份	别名
一月	孟春、正月、端月、初春、元春、开岁
二月	仲春、如月、杏月、早春
三月	季春、炳月、桃月、阳春、暮春
四月	孟夏、余月、槐月、清和月、麦月
五月	仲夏、榴月、蒲月
六月	季夏、且月、荷月、伏月
七月	孟秋、相月、巧月、霜月、桐月
八月	仲秋、壮月、桂月、中秋月、爽月
九月	季秋、玄月、菊月、咏月
十月	孟冬、阳月、小阳春、吉月
十一月	仲冬、辜月、畅月
十二月	季冬、涂月、腊月、嘉平月、冰月

中国历史朝代与公历对照表

夏			约公元前21世纪~约公元前16世纪
商			约公元前16世纪~约公元前11世纪
周	西周		约公元前11世纪~公元前771年
	东周		公元前770年~公元前256年
	春秋时代		公元前722年~公元前481年
	战国时代		公元前403年~公元前221年
秦			公元前221年~公元前206年
汉	西汉		公元前206年~公元23年
	东汉		25 ~220年
三国	魏		220 ~265年
	蜀		221~263年
	吴		222~280年
西晋			265~317年
东晋			317~420年
南北朝	南朝	宋	420~479年
		齐	479~502年
		梁	502~557年
		陈	557~589年
	北朝	北魏	386~534年
		东魏	534~550年
		北齐	550~577年
		西魏	535~556年
		北周	557~581年
隋			581~618年
唐			618~907年
五代十国	后梁		907~923年
	后唐		923~936年
	后晋		936~946年
	后汉		947~950年
	后周		951~960年
	十国		902~979年
宋	北宋		960~1127年
	南宋		1127~1279年
辽			907~1125年
西夏			1032~1227年
金			1115~1234年
元			1279~1368年
明			1368~1644年
清			1644~1911年
中华民国			1912~1949年

五、节气与农时

中国自古以来就是一个农业大国，从古时候一直到现在，百姓都是按照节气来安排农时的，在各个节气所从事的农业劳动也是不同的。

1. 二十四节气的解释

二十四节气中每一个节气都有其特定的意义。节气的名称便已说明这段时间的气象条件及万物之变化。现简述如下：

夏至、冬至：表示炎热的夏天和寒冷的冬天快要到来。我国各地最热月份是七月，夏至是六月二十二日，表示最热的夏天快要到了；我国各地最冷的月份是一月，冬至是十二月二十三日，表示最冷的冬天快到，故称为夏至、冬至。又因夏至日白昼最长，冬至日白昼最短，古代又分别称之为日长至和日短至。

春分、秋分：表示昼夜平分。此两天昼、夜相等，古时统称为日夜分。这两个节气又正处在立春与立夏、立秋与立冬之间，把春季与秋季各一分两半，因此也有据此来解释春分和秋分的。

立春、立夏、立秋、立冬：按照中国古代天文学上划分季节的方法，是把四立作为四季之开始，自立春到立夏为春；立夏到立秋为夏；立秋到立冬为秋；立冬到立春为冬。立，是开始的意思。故此四个节气是指春、夏、秋、冬四季的开始。

雨水：表示少雨水的冬季已过，降雨开始，雨量开始逐渐增多。

惊蛰：蛰是藏的意思，动物钻到土里冬眠过冬叫入蛰。至第二年回春后再钻出土来活动，古时认为是被雷声震醒的，故称惊蛰。从惊蛰日开始，可以听到雷声，蛰伏地下冬眠的昆虫和小动物被雷声震醒，出土活动。

清明：天气晴朗、温暖，草木开始现青。清洁明净的风光代替了草木枯黄、满目萧条的寒冬景象。

谷雨：降雨明显增加，雨水促使谷类作物之生长发育，古代称为雨生百谷。

小满：夏熟作物籽粒开始饱满，但未成熟，故称小满。

芒种：芒指有芒作物，种是种子。芒种表明小麦、大麦等有芒作物种子已经成熟，可以收割。

小暑、大暑：暑是炎热之意，是一年中最热之季节。小暑是开始炎热，大暑是一年中最热的时候。

处暑：处是终止、躲藏，表示炎热的夏天快要“躲藏”。

白露：处暑后气温降低，夜间温度已达到成露条件，露水凝结得较多，呈现白露。

霜降：气候已渐寒冷，有白霜出现。

小雪、大雪：入冬以后，天气渐冷，小雪时，始下雪；大雪时，雪下得大，地面可有积雪。

小寒、大寒：寒是寒冷的意思，是一年中最冷的季节。气候开始寒冷，称为小寒。一年中最冷的时候，称之为大寒。

2. 二十四节气的来源

“木梢寒未觉，地脉暖先知。鸟啭星沉后，山分雪薄时。”这是唐代诗人曹松《立春》诗中名句。

“立春”是农历新年的第一个“节气”。我国古代把一年分为“二十四节气”，这个独特的创造为天文学作出了伟大的贡献。“二十四节气”的发明，是对天象长期观察、反复探索的结果。英国学者李约瑟赞道：“中国人在阿拉伯人以前，是全世界最坚毅、最精确的天文观察者。”

迄今中国保存最完好的、最古老的天文台“登封观星台”（现存的建筑遗迹，建于元代初），坐落在古都洛阳东南的登封县告成镇。这座巍然挺拔的古建筑遗迹，由高8.5米的“测景台”和长30.3米的“星天尺”组成。相传周公曾跋山涉水，风尘仆仆，从西周首都镐京来到这里，主持测量日影。这里至今还珍藏着公元724年唐代所立的石表，上刻“周公测景台”五个字。

在观察、测量太阳位置变化规律的基础上，我国古代人民把一年划分为若干“节气”。春秋末年，根据每年“冬至”时刻的测定，推算出一年岁实是365.25日，这在当时是世界上最精密的数值，为准确预报季节、气候寒暖变化创造了条件。《春秋》一书中，已有许多春夏秋冬四季的记载。西汉时问世的《淮南子·天文训》则完整地记录了全部二十四节气。惊蛰、清明、谷雨等，这些名词与天气、物候的对应，足以证明它们同农业、畜牧业与人民生活息息相关，二十四节气至今仍为我国人民所沿用，具有旺盛的生命力。

3. 二十四节气谚语与歌诀

民间有很多谚语与歌诀用来形容二十四节气，这些谚语与歌诀通俗易懂，朗朗上口，为认识与学习节气增添很多乐趣。

（1）各地二十四节气谚语

正月立春雨水，二月惊蛰春分，三月清明谷雨，四月立夏小满，五月芒种夏至，六月小暑大暑，七月立秋处暑，八月白露秋分，九月寒露霜降，十月立冬小雪，十一月大雪冬至，十二月小寒大寒。

一月小寒接大寒，二月立春雨水到；惊蛰春分在三月，清明谷雨四月间；五月立夏望小满，六月芒种和夏至；小暑大暑是七月，立秋处暑八月间；九月白露连秋分，十月寒露霜降来；立冬小雪十一月，大雪冬至十二月；冬至十天阳历年，家家户户喜洋洋（此条谚语所说月份为阳历月份）。（河南）

一月有两节，一节十五天；痒人天气暖，雨水粪送完；惊蛰快耙地，春分犁不闲；清明多栽树，谷雨要种田；立夏点瓜豆，小满不种棉；芒种收新麦，夏至快种田；小暑不算热，大暑是伏天；立秋种白菜，处暑摘新棉；白露要打枣，秋分种麦田；寒露收割罢，霜降把地翻；立冬起完菜，小雪犁耙开；大雪天已冷，冬至换长天；小寒快买办，大寒过新年。（安徽）

阳历节气极好算，一月两节不更变；上半年来六、廿一，下半年来八、廿三；一月小寒随大寒，农人拾粪莫偷闲；立春雨水二月里，送粪莫等冰消完；三月惊蛰又春分，天气昭苏栽蒜来；清明谷雨四月节，大小麦田播种勤；五月立夏望小满，待雨下种勿偷懒；芒种夏至六月里，不要强种要勤铲；七月小暑接大暑，拔麦种菜播萝卜；立秋处暑正八月，结实更喜日当午；九月白露又秋分，收割庄稼喜欣欣；十月寒露霜降至，打场起菜忙煞人；十一月中农事闲，立冬小雪天将寒；大雪冬至十二月，完了粮税过新年（六、二一、八、二三，是说阳历上半年的节气多半在每月的六日、二十一日，下半年的节气多在八日、二十三日，相差不过一二天）。（辽宁）

立春雨水，赶早送粪；惊蛰春分，栽蒜当紧；清明谷雨，瓜豆快点；立夏小满，浇园防旱；芒种夏至，拔麦种谷；小暑大暑，快把草锄；立秋处暑，种菜无误；白露秋分，种麦打谷；寒露霜降，耕地翻土；立冬小雪，白菜出园；大雪冬至，拾粪当先；小寒大寒，杀猪过年。（河北）

立春天渐暖，雨水送肥忙（正月）；惊蛰忙耕地，春分昼夜平（二月）；立夏快锄苗，小满望麦黄；身奔小满禾奔秋，插秧宜早不宜迟（四月）；芒种夏至把禾踩，家家户户一齐忙；干锄棉花湿锄麻，露雾小雨锄芝麻（五月）；小暑快入伏，大暑中伏天（六月）；处暑时节快选种，立秋中稻见新粮（七月）；白露田垄一扫光，秋分谷子堆满仓（八月）；寒露杂粮收得多，霜降桐茶都剥壳（九月）；立冬发北风，小雪冻死虫（十月）；大雪当冬令，冬至头九天（十一月）；腊月小寒接大寒，丰产经验多交谈。（湖南）

立春阳气转，雨水沿河边；惊蛰乌鸦叫，春分地皮干；清明忙种粟，谷雨种大田；立夏鹅毛住，小满雀来全；芒种大家乐，夏至不着棉；小暑不算热，大暑在伏天；立秋忙打垫，处暑动刀镰；白露割谷子，秋分无行田；寒露不算冷，霜降变了天；立冬先封地，小雪河封严；大雪交冬月，冬至不行船；小寒忙买办，大寒要过年。（此谚通行黄河流域）

立春阳气转，雨水落无断；惊蛰雷打声，春分雨水干；清明麦吐穗，谷雨浸种忙；立夏鹅毛住，小满打麦子；芒种万物播，夏至做黄梅；小暑耘收忙，大暑是伏天；立秋收早秋，处暑雨似金；白露白迷迷，秋分秋秀齐；寒露育青秋，霜降一齐倒；立冬下麦子，小雪农家闲；大雪罱河泥，冬至河封严；小寒办年货，大寒过新年。（江苏）

金正月，银二月，不热不冷三四月，恶五月，热六月，鲜桃果木七八月，九月冷，十月温，十一月有个小阳春，进了腊月冷几回，年前年后就打春。（河北）

正月寒，二月温，正好时候三月春；暖四月，燥五月，六月七月天气热；不冷不热是八月；九月凉，十月寒，严冬腊月冰冻天。（湖南）

正月甘蔗节节长，二月橄榄两头黄，三月樱桃粒粒红，四月枇杷如蜜糖，五月杨梅红似火，六月莲子满池塘，七月南枣树头白，八月菱角如刀枪，九月石榴露齿笑，十月金桔满园香，冬月柚子金样黄，腊月龙眼荔枝凑成双。雨水甘蔗节节长，春分橄榄两头黄，谷雨青梅口中香，小满枇杷已发黄，夏至杨梅红似火，大暑莲蓬水中扬，处暑石榴正开口，秋分菱角舞刀枪，霜降上山采黄柿，小雪龙眼荔枝配成双。（苏北）

（2）节气七言诗

一月小寒接大寒，二月立春雨水连。

惊蛰春分在三月，清明谷雨四月天。

五月立夏和小满，六月芒种夏至连。

七月小暑和大暑，立秋处暑八月间。

九月白露接秋分，寒露霜降十月全。

立冬小雪十一月，大雪冬至迎新年。

上半年是六廿一，下半年逢八廿三。

（3）看雾测天歌诀

看雾测天分季节，一年四季不一般。
春天起雾天要变，阴雨绵绵无晴天。
夏天起雾不见面，尽管大胆洗衣衫。
秋天大雾扑人脸，当天太阳火炎炎。
冬天起雾飞满天，大雨大雪追后边。
季节测雾很重要，时间征状更关键。
冬晴大雾非阴雨，久雨大雾转晴天。
早晨起雾天不雨，夜里起雾雨绵绵。
雾色发白是晴兆，雾色灰沉阴雨连。
雾上山头有大雨，雾下河谷艳阳天。

（4）数九谚语与歌谣、图表

在没有天气预报的情况下，人们根据长期的实践经验，总结出了许多记述数九期间寒暖变化规律的歌谣和图表等。

民间歌谣说：“一九二九，伸不出手；三九四九，冻死猫狗；五九六九，隔河看柳；七九河开，八九雁来；九九寒尽，春暖花开。”

另外，还有许多用有趣的图、表或字句逐天记录“九九”的进程和天气变化的方法。有的画素梅一枝，八十一朵，从冬至起每日用红笔染其一朵，画梅红遍，而九九毕，谓之“九九消寒画”。有的画表一幅，九行八十一格，日涂一圈于一格，上阴下晴，左风右雨，格满则寒消，谓之“九九消寒表”。也有的描九个中空影格字，每个各为九笔，如“亭前垂柳珍重待春風”。从头九的第一天开始填写第一字第一笔，以后每天写一笔，九天填完一个字为一“九”。九字八十一天填完则九尽，谓之“九九消寒句”。还有人创作“九体”对联，每联九个字，每字皆九笔，如“故城秋荒屏栏树枯荣，庭院春幽挟巷草重茵”。把这些字描成空格，每天在上、下联上各填一笔，全联填完，春暖花开，谓之“九九迎春联”。所有这些统称“九九消寒图”。

4. 二十四节气的推算方法

二十四节气可以从阴历与阳历分别推算出来，但是一般的农时都是按照阴历来推算的。

（1）阴历推算

一年有二十四个节气，计十二个节、十二个气（也叫十二个节气、十二个中气），即通常一个月之内有一节一气。每节气相距平均约30又2/5天，而阴历每月之日数则为29天半，故约每34个月，必遇有两月仅有节而无气及有气而无节者，有节无气之月即阴历之闰月，有气无节之月不为闰月。

节气与阴历月份的关系如下：

立春正月节，雨水正月气；
惊蛰二月节，春分二月气；
清明三月节，谷雨三月气；
立夏四月节，小满四月气；
芒种五月节，夏至五月气；

小暑六月节，大暑六月气；
立秋七月节，处暑七月气；
白露八月节，秋分八月气；
寒露九月节，霜降九月气；
立冬十月节，小雪十月气；
大雪十一月节，冬至十一月气；
小寒十二月节，大寒十二月气。

（2）阳历推算

自古以来，农民耕耘收获都是以节气作为依据的，自从通用历法改为阳历以后，如同失去了二十四节气，农民安排农活极为不便。实际上和阴历相比，从阳历来推算二十四节气却是比较简单的，这是因为要查询阴历这二十四节气还必须要翻检历书，而阳历的二十四节气分布在十二个月，有一定的日期，相差不过一天，更便于记忆。如下表所示：

阳历二十四节气表

四季	阴历月序	节气	阳历常见日期
春	正月	立春	2月4、5日
		雨水	2月18、19日
	二月	惊蛰	3月5、6日
		春分	3月20、21日
	三月	清明	4月4、5日
		谷雨	4月20、21日
夏	四月	立夏	5月5、6日
		小满	5月21、22日
	五月	芒种	6月5、6日
		夏至	6月21、22日
	六月	小暑	7月7、8日
		大暑	7月22、23日
秋	七月	立秋	8月7、8日
		处暑	8月23、24日
	八月	白露	9月7、8日
		秋分	9月23、24日
	九月	寒露	10月8、9日
		霜降	10月23、24日
冬	十月	立冬	11月7、8日
		小雪	11月22、23日
	十一月	大雪	12月7、8日
		冬至	12月21、22日
	十二月	小寒	1月5、6日
		大寒	1月20、21日

5. 二十四节气划分

有人认为二十四节气从属阴历，其实，它是根据阳历划定的，即根据太阳在黄道上的位置，把一年划分为24个彼此相等的段落。也就是把黄道分成24等份，每等份各占黄经15°。由于太阳通过每等份所需的时间几乎相等，所以二十四节气的公历日期每年大致相同：上半年在6日、21日前后，下半年在8日、23日前后。并且还有口诀便于记忆：

上半年来六、二一，下半年来八、二三。

古时候人们习惯把“气”称为“节气”，每月有两个气，其中前一个叫“节气”，后一个叫“中气”。二十四节气与农历闰月的设定有着密切的关系，其按照月份安排如下表所示：

节气 月份	节气	中气
正月	立春	雨水
二月	惊蛰	春分
三月	清明	谷雨
四月	立夏	小满
五月	芒种	夏至
六月	小暑	大暑
七月	立秋	处暑
八月	白露	秋分
九月	寒露	霜降
十月	立冬	小雪
十一月	大雪	冬至
十二月	小寒	大寒

6. 二十四节气物候

二十四节气中每一个节气都有其所对应的物候，根据这些物候，我们也可以推测出其所属的节气。

立春：斗指东北。太阳黄经为315°。是二十四个节气的头一个节气。其含意是开始进入春天，“阳和起蛰，品物皆春”，过了立春，万物复苏生机勃勃，一年从此开始了。

雨水：斗指壬。太阳黄经为330°。这时春风遍吹，冰雪融化，空气湿润，雨水增多，所以叫雨水。人们常说：“立春天渐暖，雨水送肥忙。”

惊蛰：斗指丁。太阳黄经为345°。这个节气表示“立春”以后天气转暖，春雷开始震响，蛰伏在泥土里的各种冬眠动物将苏醒过来开始活动，所以叫惊蛰。这个时期过冬虫的排卵也要开始孵化。我国部分地区进入了春耕季节。谚语云：“惊蛰没到雷先鸣，大雨似蛟龙。”

春分：斗指壬。太阳黄经为0°。春分日太阳在赤道上方，这是春季90天的中分点，这一天南北两半球昼夜相等，所以叫春分。我国古书中有不少有关春分的记载，如：“春分者，阴阳相伴也，故昼夜均而寒暑平。”这天以后太阳直射位置便向北移，北半球昼长夜短。所以，春分是北半球春季的开始，我国大部分地区越冬作物进入春季生长阶段。各地农谚有：“春分在前，斗米斗钱”（广东），“春分甲子雨绵绵，夏分甲子火烧天”（四川），“春分有雨家家忙，先种瓜豆后插秧”（湖北），“春分种菜，大暑摘瓜”（湖南），“春分种麻种豆，秋分种麦种蒜”（安徽）。

清明：斗指丁。太阳黄经为15°。此时气候清爽温暖，草木始发新枝芽，万物开始生长，农民忙于春耕春种。在清明节这一天，家家都在门口插上杨柳枝条，还到郊外踏青，祭扫坟墓，这是古老的习俗。

谷雨：斗指癸。太阳黄经为30°。就是雨水生五谷的意思，由于雨水滋润大地五谷得以生长，所以谷雨就是“雨生百谷”。谚云：“谷雨前后，种瓜种豆。”

立夏：斗指东南。太阳黄经为45°。是夏季的开始，从此进入夏天，万物旺盛。习惯上把立夏当作是气温显著升高、炎暑将临、雷雨增多、农作物进入旺季生长的一个重要节气。

小满：斗指甲。太阳黄经为60°。从小满开始，大麦、冬小麦等夏收作物已经结果、籽粒饱满，但尚未成熟，所以叫小满。

芒种：北斗指向已。太阳黄经为75°。这时最适合播种有芒的谷类作物，如晚谷、黍、稷等，如过了这个时候再种有芒的作物就不好成熟了。同时，“芒”也指有芒作物如小麦、大麦等，“种”指种子。芒种即表明小麦等有芒作物成熟。芒种前后，我国中部的长江中下游地区，雨量增多，气温升高，进入连绵阴雨的梅雨季节，空气非常潮湿，天气异常闷热，各种器具和衣物容易发霉，所以我国长江中下游地区把这段时间叫做“黄梅天”。

夏至：北斗指向乙。太阳黄经为90°。太阳在夏至点时，阳光几乎直射北回归线上空，中午太阳最高。这一天是北半球白昼最长、黑夜最短的一天，从这一天起，北半球进入炎热季节，天地万物在此时生长最旺盛。所以古时候又把这一天叫做日北至，意思是太阳运行到最北的一日。过了夏至，太阳逐渐向南移动，北半球白昼一天比一天短，黑夜一天比一天加长。

小暑：斗指辛。太阳黄经为105°。天气已经很热，但没到最热的时候，所以叫小暑。此时，已是初伏前后。

大暑：斗指丙。太阳黄经为120°。大暑是一年中最热的节气，正值二伏前后，长江流域的许多地方经常出现40℃高温天。要做好防暑降温工作。这个节气雨水多，有“小暑、大暑，淹死老鼠”的谚语，要注意防汛防涝。

立秋：北斗指向西南。太阳黄经为135°。春华秋实，立秋是植物快成熟的意思。从这一天起秋天开始，秋高气爽，月明风清。此后，气温由最热逐渐下降。

处暑：斗指戊。太阳黄经150°。这时夏季火热已经到头了，暑气就要散了。它是温度下降的一个转折点，是气候变凉的象征，表示暑天终止。

白露：斗指癸。太阳黄经为165°。天气转凉，地面水汽结露最多。

秋分：斗指己。太阳黄经为180°。秋分这一天同春分一样，阳光几乎直射赤道，昼夜几乎相等。从这一天起，阳光直射位置继续由赤道向南半球推移，北半球开始昼短夜长。依我国旧历的秋季论，这一天刚好是秋季90天的一半，因而称秋分。但天文学上规定，北半球的秋天是从秋分开始的。

寒露：斗指甲。太阳黄经为195°。白露后，天气转凉，开始出现露水，到了寒露，则露水日多，且气温更低了。所以，有人说寒是露之气，先白而后寒，是气候将逐渐转冷的意思。而水汽则凝结成白色露珠。

霜降：太阳黄经为210°。天气已冷，开始有霜冻了，所以叫霜降。

立冬：太阳黄经为225°。习惯上，我国人民把这一天当作冬季的开始。冬，作为终了之意，是指一年的田间操作结束了，作物收割之后要收藏起来的意思。立冬一过，我国黄河中、下游河水即将结冰，各地农民都将陆续地转入农田水利基本建设和其他农事活动中。

小雪：太阳黄经为240°。气温下降，开始降雪，但还不到大雪纷飞的时节，所以叫小雪。小雪前后，黄河流域开始降雪（南方降雪还要晚两个节气），而北方，已进入封冻季节。

大雪：太阳黄经为255°。大雪前后，黄河流域一带渐有积雪；而北方，已是“千里冰封，万里雪飘”的严冬了。

冬至：太阳黄经为270°。冬至这一天，阳光几乎直射南回归线，北半球白昼最短，黑夜最长，开始进入数九寒天。天文学上规定这一天是北半球冬季的开始。而冬至以后，阳光直射位置逐渐向北移动，北半球的白天就逐渐长了。谚云：“吃了冬至面，一天长一线。”

小寒：太阳黄经为285°。小寒以后，开始进入寒冷季节。冷气积久而寒，小寒是天气寒冷但还没有到极点的意思。

大寒：太阳黄经为300°。大寒就是天气寒冷到了极点的意思。大寒前后是一年中最冷的季节。大寒正值三九，谚曰：“冷在三九。”

大寒以后，立春接着到来，天气渐暖。至此地球绕太阳公转一周，完成了一个循环。从节气的含义可知，二十四节气又可分为四类，即：①表示寒来暑往变化的有：立春、春分；立夏、夏至；立秋、秋分；立冬、冬至八个节气。②象征气温变化的有：小暑、大暑、处暑、小寒、大寒五个节气。③反映降水量的有：雨水、谷雨、白露、寒露、霜降、小雪、大雪七个节气。④反映物候现象或农事活动的有：惊蛰、清明、小满、芒种四个节气。

二十四节气的创立是我国科学史上的一个重要成就，直到现在对指导农业生产仍有巨大的现实意义。

7. 七十二候应

将一年的时间分为每五天一组，那么这一组就称为一个候，全年共有七十二个候应，其中每月有六个候应。

一候为五日，用鸟兽草木的变动来验证月令的变易（大致以黄河流域的气候为准）。宋王应麟《玉海》：“五日为一候，三候为一气，故一岁有二十四节气，一年每月二气，在月首者为节气，在月中者为中气。一岁有七十二候，每月有六候。”

另据《月令》、《时训》、《时宪书》等记载，每月物候和自然的现象（即七十二候）如下：

孟春之月：东风解冻，蛰虫（藏伏土中之虫）始振，鱼陟负冰，獭祭鱼，雁候北，草木萌动。

仲春之月：桃始华，鸧鹒（即黄莺）鸣，鹰化为鸠，玄鸟（燕）至，雷乃发声，始电。

季春之月：桐始华，田鸡化为鴽，虹始见，萍始生，鸣鸠拂其羽，戴胜（鸟类）降于桑。

孟夏之月：蝼蝈（即蛙）鸣，蚯蚓出，王瓜出，苦菜秀，靡草死，麦秋至。

仲夏之月：螳螂生，鵙（即伯劳）始鸣，反舌（百鸹）无声，鹿角解，蜩（即蝉）始鸣，半夏生。

季夏之月：温风至，蟋蟀居壁，鹰始挚（即至），腐草为萤。土润溽暑，大雨时行。

孟秋之月：凉风至，白露降，寒蝉鸣，鹰乃祭鸟，天地始肃，禾乃登。

仲秋之月：鸿雁来，玄鸟（即燕）归，群鸟养羞，雷始收声，蛰虫坏户，水始涸。

季秋之月：鸿雁来宾，雀人大水为蛤，菊有黄华（即花），豺乃祭兽，草木黄落，蛰虫咸俯。

孟冬之月：水始冰，地始冻，雉人大水为蜃（蛤类），虹藏不见，天气上升，地气下降，闭塞成冬。

仲冬之月：鹖旦（求旦之鸟）不鸣，虎始交，荔挺出，蚯蚓结，麋角解，水泉动。

季冬之月：雁北乡（同向），鹊始巢，雉雊（音够，雉鸣也）鸡乳（产子也），征鸟（鹰属）厉疾，水泽腹坚。

8. 各个月份的花朵

由于每一个节气的时间不同，所以每一个节气中都会有不同的鲜花开放，为每个节气增添独特的美丽风景。

（1）二十四番花信风

花信，即以花作为标志的花期，亦称“花信风”，即风报花之消息。风应花期，我国便产生了“二十四番花信风”节令用语，它亦是我国表示气候变换的词语。《内经》：“五日谓之候，三候谓之气。”根据农历节气，每年从小寒到谷雨，共八气。每气十五天，一气又分为三候，每五天一候，八气共是二十四候，每一候应一种花信。二十四候便成了二十四种花期的代表。候的顺序是：

小寒：一候梅花，二候山茶，三候水仙。

大寒：一候瑞香，二候菊花，三候三矾。

立春：一候迎春，二候樱花，三候李花。

雨水：一候菜花，二候杏花，三候望春。

惊蛰：一候桃花，二候棣棠，三候蔷薇。

春分：一候海棠，二候梨花，三候木兰。

清明：一候桐花，二候麦花，三候

柳花。

谷雨：一候牡丹，二候荼花，三候楝花。

经过二十四番花信之后，以立夏为起点的“绿肥红瘦”的夏季悄然来临。此外，人们还编成“十二姐妹花”歌谣：

正月梅花凌寒开，二月杏花满枝来。

三月桃花映绿水，四月蔷薇满篱台。

五月榴花红似火，六月荷花洒池台。

七月凤仙展奇葩，八月桂花遍地开。

九月菊花竞怒放，十月芙蓉携春来。

十一月水仙凌波开，十二月腊梅报春来。

百花所展示的自然美十分诱人，而对花的钟情，莫过于文人墨客了。他们玩味和吟咏百花，因而便有了“十二月花神”之说：一月兰花屈原，二月梅花林逋，三月桃花皮日休，四月牡丹欧阳修，五月芍药苏东坡，六月石榴江淹，七月荷花周濂溪，八月紫薇杨万里，九月桂花洪适，十月芙蓉范成大，十一月菊花陶潜，十二月水仙高似孙。

月份、花期月名、花信名对照表

月份	花期月名	花信名	
一月	梅月	水仙	梅花
二月	杏月	春兰	山茶
三月	桃月	杜鹃	白玉兰
四月	榴月	桃花	牡丹
五月	榴月	芍药	广玉兰
六月	荷月	石榴	合欢
七月	瓜月	荷花	紫罗兰
八月	桂月	紫薇	晚香玉
九月	菊月	玉簪	一串红
十月	檀月	桂花	梅花
十一月	枣月	含笑	仙客来
十二月	腊月	腊梅	一品红

（2）花草报天气

姹紫嫣红的花卉，不仅给人以美的享受，而且它们能“未卜先知”，预告风雨。

风雨花：菖蒲莲和玉帘在夏秋季节，每当狂风暴雨来临之前，就会绽放出艳丽的花朵，似乎在警告人们要及时防风避雨。

报霜花：有一种叫鬼子姜（又叫姜不辣）的植物，花开十天左右，就要出现初霜了，成为预报初霜的“能手”。

梅花：梅花每年开花有早有迟，冬冷则迟，冬暖则早。而冬暖则意味着春天多春寒。故梅花开得早，预兆春天多阴雨，对春播不利；梅花开得迟，预兆对春播育秧有利。

桐子花：桐子树开花一般是在4月上旬、中旬，这时，北方常有较强的冷空气南下，造成阴雨低温天气，俗称“冻桐花”。人们在此时应格外注意添衣，以免着凉。

含羞草：用手碰一下，如果叶子闭合快，张开还原慢，说明天气将晴朗，反之天气将转阴雨。

油桐树：初生花蕾呈红色，预示当年旱；花蕾呈白色，预示雨水多；树叶落得早，预告有雨。

马鞭草：马鞭草对温度反应灵敏，露出土外的根如果发老并带白色时，预告有雨。

9. 农历节事

中国的传统节日，多数都是以农历来规定的。这些农历节事包含了中华民族古老的文化与信仰，是民间倍受重视的节日。

春节：农历正月初一，是农历的元旦。民间习惯在这一天“过年”，是农历一年当中的第一节日。春节前一天为大年三十，晚上叫“除夕”，民间有在除夕“守岁”的习惯。春节期间，家家户户充满喜气洋洋的吉庆气氛。

人日：正月初七为人日。传说正月初一到初七的七天分别为鸡日、狗日、猪日、羊日、牛日、马日和人日。杜甫《人日》诗中有“元日到人日，未有不阴时”之句。

元宵节：正月十五，正值一年中的第一个月圆之夜，即第一望日，又和春节相接，自古以来一直是十分隆重的传统节日。又称“花灯节”“上元节”。道家有“三元”之说，即天官、地官、水官，天官生在正月十五，又称上元。元宵节有玩龙灯、舞狮子、吃汤圆的习俗。

社日：农家祭灶祈年的日子。古时春秋两次祭祀土神，分别叫“春社”和“秋社”。春社在春分前后，秋社在秋分前后。孟元老《东京梦华录·秋社》句：“八月秋社，各以社糕、社酒相赍送。”

重日节：我国农历中有七个重日节。正月正，春节；二月二，龙抬头；三月三，古俗驱邪祛瘟，道教庆贺西王母诞辰；五月五，端午节；六月六，晒龙袍；七月七，乞巧节；九月九，重阳节。

寒食节、清明节：寒食节在清明前一天，寒食节第二天就是清明节，古代是两个节日，现代已经结合为一了。按传统习俗，清明前后要进行扫墓、踏青、放风筝等活动。

端午节：又名端阳节，在五月五日，是民间的重要节日。有双重意义，一是为了祭祀屈原，为屈原招魂；二是避兵鬼、止瘟疫、驱邪禳灾。

七夕：又名乞巧，相传是牛郎织女相会的日子。民间习俗为妇女结彩缕，穿七孔针，陈瓜果，到庭院乞巧。午间把一盆清水放在院中，日中生膜，投针则浮。看水中针影，若呈花草形，便以为得了巧，喜上眉梢。

中元节和盂兰盆会：七月十五日，道家有此日为地官生日之说，为“三元”之中的中元。佛教盛兴后形成重大节日，我国俗称“鬼节”。盂兰盆会是我国古代遗留下来的一种旧习俗。民间传说“七月十五是中元，阎王开放鬼门关”，所以人们从七月初一到七月十五日要供奉祖先。

中秋节：八月十五日，是望日或望日前后，月亮正圆，天高气爽，空气清新，人们自然形成了中秋赏月的习俗。圆月象征家人团聚，吃的月饼也是圆的，是一个团圆的节日。

重阳节：九月九日，月日都是九数，所以叫重九；九是阳数，又叫重阳。有插茱萸、饮菊花酒、吃“蓬饵”和登高赋诗赏景等习俗，意在长寿和高升的吉利象征。

腊八：十二月初八，是佛祖释迦牟尼成道日，佛教寺院称之为“腊八”，设“腊八粥”以资纪念。这一习俗流传至民间，在这一天吃腊八粥，成为象征农民一年辛勤劳动，五谷丰登，六畜兴旺，合家欢乐的庆祝会餐。

腊月二十三：民间祭灶供奉灶王爷的日子。北方俗称“过小年”。

第二章

中国农历概述

中国的农历是将阳历与阴历结合在一起的，相互补充，相互完善，从而为人们提供更为便捷的时间查询方式。

一、农历简介

最早的农历主要功能就是为农民提供进行农事活动的依据，但是随着农历的发展与日益完善，农历的功能越来越多。

人类在天地混沌初开时，对时间的概念不是很清楚，后来因为社会进化和生活上的需要，才逐渐感觉到有计时的必要。早期人类可能是从月亮的圆缺、天气的冷暖、花果的开谢等现象，逐渐积累了一些有关历法的知识。到了农业社会时代，为了掌握播种与收割的正确时间，乃根据自然界的规律而制定了有利于农耕的日程，农历也就因此应运而生。

早期在农历过年前，金纸店会随着金纸附送一张红色单张的“通胜”给买者，这种单张的通胜上面一定会有春牛图、芒神服色、生肖流年运势、黄帝地母经等，因此人们就将这种单张的通胜贴在墙上，因为上面的春牛图显得特别醒目。现代人的生活水准已大为提高，家家都可以轻易拥有整本的农民历，内容不仅包含春牛芒神图、生肖流年运势、黄帝地母经等，同时还包含了选择吉日良辰的资料及每个节气种植、渔捞的内容等等。现在的农民历为了便民，还添加了许多资讯，如当年祭祀神明的行事历、简易的八字重量计算表、面相简图、手相简图、解梦或平安符等等，可以说是包罗万象，所以农民历已是一本生活的指导手册。

农历又称“黄历”、“通书”，这本集合民间智慧精粹的“通书”，早于清初已经出现，即现今的“通胜”。农民历的内容包括二十四节气、五行用事或土王用事，主要就是趋吉避凶，知道哪一天做什么事顺利，什么事不顺，而农民历里都清楚地在每个日子下面注释，或宜嫁娶或宜安床；此外，宜忌中的迁徙、出行、动土等等，也无一不与日常生活有关。

二、农历的专业术语

要看懂农历，就必须先学会农历的专业术语，这些专业术语简单透彻地说明了哪一天运气如何，什么事情该做，什么事情不该做，对于人们的日常生活有一定的提醒作用。

1. 今日吉凶

吉时：吉利之时辰。

凶时：凶兆之时辰。

2. 今日宜忌

彭祖百忌：每日时辰应忌讳之事。

吉神宜趋：宜接近，会有吉利的神明。

宜：今日适合做的事情。

凶神宜忌：应远离，会有冲犯、不好的事发生。

忌：今日不宜做的事情。

3. 今日冲煞

冲：在农历的律法里，五行相生相克的观念有一定的规律，当两者发生冲的情况时，基于趋吉避凶的心态，人们往往也会听从古法的建议，明哲保身。

煞：每日冲煞年岁方位中，破土、修造、移徙、交易、入殓、安葬、启攒等诸事不宜，冲煞的生肖年岁应尽量避讳，并且注意冲煞方位，避免朝该方位行事，以免招惹无妄之灾。而冲犯年岁者，上列诸事亦应回避或不宜为之。

4. 今日诸神

岁次：农历之日期，值年太岁，今年值年之太岁。

岁冲：今年与太岁冲犯之岁次生肖。

下元：今日之卦象。

掌日太岁：今日掌日之太岁。

胎神占方：古老的传说里，一直有所谓的“胎神”存在，农历上可见“胎神”一项，民间相信胎儿生命受胎神支配，于是诸多禁忌衍生，多半是限制孕妇劳动和避免参加婚丧喜庆等社交活动，多休养以减少流产发生的危险。

喜神：喜神所在方向。

财神：财神所在方向。

5. 五行

所谓的五行即金、木、水、火、土。五行是构成宇宙之最基本元素，也代表宇宙万物的五种变化和性格，四季的演变、日月的运行，亦以五行为数。

6. 解读月历、日历

月历内容包括：月之大小；月建（1989年12月为例，月建丁丑）；交节日时及本月起止；当月所值月宿（1989年12月为例，月宿为轸）；月煞方位（1989年12月为例，月煞方位为东方）；月星（1989年12月为例，月星为九紫）等。

日历内容最多、最杂，其内容主要包括：公历日期；星期；当日时令（如上下弦、二十四节气、朔望、各种节日等）；当日吉、凶神煞；农历初几；干支；纳音五行；八卦；每日卦运；所值九星；二十八星宿；当日宜忌；当日冲煞；当日胎神；当日吉、凶时等。

7. 解读节气年神

每年包含内容：

（1）二十四节气交节日时

二十四节气即立春、雨水、惊蛰、春分、清明、谷雨、立夏、小满、芒种、夏至、小暑、大暑、立秋、处暑、白露、秋分、寒露、霜降、立冬、小雪、大雪、冬至、小寒、大寒，是古人根据太阳在黄道上的位置（黄经）变化和地面气候演变次序，将全年划分的二十四段落，每段约隔半月，分在12个月里。

（2）七十二候

五天一候，一年三百六十五天（平年）为七十三候。为与二十四节气对应，故规定三候为一节（气），一年为七十二候，每一候均与一种物候现象相应，叫“候应”。七十二候的“候”应包括非生物和生物两大类，前者如“水始涸”，后者有动物和植物，如“鸿雁来”“虎始交”等。

（3）几龙治水

几龙治水是根据每年正月第一个辰日　（辰为龙）在第几日决定的，如在正月初五，就叫“五龙治水”，在初六就叫“六龙治水”，等等。据说，龙数越多，雨量越少；龙数越少，雨量就越多。民间自古就有“龙多不下雨”的谚语。

（4）几牛耕田

每年第一个丑日　（丑为牛）在正月初几，就是“几牛耕田”。耕田的牛是多多益善，越多越好。

三、现行公历与农历的比较

现行的公历与农历都有其优缺点，现代的日历将两者结合在一起，相互补充，相互完善，能够为人们提供更为方便的查阅方式。

1. 现行公历的优点

① 公历具有通用性，是世界上大多数国家官方通用的历法。

② 公历属于按时间周期定义的平历，所以其算法简单，天数基本固定，置闰规则。

③ 历年和历日的协调很规范，历年只有365日和366日两种。

④ 历日与太阳高度（直射角度）基本对应，误差很小，只有1~2日左右。

2. 现行公历的缺点

① 公元元年在人类历史中期，给推算人类历史早期带来不便。

② 岁首没有较强的天文学意义。

③ 历月的天数有28日、29日、30日、31日四种，且排列不规则。

④ 公历的宗教意义和罗马皇权的烙印很强，不利于不同文化民族的交流。

⑤ 置闰法中400年97闰日没有128年31闰日简单和精确。

⑥ 只管太阳，没有涉及月亮，其日期也不反映月相，是单轨制的太阳历法，不利于世界上月亮文化的保护，也不容易得到一些国家群众的接受和认同。

⑦ 由于历月的长度没有明显的天文学意义，所以人为因素很强，甚至可以被人随意更改。

⑧ 由于是平历，所以它的历日不能和它对应的天象——太阳高度一一对应。

3. 现行农历的优点

① 农历是定历，它具有天文年历的特性，能很好地和各种天象对应，如它的节气严格对应太阳高度、历日较严格地对应月相、闰月的不发生频率和发生频率对应地球近日点和远日点等。

② 农历历月的天数只有29日和30日两种，且由定朔日规定，人为因素非

常小，不易随意改动。

③ 岁首具有阴月阳年的天文学意义。

④ 阴阳合历，体现了中华民族天人合一的传统文化观念。

⑤ 干支纪年和十二生肖纪年可以循环使用，它所包含的节气利于四季划分，且包含月相，能准确地反映潮汐、日月食等天象和月亮对气候的影响。同时它还包含十二节干支历和七十二候的特殊太阳历，是一部双轨制历法，有利于不同文化民族间的交流。

⑥ 由于农历是最彻底的定气定朔的天文年历性质的历法，所以其他历法都要与其进行对照，有利于中国传统文化的保护。

4. 现行农历的缺点

① 由于农历是定历，历月使用定朔，所以每年同一历月的天数并不确定，给统计天数带来不便。

② 历年长度有353日、354日、355日、383日、384日、385日六种，不利于统计年长。

③ 干支循环周期过短，不利于较长时间的区别，也不方便记忆。

④ 置闰不规范，闰月不确定。

上述公历、农历的优缺点主要体现在中西不同文化，以及公历是平太阳历，农历是定太阳、定阴阳历的综合历法的差别上。两历并用是有道理的，这样能综合两种历法的优点而避免其缺点。

第三章

神仙、解梦、起名文化

中国是四大文明古国之一，自古以来就有着深厚的文化背景。中国民间流行的文化更是活泼有趣，耐人寻味。尤其是那些古老的传说，装点了一代又一代人的生活。

一、我国民间流传的诸神

中国古文化中的神仙分为佛界诸神、道界诸神、冥界诸神和民间诸神。而其中民间诸神的形成和发展，基本上是一个和国家、宗教诸神交相融合、相互吸收的过程。其实，神仙都是人们根据现实中的人们所虚拟出来的，可以说，神也是人，是特殊的人，代表人们美好愿望与期许的特殊人，了解神，也就是了解人们自己。

我国的民间流传着以下诸神。

1. 西王母

西王母也称“王母娘娘”或“瑶池金母”，或称“太虚九光龟台金母元君”的。传说，西王母位于西方，凡是天地间成神得道的女神仙，都得隶属于她而归她管理，这就好比中国古代的皇后。

西王母，在东汉时是东王公之妻。相传道教最高始祖元始天尊特别器重东王公，并且以女儿元光天女嫁之，其女负责统帅众女仙，称为西王母。后来道教中玉皇大帝兴起，西王母与玉皇大帝被配为一对，一管女仙，一管男仙，各司其职。有关西王母的传说很多，下面是一些比较有特色的：

西王母原是我国西部祁连山一带的部落首领，其形象威严，戴着首饰，满口虎牙，且后面拖着一条豹尾，可说完全是图腾崇拜时期人物之化身。后来经过慢慢演进，形象逐渐尊贵亮丽起来，到东汉时完全是一美妇之化身，能歌善舞、美丽绝伦、雍容华贵。《武帝内传》称，西王母住在西天的瑶池，年龄约三十上下，身材适中，不但容貌极美，仪态更是端庄静穆。伺候她的两位侍女十六七岁，也都是绝色美人。瑶池金殿上聚集数千名神仙，西王母俨然是群仙领袖。

西王母不单自己貌美，并且掌握着令人长生不死的药和仙桃。嫦娥便是吃了后羿从西王母那儿偷来的仙药而飞升，而蟠桃三千年一熟时举办盛会的状况，不但成为后来民间祝寿常用之典故，更是《西游记》中孙悟空的最爱。

由于以上原因，西王母除了为众仙女的统帅外，更成为能够带来健康和美丽的神仙而受百姓崇祀。供奉西王母之庙宇组织严密，与掌管天界男神仙之玉皇大帝之供奉，已成为道教中势力最为庞大的两支。

2. 太岁

太岁是中国民间信仰中有名的凶神。人们对太岁的信仰与岁星有关。由于岁星是天上的星体，人们想象在地上有一个神，与天上的岁星做相对的运动。于是，为了方便计时，大约从西汉起，人们便创造了太岁。俗话常说："不得在太岁头上动土。"人们认为太岁每年所行经的方位，与动土兴造、迁徙、嫁娶的禁忌有关。如果哪家在动土建造的时候挖出一个太岁，就会被认为是不吉利，家里就要倒大霉的预示。太岁的职掌，除去土木工程的方位禁忌之外，当然人们最主要还是把他视为"主宰一岁之尊神"，常与月将、日值神并祭。在民间传说中，太岁是一个神仙，或者说是一个人。

3. 雷公

人们对雷公的信仰最晚始于汉代。最初，他是一个带神性的大力士，也有说是星神的。后来民间所流传的雷公，大多为兽形或半兽形，较普遍的说法是像猴，如《西游记》中的孙悟空就常被人称为"雷公脸"。人们陆续给雷公加上了很多社会职能，认为他能代天执行刑罚，殛杀有罪过的人，还认为他有辨别善恶的能力，希望他能主持人间正义。所以，在中国民间，雷公并不是一个可怕的形象，相反是一个正义之神，这也就是为什么在日常生活中人们经常会说"干坏事会遭天打雷劈的"。人们认为雷公能够为人们主持公道。

4. 寿星

寿星，是指南极老人星，自秦汉时代就被立祠祭祀了。寿星最显著的特点就是手上拿个拐杖与蟠桃，头上有个大包，长发白须，笑吟吟的。他起初为掌管国运长短之神，以后又被视为主宰人间寿夭之神。于是，渐渐地，人们就把祭祀老人星与敬老活动结合起来了。寿星这样一种白发老翁的形象，显然是作为寿星的化身而被人们想象出来的。

5. 魁星

魁星是我国古代神话中主宰文章兴衰的神。魁星，起初叫奎星。奎星不是一颗星，而是一撮星。魁星掌握着文人的荣辱成败，自然备受关注。封建社会，读书人视他为崇拜的偶像，考试时，在座右贴上魁星像，有的还在怀里揣上泥塑小魁星，以求得到神灵保佑。

农历七月初七，俗又称"魁星生日"。"魁星"系北斗一星宿名。民间谓“魁星主文事”。闽东一带读书人崇敬魁星，仅次于孔子，于“七夕”更有“拜魁星”之俗。“拜魁星”仪式亦在月光下进行，和拜织女相类似，所以，在闽东一带村庄里的居民，若是一家人丁旺盛宽敞的屋子，“七夕”这晚，天井里往往摆上“拜织女”、“拜魁星”两张香案，男女聚会一堂，又被分为两个面面相对不同性别的小天地，女的拜求织女乞巧，而男的拜求魁星能够文采夺冠，其场面非常热闹有趣。

6. 文曲星和武曲星

文曲星和武曲星，是民间所信仰的掌握功名的星神。文曲星即文昌星，武曲星则是从文曲星推演出来的。民间常把世上的名士和武将同这两个星神联系在一起，如《儒林外史》中称中举的士人“都是天上的文曲星”。比如《新白娘子传奇》中，白娘子的儿子就相传是文曲星下凡，最后中了状元。

7. 八仙

八仙是道教中八位神仙的合称，其故事在民间流传甚广。尤其是“八仙过海”的故事，更是脍炙人口。许多戏曲、电影还以之为素材，一些道教宫观里，也塑有八仙的神像。通常所传八仙是李铁拐(铁拐李)、钟离权(汉钟离)、张果老、吕洞宾、何仙姑、蓝采和、韩湘子、曹国舅八人。这八人的形象有老有少，有男有女，有胖有瘦，有丑有俊，有文有武，有富贵有贫贱，还各有不同的装束、不同的法宝。显然，道教在塑造本教人物的偶像时，是充分考虑了老百姓的欣赏趣味的，他们各自有得道成仙的历史和独特的法宝与法术，常为百姓解除疾苦，甚得民间崇信。八仙手持的八件宝物称“暗八仙”，分别是汉钟离的蕉叶扇、张果老的渔鼓、韩湘子的玉箫、铁拐李的宝葫芦、吕洞宾的宝剑、曹国舅的玉版、蓝采和的花篮、何仙姑的荷花。每件宝物均有不同的神通，人们将这些宝物用于装饰图案中，寓意有八仙的佑护。暗八仙图案可系列使用，也可单独使用。

8. 和合二仙

和合二仙，光听名字就可以感受到一团和气、一派和谐的景象。和合二仙亦称“和合二圣”，是民间传说中象征男女相爱之神，主婚姻和合。相传唐人有万回者，因为兄长远赴战场，父母挂念而哭泣，遂往战场探亲。万里之遥，朝发夕返，故名“万回”，民间俗称“万回哥哥”。以其象征家人之和合，自宋代开始祭祀作“和合神”。至清代雍正时，复以唐代师僧“寒山、拾得”为和合二圣。相传两人亲如兄弟，共爱一女。临婚寒山得悉，即离家为僧，拾得亦舍女去寻觅寒山，相会后，两人俱为僧，立庙“寒山寺”。自是，世传之和合神像亦一化为二，然为僧状，犹为蓬头之笑面神，一持荷花，一捧圆盒，意为“和(荷)谐合(盒)好”。

在我国传统的婚礼喜庆仪式上，常常挂有和合二仙的画轴。但见画轴之上两位活泼可爱、长发披肩的孩童，一位手持荷花，另一位手捧圆盒，盒中飞出五只蝙蝠。他们相亲相爱，笑容满面，十分惹人喜爱。人们借此来祝贺新婚夫妇白头偕老，永结同心。

9. 龙王

龙，是中国人虚构出来用以崇拜的动物，而龙王也是中国古代所幻想出来的动物神，是掌管水的神仙，在古代神话传说中属于象征祥瑞的“四灵”(龙、凤、麟、龟)之一。他往往被赋予降雨的神性。龙又能化身为天子，所以又成为古代帝王的象征，人们认为历代帝王皆为龙种，故有“真龙天子”的说法。龙王信仰遍及各地，由原来的动物神而渐渐地人格化了。凡有水之处，无论江河湖海，渊潭塘井，莫不驻有龙王，司职该地的水旱丰歉。随着龙王庙的四处兴建，龙王成了中国一位普受崇尚的神。

10. 阎罗王

阎罗王是掌管阴曹地府的神仙，俗称“阎王”或“阎王爷”。阎罗王原为古印度神话中阴间的主宰，传说他属下有18个判官，分管十八重地狱。在中国民间，阎罗王为天帝的下属神，管理阴曹地府，司职人之生死祸福，役使鬼卒，追摄罪人。唐朝时，民间兴起地狱十王之说，十王分居地狱十殿，因阎罗王名气最大，故统称之为“十殿阎罗”。阎罗王所居之阴曹地府，据传在四川省丰都古城，传说人死后，灵魂都要来这里报到。

11. 牛郎和织女

牛郎、织女是我国民间传说中的神仙，是从牛郎星和织女星的星名演化而来的。作为一个美丽而又凄婉的爱情传说，牛郎与织女对爱情的坚贞不渝早已为人们所熟知。这个爱情传说和白蛇传说、梁祝传说、孟姜女传说并称为我国四大民间爱情传说。每年的七月七日，牛郎与织女在鹊桥相会，这一天后来形成“七夕节”，人们也在这一天祭拜他们。同时这一天也成为了中国传统的情人节，人们都渴望能够拥有像牛郎与织女一样至死不渝的爱情。

12. 财神

如果说某些人不信任这个神仙那个神仙的，但是对于财神，人们还都会从心里敬重三分。财神为中国各阶层最普遍的信仰对象之一，这反映了人们渴望拥有和支配财富的愿望。人们信仰的财神因时代而异。在种种财神中，最著名的要数赵公明了。明代小说《封神演义》说他是峨眉山仙人，因助纣抗周而亡身，后来被封为正一龙虎玄坛真君，下辖招宝天尊、纳珍天尊、招财使者、利市仙官，已俨然变成一尊财神爷了。近代人们多称赵公明为回族人，所以祭祀财神时，都用牛羊肉做祭品。在中国民间，每到过年，总会祭拜财神，希望来年能够拥有好的财运。一些商家更是如此，大多都会在店面里放着一尊财神像，寓意着财源滚滚。

13. 灶神

在民以食为天的社会里，灶神这个与锅灶有关的神仙受到人们特殊的重视。灶神，顾名思义应是司灶之神，然而中国的灶神偏偏位在灶而不司灶事，却以“上天特派员”的身份住在每户人家，专管监视人们的言行和搜集善恶功过，以便每年腊月二十三(一说二十四)上天言事，向玉帝打报告。灶神竟成了玉皇大帝的耳目!天庭对每户人家全年的表现采取的奖惩措施，全视灶神的汇报情况而定。在诸神当中，有关灶神的忌讳最多，据《敬灶全书·灶上避忌》讲，不得用灶火烧香，不得击灶，不得将刀、斧置于灶上，不得在灶前讲怪话、发牢骚、哭泣、呼唤、唱歌，不得在灶前小便、吐唾沫，不得在灶前赤身裸体，月经未完的妇女不得经过灶前，披头散发者不得上灶烧饭做菜，不得将污脏之物送入灶内燃烧。

由于人们一日三餐离不开灶，稍不留心就可能犯了禁忌，得罪了灶王爷，所以在灶王爷上天之前，人们必定都要郑重其事地先祭灶，供上好吃好喝的。整个的祭灶过程活脱脱就像一次行贿，祈求灶王爷“好多说，不好少说”，“上天言好事，下地降吉祥”。

灶神上天前，人们还要敬上一些麦芽糖，因为麦芽糖又甜又黏，把它糊在灶王爷嘴上，一来嘴吃甜了，就不好再说恶言恶语，只能说好话；二来麦芽糖粘住嘴巴，想说坏话也张不开嘴，只能说个含含糊糊。似乎这样这户人家就不会被上天所惩罚。

14. 门神

一提到门神，人们就会脱口而出“秦琼、敬德”，门神就是指秦琼和敬德两位武将的。门神在中国民间受到广泛的信仰。门神的主要职能是驱鬼辟邪，保障家庭平安。在民间，门神像多绘成武士形象，与言尽吉祥的鲜红的对联一起贴在庭院、厅堂的门上，祝福自己的家庭生活幸福、平安和发财。最初，作为门神像的武士并不专指谁，后来流传最广的是把秦琼、敬德二将奉为门神。

15. 土地神

土地神是我国民间所广泛奉祀的神，从《西游记》中可以看出，唐僧师徒每到一个地方，需要帮助的话，孙悟空都是先找当地的“土地佬”问话，可见土地神就是掌管某个小地方的神仙，有本领，但是很有限，总是和蔼可亲的样子，与百姓最亲近。在民间，凡有人烟的地方，都敬土地。但由于城市中以供城隍为主，因此土地神的“辖区”大大缩小了。关于土地神的传说很多，有的布衫褴褛，如农夫状；有的家室齐全，老少满堂。民间还常有某人死后受天帝任命为某地土地神的传说，而且土地神也与阳世的官吏一样，需要更替轮换。

16. 城隍

如果说农村是由土地神来保护的话，那么城市就是由城隍来保护的。在旧中国，几乎没有一城不设城隍庙，因为俗传城隍是城市的保护神。城隍神的职掌，主要是负责守护城池，保障治安。作为城市守护神的城隍，香火旺盛，在民间影响很大。从很多文学书或者描述古代的电影电视上，我们经常可以看到人们到城隍庙里面祭拜的情景。明太祖朱元璋曾下令仿照各级官府衙门的规模建造城隍庙，企图利用城隍神信仰在精神上加强对人民的统治。因此，在明清时期的民间传说和文学作品中，城隍神常被作为腐败贪婪的地方官吏的象征而受到嘲笑和讽刺。

17. 关圣帝君

关圣帝君，简称关帝，俗称关公，即三国时的蜀国名将关羽。民间人们对于关公的祭拜程度很是可观，关帝庙几乎遍及天下。在民间，关羽的地位可与孔子等量齐观：孔子被尊为文圣，关羽为武圣。而民间各行各业对关羽的顶礼膜拜又胜过孔子，究其原因，就封建统治者而言，对关羽的崇拜在于他忠勇神武，为国捐躯；就下层民众而言，对关羽的崇拜在于他的义气和坚贞。近代江湖上结拜兄弟，必定要在关帝像前立誓，誓曰：“有难同当，有福同享。未能同年同月同日生，但愿同年同月同日死。”这都是以《三国演义》中“桃园三结义”为依据，把关羽奉为江湖义气的表率。此外，人们把司人命禄、佑助选举、治病除灾、驱邪避恶、诛叛罚逆、巡察冥司等职能，也都加在关羽名下。甚至招财进宝、庇护商贾也统归关帝管辖。此种世俗心理，就使关羽神运大昌，香火独盛，很多人都会前来祭拜关公。

18. 酒神

曾经有一种酒的广告词就是“快乐似神仙”，其实民间传说中是有着酒神这样一位神仙的，那就是杜康。在古代，人们认为他是最先造酒的人。曹操诗云：“何以解忧，唯有杜康。”说明杜康酒在人们心目中的地位。当然，杜康被誉为酒神，并不能说酒是他创造的，可能只是由于他比较爱喝酒或者是很会品酒吧，归根到底，杜康的造酒技术是古代中国人造酒技术的结晶。相传每年正月二十一是杜康诞辰。这一天，在陕西白水县有杜康祭祀节。

二、周公解梦

梦是一种奇异的现象，而做梦的经历也是人所共有的。但在人类文化中，无论古今中外，对梦的了解，却始终是略知一二。

周公解梦是我国古代的文化遗产，是我国劳动人民智慧的结晶，虽难登大雅之堂，但在民间却流传甚广，《周公解梦》即流传在民间的解梦之书。周公是周代的爵位，“周公解梦”中的周公，姓姬，名旦，亦称叔旦，是周代第一位周公，因封地在周(今陕西岐山北)，故称周公或周公旦，是西周时期的政治家、军事家、思想家、教育家，被尊为“元圣”、儒学先驱。周公旦是孔子最崇敬的圣人，一个在孔子梦中频频出现的人物，《论语》中子曰：“甚矣吾衰也！久矣吾不复梦见周公。”在儒教长期主导文化的中国，周公也就不可避免地直接与梦联系起来。梦，经常被称作“周公之梦”，或“梦见周公”。其所成之书即是广为人知的《周公解梦》。

1. 天地 日月 星辰

天门开贵人荐引 天光灼身疾病除
天晴雨散百忧去 天明妇有生贵子
天门未至有兵荒 仰面向天大富贵
乘龙上天主大贵 上天求妻儿女贵
上天取物位王侯 飞上天富贵大吉
癸天上屋得高官 天裂有分主国忧
天皇明主公卿至 天欲晓益寿命吉
渡天河主有所吉 天地合所求皆得
天公使有大吉祥 日月初出家道昌
日月照身得重位 日月落忧没父母
日月昏暗孕妇吉 日月欲出有官职
日月合会妻有子 日月衔山奴欺主
负抱日月贵王侯 吞日月当生贵子
礼拜日月大吉昌 日光入屋官位至
日初出无云大吉 日出有光有好事
云开日出凶事散 日入怀贵子月女
拜星月烧香大吉 云忽遮日有阴私
星入怀主生贵子 星落有病及官事
星列行主添奴婢 持执星宿大富贵
流星不落主移居 巡天摩星位公卿
云起四方交易吉 五色云主大吉昌
云赤白吉青黑凶 见浮云作事不成
云雾遮事大吉利 黑云压地时气病

霜雪降主事不成 雪下及时大吉利
雪落身上万事成 雪不沾身主孝服
雪落家庭主丧事 阴雨晦时主囚事
行路逢雨有酒食 雷霆作声官位至
雷声恐怕私居吉 雷从地震主志遂
身被霹雳主富贵 电光照身有吉庆
赤虹见吉黑虹凶 霞满天百事欢悦
狂风大雨人死亡 风吹人衣主疾病
忽大风国有号令 风如吼主远信至

2. 地理 山石 树木

地动主迁官位吉 地裂主疾病大凶
修平田地大吉昌 地高下不平主病
卧于石上主大吉 地中黑气上主凶
运石入家主富贵 石上得利禄大吉
盘石安稳无忧疑 登岩抱石官职迁
手弄小石生贵子 身入土中百事吉
自身取土被耻辱 升山落地主失位
居住高山有喜事 山行得财有福禄
抱物上山孕贵子 山中农稼衣食丰
枯木再发子孙兴 堂上地陷主安忧
园林茂盛大吉利 树木枯死宅不安
林中坐卧病欲痊 树木凋零主人凶
林中树生添贵子 种树木者大吉昌
登大树名利显扬 上树忽折有死伤
与人分花主分散 枯木开花兴子孙
大树落叶屋中吉 立树下贵人庇阴
树生堂上父母忧 大木忽折主凶恶
担水来家得财喜 砍伐大树多得财
草木茂盛家道兴 门中生果树有子
松生屋上位三公 家中生松事转丰
家中生柏大吉利 庭前竹木喜重重
枫生屋上百事遂 兰生庭前主添孙
果林中行主得财 入果园中大发财
桑生井上主有忧 果树多熟子孙安
折笋到家女有子 见笋者主添子孙
扫地除粪家欲破 粪土堆者钱财聚

3. 身体 面目 齿发

自身白衣人所谋 梳头洗面百忧去
身拜尊长大吉昌 身上汗出主凶恶
身病虫出得重职 身上虫行病患安
绳索系身长命吉 枷索临身病欲来
身或肥瘦皆为凶 面对官者主大吉
露体无衣吉大利 妇人披头有私情
头白主长命大吉 头生两角有争竞
头秃发落皆凶事 面生疮黑主子凶
头须自落忧子孙 头须再生主长命
沐浴迁官疾病除 洗手洗足旧患除
照镜明吉暗者凶 破镜照人主分散
手足浓血出大吉 屎尿污人大吉享
露头披发阴人谋 披头盖面官讼至
剪剃头发家内凶 眉与发齐禄位至
齿自落者父母凶 齿落更生子孙兴

4. 冠带 衣服 鞋袜

戴冠登车官欲迁 自戴帽头巾帽吉
簪冠登台职位迁 贵人与之衣冠吉
新换衣冠禄位至 烧毁官帽欲更官

失去官帽主退职 拾得冠带禄位至
与人公服主得职 人与公服加官职
女着冠带主生子 洗笏染服新官来
执笏见贵人大吉 笏破忧凶主不祥
与人笏授主官迁 腰带者主官至吉
文书用印有名声 带印主妻生贵子
着新袍主添妻妾 着锦绣衣子孙荣
洗染衣服皆大吉 披蓑衣主大恩至
被油污衣大恩泽 衣服忽破妻外心
新衣攒来百事凶 与人衣服主患至
裁衣着孝衣皆吉 衣带自解百事吉
着黄衣皂衣皆吉 着白衣主有人请
着青衣神有助力 着蓝绣衣妻大利
从人着紫主情弊 众人着青家人散
众人着白主官事 众人着红大吉利
妻着夫衣生贵子 女人着衫平无事
与人共衣妾私情 失却衣服妻难产
好被自盖得富贵 人着己履妻有私
得靴鞋主奴婢吉 失履主奴婢逃走
脱靴束带主有凶 鞋破子孙妻妾病
着麻鞋百事和合 新授官爵主贵子
乞得鞋履人助力 木履脱时已出危

5. 刀剑 旌节 钟鼓

君主队杖有异吉 旌旗受宠大吉利
抱旌节主贵人扶 旌旗引入山主凶
造旌盖主大吉利 羽益盖身主富贵
旌旗迎接大富贵 旗幡竞出主疾病
手持旌节有恩偿 自盖覆身大吉利
见做新旗大吉利 与人分金主分散
拔刀出行大吉利 得人刀主行人至
人与三刀作刺史 与人相砍大吉庆
被刀出血得酒食 持刀刺人主失利
刀斧自伤大吉利 得人刀斧禄位至
刀落水中妻妾亡 失落刀剑主破财
带刀剑行有财利 磨刀剑锋快大古
与人刀剑皆主凶 剑在床头大吉利
女人带刀大吉庆 女人拔刀主有子
剪刀主分财之事 剪刀剪物主得财
剪刀折股妻妾凶 甲胄披身护吉利
枪槊主官位吉利 见军兵败主有凶
钟磬有声远人来 钟鼓大鸣福禄至
打鼓有声远有来 见鼓佳声欢乐吉
见鼓不鸣凶必至 看放烟火有忧散

6. 帝王 文武 呼召

帝王宣召有惊喜 后妃呼召饮有疾
太子召大喜吉利 天子赐坐有财吉
王侯并坐大吉利 来见贵人不得凶
与圣贤说诣大吉 使命入门大吉利
白衣召作使死亡 拜尊长者有吉庆
先祖考言求食吉 人云大好者即凶
人云死者得长命 人在外呼之主凶
我欲共汝去大凶 人云不用汝大吉
与恶人言有口舌 被杀害吉伏藏凶
身生羽翼飞大吉 身逃走得脱病去
与人交易主有疾 贫穷共居主大吉
合伴同行凶事至 一切贵人皆吉利

7. 宫室 屋宇 仓库

入帝王官行大吉　拜朝廷者主富贵
入王侯府主大吉　行道宫见仙主吉
坐官府中主大吉　神庙广大事事吉
上楼阁坛俱大吉　上高堂大富贵至
高楼饮酒富贵至　家起高楼安稳事
上城为人所拽吉　上城被执官职显
城郭广大财喜多　城中行凶出门吉
连城青色有喜吉　登赤城郭主大吉
盖城上屋大吉利　上屋主富出园吉
上屋破坏家道凶　堂上有棺身安乐
正堂倒陷家主凶　覆盖屋宇长命吉
屋宅更新主大吉　风吹屋动主迁移
迁入他人新宅吉　居田宅主妻喜事
搬移破屋主美妻　人或典房主官位
家道贫穷大吉利　洒扫宅舍远人来
典卖田舍主失位　屋宅无人主死亡
屋下穿身有暗昧　逾墙度宅险事去
与人争屋主大凶　与妇人争屋主吉
房梁忽折主大凶　院宅坑下主死亡
妻男墙下官位至　墙上掘土主更改
军人入宅主大吉　死央瓦落妇争斗
屋中生马男信至　尾中生草家欲空
屋上生松柏益寿　修理田舍有大喜
入寺院中生贵子　寺舍看经病人痊
迁移尼寺主病至　超盖仓库福禄至
仓库崩坏百事凶　入仓库中大吉昌

8. 门户 井灶 厨厕

门户高大主富贵　新开门户大富贵
门户忽开主大吉　门户大开大吉利
门更新主生贵子　门自开妻有私情
门户裂开主大吉　门户破碎有凶事
城门大开主口舌　宫城塞者口舌至
门户闭塞事不能　门户败坏主大凶
门扇自折奴仆走　门户内无人大凶
修移门户大吉利　石为门户主寿命
门前生洲作刺史　门前坑沟事不成
天火烧门主凶事　屋开小门主私情
穿井见水远信至　井自损坏家大败
井中沸溢主得财　井枯涸者家财散
井中照身禄位至　身坠井中疾病凶
屋在井中主见病　取井水清吉浑凶
井中伏泥出主财　井中欲于家欲败
井中有鱼身主贵　窥井有声口舌生
伏藏井中刑狱事　醉落井中官事至
家住井中长子凶　人云出井喜事至
掏井造井主大贵　器皿落井有急事
灶下水流得横财　灶下燃火有声名
灶釜破败有死亡　灶下炊者家破败
灶下器鸣主口舌　屋有二灶事不成
修造炊灶大吉利　在官厨中得财禄
自炊日中妻妾之　掏厕者主得横财
上厕在尿屎中吉　厕中屎溢大吉利
粪中坐者主大凶　粪土堆积主得财

9. 金银 珠玉 绢帛

金银宝者主富贵 金银珠玉大吉利
金银杯皿有贵孕 金银作铛器大吉
玉积如山大富贵 得金玉环生贵子
铜裆主有口舌至 珠玉满怀主大凶
得玉碗器物皆吉 见铁器物主得财
铅与锡者主得财 得铜物主大富贵
镶铅器物疾病去 还人钱物疾病去
拾得钱物皆大吉 钱春夏吉秋冬凶
家中分财主离散 赠彩帛者主有权
贵人赐绫锦官至 人赐绢帛大吉昌
与人丝帛大凶恶 得他人麻布衣凶
得布帛远亲来至 与人衣服官事至
寻丝绢主进入口 纺绩者主寿命长
经络者主被人辱 箱器生口舌之事

10. 镜环 钗钏 梳蓖

镜明者吉暗者凶 拾得镜者招好妻
将镜自照远信至 镜照他人妻妾凶
得他人镜有贵子 他人弄己镜妻凶
镜破主夫妇离别 金钗动有远行事
金钿成双增爱妾 钗钏相敲妻别凶
金钗耀主生贵子 花钗妻妾有奸妄
银钗夫妻主相殴 花压妻妾生外心
人与梳蓖得美妾 牙木梳旧事尽去
见蓖子贵子提携 得蓖子者美女至
刷牙者病患不生 行胭脂粉主生女
见脂粉主大财利 得粉扑妻生娇女
手帕者主口舌事 得外线者百事就

11. 床帐 碗盆 锤凿

床帐改主官迁移 舒展床帐大富贵
新安床帐远人来 床帐出门者妻亡
床帐改换移居吉 床上有蚁主不祥
床帐破损妻欲亡 开帐幔主有酒食
帐幔坏者妻子病 床脚新换奴仆凶
上床卧者大凶恶 血在床妻妾有奸
洗床收则主大吉 荐席入吉出则凶
破席者主失官位 换席入吉出则凶
席箪者主有力助 毡褥铺陈万事稳
毁帘幔者妻有奸 新帘者主得好妻
铺席合坐得官位 好被自盖主大吉
见好枕有贵人扶 见手帕主有口舌
手巾缚布病患至 毛扇忽持官事吉
鼎鬲者主得大财 釜溢者主得大财
玉石器主有人助 铜铛者生口舌至
锅铁破主丧事来 裆螽被主有恶事
瓷碗者主酒食至 瓷碟者主口舌至
匙主益妻妾子孙 筋主益田宅奴仆
盆主益仓库大吉 掇盆脱底主财散
火盆瓮器大富贵 洗面盆主美妾至
大小盆者主团圆 得盒子者所求得
桶盛水者主大吉 桶无水者主大凶
人送大桶主得利 桌架于宅事不成
锯主有断决之事 碾衣石移居大吉
锤钻者主侵害事 锤欲举动有人扶
凿主被人驱使吉 熨斗盛火好事成
熏笼者益增产业 人与秤者主权位
绳索主长命大吉 绳索断者主凶恶
人与凿者得抬金 人送帚者主得位

12. 船车 游行 远行

船飞行主大富贵　船浅在岸是非厄
乘船渡江河得官　船中有水主得财
乘船看日月得职　乘船过日月主宫
乘船饮酒远客至　与人同船主移居
乘船风帆大吉利　乘船见航主安稳
乘船桥下过大吉　病人乘船必主死
助人行船官位至　身卧船中主有凶
执火入船主大吉　家中乘船主没财
乘船看花酒食至　船车破碎主不祥
车轮破夫妻相别　车轮折倒主破败
车载不起厄事去　驾车游行禄位至
车行主百事顺利　车不行所求不遂
车入门主有凶事　病人上车主大凶
丧车过者主灾散　行车白马主大吉
四马驾车吉反凶　以羊驾车事不常
备马者生远行事　远行出入命通达

13. 道路 桥梁 集市

见四通路名利遂　道中得财主通达
道泥荆棘事大成　大道崩陷主失财
修桥梁者万事和　见流桥主有官事
桥上坐立禄位至　见桥坏主有官事
携手上桥妻有孕　桥上呼唤讼得理
新造桥者大和合　桥断者主有口舌
桥柱折者子孙凶　桥路上住车皆凶
夫妇入市主置产　见市中无人主凶

14. 夫妻 产孕 亲密

夫妇宴会主相别　夫妇相骂主疾病
夫妻分钗主离别　夫妻相打欲和会
同妇人行主失财　抱妇人主有喜事
与妇人交有邪祟　与妇人共坐大吉
交接男子主失财　妻着锦衣生贵子
妻有争主外私情　见妇人阴主口舌
妇人赤身主大吉　男子裸体命通达
兄弟分别口舌临　抱小儿女主口舌
小儿死者主口舌　新生男女主大吉
见嫁娶及孝主凶　男子化为尼姑凶

15. 饮食 酒肉 瓜果

人请饮酒主长命　与人饮酒有口舌
与人吃会富贵至　宴会客人家欲破
饮酒者主哭泣事　饮酒至醉主疾病
贵人赐宴主疾病　与贵人对饮大吉
人请吃酥酪主喜　与人吃乳尊亲至
与人吃蜜大吉利　呕吐者病人出痊
食水者主很大利　死人食者主疾病
食羊肉于堂上吉　食大肉主有争讼
食猪肉主疾病至　刀割猪肉主生病
食生肉凶熟肉吉　食自死肉主别离
食鹅肉主妾疾病　食鸡鸭等肉皆吉
食馒头主口舌散　见馒头未食主气
食烂瓜主生疾病　食饼食饭心不遂
食瓜子主生贵子　食柿食柑主疾病
食葡萄离而复合　食枣者主生贵子
食桑葚主生贵子　食栗者主有分别

食梨者主失财帛 食一初果者凶至
食茄者主妻有子 食葱韭主有争斗
食薤者有重丧至 食蒜者有灾害事
食菜黄主凶事至 食油盐酱酸豉吉

16. 冢墓 棺椁 死人

冢墓高者大吉利 新冢棺椁主忧除
冢墓上有云气吉 冢基门开百事吉
冢墓上明吉暗凶 冢墓生树吉折凶
冢墓上开花大吉 墓中棺自出大吉
将棺入宅禄位至 死人出棺外客至
开棺与死人言凶 棺敛死人主得财
升棺水上大得财 空野无人主远行

17. 文书 笔墨 兵器

各色经书大富贵 五色纸者大益财
吞五色纸诗书进 几上有书禄位至
读书文写字大吉 有人教书大富贵
见读书者主聪明 观人读书生贵子
得历日者中黄甲 封书信者主通达
手弄笔砚主远信 人与墨者文章进
人将己笔文章退 他人起笔主财进
君王队伍有异名 得大赦者宅舍凶
就人卜易主疾病 受人纸钱主大吉
公座移动主迁官 受职上官财物来
佩印公爵主大吉 佩印执笏主移居
佩印信者名准出 印绶改迁生贵子
棋子主添丁进口 打球者主得虚名
兵马入城福禄至 率众破贼所求得
见军兵败主凶事 己射人必主远行
人射己有行人至 持弓矢者主大吉
挽弓弦断主凶恶 人送弓弩得人力
弩弦难上兄弟散 弓弩相斗生争论
戈钺有光禄们至 披甲仗剑得高官

18. 哀乐 歌乐 病死

与人哭泣有庆贺 放声大哭欢乐生
身着孝服官禄至 远人来悲泣主凶
床上哭泣主大凶 见歌舞者口舌至
家中欢喜百事吉 怀中琵琶行人力
他人与笛有名声 与人扣板有口舌
堂上歌乐主丧事 吹笙者主有更欢
吹笛打鼓有吉庆 他人作乐讼有理
露齿哭者有争讼 病卧为人扶加官
病重者主有凶事 自疾病者主有喜
病人歌唱主大凶 病人哭笑疾病除
病人起者必定起 病人装车必死亡
死人哭泣有口舌 死人立者主大凶
死人哭坏者得财 死人复活主有信
见人死自死皆吉 子死者主添喜事
见死亡尊长大吉 门吊他人主生子

19. 佛道 僧尼 鬼神

诸佛菩萨大吉利 法师登座有疾病
老君真人皆主吉 画神佛者得人钦
看神佛者妻有子 佛共人言有福助
入神庙神动大吉 道施盖者大吉利
僧师教人念经吉 道士女冠言语吉

和尚尼姑看经闷 被鬼神打大不祥
堂上神佛大吉利 神佛不成行大凶
烧香礼拜皆大吉 迎神赛社有外财
仙圣到家福禄至 与鬼斗者主延寿
祭祀神道大吉利 身受戒行者子孝
与神女通得贵子 与尼姑交主失财

20. 打骂 杀伤 流血

被人打害者大吉 杀死他人人富贵
持刀自杀者大吉 杀人血污衣得财
被刀刺尖出快利 持刀相杀见血吉
刀伤出血主酒食 砍刺见血主大吉
炙身见血流大吉 刀斧自伤主大吉
持刀砍人自失力 被妻妾打者主凶
被人打者主得力 女人相打主病至
兄弟相打大吉利 家中人斗主分散
看见杀人主大吉 被人签刺大吉昌
手指折者主子病 向人叩头百事吉
与人相骂者主吉 被骂佯癫大贵至
被人凌辱主得财 杀猪者主大吉利
杀驴骡马有酒食 杀龟者主有丧事
杀鸟雀妻妾灾难 杀鸡鹅鸭主大吉

21. 牢狱 刑罚 官吏

牢狱崩坏有赦吉 坐狱中必有恩赦
入狱受灾主荣贵 狱中死者官事散
使人入狱得财吉 入牢狱主有大贵
盗曲自入狱大凶 牢狱臭污百事吉
罪人走脱疾病去 赶贼行见者大吉
枷锁临身疾病至 枷锁折损口舌散
枷锁入宅主大凶 绳索系身大吉利
身被罗网主官事 被罗网罩主酒食
被人疾罚禄位至 被人作贱者大吉
被官打身主孝服 被人绑主疾病至
自以杖决耻辱生 枷锁恐怖主分散
邀人入官主酒食 入官词议主大吉
吏引入司主大吉 为吏所录有急事
贵人走马官事明 拷讯杖责主大贵

22. 田园 五谷 收割

田中生草主得财 种田宽大有禄位
自种田禾主出行 见种田者禄位至
教人耕种远行至 使人种田地大吉
买人田宅主进职 身在禾中大吉利
破败田地主大吉 割收田禾家已安
屋上生禾官位吉 见禾丰熟富贵长
见麦稻主得大财 粳糯米者有财吉
五谷茂盛主得财 谷穗齐秀大吉利
米谷堆吉散主凶 大小麦主妻私心
大豆苗叶子孙凶 米麦相排大吉利
坐卧米麦主大吉 手中把谷主福禄
得米谷者主大吉 种菜主长命大吉
得禾忽失主得秩 粟米必有献物至
荞麦面饼官事至 麸糠相交家欲检
酒曲必主枉曲事 葫芦者主恶事连
麻丛身者主病至 麻生如林大吉利

23. 水火 盗贼 家宅

水上行者主大吉 水上立者主凶事
水流洋洋有新婚 水上火出主大吉
自在水中大吉利 自落水中不出凶
饮水不休得大财 流水绕身有狱讼
大水澄清大吉祥 人家有水见子亡
江海涨漫大吉昌 河水砂石益文章
火烧日月大人助 火烧河水长命吉
火烧山野大显达 火烧自身主兴旺
火焰炎炎主发财 火从地生疾病至
执火乘行官位至 大火烧天主国安
身在火中贵人扶 火烟黑色主疾病
把火行路不通达 把火烧井主病至
赶贼入市不出凶 强贼入宅主家破
与贼同行大吉利 己身做贼所求得

24. 污垢 沐浴 凌辱

屎尿污身主得财 大便满地主富贵
患厕中得官禄位 落厕出吉不出凶
厕屋上卧主得财 厕中干者主家破
架厕屋主有财喜 挑粪回家大吉利
在泥中所求不成 失大小便主失财
泥污衣裳主产凶 泥污衫衣主身辱
男女沐浴上床凶 沐浴尘土疾病安
洗头迁居疾病除 被辱骂惹人词讼

25. 龙蛇 鸟雀 猛兽

乘龙入水有贵位 龙眠水中求事通
龙当门者大吉昌 龙死亡主失贵位
乘龙上山所求遂 龙入井中官被辱
龙飞有官位大贵 乘龙上市主贵位
龙蛇入门主得财 龙蛇入灶有官至
蛇化龙行贵人助 妇人见龙生贵子
龙蛇杀人主大凶 蛇咬人主得大财
蛇入怀中生贵子 蛇行水内主迁荣
蛇随人去妻外心 蛇入谷道主口舌
蛇绕身者生贵子 蛇多者主阴司事
蛇赤黑主口舌吉 蛇黄白主有官事
凤凰主有贵人助 凤集拳上母病到
孔雀者主大吉利 鹤上天主小口灾
鹤鸣主禄位大显 鹤入怀中生贵子
鹤驾车主征伐事 放鹤者主得财吉
孔雀飞舞有文章 鹦鹉妇人主口舌
鸳鸯散去夫妻凶 野鸭入宅主有凶
驾鹞者主禄位至 鸠鸽者妇人有喜
燕飞入怀妻生子 燕子至有远客来
空中鸟鸣主妻亡 飞鸟入怀皆主吉
捉住飞鸟远信至 雀相争斗有官事
鸦雀相噪主酒食 鹅鸭同游添好妾
鸟走蛇来人引荐 洗鸡得官鸣口舌
鸡抱卵主有大喜 鸡在树上主得财
麒麟者名震天下 白象江猪官位至
狮子叫吼扬名震 猛虎大吼主得官
骑虎行者恶事无 虎入宅中官职重
虎狼不动见官吉 豺狼恶狗有盗贼

三、起名学问

每一个人都会有属于自己的名字，是自己区别于别人的称号。既然是自己独一无二的东西，所以起名就应相当慎重。起名的学问很是讲究。

1. 古人的起名方法

但凡为人父母者，都希望能为孩子起一个相伴一生的好名字。然而，要起一个好名字并不容易。怎么样为一个孩子起一个好名字呢？这其中还是有“道”可循的，古代中国人在起名方面体现了很多学问与智慧，以下是古人的起名之道：

① 时法。根据婴儿出生的年、月、日、季节、时辰起名。

② 地法。根据婴儿出生的地点起名。

③ 纪人法。根据婴儿出生时的踩生(泛指婴儿出生后第一个进家的外人)者的姓氏起名。

④ 纪事法。根据婴儿出生时遭遇或发生的特殊事情起名。

⑤ 纪德法。根据婴儿出生时对本人或父母有恩德之人的姓名起名。

⑥ 应梦法。根据婴儿出生前父母所梦的事物起名。

⑦ 应相法。根据婴儿出生时的相貌、体形等生理特征起名。

⑧ 应念法。根据婴儿出生前后家长的感想意念起名。

⑨ 应兆法。根据婴儿出生前后的某些预兆起名。

⑩ 应筮法。根据婴儿出生前后占卜的结果起名。

⑪ 用典法。从古诗词、典故、成语中选字取意而起名。

⑫ 顺序法。以出生时的前后顺序起名。

⑬ 连姓法。将姓氏与名合成一个词汇。

⑭ 命理法。按照命理及阴阳五行相生相克理论起名。

⑮ 言志法。以名字抒发鸿鹄远志。

⑯ 仰贤法。以名字表达对先贤的尊敬、仰慕。

⑰ 寄托法。通过起名寄托长辈对婴儿的多种期望。有消祸禳灾、企盼长命百岁的，如毛延寿、辛弃疾、霍去病等名；有祈求封妻荫子、光宗耀祖的，

如汤显祖、郑光祖、史达祖等名；有继承祖荫、家道昌盛的，如李隆基、杨继业、杨延嗣等。

⑱ 表德法。以名字表达对某种品德的向往。

⑲ 加减法。将姓氏笔画做加减之后起名。

⑳ 体重法。以婴儿出生时的体重斤两为名。

㉑ 物名法。以万物的名称起名。

㉒ 生肖法。以婴儿出生年的生肖为名。

㉓ 合姓法。以父母的姓氏合并做姓名。

㉔ 叠字法。两字相叠起名。如陈圆圆、李师师、苏小小等。

㉕ 镶边法。用相同偏旁部首的字为家庭成员起名，是谱系起名的另一种替代。

2. 起名的避讳

起名应当有避讳的道理，这早在春秋时就已经有人说过，而后《礼记·曲礼上》又加上一条：不以日月来命名。从现有文献材料来看，两周时民间以天、日月、星辰等为人名的情况，当真罕见。由此反过来证明了统治阶级的意识形态，往往占有社会思潮的主导地位，纵是因人而异、千差万别的取名之道，也很难逃脱这样的意识。

起名避讳的道理，除了怕犯讳而惹出政治上或伦理上的麻烦外，还在于企求名能传世和使用过程中不发生谬误，所以在约定俗成中，起名之忌也慢慢进行着调整。相对稳定的名忌还有：

（1）忌冷僻

熟字入名容易发生雷同，但专择僻字入名也为多数人不取。

（2）忌恶字

诸如斩、亡、杀、袒、裸、刑、绞、夭、丧等，自秦汉以来，皆为名忌，为人所不取。

（3）忌谐音

包括因谐音易发生歧义的字。

（4）忌狂诞

换句话说，仰慕先哲前贤而在取名时有所显示，是可以的，但如与圣贤同姓，取名则切忌狂妄，比方说姓孔、姓孟而名丘、名轲便属此类，不取祸便贻笑。

（5）忌歧义

特指因字有多义性或出处涉及到特定的上下文，易招致谬解。

3. 现今起名的要点

随着社会的发展，现今起名除了遵照古人的原则习惯外，也形成了现代人特有的起名习惯：

（1）讲究形式

所谓重形式，是指讲究寓意性，即依各种起名方法择字的前提下，又兼重形式，以雅致、响亮、形体美观为首选，所谓义、音、声、形皆美是也。这种特色，是汉字文化的音韵与造型的艺术性所提供的。

（2）辨出性别

尽管所谓“男人女名，女人男名”的现象时有所见，但大多事出有因。从总体上看，中国姓名文化具有男性起名多选表现阳刚之美的字，而女性起名多选表现阴柔之美的字的特征，使人望名而辨性。惟近世风俗嬗替，发式衣冠渐成男女莫辨，现代很多男性比较温柔化，而女性又比较强势，让人不禁感慨阴盛阳衰的风气，所以名字就更应该回归性别的区分之道上来。

（3）着重意义

名字不仅仅是一个代号，还寄托着父母美好的愿望，所以名字的意义至关重要。有的人希望孩子能够快乐成长，就会起名叫“乐”；有的人希望孩子能够坚强勇敢，就起名“强”；有的人希望孩子能够健康成长就会在名字中带有“健”或者是“康”；有的人希望孩子能够大气，胸怀宽广，就会在名字中带有“江”或者“海”；有的人希望孩子能够脚踏实地，能够依靠自己，就在名字中带有“山”或者“勤”等；有的人希望孩子有文化，就会在名字中带有“文”，希望孩子漂亮美丽的就会带有各种花的名字或者是表示美好含义的字等等。

第四章

十二生肖

生肖文化在中国由来已久，每个生肖都具有其独特的性格特征以及不同的运势，人们可以根据生肖的性格特征及运势来了解自己的性格以及大体运势，从而更好地发挥自己的优势，扬长避短。

一、十二生肖文化

十二生肖文化在中国古文化中源远流长，很早就被用于纪年。十二生肖被赋予了很多特殊的意义。

汉族生肖中的十二种动物的选择并不复杂，它与汉族人的日常生活和社会生活很相近。

十二种生肖动物大致可以分为三类。一类是已经被驯化了的“六畜”，即牛、羊、马、猪、狗、鸡，它们是人类为了经济或其他目的所驯养的，占到十二种动物的一半。“六畜”在中国的农业文化中是一个重要的概念，有着悠久的历史，在中国人的传统观念中，“六畜兴旺”代表着家族人丁兴旺、吉祥美好。因此这六畜称为生肖是有其必然性的。第二类野生动物是为人们所熟知的，与人的日常生活有着密切联系的动物——虎、兔、猴、鼠、蛇，其中有为人们所敬畏而介入人类生活的，比如虎、蛇，也有为人们所厌恶的却依赖人们的鼠类。第三类是中国人传统的、象征性的吉祥物——龙。龙是十二生肖中唯一一个现实中不存在而处于人们想象中的动物。龙是中华民族的象征，是集许多动物的特性为一体的“人造物”，代表了吉祥富贵，是最具有象征色彩的吉祥动物，因此生肖中更少不了龙的位置。

1. 十二生肖的传说

前面提到过我国古代人民用“干支”纪年，但要用“干支”记住所有的年份非常困难。为了便于记忆和推算年份，人们便采用了十二种动物与十二地支相对应的方法，每年用一种动物作为属相。如2008年按干支是戊子年，属相是鼠，记鼠年就比记戊子年好记多了。

我国古代文化根据动物出没时间和生活特征，将十二种动物作为十二生肖，即每一种动物为一个时辰。其次序为：鼠、牛、虎、兔、龙、蛇、马、羊、猴、鸡、狗、猪。

鼠：晚上11时到第二天1时(即“子时”)。这时老鼠胆量最壮，活动最频繁，所以，子时同鼠搭配。

牛：凌晨1～3时(即“丑时”)。这时牛吃足了草，“倒嚼”最细、最慢、最舒适，所以丑时同牛搭配。

虎：凌晨3～5时(即“寅时”)。据古书载，这时老虎最活跃、最凶猛、伤人最多，因此寅时同虎搭配。

兔：清晨5～7时(即“卯时”)。这时太阳还没有升起，月亮的光辉还没有完全褪去。玉兔是月亮的代称，是月宫神话中唯一的动物，这样卯时就同兔搭配。

龙：早晨7～9时(即“辰时”)。传说这是群龙行雨的时候，龙是神话中的动物，于是辰时属龙。

蛇：上午9～11时(即“巳时”)。据说这时的蛇不会伤人，也不在人行走的路上游荡，多隐蔽在草丛中，因此巳时就属蛇了。

马：上午11时至下午1时(即“午时”)。依据道教的说法，中午太阳当顶，阳气达到极点，阴气渐渐增加。在阴阳换柱之时，一般动物都躺着休息，只有马还习惯性地站着，甚至睡觉也站着，因此午时就属马了。

羊：下午1～3时(即“未时”)。据说羊在这时撒尿最勤，撒出的尿可治愈自身一种惊疯病，因此，未时属羊。

猴：下午3～5时(即“申时”)。这时猴子最喜欢啼叫，声音拉得最长、最洪亮，所以申时属猴。

鸡：下午5～7时(即“酉时”)。这时日落山岗，鸡开始进笼归窝、夜宿，于是酉时属鸡。

狗：晚上7～9时(即“戌时”)。黑夜来临，狗看家，守夜的警惕性最高，并产生一种特殊的视力和听力，看得最远，听得最清楚，所以戌时属狗。

猪：晚上9～11时(即“亥时”)。这时候猪睡得最酣，发出的鼾声最洪亮，全身肌肉抖动得最厉害、长肉最快，于是亥时属猪。

生肖与十二地支相配就是：子鼠，丑牛，寅虎，卯兔，辰龙，巳蛇，午马，未羊，申猴，酉鸡，戌狗，亥猪。

2. 中国普遍的生肖信仰

生肖本是用于纪年的一套符号，是古代天文历法的一部分，后来为阴阳五行观念所浸染，成为民间宗教信仰的一部分。自生肖观念在民间出现以后，它随着算命术的盛行在民间流传不衰。很多人认为，五行中的每一种要素都是相互制约的，对人的一生会产生重大影响。人们可以利用不同的五行要素来协调，使自己的生活及工作能顺心如意。同时民间还认为生肖属相与人的性格也有着某种联系，即使同一属相的人，由于出生的时辰不同，性格、命运也会各异。

生肖信仰中非常重要的一部分是关于本命年的观念。一个人出生的那年是农历什么年，那么以后每到这一属相年便是此人的本命年。由于十二生肖的循环往复，每过12年，人们就要遇到自己的本命年，这样依次推出，人生本命年为12岁、24岁、36岁、48岁、60岁……民间认为本命年为凶年，需要趋吉避凶，消灾免祸。汉族北方各地每到本命年时，不论大人小孩都要买红腰带系上，称为“扎红”，小孩还要穿红背心、红裤衩，认为这样才能趋吉避凶、消灾免祸。

我国许多民族都很重视老人的60岁生日，称为“花甲”，花甲为一生中第5个本命年，也是干支纪年的一个轮回，须好好庆祝，以此寄托人们企求长寿、健康、吉祥的愿望。

3. 少数民族的十二生肖

在中国这个由多民族组成的大家庭里，生肖并不是汉族的专利，许多少数民族都使用十二生肖纪年，且各不相同。

桂西彝族十二兽：龙、凤、马、蚁、人、鸡、狗、猪、雀、牛、虎、蛇。

哀牢山彝族十二兽：虎、兔、穿山甲、蛇、马、羊、猴、鸡、狗、猪、鼠、牛。

川滇黔彝族十二兽：鼠、牛、虎、兔、龙、蛇、马、羊、猴、鸡、狗、猪。

海南黎族十二兽：鸡、狗、猪、鼠、牛、虫、兔、龙、蛇、马、羊、猴。

云南傣族十二兽：鼠、黄牛、虎、兔、大蛇、蛇、马、山羊、猴、鸡、狗、象。

广西壮族十二兽：鼠、牛、虎、兔、龙、蛇、马、羊、猴、鸡、狗、猪。

蒙古族十二兽：虎、兔、龙、蛇、马、羊、猴、鸡、狗、猪、鼠、牛。

新疆维吾尔族十二兽：鼠、牛、虎、兔、鱼、蛇、马、羊、猴、鸡、狗、猪。

新疆柯尔克孜族十二兽：鼠、牛、虎、兔、鱼、蛇、马、羊、狐狸、鸡、狗、猪。

二、属鼠人的性格与运势

老鼠给人的感觉总是古灵精怪的，而属鼠的人相对来说也比较精灵，做事有条理，属鼠的人可以根据这些优点，在爱情与财运方面及时把握时机。

1. 属鼠人的性格特征

优点：渴望求知，做事态度积极，勤奋努力；自尊自爱，能自我约束，能替别人着想，待人和蔼；善于结交各式各样的朋友，适应性强，机智，谨慎，善于筹划；性格外向，多情善感。

缺点：有时目光短浅，一事当前，先为自己打算；多疑、不够坦诚，有些爱慕虚荣；对直觉过分自信；比较性急，涉及欲望方面的利益，有时不顾情面。

属鼠的人是合群的，但情感内敛，不会轻易让人看到喜怒哀乐。属鼠的人冷静、机警、记忆力好。有克服困难的能力，临危而不惧，灾难的来临只能使他的智慧更显出众。

鼠年出生的人虽然有自卫的本能，但野心过大是前进的最大绊脚石，想做许多事情致使精力分散；如果能贯穿始终地完成事业，最终会成为富有的人。

属鼠的人是孝顺的，父母肯定能得到他的关心和体贴。属鼠的女士是很好的家庭主妇，对丈夫的事业发展很有帮助，是爱孩子的母亲。

2. 属鼠人的爱情与财运

（1）爱情

属鼠的人感情丰富，对所喜爱的人十分仁慈、宽容，因此在与异性交往中会讨人喜欢。

属鼠的人谈恋爱时非常认真，总是希望别人报答自己，由于对爱情过于刻意，有时反而弄巧成拙。

鼠年生的人，家庭生活常是美满而幸福的，因为他们对家庭和家人永远是最忠诚的。鼠年生的女性，虽然很实际，但又喜欢做白日梦，追求虚无缥缈的爱，希望自己在恋人的心目中是优秀的情人，包括外表及内在。对恋人的要求也很高，是个完美主义者。能获得她芳心的男性，一定都是很有才干的人。她不仅要求对方的外表，就是许多世俗的条件，也得合乎她的高标准。

鼠年生的男性，多半有广博的知识，是上进的人。他心胸开阔，待人亲切和蔼。在谈恋爱时，表现得温文尔雅，对恋人体贴备至。在家庭生活中，属鼠的男性作为丈夫，可说是近乎完美。虽然崇尚理想，但为了家庭，他会努力地做个尽责的丈夫。当然，他也绝对是一个慈祥的好父亲。

（2）财运

鼠年生的人非常勤勉，一生中很少遇到金钱上的困扰。但是，他并没有理财的概念，因此属鼠的人应脚踏实地，将辛辛苦苦赚来的钱一点一滴存起来。

属鼠的人虽然能够很谨慎地处理金钱，但常常因为心地太软，容易被骗。所以，千万别抱着侥幸的心理，受人引诱去赌博、投机。建议属鼠的人不要有暴发户的心理，应该努力学习一些金钱管理常识。

3. 属鼠人的逐年运势

属鼠人见鼠年，其年财力正旺，事业高就，有一鸣惊人之势。后有小病，卒有刺激之事。

属鼠人见牛年，其年自己不能见喜，必遇人们之喜，光明欣然。见阴人扫荡，成晦气。

属鼠人见虎年，其年跃马沿途，必作他乡之客，孤单只影。

属鼠人见兔年，其年有喜盈门，添人进门，可有夫妻反目之象，每事烦难，不忍可见牢灾，口舌是非皆因此。

属鼠人见龙年，其年财利顺风，事得其新，应有金榜题名，当遇小孝，更防官符，不慎反为小人所累。

属鼠人见蛇年，其年遭大病，破财，幸有月德照临，否则一命呜呼。

属鼠人见马年，其年必常居花街柳巷，无关男女，都得破财。大则牢狱有门，小则拘留所可进，珠泪不干。

属鼠人见羊年，其年事业成就，凡谋皆吉，偶有不平之事，卒有暴败。小见天难，杀耗终有。

属鼠人见猴年，其年交友重情，切不可断情，免得他方指背。破财事小，致感情破裂，双双苦恼。

属鼠人见鸡年，其年瑞霭盈门，满堂吉庆，不是多福多寿必是多子多孙，可宏图大展，乐而忘忧。小见吊丧，不见大害。

属鼠人见狗年，其年少利，灾祸重重，当防疯犬，高险勿近。漂零远方，闻报丧门，伤心苦恼之至。

属鼠人见猪年，其年身体不佳，注意小心，免遭大病。

4. 属鼠人的生辰运势

由于生辰八字不一样，属鼠人的运势也不一样。

(1) 属鼠人的逐月吉凶运势

属鼠人生于正月，新春之时，万户穷富家家均是嗅荤，富食之间，而老鼠嗅荤必喜，一生口福不浅，每食必荤。但是荤太多，往往必有糊涂，自强心高，终日好吃懒做，晕头晕脑。

属鼠人生于二月，惊蛰之时，此人胆大怕惊，终是小胆，一生令人怜爱，文雅温和，只是自己晦气。可能多贵人，处世大方，虽不能挂帅出将，但文印可保。脑海聪敏，风吹草动，细雨暗丝，了如指掌，在千辛万苦、大惊大吓之下，乐登彼岸。

属鼠人生于三月，清明之时，虽有酒肉之食禄，赖是泪汪痛心之事，忍心赴聚。此类人心软，每遇伤心，终于丧心晦气，垂头不起，有百事成空之感。大则不平之事，致能死于非命；小则不平之事，可能出家，作为今世道姑，次之必成庸愚之人也。

属鼠人生于四月，立夏之时，衣禄轻淡，劳碌不得贵人，处处遇难。不是小人捣乱就是惊险重重，乞丐无路，依人为生，不得良夫贤妻扶助，常被他人藐视，少得机会，很难出头。

属鼠人生于五月，芒种之时，东跑西奔，工能忘食，夺门有企，摇头张尔，随机应变，不失良机，能成富室，一生不怕凄凉，不畏艰难，可独立成家，能成万人崇拜，可作人之模范，老来自福，始终尤难。

属鼠人生于六月，小暑之时，热气阳阳，但防烈日逼来，身遭其疾。虽是干渴，宜居于江河湖海之畔，多寻水源，一生出头人上。

属鼠人生于七月，立秋之时，五谷丰登，衣食无忧，不须劳禄，须防小人陷害。才可糊涂，待人接物，宽度大方，可大谋望，虽有失败，但无大碍。人粮送仓，不怕天灾人祸，一生衣禄自余，决不求乞于他人。

属鼠人生于八月，白露之时，不但衣食盈余，并得多重美贤之夫妻，胜如明皇游月宫，享尽人间之乐，相貌清白，聪敏出众，举笔成章，定作尚客，并常赴约喜筵，早有福星照命，任君行去。百事可成，总有小不平之事，多得贵人扶持，终有成功之日，切莫自绥，必成大器矣。

属鼠人生于九月，寒露之时，为人稳重，怕出头做事，畏寒畏冷，可能衣食保暖，绝难成大将之材。总得美能之夫妻，难免口舌，口才表情不多，听天由命，自强心小，不善交友，不宜外交，宜官住自宅，听人维持。

属鼠人生于十月，立冬之时，五谷归仓，处处粮空，四出寻吃，多有困难，依人为生，虽有冲天之志，总少机会，不得其愿。时遇不平，虽得其贵，饱一餐，饿一餐，很少盈余，不做不饱，做之少路，困难最多。

属鼠人生于十一月，大雪之时，必得登家，日吃山崩，待时出洞，衣食赖祖，自创在晚，但能成功，不遇小人，不遭恶险，不自讨气生，不晦气，逍遥自在。

属鼠人生于十二月，小寒之时，岁在年末，不但有吃，五谷糙粮，都作熟粮，储酒腌肉，以待除夕，肥年饱节，安然康泰，饱暖一生。

（2）属鼠人的逐日吉凶运势

属鼠人生于子日，命带将星，当有机会出外做事，不能超过祖上，绝有比背之象，应是光门耀祖，争气子孙。

属鼠人生于丑日，子与丑合，亲子和睦，家和人和，处处可栖。

属鼠人生于寅日，是为驿马，必须终日奔走四方，难有归家，多作异乡之客。

属鼠人生于卯日，必得祖荫，并承夫妻之助，一生安享福禄。

属鼠人生于辰日，华盖坐命，聪明敏捷过人，必能名登金榜，鳌头独占。

属鼠人生于巳日，子水克之，一生小病跟从，宜在衣食住行方面多加注意。

属鼠人生于午日，子午正冲，每遇凶难，不得其利，有财当散。

属鼠人生于未日，未土克制子水，自我心强，不服人管。

属鼠人生于申日，申金生子水，当为人间孝子，思亲甚切。

属鼠人生于酉日，命坐桃花，每欲花前月下，时慕歌舞佳人，风流才子。

属鼠人生于戌日，一生孤苦伶仃，时欲单身匹马。

属鼠人生于亥日，多见脓血之灾，晦气多来，窀窀不乐。

（3）属鼠人的逐时吉凶运势

属鼠人生于子时，宜早完婚，免致后嗣代虚。事业一帆风顺。

属鼠人生于丑时，多招美貌佳人，常替女子扫财，宜女不宜男。

属鼠人生于寅时，多招风流才子，常替男子扫财，宜男不宜女。

属鼠人生于卯时，飞天胆大，有张飞之勇，虽不能登台拜将，亦有一番成就。

属鼠人生于辰时，始成而终败，恨难始终如一。

属鼠人生于巳时，谨防破碎，并有重婚之象，一生无聊。

属鼠人生于午时，每遭口舌，大则牢狱之灾，一生少顺。

属鼠人生于未时，必成必败，一反一覆，形似水浪。

属鼠人生于申时，一生清吉，虽有小破财，不在其害。

属鼠人生于酉时，子女必多，满堂喜庆。

属鼠人生于戌时，不见其利，多在其危，宜善守之。

属鼠人生于亥时，寒热多病，谨防身体。

三、属牛人的性格与运势

十二生肖中，牛给人的最大印象就是踏实务实、勤劳稳重，而属牛的人大多都是积极进取，有上进心的，可以利用这些优势在工作、爱情方面取得较好成效。

1. 属牛人的性格特征

优点：勤奋努力，百折不挠，意志坚强，有进取心，有领导欲望；诚实可靠，责任感强，能吃苦耐劳；能关心他人，谦虚谨慎，有正义感，爱打抱不平；务实谨慎，比较稳重，有忍耐力，始终如一，不妥协。

缺点：有时有自卑倾向，固执己见，不纳雅言，有时爱冲动；不爱社交，缺乏临机应变能力，不善表达；保守、顽固，有主观独断倾向。

牛年出生的人，充满自信，即使灾难来临，都能保持镇静，临危不惧，深信自己能克服困难，冲破难关。一丝不苟的属牛人坚持固定的模式，他是个永不知倦的工作者，他认为只有按部就班地做事，才能立于不败之地。因此，他讨厌投机取巧、半途而废，也正因为如此，他会得到权威人士和领导的信任。

属牛的人是墨守成规的，虽然也能听取别人的意见，但不易改变他的观念。因为他很固执，主观意识很强，较为呆板，凡事斤斤计较，不圆滑，不懂得关心别人，所以不适合从事公共关系、外交及一般精细的工作。

属牛的人不懂得罗曼蒂克，因此属牛的男性和女性之间，求婚过程可能会很长。但是，属牛的男性是有涵养、有气量的。婚后，他是可以完全信赖的丈夫，会尽力把生活安排得很舒适，永远不使妻子失望。

牛年生的女士一定是位优秀的家庭主妇，她爱整洁、守时、有责任感；爱家、爱丈夫、爱孩子。她做的事永远比应该做的多。

总之，属牛的人是脚踏实地的，以不屈不挠的精神，通过自己的努力，总是以一个胜利者的姿态出现。

2. 属牛人的爱情与财运

(1) 爱情

属牛的人外表平和安静，但却有一

颗炽热的心。因为保守内向，所以即使遇到自己喜欢的人，也不会主动追求，往往失去大好机会。虽然也有极丰富的内心世界，但常常是不解风情。他的爱情观是现实的，视爱情为交易，付多少感情，便要求多少回报。

冷静、温和、谨慎、忍耐力强，是牛年生的女性的优点。她是专情的，一旦喜欢上某个人，便会全心全意，此时就算遇到另一位条件更好的男性，她也不会改变初衷。但是由于强烈的独占欲和嫉妒心，往往在婚后造成丈夫心理上的压力。不过大体来说，属牛的女性是标准的家庭主妇。保守而传统的个性，促使她坚守婚姻制度，对家庭始终如一。

牛年出生的男性谨慎、温柔、倔强，喜欢柔弱、温婉的女性。但两个缺点千万不要忽略，一是当你有了女友之后，别对其他女性太热情，否则会引起不必要的误会；二是猜疑心不要太重，否则会引起对方的反感，产生争执。成家之后的属牛男性，对妻子有一颗非常温柔的心。他很顾家，很会保护自己的家人，使他们不受伤害，绝对是个好丈夫、好父亲。

（2）财运

牛年生的人，日常生活是十分劳碌的，常为生计四处奔波，生活并不安定。由于缺少金钱方面的经营观念，与大富大贵无缘，也许身边会有些积蓄，但是起落并不太大。属牛的人在经济上支出总是多于收入。所以应该避免投机，同时要尽量远离赌博。

属牛的人个性正直，不善于用手段与人交往，常常因为处事不够圆滑而失去到手的利益。他坚信，公正、公开地做事，才是获得财运的正确途径。

牛年生的人，如果不想只靠稳定的收入来增加财源的话，不妨从事一些不动产的投资。

3. 属牛人的逐年运势

属牛人见鼠年，其年诸事皆吉，喜上门眉，虽见浮沉之病，不药自愈，悉赖子与丑合，逢凶化吉也。

属牛人见牛年，其年不利，卒有应试之机，恐成泡影，伤心之处难免，一年事业无聊。

属牛人见虎年，其年迎亲嫁娶，添子添孙，终稍有晦之感，单身外也肖，谋成他终，思归有期。

属牛人见兔年，凡事不顺。

属牛人遇龙年，其年不吉，一心似托于圆梦。欲动不得，终是无功而绊住，凡谋不利。

属牛人见蛇年，其年财来就之，似取囊中之物。小忿小惩争长觅短，捉打官符，为交友不慎，是犯指背星，欲哭难明。

属牛人见马年，其年桃花出献，迎

郎探花，当招恶病之人，死生至大，破财代药，虽遇凶克退。

属牛人见羊年，其年多财破库，偏得小人心，司马氏骨肉相残，唐明皇失去安禄山，啼必无声也。

属牛人见猴年，其年大吉，必是贵人门下之高客，事从新尚，每试必中，不是作福作寿。定能迎亲嫁娶，添子添孙，天赐之喜。须防喜忘形，而致小人作乱，后来奔北，能形暴败，善维可也。

属牛人见鸡年，其年有天穴奇祸，浮沉不乐，破败倒闭，交友遇贼，凡事不利。

属牛人见狗年，其年事业顺利，出走他乡，形单影只，财不聚守，只因欲望探花。时有口舌，公事何谓如私，丑戌刑之，绝感头疼眼花，吉多凶少，尚称快乐。

属牛人见猪年，其年不利，往返奔波，做事无成，进退不利，求谋多泪，破败无常，鲜见功劳，怨气难消。

4. 属牛人的生辰运势

通过对于牛年出生人的生辰分析，能够看出各自不同的运势。

（1）属牛人的逐月吉凶运势

属牛人生于正月，新春之时，待时出力，虽目前运滞，后日当有工作，尽管吃成饭，休养身体，自有大用，食禄丰盈，应感苦闷，心烦之家。

属牛人生于二月，惊蛰之时，此人闻惊迫急，心猿意马，时欲出头并干，不得其权，由自我心强，一生胆大，有射虎之威，无人不能自往，晦气重重，一生苦闷不乐。

属牛人生于三月，清明之时，翻新气象，逍遥快乐，自由自在，吃尽天下，不食宿饭，到处可居无难，不受他人管束，聪敏至贵，不食自力。虽有些险阻风波，得能达彼岸。他日自有盈余，独立自强。

属牛人生于四月，小满之时，忙忙碌碌，东走西奔，劳苦不堪，日无休息，多受人指挥，依人管束，行动不自由。财利毫无，名不得时所谋不能从心，无专主之才，精神非常，寿不永长，艰难困苦，进退不能，命运不祥，有至乱离，寂寞悲哀之象。

属牛人生于五月，芒种之时，身弱身衰，不威不重，破坏别离，家运无道，灾厄迭至，艰难重重，穷迫滞塞，苦忙终有何益，枉费精神一生，快乐、穷迫各半，徒食由崩，灾厄辛苦繁多，不宜苟且行事，招致失败，凡事忍耐慎重为之，免遭皮肉之苦，千辛万苦，终少出头之日。

属牛人生于六月，小暑之时，知识才能，令闻令望，半世幸福，半世困苦，逍遥快乐，不大忙碌。奈无权力，文艺技术多发展，热气当凉，东来紫气，运时必至，事业如意，吉多凶少，不慌不忙，往来有助，阴阳新复，忍事柔性，享自然之幸福，走自由之大路，天赋之美德，吉庆终日，旭日东升，西天有大利矣。

属牛人生于七月，立秋之时，丰隆命运高，动力自旺，龙子清高，衣食必新，家门雍目，进退得时，寒热平均，一生少困难，凡事皆吉，四路亨通，利达三江，早有福星照命，晚有孝子孝孙。

属牛人生于八月，白露之时，自享祖福，工作时有困难，遇事不适，丧心晦气，谋事在人，成事在天，资生之计，谋不遂，虽不宝贵，一生少险恶风波，名利平衡，子孙兴旺，财苦颠倒，四海流通，有成功之日，进退自如，威望隆重，才能发达，技艺精通，健康而身厚重也。

属牛人生于九月，寒露之时，万事如意，智谋权力必集，衣食住行，自有一新，就是出身微贱，有志竟成，谋事如愿，长发其祥，逢凶化吉。既无外御，复少内忧，勇往直前，时运平和，排除万难，一生幸福也。

属牛人生于十月，立冬之时，虽身风霜，丰衣足食，思想计划，独裁自如，事业进步，金钱充裕，负笈有师，有旭日东升之势，如月之恒矣。

属牛人生于十一月，大雪之时，身寒意冷，有歹命运，有祖墓之厚培，终身应有外灾，落落难合，事与愿违，衣衫褴褛，食宿不新，凡谋事不顺利，琴瑟少和鸣，朝上少人官无名，待之人用，无法用人。一生平安无灾无难，盖幸乎哉。

属牛人生于十二月，小寒之时，青钱难重，金榜少名，每食生疏而不熟，功名恍惚以难成，有李广之威力，终是无封，安寝乐室，应子传孙，自身寒薄，通俗一世。

（2）属牛人的逐日吉凶运势

属牛人生于子日，子与丑合，红罗帐里有戏，鸳鸯树上双栖，虽有些小微病，终是不药而痊。

属牛人生于丑日，求造有期，每考不升，文成掷地金声，家报泥金喜捷，鹏程万里。须明症候，思神过虑，不免头痛眼花。

属牛人生于寅日，太阴高照，五心不开，明有烦恼，空中悬人之象，每思万空之感，男有登科遇美，女有于归之才，琴瑟调和，夫妻幸福也。

属牛人生于卯日，卯木克丑土，小忿小惩必至，争长竞短大亏，不是早发大孝，就是每岁吊丧。此日生人，一生不幸。

属牛人生于辰日，太阴高照，每有女贵人，多忧萦绊，少得安静，遇事不平，阳逆阴和之兆尔。

属牛人生于巳日，巳火生之丑土，并有巳丑酉三合会局，虽是官符每多，财路亨通，交友多指背，当而是贵人。

属牛人生于午日，幸有月德照临，死里偷生，时欲花街柳巷，每睡无情不眠，身体常有不适，只为探化很早。

属牛人生于未日，虽有万贯之根基，一败如灰，每事不详，凡谋少利，有冲天之志，无善德后果，一世多难，宜守之也。

属牛人生于申日，紫微高照，求婚多遂，虽有不意之事，贵人照临，鳌头独占，青钱得中，事在人为，财利更通。

属牛人生于酉日，巳酉丑三合，命将带星，治民之本，一品之尊，虽诽谤多招，灾殃不免，虎威旺重，克制鬼贼，成之大矣。

属牛人生于戌日，天德福星常照，跃马沿途，单身居多，四方求名利，有日不归定，口舌因公起，刑克也公门。

属牛人生与亥日，丑土克亥水，终日功在沙场，命犯天狗星，日日作吊人。命中虽强，宜早归宁。

（3）属牛人的逐时吉凶运势

属牛人生于子时，花堂早拜，身体多病，事业无悉，凡谋必成，子嗣旺相，晚景不错。

属牛人生于丑时，聪敏多才，时受刺激，岁君逢劫杀，一年生意无聊，文章盖世，逢伤必泪。

属牛人生于寅时，花烛迎人，很少自由，怨天尤人。太阳高照，遇难有救，时欲单身为事。

属牛人生于卯时，死丧破败，灾难重重，牢灾余代，凡事小心，并早冲亲。

属牛人生于辰时，诸事欠吉，流连烦繁，阴气重叠，不是男破女，就是女破男。

属牛人生于巳时，官符常见，交友指背，财库甚足，名旺他人。

属牛人生于午时，桃花坐命，常欲迎情，不是重婚，就是填房过继，入赘之象。

属牛人生于未时，丑未一冲，破碎牢灾，厄运多走，一生少幸福。

属牛人生于申时，天地赐福，顺水行舟，如月之恒，如日之升，贵人得力，不谋自取，紫微高照，不怕天灾水患，一生泰矣。

属牛人生于酉时，白虎破财，浮沉多病，应防跌灾，脓血之苦，流浪生涯。

属牛人生于戌时，每多口舌，流落异乡，驿马为人，福星高照，到处可成。

属牛人生于亥时，飞天入地之能，多外少家，死见天狗，不见乡亲。

四、属虎人的性格与运势

虎是森林之王，看起来比较威严，而属虎的人性格中也大多有着王者风范，担当的正面角色比较多。

1. 属虎人的性格特征

优点：有雄心壮志，有朝气，乐观，勇于开拓，博爱，有正义感，敢想敢干。

缺点：有时会有些自傲、不谦虚，有自以为是的倾向；粗心大意，易动感情，易轻信他人。

属虎的人热情、诚实而慷慨，有奇妙的幽默感，他的活力及乐观，对周围的人具有相当的感染力。

属虎的人很仁慈，爱婴儿、动物、爵士乐及一切能引起他幻想和注意的东西。做事很专心，会尽所有能力来做事。感情丰富的属虎人不重实利、不怕危险，是个乐天派。所以，在年轻时，生活通常是放荡不羁的。

当属虎人沮丧时，他需要充满真诚的同情，他会聆听安慰者温暖的话，并感激在心。属虎人的内心世界是浪漫的，生活是反复无常的。鲁莽和优柔寡断是他的缺点。如果他不那么迫切地追求成功，能学会成熟持重，将是极有成绩的。

虎年生的女士是迷人的，她能将社会生活和家庭生活协调得自然而完美。她表达力强，自由开放，喜欢赶时髦。她是很好的母亲，不喜欢约束孩子，却又懂得如何教养子女。

一般来说，属虎人的优点多于缺点。从来不知疲倦，绝不把事情憋在心里，行动快速但有些草率。发怒的时间很短，痛恨被人轻视，在嫉妒时表现出过分的占有欲。

总之，充满活力的属虎人是吸引人的，总是成为人们关注的中心。

2. 属虎人的爱情与财运

（1）爱情

属虎的人感情丰富，热情、善良而敏感，是爱恨分明的人。有一种吸引力，就算并不是那么积极地追求别人，也总有人暗恋。虎年生的人太过热情，占有欲强，常令伴侣无所适从，从而产生反感，离他而去。如果一旦被抛弃，他会记在心里，可能走入极端，有报复的行为。

属虎的女性喜欢刺激，喜欢浪漫的恋爱，讨厌单调乏味的家庭生活；她会把自己的恋爱史全部藏在心中。婚后，她希望丈夫像情人一样保护她。可是，她同时又是个专制主义者，做她的丈夫可以不用担心家庭琐事，只要专心于事业即可。

虎年生的男性有强烈的爱情观，自我意识很强，喜欢支配别人。他不会刻意地掩饰自己的情绪，是个真性情的人。属虎的男性对爱情的态度勇猛，他懂得讨女友的喜欢，也不太计较付出，所以特别受女孩子的青睐。但因为属虎的男性较喜支配别人，所以独立性强的女性并不适合他。因为虎年生的男性有极高的自我崇拜倾向，所以在家庭生活中，他希望妻子事事按着自己的主意去做。但是，他很善良，有极温柔的心。有时，尽管怒容满面，但很快就烟消云散。

（2）财运

支持属虎人生活的最大信念，是金钱以外的一些精神信仰，所以他不在意经济的来源。可是他也不用担心经济来源如何，因为他许多的经济来源，往往取决于他所执着追求的理想目标，结果财运自然随之而来。

属虎的人没有在商场上运筹的头脑，在名誉和地位之外，并不想追求暴利，只要求一些起码的利润就够了。

虎年生的人往往太注重理想的完美化，总以既不损害人格，又能在现实生活中拿捏得宜的方法来得到财富。他审慎地选择时机，绝不草率作决定，胜算自在心中；即使有危险，也能及时做好预防工作。因此，属虎人的财运，大致说来是相当不错的。

3. 属虎人的逐年运势

属虎人见鼠年，其年不利，灾难多取，利去功空，逆来悲痛，多见怙恃。

属虎人见牛年，其年大吉，红鸾喜临，秉心淑焉，吉庆终世，虽有头疼之病，天赐平安，不药而愈也。

属虎人见虎年，其年天昏地暗，伤祖财散，浮沉不定，临事不如意，烦闷苦恼。

属虎人见兔年，其年大凶，龙虎争斗，孟宗器竹，男女代破，财利见佳，百事不宁矣。

属虎人见龙年，其年大凶少吉，大起大落，财利欠佳，百事难兴。本年应刻守本业，少进多守，可保一年平稳；可奋力外行、择机进出，事业有成，可克凶趋福。在今年，最好在身上戴一块龙凤图样的玉佩。

属虎人见蛇年，其年主刑，太阴高照，有才有能，建业无功，多陷疾病，孤苦伶仃，交友谋旺皆受挫折。

属虎人见马年，其年万事亨通，有机高升，脚踩楼梯，财进如水，位列三公，谨防小人，飞来官符，求财问名处处通，凡事如意，大吉大利也。

属虎人见羊年，其年出走他乡，月德照临，有些小耗财并有些微病，衣食住行，各自小心。

属虎人见猴年，其年寅申相冲，浮沉涩滞，出外有机会，凡事可就也。

属虎人见鸡年，其年紫微星高照，虽有天厄，逢凶化吉，凡事可救也，龙德照临，虎榜可居。

属虎人见狗年，其年寅午戌三合，财喜并致，出走四方，口舌多起，寡宿单身，只为名利，求谋如意，必进必成。

属虎人见猪年，其年欠吉，当心疯犬伤身，吊客之人，驿马常来，龙飞凤舞，花开花谢。

4. 属虎人的生辰运势

属虎人的运势应为其各自的生辰时间不同，而各有差异。

（1）属虎人的逐月吉凶运势

属虎人生于正月，新春之时，万象更新，虎跃虎威，名扬四海，吼声振天，家运隆昌，贵客之造，意志坚固，名利兼全，不就他人，富贵吉祥，子孝孙贤。

属虎人生于二月，惊蛰之时，正是出力之时，有掀天揭地之奇才，建大业，奏奇功，克尽克忠，能统率众人，智略权谋，势如破竹。

属虎人生于三月，清明之时，更是出头之天，自成权威，受人敬仰，冲天之势，立大功劳，位列三公，官登黄甲，青云有路，当际风云之会，必承雨露之恩，门庭新气象，堂宇旧规模。

属虎人生于四月，立夏之时，清和气暖，云游四海，门庭热闹，家道兴隆，出将入相之人。家庭和睦，骨肉相亲，丹桂五枝芳，紫荆三木茂，育子皆贡，养乞成贵，一生无烦恼，处处亨通矣。

属虎人生于五月，芒种之时，有机可为，凡谋皆就，自食其力，有尊严态度，进退能自由，文武兼能，胆略过人，建立基业，雅量敦厚，性质刚强，以致与人不和，勇往直前，竟到成功之地，权力势焰，受人为难，白手起家，富贵成功。

属虎人生于六月，小暑之时，饮水无源，渴来真渴，到处有难，气冲斗牛，呱呱乱叫，处处少人，财力不足，气力有余，受天之难，所谋不遂，每多困难，丧失配偶，虽有才能，不得其志，侠义心肠，少成人之美德，一生少得良机。

属虎人生于七月，立秋之时，秋

天老虎，格外厉害，脾气刚强，意志坚锐，跋山涉水之苦，如折枝之易，赴汤蹈火之难，在所不辞，能克服万难，凡事可成矣。

属虎人生于八月，白露之时，亦正荣耀之时，先知先觉之才能，贯彻始终，利达四海，一木撑住天下，为众人敬，威镇人群，万事如意，天赐之福，聪敏活泼，文章盖世，不屈不挠，足立实地，名扬四海，声震山河。

属虎人生于九月，寒露之时，渐减其势也，自立心欠强，依人吃穿，处处不通，所谋不遂，丧心闷气。有力不出，坐吃山空，工作松懈，绝俗离尘，野外之人，总清高亦是寒儒，负重不得，负重不起。满腹经纶，生不逢辰，只思平安为守，不想宏图大展，留待子孙尔。

属虎人生于十月，立冬之时，禄马分乡，劳碌奔波，求谋多戾，创业维艰，独立难持，因人创立，秉性聪敏，义气温和，可做可为，顺时听命，成者自成也，无道培之功，举器不凡庸，奈非时也。

属虎人生于十一月，大雪之时，四方皆敌，出行艰难，忧悉不绝，致有杀伤疾病刑罚短命之苦，家运复杂，命途多舛，意外招灾惹祸，灾厄迭至，险哉危矣，凡事小心可也。

属虎人生于十二月，小寒之时，忧闷频繁，凶多吉少，遇贼暗箭，避之不及，衣食不周，时防不意杀身之祸，步上惨苦之境，万事挫折，行动不便，为宜安分守己，居家勿出，慎之祥也。

（2）属虎人的逐日吉凶运势

属虎人生于子日，命犯天狗星，早年披孝哭吟悲哀，并有灾杀，应力避之。

属虎人生于丑日，红鸾星高照，瑞霭盈门，但须出外寡宿之时，并代小病，自有天医，不药而痊。

属虎人生于寅日，是犯太岁，时有头痛眼花之病，不能见伏尸，见之则必乍冷乍热，身体不宁也。

属虎人生于卯日，太阴星高照，新鲜蓬勃，但经酒色混乱，时有空虑之感，率然致使丧心晦气。

属虎人生于辰日，寅木克制辰土，不是早哭父母，定是远亲吊客。

属虎人生于巳日，太阴星临门，寅巳相克，其欲感太深，时有麻烦之事，孤影独伴，反被人仇视，并被嫁祸。

属虎人生于午日，命带将星，官位不小，位列三公，出将入相，往来无白丁，明有官鬼小人，捣乱纷纷，逼成是非，大则官符牢灾，飞来之天祸，一失败下，令人可惜。

属虎人生于未日，月德照临，万事可行，时来天喜星至，不是嫁娶就是见子见孙，鱼门三汲浪，跃马四方，令人敬仰。虽有小耗财，只是为前途而化用。

属虎人生于申日，寅申一冲，虽有名望，困难颇多，浮求涩滞不免，破财小耗常有，时防脓血之灾，铁窗小心当进。此日生人，百事小尔。

属虎人生于酉日，紫微星高照，东来紫气，任君行做，百事可成，虽有小破财，不在其意，并幸得贵人扶助，致败终能成功。

属虎人生于戌日，福星照命，应享祖基之福，得父母之恩，不食自力，并承天德之爱，理是骑马敬朝，多有口舌，悉是为国增光，为民喊福，单身漂零时多。

属虎人生于亥日，一马千里，奔走四方，无家可归也，客死他乡，闻丧远吊而已。

（3）属虎人的逐时吉凶运势

属虎人生于子时，诸事不吉，正丧破财，困难重重，一生多曲折。

属虎人生于丑时，红鸾喜星，为人善言聪敏，喜悦一方，老少合欢，虽有些小病，笑笑了之。

属虎人生于寅时，聪敏至贵，学富五车，好英杰才人，就怕不得父母之力，难得祖荫。

属虎人生于卯时，桃花坐命，花前月下常留影，言笑春风意多情，为人乐游，一生少苦恼。

属虎人生于辰时，才储八斗，无用武之地，平生空虚，理早避亲，怨天尤人，少得贵人。

属虎人生于巳时，阴雾不开，闷气沉沉，急杀贯索，缠身不脱，凶来则凶，诸事不通也。

属虎人生于午时，胆量天才过人，为国栋臣，建大业奏奇功，史上德旺，有福自天来，进退如愿尔。

属虎人生于未时，天遂之喜，挂马之名，虽有风波险境，月德照临，逢凶化吉，百事可成也。

属虎人生于申时，命坐驿马，离乡避机之命，武官是忠心报国，身经刀砍，血体进朝，而谢君恩民意。

属虎人生于酉时，胸藏万卷，必占鳌头，路达青云，必为众人所敬仰。仅防小破财，天厄之小病尔。

属虎人牛于戌时，华盖坐命，临机应变，奇巧才能，他日光门耀祖，车马往来，文武客也。

属虎人生于亥时，体囚受制，衰弱枝叶薄，虽有才能，一时荣华，终日有败也。

五、属兔人的性格与运势

兔子总是活泼可爱，属兔的人也比较温柔善良，总是处于好的人际关系中，可以利用这些优点在事业与爱情上多多努力。

1. 属兔人的性格特征

优点：乐观、和蔼，能体谅别人，性格随和；精明、机智，能和任何人亲密相处，富有想象力，感情细腻。

缺点：没有大志，有得过且过的倾向；虚荣心重，有时怯弱，有时好怡然自得；性情不稳定，不肯刻苦钻研，有官僚主义倾向。

属兔的人往往特别温和，文静，谦谦有礼；潇洒，机敏，精细耐心；善良，纯朴，富有责任感。和其他属相者比较，人们更喜欢属兔的人的性格。属兔的人对工作兢兢业业，认真细致，一丝不苟，有高度的责任感和敬业精神。

属兔的人对爱情最忠诚，他们不会轻易地爱上谁，但如果感受到真诚的爱，看准了值得爱的人，就会一心一意为心爱的人奉献一切。

属兔的人仁慈、善良、和蔼，举止文雅，喜好和平、安宁和惬意的生活环境；热爱艺术，欣赏一切美好的事物，是懂得生活的人。

兔年生的人有很好的判断力。很有自信，有善始善终的精神；也会有条不紊地追求目标，但态度永远是含蓄而庄重的。

外表令人深信不疑的属兔人，很少使用刺耳的话语，从不以粗俗的言辞来解决问题。相信人与人之间的互相友好是很容易的事，总是努力地做到文明有礼。属兔的人对所爱的人温柔、亲切，但对其他的人会有些心不在焉。他对不顺利的事十分厌烦，有时会变得喜怒无常。

属兔的女士是一个可以与人和睦相处的人，她热情、聪明，考虑问题非常周全，很能体谅朋友。她能精力充沛地做好她喜欢的事，对朋友的事，也是热情参与。兔年生的女性择偶条件相当高，会和善良守旧的百万富翁结婚，绝不愿找一个英俊的但一贫如洗的男人做配偶，她的丈夫必须是一个能够保护她，并能维持她奢华生活的人。

属兔的男士殷勤、有礼，举止优雅迷人，有绅士风度。他很自信，会把自己估价得高于一切。他不易上当，是懂得保护自己的人。不过，兔年生的男性有一个缺点，就是过分敏感，有时也有些冷漠。

2. 属兔人的爱情与财运

（1）爱情

属兔的人平静、温和，依赖心强，容易感情用事。婚后的属兔人通常是非常幸福的，对家人疼爱，往往也得到家人的回应。

兔年生的女性冷静、善良、温柔、纯洁。她永远不会为不爱的人驻足，所以最好是和一个了解自己的性格，而且足以消除自己内心不安的人结婚。属兔的女性会是一个很好的女主人，她做事得体大方，会替丈夫赢得光彩。她对婚姻的态度是保守的，始终尽心尽力以照顾儿女为己任。不过，她最好能学习各种知识，或从事足以充实心灵的工作，不要只满足于做个家庭主妇，埋没了天赋和才能。

属兔的男性的爱情是新潮的，他在谈情说爱时所流露出的坦诚和爱意，都能叫女方倾倒不已。但是一旦女方献出爱意想束缚他时，他又会像风一般地消失。年长一些的属兔男性，不羁的性格会收敛一些，但江山易改，本性难移，拈花惹草的习性还是存在的。尽管属兔男性的感情多变，恋爱也多彩多姿，但却是个遵守婚姻制度的人，他总是要求妻子绝对相信他。

属兔的人在恋爱前，一定要抱着真诚的态度，绝不可玩弄感情，否则痛苦的人永远只会是自己。意志不坚的属兔人，在紧要关头，一定要把持得住，懂得有所为，有所不为。

（2）财运

兔年生的人，由于为人慷慨，交友广泛，人际关系良好，大体说来，财运不错，一生都不会为钱财苦恼。

由于属兔人天生乐观、人缘好、不拘小节，所以没有太多的积蓄。而且因为购买欲强，也不懂得管理钱财，所以常常入不敷出。兔年出生的人大多数是安于现状的，他并不企求绚丽的生活，当然也就不可能成就什么大事业。

兔年生的男女都爱美，常会对一些奢侈品、装饰品、各种新产品的兴趣很高。他们会花费大量金钱添置华丽的服装，即使经济不宽裕，也会想办法把自己打扮得光鲜照人。

3. 属兔人的逐年运势

属兔人见鼠年，其年喜气满门，福星临命，并有天德之恩，虽家庭稍有口舌，过时即泰矣。

属兔人见牛年，其年多有不顺，生意无聊，流浪四方，应当心身体，一旦不测，能有不治之患。

属兔人见虎年，其年身体多病，官符常见，是非重重，男女各自扫财，凡事小心可也。

属兔人见兔年，其年必高迁，逢考登场，榜落头名。凡谋成就，百事顺通，求财广进，生意兴隆，名利双全。虽是有头疼之小疾，及虽丧，不在其害矣。

属兔人见龙年，其年太阳星高照，必挂马东跑西行，时有晦气之感，混混空中之象。

属兔人见蛇年，其年东征西战，驿马外奔，必至远方做事，孤单只影，思亲不逢，小破财，不吉之意于外事，事业一帆风顺。

属兔人见马年，其年天喜星至，男女贵人常见，闹闹门庭开心乐意，难免小麻烦。

属兔人见羊年，其年有造究之机，学业广进，浮沉不定，思虑前心切，位列三公，时犯官鬼小人，评解无事尔。

属兔人见猴年，其年闲病重重，死里偷生，幸而月德照临，岁君逢劫杀，一年不顺矣。

属兔人见鸡年，其年必有一破，凡事不如意也。

属兔人见狗年，其年紫微星高照，凡谋成之，天赐之福，龙恩之德，时有责罚难以免，失败少有。

属兔人见猪年，其年白虎临门，不破大财则必破小财，谨慎以防。

4. 属兔人的生辰运势

对于属兔人不同的生辰时间，得到的运势也是不同的。

（1）属兔人的逐月吉凶运势

属兔人生于正月，新春之时，荒年粮欠，衣不充身，食不充饥，求乞于四方，奔波枉用功，忙忙碌碌，终日无休息，若得祖荫，尚称命运高。

属兔人生于二月，惊蛰之时，时受狂风暴雨之惊险，兴高采烈，光前裕后，前途有企。

属兔人生于三月，清明之时，耀武扬威，聪敏活泼，有冲天之势，俨然新气象，欣欣向荣，如月之恒，如日之升，智略权谋，势如破竹，时运必至。凡谋必遂，能成大业，束手成家。一生幸福，长发其祥，大启尔宇。

属兔人生于四月，立夏之时，足衣足食，文质彬彬，威望隆重，大将之材，名利兼旺，夫妻荣华，子孙显贵，一帆风顺，技艺精通，快乐逍遥，精神爽爽，不费心神，所谋如欲，富贵吉祥。

属兔人生于五月，芒种之时，事业发达，经营风顺，受人重视，中运晚运均吉，食禄丰厚，绸缎身穿，有宇宙之大精神，互相合作，处世有情，待人接物，恭恭有礼，一生显荣，大吉大利也。

属兔人生于六月，小暑之时，万象更新，威尊名望，利路亨通，健康富贵，事业顺时，有专士之才，荣华子息，贤妻能夫，人杰地灵，福寿康宁，家势盛大，态度尊严，竟能成功，谋职如愿也。

属兔人生于七月，立秋之时，巧期佳节，男女聪敏显耀，琴瑟和鸣，逍遥自在，清高显耀，财丰禄足，文成掷地有声，家兴隆报喜捷，青钱中选，金榜题名，青云之志，白屋之人，不难求望，诸凡遂心。

属兔人生于八月，白露之时，心柔性和，善养德行，无欺无诈，交友无手足，非受人难，自有官居之时。秉性聪敏，顺进逆退之随机应变力特强，能扶助众人，手腕必高，忠以侠义，处世有方，家道昌隆，富贵荣华也。

属兔人生于九月，寒露之时，事业顺进，衣食欠周，时感丧心晦气，怠惰不力，不愿积蓄，自强心不坚，怨天尤命。不时头痛眼花，听天由命，不争取，不立志，终身辛尔。

属兔人生于十月，立冬之时，青青地小禾，不力自食足，无须奔波，静居养性，永保万寿。虽有些惊险，忍之无事，不愿作恶，不愿处世交友，安享荣华，不谋不就，清高平均，一生顺利成矣。

属兔人生于十一月，大雪之时，遍地皆白，万物收尽，三餐不饱，四路无门，谋事不取，经营缺力，贵人不得，亲友不来，有志无机，活动不能，苦闷烦恼，险灾穷困，一世顺利少有，困难辛苦，事与心违。

属兔人生于十二月，小寒之时，年终岁毕，家中空空，衣禄轻淡，处处遇难，灾难重重，四方皆贼，交友不慎，恐遭暗箭。一生大祸多取，不是伤子伤孙就是伤父伤母，抑或兄弟姊妹夫妻，被人谋害，幸日凶多，苦恼一世尔。

（2）属兔人的逐日吉凶运势

属兔人生于子日，子卯相克，问酒讨杏，口舌叠取，应见红鸾之喜，并有添子应孙之吉兆。

属兔人生于丑日，卯木克制丑土，祖业破空，单身伶仃，被人轻视，凡事不遂矣。

属兔人生于寅日，岁犯天官符，是非口舌，一生难免，疾病灾难常见，男女不吉，破败离乱。

属兔人生于卯日，命带将星，官居极品，不是文官宰相，就是武官挂马，官带俸禄，金匮如山。

属兔人生于辰日，太阳星坐命，出事可成，到处皆通，必是出外之客，更有阴人见之，丧心晦气也。

属兔人生于巳日，命带驿马，离乡背井，孤苦伶仃，事业尚称顺利，不免小破财。

属兔人生于午日，太阳星高照，时有女贵人，抑或得贤妻之助，虽有不测之事，尚无大害矣。

属兔人生于未日，智慧玲珑，文艺精通。时有官鬼小人，造成浮沉不定，并见脓血之灾。

属兔人生于申日，身体欠强，药草不离门，中耗财难免，幸有月德，虽死犹生也。

属兔人生于酉日，月空岁破大耗，灾祸迭来，口舌承端，词讼牢狱常有，夫妻反目不幸矣。

属兔人生于戌日，紫微星照命，顺多逆少，事在人为，名登金榜，天赐职权，败而后取。

属兔人生于亥日，白虎临命，经营破败，天灾地祸，流连少短，不幸大成矣。

（3）属兔人的逐时吉凶运势

属兔人生于子时，命带桃花，迎新送旧，多情多欲，一片风流气象，终日不安于室。

属兔人生于丑时，必是远乡之客，孤身漂零，时有不明不解之事，或入赘于他家。

属兔人生于寅时，不见其利，多见其害，疾极官符绵绵，性燥心乱，必有亡神之处境。

属兔人生于卯时，挂马征乱，势有薛仁贵之名。官拜将星，大材大用，如猛虎下山，行里威声，名扬四海。

属兔人生于辰时，常遭晦气，每遭失败，阴雾不晴，不得出头天。

属兔人生于巳时，命带驿马，终朝奔走四方，求名求利者，孤单只影常时，远走难山。

属兔人生于午时，夫妻贤美，天喜星照命，贵人颇多，有难得救，临危无事尔。

属兔人生于未时，亥卯未三合，聪敏出众，文才兼能，时有小人，飞来不测之事，宜慎重可也。

属兔人生于申时，申金克制卯木，时远沉不乐之病，一有小破财，有月德照临，幸无大害矣。

属兔人生于酉时，酉金克制卯木，时有灾杀词讼破碎之难，造成空虚，防牢狱之片。

属兔人生于戌时，紫微星临命，虽有些天灾不幸，失败之苦，终是逢凶化吉，龙恩施德尔。

属兔人生于亥时，亥戌未三合，白虎星坐命，必有不意之祸，闲苦之境地，宜慎重为事尔。

六、属龙人的性格与运势

中国人是龙的传人，所以在思想意识里对于龙的感觉很独特，属龙的人也大都具备很多优点，是人们所喜欢的类型。

1. 属龙人的性格特征

优点：做事勇往直前，能起先锋作用，乐观积极，有旺盛的进取心，有高尚的信念，做事认真负责，诚实、果断、热情，性格外向，有人缘。

缺点：有半途而废的习惯，盛气凌人，自制力欠佳，骄傲自大，不愿认错；缺乏灵活性，不够含蓄。

属龙的人乐天、率直、勇往直前。生活有目标，充满了生气和力量。喜欢大刀阔斧地做事，很早就为自己树立了理想。因此，属龙人会是有成就的人。因为总在全力以赴，如果失败，往往是由于体力因素所致。

龙年生的人不喜浪费，但并不吝啬。对长辈很孝顺，会为家庭贡献一切力量，这种担当重大责任的特性，从孩童时期就可看出。

属龙人的感情激进，对爱和谄媚习以为常。不过，龙年生的人很适合独身，因为工作和事业会占据他全部的生活。属龙人常以自我为中心，他被激怒时会很粗暴、无礼，完全不体谅别人，甚至会用恫吓的手段来威胁别人；只靠力量来决定胜负，有些武断而不讲情理。

属龙的女性是激进的，从不逆来顺受，认为男人能做的事女人也可以做得很好。她的自尊心强，不要低估她，否则她会竭尽全力将你击败。从服饰上，可发现属龙的女性是个严肃的人，她很少打扮自己，不喜欢花哨，喜欢穿宽松、舒适的服装。

在我国，龙象征着皇帝威严，代表着权力。它传神的样子，使人产生遐想。所以，龙神奇的品质，不管虚幻与否，肯定也体现在那些出生在龙年的人们身上。

2. 属龙人的爱情与财运

（1）爱情

属龙的人热情而慷慨，是非常容易讨人喜欢的。通常，属龙的人很少主动地去爱别人，很少为恋爱问题而烦恼。而且，因为热心的美德，会使龙年生的人在感情的发展方面十分顺利，所以家庭生活是非常幸福的。

不过属龙的人要注意自己的形象，收敛自己放荡不羁的性格。

属龙的女性非常保守，她会花很长一段时间来了解对方，才能够决定是否让对方成为自己的终身伴侣，一旦坠入情网，就会刻意打扮自己，陶醉在爱情里。

龙年生的女性大部分都能够扮演好贤妻良母的角色，她以料理家务、照顾丈夫和子女为乐。缺点是有时候显得过于武断、缺少主见、猜忌心重。

外表坚强的属龙男性，在恋爱时候会表现得多愁善感一些，与意中人在一起过分紧张。婚后的属龙男性，会显得较为孤僻，情绪波动大，在外面遇到不开心的事情，会回家闹情绪。虽然如此，龙年生的男性还是乐于协助妻子做家务，是个典型的标准丈夫。

一般来说，龙年出生的人大多都是理想主义者，要求任何事情都要很完美，对伴侣的要求也是，而且在多数情况下，总是他抛弃别人，而很少有人抛弃他。属龙的人的爱情运很不错。

（2）财运

反应灵敏、观察细致的属龙人，在发挥经济管理才能时，没有太多困难，因为他的理财观念是明确而详细的。对属龙的人来说，金钱仅仅是为达到人生最高目标而利用的手段而已，所以他并不会专心去追求财富。

强烈的虚荣心和自尊心，使得属龙的人收入多、支出也很多。他经常会为了证明自己比别人强，而去赚很多的钱，因此，属龙的人不能存有暴发户的心态，去从事非法的投机事业，不妨从事一些不动产或股票的副业，以作为增产与资产保值的好方法。

3. 属龙人的逐年运势

属龙人见鼠年，其年财利正旺，经营顺利，广进财源，终有破财一次，事得其正，必能挂帅立将。

属龙人见牛年，其龙福星高照，诸事皆吉，凡谋皆利，福德正神临命，虽有阴人小口舌，过时即安矣。

属龙人见虎年，真的龙虎争斗，驿马沙场，南征北伐，远离家乡，必是求名求利者，马奔财乡，发如猛虎，丧服哭泣损远亲。

属龙人见兔年，其年不吉、病常多，浮沉不涩滞，流离颠沛，精神欠爽。

属龙人见龙年，其年深造有机，华盖重动，学艺聪敏，刺激事多，头痛眼花。

属龙人见蛇年，其年太阳星高照，天喜星保驾，凡事由君行，时有晦气。

属龙人见马年，其年不利，远亲有伤，浮沉不定，诸事不吉也。

属龙人见羊年，其年岁运逢之勾绞，主灾滞伤身退财，并须防词讼牢狱之苦。

属龙人见猴年，其年大孝发动，官符当见，交友不利，并犯指背星，男女似有守空房。

属龙人见鸡年，其年辰与酉合，风流一世，满门吉庆，月德照临，有微病、破财。

属龙人见狗年，其年辰戌相冲，必有破财，口舌是非难免，岁君带败，凡谋欠利矣。

属龙人见猪年，其年紫微星高照，红鸾喜发动，诸凡顺利，万事如意尔。

4. 属龙人的生辰运势

属龙人的各项运势并不是完全一样的，不同的生辰时间导致了不同的运势。

(1) 属龙人的逐月吉凶运势

属龙人生于正月，新春之时，潜龙勿用，有大将之才能，无用武之余地，生不逢辰，不得良机，身落海底，无劳无功，苦闷不乐，虽有志气，不能成功，六亲无缘，淡薄成家，多挫折也。

属龙人生于二月，惊蛰之时，飞龙在天，利见大人，利路亨通，作事大与，有机可乘，正是出头之时，威尊望重，声闻在上，德望成功，终成大业，富贵荣誉，建立基业，威镇山河。

属龙人生于三月，清明之时，清秀聪敏，有重用之才能，功利荣达，有大志，守大功，英雄豪杰，能得众信。意志坚锐，不屈不挠，鳌头占先。虎榜独居，旭日东升，青云有路，连科及第，一品之尊。

属龙人生于四月，立夏之时，一发千里，势如破竹，有移山填海之大志，掀天揭地之奇才。安平天下，扫北征东，跃马沿途，威风秉秉，拿妖捉怪，杀贼除奸，挂帅挂将，人杰地灵，名利双全，家势盛大，精力充沛，天赐之禄，飞龙在上，身高名望，智谋、权力必集。

属龙人生于五月，芒种之时，蛟龙下海，正活动之时，用武之地，能奏厥功，天赋之美德，独断之权力，权力势焰，利路亨通，自成权威，万世精巧，盖世奇才，能统领众人，建不世之奇功，有补天之功劳。性情刚直，脾气暴燥，排除万难，功到驾前，中外闻名也。

属龙人生于六月，小暑之时，天气大势，水源不足，蛟龙闲岸，凡谋不遂，病弱身衰，困难辛苦，处事多难，凶气重来，忧闷频来，灾厄之身，浮沉不定，事业多失败。家世普通，灾难重重，行走不便，进退维谷，难得幸福，穷迫滞塞，有破财之苦，衣食不足，虽贵极大才，命不逢时，徒食山崩，精神动摇，不临时也。

属龙人生于七月，立秋之时，秋雨绵绵，应有活动力，到处将通，代龙将起，事事成就，福禄悠久，名望兼隆。智慧周详，有发明之机能，勤勉力行，胆力才谋过人，健全而有德望，技艺精通，不能为害，进退自如，功利荣达。

属龙人生于八月，白露之时，英杰才人，风流雅气，云游四海，乐于交友，运气冲斗牛，绝有凌云志，凤阁功名选，龙楼把名扬，连科及第，一举成名。一身是胆，凡事顺利，享自然之幸福，阴阳新复，领导统治得力。

属龙人生于九月，寒露之时，为人稳重，秉心淑焉，吉庆平安，谋事如愿，忍事柔性，雅量敦厚，惟不能受人欺骗。偶有躁性，性情乖僻，固执刚强，不服人管。富贵荣誉，好除暴安良，勇往直前，不枉己志。

属龙人生于十月，立冬之时，精神萎顿，人闲之时，听天由命，自强力不够，有大志才能，不愿发展前途，遇事怕难，凡事不就，浑浑噩噩，愚不愚，聪敏至贵，安享一生，平安代静也。

属龙人生于十一月，大雪之时，伏龙难起，四处无路走，冰天雪地，江湖河海，凝结冰石，有力难行，虽有志气，不能成功，徒劳罔功，遇事寡断，身苦难免，受天之难。

属龙人生于十二月，小寒之时，困龙勿用，生不逢时，名旺志高，忠心除奸，有一股仙气，总无成功之地也，因是岁寒年末，遍身皆冷，阴雾迷空，天寒地冻，滴水成冰，胡尔何行，辛劳困闷也。

（2）属龙人的逐日吉凶运势

属龙人生于子日，命带将星，事业一帆风顺，必有青云之路，官高事顺，治国泰则民乐，财丰利厚。

属龙人生于丑日，口舌多见，必须出外，阴女扫败，多有福星高照，天赐福德，一生荣华。

属龙人生于寅日，必出远方为事，驿马命代。应留意天狗星，天哭地泪，异乡吊客。

属龙人生于卯日，病灾多多，颠头颠脑，事无头绪，及事不利矣。

属龙人生于辰日，华盖坐命，学艺聪敏，技巧高人，并精能古今，有犯太岁，时有郁闷不开，头痛眼花也。

属龙人生于巳日，太阳星高照，谋事诸般吉，贵人常临，一生喜事重重，晦所益多，财利普见，时见脓血之灾，常有百事空之感也。

属龙人生于午日，大不吉利，诸事逆境，谋事不成，灾害迭来，浮沉不定，海中行舟，危灾险矣。

属龙人生于未日，太阴星高照，常见女官符，须防牢狱灾难，烦恼之事，丝丝不断。

属龙人生于申日，申子辰三合会成水局，应位列三公，凡谋必就，时有官鬼小人作祟，披麻孝服多。

属龙人生于酉日，花街托迹，柳巷安身，往来悉是情人，晨昏幸尔盘桓，虽多小病，月德照临，幸己哉。

属龙人生于戌日，辰戌相冲，财库欠稳，岁破大耗，牢灾风波，噩耗多来，凡事不利矣。

属龙人生于亥日，夫妻贤美得助，紫微星高照，诸事顺遂，虽有官符，暴败天厄，逢凶化吉尔。

（3）属龙人的逐时吉凶运势

属龙人生于子时，申酉卯三合，事业顺利，大展鸿图，诸事皆吉，然有时大破一次，终可成功也。

属龙人生于丑时，吉星高照，求谋大吉，喜笑美满，口舌虽有，不伤精神，顺时退之，而忍性做事，终日善矣。

属龙人生于寅时，驿马坐命，必远离家乡，天南地北，终日少时归家，命犯天狗星，凡事小心矣。

属龙人生于卯时，病人无药主浑沉，有力为事，无力可做，才能空有，体不见全。

属龙人生于辰时，聪敏主贵，女美男才，夫妇和合，衣食丰足，凡谋得意，乡里和合，亲友称道。

属龙人生于巳时，巳火生之辰土，百事要取，虽有灾害，无大凶难，男女不是填房过祭，定有两家之春。

属龙人生于午时，浮沉漂泊，时见流血之灾，夫妻口舌多来，凡事宜慎重，则家运可顺矣。

属龙人生于未时，太阴星高照，流沛麻烦之事特多，虽有破败，亦有成功尔。

属龙人生于申时，辰土生之申金，财丰利足，生意兴隆，四方皆利，交友指背，官鬼频繁，孝服必多，官符常见，宜谨慎从事，而后可也。

属龙人生于酉时，桃花坐命，钱树子慎防倾倒，探花郎那得栖迟，闲是闲非闲挠舌，有财有利有惊忧。

属龙人生于戌时，岁破月杀，狼狈时有，阑干牢难，月空大耗，谨防不吉尔。

属龙人生于亥时，大吉大利，紫微龙吉星高照，有难化吉尔，一生少苦恼，凡事多利矣。

七、属蛇人的性格与运势

提到蛇，人们就会与阴冷联系在一起，而属蛇的人也或多或少会有些冷漠，对于这种性格特征，在人际交往中要善于改变，才能够有更好的发展。

1. 属蛇人的性格特征

优点：意志坚强，温和、谨慎、心灵手巧，为人处事灵活多变，富于弹性。

缺点：动摇不定，总为自己打算，多疑，有嫉妒和报复心理，心胸狭窄，内心冷漠，大事面前优柔寡断。

属蛇的人有天生的、特有的智慧，热情而认真，喜欢思考，总是被生活中美好的事物所吸引。

蛇年生的人总是靠自己的判断行事，他宁愿相信自己的幻想，也不肯接受别人的忠告。他与其他人不能有很好的交流，在人际关系中，表现出极强的占有欲。对别人的要求很高，对朋友会有某种程度上的不信任，甚至有些神经过敏。

属蛇的人谨慎机警，他常过着动荡的、充满激情的生活。在骚乱和险境中，他是中坚力量，能临危不惧。他的责任心很强，远大的理想和天生的优势相结合，往往会使属蛇的人达到事业的顶峰。

属蛇的女性冷静而安详，她爱赶时髦，穿着得体。她喜欢珠宝首饰，在挑选服饰时很精心。婚后，她会把自己装扮起来，充当一个完美的女主人。她会想尽办法使丈夫获得成功，敏锐地指出丈夫的每一个机会。达观的属蛇妇女从不关心两性之间的平等问题，因为她觉得要男人按照她的旨意办事，是很容易的事。

大体说来，属蛇的人具有幽默感，但也有例外。有些人冷冰冰的，有些人则常喜欢嘲讽别人，有些人是和蔼可亲的，更有些人则是残暴的。

春夏两季出生的属蛇人最强悍，冬天出生的则安静而温顺。一般来说，天气好时出生的人比在天气坏时出生的人更乐观，而且更容易满足现状。

2. 属蛇人的爱情与财运

（1）爱情

蛇年出生的人，不论男女，大都讲

究衣着，注重仪表，很能吸引异性，但也往往给人一种虚荣感。在爱情方面，属蛇的人是善嫉妒的，但无论是在恋爱中还是在家庭生活方面，大致来说都相当顺利幸福。

属蛇的女性善良、坦率、纯真、讲理。她常希望能拥有温馨、浪漫的恋情。虽然，她表面上看来很快乐，但心中却常充满挫折感。在家庭中，自我主义强烈的属蛇女士，深得丈夫及家人的欢心。她可以为家庭而放弃一切，把家整理得井井有条、一尘不染，是个称职的妻子。

属蛇的男性通常很浪漫，向往刺激、热烈的爱情。他的爱情观具有攻击性，很懂得用行动表达爱意，善于捉摸女孩子的心思。虽说蛇年生的男性属于行动派，但他又是深沉的，不轻易将心事表露，别人不容易了解他。所以，他也很难找到知心的恋人。

属蛇的男性有很重的家庭观念，在家中常以一家之主自居，并要求伴侣、儿女都要信赖他、尊重他。可是，他却时常感到空虚寂寞，明知自己犯了错误，也不肯道歉，一旦与妻子发生争执，便想出外寻求慰藉。

一般来说，属蛇的人很有同情心，又乐于助人，有幽默感。所以，无论男女，周围都不乏异性围绕。因此，也可能会受到许多感情的困扰。

（2）财运

属蛇的人在财运方面，非常不错。通常总有好运气，有贵人相助，经常能得到不少意外之财。他的收入往往不是靠自己的力量或丰富的理财知识得来的。

蛇年生的人常靠一些投机性质的投资获利，也从来不会因金钱的纠纷而困扰，似乎总有一份天生的幸运来赢得财运。属蛇的人很奢侈，总认为高价的物品才能表现自己的品位。要建立属蛇人稳定的经济基础，唯一可靠的方法就是量入为出、开源节流，并且将金钱放在有利的投资事业上。同时，也要懂得节制，不要过于浪费。

3. 属蛇人的逐年运势

属蛇人见鼠年，其年满门吉庆，喜事盈门，发动婚姻，事业高贵，必跳龙门，晋升晋职，俨然新气象。日有大难大害，遇得天恩解释，时有失败破财，后有发起之时。

属蛇人见牛年，其年白虎破财，弥天大祸，多来意料之事，虽聪敏精巧，仍难防之，宜小心注意，谨慎为妙。

属蛇人见虎年，其年寅巳相克，口舌多起，是非连至，生意无聊，幸有福星照临，万恶消除，福禄临驾，化解凶气，逢险转吉，临危遇救也。

属蛇人见兔年，其年东跑西奔，无日归家，晦气重重，并犯天狗星，异乡作孤客，狼藉不利也。

属蛇人见龙年，其年爱游花街柳巷，是非口舌皆因此。牢难词讼，岁杀病符，幸有天喜星化容，逢凶化吉也。

属蛇人见蛇年，其年交友应注意。多犯指背星，年犯太岁，头晕不乐，浮沉不定，应有失败之不利也。

属蛇人见马年，其年晦气重重，天空地空，精神不定，男主他乡危，女主产后疾，桃花之年，应防不测。

属蛇人见羊年，羊刃之年，铁扫狼藉，凡事欠吉也。

属蛇人见猴年，其年多犯天官符，岁逢太阳星，时见女贵人，除一切意料之事，刑之克之，诸多反逆。

属蛇人见鸡年，其年必挂将星，位居三公，事业顺遂，赐丰利足，小人官鬼特大，阳气腾腾，光明待时。

属蛇人见狗年，其年红鸾喜动，时机把握，虽有小病及小耗财，尚有月德照临成吉，必有离家远出之机也。

属蛇人见猪年，其年马奔财乡，发如猛虎，求名求利者。

4. 属蛇人的生辰运势

生辰年月日在一定程度上也影响着人们的运势，对属蛇的人进行逐月、逐日、逐时地分析，能够更好地看出运势好坏。

（1）属蛇人的逐月吉凶运势

属蛇人生于正月，新春之时，阳气将盛，活跃起来，四处有路，但经风霜之苦，难免有点头昏脑胀，事事如麻，每欲一步登天，却时机未到。

蛇人生于二月，惊蛰之时，眠中惊醒，浑浑噩噩，不知天向，性情不高，志气萎顿，阴阳化育，作事懒成，衰弱根基，独立难持，总清高，亦是寒儒，禄薄福轻。东西道路，南北人家，烦事缠绵，心头乱绪。

属蛇人生于三月，清明之时，聪敏巧能，要图侥幸，亦有科名，青云之志，白屋之人，连科及第，一举成名，为国之贤，为民之寸，功在四方，利在三江，能成大事大业，多劳多功，精神爽快，谋事诸遂，能奏厥功，福祉祯祥无比。

属蛇人生于四月，立夏之时，伴福之臣，保驾之将，精气浩大，威声镇四方，雅量敦厚，秉性聪敏，地位权贵至高，有大志大能，权力必集，侠义心肠，众人敬仰，受天之福，凶压四寇，技艺精通，一帆风顺，有大志终成也。

属蛇人生于五月，芒种之时，胆力才谋过人，能克服万难，功利荣达，能察时世，有先智先能、哲人之头脑。一生平安，贵格之造，福禄攸久，家运隆昌，进退自愿，不就他之事，独裁专主，势力强盛，吉祥重临，多之贵也。

属蛇人生于六月，小暑之时，万事如算，有天赐之福，达成功之日，合谋共作，互助有力。夫妻相荣，子孙显观，德量才能兼备，奇动奇功，意志坚锐，权势高大，热忱忠厚，慈祥有德，善发挥才能，吉祥至尚，贵福名旺，贤能聪敏，处处可事，健全而有德望，名利皆就也。

属蛇人生于七月，立秋之时，代功还朝，安享天禄，逍遥自在。建国必成，立业可朝，凡事如愿，智勇双全，文武两相，每试中选，名列前茅，敏捷聪明过人，经营有道，财恒足矣。性情温柔，道德高尚，功业成就，受人敬仰，外国旅行，荣是嘉宾，白手起家也。

属蛇人生于八月，白露之时，忠厚传家，孝友门第，和邻睦戚，爱亲敬长，兄友弟恭，乡里称道，美德美善，显门耀祖，忍事柔性，雅气敦厚，赖有才能，建立基业，家属有缘，事业顺利，享自然之福。

属蛇人生于九月，寒露之时，智力欠足，一分耕耘一分收获，及时耕种及时收，水旱不调，七坎八坑，损耗难凭，思困而不清，以和为贵，惟静惟佳，曾经落地之关，自有登天之日。狼子野心，锦心绣口，秋霜气和。

属蛇人生于十月，立冬之时，肉粗骨硬，夫妻贤明，身体不健，行动不便，虽有不俗之志，绝无忠心之感，乐于助人，善与人交，家空财薄，待修有期。而游丝漫野，阳雾迷空，阴雨连绵，狂风累日。

属蛇人生于十一月，大雪之时，八方咸仰晴光，四处悉是雪白，进出无路，衣食欠周，闷坐家中，一事无取，贫居闹世无人问，清闲淡薄，含苦茹辛。

属蛇人生于十二月，小寒之时，岁寒冰冻，雪花六出，不能出洞，更少出头天，绝俗离尘，修德有功。衣不遮身，食不足饥，救护无人，烦闷苦恼，命运不济也。

（2）属蛇人的逐日吉凶运势

属蛇人生于子日，紫微星高照，诸事皆吉，一生喜事重重，虽时有天厄卒暴，命有龙德正神保之，尚无大难矣。

属蛇人生于丑日，华盖坐命，聪敏贤能，技术高尚，一生难免白虎破财，婚姻反目，凡事宜慎之。

属蛇人生于寅日，是非口舌频繁，交友不利，生意可做，财利见旺，谋事大吉，身强力壮也。

属蛇人生于卯日，愁闷苦恼，晦气重重，命带天狗星，诸事小难，狼狈有时，孝服特多。

属蛇人生于辰日，一生喜事特多，晕沉之病难免，美满家庭。不安于内，喜在外居寡宿。

属蛇人生于巳日，交友犯指背，时

而头痛，并见血灾，浮沉不定，虽失败多次，而后可成也。

属蛇人生于午日，桃花坐命，喜色多情，时感闷气，有太阳星照，逢灾化祥矣。

属蛇人生于未日，一生丧事多多，婚姻叠次风波，家庭不安，前途多难。

属蛇人生于申日，一生是非口舌、词讼特繁，贵人得力，往往难成，流沛颠倒，多失败困苦。

属蛇人生于酉日，命带将星，地位、权力皆尚，财力丰厚，生意有门。官鬼小人必多，阴气不开，凡事有利也。

属蛇人生于戌日，日日东西，时难归家，遍身悉是红鸾喜，月德高照，虽多病灾难有救，小耗财，人平安也。

属蛇人生于亥日，驿马之命，异乡之客，千里之人，时有失败，披麻执孝，口舌词讼，及事多劳也。

（3）属蛇人的逐时吉凶运势

属蛇人生于子时，子水克制巳火，必见天厄地灾，身体多病，并有龙德保驾，虽危却可化解。

属蛇人生于丑时，巳火生持丑土，凡谋必成，每试必中，虽有坎坷，飞来竟然之事，终有成功之日也。

属蛇人生于寅时，寅木生持巳火，虽多有口舌，生意平常，但谋事在人，成事在天，福星高照，前途光明也。

属蛇人生于卯时，卯木生持巳火，不冲不克。天狗星临命，应小心，东跑西跑，无日不归家。

属蛇人生于辰时，巳火生持辰土，一帆风顺，快乐自在，喜事重叠，不恋自爱，交友得益。

属蛇人生于巳时，比肩平等，交友多犯背星，浮沉不定。脑筋多受刺激，太岁临命，时而头晕。

属蛇人生于午时，午火、巳火比肩，桃花坐命，交友益广，逢人多情。太阳星高照，虽感晦气，近日即除矣。

属蛇人生于未时，巳火生持未土，虽多见丧门月杀，自身健全可康。

属蛇人生于申时，巳火克制申金，贵人坐命，处处可行，但难免不平之事，往往失败，麻烦不断，词讼常起也。

属蛇人生于酉时，巳火克制酉金，官鬼小人时有，有官符阴人常乱，事登将星，财积如山。

属蛇人生于戌时，巳火生持戌土，月德照临，红鸾喜事颇繁，跃马千里，时见小病及破财。

属蛇人生于亥时，亥水克制巳火，破败重重，是非口舌常有，驿马坐命，日日远走异乡，奔波四野。

八、属马人的性格与运势

成语中经常会说“一马当先”、“马到成功”等，对于属马的人，如果好好利用性格上的优势，把握周围环境与机遇，很可能干出一番成就。

1. 属马人的性格特征

优点：有进取心，勇往直前，积极乐观；坦诚、可靠，善恶分明，智力灵敏，有觉察力，自由奔放、洒脱，能接受新事物。

缺点：有半途而废的习惯，盛气凌人，自制力欠佳，骄傲自大，不愿认错，缺乏灵活性，不够含蓄。

属马的人心灵手巧，能学会任何一种运动或技艺。他们有灵巧的双手，能将任何不起眼的材料变成精致的成品。无论从事什么工作，他们都不显得笨拙。在财运方面，属马的人容易挣大钱，但生活好奢华，爱摆架子耍派头，开支也颇可观，时常财来财去，没什么积蓄。

马年生的人有理财的能力，在物质方面很大方，不太在乎金钱的去向。穿着入时，喜欢穿款式奇特、颜色俗丽的服装。属马的人喜欢体育活动，喜欢热闹，待人和气，是十足的乐天派。即使在烦躁的生活中，仍显得活跃无比，会给周围的人带来一片阳光。

在交友方面，马年生的人界限分明，决不同他不喜欢的人在一起，很难屈从别人，完全凭感觉决定对他人的好恶。交际广、朋友多，但从不依赖朋友，总是喜欢独立完成事情。

急躁鲁莽是属马人的最大缺点，有时会对人产生不恭，甚至有粗暴的态度。做事健忘、漫不经心是马年生的人的又一大缺点，喜欢我行我素，很难适应别人制定的规矩。所以，很难将一件事情做得尽善尽美。

马年生的女性活泼开朗，举止轻盈，打扮时髦，精力旺盛，会在同一时间内做各种不同的事，总认为休息是多余的。她会将所有的事情料理得井井有条。有时，人们会认为她在和自己竞争，因为她周围的人谁也没能力像她那样做事那么多那么快。

2. 属马人的爱情与财运

（1）爱情

属马的人会赞美别人，富有同情

心，极受他人的欢迎，在爱情的路上是占有一定优势的。恋爱中的属马人，热情却无耐性，因为他总认为生存的意义和价值是获取事业的成功，而不是沉溺于谈情说爱。

马年生的女性追求现实的爱情，她经常会感到空虚寂寞，希望能受到伴侣的照顾。但对于热烈的爱，又会退避三舍，因为她喜欢守旧而肯牺牲、奉献的男性。

属马的女性追求完美的家庭生活，对丈夫温柔体贴，但并不盲目，也不会委曲求全；一旦发现丈夫厌弃自己，她就会决然地结束婚姻，毫不苟且。

马年生的男性拙于表达对异性的爱意，在恋人面前常会感到手足无措。当对方采取主动时，他更不懂得如何招架。属马的男性，年轻时有点木讷，但年长后，因成熟而表现出翩翩风度，往往成为女性崇拜的对象。所以，马年生的男性，婚后可能会在外拈花惹草，但仍记得照顾家庭。不过，属马的男性在感情上有些迷糊。在恋爱中，他对爱情的需要，连自己都分不清究竟是精神上的需要还是肉体上的需要，常常使伴侣反感。

（2）财运

属马的人因为有多个触角的延伸和积极的行动，所以没有太多金钱的困扰。广泛的人际关系、积极的生活态度会替属马人带来许多财运。

马年生的人不喜欢靠踏实稳定的方法赚钱，也不懂得以经济的观念来投资致富，所以在工作上没有安定性及可靠性，极容易没有固定的工作。

在属马人的一生中，有许多成功，也会有不少的失败，财运也是如此，在生意上可能赚大钱，也可能亏大本。运势总是大起大落、变化多端的。

所以，马年生的人要特别谨慎，只要能把握时机、按部就班、脚踏实地做事，还是可能成功的。

3. 属马人的逐年运势

属马人见鼠年，其年灾连连，口舌是非常有。

属马人见牛年，其年紫微星高照，谋事如愿，龙德在身，逢凶化吉，时有失败，晦气克子，天难地变，家运欠通。宜小心从事，切勿自骄自傲引起不幸也。

属马人见虎年，其年白虎造晦，财利不顺，多有破财之苦，灾难重重，交友注意，多犯指背星，事业无就，浮沉不定，浑浑噩噩。

属马人见兔年，其年天喜星驾临，事顺财足，口舌重重，凡事小心，福星照临，四力可行，百事遂愿也。

属马人见龙年，其年浮沉不定，形单影只，月杀大耗，漂流四海，应犯天狗星，吉少逆多。

属马人见蛇年，其年病患常有，阴雾重重，东跑西奔，不得其安，五日休息，并犯官符，交友、放债、合作均不宜就，凡谋不利，事不能取。

属马人见马年，其年事业风顺，必有晋升高就之机，财丰利厚，生意兴隆，但有犯太岁，精神不爽。

属马人见羊年，其年太阳星高照，然有遇事不顺，有晦气，必抛离家园。

属马人见猴年，其年如驿马，发如猛虎，势力高尚，凡谋顺遂矣，虽只身单影，难免远丧悲痛之事。

属马人见鸡年，其年喜气重叠，瑞霭盈门，时有阴人访拜，并见勾绞六害之难。

属马人见狗年，其年华盖坐年，考试必取，聪明伶俐，官符在身，披麻执孝当见。

属马人见猪年，其年诸事不吉，凡谋难取，病灾小耗常见，幸有月德照临，遇困得开也。

4. 属马人的生辰运势

对于马相的逐月、逐日、逐时的运势分析，能够看出生辰对于属马人的影响比较深，应该在总的运势中把握好的机遇，避免不好的事情发生，起到一定程度的预见、防范作用。

（1）属马人的逐月吉凶运势

属马人生于正月，新春之时，精神爽快，生龙活虎，浩浩荡荡，欣欣向荣，但雪地将开，冰天将放，食得祖业陈宿之粮，一生少得尝新之机。为人表里如一，品德性正，缄默寡言，喜欢交友，欢乐人生。

属马人生于二月，惊蛰之时，为人清明，衣冠必新，所食均是鲜粮嫩菜，陈宿之谷，不得入门。秉性聪敏过人，叫处皆通，不受拘束，自由自在也。

属马人生于三月，清明之时，云开雨散，势有千里之途，耀武扬威，文冲斗牛，志气凌云，无困难灾害，英豪人杰，胆才过人，令人敬仰，邻里称美，远悦近和，谋事大成，凡试必取头名，虎榜必定先登。

属马人生于四月，立夏之时，必有赴汤蹈火之焚，负担很重，依入为生，日受人欺，走东到西，五日休息也，随行随吃，钱来钱去，忙忙碌碌，多有苦恼。

属马人生于五月，芒种之时，门庭新气象，堂宇旧规模，创基立业，千辛万苦，家道兴隆，福禄得长生，生灾不已，招异姓同居，妻得夫财，大食事禄。食禄之人，提兵之将，见子应迟，嫁娶必早，凡事千头万绪尔。

属马人生于六月，小暑之时，粗茶淡饭，衣食欠佳，热气逼人，汗珠满身，千里之力，终身疲劳，武牛喘月，意外过虑，天旱时灾，祸福参半，干戈如鼎沸，疫疠苦符同，操心劳碌。

属马人生于七月，立秋之时，不冷不热，无凶无祸，灵感过人，聪敏至极，声家清薄，门风克振，温柔文雅，技巧艺术超人，意志常欲成功，有日必得贵人助，诱人之力特强，精力充沛，万事和达，一生无大灾害，清平闲静，安乐少愁也。

属马人生于八月，白露之时，技艺智谋过人，文武兼全，胆大虚心，为事奏；诱导有功，德高望重，感情和合，有志气，勇往直前，凡事逐渐成功。脚踩楼梯，无上吉祥，是非兼半，紫气东来，俊秀才能。

属马人生于九月，寒露之时，与人同乐，才能智力均尚，意志不坚，事不遂心，寂寞悲哀之象。不为而成，自然自安，悠闲之福，奈无权力，靠人吃饭。自立心少，不愿处世学好，一遇挫折，灰心不起。

属马人生于十月，立冬之时，起初灾害并至，而晚景幸福皆来，但变动异常，排除万难，而成功者有之，挫折者有之，此为历来之英杰人物，秉性颖悟，侠胆义气，临事难达目的，一生平凡之象。

属马人生于十一月，大雪之时，冰天雪地，寸步难行，遍身清寒，体蹄怜伤，负重累累，保主有功，虽有天赐之食禄，但常悲泪暗思，奔波劳碌。

属马人生于十二月，小寒之时，一生烦事特多，五日不能休息，衣食不全，苦不堪言。天寒地冻，雪花四出，虽难行，然不得不奔走，跋山涉水之苦，亦须探险走走。一身冷气，水底捞月，空来空去。

（2）属马人的逐日吉凶运势

属马人生于子日，灾杀岁破必来，是非口舌常有，词讼官符，小则耗财免灾，大则倾家荡产。

属马人生于丑日，紫微星高照，谋事有成，终身少难，职权地位高尚，当有处事困难，则晦气重重。

属马人生于寅日，白虎临命，破财费时，交友多犯指背星，诸事不可如愿。

属马人生于卯日，天喜星、福星临命，诸事皆吉，求谋顺遂，一帆风顺，建业立家速成，早年披麻戴孝，家教欠当，时喜乐游花街柳巷，偶有是非口舌发生。

属马人生于辰日，浮沉不定，漂流事业，孤身只影，多作异客，命犯天狗星，宜少出早归，免漂 流异梓。

属马人生于巳日，病患重重，身体欠康，东倒西歪，坐卧不安，万里可行，词讼官符常见，头痛眼花难免。

属马人生于午日，命带将星，职

掌大权，位登三公，跃马沿途，生财有道，伤神常感。

属马人生于未日，太阳星高照，必出远方为事，时在天南地北，晦气重重，凡事不逆矣。

属马人生于申日，命带驿马，一发如雷，一气冲天，如虎下山，势力特强，单身孤独时常，一生丧事频重。

属马人生于酉日，太阳星高照，红鸾喜事多多，婚姻必重，烦恼事多起是非。

属马人生于戌日，聪敏坐学堂，文名四海，职列三公，小人官鬼四起，披孝丧门见多。

属马人生于亥日，生意无聊，病灾多见，仍有小破财，过大败之时，幸月德来临也。

（3）属马人的逐时吉凶运势

属马人生于子时，子水克制午火，必见官符牢灾，生意欠当，破财失败，年空月空。

属马人生于丑时，午火生持丑土，命逢紫微星，诸谋大成矣，逍遥快乐，虽有闷气小败，不在其话下。

属马人生于寅时，寅木生持午火，虽时难事逆，交友不利，败破灾杀，终有成功之日。

属马人生于卯时，卯木生持午火，利路宏通，满堂春色，交朋接友多贵，乐而忘忧，小有口舌，披孝颇多。

属马人生于辰时，午火生持辰土，暗淡清闲，浮沉不定，寂寞只影，事不遂心，屡生挫折。

属马人生于巳时，巳火、午火比肩，辛勤劳碌，疾病缠绵，生克不了，官非难免，事业不定。

属马人生于午时，午火比肩，家庭和睦，骨肉相亲，命运兴隆，既富且寿，既安既宁，事职专权。

属马人生于未时，未土生持午火，衣冠不下，财谋称意，当今一品，出马之官。

属马人生于申时，午火克申金，理直气壮，职事必高，财散人离，骨肉不亲，青衿济济，往来无白丁。

属马人生于酉时，午火克酉金，家运昌隆，喜多乐余，不是作福做寿，就必应子应孙，刑克纠纷不断。

属马人生于戌时，戌土生持午火，文章落选，官鬼小人作乱复杂，官非丝丝不断。

属马人生于亥时，亥水克午火，病轻而难疗，虽险而填医，月德临命，重亦何妨？

九、属羊人的性格与运势

所有动物中，羊总是给人感觉最温顺，而属羊的人也比较温顺善良，但是还有很多性格上的优点与缺点，这些都或多或少影响到属羊人的运势。

1. 属羊人的性格特征

优点：好奇心旺盛，喜欢创新，有野心，温顺善良，有同情心，喜爱艺术，有想象力和创造力，内心坚定，对喜欢的事物充满热情。

缺点：悲观，不能容忍别人踏入自己的领域，不注重实际，内心十分固执。羊年生的人正直、亲切、温顺而害羞，举止优雅，有同情心，但很难谅解别人的过错，理解别人的难处。喜欢儿童和小动物，是自然主义者。

属羊的人情绪波动大，当他们的各方面都处在佳境时，往往是风度优雅的艺术家，或是有创造性的工人；而当他们处于事业及其他方面的低潮时，则是一个多愁善感，甚至悲观厌世的人。

属羊的人表里不一，别人永远不知道他的内心，遇到不顺心的事，也不愿将自己的想法说明或表白，而是在沉默中僵持，在愠怒中坚持己见。

羊年生的人不喜约束，不会严格地要求自己，当然他也没有时间观念。他需要强者及能控制他的人来约束他。同时，也要在严格的制度下工作，才能发挥他的才能，并有一些成就。

属羊的女性爱打扮，做事缓慢，而中年妇女则清洁成癖，她们挑选服装及配饰很讲究，简直无懈可击。属羊的女孩会坦诚地表达感情，对所喜欢的人毫无保留，是可信赖的人。

总的来说，人们都会喜欢属羊的人，因为属羊的人本性善良，乐于与他人分享自己的所有，他期望周围有更多的朋友，期望周围的人给他热情和支持。

2. 属羊人的爱情与财运

（1）爱情

羊年出生的人，通常是较怕羞、柔弱和孩子气的。同时，他的依赖心重，在恋爱中常处于被动。

由于属羊的人有时会缺乏责任感，

而且意志力薄弱，因此容易受诱惑而上当。属羊的人对爱情有美丽的憧憬，恋爱观也不传统，着重精神享受，也重肉欲。因此，对于是否该付出真情，便要作慎重的考虑。

羊年出生的女性，对伴侣的要求很苛刻，但是会对他关怀备至。在家庭生活中，她懂得精打细算，是个称职能干的妻子。但由于性格较软弱，无法承担责任，因此特别需要丈夫的体贴、关爱。

羊年出生的男性对恋爱抱着诚实的态度，通常会使情侣感到舒适妥当。他可能永远都像一个长不大的孩子，所以他既有少年时代的憧憬和浪漫，又有成熟男士的风度。属羊的男性精力充沛，是一个忠于爱情的人，并且非常懂得如何去讨好女性。在家庭里，属羊的男性是一个体贴入微的好丈夫，对子女来说，是一个照顾周全的好父亲。

虽然，羊年生的男性是一个细心而凡事周到的人，但却不喜欢斤斤计较，他对妻子总是言听计从，希望与家人分享家庭的欢乐。

（2）财运

总的说来，羊年生的人一生中，经济上没有太大的困扰。能平淡、安稳地生活，有充裕的钱财，但谈不上富足。如果属羊的人能多用点心思在事业上，会是个白手起家、从无到有的实业家。但是，他的财富来源并不安定，因为他太容易相信朋友，往往会吃亏上当。所以，一定要避免去做一些受人情或义理要求的事情。

根据属羊的人的性格来分析，不能做投机的事，只能从事一些确保安全性的不动产投资或者可靠的债券投资，这才是累积金钱最聪明的方法。

总之，属羊的人有细腻的心思、优异的才华，如能充分利用这些优势，自然会有很大的收获。

3. 属羊人的逐年运势

属羊人见鼠年，其年正走偏运，生意兴隆，花前月下会佳期，行酒讨杏时欲乐，小病小耗难免。

属羊人见牛年，其年丑未比肩，诸事欠利，月空大耗破财，是非口舌常有，谨防官讼牢灾。

属羊人见虎年，其年走正官，事得其权，禄食为先，一品之尊，欺凌枉冤悉是对头人。琴瑟和鸣，家门雍目，天难人怨，不在其意。

属羊人见兔年，其年运走偏财，财路亨通，事业顺遂，诸凡小顺，唯中有波折，破财伤害，浮沉不定也。并见脓血之灾，有生意外之不幸。

属羊人见龙年，其年正是劫财，忙来忙去，东奔西跑，口舌迭取，跃马沿途，事得其正，凡凶来，福星即临。

属羊人见蛇年，其年正走正印，事得其权，不是拳之印人，驿马坐命，必出方为事，诸事如意，凡谋必就，应到成功之目的。

属羊人见马年，其年正走偏印，虽事不得正权，其副职高于一切。病灾重来，喜事当见，诸凡皆吉，百事可通，一帆风顺，诸事大吉。

属羊人见羊年，其年未与未之比肩，应见深造之机，但身心不遂，晕若病况，药石无效，缺之娱乐精神。用思过深，反见其害。

属羊人见猴年，其年正走正印，非挂帅主权，必是经理大客，太阳星高照，四方有利也。红鸾喜照命，必见门庭之喜气，凡事大通。

属羊人见鸡年，其年正是食神，坐吃空空，外无多财，反见词讼牢灾，不吉不利之事多多。

属羊人见狗年，其年劫财流年，生意欠隆，财空食空，麻烦贯索，丝丝不断。

属羊人见猪年，其年正走伤官，小人官鬼多，交友不利，反成背敌。其权位职掌，树头难立，摇摇摆摆，一旦欠慎则必落台下。

4. 属羊人的生辰运势

由于生辰不一样，同样是羊相人，他们的运势也是不一样的。

（1）属羊人的逐月吉凶运势

属羊人生于正月，新春之时，三阳开泰，活跃聪敏，虽衣食不全，然事业高尚，喜气盈盈，词讼官非难免，天难地变常遇，晦气决多。

属羊人生于二月，惊蛰之时，秉性温和，处事有方，衣食高尚，四路皆通，宜事多利。

属羊人生于三月，清明之时，聪敏出众，敏捷过人，高尚爽直，万事吉祥。威严声旺，财源利达，衣食必鲜，富贵健康，享自然之幸福。名利双全，逍遥快乐，能成大事大业，能奏厥功，福祉祯祥无比。

属羊人生于四月，立夏之时，灾害常有，晚福必来，变迁异常，能排除万难，直到成功之目的，或有挫折。英雄无异，义心侠胆，自我心强，有争取精神，一生衣禄丰，子孙贤贵。

属羊人生于五月，芒种之时，财丰利足，权力心高，中外闻名。志性刚强，智谋权力必集，受人之难，亦受人敬仰，所谋如意，出言有章，有才能智慧。意志坚锐，足立实地，能统率众人，手腕至高，确收成效。

属羊人生于六月，小暑之时，热心忠直，受人崇拜，受天之福，胆量、智才过人，能处世和平，合谋志同道合，名利荣达，进退无难，言而有信，无欺无诈。清闲优秀，家运隆昌，荣华一世，晚享子福。

属羊人生于七月，立秋之时，显耀清高，意志坚定，不屈不挠，脚踏实地，时运必至，万事如意，能够成大的事业。俊杰之才，享天授之福，享自然之福，发祥发福，再兴复兴，败而后成也。

属羊人生于八月，白露之时，渐入佳境，爵位升迁，风云有机会之期。同僚和谐，乌纱终不脱，然诽谤之多招，灾殃之不免，有天之保，受力之主。所谓官鬼小人，自行独正，自为有道，心正不怕邪。

属羊人生于九月，寒露之时，做事难成，根基浅弱，总清高，当时寒儒，创业艰难，衣食不足，小人心常多，疾病缠绕，辛劳艰苦，俗尘之辈，奔波于南阡北陌，野外之士，虽有楚江入相之人，终是荒凉不堪也。

属羊人生于十月，立冬之时，小阳春暖，应是出头之天，青云有路，文艺惊人，可图侥幸，青钱中选，金榜题名。友得良朋，四面皆亲，虽粗食淡饮，其人之命运高，添官晋职，雨露之恩特深，天赐之权决尚，安享福禄，全世幸矣。

属羊人生于十一月，大雪之时，虽安食天赐之禄，进出无路，精神困居，受天之难，四处皆白，望洋兴叹。一生很少有出头天，谋事难成，财力艰难，百事不遂心，千头万绪，浑浑噩噩，一事无成。

属羊人生于十二月，小寒之时，四处皆冰，寸步难行，自有之食不久，前途渺茫，享年欠长，灾难多多，时受人严守，行动无自由，白食白死，一生少名利。

（2）属羊人的逐日吉凶运势

属羊人生于子日，小破财，兼时犯小病，月德在命，临危有救，命坐会桃花，多在月前花下，酒色之春。

属羊人生于丑日，必达破财，家空手空，是非口舌常有，词讼官灾不免，宜谨慎小心。

属羊人生于寅日，命在紫微星，诸事皆吉，喜气重重，虽时有官非口舌，逢凶化吉也。

属羊人生在卯日，白虎临命，财库动摇，时刻注意小心，浮沉之病难免，职官高尚，必挂将星。

属羊人生于辰日，福星高照，出外营谋，统率人群，权柄特高，是非口舌当见，孝服多有，阴气累累。

属羊人生于巳日，驿马坐命，一发如山，求名求利者，必是异乡贵客，出外之人。

属羊人生于午日，一生喜事多有，凡事顺利，小病偶现，一生平坦乐道，前途光明。

属羊人生于未日，显贵聪敏，文章盖世，鳌头独占，虎榜留名。时有刺激之心，头晕目眩，用功过甚之过。

属羊人生于申日，一生尽是红鸾喜，太阳星高照，四路皆通，谋事高就。生意普通，无聊之象，常有“天空地空万事空”之感。

属羊人生于酉日，词讼、口舌、官符、牢难重重，大小孝服特多，灾害难免，谨防破财损身。

属羊人生于戌日，太阴星照命，婚姻重取，阴贵人必多，遇事不遂，及事不利。

属羊人生于亥日，官非迭起，小人特多，交友多犯指背星，灾难累重，位列三台，卸如流水。

（3）属羊人的逐时吉凶运势

属羊人生于子时，未土克子水，每有乐欲，花街柳巷常留，小耗破财必有，月德照临，凡事遇难即解也。

属羊人生于丑时，未土、丑土比肩，普通行运，偶有破财、官非口舌、词讼牢灾，但人才高尚，凡事处理，有序无乱。

属羊人生于寅时，寅木克未土，紫微星高照，事业高就有企，天星赐福，虽有官非晦气，终是有救也。

属羊人生于卯时，卯木克未土，命将带星，势力高强，浮沉不稳固，白虎破败凶，一发如雷，一败如灰。

属羊人生于辰时，辰土、未土比肩，福星照命，远出他方为事，必定顺利，虽多小口舌，恐是桃色之争，披麻执孝，只见单身只影漂流。

属羊人生于巳日，巳火生持未土，驿马坐命，离乡遮祖，东去西行，南谋北就，早日可归。求名求利，外出一生，天狗星坐命，盼能早归。

属羊人生于午时，午火生持未土，一身喜气，玉堂常宜，花花家园，乐意无边，虽有小病，宿夜即除矣。

属羊人生于未时，未土之比肩，华盖坐命，聪敏贤能，岁犯之，时见晕沉之疾。

属羊人生于申时，未土生持申金，太阳星高照，喜事重重，凡谋有利，虽孤单只影，生意无聊，但少困难之境。

属羊人生于酉时，未土生持酉金，水难火灾，是非口舌，官符牢灾，聊于常事。

属羊人生于戌时，未土、戌土比肩，婚姻不利，有时桃色之纷，困扰不利。

属羊人生于亥时，未土克亥水，交友不利，小人官鬼频繁，官符是非不断，然有权位，即能克除也。

十、属猴人的性格与运势

《西游记》里面的孙悟空是人见人爱的猴子，聪明，有胆识，有能力，降妖除魔本领高强。属猴的人大多也是很聪明、急躁的，这些性格特征对于他们的运势都造成一定的影响。

1. 属猴人的性格特征

优点：有较强的进取心，性格倔强，喜欢竞争，乐观自信；亲切，能与人融洽相处；爱好社交，老练。

缺点：对任何事都不能持久地钻研，圆滑，有些世故，给人八面玲珑的印象。

属猴的人坚定而进取，喜欢掌握许多知识，因此选择任何职业都能获得很大的成功，适合成为优秀的演员、作者、外交官、律师、运动员、股票经纪人。

属猴的人一生洒脱，长寿长乐。他们热爱生活，精力充沛，对新的世界充满好奇心，敢于冒险，喜欢刺激，总是有新发现。他们开朗乐观，充满风趣，活泼有余，严肃不足。他们不受管束，无忧无虑，喜欢自由自在的生活。

猴年生的人一般都有管理财务的才干，有一定的务实的精神，他不会为失败而气馁，虽然会从事艰苦的工作，但是必须得到相应的报酬，否则是不会再做下去的。

有强烈自我优越感的属猴人，凡事都以自己的利益为出发点，过多考虑自己的得失，又不懂得尊重别人。是极自私又极虚荣的人，总喜欢和别人竞争，并有投机取巧的心理，所以往往很难取得他人的信任。

猴年生的人很精明，只相信自己，没有自我反省的精神，嫉妒心很强，当想要拥有某些东西时，往往不择手段。

属猴的女性机智、神采奕奕、生机勃勃，善于察言观色、精打细算，从不受别人支配，喜欢刺激，从不做徒劳无功的事情。善于抓住别人的性格特性，运用自己的精明算计去驾驭他们。猴年生的女性爱挑剔，对事情要求很严格，从不轻易舍财，除非她有什么特别的目的。

总而言之，属猴的人个性是多元化的，他们热情、充满自信；他们讲策略，总使自己处在有利的地位，即使处在逆境，他们也会采取逆来顺受的态度，因为他们认为“君子报仇，十年不晚”。属猴人的报复心是很强烈的，但不轻易表露给他人。

2. 属猴人的爱情与财运

（1）爱情

猴年生的人聪明、机灵、好辩、诡计多端，因此，与异性的关系很不好，常和伴侣吵架。

属猴的人很热情，容易坠入情网，但由于爱情不专一，加上不稳定的性格，因而自己永远不会满足，而且也得不到真正的爱。虽然属猴的人也会真心去爱一个人，但是他精明的眼光和喜欢批评别人的习惯，常让自己的热情很快冷却。而且，恋人也会决然离去。

通常，属猴的女性很重视男性的外表，她不会主动对异性表示友好，希望男性来讨好她，制造美好的气氛来迎合她。在家庭中，她喜欢在丈夫面前做大女人，所以猴年生的女性应多学习处理家务、体贴丈夫，并在教育子女方面多与丈夫配合。

属猴的男性同时会有多个女朋友，但不喜欢将感情完全投入，因此，猴年生的男性高兴时会对女友温柔体贴，不高兴时便希望对方离得越远越好。但是，属猴的男性有时会把恋爱看得很重，常沉浸在恋爱的梦中，可以因此而放弃工作、金钱、地位。

在家庭生活中，猴年生的男性给妻子的印象，是一个理想的情人、失败的丈夫。但三十五岁后，他会有明显的改变，思想逐渐成熟，会使他愿意负担家庭责任，也会愿意帮妻子做一些家务事。

（2）财运

猴年生的人财运不错，做人积极，个性外向，是天生的乐天派。大体上，拥有终生不会为钱而烦恼的运气。同时，属猴的人善交际，总是有经济上的好运，也会得到他人的协助。但因为天生的竞争性，同时缺乏思虑，有时难免草率行事，错过大的财运。

3. 属猴人的逐年运势

属猴人见鼠年，其年经营兴隆，利达三江，财丰利足，防避官鬼带来是非口舌、词讼牢灾。职位高尚，必得将星，遇考必就，诸事皆吉。

属猴人见牛年，其年天喜星临照，作福做寿，添丁人口，外出营谋，月德照临，一帆风顺，应防见小病，小耗财。

属猴人见虎年，其年运如驿马，营谋求利于四方，浮沉不定，事得其正，必见破财，婚姻困难。

属猴人见兔年，其年紫微星高照，

营谋必利，喜色常开。满常福气，受天之职，承主之禄，少事多利，虽有天难之事，都可迎刃而解。

属猴人见龙年，其年白虎破财，财库动摇，华盖坐命，飞来之祸难免。

属猴人见蛇年，其年福星高照，贵人得力，然口舌是非难免，必见披麻执孝。

属猴人见马年，其年词讼牢灾，官符常见，命犯天狗，诸谋不吉矣。

属猴人见羊年，其年疾病悠悠，单身只影，流落异梓，岁杀天杀，家运不合，自运欠通。

属猴人见猴年，其年红鸾发动，满门喜色。交友多犯指背星，晕沉头痛，偶有小疾。

属猴人见鸡年，其年太阳星高照，晦气重重，运气桃花，花街柳巷为家，诸谋不吉。

属猴人见狗年，其年不大吉祥，难于安身立命。万事从头起，十年根基动。时有晦气，应凡事小心在意，自会时来运转。

属猴人见猪年，其年太阴星高照，官符代见，麻烦、心疼之疾难免，单身只影，诸多外游。

4. 属猴人的生辰运势

每一个生辰的属猴人，运势都是各不一样的，但是通过生辰运势的影响，能够为人的努力提供一定的方向与指导意义。

（1）属猴人的逐月吉凶运势

属猴人生于正月，新春之时，五谷不熟，果子未成，食不得时，饱食残粮，但活跃力甚佳，精神爽快，事业出外，稍有破财生灾，浮沉小病难免。

属猴人生于二月，惊蛰之时，剥官削职，减俸除薪，多忧惊怪，难化愚顽，难有雨露之恩，官居不久，而囊箧空虚，衙门冷落，利源不竭。多小人，耗折无聊，借者失望，博者必输，破祖不宁，生灾不已。

猴人生于三月，清明之时，才能、智技过人，江湖有伴，乡里有田，婚姻美满，终生是幸，稼穑难成，经营可企，清闲自在，优游快乐。凡事顺来逆去，改祸呈祥，前途光明，衣冠过人，食之不美，温饱足余。

属猴人生于四月，准夏之时，忙忙碌碌，辛勤劳苦，知识才能，远近闻名。一生荣华，事从心欲，吉凶兼半，互助有人，身体矍铄，衣食得以饱暖。是非口舌较多，挫折亏虚空也。

属猴人生于五月，广种之时，东跑西奔，赴汤蹈火，一时不能休息，奋斗有企，衣禄轻淡，待人接物，恭敬有礼，进退自由，诸谋可成。是非口舌常起，灾难杀害小有，一生承享自力自食，自求自谋也。

属猴人生于六月，小暑之时，清

和日炎，风调气温，身居得利，爽气满身，无乐无忧，疾病全无，唯粗衣淡食不缺，鲜菜美肴难得，吉凶祸福平均，官讼、牢灾少有，婚姻自由美满，子孙贤贵兼能。

属猴人生于七月，立秋之时，五谷丰登，野果尽熟，食有盈余，一分工夫一倍收获，及时耕种及时收，一生不畏饥，自有天赐之禄，逍遥快乐，不须流血汗，凡事无愁，命有天定，前人作福，后人享受，安然自在度平生。

属猴人生于八月，白露之时，财利茂盛，事业亨通，享自然之幸福，名利双全，能成大事业，前途荣进，福祉无穷，发祥其长，不能富贵亦贤望，天赋美德，秉性聪敏，精力充沛，家门和合，耀子贤孙。

属猴人生于九月，寒露之时，才能功成，有不平之待遇，手强心高，争取精神，但半途受挫，多为财利，而致失败。是非兼半，吉凶并行，奈无权力、文艺技术，时能发展成功，事欲大，而胆嫌小，事与愿违，一生平凡。

属猴人生于十月，立冬之时，粗饭淡饮，衣禄平常，文学技艺，上进有企，博古通今。寂寞悲哀，意志不坚，事不遂心，多有不顺，若承祖业之庇荫，有自然之福，运兆吉多；若不安分，不得如愿。

猴人生于十一月，大雪之时忧闷多起，时有凶兆。终生清苦，衣食不周，精神萎靡，寿元欠高，能倾家荡产，残废之疾，性情乖忤，兄弟妻子离散，意志薄弱，浮沉无定，祸不单行，少进取之象。

猴人生于十二月，小寒之时，大雪封门，出走不能，无家可归，东居西楼，冷冷冰冰，外无援助，内缺餐粮，身弱家衰，动摇不安，无谋浅虑。

（2）属猴人的逐日吉凶运势

属猴人生于子日，命带将星，官高一品，职跃虎门，奸臣小人四起，官符纠纷常有，家有金匮，财库自足。

属猴人生于丑日，月德照，凡事一帆风顺，出马离乡，远奔于四野，时见阴杀小病，并有小损财，天赐之喜气不断。

属猴人生于寅日，命带驿马，远离他乡，终日无法归家，婚姻重来，偶有大破不幸，浮沉不定。

属猴人生于卯日，紫微星高照，权位职阶至上，每遇天难，奸党、小人暗害，能致败而后取。

属猴人生于辰日，白虎坐命，一生破败重重，有天之祸，受人之害，文才兼优，聪敏玲珑，随机应变力至足。

属猴人生于巳日，天德福星照命，凡有是非口舌，当能逢凶化吉，贵人临之，事无困境，一生时有孝服。

属猴人生于午日，词讼牢灾，官符重迭，天灾人祸，接二连三不断，凡事不吉，每多逆境。

属猴人生于未日，单身只影，孤苦伶仃，灾难常起，灾害重重，身体欠康，疾病缠绵。

属猴人生于申日，红鸾喜事满门，作福作寿，添子添孙，每每不断，交友不利，损之而已，披麻执孝重来，头疼小疾不少。

属猴人生于酉日，桃花坐命，迎新送旧，情感纷纷，偶有重情，必受晦气难脱，致能破碎其财，空空如也。

属猴人生于戌日，死丧破败，不能安静，忧愁苦闷不堪，哭泪汪汪似海。

属猴人生于亥日，太阳星照命，一身悉是女贵人，虽多纠缠不明之麻烦、口舌官非，但无大困。

（3）属猴人的逐时吉凶运势

属猴人生于子时，申金生持子水，事业必旺，财利更高，官鬼小人之乱，职权克制难起。

属猴人生于丑时，丑土生持申金，跃马沿途，威风凛凛。月德照命，四路可行，一帆风顺。

属猴人生于寅时，申金克寅木，虽能出官为事，但似水浮萍，有名无实。婚姻不利，财库不稳，大破小耗。

属猴人生于卯时，申金克卯木，灾害重重。牢灾困境，但紫微星照临，逢凶化吉，转为大喜。

属猴人生于辰时，辰土生持申金，才能过人，应是诸凡皆吉，但是辰属天罗，白虎临之破败凶。

属猴人生于巳时，巳火克申金，口舌是非烦，生意劫杀无聊，但事业、职位遇得贵人协助，福星天德高照，有利无害。

属猴人生于午时，午火克申金，一身尽是灾难，灾害很多，有凶无吉，此命欠祥。

属猴人生于未时，未土生持申金，阴盖与阳疾痼难免，杀害小有，单身只影，不得人和。

属猴人生于申时，申金之比肩，喜气洋洋。背人过河，反嫌脊骨太硬，不利之友，自感伤神。

属猴人生于酉时，酉金、申金比肩，喜游于花街柳巷，见色滴涎。

属猴人生于戌时，戌土生持申金，理是多顺少吉，但丧事重重，哭天哭地，月杀灾害，闷心苦恼。

属猴人生于亥时，申金生持亥水，太阴星照命，虽见官符失败，但贵人协助调理，凡事得顺矣。

十一、属鸡人的性格与运势

对于属鸡的人进行性格特征分析，有助于我们了解和把握鸡年出生的人的爱情、事业、财气等各个方面的运势。

1. 属鸡人的性格特征

优点：做事勇往直前、坚持不懈，思想坚定，果断、健谈。

缺点：爱虚荣，有不注重实际的倾向，容易受异性引诱。

外表激进、自命不凡的属鸡人，内心却是保守、沉静、拘泥传统的。他们洞察力强，善于察言观色，喜欢挑剔，追求完美，固执而好争辩。

鸡年生的人乐观、率直、组织力强，精明能干，喜欢处理并解决一些困难的问题。繁复的工作难不倒他们，但他们没什么创造性。不过，他们有很大的优点，就是失败了也不会意志消沉。

一般说来，属鸡的人是持家好手，他们精打细算，十分懂得理财，他们的钱除了花在家庭以外，很少作其他的用途。但如果他们想要得到异性的青睐，或者要得到别人的好感，就又另当别论了。

属鸡的人是虚荣的，他们对穿戴的选择很挑剔，喜欢引人注目。他们重视奖章、头衔，总想显示自己的知识渊博。他们总是昂首阔步，端庄而尊贵。

大体而言，鸡年黄昏时出生的人，会有唠叨的习惯，基本上是开朗的。生于夜间的人则严肃保守，不擅长交际，对人冷漠，甚至脾气古怪，叫人难以捉摸。

总之，属鸡的人爱显示自己，他们是卓越的表演家，常常是活动场所的中心人物，总是保持光鲜亮丽的外表。他们的性格会给人留下极深刻的印象，一举一动都会引起别人的注意。

属鸡的人优点也不少，他们会在自己的能力范围内尽力去帮助别人，是善良的人。

2. 属鸡人的爱情与财运

（1）爱情

鸡年生的人性格大多率直，因此常得到不少人的喜欢。在感情的道路上，往往处在颇有利的位置。但是感情丰富的属鸡人，太过热情而让人吃不消。

通常，鸡年生的男性喜欢在女性群体中活动，爱表现，懂得如何发挥自己的才干和智慧，所以常得到女孩子的垂青。在爱情上，属鸡的男性多是情场高手，具有活泼开朗的性格，对于恋爱的态度是崇尚自由的，喜欢自由奔放，甚至会同时爱上两个女人。温柔的属鸡男性对女性的要求，是绝对的平等、自由，他认为爱情应该互相尊重，既不能呵斥对方，也不会忍受对方的呵斥。

在家庭生活中，喜欢运动的女孩是鸡年生的男性最佳的结婚对象。而且，最可能成为他妻子的往往是与他一起成长的人，深厚的感情基础对他来说是十分重要的。

属鸡的女性开朗活泼、作风大胆。在恋爱中，她通常会采取主动，但必要时她又变成一个温柔安静的淑女。鸡年生的女性充满风韵和魅力，使不少男性为之着迷。她不能忍受一个处处约束她的伴侣，同时，她喜欢外表长得俊俏的男性。

在家庭生活中，鸡年生的女性是合格的妻子，外向的她，实际上是十分顾家的。

（2）财运

属鸡的人从小就有远大的理想，所以终生都有良好的财运。但是不喜欢仰人鼻息来赚取收入，即使有稳定的收入，也希望日后能自行创业。因此，虽然是从事自己所喜爱的职业，但难免会因收入不够而感到痛苦。但以长远的眼光来看，财运还算不错。

鸡年生的人比较奢侈，好奇心重，往往不惜花费大量的金钱去买东西，以致许多时候入不敷出。

因此，对属鸡的人来说，若要储蓄钱财，不如以证券、不动产或者艺术品等去换取金钱，这才是最聪明的做法。

3. 属鸡人的逐年运势

属鸡人见鼠年，其年正是食神，财库须动，用在喜色者多也，接朋接友，不利其财，耗之损之，但非大破。

属鸡人见牛年，其年走偏运，当得其副权，位列三公，有力带领一切。应见官鬼一乱，反浮沉不定，可得天解主救，脓血灾难须见。

属鸡人见虎年，其年运行正财，生意兴隆，财源茂盛，凡经营求谋，势有千倍之利，决无亏破之忧，虽有小病小耗，不在其数字，大吉大利。

属鸡人见兔年，其年运行偏财，凡经营、合股、放债、投机、买彩，无不可求，唯财不归，东来西去，或见破败灾杀，官非牢难，致成不幸，而遭失败。

属鸡人见龙年，其年运走正印，大

权可握，统领众人，耀武扬威，一鸣惊人，必登台拜相，处公名烦，神经难免刺激，能成小患也。

属鸡人见蛇年，其年正走正官，职位高尚，鳌头独占，而惜白虎破财。有名无利，其意外之事，累累不计其数。

属鸡人见马年，其年是行七煞之运，善能保守其旧权，然有相当手腕，稍有一失其意，剥官削职，除俸减薪，其口舌是非特多，但喜事连连不绝。

属鸡人见羊年，其年转运正印，青云有路，事业进步，大有权柄，但丧事即来。

属鸡人见猴年，其年真是劫财，经营无利，求谋必败，并见官符不幸之灾，病若流水，身心欠安，错乱无章，千头万绪，不吉不利矣。

属鸡人见鸡年，其年亦属劫财，经营求谋不遂，唯事业有基，权柄可握，官非意外无犯。

属鸡人见狗年，其年顺行正印，步步高升，主人主权，指东指西，仍君为作，出马他乡，当有闷心不乐之事。

属鸡人见猪年，其年伤官，难有驿马，领权出外大职，欠慎有削之危，凡事欠吉，意外之事多生于天难。

4. 属鸡人的生辰运势

属鸡人的生辰八字对于其运势的影响比较大，可通过逐月、逐日、逐时的分析来参透其运势。

（1）属鸡人的逐月吉凶运势

属鸡人生于正月，新春之时，虽万象之回春，雪地将开，冰天始放，新粮未出，残粮悉毁，处处少食，然精神康泰，寿元特高，进退自由。

属鸡人生于二月，惊蛰之时，万物始生，所食悉是鲜菜鲜饭，出入自由，精神矍铄，气满腔足，终身作事有成，心平义仁，到老求谋顺利，清高实儒，鄙俗富客。

属鸡人生于三月，清时之时，秉性敏慧，灵机应变，文成掷地金声，家报喜捷，连科及第，一举成名，口冠晋级，增俸添薪，天赐之禄，承祖之荫。一生荣华，衣食丰满，光门耀祖，显子荣孙。

属鸡人生于四月，立夏之时，少统率才干，志气虽高，权力少有，对文学技艺如月之恒，如日之升，然性情多骄傲，为人仇视，好冒险投机，破财有期，暗淡清闲，事不遂心，能博名利于一时。晚运凶多吉少，每有挫折，一生波折。

属鸡人生于五月，芒种之时，东跑西奔，工能忘食，夺门有企，灵机应变，不失良机，能成富室，一生不怕凄凉，不畏艰难，可独立成家，有成万众崇拜，可作人之模范，老来自福，始终无难。

属鸡人生于六月，小暑之时，知识才能，令闻令能，半世热苦，逍遥快乐，不大忙碌，奈无权力，文艺技术多发展，因气当凉，东来紫气，运时必至，事业如意，吉多凶少，不慌不忙，往来有助，家振克振，阴阳新复，忍事柔性，享自然之幸福，走自由大路，天赋之美德，吉庆终日，旭日东升，西天有天利矣。

属鸡人生于七月，立秋之时，五谷丰登，卧粮尽食，不须劳碌，须防小人陷害，不可糊涂，待人接物，宽度可望，虽有失败，但赐之禄，入粮送仓，不怕天灾人祸，一生衣禄自余，决不求乞于他人。

属鸡人生于八月，白露之时，年终岁毕，家中空空，衣禄轻淡，处处遇难，灾难重重，四方皆贼，交友不慎，恐遭暗箭。一生大祸多取，不是伤子伤孙，就是伤父伤母，抑或兄弟姊妹夫妻被人谋害，幸日多凶，苦恼一世尔。

属鸡人生于九月，寒露之时，万事如意，智谋权力必集，衣食住行，自有一新，就是出身微贱，有志竟成，谋事如愿，长发其祥，逢凶化吉，即无外御，复少内忧，勇往直进，时运平和，排除万难，一生幸福也。

属鸡人生于十月，立冬之时，粗饭淡饮，衣禄平常，文学技艺，上进有企，博古通今，寂寞悲哀，意志不坚，事不遂心，暗淡幸福，平凡成家。若承祖业之庇荫，有自然之福，运兆吉多；若不安分，不得如愿。

属鸡人生于十一月，大雪之时，虽身风霜，衣食不足，但思慰计划，独裁自如，事业进步，金钱充裕，光前裕后，负笈有师，有旭日东升之势，如月之恒矣。

属鸡人生于十二月，小寒之时，学问如倒啖甘蔗，渐入佳境，爵位升迁，风云有际会之期。同僚和协，乌纱终不脱，然诽谤之多招，灾殃之不免，有天之保，受主之力，何畏官鬼小人？自行独正，自为有道，心正不怕邪。

（2）属鸡人的逐日吉凶运势

属鸡人生于子日，夫妻贤美得助，紫星高照，诸事顺遂，有官符，也可逢凶化吉尔。

属鸡人生于丑日，命将带星，官居极品，不是文官宰相就是武官挂马，官带俸禄，金匮如山。

属鸡人生于寅日，岁犯天官符，是非口舌，一生难免，疾病难常见，男女不吉，破财离乱。

属鸡人生于卯日，聪敏多才，时受刺激，岁君逢劫杀，一年生意无聊，文章盖世，逢伤必泪。

属鸡人生于辰日，华盖坐命，学艺聪敏，技巧高人，并博古通今，有犯太岁，时有郁闷不开，头痛眼花也。

属鸡人生于巳日，巳火生之酉土，百事可取，虽有灾害，无大凶难，男女不是填房过继，定有两家之春。

属鸡人生于午日，身体欠强，药草不离门，中耗财难免，幸有月德，虽死犹生也。

属鸡人生于未日，紫微星临命，虽有些天灾不增，失败之苦，终是逢凶化吉，龙恩施德尔。

属鸡人生于申日，贵人得力，往往失败，常陷颠沛流离之境也。

属鸡人生于酉日，太阴星高照，红鸾喜事多多，婚姻必重，烦恼事多起是非。

属鸡人生于戌日，紫微星照命，顺多逆少，事在人上，名登金榜，天赐职权，败而后取。

属鸡人生于亥日，重财轻义，反不积财，驿马坐命，发如猛虎，败如浪沙，藐视他人。

（3）属鸡人的逐时吉凶运势

属鸡人生于子时，酉金生持子水，子孙繁荣，满堂喜事。主人懦弱不任大事，反造成小人官鬼祟积，致失败。

属鸡人生于丑时，丑土生持申金，有众人恭敬，有小人暗算，能变性情凶暴，胆大勇敢。

属鸡人生于寅时，酉金克寅木，身体肥大，忠厚诚实，五官端正，幼时缺乳。性情无准，好坏反复。

属鸡人生于卯时，酉金克卯木，性情聪敏而怪独，反成破财及大耗，是非、口舌、词讼、官灾、牢难，一生频繁。

属鸡人生于辰时，辰土生持酉金，性情敦厚，待人以诚，言行相顾，固执不化，诚实有礼，职权至高，然中途失败。

属鸡人生于巳时，巳火克酉金，遇火锻炼，则成钟鼎之才，扬眉吐气，精神焕发，施威逞才，但白虎破财库，一生灾难频繁。

属鸡人生于午时，午火克酉金，聪敏多能，风流酒色，闻一知十，或能因奸遭凶。风波、口舌、多起，但事业一帆风顺。

属鸡人生于未时，未土生持酉金，凶暴之时，其势更强，夺财滋祸。形单影只，披麻孝服时生。

属鸡人生于申时，酉金、申金比肩，身强财弱，夺财逢颁，牢灾、口舌有生，身体不健，凡事少利。

属鸡人生于酉时，酉金比肩，官禄至贵，享中和之气福，官星得位，财丰利达，灾殃少至，浮沉小疾难免。

属鸡人生于戌时，戌土生持酉金，驿马加鞭，爱情多祸，晦气重来。

属鸡人生于亥时，酉金生持亥水，离乡背井，形单影只，盼能早归，但财运通畅。

十二、属狗人的性格与运势

狗经常被冠名为最忠诚的动物，比较忠心，属狗的人在一定程度上也具备了这样的性格特征，由于这样的性格，所以在运势方面会比较占优势。

1. 属狗人的性格特征

优点：意志坚定，忠诚，有浓厚的同情心，能吃苦耐劳，个人要求不高。

缺点：有盲目倾向性，有时做事碍于面子，交朋友需要长时间的观察。

属狗的人秉性纯良，绝不会做坏事，然而他们颇具批评性，也很尖锐。他们太喜欢推论，将事情切割得支离破碎，而不是综合全局来看。属狗的人害怕自己的影子，他们缺乏信心，会将自己的错误归因到他人的身上。

正直、诚实、率直、充满正义感，是属狗人的特性，他们对人处事公平，为人坦诚，不装腔作势，也喜欢打抱不平，愿意听别人对自己陈述苦恼忧愁，愿意分担他人的忧愁，他懂得如何与人和睦相处。

属狗的人有责任感，尽力尽职，值得信赖，而且他坚持的事业往往是高尚的、有价值的，在工作中往往能取得好成绩。

狗年生的人不是物质主义者，也不是因循守旧的人，他们的言行举止朴实而又精敏，他在直觉方面的领悟力强，总是理智地观察别人、探讨人生。对别人不满时，属狗的人不会隐忍，会发火、愤怒，但事过之后立即平静，不会怀恨在心。

属狗的女性对人热情，相貌好看，成年妇女中的属狗者，大多是思维能力较强的女性。她体贴关心别人，愿意与人合作，喜欢舞蹈、游泳等室外活动，是丈夫、儿女的好朋友。

狗年生的男性大都精力充沛，他们遇到自己能力不及的事情或机会时，也懂得以自己的建议去影响决策者。他把自己的抱负藏在心灵深处，忠诚地从事别人交给自己的工作。

总之，狗年生的人是值得交往的朋友，但不能理解属鸡人的性格，与其冲突最大，无法相处。最不信任的是属龙的人。

2. 属狗人的爱情与财运

（1）爱情

狗年生的人不轻易表现情绪，天性固执，这些因素对感情的发展十分不利，但他们仗义助人、对朋友忠实的优点，又使他们容易获得异性的垂青，尤其是他忠诚的秉性，为助人而不惜牺牲自身利益的特性，更能获得异性的爱慕。

属狗女性的爱情不是罗曼蒂克型的，尤其是喜欢独立性强的工作，会对追求者表现出冷漠的态度，令追求者面对她时有无所适从的感觉。尽管属狗的女性在恋爱中有些不利，但她们却是婚姻中的好伴侣，用情专一，忠于对方，因此选择属狗女性做终身伴侣是十分明智的。

属狗的男性家庭观念很重，善解人意，有爱心，对子女特别关心，对配偶也比较开明，固执的天性在婚后的属狗男性身上会逐渐淡化。他们会理解配偶性格中的弱点，浓郁的家庭温情成为他乐而忘忧的主要因素。

不过，狗年出生的男性仍然不能容忍过于浮躁、追求虚荣的生活方式，不喜欢在公开场合发表意见。内向的性格在属狗男性的婚姻中是一把双刃剑，有时会使配偶难以了解他们的内心情感，从而给未来的冲突埋下隐患。因此，作为属狗男性的妻子，不要自作主张，要尊重对方的意见，如此婚姻才有幸福可言。

（2）财运

狗年生的人了解金钱的价值，虽然不能说是财运亨通，但由于勤勉和努力，仍可获得一定的资产。

因为属狗的人是有情味的人，比较讲义气，往往会被第三者拖累。因此，在生意上与人有往来的属狗人，要小心谨慎，不要急进，以守为上。愿意过清苦生活的属狗人较多，不轻易向别人借钱，却往往因为自尊心所致，有打肿脸充胖子的倾向，所以一旦失败又没有机会翻身的话，是很难东山再起的。

3. 属狗人的逐年运势

属狗人见鼠年，其年兴旺财运，经营求谋，凡事多利，夺财滋祸，不时有之，婚姻不睦，浮沉不定，身主既健，财星多美，有福有祸，吉凶平平。

属狗人见牛年，其年运走劫财，财薄利淡，经营不顺，阴气不开。为人清秀雅俊，岁运每遭困境，欠果断，精神不定，临事举步不明，言之有错，受人非难。

属狗人见虎年，其年走七煞之运，理是凡事不取，经营不利，交友遇贼，官鬼、小人特多，唯有寅卯戌三合。有凶难，无灾害，为官称职，为人忠心诚实。

属狗人见兔年，其年运行正官，职位权力不高他人，则必日进正轨，虽有贼盗，受其危害，月德照临，正气浩然，忠信之尊名，治国齐家之有道，居仁由义，不敢大意。

属狗人见龙年，其年正走比肩，争夺不义财利，又能盗泄，词讼、是非、口舌、官符、牢灾多起。

属狗人见蛇年，其年行运偏印，一官半职，则必清廉，不拘文武，皆掌印信，人所公识，左有紫微高照，右有龙德保身，虽词讼官符，但终得其利，一年喜气洋洋，笑颜常开。

属狗人见马年，其年正近正印，加官晋级，增俸添薪，必得主权，财利大吉，当见白虎小破，披麻执孝。

属狗人见羊年，其年转动劫财，经营不利，生意多涩，财滞银空，口舌常起，单身只影，身心有损，然终有福星高照，事业得稳定，天德之恩，虽难困，而少奇灾。

属狗人见猴年，其年行运食神，养命有源，宽裕不缺，事为泄气，则东西南北奔波。

属狗人见鸡年，其年事犯伤官，虽有聪敏干练，官星则必欲克伤之，头上乌纱冠别人，削官剥职，除俸减薪，则必病患起来，药医不离门，大灾大难也。

属狗人见狗年，其戌土之比肩，华盖坐位，文思大进，必有考试造究之机，鳌头有占，虎榜可居。每思用功，伤神有重，而身心受其刺，则必小患同来。

属狗人见猪年，其年正走偏财，凡经营谋合，放债买奖，必有良机，天日有喜，太阳高照，到处行之无难，天南地北，绝是伶仃单影。

4. 属狗人的生辰运势

属狗人的生辰不同，其各项运势也有所差异。

（1）属狗人的逐月吉凶运势

属狗人生于正月，新春之时，食禄最好，每日餐鱼肉不绝，吃得晕头晕脑。相貌敦厚，体态丰满，遇事不省，呱呱乱叫，铸成大错，伤害其人，反而引小人、官鬼齐来，痛打一顿，心闷无言。

属狗人生于二月，惊蛰之时，性情欠和，胆大勇敢，招风惹祸，精神自由，肆无忌惮，喜主奉承，藐视他人，常存他人不如己之心，强硬不遇大事，好坏反复。

属狗人生于三月，清明之时，清秀聪敏多能，风流酒色，性情而怪独，精神面貌，爽气逍遥，恋爱吉利，衣食自余，进出自在，四处可行，脑筋清楚，凡事多利矣。

属狗人生于四月，立夏之时，虽非富贵，一生少险恶风波，运途平平，心神安顿，衣食清淡无忧，事从心欲，吉凶互换，安生立命也，喜气洋洋，满门吉庆，紫微高照，及事任君行为。

属狗人生于五月，芒种之时，家运多舛，复杂之命，淡薄之家兆，终生少幸，意外招灾惹祸，病患常起，少得安心，食粮不足，然行动、精神绝对自由。

属狗人生于六月，小暑之时，烈日炎炎，性情异常，利去功空，没落穷迫，运年多舛，恶疼时有，虽有志气，性情始起，虑思大成，求利少得，遭财散人离，无衣少食，终生平常，受天之禄。

属狗人生于七月，立秋之时，谋事不达目的，徒劳罔功，救护无人，旬有不测之灾，家属无缘，浮沉不定，临事不如意，烦恼苦闷，终身缺食。

属狗人生于八月，白露之时，秉性聪敏，出言有章，地位权柄当有，亦有不平之嫌，有些小困难，不致为害，唯性情偏重，时缺平和，慎任意作事，能成大事，晚景幸福更高，而食禄不丰。

属狗人生于九月，寒露之时，为人稳重，万事如意，衣食住行，自有一新，谋事如意，逢凶化吉，时运平和，一生幸福。

属狗人生于十月，立冬之时，波浪重重，名利多难，辛勤劳苦，不得其愿，侠义心肠，赤胆忠心，有成人之美德，无成功之机会，虽有一时之尊，但困难颇多，致三餐不饱，衣食不全。

属狗人生于十一月，大雪之时，沐雨栉风，披星戴月，一身惊寒，劳禄之苦，作事少成，终受不平之待遇，忧闷频繁，终身困苦，受人之用，少进取之机，食不果腹。

属狗人生于十二月，小寒之时，年终岁末，饱食终日，坚财库，严似猛虎，一生无困难，承主之禄，清亲悠久，家运隆昌，福寿绵长，名成功就，受主之宠爱，万事呈祥。

（2）属狗人的逐日吉凶运势

属狗人生于子日，浮沉不定，事若水上之舟，婚姻不遂，恋爱多烦恼，灾难常见，凡事欠顺，每多逆境。

属狗人生于丑日，求谋不利，家庭之纠纷，丝丝不断，幸多有女贵人，偶有失败，即有女贵人化解之。

属狗人生于寅日，时犯小人，好心为人，背后反遭人骂，晦气重重，事不遂心愿。

属狗人生于卯日，异性多起争夺，口舌破财，恋爱而结婚，夫妇又外遇，风流成性，只为桃花坐命，每不幸，月德照顾。

属狗人生于辰日，灾难重重，是非、口舌不止，词讼、牢灾难免，多遭伤害，人生险恶风波。

属狗人生于巳日，虽有官财暴败，

紫微、龙德二星高照，不致一败涂地，喜色如流水。

属狗人生于午日，家有财库，外有白虎，守之不慎，必有大败，但事业、权位，必得一任为伴，称人之上。

属狗人生于未日，口舌一生多，身体欠健康，单身只影，祸患频生，但有福星高照，天德在命，遇难多救也。

属狗人生于申日，身骑天马，超超徒奔于东西南北，离乡背井，远方作古，哭不闻声，始难归家。

属狗人生于酉日，一生病患重重，晕沉不省，眉目不开，愁心不展，伤害难尽，此命吉之则吉，凶之更凶。

属狗人生于戌日，聪敏主贵，技艺超人，文章盖世，凡谋有利矣，专心思神，难免有头晕目眩之刺激。

属狗人生于亥日，生意无聊，物去利空，孤身只影，流浪于四方，但太阳高照，进退自由，天天喜笑颜开。

（3）属狗人的逐时吉凶运势

属狗之人生于子时，戌土克子水，不顺其时，诸谋不顺，漂流不定，灾祸不幸，狼藉不堪。

属狗人生于丑时，戌土、丑土比肩，小破小灾当有，烦恼意外之事特多，尚多女贵人在命，保解其一半，稍有平安。

属狗人生于寅时，寅木克戌土，身前身后，尽是小人官府之口，时应小心。晦气不开，常遇挫折。

属狗人生于卯时，卯木克戌土，当有病患小耗财；卯与戌合，尚有月德在命，绝无大难，而花街柳巷，多有足迹。

属狗人生于辰时，辰土、戌土比肩，财库须动，词讼、是非、口舌、牢难，皆可能因性暴而起。

属狗人生于巳时，巳火生持戌土，虽有天难官非，但有龙德尘恩保释，不致会失败，红鸾喜事常有。

属狗人生于午时，午火生持戌土，职阶将星，权柄在握，威震一方，名扬四海，白虎临命。

属狗人生于未时，未土、戌土比肩，口舌是非频繁，有时孤单只身，但有福皇天德临命，遇事无难，主谋大吉。

属狗人生于申时，戌土生持申金，跃马千里之客，离乡避祖有期，事从心愿，客死远方。

属狗人生于酉时，戌土生持酉金，然酉戌相穿，身体欠佳，病患累累，伤害重重。

属狗人生于戌时，文思广进，技艺聪敏，临犯太岁，时必头痛，身体欠安，刺激心强，入学拜圣。

属狗人生于亥时，戌土克亥水，单身流浪异乡，生意无聊，但太阳星高照，前途光明，喜事重重。

十三、属猪人的性格与运势

很多人都会觉得猪好吃懒做，比较笨，但是科学家提出猪要比狗聪明很多倍，而且现在越来越多人会说羡慕猪的生活，吃了睡，睡了吃，舒舒服服的。属猪人也是比较没有心事的人，对于生活积极乐观。

1. 属猪人的性格特征

优点：专心致志，比较乐观，诚实真挚，富有爱心和同情心，能信任他人。

缺点：不坚定，易动感情，自我宽容，对谎话缺乏辨别力。

属猪的人天真烂漫、开朗温和。这种性格的人从不会怀疑别人，所以很容易上当。做事非常专心，一旦决定目标，便会将全部的精力投入。

属猪的人在少年时期受过多次挫折，长大后就会积极工作，以求安全感。他们唯一的缺点是太容易发怒，常在转眼之间由心平气和、眉开眼笑转为怒气冲天。此时，食物是唯一的良方。

猪年生的人性格沉稳、刚毅、心地善良、淳朴。待人宽宏大度，总与人保持亲切关系。一生中会持久地以忠诚、为人着想的品格待人，保持与朋友的珍贵友情。他们喜欢各种聚会，讨厌与人争执，擅长调解他人的矛盾，真诚与真实是他们珍贵的精神财富。

属猪的人有坚韧不拔的精神，勇气十足地承担分配给他们的一切工作，没有丝毫抱怨。当朋友遇到困难时，会毫不犹豫地挺身而出。

因此，属猪人的坦诚赢得来自四面八方的协助，他们不必请求支持，就会有人自愿相助。

属猪的人可以称做物质主义者，只是他们不吝啬，喜欢同别人分享自己的所有。他的精神世界较空泛，不敏感，眼光短浅，只看眼前，从不把灾祸看得很重。不过，属猪的人因为相信宿命论，所以当他们一无所有时，会变得非常厌世、自我放任，由此走向沉沦的深渊。

属猪的女士爱清洁，个性强，尊重自己，也尊重他人。她可以将所有的精力投注在令她动情的事业上，而不求任何回报。她有一种高尚的胸怀，助人而不愿为人所知。她是一个很好的妻子和母亲，会将家庭生活照料得井井有条，让家人得到快乐。

总之，由于属猪人性格上的优点，他们一生都很幸运。

2. 属猪人的爱情与财运

（1）爱情

猪年生的人大多用情专一，感情纯真，少有邪念。由于执着的秉性和些许的憨傻，会使他在爱情上大有收获。

与属猪的人谈恋爱，他绝不会欺骗对方，而是非常认真的；相反，他倒是常被别人欺骗和愚弄。不过，乐天派的属猪人，绝不会为爱情做傻事。属猪人是一个物质主义者，很懂得享受生活，有时又是一个肉欲主义者，不免沉溺于声色之中。

猪年生的女性温柔，善良，感情丰富，太懦弱及太感情用事是她最大的缺点。不过，由于她的爱心，会使她在婚后成为一个很好的母亲。擅长持家，使丈夫大为放心，是个真正的好妻子。

猪年生的男性也是温柔善良的，他的爱情欠缺主动，但充满幻想，常希望拥有一段不羁、刺激的恋情，但因为不懂寻找之道，常有落寞的感觉。由于属猪的男性常被愚弄、欺骗，故对恋爱抱着不肯定的态度。属猪的男性有很重的家庭观念，对妻子、儿女抱着不事二主的态度，通常不会拈花惹草。但多数情况下，他不喜于表达感情，常有一张冷漠的脸，令家人误会。

由于属猪的人性情温顺，因此他和属羊、属兔的人比较相配，婚姻也会比较幸福。

（2）财运

属猪人天生有好的财运，可以通过自己的勤勉努力，终生安泰，金钱源源而来。

一般说来，猪年生的人在正财、偏财两方面都是有所收获的。如果属猪人有多余的资金去投资经营，最好去做房地产或是证券方面的投资，到晚年运气会更好。

猪年生的人并不十分懂得管理金钱，尤其不会在商业贸易上发展。不过，有一点是属猪人要特别留意的，他们往往会为了讲义气，为了亲朋好友失去自己的财产。

3. 属猪人的逐年运势

属猪人见鼠年，其年是走劫财，经营谋利，财来多难，生意无聊，工作可做，尚有太阳星高照，遇难有救也，桃花之年，问酒讨欢，乐后晦气频来。

属猪人见牛年，其年行运正财，生意兴隆，财源茂盛，争财夺利有机会，非用精神心力，时逢女贵人，合谋大展，虽小见耗财，也不过损其一日之劳，大吉大利。

属猪人见虎年，其年食神临运，气不旺，并犯官非，消耗难免，排难纠纷，意外之事更多，单身只影，从事于四野，有失败之苦恼。

属猪人见兔年，其年也是食神，而食神得生，则转为财，因此，财源足矣，而且职权更高，增官晋职，游刃有余。时防官鬼小人，免遭牢灾，而后可也。

属猪人见龙年，其年运行正官，必得其主权，出马他方，转镇众人，赫赫有威，勃勃有气，红鸾喜临，凡事无忧无愁，常有小病小耗财，岁逢月德，肆无忌惮。

属猪人见蛇年，其年正走偏财，驿马奔财乡，发如猛虎，凡合作，谋利终不空虚，而后防之大耗其财，披麻孝服当见。

属猪人见马年，其年行正财运，经营通四海，谋利达三江，财丰利厚，虽有天难伤害，尚有龙德、紫微二星保驾，遇难有救也。

属猪人见羊年，其年走正官，造就有机，晋级得时，文思大进，必得其权，官兴破财，奈有白虎冲动，天灾人祸多起。

属猪人见猴年，其年走偏运，是非口舌发生，财利欠足，生意无聊，职权事业，一帆风顺。

属猪人见鸡年，其年走正官，运必当幅转正，权柄有掌，势力必高，但须见牢狱之难，灾祸稍生，财库必破，利路欠通，凡经营谋利，徒劳其功。

属猪人见狗年，其年乃是七煞运，一年事业无聊，诸多不顺，似病非病，爱单身清游，刺激脑海，必有天喜右临，转眠大醒矣。

属猪人见猪年，其年比肩之运，年犯太岁，交友不利，事业不定，并见脓血之灾，不吉不兆，经营不利，求谋不遂，凡事平常。

4. 属猪人的生辰运势

属猪的人在各个生辰里所表现出来的运势是不一样的，对于各个时间运势的分析，能够对于生活有所提示。

（1）属猪人的逐月吉凶运势

属猪人生于正月，新春之时，长生在望，日之恒，月之升，聪敏至贵，活泼玲珑，威尊望重，利路亨通，有自然之幸福，名利双全，能成大事大业，荣进有望，福祉无穷。

属猪人生于二月，惊蛰之时，能成大功，人杰地灵，家势兴旺，富家门弟，秉心聆惠，有天赋之美德，独裁专权，精力充沛，吉庆终世矣。

属猪人生于三月，清明之时，身体最发达，性格刚强，志气高尚，欲谋重用，虽少外助，赖有才能，勇往直前，权力势焰，造福桑梓，受人敬仰。

属猪人生于四月，立夏之时，秉性聪敏，职位权贵高尚，出言有章，可成大志，事业如意，热忱忠厚，无上吉祥。

属猪人生于五月，芒种之时，性格温良，有些少才能，奈无权力，但对文艺技术方面时能发展成功，欲从大事，奈无胆略，一生保守，晚景渐佳矣。

属猪人生于六月，小暑之时，才储八斗，学富五车，然怠惰成性，缺乏魄力，凡事优柔寡断，做事无成，无进取之精神，祸福无常，浮沉不定。

属猪人生于七月，立秋之时，衣食丰盈，一生不力自享，不就他人之事，自专独裁，凡事一帆风顺，势力强盛，进退自由，安富尊荣，吉神重临，养德慎行，定然成功。

属猪人生于八月，白露之时，自成权威，能为领袖，功业成就，受人敬仰，安乐自尊。但须苦难渐进，犹如拾级登塔，虎榜独居也，威风凛凛。

属猪人生于九月，寒露之时，食必丰厚，体态敦胖，天赐之禄，悠悠不断，优游于家中，逍遥自乐。长发其祥，忍事耐性，致得富贵荣华。

属猪人生于十月，立冬之时，营养渐加，安享其食，品貌端厚，受人称赞，天赋之幸福，虽出身微贱，自立可企，富贵成功，晚景更加昌盛。

属猪人生于十一月，大雪之时，面貌舒展，五官均配，体态丰厚，忠于礼义，个性固执，食足不尽，自尊自福，定发其身，名利两全，一世无忧无愁。

属猪人生于十二月，小寒之时，虽有天赐食禄，奈无权力，身体胖大，行动不便，有受天难，凶多吉少，寿元欠长，不能御内外之患，空有才能，辜负平生。

（2）属猪人的逐日吉凶运势

属猪人生于子日，太阳星高照，凡事逢凶化吉，命坐桃花，风流成性，争风吃醋，常感晦气。

属猪人生于丑日，太阴星高照，一生尽遇女贵人，虽有不祥之兆，可得女贵人救之。丧事较多。

属猪人生于寅日，一生词讼、口舌、是非丝丝不断，形单影只，偶为常事，若有失败，麻烦临身难脱。

属猪人生于卯日，职业高尚，必挂将星，财利如山，一生富裕，孝服时有，小人造成官符，时而难免。

属猪人生于辰日，月德临命，喜事重重，偶有小病患，须防小破财。

属猪人生于巳日，驿马坐命，朝东暮西，当有一发之时，破财大耗难免。

属猪人生于午日，紫微星高照，龙德临命，诸事皆吉，求谋多利，时有天难，逢凶化吉。

属猪人生于未日，命带白虎，一生

破败几重，文艺、技术才能过人，温雅淑惠，聪敏出众。

属猪人生于申日，口舌较多，生意无聊，一生多之，福星、天德二星保命，终身平坦乐道。

属猪人生于酉日，官非口舌频来，天狗星坐命，尸骨早埋。

属猪人生于戌日，单身只影居时多，病患常有，天灾人难不断，但仍满堂喜气洋洋。

属猪人生于亥日，浮沉不定，事业漂零，命犯太岁，脓血灾难多起自意外，交友不利。

（3）属猪人的逐时吉凶运势

属猪人生于子时，亥水、子水比肩，为人面貌清秀，聪敏多能，风流酒色，招蜂引蝶。

属猪人生于丑时，丑土克子水，言行不正，为人悭吝，重财轻义，又不积财，阴雾一生。

属猪人生于寅时，亥水生持寅木，性情凶暴，胆大勇敢，藐视他人，常存他人不如己之心，懦弱，大事难为。

属猪人生于卯时，亥水生持卯木，可为大事，财源发达聚首，终身富贵，耀子显孙。

属猪人生于辰时，辰土克亥水，名旺贵重，财耗酒色，人喜奉承，爱虚荣，好豪华，慷慨好施。

属猪人生于巳时，亥水克巳火，驿马坐命，发如猛虎，则大成，一败如灰，必大败，高低不准，晚景平常。

属猪人生于午时，亥水克午火，官星得位，事业如倒吃甘蔗，渐入佳境，财利普通，人旺财衰。

属猪人生于未时，未土克亥水，白虎破财，遇险很多，虽聪敏能干，脑筋清楚，但天灾奇祸难避。

属猪人生于申时，申金生持亥水，奸巧多计，多艺多能，辩论他人，独占虎榜，名扬四海矣。

属猪人生于酉时，酉金生持亥水，本属大旺，因酉亥相克，反遭牢灾、灾杀及不可思议的意外之事。

属猪人生于戌时，戌土克亥水，病患重重，形单影只，但仍春风满堂，喜事频繁。

属猪人生于亥时，亥水比肩，命犯太岁，事业浮沉不定，交友多犯背星。

第五章

万年历

(1901～2100)

1901年（辛丑 牛年2月19日始）

1

一	二	三	四	五	六	日
	1 十一	2 十二	3 十三	4 十四	5 十五	6 小寒
7 十七	8 十八	9 十九	10 二十	11 廿一	12 廿二	13 廿三
14 廿四	15 廿五	16 廿六	17 廿七	18 廿八	19 廿九	20 十二月
21 大寒	22 初三	23 初四	24 初五	25 初六	26 初七	27 初八
28 初九	29 初十	30 十一	31 十二			

2

一	二	三	四	五	六	日
				1 十三	2 十四	3 十五
4 立春	5 十七	6 十八	7 十九	8 二十	9 廿一	10 廿二
11 廿三	12 廿四	13 廿五	14 廿六	15 廿七	16 廿八	17 廿九
18 三十	19 雨水	20 初二	21 初三	22 初四	23 初五	24 初六
25 初七	26 初八	27 初九	28 初十			

3

一	二	三	四	五	六	日
				1 十一	2 十二	3 十三
4 十四	5 十五	6 惊蛰	7 十七	8 十八	9 十九	10 二十
11 廿一	12 廿二	13 廿三	14 廿四	15 廿五	16 廿六	17 廿七
18 廿八	19 廿九	20 二月	21 春分	22 初三	23 初四	24 初五
25 初六	26 初七	27 初八	28 初九	29 初十	30 十一	31 十二

4

一	二	三	四	五	六	日
1 十三	2 十四	3 十五	4 十六	5 清明	6 十八	7 十九
8 二十	9 廿一	10 廿二	11 廿三	12 廿四	13 廿五	14 廿六
15 廿七	16 廿八	17 廿九	18 三十	19 三月	20 初二	21 谷雨
22 初四	23 初五	24 初六	25 初七	26 初八	27 初九	28 初十
29 十一	30 十二					

5

一	二	三	四	五	六	日
		1 十三	2 十四	3 十五	4 十六	5 十七
6 立夏	7 十九	8 二十	9 廿一	10 廿二	11 廿三	12 廿四
13 廿五	14 廿六	15 廿七	16 廿八	17 廿九	18 四月	19 初二
20 初三	21 初四	22 小满	23 初六	24 初七	25 初八	26 初九
27 初十	28 十一	29 十二	30 十三	31 十四		

6

一	二	三	四	五	六	日
					1 十五	2 十六
3 十七	4 十八	5 十九	6 芒种	7 廿一	8 廿二	9 廿三
10 廿四	11 廿五	12 廿六	13 廿七	14 廿八	15 廿九	16 五月
17 初二	18 初三	19 初四	20 初五	21 初六	22 夏至	23 初八
24 初九	25 初十	26 十一	27 十二	28 十三	29 十四	30 十五

7

一	二	三	四	五	六	日
1 十六	2 十七	3 十八	4 十九	5 二十	6 廿一	7 廿二
8 小暑	9 廿四	10 廿五	11 廿六	12 廿七	13 廿八	14 廿九
15 三十	16 六月	17 初二	18 初三	19 初四	20 初五	21 初六
22 初七	23 大暑	24 初九	25 初十	26 十一	27 十二	28 十三
29 十四	30 十五	31 十六				

8

一	二	三	四	五	六	日
			1 十七	2 十八	3 十九	4 二十
5 廿一	6 廿二	7 廿三	8 立秋	9 廿五	10 廿六	11 廿七
12 廿八	13 廿九	14 七月	15 初二	16 初三	17 初四	18 初五
19 初六	20 初七	21 初八	22 初九	23 初十	24 处暑	25 十二
26 十三	27 十四	28 十五	29 十六	30 十七	31 十八	

9

一	二	三	四	五	六	日
30 十八						1 十九
2 二十	3 廿一	4 廿二	5 廿三	6 廿四	7 廿五	8 白露
9 廿七	10 廿八	11 廿九	12 三十	13 八月	14 初二	15 初三
16 初四	17 初五	18 初六	19 初七	20 初八	21 初九	22 初十
23 十一	24 秋分	25 十三	26 十四	27 十五	28 十六	29 十七

10

一	二	三	四	五	六	日
	1 十九	2 二十	3 廿一	4 廿二	5 廿三	6 廿四
7 廿五	8 廿六	9 寒露	10 廿八	11 廿九	12 九月	13 初二
14 初三	15 初四	16 初五	17 初六	18 初七	19 初八	20 初九
21 初十	22 十一	23 十二	24 霜降	25 十四	26 十五	27 十六
28 十七	29 十八	30 十九	31 二十			

11

一	二	三	四	五	六	日
				1 廿一	2 廿二	3 廿三
4 廿四	5 廿五	6 廿六	7 廿七	8 立冬	9 廿九	10 三十
11 十月	12 初二	13 初三	14 初四	15 初五	16 初六	17 初七
18 初八	19 初九	20 初十	21 十一	22 十二	23 小雪	24 十四
25 十五	26 十六	27 十七	28 十八	29 十九	30 二十	

12

一	二	三	四	五	六	日
30 二十	31 廿一					1 廿一
2 廿二	3 廿三	4 廿四	5 廿五	6 廿六	7 廿七	8 大雪
9 廿九	10 三十	11 十一月	12 初二	13 初三	14 初四	15 初五
16 初六	17 初七	18 初八	19 初九	20 初十	21 十一	22 冬至
23 十三	24 十四	25 十五	26 十六	27 十七	28 十八	29 十九

中国吉祥图案鉴赏

暗八仙

题注：八仙手持的八件宝物称为暗八仙，分别是汉钟离的蕉叶扇、张果老的渔鼓、韩湘子的玉箫、铁拐李的宝葫芦、吕洞宾的宝剑、曹国舅的玉版、蓝采和的花篮、何仙姑的荷花。每件宝物均有不同的神通，人们将这些宝物用于装饰图案中，寓意有八仙的佑护。暗八仙图案可一起使用，也可单独使用。

1902 年（壬寅 虎年 2 月 8 日始）

1

一	二	三	四	五	六	日
		1廿二	2廿三	3廿四	4廿五	5廿六
6小寒	7廿八	8廿九	9三十	10十二月	11初二	12初三
13初四	14初五	15初六	16初七	17初八	18初九	19初十
20十一	21大寒	22十三	23十四	24十五	25十六	26十七
27十八	28十九	39二十	30廿一	31廿二		

2

一	二	三	四	五	六	日
					1廿三	2廿四
3廿五	4廿六	5立春	6廿八	7廿九	8正月	9初二
10初三	11初四	12初五	13初六	14初七	15初八	16初九
17初十	18十一	19雨水	20十三	21十四	22十五	23十六
24十七	25十八	26十九	27二十	28廿一		

3

一	二	三	四	五	六	日
31廿二					1廿二	2廿三
3廿四	4廿五	5廿六	6惊蛰	7廿八	8廿九	9三十
10二月	11初二	12初三	13初四	14初五	15初六	16初七
17初八	18初九	19初十	20十一	21春分	22十三	23十四
24十五	25十六	26十七	27十八	28十九	29二十	30廿一

4

一	二	三	四	五	六	日
	1廿三	2廿四	3廿五	4廿六	5廿七	6清明
7廿九	8三月	9初二	10初三	11初四	12初五	13初六
14初七	15初八	16初九	17初十	18十一	19十二	20十三
21谷雨	22十五	23十六	24十七	25十八	26十九	27二十
28廿一	29廿二	30廿三				

5

一	二	三	四	五	六	日
			1廿四	2廿五	3廿六	4廿七
5廿八	6立夏	7三十	8四月	9初二	10初三	11初四
12初五	13初六	14初七	15初八	16初九	17初十	18十一
19十二	20十三	21十四	22小满	23十六	24十七	25十八
26十九	27二十	28廿一	29廿二	30廿三	31廿四	

6

一	二	三	四	五	六	日
30廿五						1廿五
2廿六	3廿七	4廿八	5廿九	6五月	7芒种	8初三
9初四	10初五	11初六	12初七	13初八	14初九	15初十
16十一	17十二	18十三	19十四	20十五	21十六	22夏至
23十八	24十九	25二十	26廿一	27廿二	28廿三	29廿四

7

一	二	三	四	五	六	日
	1廿六	2廿七	3廿八	4廿九	5六月	6初二
7初三	8小暑	9初五	10初六	11初七	12初八	13初九
14初十	15十一	16十二	17十三	18十四	19十五	20十六
21十七	22十八	23十九	24大暑	25廿一	26廿二	27廿三
28廿四	29廿五	30廿六	31廿七			

8

一	二	三	四	五	六	日
				1廿八	2廿九	3三十
4七月	5初二	6初三	7初四	8立秋	9初六	10初七
11初八	12初九	13初十	14十一	15十二	16十三	17十四
18十五	19十六	20十七	21十八	22十九	23二十	24处暑
25廿二	26廿三	27廿四	28廿五	29廿六	30廿七	31廿八

9

一	二	三	四	五	六	日
1廿九	2八月	3初二	4初三	5初四	6初五	7初六
8白露	9初八	10初九	11初十	12十一	13十二	14十三
15十四	16十五	17十六	18十七	19十八	20十九	21二十
22廿一	23廿二	24秋分	25廿四	26廿五	27廿六	28廿七
29廿八	30廿九					

10

一	二	三	四	五	六	日
		1三十	2九月	3初二	4初三	5初四
6初五	7初六	8初七	9寒露	10初九	11初十	12十一
13十二	14十三	15十四	16十五	17十六	18十七	19十八
20十九	21二十	22廿一	23廿二	24霜降	25廿四	26廿五
27廿六	28廿七	29廿八	30廿九	31十月		

11

一	二	三	四	五	六	日
					1初二	2初三
3初四	4初五	5初六	6初七	7初八	8立冬	9初十
10十一	11十二	12十三	13十四	14十五	15十六	16十七
17十八	18十九	19二十	20廿一	21廿二	22廿三	23小雪
24廿五	25廿六	26廿七	27廿八	28廿九	29三十	30十一月

12

一	二	三	四	五	六	日
1初二	2初三	3初四	4初五	5初六	6初七	7初八
8大雪	9初十	10十一	11十二	12十三	13十四	14十五
15十六	16十七	17十八	18十九	19二十	20廿一	21廿二
22廿三	23冬至	24廿五	25廿六	26廿七	27廿八	28廿九
29三十	30十二月	31初二				

中国吉祥图案鉴赏

1903年（癸卯 兔年1月19日始 闰五月）

1

一	二	三	四	五	六	日
			1 初三	2 初四	3 初五	4 初六
5 初七	6 小寒	7 初九	8 初十	9 十一	10 十二	11 十三
12 十四	13 十五	14 十六	15 十七	16 十八	17 十九	18 二十
19 廿一	20 廿二	21 大寒	22 廿四	23 廿五	24 廿六	25 廿七
26 廿八	27 廿九	28 三十	29 正月	30 初二	31 初三	

2

一	二	三	四	五	六	日
						1 初四
2 初五	3 初六	4 初七	5 立春	6 初九	7 初十	8 十一
9 十二	10 十三	11 十四	12 十五	13 十六	14 十七	15 十八
16 十九	17 二十	18 廿一	19 廿二	20 雨水	21 廿四	22 廿五
23 廿六	24 廿七	25 廿八	26 廿九	27 二月	28 初二	

3

一	二	三	四	五	六	日
30 初二	31 初三					1 初三
2 初四	3 初五	4 初六	5 初七	6 初八	7 惊蛰	8 初十
9 十一	10 十二	11 十三	12 十四	13 十五	14 十六	15 十七
16 十八	17 十九	18 二十	19 廿一	20 雨水	21 廿三	22 春分
23 廿五	24 廿六	25 廿七	26 廿八	27 廿九	28 三十	29 三月

4

一	二	三	四	五	六	日
		1 初四	2 初五	3 初六	4 初七	5 初八
6 清明	7 初十	8 十一	9 十二	10 十三	11 十四	12 十五
13 十六	14 十七	15 十八	16 十九	17 二十	18 廿一	19 廿二
20 廿三	21 谷雨	22 廿五	23 廿六	24 廿七	25 廿八	26 廿九
27 四月	28 初二	29 初三	30 初四			

5

一	二	三	四	五	六	日
				1 初五	2 初六	3 初七
4 初八	5 初九	6 初十	7 立夏	8 十二	9 十三	10 十四
11 十五	12 十六	13 十七	14 十八	15 十九	16 二十	17 廿一
18 廿二	19 廿三	20 廿四	21 廿五	22 小满	23 廿七	24 廿八
25 廿九	26 三十	27 五月	28 初二	29 初三	30 初四	31 初五

6

一	二	三	四	五	六	日
1 初六	2 初七	3 初八	4 初九	5 初十	6 十一	7 芒种
8 十三	9 十四	10 十五	11 十六	12 十七	13 十八	14 十九
15 二十	16 廿一	17 廿二	18 廿三	19 廿四	20 廿五	21 廿六
22 夏至	23 廿八	24 廿九	25 五月	26 初二	27 初三	28 初四
29 初五	30 初六					

7

一	二	三	四	五	六	日
		1 初七	2 初八	3 初九	4 初十	5 十一
6 十二	7 十三	8 小暑	9 十五	10 十六	11 十七	12 十八
13 十九	14 二十	15 廿一	16 廿二	17 廿三	18 廿四	19 廿五
20 廿六	21 廿七	22 廿八	23 廿九	24 六月 大暑	25 初二	26 初三
27 初四	28 初五	29 初六	30 初七	31 初八		

8

一	二	三	四	五	六	日
31 初九					1 初九	2 初十
3 十一	4 十二	5 十三	6 十四	7 十五	8 十六	9 立秋
10 十八	11 十九	12 二十	13 廿一	14 廿二	15 廿三	16 廿四
17 廿五	18 廿六	19 廿七	20 廿八	21 廿九	22 三十	23 七月
24 处暑	25 初三	26 初四	27 初五	28 初六	29 初七	30 初八

9

一	二	三	四	五	六	日
	1 初十	2 十一	3 十二	4 十三	5 十四	6 十五
7 十六	8 十七	9 白露	10 十九	11 二十	12 廿一	13 廿二
14 廿三	15 廿四	16 廿五	17 廿六	18 廿七	19 廿八	20 廿九
21 八月	22 初二	23 初三	24 秋分	25 初五	26 初六	27 初七
28 初八	29 初九	30 初十				

10

一	二	三	四	五	六	日
			1 十一	2 十二	3 十三	4 十四
5 十五	6 十六	7 十七	8 十八	9 寒露	10 二十	11 廿一
12 廿二	13 廿三	14 廿四	15 廿五	16 廿六	17 廿七	18 廿八
19 廿九	20 九月	21 初二	22 初三	23 初四	24 霜降	25 初六
26 初七	27 初八	28 初九	29 初十	30 十一	31 十二	

11

一	二	三	四	五	六	日
30 十二						1 十三
2 十四	3 十五	4 十六	5 十七	6 十八	7 十九	8 立冬
9 廿一	10 廿二	11 廿三	12 廿四	13 廿五	14 廿六	15 廿七
16 廿八	17 廿九	18 三十	19 十月	20 初二	21 初三	22 初四
23 小雪	24 初六	25 初七	26 初八	27 初九	28 初十	29 十一

12

一	二	三	四	五	六	日
	1 十三	2 十四	3 十五	4 十六	5 十七	6 十八
7 十九	8 大雪	9 廿一	10 廿二	11 廿三	12 廿四	13 廿五
14 廿六	15 廿七	16 廿八	17 廿九	18 三十	19 十一月	20 初二
21 初三	22 初四	23 冬至	24 初六	25 初七	26 初八	27 初九
28 初十	29 十一	30 十二	31 十三			

中国吉祥图案鉴赏

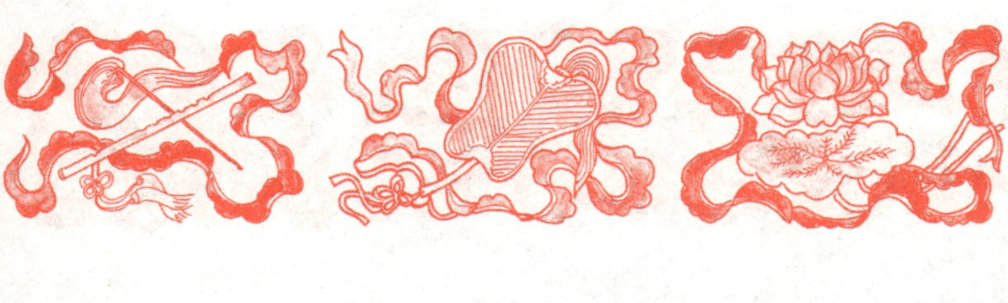

1904 年（甲辰 龙年 2 月 16 日始）

1

一	二	三	四	五	六	日
				1十四	2十五	3十六
4十七	5十八	6十九	7小寒	8廿一	9廿二	10廿三
11廿四	12廿五	13廿六	14廿七	15廿八	16廿九	17十二月
18初二	19初三	20初四	21大寒	22初六	23初七	24初八
25初九	26初十	27十一	28十二	29十三	30十四	31十五

2

一	二	三	四	五	六	日
1十六	2十七	3十八	4十九	5立春	6廿一	7廿二
8廿三	9廿四	10廿五	11廿六	12廿七	13廿八	14廿九
15三十	16正月	17初二	18初三	19初四	20雨水	21初六
22初七	23初八	24初九	25初十	26十一	27十二	28十三
29十四						

3

一	二	三	四	五	六	日
	1十五	2十六	3十七	4十八	5十九	6惊蛰
7廿一	8廿二	9廿三	10廿四	11廿五	12廿六	13廿七
14廿八	15廿九	16三十	17二月	18初二	19初三	20初四
21春分	22初六	23初七	24初八	25初九	26初十	27十一
28十二	29十三	30十四	31十五			

4

一	二	三	四	五	六	日
				1十六	2十七	3十八
4十九	5清明	6廿一	7廿二	8廿三	9廿四	10廿五
11廿六	12廿七	13廿八	14廿九	15三十	16三月	17初二
18初三	19初四	20谷雨	21初六	22初七	23初八	24初九
25初十	26十一	27十二	28十三	29十四	30十五	

5

一	二	三	四	五	六	日
30十六	31十七					1十六
2十七	3十八	4十九	5二十	6立夏	7廿二	8廿三
9廿四	10廿五	11廿六	12廿七	13廿八	14廿九	15四月
16初二	17初三	18初四	19初五	20初六	21小满	22初八
23初九	24初十	25十一	26十二	27十三	28十四	29十五

6

一	二	三	四	五	六	日
		1十八	2十九	3二十	4廿一	5廿二
6芒种	7廿四	8廿五	9廿六	10廿七	11廿八	12廿九
13三十	14五月	15初二	16初三	17初四	18初五	19初六
20初七	21初八	22夏至	23初十	24十一	25十二	26十三
27十四	28十五	29十六	30十七			

7

一	二	三	四	五	六	日
				1十八	2十九	3二十
4廿一	5廿二	6廿三	7小暑	8廿五	9廿六	10廿七
11廿八	12廿九	13六月	14初二	15初三	16初四	17初五
18初六	19初七	20初八	21初九	22初十	23大暑	24十二
25十三	26十四	27十五	28十六	29十七	30十八	31十九

8

一	二	三	四	五	六	日
1二十	2廿一	3廿二	4廿三	5廿四	6廿五	7廿六
8立秋	9廿八	10廿九	11七月	12初二	13初三	14初四
15初五	16初六	17初七	18初八	19初九	20初十	21十一
22十二	23处暑	24十四	25十五	26十六	27十七	28十八
29十九	30二十	31廿一				

9

一	二	三	四	五	六	日
			1廿二	2廿三	3廿四	4廿五
5廿六	6廿七	7廿八	8白露	9三十	10八月	11初二
12初三	13初四	14初五	15初六	16初七	17初八	18初九
19初十	20十一	21十二	22十三	23秋分	24十五	25十六
26十七	27十八	28十九	29二十	30廿一		

10

一	二	三	四	五	六	日
31廿三					1廿二	2廿三
3廿四	4廿五	5廿六	6廿七	7廿八	8廿九	9九月 寒露
10初二	11初三	12初四	13初五	14初六	15初七	16初八
17初九	18初十	19十一	20十二	21十三	22十四	23十五
24霜降	25十七	26十八	27十九	28二十	29廿一	30廿二

11

一	二	三	四	五	六	日
	1廿四	2廿五	3廿六	4廿七	5廿八	6廿九
7十月	8立冬	9初三	10初四	11初五	12初六	13初七
14初八	15初九	16初十	17十一	18十二	19十三	20十四
21十五	22十六	23小雪	24十八	25十九	26二十	27廿一
28廿二	29廿三	30廿四				

12

一	二	三	四	五	六	日
			1廿五	2廿六	3廿七	4廿八
5廿九	6三十	7十一月 大雪	8初二	9初三	10初四	11初五
12初六	13初七	14初八	15初九	16初十	17十一	18十二
19十三	20十四	21十五	22冬至	23十七	24十八	25十九
26二十	27廿一	28廿二	29廿三	30廿四	31廿五	

佛教的八种法器

题注：八宝又称八吉祥或吉祥八宝，由佛教的八种法器—法螺、法轮、宝伞、华盖、莲花、宝瓶、金鱼、盘长组成，又一说，俗称八宝之一——盘长为八吉，所以常用盘长代表八宝，用八宝组成的吉祥图案亦称“八宝生辉”。由宝相花鱼八宝组成的图案称八宝花。民间又以超过八件法器的图案叫杂宝，杂宝是神仙使用的各种法器的泛称，常用的八宝纹用珠、钱、琴、棋、书、画、红叶、蕉叶、艾叶、珊瑚、如意、元宝、祥云、锭、磬组成，内容不固定。八宝及杂宝均是神仙使用的宝物，故有辟邪、纳福、吉祥的法力。杂宝在吉祥图案中可分组使用。

中国吉祥图案鉴赏

1905 年（乙巳 蛇年 2 月 4 日始）

1

一	二	三	四	五	六	日
30廿五	31廿六					1廿六
2廿七	3廿八	4廿九	5三十	6十二月 小寒	7初二	8初三
9初四	10初五	11初六	12初七	13初八	14初九	15初十
16十一	17十二	18十三	19十四	20十五	21大寒	22十七
23十八	24十九	25二十	26廿一	27廿二	28廿三	29廿四

2

一	二	三	四	五	六	日
		1廿七	2廿八	3廿九	4正月 立春	5初二
6初三	7初四	8初五	9初六	10初七	11初八	12初九
13初十	14十一	15十二	16十三	17十四	18十五	19雨水
20十七	21十八	22十九	23二十	24廿一	25廿二	26廿三
27廿四	28廿五					

3

一	二	三	四	五	六	日
		1廿六	2廿七	3廿八	4廿九	5三十
6二月 惊蛰	7初二	8初三	9初四	10初五	11初六	12初七
13初八	14初九	15初十	16十一	17十二	18十三	19十四
20十五	21春分	22十七	23十八	24十九	25二十	26廿一
27廿二	28廿三	29廿四	30廿五	31廿六		

4

一	二	三	四	五	六	日
					1廿七	2廿八
3廿九	4三十	5三月 清明	6初二	7初三	8初四	9初五
10初六	11初七	12初八	13初九	14初十	15十一	16十二
17十三	18十四	19十五	20十六	21谷雨	22十八	23十九
24二十	25廿一	26廿二	27廿三	28廿四	29廿五	30廿六

5

一	二	三	四	五	六	日
1廿七	2廿八	3廿九	4四月	5初二	6立夏	7初四
8初五	9初六	10初七	11初八	12初九	13初十	14十一
15十二	16十三	17十四	18十五	19十六	20十七	21十八
22小满	23二十	24廿一	25廿二	26廿三	27廿四	28廿五
29廿六	30廿七	31廿八				

6

一	二	三	四	五	六	日
			1廿九	2三十	3五月	4初二
5初三	6芒种	7初五	8初六	9初七	10初八	11初九
12初十	13十一	14十二	15十三	16十四	17十五	18十六
19十七	20十八	21十九	22夏至	23廿一	24廿二	25廿三
26廿四	27廿五	28廿六	29廿七	30廿八		

7

一	二	三	四	五	六	日
31廿九					1廿九	2三十
3六月	4初二	5初三	6初四	7初五	8小暑	9初七
10初八	11初九	12初十	13十一	14十二	15十三	16十四
17十五	18十六	19十七	20十八	21十九	22二十	23大暑
24廿二	25廿三	26廿四	27廿五	28廿六	29廿七	30廿八

8

一	二	三	四	五	六	日
	1七月	2初二	3初三	4初四	5初五	6初六
7初七	8立秋	9初九	10初十	11十一	12十二	13十三
14十四	15十五	16十六	17十七	18十八	19十九	20二十
21廿一	22廿二	23廿三	24处暑	25廿五	26廿六	27廿七
28廿八	29廿九	30八月	31初二			

9

一	二	三	四	五	六	日
				1初三	2初四	3初五
4初六	5初七	6初八	7初九	8白露	9十一	10十二
11十三	12十四	13十五	14十六	15十七	16十八	17十九
18二十	19廿一	20廿二	21廿三	22廿四	23廿五	24秋分
25廿七	26廿八	27廿九	28三十	29九月	30初二	

10

一	二	三	四	五	六	日
30初三	31初四					1初三
2初四	3初五	4初六	5初七	6初八	7初九	8初十
9寒露	10十二	11十三	12十四	13十五	14十六	15十七
16十八	17十九	18二十	19廿一	20廿二	21廿三	22廿四
23廿五	24霜降	25廿七	26廿八	27廿九	28十月	29初二

11

一	二	三	四	五	六	日
		1初五	2初六	3初七	4初八	5初九
6初十	7十一	8立冬	9十三	10十四	11十五	12十六
13十七	14十八	15十九	16二十	17廿一	18廿二	19廿三
20廿四	21廿五	22廿六	23小雪	24廿八	25廿九	26三十
27十一月	28初二	29初三	30初四			

12

一	二	三	四	五	六	日
				1初五	2初六	3初七
4初八	5初九	6初十	7十一	8大雪	9十三	10十四
11十五	12十六	13十七	14十八	15十九	16二十	17廿一
18廿二	19廿三	20廿四	21廿五	22冬至	23廿七	24廿八
25廿九	26十二月	27初二	28初三	29初四	30初五	31初六

中国吉祥图案鉴赏

1906年（丙午 马年1月25日始 闰四月）

1

一	二	三	四	五	六	日
1 初七	2 初八	3 初九	4 初十	5 十一	6 小寒	7 十三
8 十四	9 十五	10 十六	11 十七	12 十八	13 十九	14 二十
15 廿一	16 廿二	17 廿三	18 廿四	19 廿五	20 廿六	21 大寒
22 廿八	23 廿九	24 三十	25 正月	26 初二	27 初三	28 初四
29 初五	30 初六	31 初七				

2

一	二	三	四	五	六	日
			1 初八	2 初九	3 初十	4 十一
5 立春	6 十三	7 十四	8 十五	9 十六	10 十七	11 十八
12 十九	13 二十	14 廿一	15 廿二	16 廿三	17 廿四	18 廿五
19 雨水	20 廿七	21 廿八	22 廿九	23 二月	24 初二	25 初三
26 初四	27 初五	28 初六				

3

一	二	三	四	五	六	日
			1 初七	2 初八	3 初九	4 初十
5 十一	6 惊蛰	7 十三	8 十四	9 十五	10 十六	11 十七
12 十八	13 十九	14 二十	15 廿一	16 廿二	17 廿三	18 廿四
19 廿五	20 廿六	21 春分	22 廿八	23 廿九	24 三十	25 三月
26 初二	27 初三	28 初四	29 初五	30 初六	31 初七	

4

一	二	三	四	五	六	日
30 初七						1 初八
2 初九	3 初十	4 十一	5 十二	6 清明	7 十四	8 十五
9 十六	10 十七	11 十八	12 十九	13 二十	14 廿一	15 廿二
16 廿三	17 廿四	18 廿五	19 廿六	20 廿七	21 谷雨	22 廿九
23 三十	24 四月	25 初二	26 初三	27 初四	28 初五	29 初六

5

一	二	三	四	五	六	日
	1 初八	2 初九	3 初十	4 十一	5 十二	6 立夏
7 十四	8 十五	9 十六	10 十七	11 十八	12 十九	13 二十
14 廿一	15 廿二	16 廿三	17 廿四	18 廿五	19 廿六	20 廿七
21 廿八	22 小满	23 四月	24 初二	25 初三	26 初四	27 初五
28 初六	29 初七	30 初八	31 初九			

6

一	二	三	四	五	六	日
				1 初十	2 十一	3 十二
4 十三	5 十四	6 芒种	7 十六	8 十七	9 十八	10 十九
11 二十	12 廿一	13 廿二	14 廿三	15 廿四	16 廿五	17 廿六
18 廿七	19 廿八	20 廿九	21 三十	22 五月 夏至	23 初二	24 初三
25 初四	26 初五	27 初六	28 初七	29 初八	30 初九	

7

一	二	三	四	五	六	日
30 初十	31 十一					1 初十
2 十一	3 十二	4 十三	5 十四	6 十五	7 十六	8 小暑
9 十八	10 十九	11 二十	12 廿一	13 廿二	14 廿三	15 廿四
16 廿五	17 廿六	18 廿七	19 廿八	20 廿九	21 六月	22 初二
23 初三	24 大暑	25 初五	26 初六	27 初七	28 初八	29 初九

8

一	二	三	四	五	六	日
		1 十二	2 十三	3 十四	4 十五	5 十六
6 十七	7 十八	8 立秋	9 二十	10 廿一	11 廿二	12 廿三
13 廿四	14 廿五	15 廿六	16 廿七	17 廿八	18 廿九	19 三十
20 七月	21 初二	22 初三	23 初四	24 处暑	25 初六	26 初七
27 初八	28 初九	29 初十	30 十一	31 十二		

9

一	二	三	四	五	六	日
					1 十三	2 十四
3 十五	4 十六	5 十七	6 十八	7 十九	8 白露	9 廿一
10 廿二	11 廿三	12 廿四	13 廿五	14 廿六	15 廿七	16 廿八
17 廿九	18 八月	19 初二	20 初三	21 初四	22 初五	23 初六
24 秋分	25 初八	26 初九	27 初十	28 十一	29 十二	30 十三

10

一	二	三	四	五	六	日
1 十四	2 十五	3 十六	4 十七	5 十八	6 十九	7 二十
8 廿一	9 寒露	10 廿三	11 廿四	12 廿五	13 廿六	14 廿七
15 廿八	16 廿九	17 三十	18 九月	19 初二	20 初三	21 初四
22 初五	23 初六	24 霜降	25 初八	26 初九	27 初十	28 十一
29 十二	30 十三	31 十四				

11

一	二	三	四	五	六	日
			1 十五	2 十六	3 十七	4 十八
5 十九	6 二十	7 廿一	8 立冬	9 廿三	10 廿四	11 廿五
12 廿六	13 廿七	14 廿八	15 廿九	16 十月	17 初二	18 初三
19 初四	20 初五	21 初六	22 初七	23 小雪	24 初九	25 初十
26 十一	27 十二	28 十三	29 十四	30 十五		

12

一	二	三	四	五	六	日
31 十六					1 十六	2 十七
3 十八	4 十九	5 二十	6 廿一	7 廿二	8 大雪	9 廿四
10 廿五	11 廿六	12 廿七	13 廿八	14 廿九	15 三十	16 十一月
17 初二	18 初三	19 初四	20 初五	21 初六	22 初七	23 冬至
24 初九	25 初十	26 十一	27 十二	28 十三	29 十四	30 十五

中国吉祥图案鉴赏

1907 年（丁未 羊年 2 月 13 日始）

1

一	二	三	四	五	六	日
	1 十七	2 十八	3 十九	4 二十	5 廿一	6 小寒
7 廿三	8 廿四	9 廿五	10 廿六	11 廿七	12 廿八	13 廿九
14 十二月	15 初二	16 初三	17 初四	18 初五	19 初六	20 初七
21 大寒	22 初九	23 初十	24 十一	25 十二	26 十三	27 十四
28 十五	29 十六	30 十七	31 十八			

7

一	二	三	四	五	六	日
1 廿一	2 廿二	3 廿三	4 廿四	5 廿五	6 廿六	7 廿七
8 小暑	9 廿九	10 六月	11 初二	12 初三	13 初四	14 初五
15 初六	16 初七	17 初八	18 初九	19 初十	20 十一	21 十二
22 十三	23 十四	24 大暑	25 十六	26 十七	27 十八	28 十九
29 二十	30 廿一	31 廿二				

2

一	二	三	四	五	六	日
				1 十九	2 二十	3 廿一
4 廿二	5 立春	6 廿四	7 廿五	8 廿六	9 廿七	10 廿八
11 廿九	12 三十	13 正月	14 初二	15 初三	16 初四	17 初五
18 初六	19 初七	20 雨水	21 初九	22 初十	23 十一	24 十二
25 十三	26 十四	27 十五	28 十六			

8

一	二	三	四	五	六	日
			1 廿三	2 廿四	3 廿五	4 廿六
5 廿七	6 廿八	7 廿九	8 三十	9 七月立秋	10 初二	11 初三
12 初四	13 初五	14 初六	15 初七	16 初八	17 初九	18 初十
19 十一	20 十二	21 十三	22 十四	23 十五	24 处暑	25 十七
26 十八	27 十九	28 二十	29 廿一	30 廿二	31 廿三	

3

一	二	三	四	五	六	日
				1 十七	2 十八	3 十九
4 二十	5 廿一	6 廿二	7 惊蛰	8 廿四	9 廿五	10 廿六
11 廿七	12 廿八	13 廿九	14 二月	15 初二	16 初三	17 初四
18 初五	19 初六	20 初七	21 初八	22 春分	23 初十	24 十一
25 十二	26 十三	27 十四	28 十五	29 十六	30 十七	31 十八

9

一	二	三	四	五	六	日
30 廿三						1 廿四
2 廿五	3 廿六	4 廿七	5 廿八	6 廿九	7 三十	8 八月
9 白露	10 初三	11 初四	12 初五	13 初六	14 初七	15 初八
16 初九	17 初十	18 十一	19 十二	20 十三	21 十四	22 十五
23 十六	24 秋分	25 十八	26 十九	27 二十	28 廿一	29 廿二

4

一	二	三	四	五	六	日
1 十九	2 二十	3 廿一	4 廿二	5 廿三	6 清明	7 廿五
8 廿六	9 廿七	10 廿八	11 廿九	12 三十	13 三月	14 初二
15 初三	16 初四	17 初五	18 初六	19 初七	20 初八	21 谷雨
22 初十	23 十一	24 十二	25 十三	26 十四	27 十五	28 十六
29 十七	30 十八					

10

一	二	三	四	五	六	日
	1 廿四	2 廿五	3 廿六	4 廿七	5 廿八	6 廿九
7 九月	8 初二	9 寒露	10 初四	11 初五	12 初六	13 初七
14 初八	15 初九	16 初十	17 十一	18 十二	19 十三	20 十四
21 十五	22 十六	23 十七	24 霜降	25 十九	26 二十	27 廿一
28 廿二	29 廿三	30 廿四	31 廿五			

5

一	二	三	四	五	六	日
		1 十九	2 二十	3 廿一	4 廿二	5 廿三
6 廿四	7 立夏	8 廿六	9 廿七	10 廿八	11 廿九	12 四月
13 初二	14 初三	15 初四	16 初五	17 初六	18 初七	19 初八
20 初九	21 初十	22 小满	23 十二	24 十三	25 十四	26 十五
27 十六	28 十七	29 十八	30 十九	31 二十		

11

一	二	三	四	五	六	日
				1 廿六	2 廿七	3 廿八
4 廿九	5 三十	6 十月	7 初二	8 立冬	9 初四	10 初五
11 初六	12 初七	13 初八	14 初九	15 初十	16 十一	17 十二
18 十三	19 十四	20 十五	21 十六	22 十七	23 小雪	24 十九
25 二十	26 廿一	27 廿二	28 廿三	29 廿四	30 廿五	

6

一	二	三	四	五	六	日
					1 廿一	2 廿二
3 廿三	4 廿四	5 廿五	6 廿六	7 芒种	8 廿八	9 廿九
10 三十	11 五月	12 初二	13 初三	14 初四	15 初五	16 初六
17 初七	18 初八	19 初九	20 初十	21 十一	22 夏至	23 十三
24 十四	25 十五	26 十六	27 十七	28 十八	29 十九	30 二十

12

一	二	三	四	五	六	日
30 廿六	31 廿七					1 廿六
2 廿七	3 廿八	4 廿九	5 十一月	6 初二	7 初三	8 大雪
9 初五	10 初六	11 初七	12 初八	13 初九	14 初十	15 十一
16 十二	17 十三	18 十四	19 十五	20 十六	21 十七	22 十八
23 冬至	24 二十	25 廿一	26 廿二	27 廿三	28 廿四	29 廿五

中国吉祥图案鉴赏

八宝庆寿

题注：由佛家的八种法器与寿字组成，八宝为象征吉祥的物件，与寿字组成八宝庆寿，多用于为长辈祝寿。

1908年（戊申 猴年2月2日始）

1

一	二	三	四	五	六	日
		1廿八	2廿九	3三十	4十二月	5初二
6初三	7小寒	8初五	9初六	10初七	11初八	12初九
13初十	14十一	15十二	16十三	17十四	18十五	19十六
20十七	21大寒	22十九	23二十	24廿一	25廿二	26廿三
27廿四	28廿五	29廿六	30廿七	31廿八		

2

一	二	三	四	五	六	日
					1廿九	2正月
3初二	4初三	5立春	6初五	7初六	8初七	9初八
10初九	11初十	12十一	13十二	14十三	15十四	16十五
17十六	18十七	19十八	20雨水	21二十	22廿一	23廿二
24廿三	25廿四	26廿五	27廿六	28廿七	29廿八	

3

一	二	三	四	五	六	日
30廿八	31廿九					1廿九
2三十	3二月	4初二	5初三	6惊蛰	7初五	8初六
9初七	10初八	11初九	12初十	13十一	14十二	15十三
16十四	17十五	18十六	19十七	20十八	21春分	22二十
23廿一	24廿二	25廿三	26廿四	27廿五	28廿六	29廿七

4

一	二	三	四	五	六	日
		1三月	2初二	3初三	4初四	5清明
6初六	7初七	8初八	9初九	10初十	11十一	12十二
13十三	14十四	15十五	16十六	17十七	18十八	19十九
20谷雨	21廿一	22廿二	23廿三	24廿四	25廿五	26廿六
27廿七	28廿八	29廿九	30四月			

5

一	二	三	四	五	六	日
				1初二	2初三	3初四
4初五	5初六	6立夏	7初八	8初九	9初十	10十一
11十二	12十三	13十四	14十五	15十六	16十七	17十八
18十九	19二十	20廿一	21小满	22廿三	23廿四	24廿五
25廿六	26廿七	27廿八	28廿九	29三十	30五月	31初二

6

一	二	三	四	五	六	日
1初三	2初四	3初五	4初六	5初七	6芒种	7初九
8初十	9十一	10十二	11十三	12十四	13十五	14十六
15十七	16十八	17十九	18二十	19廿一	20廿二	21廿三
22夏至	23廿五	24廿六	25廿七	26廿八	27廿九	28三十
29六月	30初二					

7

一	二	三	四	五	六	日
		1初三	2初四	3初五	4初六	5初七
6初八	7小暑	8初十	9十一	10十二	11十三	12十四
13十五	14十六	15十七	16十八	17十九	18二十	19廿一
20廿二	21廿三	22廿四	23大暑	24廿六	25廿七	26廿八
27廿九	28七月	29初二	30初三	31初四		

8

一	二	三	四	五	六	日
31初五					1初五	2初六
3初七	4初八	5初九	6初十	7十一	8立秋	9十三
10十四	11十五	12十六	13十七	14十八	15十九	16二十
17廿一	18廿二	19廿三	20廿四	21廿五	22廿六	23处暑
24廿八	25廿九	26三十	27八月	28初二	29初三	30初四

9

一	二	三	四	五	六	日
	1初六	2初七	3初八	4初九	5初十	6十一
7十二	8白露	9十四	10十五	11十六	12十七	13十八
14十九	15二十	16廿一	17廿二	18廿三	19廿四	20廿五
21廿六	22廿七	23秋分	24廿九	25九月	26初二	27初三
28初四	29初五	30初六				

10

一	二	三	四	五	六	日
			1初七	2初八	3初九	4初十
5十一	6十二	7十三	8十四	9寒露	10十六	11十七
12十八	13十九	14二十	15廿一	16廿二	17廿三	18廿四
19廿五	20廿六	21廿七	22廿八	23廿九	24霜降	25十月
26初二	27初三	28初四	29初五	30初六	31初七	

11

一	二	三	四	五	六	日
30初七						1初八
2初九	3初十	4十一	5十二	6十三	7十四	8立冬
9十六	10十七	11十八	12十九	13二十	14廿一	15廿二
16廿三	17廿四	18廿五	19廿六	20廿七	21廿八	22廿九
23小雪	24十一月	25初二	26初三	27初四	28初五	29初六

12

一	二	三	四	五	六	日
	1初八	2初九	3初十	4十一	5十二	6十三
7大雪	8十五	9十六	10十七	11十八	12十九	13二十
14廿一	15廿二	16廿三	17廿四	18廿五	19廿六	20廿七
21廿八	22冬至	23十二月	24初二	25初三	26初四	27初五
28初六	29初七	30初八	31初九			

八仙贺喜

题注：为新婚祝贺之寓意。

中国吉祥图案鉴赏

1909年（己酉 鸡年1月22日始 闰二月）

1

一	二	三	四	五	六	日
				1初十	2十一	3十二
4十三	5十四	6小寒	7十六	8十七	9十八	10十九
11二十	12廿一	13廿二	14廿三	15廿四	16廿五	17廿六
18廿七	19廿八	20廿九	21大寒	22正月	23初二	24初三
25初四	26初五	27初六	28初七	29初八	30初九	31初十

2

一	二	三	四	五	六	日
1十一	2十二	3十三	4立春	5十五	6十六	7十七
8十八	9十九	10二十	11廿一	12廿二	13廿三	14廿四
15廿五	16廿六	17廿七	18廿八	19雨水	20二月	21初二
22初三	23初四	24初五	25初六	26初七	27初八	28初九

3

一	二	三	四	五	六	日
1初十	2十一	3十二	4十三	5十四	6惊蛰	7十六
8十七	9十八	10十九	11二十	12廿一	13廿二	14廿三
15廿四	16廿五	17廿六	18廿七	19廿八	20廿九	21春分
22二月	23初二	24初三	25初四	26初五	27初六	28初七
29初八	30初九	31初十				

4

一	二	三	四	五	六	日
			1十一	2十二	3十三	4十四
5清明	6十六	7十七	8十八	9十九	10二十	11廿一
12廿二	13廿三	14廿四	15廿五	16廿六	17廿七	18廿八
19廿九	20三月	21谷雨	22初三	23初四	24初五	25初六
26初七	27初八	28初九	29初十	30十一		

5

一	二	三	四	五	六	日
31十三					1十二	2十三
3十四	4十五	5十六	6立夏	7十八	8十九	9二十
10廿一	11廿二	12廿三	13廿四	14廿五	15廿六	16廿七
17廿八	18廿九	19四月	20初二	21初三	22小满	23初五
24初六	25初七	26初八	27初九	28初十	29十一	30十二

6

一	二	三	四	五	六	日
	1十四	2十五	3十六	4十七	5十八	6芒种
7二十	8廿一	9廿二	10廿三	11廿四	12廿五	13廿六
14廿七	15廿八	16廿九	17三十	18五月	19初二	20初三
21初四	22夏至	23初六	24初七	25初八	26初九	27初十
28十一	29十二	30十三				

7

一	二	三	四	五	六	日
			1十四	2十五	3十六	4十七
5十八	6十九	7二十	8小暑	9廿二	10廿三	11廿四
12廿五	13廿六	14廿七	15廿八	16廿九	17六月	18初二
19初三	20初四	21初五	22初六	23大暑	24初八	25初九
26初十	27十一	28十二	29十三	30十四	31十五	

8

一	二	三	四	五	六	日
30十五	31十六					1十六
2十七	3十八	4十九	5二十	6廿一	7廿二	8立秋
9廿四	10廿五	11廿六	12廿七	13廿八	14廿九	15三十
16七月	17初二	18初三	19初四	20初五	21初六	22初七
23初八	24处暑	25初十	26十一	27十二	28十三	29十四

9

一	二	三	四	五	六	日
		1十七	2十八	3十九	4二十	5廿一
6廿二	7廿三	8白露	9廿五	10廿六	11廿七	12廿八
13廿九	14八月	15初二	16初三	17初四	18初五	19初六
20初七	21初八	22初九	23初十	24秋分	25十二	26十三
27十四	28十五	29十六	30十七			

10

一	二	三	四	五	六	日
				1十八	2十九	3二十
4廿一	5廿二	6廿三	7廿四	8廿五	9寒露	10廿七
11廿八	12廿九	13三十	14九月	15初二	16初三	17初四
18初五	19初六	20初七	21初八	22初九	23初十	24霜降
25十二	26十三	27十四	28十五	29十六	30十七	31十八

11

一	二	三	四	五	六	日
1十九	2二十	3廿一	4廿二	5廿三	6廿四	7廿五
8立冬	9廿七	10廿八	11廿九	12三十	13十月	14初二
15初三	16初四	17初五	18初六	19初七	20初八	21初九
22初十	23小雪	24十二	25十三	26十四	27十五	28十六
29十七	30十八					

12

一	二	三	四	五	六	日
		1十九	2二十	3廿一	4廿二	5廿三
6廿四	7廿五	8大雪	9廿七	10廿八	11廿九	12三十
13十一月	14初二	15初三	16初四	17初五	18初六	19初七
20初八	21初九	22冬至	23十一	24十二	25十三	26十四
27十五	28十六	29十七	30十八	31十九		

中国吉祥图案鉴赏

八仙庆寿

题注：八仙是中国古代神话传说中的八位神仙。传说每年西王母寿诞，八仙与寿星均要赴瑶池祝寿，称八仙祝寿。八仙与寿星组成图案，名八仙仰寿。八仙庆寿为民间最常用的祝寿图案题材之一。

1910 年（庚戌 狗年 2 月 10 日始）

1

一	二	三	四	五	六	日
31廿一					1二十	2廿一
3廿二	4廿三	5廿四	6小寒	7廿六	8廿七	9廿八
10廿九	11十二月	12初二	13初三	14初四	15初五	16初六
17初七	18初八	19初九	20初十	21大寒	22十二	23十三
24十四	25十五	26十六	27十七	28十八	29十九	30二十

7

一	二	三	四	五	六	日
				1廿五	2廿六	3廿七
4廿八	5廿九	6三十	7六月	8小暑	9初三	10初四
11初五	12初六	13初七	14初八	15初九	16初十	17十一
18十二	19十三	20十四	21十五	22十六	23十七	24大暑
25十九	26二十	27廿一	28廿二	29廿三	30廿四	31廿五

2

一	二	三	四	五	六	日
	1廿二	2廿三	3廿四	4廿五	5立春	6廿七
7廿八	8廿九	9三十	10正月	11初二	12初三	13初四
14初五	15初六	16初七	17初八	18初九	19雨水	20十一
21十二	22十三	23十四	24十五	25十六	26十七	27十八
28十九						

8

一	二	三	四	五	六	日
1廿六	2廿七	3廿八	4廿九	5七月	6初二	7初三
8立秋	9初五	10初六	11初七	12初八	13初九	14初十
15十一	16十二	17十三	18十四	19十五	20十六	21十七
22十八	23十九	24处暑	25廿一	26廿二	27廿三	28廿四
29廿五	30廿六	31廿七				

3

一	二	三	四	五	六	日
	1二十	2廿一	3廿二	4廿三	5廿四	6惊蛰
7廿六	8廿七	9廿八	10廿九	11二月	12初二	13初三
14初四	15初五	16初六	17初七	18初八	19初九	20初十
21春分	22十二	23十三	24十四	25十五	26十六	27十七
28十八	29十九	30二十	31廿一			

9

一	二	三	四	五	六	日
			1廿八	2廿九	3三十	4八月
5初二	6初三	7初四	8白露	9初六	10初七	11初八
12初九	13初十	14十一	15十二	16十三	17十四	18十五
19十六	20十七	21十八	22十九	23二十	24秋分	25廿二
26廿三	27廿四	28廿五	29廿六	30廿七		

4

一	二	三	四	五	六	日
				1廿二	2廿三	3廿四
4廿五	5廿六	6清明	7廿八	8廿九	9三十	10三月
11初二	12初三	13初四	14初五	15初六	16初七	17初八
18初九	19初十	20十一	21谷雨	22十三	23十四	24十五
25十六	26十七	27十八	28十九	29二十	30廿一	

10

一	二	三	四	五	六	日
31廿九					1廿八	2廿九
3九月	4初二	5初三	6初四	7初五	8初六	9寒露
10初八	11初九	12初十	13十一	14十二	15十三	16十四
17十五	18十六	19十七	20十八	21十九	22二十	23廿一
24霜降	25廿三	26廿四	27廿五	28廿六	29廿七	30廿八

5

一	二	三	四	五	六	日
30廿二	31廿三					1廿二
2廿三	3廿四	4廿五	5廿六	6立夏	7廿八	8廿九
9四月	10初二	11初三	12初四	13初五	14初六	15初七
16初八	17初九	18初十	19十一	20十二	21十三	22小满
23十五	24十六	25十七	26十八	27十九	28二十	29廿一

11

一	二	三	四	五	六	日
	1三十	2十月	3初二	4初三	5初四	6初五
7初六	8立冬	9初八	10初九	11初十	12十一	13十二
14十三	15十四	16十五	17十六	18十七	19十八	20十九
21二十	22廿一	23小雪	24廿三	25廿四	26廿五	27廿六
28廿七	29廿八	30廿九				

6

一	二	三	四	五	六	日
		1廿四	2廿五	3廿六	4廿七	5廿八
6芒种	7五月	8初二	9初三	10初四	11初五	12初六
13初七	14初八	15初九	16初十	17十一	18十二	19十三
20十四	21十五	22夏至	23十七	24十八	25十九	26二十
27廿一	28廿二	29廿三	30廿四			

12

一	二	三	四	五	六	日
			1三十	2十一月	3初二	4初三
5初四	6初五	7初六	8大雪	9初八	10初九	11初十
12十一	13十二	14十三	15十四	16十五	17十六	18十七
19十八	20十九	21二十	22廿一	23冬至	24廿三	25廿四
26廿五	27廿六	28廿七	29廿八	30廿九	31三十	

中国吉祥图案鉴赏

1911 年（辛亥 猪年 1 月 30 日始 闰六月）

1

一	二	三	四	五	六	日
30 正月	31 初二					1 十二月
2 初二	3 初三	4 初四	5 初五	6 小寒	7 初七	8 初八
9 初九	10 初十	11 十一	12 十二	13 十三	14 十四	15 十五
16 十六	17 十七	18 十八	19 十九	20 二十	21 大寒	22 廿二
23 廿三	24 廿四	25 廿五	26 廿六	27 廿七	28 廿八	29 廿九

7

一	二	三	四	五	六	日
31 初六					1 初六	2 初七
3 初八	4 初九	5 初十	6 十一	7 十二	8 小暑	9 十四
10 十五	11 十六	12 十七	13 十八	14 十九	15 二十	16 廿一
17 廿二	18 廿三	19 廿四	20 廿五	21 廿六	22 廿七	23 廿八
24 大暑	25 三十	26 六月	27 初二	28 初三	29 初四	30 初五

2

一	二	三	四	五	六	日
		1 初三	2 初四	3 初五	4 初六	5 立春
6 初八	7 初九	8 初十	9 十一	10 十二	11 十三	12 十四
13 十五	14 十六	15 十七	16 十八	17 十九	18 二十	19 廿一
20 雨水	21 廿三	22 廿四	23 廿五	24 廿六	25 廿七	26 廿八
27 廿九	28 三十					

8

一	二	三	四	五	六	日
	1 初七	2 初八	3 初九	4 初十	5 十一	6 十二
7 十三	8 十四	9 立秋	10 十六	11 十七	12 十八	13 十九
14 二十	15 廿一	16 廿二	17 廿三	18 廿四	19 廿五	20 廿六
21 廿七	22 廿八	23 廿九	24 七月 处暑	25 初二	26 初三	27 初四
28 初五	29 初六	30 初七	31 初八			

3

一	二	三	四	五	六	日
		1 二月	2 初二	3 初三	4 初四	5 初五
6 初六	7 惊蛰	8 初八	9 初九	10 初十	11 十一	12 十二
13 十三	14 十四	15 十五	16 十六	17 十七	18 十八	19 十九
20 二十	21 廿一	22 春分	23 廿三	24 廿四	25 廿五	26 廿六
27 廿七	28 廿八	29 廿九	30 三月	31 初二		

9

一	二	三	四	五	六	日
				1 初九	2 初十	3 十一
4 十二	5 十三	6 十四	7 十五	8 十六	9 白露	10 十八
11 十九	12 二十	13 廿一	14 廿二	15 廿三	16 廿四	17 廿五
18 廿六	19 廿七	20 廿八	21 廿九	22 八月	23 初二	24 秋分
25 初四	26 初五	27 初六	28 初七	29 初八	30 初九	

4

一	二	三	四	五	六	日
					1 初三	2 初四
3 初五	4 初六	5 初七	6 清明	7 初九	8 初十	9 十一
10 十二	11 十三	12 十四	13 十五	14 十六	15 十七	16 十八
17 十九	18 二十	19 廿一	20 廿二	21 谷雨	22 廿四	23 廿五
24 廿六	25 廿七	26 廿八	27 廿九	28 三十	29 四月	30 初二

10

一	二	三	四	五	六	日
30 初九	31 初十					1 初十
2 十一	3 十二	4 十三	5 十四	6 十五	7 十六	8 十七
9 寒露	10 十九	11 二十	12 廿一	13 廿二	14 廿三	15 廿四
16 廿五	17 廿六	18 廿七	19 廿八	20 廿九	21 三十	22 九月
23 初二	24 霜降	25 初四	26 初五	27 初六	28 初七	29 初八

5

一	二	三	四	五	六	日
1 初三	2 初四	3 初五	4 初六	5 初七	6 初八	7 立夏
8 初十	9 十一	10 十二	11 十三	12 十四	13 十五	14 十六
15 十七	16 十八	17 十九	18 二十	19 廿一	20 廿二	21 廿三
22 小满	23 廿五	24 廿六	25 廿七	26 廿八	27 廿九	28 五月
29 初二	30 初三	31 初四				

11

一	二	三	四	五	六	日
		1 十一	2 十二	3 十三	4 十四	5 十五
6 十六	7 十七	8 立冬	9 十九	10 二十	11 廿一	12 廿二
13 廿三	14 廿四	15 廿五	16 廿六	17 廿七	18 廿八	19 廿九
20 三十	21 十月	22 初二	23 小雪	24 初四	25 初五	26 初六
27 初七	28 初八	29 初九	30 初十			

6

一	二	三	四	五	六	日
			1 初五	2 初六	3 初七	4 初八
5 初九	6 初十	7 芒种	8 十二	9 十三	10 十四	11 十五
12 十六	13 十七	14 十八	15 十九	16 二十	17 廿一	18 廿二
19 廿三	20 廿四	21 廿五	22 夏至	23 廿七	24 廿八	25 廿九
26 六月	27 初二	28 初三	29 初四	30 初五		

12

一	二	三	四	五	六	日
				1 十一	2 十二	3 十三
4 十四	5 十五	6 十六	7 十七	8 大雪	9 十九	10 二十
11 廿一	12 廿二	13 廿三	14 廿四	15 廿五	16 廿六	17 廿七
18 廿八	19 廿九	20 十一月	21 初二	22 初三	23 冬至	24 初五
25 初六	26 初七	27 初八	28 初九	29 初十	30 十一	31 十二

中国吉祥图案鉴赏

白头富贵

题注：《刘廷芝代悲白头翁诗》：“寄言全盛红颜手，应怜半死白头翁。”周敦颐《爱莲说》：“牡丹，花之富贵者也。”白头富贵，常用作新婚贺词，也寓意白发老人富贵长寿。

1912年（壬子 鼠年2月18日始）

1

一	二	三	四	五	六	日
1十三	2十四	3十五	4十六	5十七	6十八	7小寒
8二十	9廿一	10廿二	11廿三	12廿四	13廿五	14廿六
15廿七	16廿八	17廿九	18三十	19十二月	20初二	21大寒
22初四	23初五	24初六	25初七	26初八	27初九	28初十
29十一	30十二	31十三				

2

一	二	三	四	五	六	日
			1十四	2十五	3十六	4十七
5立春	6十九	7二十	8廿一	9廿二	10廿三	11廿四
12廿五	13廿六	14廿七	15廿八	16廿九	17三十	18正月
19初二	20雨水	21初四	22初五	23初六	24初七	25初八
26初九	27初十	28十一	29十二			

3

一	二	三	四	五	六	日
				1十三	2十四	3十五
4十六	5十七	6惊蛰	7十九	8二十	9廿一	10廿二
11廿三	12廿四	13廿五	14廿六	15廿七	16廿八	17廿九
18三十	19二月	20初二	21春分	22初四	23初五	24初六
25初七	26初八	27初九	28初十	29十一	30十二	31十三

4

一	二	三	四	五	六	日
1十四	2十五	3十六	4十七	5清明	6十九	7二十
8廿一	9廿二	10廿三	11廿四	12廿五	13廿六	14廿七
15廿八	16廿九	17三月	18初二	19初三	20谷雨	21初五
22初六	23初七	24初八	25初九	26初十	27十一	28十二
29十三	30十四					

5

一	二	三	四	五	六	日
		1十五	2十六	3十七	4十八	5十九
6立夏	7廿一	8廿二	9廿三	10廿四	11廿五	12廿六
13廿七	14廿八	15廿九	16三十	17四月	18初二	19初三
20初四	21小满	22初六	23初七	24初八	25初九	26初十
27十一	28十二	29十三	30十四	31十五		

6

一	二	三	四	五	六	日
					1十六	2十七
3十八	4十九	5二十	6芒种	7廿二	8廿三	9廿四
10廿五	11廿六	12廿七	13廿八	14廿九	15五月	16初二
17初三	18初四	19初五	20初六	21初七	22夏至	23初九
24初十	25十一	26十二	27十三	28十四	29十五	30十六

7

一	二	三	四	五	六	日
1十七	2十八	3十九	4二十	5廿一	6廿二	7小暑
8廿四	9廿五	10廿六	11廿七	12廿八	13廿九	14六月
15初二	16初三	17初四	18初五	19初六	20初七	21初八
22初九	23大暑	24十一	25十二	26十三	27十四	28十五
29十六	30十七	31十八				

8

一	二	三	四	五	六	日
			1十九	2二十	3廿一	4廿二
5廿三	6廿四	7廿五	8立秋	9廿七	10廿八	11廿九
12三十	13七月	14初二	15初三	16初四	17初五	18初六
19初七	20初八	21初九	22初十	23处暑	24十二	25十三
26十四	27十五	28十六	29十七	30十八	31十九	

9

一	二	三	四	五	六	日
30二十						1二十
2廿一	3廿二	4廿三	5廿四	6廿五	7廿六	8白露
9廿八	10廿九	11八月	12初二	13初三	14初四	15初五
16初六	17初七	18初八	19初九	20初十	21十一	22十二
23秋分	24十四	25十五	26十六	27十七	28十八	29十九

10

一	二	三	四	五	六	日
	1廿一	2廿二	3廿三	4廿四	5廿五	6廿六
7廿七	8廿八	9寒露	10九月	11初二	12初三	13初四
14初五	15初六	16初七	17初八	18初九	19初十	20十一
21十二	22十三	23十四	24霜降	25十六	26十七	27十八
28十九	29二十	30廿一	31廿二			

11

一	二	三	四	五	六	日
				1廿三	2廿四	3廿五
4廿六	5廿七	6廿八	7廿九	8立冬	9十月	10初二
11初三	12初四	13初五	14初六	15初七	16初八	17初九
18初十	19十一	20十二	21十三	22十四	23小雪	24十六
25十七	26十八	27十九	28二十	29廿一	30廿二	

12

一	二	三	四	五	六	日
30廿二	31廿三					1廿三
2廿四	3廿五	4廿六	5廿七	6廿八	7大雪	8三十
9十一月	10初二	11初三	12初四	13初五	14初六	15初七
16初八	17初九	18初十	19十一	20十二	21十三	22冬至
23十五	24十六	25十七	26十八	27十九	28二十	29廿一

百鸟朝凤

题注：相传凤凰是百鸟之王，凤凰为仁义礼德信五种美德的象征，非梧桐不栖，群鸟皆从其飞，这与人世间的群臣之道相吻合，此图案寓意群臣之道。

中国吉祥图案鉴赏

1913 年（癸丑 牛年 2 月 6 日始）

1

一	二	三	四	五	六	日
		1廿四	2廿五	3廿六	4廿七	5廿八
6小寒	7十二月	8初二	9初三	10初四	11初五	12初六
13初七	14初八	15初九	16初十	17十一	18十二	19十三
20大寒	21十五	22十六	23十七	24十八	25十九	26二十
27廿一	28廿二	29廿三	30廿四	31廿五		

2

一	二	三	四	五	六	日
					1廿六	2廿七
3廿八	4立春	5三十	6正月	7初二	8初三	9初四
10初五	11初六	12初七	13初八	14初九	15初十	16十一
17十二	18十三	19雨水	20十五	21十六	22十七	23十八
24十九	25二十	26廿一	27廿二	28廿三		

3

一	二	三	四	五	六	日
31廿四					1廿四	2廿五
3廿六	4廿七	5廿八	6惊蛰	7三十	8二月	9初二
10初三	11初四	12初五	13初六	14初七	15初八	16初九
17初十	18十一	19十二	20十三	21春分	22十五	23十六
24十七	25十八	26十九	27二十	28廿一	29廿二	30廿三

4

一	二	三	四	五	六	日
	1廿五	2廿六	3廿七	4廿八	5清明	6三十
7三月	8初二	9初三	10初四	11初五	12初六	13初七
14初八	15初九	16初十	17十一	18十二	19十三	20十四
21谷雨	22十六	23十七	24十八	25十九	26二十	27廿一
28廿二	29廿三	30廿四				

5

一	二	三	四	五	六	日
			1廿五	2廿六	3廿七	4廿八
5廿九	6四月立夏	7初二	8初三	9初四	10初五	11初六
12初七	13初八	14初九	15初十	16十一	17十二	18十三
19十四	20十五	21十六	22小满	23十八	24十九	25二十
26廿一	27廿二	28廿三	29廿四	30廿五	31廿六	

6

一	二	三	四	五	六	日
30廿六						1廿七
2廿八	3廿九	4三十	5五月	6芒种	7初三	8初四
9初五	10初六	11初七	12初八	13初九	14初十	15十一
16十二	17十三	18十四	19十五	20十六	21十七	22夏至
23十九	24二十	25廿一	26廿二	27廿三	28廿四	29廿五

7

一	二	三	四	五	六	日
	1廿七	2廿八	3廿九	4六月	5初二	6初三
7初四	8小暑	9初六	10初七	11初八	12初九	13初十
14十一	15十二	16十三	17十四	18十五	19十六	20十七
21十八	22十九	23大暑	24廿一	25廿二	26廿三	27廿四
28廿五	29廿六	30廿七	31廿八			

8

一	二	三	四	五	六	日
				1廿九	2七月	3初二
4初三	5初四	6初五	7初六	8立秋	9初八	10初九
11初十	12十一	13十二	14十三	15十四	16十五	17十六
18十七	19十八	20十九	21二十	22廿一	23廿二	24处暑
25廿四	26廿五	27廿六	28廿七	29廿八	30廿九	31三十

9

一	二	三	四	五	六	日
1八月	2初二	3初三	4初四	5初五	6初六	7初七
8白露	9初九	10初十	11十一	12十二	13十三	14十四
15十五	16十六	17十七	18十八	19十九	20二十	21廿一
22廿二	23廿三	24秋分	25廿五	26廿六	27廿七	28廿八
29廿九	30九月					

10

一	二	三	四	五	六	日
		1初二	2初三	3初四	4初五	5初六
6初七	7初八	8初九	9寒露	10十一	11十二	12十三
13十四	14十五	15十六	16十七	17十八	18十九	19二十
20廿一	21廿二	22廿三	23廿四	24霜降	25廿六	26廿七
27廿八	28廿九	29十月	30初二	31初三		

11

一	二	三	四	五	六	日
					1初四	2初五
3初六	4初七	5初八	6初九	7初十	8立冬	9十二
10十三	11十四	12十五	13十六	14十七	15十八	16十九
17二十	18廿一	19廿二	20廿三	21廿四	22廿五	23小雪
24廿七	25廿八	26廿九	27三十	28十一月	29初二	30初三

12

一	二	三	四	五	六	日
1初四	2初五	3初六	4初七	5初八	6初九	7初十
8大雪	9十二	10十三	11十四	12十五	13十六	14十七
15十八	16十九	17二十	18廿一	19廿二	20廿三	21廿四
22廿五	23冬至	24廿七	25廿八	26廿九	27十二月	28初二
29初三	30初四	31初五				

中国吉祥图案鉴赏

比翼双飞

题注：孔雀被称为“文禽”，不光翎羽光彩艳丽，自古以来被视为吉祥的象征。传说唐高祖李渊的妻子年轻时，才貌双全，其父母择婿时，在门屏上画两只孔雀，说如果有谁能在百步之外射中孔雀之目，就将女儿许配给他，于是求婚者如云，应试中，只有李渊两箭各中一目，终于成了一段良缘。后世人们常以雀屏比喻“择婿”，此图案寓意夫妻和睦。

1914年（甲寅 虎年1月26日始 闰五月）

1

一	二	三	四	五	六	日
			1初六	2初七	3初八	4初九
5初十	6小寒	7十二	8十三	9十四	10十五	11十六
12十七	13十八	14十九	15二十	16廿一	17廿二	18廿三
19廿四	20廿五	21大寒	22廿七	23廿八	24廿九	25三十
26正月	27初二	28初三	29初四	30初五	31初六	

2

一	二	三	四	五	六	日
						1初七
2初八	3初九	4立春	5十一	6十二	7十三	8十四
9十五	10十六	11十七	12十八	13十九	14二十	15廿一
16廿二	17廿三	18廿四	19雨水	20廿六	21廿七	22廿八
23廿九	24三十	25二月	26初二	27初三	28初四	

3

一	二	三	四	五	六	日
30初四	31初五					1初五
2初六	3初七	4初八	5初九	6惊蛰	7十一	8十二
9十三	10十四	11十五	12十六	13十七	14十八	15十九
16二十	17廿一	18廿二	19廿三	20廿四	21春分	22廿六
23廿七	24廿八	25廿九	26三十	27三月	28初二	29初三

4

一	二	三	四	五	六	日
		1初六	2初七	3初八	4初九	5清明
6十一	7十二	8十三	9十四	10十五	11十六	12十七
13十八	14十九	15二十	16廿一	17廿二	18廿三	19廿四
20廿五	21谷雨	22廿七	23廿八	24廿九	25四月	26初二
27初三	28初四	29初五	30初六			

5

一	二	三	四	五	六	日
				1初七	2初八	3初九
4初十	5十一	6立夏	7十三	8十四	9十五	10十六
11十七	12十八	13十九	14二十	15廿一	16廿二	17廿三
18廿四	19廿五	20廿六	21廿七	22小满	23廿九	24三十
25五月	26初二	27初三	28初四	29初五	30初六	31初七

6

一	二	三	四	五	六	日
1初八	2初九	3初十	4十一	5十二	6芒种	7十四
8十五	9十六	10十七	11十八	12十九	13二十	14廿一
15廿二	16廿三	17廿四	18廿五	19廿六	20廿七	21廿八
22夏至	23五月	24初二	25初三	26初四	27初五	28初六
29初七	30初八					

7

一	二	三	四	五	六	日
		1初九	2初十	3十一	4十二	5十三
6十四	7十五	8小暑	9十七	10十八	11十九	12二十
13廿一	14廿二	15廿三	16廿四	17廿五	18廿六	19廿七
20廿八	21廿九	22三十	23六月	24大暑	25初三	26初四
27初五	28初六	29初七	30初八	31初九		

8

一	二	三	四	五	六	日
31十一					1初十	2十一
3十二	4十三	5十四	6十五	7十六	8立秋	9十八
10十九	11二十	12廿一	13廿二	14廿三	15廿四	16廿五
17廿六	18廿七	19廿八	20廿九	21七月	22初二	23初三
24处暑	25初五	26初六	27初七	28初八	29初九	30初十

9

一	二	三	四	五	六	日
	1十二	2十三	3十四	4十五	5十六	6十七
7十八	8白露	9二十	10廿一	11廿二	12廿三	13廿四
14廿五	15廿六	16廿七	17廿八	18廿九	19三十	20八月
21初二	22初三	23初四	24秋分	25初六	26初七	27初八
28初九	29初十	30十一				

10

一	二	三	四	五	六	日
			1十二	2十三	3十四	4十五
5十六	6十七	7十八	8十九	9寒露	10廿一	11廿二
12廿三	13廿四	14廿五	15廿六	16廿七	17廿八	18廿九
19九月	20初二	21初三	22初四	23初五	24霜降	25初七
26初八	27初九	28初十	29十一	30十二	31十三	

11

一	二	三	四	五	六	日
30十四						1十四
2十五	3十六	4十七	5十八	6十九	7二十	8立冬
9廿二	10廿三	11廿四	12廿五	13廿六	14廿七	15廿八
16廿九	17十月	18初二	19初三	20初四	21初五	22初六
23小雪	24初八	25初九	26初十	27十一	28十二	29十三

12

一	二	三	四	五	六	日
	1十五	2十六	3十七	4十八	5十九	6二十
7廿一	8大雪	9廿三	10廿四	11廿五	12廿六	13廿七
14廿八	15廿九	16三十	17十一月	18初二	19初三	20初四
21初五	22初六	23冬至	24初八	25初九	26初十	27十一
28十二	29十三	30十四	31十五			

必定如意

题注：笔与必同音，与如意等组合形容科举考试时，笔下文采如花之灿烂辉煌，心想事成。为祝人科举考试成功之语。

中国吉祥图案鉴赏

1915 年（乙卯 兔年 2 月 14 日始）

1

一	二	三	四	五	六	日
				1十六	2十七	3十八
4十九	5二十	6小寒	7廿二	8廿三	9廿四	10廿五
11廿六	12廿七	13廿八	14廿九	15十二月	16初二	17初三
18初四	19初五	20初六	21大寒	22初八	23初九	24初十
25十一	26十二	27十三	28十四	29十五	30十六	31十七

2

一	二	三	四	五	六	日
1十八	2十九	3二十	4廿一	5立春	6廿三	7廿四
8廿五	9廿六	10廿七	11廿八	12廿九	13三十	14正月
15初二	16初三	17初四	18初五	19初六	20雨水	21初八
22春分	23初十	24十一	25十二	26十三	27十四	28十五

3

一	二	三	四	五	六	日
1十六	2十七	3十八	4十九	5二十	6惊蛰	7廿二
8廿三	9廿四	10廿五	11廿六	12廿七	13廿八	14廿九
15三十	16二月	17初二	18初三	19初四	20初五	21初六
22春分	23初八	24初九	25初十	26十一	27十二	28十三
29十四	30十五	31十六				

4

一	二	三	四	五	六	日
			1十七	2十八	3十九	4二十
5廿一	6清明	7廿三	8廿四	9廿五	10廿六	11廿七
12廿八	13廿九	14三月	15初二	16初三	17初四	18初五
19初六	20初七	21谷雨	22初九	23初十	24十一	25十二
26十三	27十四	28十五	29十六	30十七		

5

一	二	三	四	五	六	日
31十八					1十八	2十九
3二十	4廿一	5廿二	6立夏	7廿四	8廿五	9廿六
10廿七	11廿八	12廿九	13三十	14四月	15初二	16初三
17初四	18初五	19初六	20初七	21初八	22小满	23初十
24十一	25十二	26十三	27十四	28十五	29十六	30十七

6

一	二	三	四	五	六	日
	1十九	2二十	3廿一	4廿二	5廿三	6廿四
7芒种	8廿六	9廿七	10廿八	11廿九	12三十	13五月
14初二	15初三	16初四	17初五	18初六	19初七	20初八
21初九	22夏至	23十一	24十二	25十三	26十四	27十五
28十六	29十七	30十八				

7

一	二	三	四	五	六	日
			1十九	2二十	3廿一	4廿二
5廿三	6廿四	7廿五	8小暑	9廿七	10廿八	11廿九
12六月	13初二	14初三	15初四	16初五	17初六	18初七
19初八	20初九	21初十	22十一	23十二	24大暑	25十四
26十五	27十六	28十七	29十八	30十九	31二十	

8

一	二	三	四	五	六	日
30二十	31廿一					1廿一
2廿二	3廿三	4廿四	5廿五	6廿六	7廿七	8立秋
9廿九	10三十	11七月	12初二	13初三	14初四	15初五
16初六	17初七	18初八	19初九	20初十	21十一	22十二
23十三	24处暑	25十五	26十六	27十七	28十八	29十九

9

一	二	三	四	五	六	日
		1廿二	2廿三	3廿四	4廿五	5廿六
6廿七	7廿八	8廿九	9八月白露	10初二	11初三	12初四
13初五	14初六	15初七	16初八	17初九	18初十	19十一
20十二	21十三	22十四	23十五	24秋分	25十七	26十八
27十九	28二十	29廿一	30廿二			

10

一	二	三	四	五	六	日
				1廿三	2廿四	3廿五
4廿六	5廿七	6廿八	7廿九	8三十	9九月寒露	10初二
11初三	12初四	13初五	14初六	15初七	16初八	17初九
18初十	19十一	20十二	21十三	22十四	23十五	24霜降
25十七	26十八	27十九	28二十	29廿一	30廿二	31廿三

11

一	二	三	四	五	六	日
1廿四	2廿五	3廿六	4廿七	5廿八	6廿九	7十月
8立冬	9初三	10初四	11初五	12初六	13初七	14初八
15初九	16初十	17十一	18十二	19十三	20十四	21十五
22十六	23小雪	24十八	25十九	26二十	27廿一	28廿二
29廿三	30廿四					

12

一	二	三	四	五	六	日
		1廿五	2廿六	3廿七	4廿八	5廿九
6三十	7十一月	8大雪	9初三	10初四	11初五	12初六
13初七	14初八	15初九	16初十	17十一	18十二	19十三
20十四	21十五	22十六	23冬至	24十八	25十九	26二十
27廿一	28廿二	29廿三	30廿四	31廿五		

中国吉祥图案鉴赏

财神

题注：民间将财神分为文财神和武财神。被封为文财神的有比干，比干是中国商周时期一位著名的忠臣，被纣王杀害，因其心地善良，而被民间奉为财神；被奉为武财神的有关羽、赵公元帅，关羽又名关公，为三国时期蜀国名将，因其忠义，备受民间崇敬而奉为神灵，历代帝王对关羽不断加封，清代初年被加封为官圣大帝、武圣等，由此，关羽庙遍及中国大江南北，民间传说他能够保佑人们发财，因而被奉为财神；赵公明相传为秦时人，得道于终南山，被玉帝召为神宵副元帅，道教尊为赵元帅，传说他能除瘟消灾，并掌管人间钱财，民间遂奉为财神。

1916 年（丙辰 龙年 2 月 13 日始）

1

一	二	三	四	五	六	日
31 廿七					1 廿六	2 廿七
3 廿八	4 廿九	5 十二月	6 小寒	7 初三	8 初四	9 初五
10 初六	11 初七	12 初八	13 初九	14 初十	15 十一	16 十二
17 十三	18 十四	19 十五	20 十六	21 大寒	22 十八	23 十九
24 二十	25 廿一	26 廿二	27 廿三	28 廿四	29 廿五	30 廿六

2

一	二	三	四	五	六	日
	1 廿八	2 廿九	3 正月	4 初二	5 立春	6 初四
7 初五	8 初六	9 初七	10 初八	11 初九	12 初十	13 十一
14 十二	15 十三	16 十四	17 十五	18 十六	19 十七	20 雨水
21 十九	22 二十	23 廿一	24 廿二	25 廿三	26 廿四	27 廿五
28 廿六	29 廿七					

3

一	二	三	四	五	六	日
		1 廿八	2 廿九	3 三十	4 二月	5 初二
6 惊蛰	7 初四	8 初五	9 初六	10 初七	11 初八	12 初九
13 初十	14 十一	15 十二	16 十三	17 十四	18 十五	19 十六
20 十七	21 春分	22 十九	23 二十	24 廿一	25 廿二	26 廿三
27 廿四	28 廿五	29 廿六	30 廿七	31 廿八		

4

一	二	三	四	五	六	日
					1 廿九	2 三十
3 三月	4 初二	5 清明	6 初四	7 初五	8 初六	9 初七
10 初八	11 初九	12 初十	13 十一	14 十二	15 十三	16 十四
17 十五	18 十六	19 十七	20 谷雨	21 十九	22 二十	23 廿一
24 廿二	25 廿三	26 廿四	27 廿五	28 廿六	29 廿七	30 廿八

5

一	二	三	四	五	六	日
1 廿九	2 四月	3 初二	4 初三	5 初四	6 立夏	7 初六
8 初七	9 初八	10 初九	11 初十	12 十一	13 十二	14 十三
15 十四	16 十五	17 十六	18 十七	19 十八	20 十九	21 小满
22 廿一	23 廿二	24 廿三	25 廿四	26 廿五	27 廿六	28 廿七
29 廿八	30 廿九	31 三十				

6

一	二	三	四	五	六	日
			1 五月	2 初二	3 初三	4 初四
5 初五	6 芒种	7 初七	8 初八	9 初九	10 初十	11 十一
12 十二	13 十三	14 十四	15 十五	16 十六	17 十七	18 十八
19 十九	20 二十	21 廿一	22 夏至	23 廿三	24 廿四	25 廿五
26 廿六	27 廿七	28 廿八	29 廿九	30 六月		

7

一	二	三	四	五	六	日
31 初二					1 初二	2 初三
3 初四	4 初五	5 初六	6 初七	7 小暑	8 初九	9 初十
10 十一	11 十二	12 十三	13 十四	14 十五	15 十六	16 十七
17 十八	18 十九	19 二十	20 廿一	21 廿二	22 廿三	23 大暑
24 廿五	25 廿六	26 廿七	27 廿八	28 廿九	29 三十	30 七月

8

一	二	三	四	五	六	日
	1 初三	2 初四	3 初五	4 初六	5 初七	6 初八
7 初九	8 立秋	9 十一	10 十二	11 十三	12 十四	13 十五
14 十六	15 十七	16 十八	17 十九	18 二十	19 廿一	20 廿二
21 廿三	22 廿四	23 处暑	24 廿六	25 廿七	26 廿八	27 廿九
28 三十	29 八月	30 初二	31 初三			

9

一	二	三	四	五	六	日
				1 初四	2 初五	3 初六
4 初七	5 初八	6 初九	7 初十	8 白露	9 十二	10 十三
11 十四	12 十五	13 十六	14 十七	15 十八	16 十九	17 二十
18 廿一	19 廿二	20 廿三	21 廿四	22 廿五	23 秋分	24 廿七
25 廿八	26 廿九	27 九月	28 初二	29 初三	30 初四	

10

一	二	三	四	五	六	日
30 初四	31 初五					1 初五
2 初六	3 初七	4 初八	5 初九	6 初十	7 十一	8 寒露
9 十三	10 十四	11 十五	12 十六	13 十七	14 十八	15 十九
16 二十	17 廿一	18 廿二	19 廿三	20 廿四	21 廿五	22 廿六
23 廿七	24 霜降	25 廿九	26 三十	27 十月	28 初二	29 初三

11

一	二	三	四	五	六	日
		1 初六	2 初七	3 初八	4 初九	5 初十
6 十一	7 十二	8 立冬	9 十四	10 十五	11 十六	12 十七
13 十八	14 十九	15 二十	16 廿一	17 廿二	18 廿三	19 廿四
20 廿五	21 廿六	22 小雪	23 廿八	24 廿九	25 十一月	26 初二
27 初三	28 初四	29 初五	30 初六			

12

一	二	三	四	五	六	日
				1 初七	2 初八	3 初九
4 初十	5 十一	6 十二	7 大雪	8 十四	9 十五	10 十六
11 十七	12 十八	13 十九	14 二十	15 廿一	16 廿二	17 廿三
18 廿四	19 廿五	20 廿六	21 廿七	22 冬至	23 廿九	24 三十
25 十二月	26 初二	27 初三	28 初四	29 初五	30 初六	31 初七

中国吉祥图案鉴赏

1917年（丁巳 蛇年 1月23日始 闰二月）

1

一	二	三	四	五	六	日
1初八	2初九	3初十	4十一	5十二	6小寒	7十四
8十五	9十六	10十七	11十八	12十九	13二十	14廿一
15廿二	16廿三	17廿四	18廿五	19廿六	20大寒	21廿八
22廿九	23正月	24初二	25初三	26初四	27初五	28初六
29初七	30初八	31初九				

2

一	二	三	四	五	六	日
			1初十	2十一	3十二	4立春
5十四	6十五	7十六	8十七	9十八	10十九	11二十
12廿一	13廿二	14廿三	15廿四	16廿五	17廿六	18廿七
19雨水	20廿九	21三十	22二月	23初二	24初三	25初四
26初五	27初六	28初七				

3

一	二	三	四	五	六	日
			1初八	2初九	3初十	4十一
5十二	6惊蛰	7十四	8十五	9十六	10十七	11十八
12十九	13二十	14廿一	15廿二	16廿三	17廿四	18廿五
19廿六	20廿七	21春分	22廿九	23二月	24初二	25初三
26初四	27初五	28初六	29初七	30初八	31初九	

4

一	二	三	四	五	六	日
30初十						1初十
2十一	3十二	4十三	5清明	6十五	7十六	8十七
9十八	10十九	11二十	12廿一	13廿二	14廿三	15廿四
16廿五	17廿六	18廿七	19廿八	20廿九	21三月谷雨	22初二
23初三	24初四	25初五	26初六	27初七	28初八	29初九

5

一	二	三	四	五	六	日
	1十一	2十二	3十三	4十四	5十五	6立夏
7十七	8十八	9十九	10二十	11廿一	12廿二	13廿三
14廿四	15廿五	16廿六	17廿七	18廿八	19廿九	20三十
21四月小满	22初二	23初三	24初四	25初五	26初六	27初七
28初八	29初九	30初十	31十一			

6

一	二	三	四	五	六	日
				1十二	2十三	3十四
4十五	5十六	6芒种	7十八	8十九	9二十	10廿一
11廿二	12廿三	13廿四	14廿五	15廿六	16廿七	17廿八
18廿九	19五月	20初二	21初三	22夏至	23初五	24初六
25初七	26初八	27初九	28初十	29十一	30十二	

7

一	二	三	四	五	六	日
30十二	31十三					1十三
2十四	3十五	4十六	5十七	6十八	7十九	8小暑
9廿一	10廿二	11廿三	12廿四	13廿五	14廿六	15廿七
16廿八	17廿九	18三十	19六月	20初二	21初三	22初四
23大暑	24初六	25初七	26初八	27初九	28初十	29十一

8

一	二	三	四	五	六	日
		1十四	2十五	3十六	4十七	5十八
6十九	7二十	8立秋	9廿二	10廿三	11廿四	12廿五
13廿六	14廿七	15廿八	16廿九	17三十	18七月	19初二
20初三	21初四	22初五	23初六	24处暑	25初八	26初九
27初十	28十一	29十二	30十三	31十四		

9

一	二	三	四	五	六	日
					1十五	2十六
3十七	4十八	5十九	6二十	7廿一	8白露	9廿三
10廿四	11廿五	12廿六	13廿七	14廿八	15廿九	16八月
17初二	18初三	19初四	20初五	21初六	22初七	23秋分
24初九	25初十	26十一	27十二	28十三	29十四	30十五

10

一	二	三	四	五	六	日
1十六	2十七	3十八	4十九	5二十	6廿一	7廿二
8廿三	9寒露	10廿五	11廿六	12廿七	13廿八	14廿九
15三十	16九月	17初二	18初三	19初四	20初五	21初六
22初七	23初八	24霜降	25初十	26十一	27十二	28十三
29十四	30十五	31十六				

11

一	二	三	四	五	六	日
			1十七	2十八	3十九	4二十
5廿一	6廿二	7廿三	8立冬	9廿五	10廿六	11廿七
12廿八	13廿九	14三十	15十月	16初二	17初三	18初四
19初五	20初六	21初七	22初八	23小雪	24初十	25十一
26十二	27十三	28十四	29十五	30十六		

12

一	二	三	四	五	六	日
31十八					1十七	2十八
3十九	4二十	5廿一	6廿二	7大雪	8廿四	9廿五
10廿六	11廿七	12廿八	13廿九	14十一月	15初二	16初三
17初四	18初五	19初六	20初七	21初八	22冬至	23初十
24十一	25十二	26十三	27十四	28十五	29十六	30十七

中国吉祥图案鉴赏

春牛图

题注：牛是古代农耕最主要的畜力，牛又是富裕的象征。民间多以春牛图、牧牛图“示太平景象”。古时习俗，在立春日要进行迎春仪式，由人扮成主管草木生长的“句芒神”，行鞭春牛仪式，由地方官吏行香主礼，叫做“打春”或“鞭春”。寓意喜迎春天、农事开始、人畜兴旺。

1918 年（戊午 马年 2 月 11 日始）

1

一	二	三	四	五	六	日
	1十九	2二十	3廿一	4廿二	5廿三	6小寒
7廿五	8廿六	9廿七	10廿八	11廿九	12三十	13十二月
14初二	15初三	16初四	17初五	18初六	19初七	20初八
21大寒	22初十	23十一	24十二	25十三	26十四	27十五
28十六	29十七	30十八	31十九			

2

一	二	三	四	五	六	日
				1二十	2廿一	3廿二
4立春	5廿四	6廿五	7廿六	8廿七	9廿八	10廿九
11正月	12初二	13初三	14初四	15初五	16初六	17初七
18初八	19雨水	20初十	21十一	22十二	23十三	24十四
25十五	26十六	27十七	28十八			

3

一	二	三	四	五	六	日
				1十九	2二十	3廿一
4廿二	5廿三	6惊蛰	7廿五	8廿六	9廿七	10廿八
11廿九	12三十	13二月	14初二	15初三	16初四	17初五
18初六	19初七	20初八	21春分	22初十	23十一	24十二
25十三	26十四	27十五	28十六	29十七	30十八	31十九

4

一	二	三	四	五	六	日
1二十	2廿一	3廿二	4廿三	5清明	6廿五	7廿六
8廿七	9廿八	10廿九	11三月	12初二	13初三	14初四
15初五	16初六	17初七	18初八	19初九	20初十	21谷雨
22十二	23十三	24十四	25十五	26十六	27十七	28十八
29十九	30二十					

5

一	二	三	四	五	六	日
		1廿一	2廿二	3廿三	4廿四	5廿五
6立夏	7廿七	8廿八	9廿九	10四月	11初二	12初三
13初四	14初五	15初六	16初七	17初八	18初九	19初十
20十一	21十二	22小满	23十四	24十五	25十六	26十七
27十八	28十九	29二十	30廿一	31廿二		

6

一	二	三	四	五	六	日
					1廿三	2廿四
3廿五	4廿六	5廿七	6芒种	7廿九	8三十	9五月
10初二	11初三	12初四	13初五	14初六	15初七	16初八
17初九	18初十	19十一	20十二	21十三	22夏至	23十五
24十六	25十七	26十八	27十九	28二十	29廿一	30廿二

7

一	二	三	四	五	六	日
1廿三	2廿四	3廿五	4廿六	5廿七	6廿八	7廿九
8六月小暑	9初二	10初三	11初四	12初五	13初六	14初七
15初八	16初九	17初十	18十一	19十二	20十三	21十四
22十五	23十六	24大暑	25十八	26十九	27二十	28廿一
29廿二	30廿三	31廿四				

8

一	二	三	四	五	六	日
			1廿五	2廿六	3廿七	4廿八
5廿九	6三十	7七月	8立秋	9初三	10初四	11初五
12初六	13初七	14初八	15初九	16初十	17十一	18十二
19十三	20十四	21十五	22十六	23十七	24处暑	25十九
26二十	27廿一	28廿二	29廿三	30廿四	31廿五	

9

一	二	三	四	五	六	日
30廿六						1廿六
2廿七	3廿八	4廿九	5八月	6初二	7初三	8白露
9初五	10初六	11初七	12初八	13初九	14初十	15十一
16十二	17十三	18十四	19十五	20十六	21十七	22十八
23十九	24秋分	25廿一	26廿二	27廿三	28廿四	29廿五

10

一	二	三	四	五	六	日
	1廿七	2廿八	3廿九	4三十	5九月	6初二
7初三	8初四	9寒露	10初六	11初七	12初八	13初九
14初十	15十一	16十二	17十三	18十四	19十五	20十六
21十七	22十八	23十九	24霜降	25廿一	26廿二	27廿三
28廿四	29廿五	30廿六	31廿七			

11

一	二	三	四	五	六	日
				1廿八	2廿九	3三十
4十月	5初二	6初三	7初四	8立冬	9初六	10初七
11初八	12初九	13初十	14十一	15十二	16十三	17十四
18十五	19十六	20十七	21十八	22十九	23小雪	24廿一
25廿二	26廿三	27廿四	28廿五	29廿六	30廿七	

12

一	二	三	四	五	六	日
30廿八	31廿九					1廿八
2廿九	3冬月	4初二	5初三	6初四	7初五	8大雪
9初七	10初八	11初九	12初十	13十一	14十二	15十三
16十四	17十五	18十六	19十七	20十八	21十九	22冬至
23廿一	24廿二	25廿三	26廿四	27廿五	28廿六	29廿七

中国吉祥图案鉴赏

1919 年（己未 羊年 2 月 1 日始 闰七月）

1

一	二	三	四	五	六	日
		1 三十	2 十二月	3 初二	4 初三	5 初四
6 小寒	7 初六	8 初七	9 初八	10 初九	11 初十	12 十一
13 十二	14 十三	15 十四	16 十五	17 十六	18 十七	19 十八
20 十九	21 大寒	22 廿一	23 廿二	24 廿三	25 廿四	26 廿五
27 廿六	28 廿七	29 廿八	30 廿九	31 三十		

2

一	二	三	四	五	六	日
					1 正月	2 初二
3 初三	4 初四	5 立春	6 初六	7 初七	8 初八	9 初九
10 初十	11 十一	12 十二	13 十三	14 十四	15 十五	16 十六
17 十七	18 十八	19 十九	20 雨水	21 廿一	22 廿二	23 廿三
24 廿四	25 廿五	26 廿六	27 廿七	28 廿八		

3

一	二	三	四	五	六	日
31 三十					1 廿九	2 二月
3 初二	4 初三	5 初四	6 惊蛰	7 初六	8 初七	9 初八
10 初九	11 初十	12 十一	13 十二	14 十三	15 十四	16 十五
17 十六	18 十七	19 十八	20 十九	21 二十	22 春分	23 廿二
24 廿三	25 廿四	26 廿五	27 廿六	28 廿七	29 廿八	30 廿九

4

一	二	三	四	五	六	日
	1 三月	2 初二	3 初三	4 初四	5 初五	6 清明
7 初七	8 初八	9 初九	10 初十	11 十一	12 十二	13 十三
14 十四	15 十五	16 十六	17 十七	18 十八	19 十九	20 二十
21 谷雨	22 廿二	23 廿三	24 廿四	25 廿五	26 廿六	27 廿七
28 廿八	29 廿九	30 四月				

5

一	二	三	四	五	六	日
			1 初二	2 初三	3 初四	4 初五
5 初六	6 立夏	7 初八	8 初九	9 初十	10 十一	11 十二
12 十三	13 十四	14 十五	15 十六	16 十七	17 十八	18 十九
19 二十	20 廿一	21 廿二	22 小满	23 廿四	24 廿五	25 廿六
26 廿七	27 廿八	28 廿九	29 五月	30 初二	31 初三	

6

一	二	三	四	五	六	日
30 初三						1 初四
2 初五	3 初六	4 初七	5 初八	6 初九	7 芒种	8 十一
9 十二	10 十三	11 十四	12 十五	13 十六	14 十七	15 十八
16 十九	17 二十	18 廿一	19 廿二	20 廿三	21 廿四	22 夏至
23 廿六	24 廿七	25 廿八	26 廿九	27 三十	28 六月	29 初二

7

一	二	三	四	五	六	日
	1 初四	2 初五	3 初六	4 初七	5 初八	6 初九
7 初十	8 小暑	9 十二	10 十三	11 十四	12 十五	13 十六
14 十七	15 十八	16 十九	17 二十	18 廿一	19 廿二	20 廿三
21 廿四	22 廿五	23 廿六	24 大暑	25 廿八	26 廿九	27 七月
28 初二	29 初三	30 初四	31 初五			

8

一	二	三	四	五	六	日
				1 初六	2 初七	3 初八
4 初九	5 初十	6 十一	7 十二	8 立秋	9 十四	10 十五
11 十六	12 十七	13 十八	14 十九	15 二十	16 廿一	17 廿二
18 廿三	19 廿四	20 廿五	21 廿六	22 廿七	23 廿八	24 处暑
25 七月	26 初二	27 初三	28 初四	29 初五	30 初六	31 初七

9

一	二	三	四	五	六	日
1 初八	2 初九	3 初十	4 十一	5 十二	6 十三	7 十四
8 十五	9 白露	10 十七	11 十八	12 十九	13 二十	14 廿一
15 廿二	16 廿三	17 廿四	18 廿五	19 廿六	20 廿七	21 廿八
22 廿九	23 三十	24 八月 秋分	25 初二	26 初三	27 初四	28 初五
29 初六	30 初七					

10

一	二	三	四	五	六	日
		1 初八	2 初九	3 初十	4 十一	5 十二
6 十三	7 十四	8 十五	9 寒露	10 十七	11 十八	12 十九
13 二十	14 廿一	15 廿二	16 廿三	17 廿四	18 廿五	19 廿六
20 廿七	21 廿八	22 廿九	23 三十	24 九月 霜降	25 初二	26 初三
27 初四	28 初五	29 初六	30 初七	31 初八		

11

一	二	三	四	五	六	日
					1 初九	2 初十
3 十一	4 十二	5 十三	6 十四	7 十五	8 立冬	9 十七
10 十八	11 十九	12 二十	13 廿一	14 廿二	15 廿三	16 廿四
17 廿五	18 廿六	19 廿七	20 廿八	21 廿九	22 十月	23 小雪
24 初三	25 初四	26 初五	27 初六	28 初七	29 初八	30 初九

12

一	二	三	四	五	六	日
1 初十	2 十一	3 十二	4 十三	5 十四	6 十五	7 十六
8 大雪	9 十八	10 十九	11 二十	12 廿一	13 廿二	14 廿三
15 廿四	16 廿五	17 廿六	18 廿七	19 廿八	20 廿九	21 三十
22 十一月	23 冬至	24 初三	25 初四	26 初五	27 初六	28 初七
29 初八	30 初九	31 初十				

中国吉祥图案鉴赏

春风及第　金榜题名

题注：典出唐代诗人孟郊的《登科后》诗句："春风得意马蹄疾，一日看尽长安花。"孟郊年轻时不愿为官，爱写诗。年逾四十后才去应试，但连续两届未中，第三届才考中进士。孟郊非常高兴，写下了《登科后》这首诗。后来人们常用"春风得意"、"春风及第"代称进士及第，也泛指功成名就、踌躇满志。

1920年（庚申 猴年2月20日始）

1

一	二	三	四	五	六	日
			1十一	2十二	3十三	4十四
5十五	6小寒	7十七	8十八	9十九	10二十	11廿一
12廿二	13廿三	14廿四	15廿五	16廿六	17廿七	18廿八
19廿九	20三十	21十二月大寒	22初二	23初三	24初四	25初五
26初六	27初七	28初八	29初九	30初十	31十一	

2

一	二	三	四	五	六	日
						1十二
2十三	3十四	4十五	5立春	6十七	7十八	8十九
9二十	10廿一	11廿二	12廿三	13廿四	14廿五	15廿六
16廿七	17廿八	18廿九	19三十	20正月雨水	21初二	22初三
23初四	24初五	25初六	26初七	27初八	28初九	29初十

3

一	二	三	四	五	六	日
1十一	2十二	3十三	4十四	5十五	6惊蛰	7十七
8十八	9十九	10二十	11廿一	12廿二	13廿三	14廿四
15廿五	16廿六	17廿七	18廿八	19廿九	20二月	21春分
22初三	23初四	24初五	25初六	26初七	27初八	28初九
29初十	30十一	31十二				

4

一	二	三	四	五	六	日
			1十三	2十四	3十五	4十六
5清明	6十八	7十九	8二十	9廿一	10廿二	11廿三
12廿四	13廿五	14廿六	15廿七	16廿八	17廿九	18三十
19三月	20谷雨	21初三	22初四	23初五	24初六	25初七
26初八	27初九	28初十	29十一	30十二		

5

一	二	三	四	五	六	日
31十四					1十三	2十四
3十五	4十六	5十七	6立夏	7十九	8二十	9廿一
10廿二	11廿三	12廿四	13廿五	14廿六	15廿七	16廿八
17廿九	18四月	19初二	20初三	21小满	22初五	23初六
24初七	25初八	26初九	27初十	28十一	29十二	30十三

6

一	二	三	四	五	六	日
	1十五	2十六	3十七	4十八	5十九	6芒种
7廿一	8廿二	9廿三	10廿四	11廿五	12廿六	13廿七
14廿八	15廿九	16五月	17初二	18初三	19初四	20初五
21初六	22夏至	23初八	24初九	25初十	26十一	27十二
28十三	29十四	30十五				

7

一	二	三	四	五	六	日
			1十六	2十七	3十八	4十九
5二十	6廿一	7小暑	8廿三	9廿四	10廿五	11廿六
12廿七	13廿八	14廿九	15三十	16六月	17初二	18初三
19初四	20初五	21初六	22初七	23大暑	24初九	25初十
26十一	27十二	28十三	29十四	30十五	31十六	

8

一	二	三	四	五	六	日
30十七	31十八					1十七
2十八	3十九	4二十	5廿一	6廿二	7廿三	8立秋
9廿五	10廿六	11廿七	12廿八	13廿九	14七月	15初二
16初三	17初四	18初五	19初六	20初七	21初八	22初九
23处暑	24十一	25十二	26十三	27十四	28十五	29十六

9

一	二	三	四	五	六	日
		1十九	2二十	3廿一	4廿二	5廿三
6廿四	7廿五	8白露	9廿七	10廿八	11廿九	12八月
13初二	14初三	15初四	16初五	17初六	18初七	19初八
20初九	21初十	22十一	23秋分	24十三	25十四	26十五
27十六	28十七	29十八	30十九			

10

一	二	三	四	五	六	日
				1二十	2廿一	3廿二
4廿三	5廿四	6廿五	7廿六	8寒露	9廿八	10廿九
11三十	12九月	13初二	14初三	15初四	16初五	17初六
18初七	19初八	20初九	21初十	22十一	23十二	24霜降
25十四	26十五	27十六	28十七	29十八	30十九	31二十

11

一	二	三	四	五	六	日
1廿一	2廿二	3廿三	4廿四	5廿五	6廿六	7廿七
8立冬	9廿九	10十月	11初二	12初三	13初四	14初五
15初六	16初七	17初八	18初九	19初十	20十一	21十二
22小雪	23十四	24十五	25十六	26十七	27十八	28十九
29二十	30廿一					

12

一	二	三	四	五	六	日
		1廿二	2廿三	3廿四	4廿五	5廿六
6廿七	7大雪	8廿九	9三十	10十一月	11初二	12初三
13初四	14初五	15初六	16初七	17初八	18初九	19初十
20十一	21十二	22冬至	23十四	24十五	25十六	26十七
27十八	28十九	29二十	30廿一	31廿二		

魁星点斗　独占鳌头

题注：古代称状元及第为独占鳌头。洪亮吉《北江诗话·卷三》：传胪毕，赞礼官引东班状元，西班榜眼二人，前趋至殿陛下，迎殿试榜。抵陛，则状元稍前进，立中陛石上，石正中镌刻有升龙及巨鳌，盖禁跸出入所由，即古所谓螭头矣。俗称所本，以此称独占鳌头。

中国吉祥图案鉴赏

1921年（辛酉 鸡年2月8日始）

1

一	二	三	四	五	六	日
31 廿三					1 廿三	2 廿四
3 廿五	4 廿六	5 廿七	6 小寒	7 廿九	8 三十	9 十二月
10 初二	11 初三	12 初四	13 初五	14 初六	15 初七	16 初八
17 初九	18 初十	19 十一	20 大寒	21 十三	22 十四	23 十五
24 十六	25 十七	26 十八	27 十九	28 二十	29 廿一	30 廿二

2

一	二	三	四	五	六	日
	1 廿四	2 廿五	3 廿六	4 立春	5 廿八	6 廿九
7 三十	8 正月	9 初二	10 初三	11 初四	12 初五	13 初六
14 初七	15 初八	16 初九	17 初十	18 十一	19 雨水	20 十三
21 十四	22 十五	23 十六	24 十七	25 十八	26 十九	27 二十
28 廿一						

3

一	二	三	四	五	六	日
	1 廿二	2 廿三	3 廿四	4 廿五	5 廿六	6 惊蛰
7 廿八	8 廿九	9 三十	10 二月	11 初二	12 初三	13 初四
14 初五	15 初六	16 初七	17 初八	18 初九	19 初十	20 十一
21 春分	22 十三	23 十四	24 十五	25 十六	26 十七	27 十八
28 十九	29 二十	30 廿一	31 廿二			

4

一	二	三	四	五	六	日
				1 廿三	2 廿四	3 廿五
4 廿六	5 清明	6 廿八	7 廿九	8 三月	9 初二	10 初三
11 初四	12 初五	13 初六	14 初七	15 初八	16 初九	17 初十
18 十一	19 十二	20 谷雨	21 十四	22 十五	23 十六	24 十七
25 十八	26 十九	27 二十	28 廿一	29 廿二	30 廿三	

5

一	二	三	四	五	六	日
30 廿三	31 廿四					1 廿四
2 廿五	3 廿六	4 廿七	5 廿八	6 立夏	7 三十	8 四月
9 初二	10 初三	11 初四	12 初五	13 初六	14 初七	15 初八
16 初九	17 初十	18 十一	19 十二	20 十三	21 小满	22 十五
23 十六	24 十七	25 十八	26 十九	27 二十	28 廿一	29 廿二

6

一	二	三	四	五	六	日
		1 廿五	2 廿六	3 廿七	4 廿八	5 廿九
6 五月 芒种	7 初二	8 初三	9 初四	10 初五	11 初六	12 初七
13 初八	14 初九	15 初十	16 十一	17 十二	18 十三	19 十四
20 十五	21 十六	22 夏至	23 十八	24 十九	25 二十	26 廿一
27 廿二	28 廿三	29 廿四	30 廿五			

7

一	二	三	四	五	六	日
				1 廿六	2 廿七	3 廿八
4 廿九	5 六月	6 初二	7 初三	8 小暑	9 初五	10 初六
11 初七	12 初八	13 初九	14 初十	15 十一	16 十二	17 十三
18 十四	19 十五	20 十六	21 十七	22 十八	23 大暑	24 二十
25 廿一	26 廿二	27 廿三	28 廿四	29 廿五	30 廿六	31 廿七

8

一	二	三	四	五	六	日
1 廿八	2 廿九	3 三十	4 七月	5 初二	6 初三	7 初四
8 立秋	9 初六	10 初七	11 初八	12 初九	13 初十	14 十一
15 十二	16 十三	17 十四	18 十五	19 十六	20 十七	21 十八
22 十九	23 二十	24 处暑	25 廿二	26 廿三	27 廿四	28 廿五
29 廿六	30 廿七	31 廿八				

9

一	二	三	四	五	六	日
			1 廿九	2 八月	3 初二	4 初三
5 初四	6 初五	7 初六	8 白露	9 初八	10 初九	11 初十
12 十一	13 十二	14 十三	15 十四	15 十五	17 十六	18 十七
19 十八	20 十九	21 二十	22 廿一	23 秋分	24 廿三	25 廿四
26 廿五	27 廿六	28 廿七	29 廿八	30 廿九		

10

一	二	三	四	五	六	日
31 十月					1 九月	2 初二
3 初三	4 初四	5 初五	6 初六	7 初七	8 初八	9 寒露
10 初十	11 十一	12 十二	13 十三	14 十四	15 十五	16 十六
17 十七	18 十八	19 十九	20 二十	21 廿一	22 廿二	23 廿三
24 霜降	25 廿五	26 廿六	27 廿七	28 廿八	29 廿九	30 三十

11

一	二	三	四	五	六	日
	1 初二	2 初三	3 初四	4 初五	5 初六	6 初七
7 初八	8 立冬	9 初十	10 十一	11 十二	12 十三	13 十四
14 十五	15 十六	16 十七	17 十八	18 十九	19 二十	20 廿一
21 廿二	22 廿三	23 小雪	24 廿五	25 廿六	26 廿七	27 廿八
28 廿九	29 十一月	30 初二				

12

一	二	三	四	五	六	日
			1 初三	2 初四	3 初五	4 初六
5 初七	6 初八	7 大雪	8 初十	9 十一	10 十二	11 十三
12 十四	13 十五	14 十六	15 十七	16 十八	17 十九	18 二十
19 廿一	20 廿二	21 廿三	22 冬至	23 廿五	24 廿六	25 廿七
26 廿八	27 廿九	28 三十	29 十二月	30 初二	31 初三	

中国吉祥图案鉴赏

大吉

题注：鸡与吉谐音。传说公鸡是天帝派往人间降福的鸟。古人称鸡有文、武、勇、仁、信五德，是食无毒、镇恶驱邪的吉祥鸟。民间将公鸡奉为鬼魅畏惧的吉祥物。

1922 年（壬戌 狗年 1 月 28 日始 闰五月）

1

一	二	三	四	五	六	日
30初三	31初四					1初四
2初五	3初六	4初七	5初八	6小寒	7初十	8十一
9十二	10十三	11十四	12十五	13十六	14十七	15十八
16十九	17二十	18廿一	19廿二	20廿三	21大寒	22廿五
23廿六	24廿七	25廿八	26廿九	27三十	28正月	29初二

2

一	二	三	四	五	六	日
		1初五	2初六	3初七	4立春	5初九
6初十	7十一	8十二	9十三	10十四	11十五	12十六
13十七	14十八	15十九	16二十	17廿一	18廿二	19雨水
20廿四	21廿五	22廿六	23廿七	24廿八	25廿九	26三十
27二月	28初二					

3

一	二	三	四	五	六	日
		1初三	2初四	3初五	4初六	5初七
6惊蛰	7初九	8初十	9十一	10十二	11十三	12十四
13十五	14十六	15十七	16十八	17十九	18二十	19廿一
20廿二	21春分	22廿四	23廿五	24廿六	25廿七	26廿八
27廿九	28三月	29初二	30初三	31初四		

4

一	二	三	四	五	六	日
					1初五	2初六
3初七	4初八	5清明	6初十	7十一	8十二	9十三
10十四	11十五	12十六	13十七	14十八	15十九	16二十
17廿一	18廿二	19廿三	20廿四	21谷雨	22廿六	23廿七
24廿八	25廿九	26三十	27四月	28初二	29初三	30初四

5

一	二	三	四	五	六	日
1初五	2初六	3初七	4初八	5初九	6立夏	7十一
8十二	9十三	10十四	11十五	12十六	13十七	14十八
15十九	16二十	17廿一	18廿二	19廿三	20廿四	21廿五
22小满	23廿七	24廿八	25廿九	26三十	27五月	28初二
29初三	30初四	31初五				

6

一	二	三	四	五	六	日
			1初六	2初七	3初八	4初九
5初十	6芒种	7十二	8十三	9十四	10十五	11十六
12十七	13十八	14十九	15二十	16廿一	17廿二	18廿三
19廿四	20廿五	21廿六	22夏至	23廿八	24廿九	25五月
26初二	27初三	28初四	29初五	30初六		

7

一	二	三	四	五	六	日
31初八					1初七	2初八
3初九	4初十	5十一	6十二	7十三	8小暑	9十五
10十六	11十七	12十八	13十九	14二十	15廿一	16廿二
17廿三	18廿四	19廿五	20廿六	21廿七	22廿八	23廿九
24六月大暑	25初二	26初三	27初四	28初五	29初六	30初七

8

一	二	三	四	五	六	日
	1初九	2初十	3十一	4十二	5十三	6十四
7十五	8立秋	9十七	10十八	11十九	12二十	13廿一
14廿二	15廿三	16廿四	17廿五	18廿六	19廿七	20廿八
21廿九	22三十	23七月	24处暑	25初三	26初四	27初五
28初六	29初七	30初八	31初九			

9

一	二	三	四	五	六	日
				1初十	2十一	3十二
4十三	5十四	6十五	7十六	8白露	9十八	10十九
11二十	12廿一	13廿二	14廿三	15廿四	16廿五	17廿六
18廿七	19廿八	20廿九	21八月	22初二	23初三	24秋分
25初五	26初六	27初七	28初八	29初九	30初十	

10

一	二	三	四	五	六	日
30十一	31十二					1十一
2十二	3十三	4十四	5十五	6十六	7十七	8十八
9寒露	10二十	11廿一	12廿二	13廿三	14廿四	15廿五
16廿六	17廿七	18廿八	19廿九	20九月	21初二	22初三
23初四	24霜降	25初六	26初七	27初八	28初九	29初十

11

一	二	三	四	五	六	日
		1十三	2十四	3十五	4十六	5十七
6十八	7十九	8立冬	9廿一	10廿二	11廿三	12廿四
13廿五	14廿六	15廿七	16廿八	17廿九	18三十	19十月
20初二	21初三	22初四	23小雪	24初六	25初七	26初八
27初九	28初十	29十一	30十二			

12

一	二	三	四	五	六	日
				1十三	2十四	3十五
4十六	5十七	6十八	7十九	8大雪	9廿一	10廿二
11廿三	12廿四	13廿五	14廿六	15廿七	16廿八	17廿九
18十一月	19初二	20初三	21初四	22冬至	23初六	24初七
25初八	26初九	27初十	28十一	29十二	30十三	31十四

中国吉祥图案鉴赏

1923 年（癸亥 猪年 2 月 16 日始）

1

一	二	三	四	五	六	日
1 十五	2 十六	3 十七	4 十八	5 十九	6 小寒	7 廿一
8 廿二	9 廿三	10 廿四	11 廿五	12 廿六	13 廿七	14 廿八
15 廿九	16 三十	17 十二月	18 初二	19 初三	20 初四	21 大寒
22 初六	23 初七	24 初八	25 初九	26 初十	27 十一	28 十二
29 十三	30 十四	31 十五				

7

一	二	三	四	五	六	日
30 十七	31 十八					1 十八
2 十九	3 二十	4 廿一	5 廿二	6 廿三	7 廿四	8 小暑
9 廿六	10 廿七	11 廿八	12 廿九	13 三十	14 六月	15 初二
16 初三	17 初四	18 初五	19 初六	20 初七	21 初八	22 初九
23 初十	24 大暑	25 十二	26 十三	27 十四	28 十五	29 十六

2

一	二	三	四	五	六	日
			1 十六	2 十七	3 十八	4 十九
5 立春	6 廿一	7 廿二	8 廿三	9 廿四	10 廿五	11 廿六
12 廿七	13 廿八	14 廿九	15 三十	16 正月	17 初二	18 初三
19 雨水	20 初五	21 初六	22 初七	23 初八	24 初九	25 初十
26 十一	27 十二	28 十三				

8

一	二	三	四	五	六	日
		1 十九	2 二十	3 廿一	4 廿二	5 廿三
6 廿四	7 廿五	8 立秋	9 廿七	10 廿八	11 廿九	12 七月
13 初二	14 初三	15 初四	16 初五	17 初六	18 初七	19 初八
20 初九	21 初十	22 十一	23 十二	24 处暑	25 十四	26 十五
27 十六	28 十七	29 十八	30 十九	31 二十		

3

一	二	三	四	五	六	日
			1 十四	2 十五	3 十六	4 十七
5 十八	6 惊蛰	7 二十	8 廿一	9 廿二	10 廿三	11 廿四
12 廿五	13 廿六	14 廿七	15 廿八	16 廿九	17 二月	18 初二
19 初三	20 初四	21 春分	22 初六	23 初七	24 初八	25 初九
26 初十	27 十一	28 十二	29 十三	30 十四	31 十五	

9

一	二	三	四	五	六	日
					1 廿一	2 廿二
3 廿三	4 廿四	5 廿五	6 廿六	7 廿七	8 廿八	9 白露
10 三十	11 八月	12 初二	13 初三	14 初四	15 初五	16 初六
17 初七	18 初八	19 初九	20 初十	21 十一	22 十二	23 十三
24 秋分	25 十五	26 十六	27 十七	28 十八	29 十九	30 二十

4

一	二	三	四	五	六	日
30 十五						1 十六
2 十七	3 十八	4 十九	5 二十	6 清明	7 廿二	8 廿三
9 廿四	10 廿五	11 廿六	12 廿七	13 廿八	14 廿九	15 三十
16 三月	17 初二	18 初三	19 初四	20 初五	21 谷雨	22 初七
23 初八	24 初九	25 初十	26 十一	27 十二	28 十三	29 十四

10

一	二	三	四	五	六	日
1 廿一	2 廿二	3 廿三	4 廿四	5 廿五	6 廿六	7 廿七
8 廿八	9 寒露	10 九月	11 初二	12 初三	13 初四	14 初五
15 初六	16 初七	17 初八	18 初九	19 初十	20 十一	21 十二
22 十三	23 十四	24 霜降	25 十六	26 十七	27 十八	28 十九
29 二十	30 廿一	31 廿二				

5

一	二	三	四	五	六	日
	1 十六	2 十七	3 十八	4 十九	5 二十	6 立夏
7 廿二	8 廿三	9 廿四	10 廿五	11 廿六	12 廿七	13 廿八
14 廿九	15 三十	16 四月	17 初二	18 初三	19 初四	20 初五
21 初六	22 小满	23 初八	24 初九	25 初十	26 十一	27 十二
28 十三	29 十四	30 十五	31 十六			

11

一	二	三	四	五	六	日
			1 廿三	2 廿四	3 廿五	4 廿六
5 廿七	6 廿八	7 廿九	8 十月 立冬	9 初二	10 初三	11 初四
12 初五	13 初六	14 初七	15 初八	16 初九	17 初十	18 十一
19 十二	20 十三	21 十四	22 十五	23 小雪	24 十七	25 十八
26 十九	27 二十	28 廿一	29 廿二	30 廿三		

6

一	二	三	四	五	六	日
				1 十七	2 十八	3 十九
4 二十	5 廿一	6 廿二	7 芒种	8 廿四	9 廿五	10 廿六
11 廿七	12 廿八	13 廿九	14 五月	15 初二	16 初三	17 初四
18 初五	19 初六	20 初七	21 初八	22 夏至	23 初十	24 十一
25 十二	26 十三	27 十四	28 十五	29 十六	30 十七	

12

一	二	三	四	五	六	日
31 廿四					1 廿四	2 廿五
3 廿六	4 廿七	5 廿八	6 廿九	7 三十	8 十一月 大雪	9 初二
10 初三	11 初四	12 初五	13 初六	14 初七	15 初八	16 初九
17 初十	18 十一	19 十二	20 十三	21 十四	22 十五	23 冬至
24 十七	25 十八	26 十九	27 二十	28 廿一	29 廿二	30 廿三

中国吉祥图案鉴赏

丹凤呈祥

题注：凤凰是传说中的瑞鸟，百禽之首，又名丹凤、朱雀、鸾凤等。《大载·易本命》："有羽之虫三百六十而凤凰为之长。"凤凰色泽五彩缤纷，羽毛构成纹理，其首之纹为德，翼纹为礼，背纹为义，腹纹为信。凤凰不啄活虫，不折生草，不群居，不乱翔，非竹食不食，非灵泉不饮，非梧桐不栖，是仁义礼德信五种美德的象征。雄为凤，雌为凰，雄雌同飞，相和而鸣，又是夫妻和谐的象征。凤身变化为各种花草纹，名草凤纹，以适合各种工艺品造型的需要。

1924 年（甲子 鼠年 2 月 5 日始）

1

一	二	三	四	五	六	日
	1 廿五	2 廿六	3 廿七	4 廿八	5 廿九	6 十二月 小寒
7 初二	8 初三	9 初四	10 初五	11 初六	12 初七	13 初八
14 初九	15 初十	16 十一	17 十二	18 十三	19 十四	20 十五
21 大寒	22 十七	23 十八	24 十九	25 二十	26 廿一	27 廿二
28 廿三	29 廿四	30 廿五	31 廿六			

2

一	二	三	四	五	六	日
				1 廿七	2 廿八	3 廿九
4 三十	5 正月 立春	6 初二	7 初三	8 初四	9 初五	10 初六
11 初七	12 初八	13 初九	14 初十	15 十一	16 十二	17 十三
18 十四	19 十五	20 雨水	21 十七	22 十八	23 十九	24 二十
25 廿一	26 廿二	27 廿三	28 廿四	29 廿五		

3

一	二	三	四	五	六	日
31 廿七					1 廿六	2 廿七
3 廿八	4 廿九	5 二月	6 惊蛰	7 初三	8 初四	9 初五
10 初六	11 初七	12 初八	13 初九	14 初十	15 十一	16 十二
17 十三	18 十四	19 十五	20 十六	21 春分	22 十八	23 十九
24 二十	25 廿一	26 廿二	27 廿三	28 廿四	29 廿五	30 廿六

4

一	二	三	四	五	六	日
	1 廿八	2 廿九	3 三十	4 三月	5 清明	6 初三
7 初四	8 初五	9 初六	10 初七	11 初八	12 初九	13 初十
14 十一	15 十二	16 十三	17 十四	18 十五	19 十六	20 谷雨
21 十八	22 十九	23 二十	24 廿一	25 廿二	26 廿三	27 廿四
28 廿五	29 廿六	30 廿七				

5

一	二	三	四	五	六	日
			1 廿八	2 廿九	3 三十	4 四月
5 初二	6 立夏	7 初四	8 初五	9 初六	10 初七	11 初八
12 初九	13 初十	14 十一	15 十二	16 十三	17 十四	18 十五
19 十六	20 十七	21 小满	22 十九	23 二十	24 廿一	25 廿二
26 廿三	27 廿四	28 廿五	29 廿六	30 廿七	31 廿八	

6

一	二	三	四	五	六	日
30 廿九						1 廿九
2 五月	3 初二	4 初三	5 初四	6 芒种	7 初六	8 初七
9 初八	10 初九	11 初十	12 十一	13 十二	14 十三	15 十四
16 十五	17 十六	18 十七	19 十八	20 十九	21 二十	22 夏至
23 廿二	24 廿三	25 廿四	26 廿五	27 廿六	28 廿七	29 廿八

7

一	二	三	四	五	六	日
	1 三十	2 六月	3 初二	4 初三	5 初四	6 初五
7 小暑	8 初七	9 初八	10 初九	11 初十	12 十一	13 十二
14 十三	15 十四	16 十五	17 十六	18 十七	19 十八	20 十九
21 二十	22 廿一	23 大暑	24 廿三	25 廿四	26 廿五	27 廿六
28 廿七	29 廿八	30 廿九	31 三十			

8

一	二	三	四	五	六	日
				1 七月	2 初二	3 初三
4 初四	5 初五	6 初六	7 初七	8 立秋	9 初九	10 初十
11 十一	12 十二	13 十三	14 十四	15 十五	16 十六	17 十七
18 十八	19 十九	20 二十	21 廿一	22 廿二	23 处暑	24 廿四
25 廿五	26 廿六	27 廿七	28 廿八	29 廿九	30 八月	31 初二

9

一	二	三	四	五	六	日
1 初三	2 初四	3 初五	4 初六	5 初七	6 初八	7 初九
8 白露	9 十一	10 十二	11 十三	12 十四	13 十五	14 十六
15 十七	16 十八	17 十九	18 二十	19 廿一	20 廿二	21 廿三
22 廿四	23 秋分	24 廿六	25 廿七	26 廿八	27 廿九	28 三十
29 九月	30 初二					

10

一	二	三	四	五	六	日
		1 初三	2 初四	3 初五	4 初六	5 初七
6 白露	7 初九	8 寒露	9 十一	10 十二	11 十三	12 十四
13 十五	14 十六	15 十七	16 十八	17 十九	18 二十	19 廿一
20 廿二	21 廿三	22 秋分	23 廿五	24 霜降	25 廿七	26 廿八
27 廿九	28 十月	29 初二	30 初三	31 初四		

11

一	二	三	四	五	六	日
					1 初五	2 初六
3 初七	4 初八	5 初九	6 初十	7 十一	8 立冬	9 十三
10 十四	11 十五	12 十六	13 十七	14 十八	15 十九	16 二十
17 廿一	18 廿二	19 廿三	20 廿四	21 廿五	22 小雪	23 廿七
24 廿八	25 廿九	26 三十	27 十一月	28 初二	29 初三	30 初四

12

一	二	三	四	五	六	日
1 初五	2 初六	3 初七	4 初八	5 初九	6 初十	7 大雪
8 十二	9 十三	10 十四	11 十五	12 十六	13 十七	14 十八
15 十九	16 二十	17 廿一	18 廿二	19 廿三	20 廿四	21 廿五
22 冬至	23 廿七	24 廿八	25 廿九	26 十二月	27 初二	28 初三
29 初四	30 初五	31 初六				

中国吉祥图案鉴赏

1925年（乙丑 牛年1月24日始 闰四月）

1

一	二	三	四	五	六	日
			1初七	2初八	3初九	4初十
5十一	6小寒	7十三	8十四	9十五	10十六	11十七
12十八	13十九	14二十	15廿一	16廿二	17廿三	18廿四
19廿五	20大寒	21廿七	22廿八	23廿九	24正月	25初二
26初三	27初四	28初五	29初六	30初七	31初八	

2

一	二	三	四	五	六	日
						1初九
2初十	3十一	4立春	5十三	6十四	7十五	8十六
9十七	10十八	11十九	12二十	13廿一	14廿二	15廿三
16廿四	17廿五	18廿六	19雨水	20廿八	21廿九	22三十
23二月	24初二	25初三	26初四	27初五	28初六	

3

一	二	三	四	五	六	日
30初七	31初八					1初七
2初八	3初九	4初十	5十一	6惊蛰	7十三	8十四
9十五	10十六	11十七	12十八	13十九	14二十	15廿一
16廿二	17廿三	18廿四	19廿五	20廿六	21春分	22廿八
23廿九	24三月	25初二	26初三	27初四	28初五	29初六

4

一	二	三	四	五	六	日
		1初九	2初十	3十一	4十二	5清明
6十四	7十五	8十六	9十七	10十八	11十九	12二十
13廿一	14廿二	15廿三	16廿四	17廿五	18廿六	19廿七
20谷雨	21廿九	22三十	23四月	24初二	25初三	26初四
27初五	28初六	29初七	30初八			

5

一	二	三	四	五	六	日
				1初九	2初十	3十一
4十二	5十三	6立夏	7十五	8十六	9十七	10十八
11十九	12二十	13廿一	14廿二	15廿三	16廿四	17廿五
18廿六	19廿七	20廿八	21小满	22四月	23初二	24初三
25初四	26初五	27初六	28初七	29初八	30初九	31初十

6

一	二	三	四	五	六	日
1十一	2十二	3十三	4十四	5十五	6芒种	7十七
8十八	9十九	10二十	11廿一	12廿二	13廿三	14廿四
15廿五	16廿六	17廿七	18廿八	19廿九	20三十	21五月
22夏至	23初三	24初四	25初五	26初六	27初七	28初八
29初九	30初十					

7

一	二	三	四	五	六	日
		1十一	2十二	3十三	4十四	5十五
6十六	7十七	8小暑	9十九	10二十	11廿一	12廿二
13廿三	14廿四	15廿五	16廿六	17廿七	18廿八	19廿九
20三十	21六月	22初二	23大暑	24初四	25初五	26初六
27初七	28初八	29初九	30初十	31十一		

8

一	二	三	四	五	六	日
31十三					1十二	2十三
3十四	4十五	5十六	6十七	7十八	8立秋	9二十
10廿一	11廿二	12廿三	13廿四	14廿五	15廿六	16廿七
17廿八	18廿九	19七月	20初二	21初三	22初四	23初五
24处暑	25初七	26初八	27初九	28初十	29十一	30十二

9

一	二	三	四	五	六	日
	1十四	2十五	3十六	4十七	5十八	6十九
7二十	8白露	9廿二	10廿三	11廿四	12廿五	13廿六
14廿七	15廿八	16廿九	17三十	18八月	19初二	20初三
21初四	22初五	23秋分	24初七	25初八	26初九	27初十
28十一	29十二	30十三				

10

一	二	三	四	五	六	日
			1十四	2十五	3十六	4十七
5十八	6十九	7二十	8廿一	9寒露	10廿三	11廿四
12廿五	13廿六	14廿七	15廿八	16廿九	17三十	18九月
19初二	20初三	21初四	22初五	23初六	24霜降	25初八
26初九	27初十	28十一	29十二	30十三	31十四	

11

一	二	三	四	五	六	日
30十五						1十五
2十六	3十七	4十八	5十九	6二十	7廿一	8立冬
9廿三	10廿四	11廿五	12廿六	13廿七	14廿八	15廿九
16十月	17初二	18初三	19初四	20初五	21初六	22初七
23小雪	24初九	25初十	26十一	27十二	28十三	29十四

12

一	二	三	四	五	六	日
	1十六	2十七	3十八	4十九	5二十	6廿一
7大雪	8廿三	9廿四	10廿五	11廿六	12廿七	13廿八
14廿九	15三十	16十一月	17初二	18初三	19初四	20初五
21初六	22冬至	23初八	24初九	25初十	26十一	27十二
28十三	29十四	30十五	31十六			

中国吉祥图案鉴赏

1926年（丙寅 虎年2月13日始）

1

一	二	三	四	五	六	日
				1十七	2十八	3十九
4二十	5廿一	6小寒	7廿三	8廿四	9廿五	10廿六
11廿七	12廿八	13廿九	14十二月	15初二	16初三	17初四
18初五	19初六	20初七	21大寒	22初九	23初十	24十一
25十二	26十三	27十四	28十五	29十六	30十七	31十八

2

一	二	三	四	五	六	日
1十九	2二十	3廿一	4立春	5廿三	6廿四	7廿五
8廿六	9廿七	10廿八	11廿九	12三十	13正月	14初二
15初三	16初四	17初五	18初六	19雨水	20初八	21初九
22初十	23十一	24十二	25十三	26十四	27十五	28十六

3

一	二	三	四	五	六	日
1十七	2十八	3十九	4二十	5廿一	6惊蛰	7廿三
8廿四	9廿五	10廿六	11廿七	12廿八	13廿九	14二月
15初二	16初三	17初四	18初五	19初六	20初七	21春分
22初九	23初十	24十一	25十二	26十三	27十四	28十五
29十六	30十七	31十八				

4

一	二	三	四	五	六	日
			1十九	2二十	3廿一	4廿二
5清明	6廿四	7廿五	8廿六	9廿七	10廿八	11廿九
12三月	13初二	14初三	15初四	16初五	17初六	18初七
19初八	20初九	21谷雨	22十一	23十二	24十三	25十四
26十五	27十六	28十七	29十八	30十九		

5

一	二	三	四	五	六	日
31二十					1二十	2廿一
3廿二	4廿三	5廿四	6立夏	7廿六	8廿七	9廿八
10廿九	11三十	12四月	13初二	14初三	15初四	16初五
17初六	18初七	19初八	20初九	21初十	22小满	23十二
24十三	25十四	26十五	27十六	28十七	29十八	30十九

6

一	二	三	四	五	六	日
	1廿一	2廿二	3廿三	4廿四	5廿五	6芒种
7廿七	8廿八	9廿九	10五月	11初二	12初三	13初四
14初五	15初六	16初七	17初八	18初九	19初十	20十一
21十二	22夏至	23十四	24十五	25十六	26十七	27十八
28十九	29二十	30廿一				

7

一	二	三	四	五	六	日
			1廿二	2廿三	3廿四	4廿五
5廿六	6廿七	7廿八	8小暑	9三十	10六月	11初二
12初三	13初四	14初五	15初六	16初七	17初八	18初九
19初十	20十一	21十二	22十三	23大暑	24十五	25十六
26十七	27十八	28十九	29二十	30廿一	31廿二	

8

一	二	三	四	五	六	日
30廿三	31廿四					1廿三
2廿四	3廿五	4廿六	5廿七	6廿八	7廿九	8七月立秋
9初二	10初三	11初四	12初五	13初六	14初七	15初八
16初九	17初十	18十一	19十二	20十三	21十四	22十五
23十六	24处暑	25十八	26十九	27二十	28廿一	29廿二

9

一	二	三	四	五	六	日
		1廿五	2廿六	3廿七	4廿八	5廿九
6三十	7八月	8白露	9初三	10初四	11初五	12初六
13初七	14初八	15初九	16初十	17十一	18十二	19十三
20十四	21十五	22十六	23十七	24秋分	25十九	26二十
27廿一	28廿二	29廿三	30廿四			

10

一	二	三	四	五	六	日
				1廿五	2廿六	3廿七
4廿八	5廿九	6三十	7九月	8初二	9寒露	10初四
11初五	12初六	13初七	14初八	15初九	16初十	17十一
18十二	19十三	20十四	21十五	22十六	23十七	24霜降
25十九	26二十	27廿一	28廿二	29廿三	30廿四	31廿五

11

一	二	三	四	五	六	日
1廿六	2廿七	3廿八	4廿九	5十月	6初二	7初三
8立冬	9初五	10初六	11初七	12初八	13初九	14初十
15十一	16十二	17十三	18十四	19十五	20十六	21十七
22十八	23小雪	24二十	25廿一	26廿二	27廿三	28廿四
29廿五	30廿六					

12

一	二	三	四	五	六	日
		1廿七	2廿八	3廿九	4三十	5十一月
6初二	7初三	8大雪	9初五	10初六	11初七	12初八
13初九	14初十	15十一	16十二	17十三	18十四	19十五
20十六	21十七	22冬至	23十九	24二十	25廿一	26廿二
27廿三	28廿四	29廿五	30廿六	31廿七		

中国吉祥图案鉴赏

1927年（丁卯 兔年2月2日始）

1

一	二	三	四	五	六	日
31 廿八					1 廿八	2 廿九
3 三十	4 十二月	5 初二	6 小寒	7 初四	8 初五	9 初六
10 初七	11 初八	12 初九	13 初十	14 十一	15 十二	16 十三
17 十四	18 十五	19 十六	20 十七	21 大寒	22 十九	23 二十
24 廿一	25 廿二	26 廿三	27 廿四	28 廿五	29 廿六	30 廿七

2

一	二	三	四	五	六	日
	1 廿九	2 正月	3 初二	4 初三	5 立春	6 初五
7 初六	8 初七	9 初八	10 初九	11 初十	12 十一	13 十二
14 十三	15 十四	16 十五	17 十六	18 十七	19 雨水	20 十九
21 二十	22 廿一	23 廿二	24 廿三	25 廿四	26 廿五	27 廿六
28 廿七						

3

一	二	三	四	五	六	日
	1 廿八	2 廿九	3 三十	4 二月	5 初二	6 惊蛰
7 初四	8 初五	9 初六	10 初七	11 初八	12 初九	13 初十
14 十一	15 十二	16 十三	17 十四	18 十五	19 十六	20 十七
21 春分	22 十九	23 二十	24 廿一	25 廿二	26 廿三	27 廿四
28 廿五	29 廿六	30 廿七	31 廿八			

4

一	二	三	四	五	六	日
				1 廿九	2 三月	3 初二
4 初三	5 初四	6 清明	7 初六	8 初七	9 初八	10 初九
11 初十	12 十一	13 十二	14 十三	15 十四	16 十五	17 十六
18 十七	19 十八	20 十九	21 谷雨	22 廿一	23 廿二	24 廿三
25 廿四	26 廿五	27 廿六	28 廿七	29 廿八	30 廿九	

5

一	二	三	四	五	六	日
30 三十	31 五月					1 四月
2 初二	3 初三	4 初四	5 初五	6 立夏	7 初七	8 初八
9 初九	10 初十	11 十一	12 十二	13 十三	14 十四	15 十五
16 十六	17 十七	18 十八	19 十九	20 二十	21 廿一	22 小满
23 廿三	24 廿四	25 廿五	26 廿六	27 廿七	28 廿八	29 廿九

6

一	二	三	四	五	六	日
		1 初二	2 初三	3 初四	4 初五	5 初六
6 初七	7 芒种	8 初九	9 初十	10 十一	11 十二	12 十三
13 十四	14 十五	15 十六	16 十七	17 十八	18 十九	19 二十
20 廿一	21 廿二	22 夏至	23 廿四	24 廿五	25 廿六	26 廿七
27 廿八	28 廿九	29 六月	30 初二			

7

一	二	三	四	五	六	日
				1 初三	2 初四	3 初五
4 初六	5 初七	6 初八	7 初九	8 小暑	9 十一	10 十二
11 十三	12 十四	13 十五	14 十六	15 十七	16 十八	17 十九
18 二十	19 廿一	20 廿二	21 廿三	22 廿四	23 廿五	24 大暑
25 廿七	26 廿八	27 廿九	28 三十	29 七月	30 初二	31 初三

8

一	二	三	四	五	六	日
1 初四	2 初五	3 初六	4 初七	5 初八	6 初九	7 初十
8 立秋	9 十二	10 十三	11 十四	12 十五	13 十六	14 十七
15 十八	16 十九	17 二十	18 廿一	19 廿二	20 廿三	21 廿四
22 廿五	23 廿六	24 处暑	25 廿八	26 廿九	27 八月	28 初二
29 初三	30 初四	31 初五				

9

一	二	三	四	五	六	日
			1 初六	2 初七	3 初八	4 初九
5 初十	6 十一	7 十二	8 白露	9 十四	10 十五	11 十六
12 十七	13 十八	14 十九	15 二十	16 廿一	17 廿二	18 廿三
19 廿四	20 廿五	21 廿六	22 廿七	23 廿八	24 秋分	25 三十
26 九月	27 初二	28 初三	29 初四	30 初五		

10

一	二	三	四	五	六	日
31 初七					1 初六	2 初七
3 初八	4 初九	5 初十	6 十一	7 十二	8 十三	9 寒露
10 十五	11 十六	12 十七	13 十八	14 十九	15 二十	16 廿一
17 廿二	18 廿三	19 秋分	20 廿五	21 廿六	22 廿七	23 廿八
24 霜降	25 十月	26 初二	27 初三	28 初四	29 初五	30 初六

11

一	二	三	四	五	六	日
	1 初八	2 初九	3 初十	4 十一	5 十二	6 十三
7 十四	8 立冬	9 十六	10 十七	11 十八	12 十九	13 二十
14 廿一	15 廿二	16 廿三	17 廿四	18 廿五	19 廿六	20 廿七
21 廿八	22 廿九	23 小雪	24 十一月	25 初二	26 初三	27 初四
28 初五	29 初六	30 初七				

12

一	二	三	四	五	六	日
			1 初八	2 初九	3 初十	4 十一
5 十二	6 十三	7 十四	8 大雪	9 十六	10 十七	11 十八
12 十九	13 二十	14 廿一	15 廿二	16 廿三	17 廿四	18 廿五
19 廿六	20 廿七	21 廿八	22 廿九	23 冬至	24 十二月	25 初二
26 初三	27 初四	28 初五	29 初六	30 初七	31 初八	

中国吉祥图案鉴赏

二龙戏珠

题注：民间传说龙能吐珠。《述异记·卷上》："凡珠有龙珠，龙所吐者……"龙珠是宝珠，辟水火。如为两条龙口衔璧玉，则称"二龙拱璧"。采用多条龙的图案则称"群龙戏珠"。

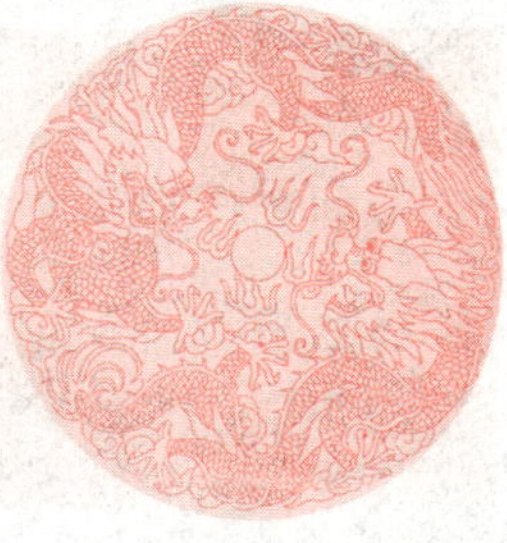

1928年（戊辰 龙年1月23日始 闰二月）

1

一	二	三	四	五	六	日
30初八	31初九					1初九
2初十	3十一	4十二	5十三	6小寒	7十五	8十六
9十七	10十八	11十九	12二十	13廿一	14廿二	15廿三
16廿四	17廿五	18廿六	19廿七	20廿八	21大寒	22三十
23正月	24初二	25初三	26初四	27初五	28初六	29初七

2

一	二	三	四	五	六	日
		1初十	2十一	3十二	4十三	5立春
6十五	7十六	8十七	9十八	10十九	11二十	12廿一
13廿二	14廿三	15廿四	16廿五	17廿六	18廿七	19廿八
20雨水	21二月	22初二	23初三	24初四	25初五	26初六
27初七	28初八	29初九				

3

一	二	三	四	五	六	日
			1初十	2十一	3十二	4十三
5十四	6惊蛰	7十六	8十七	9十八	10十九	11二十
12廿一	13廿二	14廿三	15廿四	16廿五	17廿六	18廿七
19廿八	20廿九	21春分	22二月	23初二	24初三	25初四
26初五	27初六	28初七	29初八	30初九	31初十	

4

一	二	三	四	五	六	日
30十一						1十一
2十二	3十三	4十四	5清明	6十六	7十七	8十八
9十九	10二十	11廿一	12廿二	13廿三	14廿四	15廿五
16廿六	17廿七	18廿八	19廿九	20三月谷雨	21初二	22初三
23初四	24初五	25初六	26初七	27初八	28初九	29初十

5

一	二	三	四	五	六	日
	1十二	2十三	3十四	4十五	5十六	6立夏
7十八	8十九	9二十	10廿一	11廿二	12廿三	13廿四
14廿五	15廿六	16廿七	17廿八	18廿九	19四月	20初二
21小满	22初四	23初五	24初六	25初七	26初八	27初九
28初十	29十一	30十二	31十三			

6

一	二	三	四	五	六	日
				1十四	2十五	3十六
4十七	5十八	6芒种	7二十	8廿一	9廿二	10廿三
11廿四	12廿五	13廿六	14廿七	15廿八	16廿九	17三十
18五月	19初二	20初三	21夏至	22初五	23初六	24初七
25初八	26初九	27初十	28十一	29十二	30十三	

7

一	二	三	四	五	六	日
30十四	31十五					1十四
2十五	3十六	4十七	5十八	6十九	7小暑	8廿一
9廿二	10廿三	11廿四	12廿五	13廿六	14廿七	15廿八
16廿九	17六月	18初二	19初三	20初四	21初五	22初六
23大暑	24初八	25初九	26初十	27十一	28十二	29十三

8

一	二	三	四	五	六	日
		1十六	2十七	3十八	4十九	5二十
6廿一	7廿二	8立秋	9廿四	10廿五	11廿六	12廿七
13廿八	14廿九	15七月	16初二	17初三	18初四	19初五
20初六	21初七	22初八	23处暑	24初十	25十一	26十二
27十三	28十四	29十五	30十六	31十七		

9

一	二	三	四	五	六	日
					1十八	2十九
3二十	4廿一	5廿二	6廿三	7廿四	8白露	9廿六
10廿七	11廿八	12廿九	13三十	14八月	15初二	16初三
17初四	18初五	19初六	20初七	21初八	22初九	23秋分
24十一	25十二	26十三	27十四	28十五	29十六	30十七

10

一	二	三	四	五	六	日
1十八	2十九	3二十	4廿一	5廿二	6廿三	7廿四
8寒露	9廿六	10廿七	11廿八	12廿九	13九月	14初二
15初三	16初四	17初五	18初六	19初七	20初八	21初九
22初十	23霜降	24十二	25十三	26十四	27十五	28十六
29十七	30十八	31十九				

11

一	二	三	四	五	六	日
			1二十	2廿一	3廿二	4廿三
5廿四	6廿五	7立冬	8廿七	9廿八	10廿九	11三十
12十月	13初二	14初三	15初四	16初五	17初六	18初七
19初八	20初九	21初十	22小雪	23十二	24十三	25十四
26十五	27十六	28十七	29十八	30十九		

12

一	二	三	四	五	六	日
31二十					1二十	2廿一
3廿二	4廿三	5廿四	6廿五	7大雪	8廿七	9廿八
10廿九	11三十	12十一月	13初二	14初三	15初四	16初五
17初六	18初七	19初八	20初九	21初十	22冬至	23十二
24十三	25十四	26十五	27十六	28十七	29十八	30十九

中国吉祥图案鉴赏

1929年（己巳 蛇年2月10日始）

1

一	二	三	四	五	六	日
	1 廿一	2 廿二	3 廿三	4 廿四	5 廿五	6 小寒
7 廿七	8 廿八	9 廿九	10 三十	11 十二月	12 初二	13 初三
14 初四	15 初五	16 初六	17 初七	18 初八	19 初九	20 大寒
21 十一	22 十二	23 十三	24 十四	25 十五	26 十六	27 十七
28 十八	29 十九	30 二十	31 廿一			

7

一	二	三	四	五	六	日
1 廿五	2 廿六	3 廿七	4 廿八	5 廿九	6 三十	7 六月 小暑
8 初二	9 初三	10 初四	11 初五	12 初六	13 初七	14 初八
15 初九	16 初十	17 十一	18 十二	19 十三	20 十四	21 十五
22 十六	23 大暑	24 十八	25 十九	26 二十	27 廿一	28 廿二
29 廿三	30 廿四	31 廿五				

2

一	二	三	四	五	六	日
				1 廿二	2 廿三	3 廿四
4 立春	5 廿六	6 廿七	7 廿八	8 廿九	9 三十	10 正月
11 初二	12 初三	13 初四	14 初五	15 初六	16 初七	17 初八
18 初九	19 雨水	20 十一	21 十二	22 十三	23 十四	24 十五
25 十六	26 十七	27 十八	28 十九			

8

一	二	三	四	五	六	日
			1 廿六	2 廿七	3 廿八	4 廿九
5 七月	6 初二	7 初三	8 立秋	9 初五	10 初六	11 初七
12 初八	13 初九	14 初十	15 十一	16 十二	17 十三	18 十四
19 十五	20 十六	21 十七	22 十八	23 处暑	24 二十	25 廿一
26 廿二	27 廿三	28 廿四	29 廿五	30 廿六	31 廿七	

3

一	二	三	四	五	六	日
				1 二十	2 廿一	3 廿二
4 廿三	5 廿四	6 惊蛰	7 廿六	8 廿七	9 廿八	10 廿九
11 二月	12 初二	13 初三	14 初四	15 初五	16 初六	17 初七
18 初八	19 初九	20 初十	21 春分	22 十二	23 十三	24 十四
25 十五	26 十六	27 十七	28 十八	29 十九	30 二十	31 廿一

9

一	二	三	四	五	六	日
30 廿八						1 廿八
2 廿九	3 八月	4 初二	5 初三	6 初四	7 初五	8 白露
9 初七	10 初八	11 初九	12 初十	13 十一	14 十二	15 十三
16 十四	17 十五	18 十六	19 十七	20 十八	21 十九	22 二十
23 秋分	24 廿二	25 廿三	26 廿四	27 廿五	28 廿六	29 廿七

4

一	二	三	四	五	六	日
1 廿二	2 廿三	3 廿四	4 廿五	5 清明	6 廿七	7 廿八
8 廿九	9 三十	10 三月	11 初二	12 初三	13 初四	14 初五
15 初六	16 初七	17 初八	18 初九	19 初十	20 谷雨	21 十二
22 十三	23 十四	24 十五	25 十六	26 十七	27 十八	28 十九
29 二十	30 廿一					

10

一	二	三	四	五	六	日
	1 廿九	2 三十	3 九月	4 初二	5 初三	6 初四
7 初五	8 初六	9 寒露	10 初八	11 初九	12 初十	13 十一
14 十二	15 十三	16 十四	17 十五	18 十六	19 十七	20 十八
21 十九	22 二十	23 廿一	24 霜降	25 廿三	26 廿四	27 廿五
28 廿六	29 廿七	30 廿八	31 廿九			

5

一	二	三	四	五	六	日
		1 廿二	2 廿三	3 廿四	4 廿五	5 廿六
6 立夏	7 廿八	8 廿九	9 四月	10 初二	11 初三	12 初四
13 初五	14 初六	15 初七	16 初八	17 初九	18 初十	19 十一
20 十二	21 小满	22 十四	23 十五	24 十六	25 十七	26 十八
27 十九	28 二十	29 廿一	30 廿二	31 廿三		

11

一	二	三	四	五	六	日
				1 十月	2 初二	3 初三
4 初四	5 初五	6 初六	7 初七	8 立冬	9 初九	10 初十
11 十一	12 十二	13 十三	14 十四	15 十五	16 十六	17 十七
18 十八	19 十九	20 二十	21 廿一	22 廿二	23 小雪	24 廿四
25 廿五	26 廿六	27 廿七	28 廿八	29 廿九	30 三十	

6

一	二	三	四	五	六	日
					1 廿四	2 廿五
3 廿六	4 廿七	5 廿八	6 芒种	7 五月	8 初二	9 初三
10 初四	11 初五	12 初六	13 初七	14 初八	15 初九	16 初十
17 十一	18 十二	19 十三	20 十四	21 十五	22 夏至	23 十七
24 十八	25 十九	26 二十	27 廿一	28 廿二	29 廿三	30 廿四

12

一	二	三	四	五	六	日
30 三十	31 十二月					1 十一月
2 初二	3 初三	4 初四	5 初五	6 初六	7 大雪	8 初八
9 初九	10 初十	11 十一	12 十二	13 十三	14 十四	15 十五
16 十六	17 十七	18 十八	19 十九	20 二十	21 廿一	22 冬至
23 廿三	24 廿四	25 廿五	26 廿六	27 廿七	28 廿八	29 廿九

中国吉祥图案鉴赏

封侯挂印

题注：侯为古代爵位之一，利用“猴”与“侯”谐音，寓意官位与爵禄。印挂于枫树之上，印是作官的凭证，枫与封同音，蜂与封同音。图案寓意加官封侯、步步高升。与此图案寓意相同的还有“雀鹿封侯”。

1930年（庚午 马年1月30日始 闰六月）

1月

一	二	三	四	五	六	日
		1初二	2初三	3初四	4初五	5初六
6小寒	7初八	8初九	9初十	10十一	11十二	12十三
13十四	14十五	15十六	16十七	17十八	18十九	19二十
20廿一	21大寒	22廿三	23廿四	24廿五	25廿六	26廿七
27廿八	28廿九	29三十	30正月	31初二		

2月

一	二	三	四	五	六	日
					1初三	2初四
3初五	4立春	5初七	6初八	7初九	8初十	9十一
10十二	11十三	12十四	13十五	14十六	15十七	16十八
17十九	18二十	19雨水	20廿二	21廿三	22廿四	23廿五
24廿六	25廿七	26廿八	27廿九	28二月		

3月

一	二	三	四	五	六	日
31初二					1初二	2初三
3初四	4初五	5初六	6惊蛰	7初八	8初九	9初十
10十一	11十二	12十三	13十四	14十五	15十六	16十七
17十八	18十九	19二十	20廿一	21春分	22廿三	23廿四
24廿五	25廿六	26廿七	27廿八	28廿九	29三十	30三月

4月

一	二	三	四	五	六	日
	1初三	2初四	3初五	4初六	5清明	6初八
7初九	8初十	9十一	10十二	11十三	12十四	13十五
14十六	15十七	16十八	17十九	18二十	19廿一	20廿二
21谷雨	22廿四	23廿五	24廿六	25廿七	26廿八	27廿九
28三十	29四月	30初二				

5月

一	二	三	四	五	六	日
			1初三	2初四	3初五	4初六
5初七	6立夏	7初九	8初十	9十一	10十二	11十三
12十四	13十五	14十六	15十七	16十八	17十九	18二十
19廿一	20廿二	21廿三	22小满	23廿五	24廿六	25廿七
26廿八	27廿九	28五月	29初二	30初三	31初四	

6月

一	二	三	四	五	六	日
30初五						1初五
2初六	3初七	4初八	5初九	6芒种	7十一	8十二
9十三	10十四	11十五	12十六	13十七	14十八	15十九
16二十	17廿一	18廿二	19廿三	20廿四	21廿五	22夏至
23廿七	24廿八	25廿九	26六月	27初二	28初三	29初四

7月

一	二	三	四	五	六	日
	1初六	2初七	3初八	4初九	5初十	6十一
7十二	8小暑	9十四	10十五	11十六	12十七	13十八
14十九	15二十	16廿一	17廿二	18廿三	19廿四	20廿五
21廿六	22廿七	23大暑	24廿九	25三十	26闰月	27初二
28初三	29初四	30初五	31初六			

8月

一	二	三	四	五	六	日
				1初七	2初八	3初九
4初十	5十一	6十二	7十三	8立秋	9十五	10十六
11十七	12十八	13十九	14二十	15廿一	16廿二	17廿三
18廿四	19廿五	20廿六	21廿七	22廿八	23廿九	24七月处暑
25初二	26初三	27初四	28初五	29初六	30初七	31初八

9月

一	二	三	四	五	六	日
1初九	2初十	3十一	4十二	5十三	6十四	7十五
8白露	9十七	10十八	11十九	12二十	13廿一	14廿二
15廿三	16廿四	17廿五	18廿六	19廿七	20廿八	21廿九
22八月	23初二	24秋分	25初四	26初五	27初六	28初七
29初八	30初九					

10月

一	二	三	四	五	六	日
		1初十	2十一	3十二	4十三	5十四
6十五	7十六	8十七	9寒露	10十九	11二十	12廿一
13廿二	14廿三	15廿四	16廿五	17廿六	18廿七	19廿八
20廿九	21三十	22九月	23初二	24霜降	25初四	26初五
27初六	28初七	29初八	30初九	31初十		

11月

一	二	三	四	五	六	日
					1十一	2十二
3十三	4十四	5十五	6十六	7十七	8立冬	9十九
10二十	11廿一	12廿二	13廿三	14廿四	15廿五	16廿六
17廿七	18廿八	19廿九	20十月	21初二	22初三	23小雪
24初五	25初六	26初七	27初八	28初九	29初十	30十一

12月

一	二	三	四	五	六	日
1十二	2十三	3十四	4十五	5十六	6十七	7十八
8大雪	9二十	10廿一	11廿二	12廿三	13廿四	14廿五
15廿六	16廿七	17廿八	18廿九	19三十	20十一月	21初二
22冬至	23初四	24初五	25初六	26初七	27初八	28初九
29初十	30十一	31十二				

中国吉祥图案鉴赏

1931年（辛未 羊年2月17日始）

1

一	二	三	四	五	六	日
			1 十三	2 十四	3 十五	4 十六
5 十七	6 小寒	7 十九	8 二十	9 廿一	10 廿二	11 廿三
12 廿四	13 廿五	14 廿六	15 廿七	16 廿八	17 廿九	18 三十
19 十二月	20 初二	21 大寒	22 初四	23 初五	24 初六	25 初七
26 初八	27 初九	28 初十	29 十一	30 十二	31 十三	

2

一	二	三	四	五	六	日
						1 十四
2 十五	3 十六	4 十七	5 立春	6 十九	7 二十	8 廿一
9 廿二	10 廿三	11 廿四	12 廿五	13 廿六	14 廿七	15 廿八
16 廿九	17 正月	18 初二	19 雨水	20 初四	21 初五	22 初六
23 初七	24 初八	25 初九	26 初十	27 十一	28 十二	

3

一	二	三	四	五	六	日
30 十二	31 十三					1 十三
2 十四	3 十五	4 十六	5 十七	6 惊蛰	7 十九	8 二十
9 廿一	10 廿二	11 廿三	12 廿四	13 廿五	14 廿六	15 廿七
16 廿八	17 廿九	18 三十	19 二月	20 初二	21 春分	22 初四
23 初五	24 初六	25 初七	26 初八	27 初九	28 初十	29 十一

4

一	二	三	四	五	六	日
		1 十四	2 十五	3 十六	4 十七	5 十八
6 清明	7 二十	8 廿一	9 廿二	10 廿三	11 廿四	12 廿五
13 廿六	14 廿七	15 廿八	16 廿九	17 三十	18 三月	19 初二
20 初三	21 谷雨	22 初五	23 初六	24 初七	25 初八	26 初九
27 初十	28 十一	29 十二	30 十三			

5

一	二	三	四	五	六	日
				1 十四	2 十五	3 十六
4 十七	5 十八	6 立夏	7 二十	8 廿一	9 廿二	10 廿三
11 廿四	12 廿五	13 廿六	14 廿七	15 廿八	16 廿九	17 四月
18 初二	19 初三	20 初四	21 初五	22 小满	23 初七	24 初八
25 初九	26 初十	27 十一	28 十二	29 十三	30 十四	31 十五

6

一	二	三	四	五	六	日
1 十六	2 十七	3 十八	4 十九	5 二十	6 廿一	7 芒种
8 廿三	9 廿四	10 廿五	11 廿六	12 廿七	13 廿八	14 廿九
15 三十	16 五月	17 初二	18 初三	19 初四	20 初五	21 初六
22 夏至	23 初八	24 初九	25 初十	26 十一	27 十二	28 十三
29 十四	30 十五					

7

一	二	三	四	五	六	日
		1 十六	2 十七	3 十八	4 十九	5 二十
6 廿一	7 廿二	8 小暑	9 廿四	10 廿五	11 廿六	12 廿七
13 廿八	14 廿九	15 六月	16 初二	17 初三	18 初四	19 初五
20 初六	21 初七	22 初八	23 初九	24 大暑	25 十一	26 十二
27 十三	28 十四	29 十五	30 十六	31 十七		

8

一	二	三	四	五	六	日
31 十八					1 十八	2 十九
3 二十	4 廿一	5 廿二	6 廿三	7 廿四	8 立秋	9 廿六
10 廿七	11 廿八	12 廿九	13 三十	14 七月	15 初二	16 初三
17 初四	18 初五	19 初六	20 初七	21 初八	22 初九	23 初十
24 处暑	25 十二	26 十三	27 十四	28 十五	29 十六	30 十七

9

一	二	三	四	五	六	日
	1 十九	2 二十	3 廿一	4 廿二	5 廿三	6 廿四
7 廿五	8 白露	9 廿七	10 廿八	11 廿九	12 八月	13 初二
14 初三	15 初四	16 初五	17 初六	18 初七	19 初八	20 初九
21 初十	22 十一	23 十二	24 秋分	25 十四	26 十五	27 十六
28 十七	29 十八	30 十九				

10

一	二	三	四	五	六	日
			1 二十	2 廿一	3 廿二	4 廿三
5 廿四	6 廿五	7 廿六	8 廿七	9 寒露	10 廿九	11 九月
12 初二	13 初三	14 初四	15 初五	16 初六	17 初七	18 初八
19 初九	20 初十	21 十一	22 十二	23 十三	24 霜降	25 十五
26 十六	27 十七	28 十八	29 十九	30 二十	31 廿一	

11

一	二	三	四	五	六	日
30 廿一						1 廿二
2 廿三	3 廿四	4 廿五	5 廿六	6 廿七	7 廿八	8 立冬
9 三十	10 十月	11 初二	12 初三	13 初四	14 初五	15 初六
16 初七	17 初八	18 初九	19 初十	20 十一	21 十二	22 十三
23 小雪	24 十五	25 十六	26 十七	27 十八	28 十九	29 二十

12

一	二	三	四	五	六	日
	1 廿二	2 廿三	3 廿四	4 廿五	5 廿六	6 廿七
7 廿八	8 大雪	9 十一月	10 初二	11 初三	12 初四	13 初五
14 初六	15 初七	16 初八	17 初九	18 初十	19 十一	20 十二
21 十三	22 十四	23 冬至	24 十六	25 十七	26 十八	27 十九
28 二十	29 廿一	30 廿二	31 廿三			

中国吉祥图案鉴赏

凤穿牡丹

题注：“凤穿牡丹”又名“凤喜牡丹”或“牡丹引凤”等。凤凰是传说中的吉祥之鸟、鸟中之王；牡丹为花中之王，又称富贵花，有富贵、祥瑞、美好的寓意，凤穿牡丹寓意凤凰会带来吉祥与富贵。

1932 年（壬申 猴年 2 月 6 日始）

1

一	二	三	四	五	六	日
				1廿四	2廿五	3廿六
4廿七	5廿八	6小寒	7三十	8十二月	9初二	10初三
11初四	12初五	13初六	14初七	15初八	16初九	17初十
18十一	19十二	20十三	21大寒	22十五	23十六	24十七
25十八	26十九	27二十	28廿一	29廿二	30廿三	31廿四

2

一	二	三	四	五	六	日
1廿五	2廿六	3廿七	4廿八	5立春	6正月	7初二
8初三	9初四	10初五	11初六	12初七	13初八	14初九
15初十	16十一	17十二	18十三	19十四	20雨水	21十六
22十七	23十八	24十九	25二十	26廿一	27廿二	28廿三
29廿四						

3

一	二	三	四	五	六	日
	1廿五	2廿六	3廿七	4廿八	5廿九	6惊蛰
7二月	8初二	9初三	10初四	11初五	12初六	13初七
14初八	15初九	16初十	17十一	18十二	19十三	20十四
21春分	22十六	23十七	24十八	25十九	26二十	27廿一
28廿二	29廿三	30廿四	31廿五			

4

一	二	三	四	五	六	日
				1廿六	2廿七	3廿八
4廿九	5清明	6三月	7初二	8初三	9初四	10初五
11初六	12初七	13初八	14初九	15初十	16十一	17十二
18十三	19十四	20谷雨	21十六	22十七	23十八	24十九
25二十	26廿一	27廿二	28廿三	29廿四	30廿五	

5

一	二	三	四	五	六	日
30廿五	31廿六					1廿六
2廿七	3廿八	4廿九	5三十	6四月立夏	7初二	8初三
9初四	10初五	11初六	12初七	13初八	14初九	15初十
16十一	17十二	18十三	19十四	20十五	21小满	22十七
23十八	24十九	25二十	26廿一	27廿二	28廿三	29廿四

6

一	二	三	四	五	六	日
		1廿七	2廿八	3廿九	4五月	5初二
6芒种	7初四	8初五	9初六	10初七	11初八	12初九
13初十	14十一	15十二	16十三	17十四	18十五	19十六
20十七	21夏至	22十九	23二十	24廿一	25廿二	26廿三
27廿四	28廿五	29廿六	30廿七			

7

一	二	三	四	五	六	日
				1廿八	2廿九	3三十
4六月	5初二	6初三	7小暑	8初五	9初六	10初七
11初八	12初九	13初十	14十一	15十二	16十三	17十四
18十五	19十六	20十七	21十八	22十九	23大暑	24廿一
25廿二	26廿三	27廿四	28廿五	29廿六	30廿七	31廿八

8

一	二	三	四	五	六	日
1廿九	2七月	3初二	4初三	5初四	6初五	7初六
8立秋	9初八	10初九	11初十	12十一	13十二	14十三
15十四	16十五	17十六	18十七	19十八	20十九	21二十
22廿一	23处暑	24廿三	25廿四	26廿五	27廿六	28廿七
29廿八	30廿九	31三十				

9

一	二	三	四	五	六	日
			1八月	2初二	3初三	4初四
5初五	6初六	7初七	8白露	9初九	10初十	11十一
12十二	13十三	14十四	15十五	16十六	17十七	18十八
19十九	20二十	21廿一	22廿二	23秋分	24廿四	25廿五
26廿六	27廿七	28廿八	29廿九	30九月		

10

一	二	三	四	五	六	日
31初三					1初二	2初三
3初四	4初五	5初六	6初七	7初八	8寒露	9初十
10十一	11十二	12十三	13十四	14十五	15十六	16十七
17十八	18十九	19二十	20廿一	21廿二	22廿三	23霜降
24廿五	25廿六	26廿七	27廿八	28廿九	29十月	30初二

11

一	二	三	四	五	六	日
	1初四	2初五	3初六	4初七	5初八	6初九
7立冬	8十一	9十二	10十三	11十四	12十五	13十六
14十七	15十八	16十九	17二十	18廿一	19廿二	20廿三
21廿四	22小雪	23廿六	24廿七	25廿八	26廿九	27三十
28十一月	29初二	30初三				

12

一	二	三	四	五	六	日
			1初四	2初五	3初六	4初七
5初八	6初九	7大雪	8十一	9十二	10十三	11十四
12十五	13十六	14十七	15十八	16十九	17二十	18廿一
19廿二	20廿三	21廿四	22冬至	23廿六	24廿七	25廿八
26廿九	27十二月	28初二	29初三	30初四	31初五	

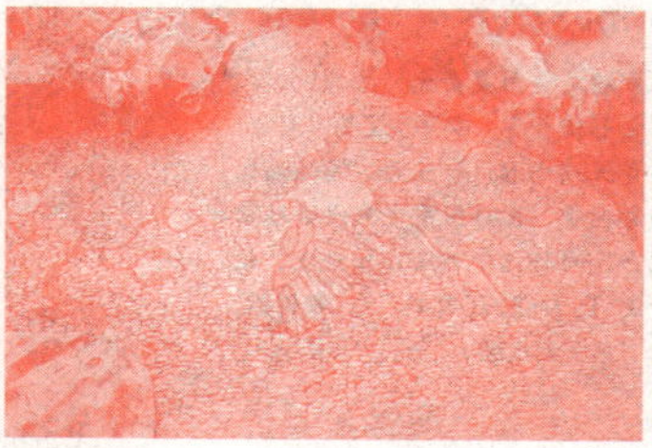

中国吉祥图案鉴赏

1933年（癸酉 鸡年1月26日始 闰五月）

1　　　　　　　　7

一	二	三	四	五	六	日	一	二	三	四	五	六	日
30初五	31初六					1初六	31初九					1初九	2初十
2初七	3初八	4初九	5初十	6小寒	7十二	8十三	3十一	4十二	5十三	6十四	7小暑	8十六	9十七
9十四	10十五	11十六	12十七	13十八	14十九	15二十	10十八	11十九	12二十	13廿一	14廿二	15廿三	16廿四
16廿一	17廿二	18廿三	19廿四	20大寒	21廿六	22廿七	17廿五	18廿六	19廿七	20廿八	21廿九	22三十	23六月大暑
23廿八	24廿九	25三十	26正月	27初二	28初三	29初四	24初二	25初三	26初四	27初五	28初六	29初七	30初八

2　　　　　　　　8

一	二	三	四	五	六	日	一	二	三	四	五	六	日
		1初七	2初八	3初九	4立春	5十一		1初十	2十一	3十二	4十三	5十四	6十五
6十二	7十三	8十四	9十五	10十六	11十七	12十八	7十六	8立秋	9十八	10十九	11二十	12廿一	13廿二
13十九	14二十	15廿一	16廿二	17廿三	18廿四	19雨水	14廿三	15廿四	16廿五	17廿六	18廿七	19廿八	20廿九
20廿六	21廿七	22廿八	23廿九	24二月	25初二	26初三	21七月	22初二	23处暑	24初四	25初五	26初六	27初七
27初四	28初五						28初八	29初九	30初十	31十一			

3　　　　　　　　9

一	二	三	四	五	六	日	一	二	三	四	五	六	日
		1初六	2初七	3初八	4初九	5初十					1十二	2十三	3十四
6惊蛰	7十二	8十三	9十四	10十五	11十六	12十七	4十五	5十六	6十七	7十八	8白露	9二十	10廿一
13十八	14十九	15二十	16廿一	17廿二	18廿三	19廿四	11廿二	12廿三	13廿四	14廿五	15廿六	16廿七	17廿八
20廿五	21春分	22廿七	23廿八	24廿九	25三十	26三月	18廿九	19三十	20八月	21初二	22初三	23秋分	24初五
27初二	28初三	29初四	30初五	31初六			25初六	26初七	27初八	28初九	29初十	30十一	

4　　　　　　　　10

一	二	三	四	五	六	日	一	二	三	四	五	六	日
					1初七	2初八	30十二	31十三					1十二
3初九	4初十	5清明	6十二	7十三	8十四	9十五	2十三	3十四	4十五	5十六	6十七	7十八	8十九
10十六	11十七	12十八	13十九	14二十	15廿一	16廿二	9寒露	10廿一	11廿二	12廿三	13廿四	14廿五	15廿六
17廿三	18廿四	19廿五	20谷雨	21廿七	22廿八	23廿九	16廿七	17廿八	18廿九	19九月	20初二	21初三	22初四
24三十	25四月	26初二	27初三	28初四	29初五	30初六	23初五	24霜降	25初七	26初八	27初九	28初十	29十一

5　　　　　　　　11

一	二	三	四	五	六	日	一	二	三	四	五	六	日
1初七	2初八	3初九	4初十	5十一	6立夏	7十三			1十四	2十五	3十六	4十七	5十八
8十四	9十五	10十六	11十七	12十八	13十九	14二十	6十九	7二十	8立冬	9廿二	10廿三	11廿四	12廿五
15廿一	16廿二	17廿三	18廿四	19廿五	20廿六	21小满	13廿六	14廿七	15廿八	16廿九	17三十	18十月	19初二
22廿八	23廿九	24五月	25初二	26初三	27初四	28初五	20初三	21初四	22初五	23小雪	24初七	25初八	26初九
29初六	30初七	31初八					27初十	28十一	29十二	30十三			

6　　　　　　　　12

一	二	三	四	五	六	日	一	二	三	四	五	六	日
			1初九	2初十	3十一	4十二					1十四	2十五	3十六
5十三	6芒种	7十五	8十六	9十七	10十八	11十九	4十七	5十八	6十九	7大雪	8廿一	9廿二	10廿三
12二十	13廿一	14廿二	15廿三	16廿四	17廿五	18廿六	11廿四	12廿五	13廿六	14廿七	15廿八	16廿九	17十一月
19廿七	20廿八	21廿九	22夏至	23五月	24初二	25初三	18初二	19初三	20初四	21初五	22冬至	23初七	24初八
26初四	27初五	28初六	29初七	30初八			25初九	26初十	27十一	28十二	29十三	30十四	31十五

中国吉祥图案鉴赏

福

题注：福是祥图案最大的主题，古人认为福包括长寿、多子、富贵、有德、寿终等五项内容，即五福。因蝙蝠的蝠与福同音，吉祥图案中常以蝙蝠寓意福。民间将福字书写在红纸上，粘贴于大门、影壁，还有将“福”字倒贴，寓意“福”到之意。

1934年（甲戌 狗年2月14日始）

1

一	二	三	四	五	六	日
1十六	2十七	3十八	4十九	5二十	6小寒	7廿二
8廿三	9廿四	10廿五	11廿六	12廿七	13廿八	14廿九
15十二月	16初二	17初三	18初四	19初五	20初六	21大寒
22初八	23初九	24初十	25十一	26十二	27十三	28十四
29十五	30十六	31十七				

2

一	二	三	四	五	六	日
			1十八	2十九	3二十	4廿一
5立春	6廿三	7廿四	8廿五	9廿六	10廿七	11廿八
12廿九	13三十	14正月	15初二	16初三	17初四	18初五
19雨水	20初七	21初八	22初九	23初十	24十一	25十二
26十三	27十四	28十五				

3

一	二	三	四	五	六	日
			1十六	2十七	3十八	4十九
5二十	6惊蛰	7廿二	8廿三	9廿四	10廿五	11廿六
12廿七	13廿八	14廿九	15二月	16初二	17初三	18初四
19初五	20初六	21春分	22初八	23初九	24初十	25十一
26十二	27十三	28十四	29十五	30十六	31十七	

4

一	二	三	四	五	六	日
30十七						1十八
2十九	3二十	4廿一	5清明	6廿三	7廿四	8廿五
9廿六	10廿七	11廿八	12廿九	13三十	14三月	15初二
16初三	17初四	18初五	19初六	20初七	21谷雨	22初九
23初十	24十一	25十二	26十三	27十四	28十五	29十六

5

一	二	三	四	五	六	日
	1十八	2十九	3二十	4廿一	5廿二	6立夏
7廿四	8廿五	9廿六	10廿七	11廿八	12廿九	13四月
14初二	15初三	16初四	17初五	18初六	19初七	20初八
21初九	22小满	23十一	24十二	25十三	26十四	27十五
28十六	29十七	30十八	31十九			

6

一	二	三	四	五	六	日
				1二十	2廿一	3廿二
4廿三	5廿四	6芒种	7廿六	8廿七	9廿八	10廿九
11三十	12五月	13初二	14初三	15初四	16初五	17初六
18初七	19初八	20初九	21初十	22夏至	23十二	24十三
25十四	26十五	27十六	28十七	29十八	30十九	

7

一	二	三	四	五	六	日
30十九	31二十					1二十
2廿一	3廿二	4廿三	5廿四	6廿五	7廿六	8小暑
9廿八	10廿九	11三十	12六月	13初二	14初三	15初四
16初五	17初六	18初七	19初八	20初九	21初十	22十一
23大暑	24十三	25十四	26十五	27十六	28十七	29十八

8

一	二	三	四	五	六	日
		1廿一	2廿二	3廿三	4廿四	5廿五
6廿六	7廿七	8立秋	9廿九	10七月	11初二	12初三
13初四	14初五	15初六	16初七	17初八	18初九	19初十
20十一	21十二	22十三	23十四	24处暑	25十六	26十七
27十八	28十九	29二十	30廿一	31廿二		

9

一	二	三	四	五	六	日
					1廿三	2廿四
3廿五	4廿六	5廿七	6廿八	7廿九	8白露	9八月
10初二	11初三	12初四	13初五	14初六	15初七	16初八
17初九	18初十	19十一	20十二	21十三	22十四	23十五
24秋分	25十七	26十八	27十九	28二十	29廿一	30廿二

10

一	二	三	四	五	六	日
1廿三	2廿四	3廿五	4廿六	5廿七	6廿八	7廿九
8九月	9寒露	10初三	11初四	12初五	13初六	14初七
15初八	16初九	17初十	18十一	19十二	20十三	21十四
22十五	23十六	24霜降	25十八	26十九	27二十	28廿一
29廿二	30廿三	31廿四				

11

一	二	三	四	五	六	日
			1廿五	2廿六	3廿七	4廿八
5廿九	6三十	7十月	8立冬	9初三	10初四	11初五
12初六	13初七	14初八	15初九	16初十	17十一	18十二
19十三	20十四	21十五	22十六	23小雪	24十八	25十九
26二十	27廿一	28廿二	29廿三	30廿四		

12

一	二	三	四	五	六	日
31廿五					1廿五	2廿六
3廿七	4廿八	5廿九	6三十	7十一月	8大雪	9初三
10初四	11初五	12初六	13初七	14初八	15初九	16初十
17十一	18十二	19十三	20十四	21十五	22冬至	23十七
24十八	25十九	26二十	27廿一	28廿二	29廿三	30廿四

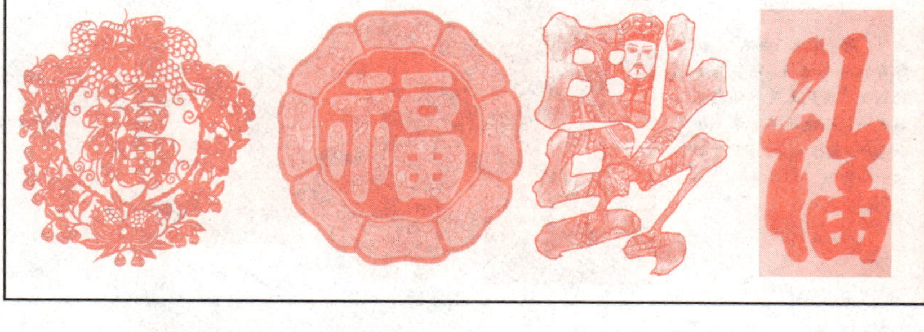

中国吉祥图案鉴赏

1935 年（乙亥 猪年 2 月 4 日始）

1

一	二	三	四	五	六	日
	1廿六	2廿七	3廿八	4廿九	5十二月	6小寒
7初三	8初四	9初五	10初六	11初七	12初八	13初九
14初十	15十一	16十二	17十三	18十四	19十五	20十六
21大寒	22十八	23十九	24二十	25廿一	26廿二	27廿三
28廿四	29廿五	30廿六	31廿七			

2

一	二	三	四	五	六	日
				1廿八	2廿九	3三十
4正月	5立春	6初三	7初四	8初五	9初六	10初七
11初八	12初九	13初十	14十一	15十二	16十三	17十四
18十五	19雨水	20十七	21十八	22十九	23二十	24廿一
25廿二	26廿三	27廿四	28廿五			

3

一	二	三	四	五	六	日
				1廿六	2廿七	3廿八
4廿九	5二月	6惊蛰	7初三	8初四	9初五	10初六
11初七	12初八	13初九	14初十	15十一	16十二	17十三
18十四	19十五	20十六	21春分	22十八	23十九	24二十
25廿一	26廿二	27廿三	28廿四	29廿五	30廿六	31廿七

4

一	二	三	四	五	六	日
1廿八	2廿九	3三月	4初二	5初三	6清明	7初五
8初六	9初七	10初八	11初九	12初十	13十一	14十二
15十三	16十四	17十五	18十六	19十七	20十八	21谷雨
22二十	23廿一	24廿二	25廿三	26廿四	27廿五	28廿六
29廿七	30廿八					

5

一	二	三	四	五	六	日
		1廿九	2三十	3四月	4初二	5初三
6立夏	7初五	8初六	9初七	10初八	11初九	12初十
13十一	14十二	15十三	16十四	17十五	18十六	19十七
20十八	21十九	22小满	23廿一	24廿二	25廿三	26廿四
27廿五	28廿六	29廿七	30廿八	31廿九		

6

一	二	三	四	五	六	日
					1五月	2初二
3初三	4初四	5初五	6芒种	7初七	8初八	9初九
10初十	11十一	12十二	13十三	14十四	15十五	16十六
17十七	18十八	19十九	20二十	21廿一	22夏至	23廿三
24廿四	25廿五	26廿六	27廿七	28廿八	29廿九	30三十

7

一	二	三	四	五	六	日
1六月	2初二	3初三	4初四	5初五	6初六	7初七
8小暑	9初九	10初十	11十一	12十二	13十三	14十四
15十五	16十六	17十七	18十八	19十九	20二十	21廿一
22廿二	23廿三	24大暑	25廿五	26廿六	27廿七	28廿八
29廿九	30七月	31初二				

8

一	二	三	四	五	六	日
			1初三	2初四	3初五	4初六
5初七	6初八	7初九	8立秋	9十一	10十二	11十三
12十四	13十五	14十六	15十七	16十八	17十九	18二十
19廿一	20廿二	21廿三	22廿四	23廿五	24处暑	25廿七
26廿八	27廿九	28三十	29八月	30初二	31初三	

9

一	二	三	四	五	六	日
30初三						1初四
2初五	3初六	4初七	5初八	6初九	7初十	8白露
9十二	10十三	11十四	12十五	13十六	14十七	15十八
16十九	17二十	18廿一	19廿二	20廿三	21廿四	22廿五
23廿六	24秋分	25廿八	26廿九	27三十	28九月	29初二

10

一	二	三	四	五	六	日
	1初四	2初五	3初六	4初七	5初八	6初九
7初十	8十一	9寒露	10十三	11十四	12十五	13十六
14十七	15十八	16十九	17二十	18廿一	19廿二	20廿三
21廿四	22廿五	23廿六	24霜降	25廿八	26廿九	27十月
28初二	29初三	30初四	31初五			

11

一	二	三	四	五	六	日
				1初六	2初七	3初八
4初九	5初十	6十一	7十二	8立冬	9十四	10十五
11十六	12十七	13十八	14十九	15二十	16廿一	17廿二
18廿三	19廿四	20廿五	21廿六	22廿七	23小雪	24廿九
25三十	26十一月	27初二	28初三	29初四	30初五	

12

一	二	三	四	五	六	日
30初五	31初六					1初六
2初七	3初八	4初九	5初十	6十一	7十二	8大雪
9十四	10十五	11十六	12十七	13十八	14十九	15二十
16廿一	17廿二	18廿三	19廿四	20廿五	21廿六	22廿七
23冬至	24廿九	25三十	26十二月	27初二	28初三	29初四

中国吉祥图案鉴赏

福禄双全

题注：葫芦谐音“福禄”，福禄即福分与禄位。葫芦与福禄谐音，葫芦又是八仙的法器之一，而使葫芦增添了神秘色彩。福禄双喜，多用于新婚洞房装饰。

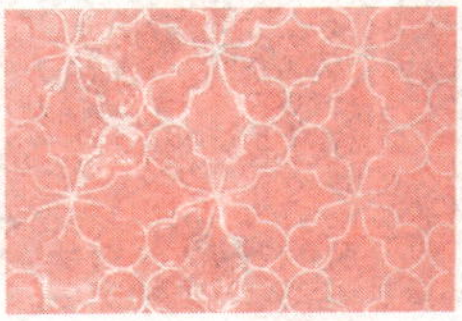

1936 年（丙子 鼠年 1 月 24 日始 闰三月）

1

一	二	三	四	五	六	日
		1 初七	2 初八	3 初九	4 初十	5 十一
6 小寒	7 十三	8 十四	9 十五	10 十六	11 十七	12 十八
13 十九	14 二十	15 廿一	16 廿二	17 廿三	18 廿四	19 廿五
20 廿六	21 大寒	22 廿八	23 廿九	24 正月	25 初二	26 初三
27 初四	28 初五	29 初六	30 初七	31 初八		

7

一	二	三	四	五	六	日
		1 十三	2 十四	3 十五	4 十六	5 十七
6 十八	7 小暑	8 二十	9 廿一	10 廿二	11 廿三	12 廿四
13 廿五	14 廿六	15 廿七	16 廿八	17 廿九	18 六月	19 初二
20 初三	21 初四	22 初五	23 大暑	24 初七	25 初八	26 初九
27 初十	28 十一	29 十二	30 十三	31 十四		

2

一	二	三	四	五	六	日
					1 初九	2 初十
3 十一	4 十二	5 立春	6 十四	7 十五	8 十六	9 十七
10 十八	11 十九	12 二十	13 廿一	14 廿二	15 廿三	16 廿四
17 廿五	18 廿六	19 廿七	20 雨水	21 廿九	22 三十	23 二月
24 初二	25 初三	26 初四	27 初五	28 初六	29 初七	

8

一	二	三	四	五	六	日
31 十五					1 十五	2 十六
3 十七	4 十八	5 十九	6 二十	7 廿一	8 立秋	9 廿三
10 廿四	11 廿五	12 廿六	13 廿七	14 廿八	15 廿九	16 三十
17 七月	18 初二	19 初三	20 初四	21 初五	22 初六	23 处暑
24 初八	25 初九	26 初十	27 十一	28 十二	29 十三	30 十四

3

一	二	三	四	五	六	日
30 初八	31 初九					1 初八
2 初九	3 初十	4 十一	5 十二	6 惊蛰	7 十四	8 十五
9 十六	10 十七	11 十八	12 十九	13 二十	14 廿一	15 廿二
16 廿三	17 廿四	18 廿五	19 廿六	20 廿七	21 春分	22 廿九
23 三月	24 初二	25 初三	26 初四	27 初五	28 初六	29 初七

9

一	二	三	四	五	六	日
	1 十六	2 十七	3 十八	4 十九	5 二十	6 廿一
7 廿二	8 白露	9 廿四	10 廿五	11 廿六	12 廿七	13 廿八
14 廿九	15 三十	16 八月	17 初二	18 初三	19 初四	20 初五
21 初六	22 初七	23 秋分	24 初九	25 初十	26 十一	27 十二
28 十三	29 十四	30 十五				

4

一	二	三	四	五	六	日
		1 初十	2 十一	3 十二	4 十三	5 清明
6 十五	7 十六	8 十七	9 十八	10 十九	11 二十	12 廿一
13 廿二	14 廿三	15 廿四	16 廿五	17 廿六	18 廿七	19 廿八
20 谷雨	21 三月	22 初二	23 初三	24 初四	25 初五	26 初六
27 初七	28 初八	29 初九	30 初十			

10

一	二	三	四	五	六	日
			1 十六	2 十七	3 十八	4 十九
5 二十	6 廿一	7 廿二	8 寒露	9 廿四	10 廿五	11 廿六
12 廿七	13 廿八	14 廿九	15 九月	16 初二	17 初三	18 初四
19 初五	20 初六	21 初七	22 初八	23 霜降	24 初十	25 十一
26 十二	27 十三	28 十四	29 十五	30 十六	31 十七	

5

一	二	三	四	五	六	日
				1 十一	2 十二	3 十三
4 十四	5 十五	6 立夏	7 十七	8 十八	9 十九	10 二十
11 廿一	12 廿二	13 廿三	14 廿四	15 廿五	16 廿六	17 廿七
18 廿八	19 廿九	20 三十	21 四月 小满	22 初二	23 初三	24 初四
25 初五	26 初六	27 初七	28 初八	29 初九	30 初十	31 十一

11

一	二	三	四	五	六	日
30 十七						1 十八
2 十九	3 二十	4 廿一	5 廿二	6 廿三	7 立冬	8 廿五
9 廿六	10 廿七	11 廿八	12 廿九	13 三十	14 十月	15 初二
16 初三	17 初四	18 初五	19 初六	20 初七	21 初八	22 小雪
23 初十	24 十一	25 十二	26 十三	27 十四	28 十五	29 十六

6

一	二	三	四	五	六	日
1 十二	2 十三	3 十四	4 十五	5 十六	6 芒种	7 十八
8 十九	9 二十	10 廿一	11 廿二	12 廿三	13 廿四	14 廿五
15 廿六	16 廿七	17 廿八	18 廿九	19 五月	20 初二	21 夏至
22 初四	23 初五	24 初六	25 初七	26 初八	27 初九	28 初十
29 十一	30 十二					

12

一	二	三	四	五	六	日
	1 十八	2 十九	3 二十	4 廿一	5 廿二	6 廿三
7 大雪	8 廿五	9 廿六	10 廿七	11 廿八	12 廿九	13 三十
14 十一月	15 初二	16 初三	17 初四	18 初五	19 初六	20 初七
21 初八	22 冬至	23 初十	24 十一	25 十二	26 十三	27 十四
28 十五	29 十六	30 十七	31 十八			

中国吉祥图案鉴赏

1937 年（丁丑 牛年 2 月 11 日始）

1

一	二	三	四	五	六	日
				1 十九	2 二十	3 廿一
4 廿二	5 廿三	6 小寒	7 廿五	8 廿六	9 廿七	10 廿八
11 廿九	12 三十	13 十二月	14 初二	15 初三	16 初四	17 初五
18 初六	19 初七	20 大寒	21 初九	22 初十	23 十一	24 十二
25 十三	26 十四	27 十五	28 十六	29 十七	30 十八	31 十九

2

一	二	三	四	五	六	日
1 二十	2 廿一	3 廿二	4 立春	5 廿四	6 廿五	7 廿六
8 廿七	9 廿八	10 廿九	11 正月	12 初二	13 初三	14 初四
15 初五	16 初六	17 初七	18 初八	19 雨水	20 初十	21 十一
22 十二	23 十三	24 十四	25 十五	26 十六	27 十七	28 十八

3

一	二	三	四	五	六	日
1 十九	2 二十	3 廿一	4 廿二	5 廿三	6 惊蛰	7 廿五
8 廿六	9 廿七	10 廿八	11 廿九	12 三十	13 二月	14 初二
15 初三	16 初四	17 初五	18 初六	19 初七	20 初八	21 春分
22 初十	23 十一	24 十二	25 十三	26 十四	27 十五	28 十六
29 十七	30 十八	31 十九				

4

一	二	三	四	五	六	日
			1 二十	2 廿一	3 廿二	4 廿三
5 清明	6 廿五	7 廿六	8 廿七	9 廿八	10 廿九	11 三月
12 初二	13 初三	14 初四	15 初五	16 初六	17 初七	18 初八
19 初九	20 谷雨	21 十一	22 十二	23 十三	24 十四	25 十五
26 十六	27 十七	28 十八	29 十九	30 二十		

5

一	二	三	四	五	六	日
31 廿二					1 廿一	2 廿二
3 廿三	4 廿四	5 廿五	6 立夏	7 廿七	8 廿八	9 廿九
10 四月	11 初二	12 初三	13 初四	14 初五	15 初六	16 初七
17 初八	18 初九	19 初十	20 十一	21 小满	22 十三	23 十四
24 十五	25 十六	26 十七	27 十八	28 十九	29 二十	30 廿一

6

一	二	三	四	五	六	日
	1 廿三	2 廿四	3 廿五	4 廿六	5 廿七	6 芒种
7 廿九	8 三十	9 五月	10 初二	11 初三	12 初四	13 初五
14 初六	15 初七	16 初八	17 初九	18 初十	19 十一	20 十二
21 十三	22 夏至	23 十五	24 十六	25 十七	26 十八	27 十九
28 二十	29 廿一	30 廿二				

7

一	二	三	四	五	六	日
			1 廿三	2 廿四	3 廿五	4 廿六
5 廿七	6 廿八	7 小暑	8 六月	9 初二	10 初三	11 初四
12 初五	13 初六	14 初七	15 初八	16 初九	17 初十	18 十一
19 十二	20 十三	21 十四	22 十五	23 大暑	24 十七	25 十八
26 十九	27 二十	28 廿一	29 廿二	30 廿三	31 廿四	

8

一	二	三	四	五	六	日
30 廿五	31 廿六					1 廿五
2 廿六	3 廿七	4 廿八	5 廿九	6 七月	7 初二	8 立秋
9 初四	10 初五	11 初六	12 初七	13 初八	14 初九	15 初十
16 十一	17 十二	18 十三	19 十四	20 十五	21 十六	22 十七
23 处暑	24 十九	25 二十	26 廿一	27 廿二	28 廿三	29 廿四

9

一	二	三	四	五	六	日
		1 廿七	2 廿八	3 廿九	4 三十	5 八月
6 初二	7 初三	8 白露	9 初五	10 初六	11 初七	12 初八
13 初九	14 初十	15 十一	16 十二	17 十三	18 十四	19 十五
20 十六	21 十七	22 十八	23 秋分	24 二十	25 廿一	26 廿二
27 廿三	28 廿四	29 廿五	30 廿六			

10

一	二	三	四	五	六	日
				1 廿七	2 廿八	3 廿九
4 九月	5 初二	6 初三	7 初四	8 初五	9 寒露	10 初七
11 初八	12 初九	13 初十	14 十一	15 十二	16 十三	17 十四
18 十五	19 十六	20 十七	21 十八	22 十九	23 二十	24 霜降
25 廿二	26 廿三	27 廿四	28 廿五	29 廿六	30 廿七	31 廿八

11

一	二	三	四	五	六	日
1 廿九	2 三十	3 十月	4 初二	5 初三	6 初四	7 初五
8 立冬	9 初七	10 初八	11 初九	12 初十	13 十一	14 十二
15 十三	16 十四	17 十五	18 十六	19 十七	20 十八	21 十九
22 二十	23 小雪	24 廿二	25 廿三	26 廿四	27 廿五	28 廿六
29 廿七	30 廿八					

12

一	二	三	四	五	六	日
		1 廿九	2 三十	3 十一月	4 初二	5 初三
6 初四	7 大雪	8 初六	9 初七	10 初八	11 初九	12 初十
13 十一	14 十二	15 十三	16 十四	17 十五	18 十六	19 十七
20 十八	21 十九	22 冬至	23 廿一	24 廿二	25 廿三	26 廿四
27 廿五	28 廿六	29 廿七	30 廿八	31 廿九		

中国吉祥图案鉴赏

富贵牡丹

题注：牡丹花为我国之特产，雍容华贵，有国色天香之誉，为群芳之首。其花朵形状如莲、如葵、如绣球，或如楼台亭阁之象，形态各异，姿态万千。牡丹花春季开花，花大盈尺，香味浓郁，且有红、白、黄、绿、紫、黑等多种颜色。自古以来被视为吉祥富贵、繁荣昌盛之象征，民间遂以牡丹为富贵之象征。富贵牡丹又叫"花开富贵"，牡丹与花篮组成图案，叫"富贵花篮"。牡丹与吉祥文字、凤凰、孔雀等组成图案叫富贵占祥、富贵吉庆等。

1938 年（戊寅 虎年 1 月 31 日始 闰七月）

1

一	二	三	四	五	六	日
31正月					1三十	2十二月
3初二	4初三	5初四	6小寒	7初六	8初七	9初八
10初九	11初十	12十一	13十二	14十三	15十四	16十五
17十六	18十七	19十八	20十九	21大寒	22廿一	23廿二
24廿三	25廿四	26廿五	27廿六	28廿七	29廿八	30廿九

2

一	二	三	四	五	六	日
	1初二	2初三	3初四	4立春	5初六	6初七
7初八	8初九	9初十	10十一	11十二	12十三	13十四
14十五	15十六	16十七	17十八	18十九	19雨水	20廿一
21廿二	22廿三	23廿四	24廿五	25廿六	26廿七	27廿八
28廿九						

3

一	二	三	四	五	六	日
	1三十	2二月	3初二	4初三	5初四	6惊蛰
7初六	8初七	9初八	10初九	11初十	12十一	13十二
14十三	15十四	16十五	17十六	18十七	19十八	20十九
21春分	22廿一	23廿二	24廿三	25廿四	26廿五	27廿六
28廿七	29廿八	30廿九	31三十			

4

一	二	三	四	五	六	日
				1三月	2初二	3初三
4初四	5清明	6初六	7初七	8初八	9初九	10初十
11十一	12十二	13十三	14十四	15十五	16十六	17十七
18十八	19十九	20二十	21谷雨	22廿二	23廿三	24廿四
25廿五	26廿六	27廿七	28廿八	29廿九	30四月	

5

一	二	三	四	五	六	日
30初二	31初三					1初二
2初三	3初四	4初五	5初六	6立夏	7初八	8初九
9初十	10十一	11十二	12十三	13十四	14十五	15十六
16十七	17十八	18十九	19二十	20廿一	21廿二	22小满
23廿四	24廿五	25廿六	26廿七	27廿八	28廿九	29五月

6

一	二	三	四	五	六	日
		1初四	2初五	3初六	4初七	5初八
6芒种	7初十	8十一	9十二	10十三	11十四	12十五
13十六	14十七	15十八	16十九	17二十	18廿一	19廿二
20廿三	21廿四	22夏至	23廿六	24廿七	25廿八	26廿九
27三十	28六月	29初二	30初三			

7

一	二	三	四	五	六	日
				1初四	2初五	3初六
4初七	5初八	6初九	7初十	8小暑	9十二	10十三
11十四	12十五	13十六	14十七	15十八	16十九	17二十
18廿一	19廿二	20廿三	21廿四	22廿五	23大暑	24廿七
25廿八	26廿九	27七月	28初二	29初三	30初四	31初五

8

一	二	三	四	五	六	日
1初六	2初七	3初八	4初九	5初十	6十一	7十二
8立秋	9十四	10十五	11十六	12十七	13十八	14十九
15二十	16廿一	17廿二	18廿三	19廿四	20廿五	21廿六
22廿七	23廿八	24处暑	25七月	26初二	27初三	28初四
29初五	30初六	31初七				

9

一	二	三	四	五	六	日
			1初八	2初九	3初十	4十一
5十二	6十三	7十四	8白露	9十六	10十七	11十八
12十九	13二十	14廿一	15廿二	16廿三	17廿四	18廿五
19廿六	20廿七	21廿八	22廿九	23三十	24八月 秋分	25初二
26初三	27初四	28初五	29初六	30初七		

10

一	二	三	四	五	六	日
31初九					1初八	2初九
3初十	4十一	5十二	6十三	7十四	8十五	9寒露
10十七	11十八	12十九	13二十	14廿一	15廿二	16廿三
17廿四	18廿五	19廿六	20廿七	21廿八	22廿九	23九月
24霜降	25初三	26初四	27初五	28初六	29初七	30初八

11

一	二	三	四	五	六	日
	1初十	2十一	3十二	4十三	5十四	6十五
7十六	8立冬	9十八	10十九	11二十	12廿一	13廿二
14廿三	15廿四	16廿五	17廿六	18廿七	19廿八	20廿九
21三十	22十月	23小雪	24初三	25初四	26初五	27初六
28初七	29初八	30初九				

12

一	二	三	四	五	六	日
			1初十	2十一	3十二	4十三
5十四	6十五	7十六	8大雪	9十八	10十九	11二十
12廿一	13廿二	14廿三	15廿四	16廿五	17廿六	18廿七
19廿八	20廿九	21三十	22十一月 冬至	23初二	24初三	25初四
26初五	27初六	28初七	29初八	30初九	31初十	

中国吉祥图案鉴赏

1939 年（巳卯 兔年 2 月 19 日始）

1　7

一	二	三	四	五	六	日	一	二	三	四	五	六	日
30十一	31十二					1十一	31十五					1十五	2十六
2十二	3十三	4十四	5十五	6小寒	7十七	8十八	3十七	4十八	5十九	6二十	7廿一	8小暑	9廿三
9十九	10二十	11廿一	12廿二	13廿三	14廿四	15廿五	10廿四	11廿五	12廿六	13廿七	14廿八	15廿九	16三十
16廿六	17廿七	18廿八	19廿九	20十二月	21大寒	22初三	17六月	18初二	19初三	20初四	21初五	22初六	23初七
23初四	24初五	25初六	26初七	27初八	28初九	29初十	24大暑	25初九	26初十	27十一	28十二	29十三	30十四

2　8

一	二	三	四	五	六	日	一	二	三	四	五	六	日
		1十三	2十四	3十五	4十六	5立春		1十六	2十七	3十八	4十九	5二十	6廿一
6十八	7十九	8二十	9廿一	10廿二	11廿三	12廿四	7廿二	8立秋	9廿四	10廿五	11廿六	12廿七	13廿八
13廿五	14廿六	15廿七	16廿八	17廿九	18三十	19正月雨水	14廿九	15七月	16初二	17初三	18初四	19初五	20初六
20初二	21初三	22初四	23初五	24初六	25初七	26初八	21初七	22初八	23初九	24处暑	25十一	26十二	27十三
27初九	28初十						28十四	29十五	30十六	31十七			

3　9

一	二	三	四	五	六	日	一	二	三	四	五	六	日
		1十一	2十二	3十三	4十四	5十五					1十八	2十九	3二十
6惊蛰	7十七	8十八	9十九	10二十	11廿一	12廿二	4廿一	5廿二	6廿三	7廿四	8白露	9廿六	10廿七
13廿三	14廿四	15廿五	16廿六	17廿七	18廿八	19廿九	11廿八	12廿九	13闰月	14初二	15初三	16初四	17初五
20三十	21二月春分	22初二	23初三	24初四	25初五	26初六	18初六	19初七	20初八	21初九	22初十	23十一	24秋分
27初七	28初八	29初九	30初十	31十一			25十三	26十四	27十五	28十六	29十七	30十八	

4　10

一	二	三	四	五	六	日	一	二	三	四	五	六	日
					1十二	2十三	30十八	31十九					1十九
3十四	4十五	5十六	6清明	7十八	8十九	9二十	2二十	3廿一	4廿二	5廿三	6廿四	7廿五	8廿六
10廿一	11廿二	12廿三	13廿四	14廿五	15廿六	16廿七	9寒露	10廿八	11廿九	12三十	13八月	14初二	15初三
17廿八	18廿九	19三十	20三月	21谷雨	22初三	23初四	16初四	17初五	18初六	19初七	20初八	21初九	22初十
24初五	25初六	26初七	27初八	28初九	29初十	30十一	23十一	24霜降	25十三	26十四	27十五	28十六	29十七

5　11

一	二	三	四	五	六	日	一	二	三	四	五	六	日
1十二	2十三	3十四	4十五	5十六	6立夏	7十八			1二十	2廿一	3廿二	4廿三	5廿四
8十九	9二十	10廿一	11廿二	12廿三	13廿四	14廿五	6廿五	7廿六	8立冬	9廿八	10廿九	11十月	12初二
15廿六	16廿七	17廿八	18廿九	19四月	20初二	21初三	13初三	14初四	15初五	16初六	17初七	18初八	19初九
22小满	23初五	24初六	25初七	26初八	27初九	28初十	20初十	21十一	22十二	23小雪	24十四	25十五	26十六
29十一	30十二	31十三					27十七	28十八	29十九	30二十			

6　12

一	二	三	四	五	六	日	一	二	三	四	五	六	日
			1十四	2十五	3十六	4十七					1廿一	2廿二	3廿三
5十八	6芒种	7二十	8廿一	9廿二	10廿三	11廿四	4廿四	5廿五	6廿六	7廿七	8大雪	9廿九	10三十
12廿五	13廿六	14廿七	15廿八	16廿九	17五月	18初二	11十一月	12初二	13初三	14初四	15初五	16初六	17初七
19初三	20初四	21初五	22夏至	23初七	24初八	25初九	18初八	19初九	20初十	21十一	22十二	23冬至	24十四
26初十	27十一	28十二	29十三	30十四			25十五	26十六	27十七	28十八	29十九	30二十	31廿一

中国吉祥图案鉴赏

富贵姻缘

题注：牡丹寓意富贵，香橼中的“橼”与“缘”谐音，“缘”指“因缘”，寓意婚姻美满幸福。

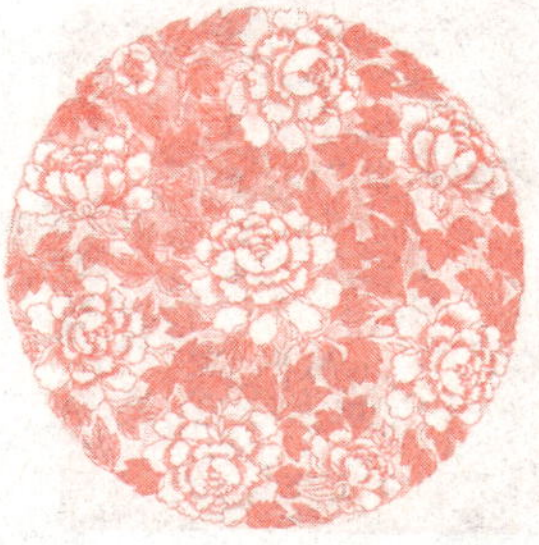

1940 年（庚辰 龙年 2 月 8 日始）

1

一	二	三	四	五	六	日
1 廿二	2 廿三	3 廿四	4 廿五	5 廿六	6 小寒	7 廿八
8 廿九	9 十二月	10 初二	11 初三	12 初四	13 初五	14 初六
15 初七	16 初八	17 初九	18 初十	19 十一	20 十二	21 大寒
22 十四	23 十五	24 十六	25 十七	26 十八	27 十九	28 二十
29 廿一	30 廿二	31 廿三				

2

一	二	三	四	五	六	日
			1 廿四	2 廿五	3 廿六	4 廿七
5 立春	6 廿九	7 三十	8 正月	9 初二	10 初三	11 初四
12 初五	13 初六	14 初七	15 初八	16 初九	17 初十	18 十一
19 十二	20 雨水	21 十四	22 十五	23 十六	24 十七	25 十八
26 十九	27 二十	28 廿一	29 廿二			

3

一	二	三	四	五	六	日
				1 廿三	2 廿四	3 廿五
4 廿六	5 廿七	6 惊蛰	7 廿九	8 三十	9 二月	10 初二
11 初三	12 初四	13 初五	14 初六	15 初七	16 初八	17 初九
18 初十	19 十一	20 十二	21 春分	22 十四	23 十五	24 十六
25 十七	26 十八	27 十九	28 二十	29 廿一	30 廿二	31 廿三

4

一	二	三	四	五	六	日
1 廿四	2 廿五	3 廿六	4 廿七	5 清明	6 廿九	7 三十
8 三月	9 初二	10 初三	11 初四	12 初五	13 初六	14 初七
15 初八	16 初九	17 初十	18 十一	19 十二	20 谷雨	21 十四
22 十五	23 十六	24 十七	25 十八	26 十九	27 二十	28 廿一
29 廿二	30 廿三					

5

一	二	三	四	五	六	日
		1 廿四	2 廿五	3 廿六	4 廿七	5 廿八
6 立夏	7 四月	8 初二	9 初三	10 初四	11 初五	12 初六
13 初七	14 初八	15 初九	16 初十	17 十一	18 十二	19 十三
20 十四	21 小满	22 十六	23 十七	24 十八	25 十九	26 二十
27 廿一	28 廿二	29 廿三	30 廿四	31 廿五		

6

一	二	三	四	五	六	日
					1 廿六	2 廿七
3 廿八	4 廿九	5 三十	6 五月芒种	7 初二	8 初三	9 初四
10 初五	11 初六	12 初七	13 初八	14 初九	15 初十	16 十一
17 十二	18 十三	19 十四	20 十五	21 夏至	22 十七	23 十八
24 十九	25 二十	26 廿一	27 廿二	28 廿三	29 廿四	30 廿五

7

一	二	三	四	五	六	日
1 廿六	2 廿七	3 廿八	4 廿九	5 六月	6 初二	7 小暑
8 初四	9 初五	10 初六	11 初七	12 初八	13 初九	14 初十
15 十一	16 十二	17 十三	18 十四	19 十五	20 十六	21 十七
22 十八	23 大暑	24 二十	25 廿一	26 廿二	27 廿三	28 廿四
29 廿五	30 廿六	31 廿七				

8

一	二	三	四	五	六	日
			1 廿八	2 廿九	3 三十	4 七月
5 初二	6 初三	7 初四	8 立秋	9 初六	10 初七	11 初八
12 初九	13 初十	14 十一	15 十二	16 十三	17 十四	18 十五
19 十六	20 十七	21 十八	22 十九	23 处暑	24 廿一	25 廿二
26 廿三	27 廿四	28 廿五	29 廿六	30 廿七	31 廿八	

9

一	二	三	四	五	六	日
30 廿九						1 廿九
2 八月	3 初二	4 初三	5 初四	6 初五	7 初六	8 白露
9 初八	10 初九	11 初十	12 十一	13 十二	14 十三	15 十四
16 十五	17 十六	18 十七	19 十八	20 十九	21 二十	22 廿一
23 秋分	24 廿三	25 廿四	26 廿五	27 廿六	28 廿七	29 廿八

10

一	二	三	四	五	六	日
	1 九月	2 初二	3 初三	4 初四	5 初五	6 初六
7 初七	8 寒露	9 初九	10 初十	11 十一	12 十二	13 十三
14 十四	15 十五	16 十六	17 十七	18 十八	19 十九	20 二十
21 廿一	22 廿二	23 霜降	24 廿四	25 廿五	26 廿六	27 廿七
28 廿八	29 廿九	30 三十	31 十月			

11

一	二	三	四	五	六	日
				1 初二	2 初三	3 初四
4 初五	5 初六	6 初七	7 立冬	8 初九	9 初十	10 十一
11 十二	12 十三	13 十四	14 十五	15 十六	16 十七	17 十八
18 十九	19 二十	20 廿一	21 廿二	22 小雪	23 廿四	24 廿五
25 廿六	26 廿七	27 廿八	28 廿九	29 十一月	30 初二	

12

一	二	三	四	五	六	日
30 初二	31 初三					1 初三
2 初四	3 初五	4 初六	5 初七	6 初八	7 大雪	8 初十
9 十一	10 十二	11 十三	12 十四	13 十五	14 十六	15 十七
16 十八	17 十九	18 二十	19 廿一	20 廿二	21 廿三	22 冬至
23 廿五	24 廿六	25 廿七	26 廿八	27 廿九	28 三十	29 十二月

龟鹤齐龄

题注：龟鹤齐龄又称龟鹤齐寿。在中国，龟被认为是一种神秘而最具灵性的神物之一，与龙、凤称“四灵”。传说大禹治水，天授河图，由神龟负图而出。古人认为龟寿命极长，能鉴往察来，龟背的纹理蕴含着天地的秘密，龟甲可用来占卜；鹤为长寿仙禽，有仙风道骨之仪态。《淮南子·说林训》：“鹤寿千岁，以极其游。”王建《闲说》诗：“鹤寿千年也未神。”后世常以“鹤寿”、“鹤龄”、“鹤算”之词祝人长寿。

中国吉祥图案鉴赏

1941年（辛巳 蛇年1月27日始 闰六月）

1

一	二	三	四	五	六	日
		1初四	2初五	3初六	4初七	5初八
6小寒	7初十	8十一	9十二	10十三	11十四	12十五
13十六	14十七	15十八	16十九	17二十	18廿一	19廿二
20大寒	21廿四	22廿五	23廿六	24廿七	25廿八	26廿九
27正月	28初二	29初三	30初四	31初五		

2

一	二	三	四	五	六	日
					1初六	2初七
3初八	4立春	5初十	6十一	7十二	8十三	9十四
10十五	11十六	12十七	13十八	14十九	15二十	16廿一
17廿二	18廿三	19雨水	20廿五	21廿六	22廿七	23廿八
24廿九	25三十	26二月	27初二	28初三		

3

一	二	三	四	五	六	日
31初四					1初四	2初五
3初六	4初七	5初八	6惊蛰	7初十	8十一	9十二
10十三	11十四	12十五	13十六	14十七	15十八	16十九
17二十	18廿一	19廿二	20廿三	21春分	22廿五	23廿六
24廿七	25廿八	26廿九	27三十	28三月	29初二	30初三

4

一	二	三	四	五	六	日
	1初五	2初六	3初七	4初八	5清明	6初十
7十一	8十二	9十三	10十四	11十五	12十六	13十七
14十八	15十九	16二十	17廿一	18廿二	19廿三	20谷雨
21廿五	22廿六	23廿七	24廿八	25廿九	26四月	27初二
28初三	29初四	30初五				

5

一	二	三	四	五	六	日
			1初六	2初七	3初八	4初九
5初十	6立夏	7十二	8十三	9十四	10十五	11十六
12十七	13十八	14十九	15二十	16廿一	17廿二	18廿三
19廿四	20廿五	21小满	22廿七	23廿八	24廿九	25三十
26五月	27初二	28初三	29初四	30初五	31初六	

6

一	二	三	四	五	六	日
30初六						1初七
2初八	3初九	4初十	5十一	6芒种	7十三	8十四
9十五	10十六	11十七	12十八	13十九	14二十	15廿一
16廿二	17廿三	18秋分	19廿五	20廿六	21廿七	22夏至
23廿九	24三十	25六月	26初二	27初三	28初四	29初五

7

一	二	三	四	五	六	日
	1初七	2初八	3初九	4初十	5十一	6十二
7小暑	8十四	9十五	10十六	11十七	12十八	13十九
14二十	15廿一	16廿二	17廿三	18廿四	19廿五	20廿六
21廿七	22廿八	23大暑	24六月	25初二	26初三	27初四
28初五	29初六	30初七	31初八			

8

一	二	三	四	五	六	日
				1初九	2初十	3十一
4十二	5十三	6十四	7十五	8立秋	9十七	10十八
11十九	12二十	13廿一	14廿二	15廿三	16廿四	17廿五
18廿六	19廿七	20廿八	21廿九	22三十	23七月处暑	24初二
25初三	26初四	27初五	28初六	29初七	30初八	31初九

9

一	二	三	四	五	六	日
1初十	2十一	3十二	4十三	5十四	6十五	7十六
8白露	9十八	10十九	11二十	12廿一	13廿二	14廿三
15廿四	16廿五	17廿六	18廿七	19廿八	20廿九	21八月
22初二	23秋分	24初四	25初五	26初六	27初七	28初八
29初九	30初十					

10

一	二	三	四	五	六	日
		1十一	2十二	3十三	4十四	5十五
6十六	7十七	8十八	9寒露	10二十	11廿一	12廿二
13廿三	14廿四	15廿五	16廿六	17廿七	18廿八	19廿九
20九月	21初二	22初三	23初四	24霜降	25初六	26初七
27初八	28初九	29初十	30十一	31十二		

11

一	二	三	四	五	六	日
					1十三	2十四
3十五	4十六	5十七	6十八	7十九	8立冬	9廿一
10廿二	11廿三	12廿四	13廿五	14廿六	15廿七	16廿八
17廿九	18三十	19十月	20初二	21初三	22初四	23小雪
24初六	25初七	26初八	27初九	28初十	29十一	30十二

12

一	二	三	四	五	六	日
1十三	2十四	3十五	4十六	5十七	6十八	7大雪
8二十	9廿一	10廿二	11廿三	12廿四	13廿五	14廿六
15廿七	16廿八	17廿九	18十一月	19初二	20初三	21初四
22冬至	23初六	24初七	25初八	26初九	27初十	28十一
29十二	30十三	31十四				

中国吉祥图案鉴赏

金玉满堂

题注：金玉满堂又称满堂富贵。金鱼被称为“金鳞仙子”、“水中牡丹”，金鱼谐音“金玉”。“金玉满堂”的寓意有三：一是寓财富极多，满堂（满屋）都是金玉。《老子九章》：“金玉满堂，莫之能守。”二是寓富有才学之人，《世说新语·赏誉上》：“刘真长可谓金玉满堂”，把金玉满堂比做富有才学之人；三是以金玉象征妻室、儿女满堂，寓意全家美满幸福。

1942年（壬午 马年2月15日始）

1

一	二	三	四	五	六	日
			1十五	2十六	3十七	4十八
5十九	6小寒	7廿一	8廿二	9廿三	10廿四	11廿五
12廿六	13廿七	14廿八	15廿九	16三十	17十二月	18初二
19初三	20初四	21大寒	22初六	23初七	24初八	25初九
26初十	27十一	28十二	29十三	30十四	31十五	

7

一	二	三	四	五	六	日
		1十八	2十九	3二十	4廿一	5廿二
6廿三	7廿四	8小暑	9廿六	10廿七	11廿八	12廿九
13六月	14初二	15初三	16初四	17初五	18初六	19初七
20初八	21初九	22初十	23大暑	24十二	25十三	26十四
27十五	28十六	29十七	30十八	31十九		

2

一	二	三	四	五	六	日
						1十六
2十七	3十八	4立春	5二十	6廿一	7廿二	8廿三
9廿四	10廿五	11廿六	12廿七	13廿八	14廿九	15正月
16初二	17初三	18初四	19雨水	20初六	21初七	22初八
23初九	24初十	25十一	26十二	27十三	28十四	

8

一	二	三	四	五	六	日
31二十					1二十	2廿一
3廿二	4廿三	5廿四	6廿五	7廿六	8立秋	9廿八
10廿九	11三十	12七月	13初二	14初三	15初四	16初五
17初六	18初七	19初八	20初九	21初十	22十一	23十二
24处暑	25十四	26十五	27十六	28十七	29十八	30十九

3

一	二	三	四	五	六	日
30十四	31十五					1十五
2十六	3十七	4十八	5十九	6惊蛰	7廿一	8廿二
9廿三	10廿四	11廿五	12廿六	13廿七	14廿八	15廿九
16三十	17二月	18初二	19初三	20初四	21春分	22初六
23初七	24初八	25初九	26初十	27十一	28十二	29十三

9

一	二	三	四	五	六	日
	1廿一	2廿二	3廿三	4廿四	5廿五	6廿六
7廿七	8白露	9廿九	10八月	11初二	12初三	13初四
14初五	15初六	16初七	17初八	18初九	19初十	20十一
21十二	22十三	23十四	24秋分	25十六	26十七	27十八
28十九	29二十	30廿一				

4

一	二	三	四	五	六	日
		1十六	2十七	3十八	4十九	5清明
6廿一	7廿二	8廿三	9廿四	10廿五	11廿六	12廿七
13廿八	14廿九	15三月	16初二	17初三	18初四	19初五
20初六	21谷雨	22初八	23初九	24初十	25十一	26十二
27十三	28十四	29十五	30十六			

10

一	二	三	四	五	六	日
			1廿二	2廿三	3廿四	4廿五
5廿六	6廿七	7廿八	8廿九	9寒露	10九月	11初二
12初三	13初四	14初五	15初六	16初七	17初八	18初九
19初十	20十一	21十二	22十三	23十四	24霜降	25十六
26十七	27十八	28十九	29二十	30廿一	31廿二	

5

一	二	三	四	五	六	日
				1十七	2十八	3十九
4二十	5廿一	6立夏	7廿三	8廿四	9廿五	10廿六
11廿七	12廿八	13廿九	14三十	15四月	16初二	17初三
18初四	19初五	20初六	21初七	22小满	23初九	24初十
25十一	26十二	27十三	29十四	29十五	30十六	31十七

11

一	二	三	四	五	六	日
30廿三						1廿三
2廿四	3廿五	4廿六	5廿七	6廿八	7廿九	8十月立冬
9初二	10初三	11初四	12初五	13初六	14初七	15初八
16初九	17初十	18十一	19十二	20十三	21十四	22十五
23小雪	24十七	25十八	26十九	27二十	28廿一	29廿二

6

一	二	三	四	五	六	日
1十八	2十九	3二十	4廿一	5廿二	6芒种	7廿四
8廿五	9廿六	10廿七	11廿八	12廿九	13三十	14五月
15初二	16初三	17初四	18初五	19初六	20初七	21初八
22夏至	23初十	24十一	25十二	26十三	27十四	28十五
29十六	30十七					

12

一	二	三	四	五	六	日
	1廿四	2廿五	3廿六	4廿七	5廿八	6廿九
7三十	8十一月大雪	9初二	10初三	11初四	12初五	13初六
14初七	15初八	16初九	17初十	18十一	19十二	20十三
21十四	22冬至	23十六	24十七	25十八	26十九	27二十
28廿一	29廿二	30廿三	31廿四			

中国吉祥图案鉴赏

1943 年（癸未 羊年 2 月 5 日始）

1

一	二	三	四	五	六	日
				1 廿五	2 廿六	3 廿七
4 廿八	5 廿九	6 十二月 小寒	7 初二	8 初三	9 初四	10 初五
11 初六	12 初七	13 初八	14 初九	15 初十	16 十一	17 十二
18 十三	19 十四	20 十五	21 大寒	22 十七	23 十八	24 十九
25 二十	26 廿一	27 廿二	28 廿三	29 廿四	30 廿五	31 廿六

2

一	二	三	四	五	六	日
1 廿七	2 廿八	3 廿九	4 三十	5 正月 立春	6 初二	7 初三
8 初四	9 初五	10 初六	11 初七	12 初八	13 初九	14 初十
15 十一	16 十二	17 十三	18 十四	19 雨水	20 十六	21 十七
22 十八	23 十九	24 二十	25 廿一	26 廿二	27 廿三	28 廿四

3

一	二	三	四	五	六	日
1 廿五	2 廿六	3 廿七	4 廿八	5 廿九	6 二月 惊蛰	7 初二
8 初三	9 初四	10 初五	11 初六	12 初七	13 初八	14 初九
15 初十	16 十一	17 十二	18 十三	19 十四	20 十五	21 春分
22 十七	23 十八	24 十九	25 二十	26 廿一	27 廿二	28 廿三
29 廿四	30 廿五	31 廿六				

4

一	二	三	四	五	六	日
			1 廿七	2 廿八	3 廿九	4 三十
5 三月 清明	6 初二	7 初三	8 初四	9 初五	10 初六	11 初七
12 初八	13 初九	14 初十	15 十一	16 十二	17 十三	18 十四
19 十五	20 十六	21 谷雨	22 十八	23 十九	24 二十	25 廿一
26 廿二	27 廿三	28 廿四	29 廿五	30 廿六		

5

一	二	三	四	五	六	日
31 廿八					1 廿七	2 廿八
3 廿九	4 四月	5 初二	6 立夏	7 初四	8 初五	9 初六
10 初七	11 初八	12 初九	13 初十	14 十一	15 十二	16 十三
17 十四	18 十五	19 十六	20 十七	21 十八	22 小满	23 二十
24 廿一	25 廿二	26 廿三	27 廿四	28 廿五	29 廿六	30 廿七

6

一	二	三	四	五	六	日
	1 廿九	2 三十	3 五月	4 初二	5 初三	6 芒种
7 初五	8 初六	9 初七	10 初八	11 初九	12 初十	13 十一
14 十二	15 十三	16 十四	17 十五	18 十六	19 十七	20 十八
21 十九	22 夏至	23 廿一	24 廿二	25 廿三	26 廿四	27 廿五
28 廿六	29 廿七	30 廿八				

7

一	二	三	四	五	六	日
			1 廿九	2 六月	3 初二	4 初三
5 初四	6 初五	7 初六	8 小暑	9 初八	10 初九	11 初十
12 十一	13 十二	14 十三	15 十四	16 十五	17 十六	18 十七
19 十八	20 十九	21 二十	22 廿一	23 廿二	24 大暑	25 廿四
26 廿五	27 廿六	28 廿七	29 廿八	30 廿九	31 三十	

8

一	二	三	四	五	六	日
30 三十	31 八月					1 七月
2 初二	3 初三	4 初四	5 初五	6 初六	7 初七	8 立秋
9 初九	10 初十	11 十一	12 十二	13 十三	14 十四	15 十五
16 十六	17 十七	18 十八	19 十九	20 二十	21 廿一	22 廿二
23 廿三	24 处暑	25 廿五	26 廿六	27 廿七	28 廿八	29 廿九

9

一	二	三	四	五	六	日
		1 初二	2 初三	3 初四	4 初五	5 初六
6 初七	7 初八	8 白露	9 初十	10 十一	11 十二	12 十三
13 十四	14 十五	15 十六	16 十七	17 十八	18 十九	19 二十
20 廿一	21 廿二	22 廿三	23 廿四	24 秋分	25 廿六	26 廿七
27 廿八	28 廿九	29 九月	30 初二			

10

一	二	三	四	五	六	日
				1 初三	2 初四	3 初五
4 初六	5 初七	6 初八	7 初九	8 初十	9 寒露	10 十二
11 十三	12 十四	13 十五	14 十六	15 十七	16 十八	17 十九
18 二十	19 廿一	20 廿二	21 廿三	22 廿四	23 廿五	24 霜降
25 廿七	26 廿八	27 廿九	28 三十	29 十月	30 初二	31 初三

11

一	二	三	四	五	六	日
1 初四	2 初五	3 初六	4 初七	5 初八	6 初九	7 初十
8 立冬	9 十二	10 十三	11 十四	12 十五	13 十六	14 十七
15 十八	16 十九	17 二十	18 廿一	19 廿二	20 廿三	21 廿四
22 廿五	23 小雪	24 廿七	25 廿八	26 廿九	27 十一月	28 初二
29 初三	30 初四					

12

一	二	三	四	五	六	日
		1 初五	2 初六	3 初七	4 初八	5 初九
6 初十	7 十一	8 大雪	9 十三	10 十四	11 十五	12 十六
13 十七	14 十八	15 十九	16 二十	17 廿一	18 廿二	19 廿三
20 廿四	21 廿五	22 廿六	23 冬至	24 廿八	25 廿九	26 三十
27 十二月	28 初二	29 初三	30 初四	31 初五		

中国吉祥图案鉴赏

聚宝盆

题注：聚宝盆源于明代富翁沈万三的传说。明初，金陵（今南京）水西门沈万三贫时，夜梦青衣者百余人请为救命，天明后，见有渔翁持青蛙百余，行将剖杀，沈万三感悟，购之，放生鱼水塘中。伺候蛙鸣达旦，夜不能眠，晨驱之，见群蛙聚一瓦盆，甚异，持其盆归，作洗手用具。一日，万山妻净手后，遗一银戒指于盆，但见盆中银戒盈满，又以金戒试之，果又如此，由此财雄天下。明太祖初定江山，抄没沈万三家资，得其盆，以示识古者，告曰此聚宝盆也。

1944 年（甲申 猴年 1月25日始 闰四月）

1

一	二	三	四	五	六	日
31 初七					1 初六	2 初七
3 初八	4 初九	5 初十	6 小寒	7 十二	8 十三	9 十四
10 十五	11 十六	12 十七	13 十八	14 十九	15 二十	16 廿一
17 廿二	18 廿三	19 廿四	20 廿五	21 大寒	22 廿七	23 廿八
24 廿九	25 正月	26 初二	27 初三	28 初四	29 初五	30 初六

2

一	二	三	四	五	六	日
	1 初八	2 初九	3 初十	4 十一	5 立春	6 十三
7 十四	8 十五	9 十六	10 十七	11 十八	12 十九	13 二十
14 廿一	15 廿二	16 廿三	17 廿四	18 廿五	19 廿六	20 雨水
21 廿八	22 廿九	23 三十	24 二月	25 初二	26 初三	27 初四
28 初五	29 初六					

3

一	二	三	四	五	六	日
		1 初七	2 初八	3 初九	4 初十	5 十一
6 惊蛰	7 十三	8 十四	9 十五	10 十六	11 十七	12 十八
13 十九	14 二十	15 廿一	16 廿二	17 廿三	18 廿四	19 廿五
20 廿六	21 春分	22 廿八	23 廿九	24 三月	25 初二	26 初三
27 初四	28 初五	29 初六	30 初七	31 初八		

4

一	二	三	四	五	六	日
					1 初九	2 初十
3 十一	4 十二	5 清明	6 十四	7 十五	8 十六	9 十七
10 十八	11 十九	12 二十	13 廿一	14 廿二	15 廿三	16 廿四
17 廿五	18 廿六	19 廿七	20 谷雨	21 廿九	22 三十	23 四月
24 初二	25 初三	26 初四	27 初五	28 初六	29 初七	30 初八

5

一	二	三	四	五	六	日
1 初九	2 初十	3 十一	4 十二	5 立夏	6 十四	7 十五
8 十六	9 十七	10 十八	11 十九	12 二十	13 廿一	14 廿二
15 廿三	16 廿四	17 廿五	18 廿六	19 廿七	20 廿八	21 廿九
22 四月	23 初二	24 初三	25 初四	26 初五	27 初六	28 小满
29 初八	30 初九	31 初十				

6

一	二	三	四	五	六	日
			1 十一	2 十二	3 十三	4 十四
5 十五	6 芒种	7 十七	8 十八	9 十九	10 二十	11 廿一
12 廿二	13 廿三	14 廿四	15 廿五	16 廿六	17 廿七	18 廿八
19 廿九	20 三十	21 五月 夏至	22 初二	23 初三	24 初四	25 初五
26 初六	27 初七	28 初八	29 初九	30 初十		

7

一	二	三	四	五	六	日
31 十二					1 十一	2 十二
3 十三	4 十四	5 十五	6 十六	7 小暑	8 十八	9 十九
10 二十	11 廿一	12 廿二	13 廿三	14 廿四	15 廿五	16 廿六
17 廿七	18 廿八	19 廿九	20 六月	21 初二	22 初三	23 大暑
24 初五	25 初六	26 初七	27 初八	28 初九	29 初十	30 十一

8

一	二	三	四	五	六	日
	1 十三	2 十四	3 十五	4 十六	5 十七	6 十八
7 十九	8 立秋	9 廿一	10 廿二	11 廿三	12 廿四	13 廿五
14 廿六	15 廿七	16 廿八	17 廿九	18 三十	19 七月	20 初二
21 初三	22 初四	23 处暑	24 初六	25 初七	26 初八	27 初九
28 初十	29 十一	30 十二	31 十三			

9

一	二	三	四	五	六	日
				1 十四	2 十五	3 十六
4 十七	5 十八	6 十九	7 二十	8 白露	9 廿二	10 廿三
11 廿四	12 廿五	13 廿六	14 廿七	15 廿八	16 廿九	17 八月
18 初二	19 初三	20 初四	21 初五	22 初六	23 初七	24 初八
25 初九	26 初十	27 十一	28 十二	29 十三	30 十四	

10

一	二	三	四	五	六	日
30 十四	31 十五					1 十五
2 十六	3 十七	4 十八	5 十九	6 二十	7 廿一	8 寒露
9 廿三	10 廿四	11 廿五	12 廿六	13 廿七	14 廿八	15 廿九
16 三十	17 九月	18 初二	19 初三	20 初四	21 初五	22 初六
23 霜降	24 初八	25 初九	26 初十	27 十一	28 十二	29 十三

11

一	二	三	四	五	六	日
		1 十六	2 十七	3 十八	4 十九	5 二十
6 廿一	7 立冬	8 廿三	9 廿四	10 廿五	11 廿六	12 廿七
13 廿八	14 廿九	15 三十	16 十月	17 初二	18 初三	19 初四
20 初五	21 初六	22 小雪	23 初八	24 初九	25 初十	26 十一
27 十二	28 十三	29 十四	30 十五			

12

一	二	三	四	五	六	日
				1 十六	2 十七	3 十八
4 十九	5 二十	6 廿一	7 大雪	8 廿三	9 廿四	10 廿五
11 廿六	12 廿七	13 廿八	14 廿九	15 十一月	16 初二	17 初三
18 初四	19 初五	20 初六	21 初七	22 冬至	23 初九	24 初十
25 十一	26 十二	27 十三	28 十四	29 十五	30 十六	31 十七

莲花纹

题注：莲花古名芙渠或芙蓉，又称荷花，春秋，战国时期开始用作饰纹。佛教多以莲花作为标志，代表“净土”，象征“纯洁”，寓意“吉祥”。

中国吉祥图案鉴赏

1945年（乙酉 鸡年2月13日始）

1

一	二	三	四	五	六	日
1 十八	2 十九	3 二十	4 廿一	5 小寒	6 廿三	7 廿四
8 廿五	9 廿六	10 廿七	11 廿八	12 廿九	13 三十	14 十二月
15 初二	16 初三	17 初四	18 初五	19 初六	20 大寒	21 初八
22 初九	23 初十	24 十一	25 十二	26 十三	27 十四	28 十五
29 十六	30 十七	31 十八				

2

一	二	三	四	五	六	日
			1 十九	2 二十	3 廿一	4 立春
5 廿三	6 廿四	7 廿五	8 廿六	9 廿七	10 廿八	11 廿九
12 三十	13 正月	14 初二	15 初三	16 初四	17 初五	18 初六
19 雨水	20 初八	21 初九	22 初十	23 十一	24 十二	25 十三
26 十四	27 十五	28 十六				

3

一	二	三	四	五	六	日
			1 十七	2 十八	3 十九	4 二十
5 廿一	6 惊蛰	7 廿三	8 廿四	9 廿五	10 廿六	11 廿七
12 廿八	13 廿九	14 二月	15 初二	16 初三	17 初四	18 初五
19 初六	20 初七	21 春分	22 初九	23 初十	24 十一	25 十二
26 十三	27 十四	28 十五	29 十六	30 十七	31 十八	

4

一	二	三	四	五	六	日
30 十九						1 十九
2 二十	3 廿一	4 廿二	5 清明	6 廿四	7 廿五	8 廿六
9 廿七	10 廿八	11 廿九	12 三月	13 初二	14 初三	15 初四
16 初五	17 初六	18 初七	19 初八	20 谷雨	21 初十	22 十一
23 十二	24 十三	25 十四	26 十五	27 十六	28 十七	29 十八

5

一	二	三	四	五	六	日
	1 二十	2 廿一	3 廿二	4 廿三	5 廿四	6 立夏
7 廿六	8 廿七	9 廿八	10 廿九	11 三十	12 四月	13 初二
14 初三	15 初四	16 初五	17 初六	18 初七	19 初八	20 初九
21 小满	22 十一	23 十二	24 十三	25 十四	26 十五	27 十六
28 十七	29 十八	30 十九	31 二十			

6

一	二	三	四	五	六	日
				1 廿一	2 廿二	3 廿三
4 廿四	5 廿五	6 芒种	7 廿七	8 廿八	9 廿九	10 五月
11 初二	12 初三	13 初四	14 初五	15 初六	16 初七	17 初八
18 初九	19 初十	20 十一	21 十二	22 夏至	23 十四	24 十五
25 十六	26 十七	27 十八	28 十九	29 二十	30 廿一	

7

一	二	三	四	五	六	日
30 廿一	31 廿二					1 廿二
2 廿三	3 廿四	4 廿五	5 廿六	6 廿七	7 小暑	8 廿九
9 六月	10 初二	11 初三	12 初四	13 初五	14 初六	15 初七
16 初八	17 初九	18 初十	19 十一	20 十二	21 十三	22 十四
23 大暑	24 十六	25 十七	26 十八	27 十九	28 二十	29 廿一

8

一	二	三	四	五	六	日
		1 廿四	2 廿五	3 廿六	4 廿七	5 廿八
6 廿九	7 三十	8 七月 立秋	9 初二	10 初三	11 初四	12 初五
13 初六	14 初七	15 初八	16 初九	17 初十	18 十一	19 十二
20 十三	21 十四	22 十五	23 处暑	24 十七	25 十八	26 十九
27 二十	28 廿一	29 廿二	30 廿三	31 廿四		

9

一	二	三	四	五	六	日
					1 廿五	2 廿六
3 廿七	4 廿八	5 廿九	6 八月	7 初二	8 白露	9 初四
10 初五	11 初六	12 初七	13 初八	14 初九	15 初十	16 十一
17 十二	18 十三	19 十四	20 十五	21 十六	22 十七	23 秋分
24 十九	25 二十	26 廿一	27 廿二	28 廿三	29 廿四	30 廿五

10

一	二	三	四	五	六	日
1 廿六	2 廿七	3 廿八	4 廿九	5 三十	6 九月	7 初二
8 寒露	9 初四	10 初五	11 初六	12 初七	13 初八	14 初九
15 初十	16 十一	17 十二	18 十三	19 十四	20 十五	21 十六
22 十七	23 十八	24 霜降	25 二十	26 廿一	27 廿二	28 廿三
29 廿四	30 廿五	31 廿六				

11

一	二	三	四	五	六	日
			1 廿七	2 廿八	3 廿九	4 三十
5 十月	6 初二	7 初三	8 立冬	9 初五	10 初六	11 初七
12 初八	13 初九	14 初十	15 十一	16 十二	17 十三	18 十四
19 十五	20 十六	21 十七	22 小雪	23 十九	24 二十	25 廿一
26 廿二	27 廿三	28 廿四	29 廿五	30 廿六		

12

一	二	三	四	五	六	日
31 廿七					1 廿七	2 廿八
3 廿九	4 三十	5 十一月	6 初二	7 大雪	8 初四	9 初五
10 初六	11 初七	12 初八	13 初九	14 初十	15 十一	16 十二
17 十三	18 十四	19 十五	20 十六	21 十七	22 冬至	23 十九
24 二十	25 廿一	26 廿二	27 廿三	28 廿四	29 廿五	30 廿六

中国吉祥图案鉴赏

连生贵子

题注：莲花是最受民间喜爱的花卉之一。周敦颐《爱莲说》中说："莲，花之君子者也。"其受文人推崇如此。自古以来，莲花图案，广泛运用于吉祥装饰。魏晋南北朝时期，佛教由印度传入中国。佛教教义中以莲花喻佛，意"莲花藏世界"，菩萨修行多坐于莲花之上，莲花成为吉祥如意、清淳自在和纯净无瑕之象征，给莲花又增添了新的内涵。人们根据佛经故事中"太子莲花经"的内容，创"童子戏莲"图案，再配以金鱼、鲤鱼、竹笙等，以莲花寓意连生，以笙谐音生，以桂花谐音贵子；鲤鱼产籽多，寓意祝吉求子。成为民间广泛流行的吉祥图案"莲生贵子"、"连年有余"。古代重视生男孩，以此图案祝贺新婚夫妻，多生男孩。

1946 年（丙戌 狗年 2 月 2 日始）

1

一	二	三	四	五	六	日
	1 廿八	2 廿九	3 十二月	4 初二	5 初三	6 小寒
7 初五	8 初六	9 初七	10 初八	11 初九	12 初十	13 十一
14 十二	15 十三	16 十四	17 十五	18 十六	19 十七	20 大寒
21 十九	22 二十	23 廿一	24 廿二	25 廿三	26 廿四	27 廿五
28 廿六	29 廿七	30 廿八	31 廿九			

2

一	二	三	四	五	六	日
				1 三十	2 正月	3 初二
4 立春	5 初四	6 初五	7 初六	8 初七	9 初八	10 初九
11 初十	12 十一	13 十二	14 十三	15 十四	16 十五	17 十六
18 十七	19 雨水	20 十九	21 二十	22 廿一	23 廿二	24 廿三
25 廿四	26 廿五	27 廿六	28 廿七			

3

一	二	三	四	五	六	日
				1 廿八	2 廿九	3 三十
4 二月	5 初二	6 惊蛰	7 初四	8 初五	9 初六	10 初七
11 初八	12 初九	13 初十	14 十一	15 十二	16 十三	17 十四
18 十五	19 十六	20 十七	21 春分	22 十九	23 二十	24 廿一
25 廿二	26 廿三	27 廿四	28 廿五	29 廿六	30 廿七	31 廿八

4

一	二	三	四	五	六	日
1 廿九	2 三月	3 初二	4 初三	5 清明	6 初五	7 初六
8 初七	9 初八	10 初九	11 初十	12 十一	13 十二	14 十三
15 十四	16 十五	17 十六	18 十七	19 十八	20 十九	21 谷雨
22 廿一	23 廿二	24 廿三	25 廿四	26 廿五	27 廿六	28 廿七
29 廿八	30 廿九					

5

一	二	三	四	五	六	日
		1 四月	2 初二	3 初三	4 初四	5 初五
6 立夏	7 初七	8 初八	9 初九	10 初十	11 十一	12 十二
13 十三	14 十四	15 十五	16 十六	17 十七	18 十八	19 十九
20 二十	21 廿一	22 小满	23 廿三	24 廿四	25 廿五	26 廿六
27 廿七	28 廿八	29 廿九	30 三十	31 五月		

6

一	二	三	四	五	六	日
					1 初二	2 初三
3 初四	4 初五	5 初六	6 芒种	7 初八	8 初九	9 初十
10 十一	11 十二	12 十三	13 十四	14 十五	15 十六	16 十七
17 十八	18 十九	19 二十	20 廿一	21 廿二	22 夏至	23 廿四
24 廿五	25 廿六	26 廿七	27 廿八	28 廿九	29 六月	30 初二

7

一	二	三	四	五	六	日
1 初三	2 初四	3 初五	4 初六	5 初七	6 初八	7 初九
8 小暑	9 十一	10 十二	11 十三	12 十四	13 十五	14 十六
15 十七	16 十八	17 十九	18 二十	19 廿一	20 廿二	21 廿三
22 廿四	23 大暑	24 廿六	25 廿七	26 廿八	27 廿九	28 七月
29 初二	30 初三	31 初四				

8

一	二	三	四	五	六	日
			1 初五	2 初六	3 初七	4 初八
5 初九	6 初十	7 十一	8 立秋	9 十三	10 十四	11 十五
12 十六	13 十七	14 十八	15 十九	16 二十	17 廿一	18 廿二
19 廿三	20 廿四	21 廿五	22 廿六	23 廿七	24 处暑	25 廿九
26 三十	27 八月	28 初二	29 初三	30 初四	31 初五	

9

一	二	三	四	五	六	日
30 初六						1 初六
2 初七	3 初八	4 初九	5 初十	6 十一	7 十二	8 白露
9 十四	10 十五	11 十六	12 十七	13 十八	14 十九	15 二十
16 廿一	17 廿二	18 廿三	19 廿四	20 廿五	21 廿六	22 廿七
23 秋分	24 廿九	25 九月	26 初二	27 初三	28 初四	29 初五

10

一	二	三	四	五	六	日
	1 初七	2 初八	3 初九	4 初十	5 十一	6 十二
7 十三	8 十四	9 寒露	10 十六	11 十七	12 十八	13 十九
14 二十	15 廿一	16 廿二	17 廿三	18 廿四	19 廿五	20 廿六
21 廿七	22 廿八	23 廿九	24 霜降	25 十月	26 初二	27 初三
28 初四	29 初五	30 初六	31 初七			

11

一	二	三	四	五	六	日
				1 初八	2 初九	3 初十
4 十一	5 十二	6 十三	7 十四	8 立冬	9 十六	10 十七
11 十八	12 十九	13 二十	14 廿一	15 廿二	16 廿三	17 廿四
18 廿五	19 廿六	20 廿七	21 廿八	22 廿九	23 小雪	24 十一月
25 初二	26 初三	27 初四	28 初五	29 初六	30 初七	

12

一	二	三	四	五	六	日
30 初八	31 初九					1 初八
2 初九	3 初十	4 十一	5 十二	6 十三	7 十四	8 大雪
9 十六	10 十七	11 十八	12 十九	13 二十	14 廿一	15 廿二
16 廿三	17 廿四	18 廿五	19 廿六	20 廿七	21 廿八	22 冬至
23 十二月	24 初二	25 初三	26 初四	27 初五	28 初六	29 初七

中国吉祥图案鉴赏

1947年（丁亥 猪年1月22日始 闰二月）

1

一	二	三	四	五	六	日
		1 初十	2 十一	3 十二	4 十三	5 十四
6 小寒	7 十六	8 十七	9 十八	10 十九	11 二十	12 廿一
13 廿二	14 廿三	15 廿四	16 廿五	17 廿六	18 廿七	19 廿八
20 廿九	21 大寒	22 正月	23 初二	24 初三	25 初四	26 初五
27 初六	28 初七	29 初八	30 初九	31 初十		

7

一	二	三	四	五	六	日
	1 十三	2 十四	3 十五	4 十六	5 十七	6 十八
7 十九	8 小暑	9 廿一	10 廿二	11 廿三	12 廿四	13 廿五
14 廿六	15 廿七	16 廿八	17 廿九	18 六月	19 初二	20 初三
21 初四	22 初五	23 初六	24 大暑	25 初八	26 初九	27 初十
28 十一	29 十二	30 十三	31 十四			

2

一	二	三	四	五	六	日
					1 十一	2 十二
3 十三	4 立春	5 十五	6 十六	7 十七	8 十八	9 十九
10 二十	11 廿一	12 廿二	13 廿三	14 廿四	15 廿五	16 廿六
17 廿七	18 廿八	19 雨水	20 三十	21 二月	22 初二	23 初三
24 初四	25 初五	26 初六	27 初七	28 初八		

8

一	二	三	四	五	六	日
				1 十五	2 十六	3 十七
4 十八	5 十九	6 二十	7 廿一	8 立秋	9 廿三	10 廿四
11 廿五	12 廿六	13 廿七	14 廿八	15 廿九	16 七月	17 初二
18 初三	19 初四	20 初五	21 初六	22 初七	23 初八	24 处暑
25 初十	26 十一	27 十二	28 十三	29 十四	30 十五	31 十六

3

一	二	三	四	五	六	日
31 初九					1 初九	2 初十
3 十一	4 十二	5 十三	6 惊蛰	7 十五	8 十六	9 十七
10 十八	11 十九	12 二十	13 廿一	14 廿二	15 廿三	16 廿四
17 廿五	18 廿六	19 廿七	20 廿八	21 春分	22 三十	23 二月
24 初二	25 初三	26 初四	27 初五	28 初六	29 初七	30 初八

9

一	二	三	四	五	六	日
1 十七	2 十八	3 十九	4 二十	5 廿一	6 廿二	7 廿三
8 白露	9 廿五	10 廿六	11 廿七	12 廿八	13 廿九	14 三十
15 八月	16 初二	17 初三	18 初四	19 初五	20 初六	21 初七
22 初八	23 初九	24 秋分	25 十一	26 十二	27 十三	28 十四
29 十五	30 十六					

4

一	二	三	四	五	六	日
	1 初十	2 十一	3 十二	4 十三	5 清明	6 十五
7 十六	8 十七	9 十八	10 十九	11 二十	12 廿一	13 廿二
14 廿三	15 廿四	16 廿五	17 廿六	18 廿七	19 廿八	20 廿九
21 三月 谷雨	22 初二	23 初三	24 初四	25 初五	26 初六	27 初七
28 初八	29 初九	30 初十				

10

一	二	三	四	五	六	日
		1 十七	2 十八	3 十九	4 二十	5 廿一
6 廿二	7 廿三	8 廿四	9 寒露	10 廿六	11 廿七	12 廿八
13 廿九	14 九月	15 初二	16 初三	17 初四	18 初五	19 初六
20 初七	21 初八	22 初九	23 初十	24 霜降	25 十二	26 十三
27 十四	28 十五	29 十六	30 十七	31 十八		

5

一	二	三	四	五	六	日
			1 十一	2 十二	3 十三	4 十四
5 十五	6 立夏	7 十七	8 十八	9 十九	10 二十	11 廿一
12 廿二	13 廿三	14 廿四	15 廿五	16 廿六	17 廿七	18 廿八
18 廿九	20 四月	21 初二	22 小满	23 初四	24 初五	25 初六
26 初七	27 初八	28 初九	29 初十	30 十一	31 十二	

11

一	二	三	四	五	六	日
					1 十九	2 二十
3 廿一	4 廿二	5 廿三	6 廿四	7 廿五	8 立冬	9 廿七
10 廿八	11 廿九	12 三十	13 十月	14 初二	15 初三	16 初四
17 初五	18 初六	19 初七	20 初八	21 初九	22 初十	23 小雪
24 十二	25 十三	26 十四	27 十五	28 十六	29 十七	30 十八

6

一	二	三	四	五	六	日
30 十二						1 十三
2 十四	3 十五	4 十六	5 十七	6 芒种	7 十九	8 二十
9 廿一	10 廿二	11 廿三	12 廿四	13 廿五	14 廿六	15 廿七
16 廿八	17 廿九	18 三十	19 五月	20 初二	21 初三	22 夏至
23 初五	24 初六	25 初七	26 初八	27 初九	28 初十	29 十一

12

一	二	三	四	五	六	日
1 十九	2 二十	3 廿一	4 廿二	5 廿三	6 廿四	7 廿五
8 大雪	9 廿七	10 廿八	11 廿九	12 十一月	13 初二	14 初三
15 初四	16 初五	17 初六	18 初七	19 初八	20 初九	21 初十
22 冬至	23 十二	24 十三	25 十四	26 十五	27 十六	28 十七
29 十八	30 十九	31 二十				

中国吉祥图案鉴赏

六福捧寿

题注：蝙蝠、凤凰寓意福，仙鹤寓意寿。

1948年（戊子 鼠年 2月10日始）

1

一	二	三	四	五	六	日
			1 廿一	2 廿二	3 廿三	4 廿四
5 廿五	6 小寒	7 廿七	8 廿八	9 廿九	10 三十	11 十二月
12 初二	13 初三	14 初四	15 初五	16 初六	17 初七	18 初八
19 初九	20 初十	21 大寒	22 十二	23 十三	24 十四	25 十五
26 十六	27 十七	28 十八	29 十九	30 二十	31 廿一	

2

一	二	三	四	五	六	日
						1 廿二
2 廿三	3 廿四	4 廿五	5 立春	6 廿七	7 廿八	8 廿九
9 三十	10 正月	11 初二	12 初三	13 初四	14 初五	15 初六
16 初七	17 初八	18 初九	19 初十	20 雨水	21 十二	22 十三
23 十四	24 十五	25 十六	26 十七	27 十八	28 十九	29 二十

3

一	二	三	四	五	六	日
1 廿一	2 廿二	3 廿三	4 廿四	5 惊蛰	6 廿六	7 廿七
8 廿八	9 廿九	10 三十	11 二月	12 初二	13 初三	14 初四
15 初五	16 初六	17 初七	18 初八	19 初九	20 初十	21 春分
22 十二	23 十三	24 十四	25 十五	26 十六	27 十七	28 十八
29 十九	30 二十	31 廿一				

4

一	二	三	四	五	六	日
			1 廿二	2 廿三	3 廿四	4 廿五
5 清明	6 廿七	7 廿八	8 廿九	9 三月	10 初二	11 初三
12 初四	13 初五	14 初六	15 初七	16 初八	17 初九	18 初十
19 十一	20 谷雨	21 十三	22 十四	23 十五	24 十六	25 十七
26 十八	27 十九	28 二十	29 廿一	30 廿二		

5

一	二	三	四	五	六	日
31 廿三					1 廿三	2 廿四
3 廿五	4 廿六	5 立夏	6 廿八	7 廿九	8 三十	9 四月
10 初二	11 初三	12 初四	13 初五	14 初六	15 初七	16 初八
17 初九	18 初十	19 十一	20 十二	21 小满	22 十四	23 十五
24 十六	25 十七	26 十八	27 十九	28 二十	29 廿一	30 廿二

6

一	二	三	四	五	六	日
	1 廿四	2 廿五	3 廿六	4 廿七	5 廿八	6 芒种
7 五月	8 初二	9 初三	10 初四	11 初五	12 初六	13 初七
14 初八	15 初九	16 初十	17 十一	18 十二	19 十三	20 十四
21 夏至	22 十六	23 十七	24 十八	25 十九	26 二十	27 廿一
28 廿二	29 廿三	30 廿四				

7

一	二	三	四	五	六	日
			1 廿五	2 廿六	3 廿七	4 廿八
5 廿九	6 三十	7 六月 小暑	8 初二	9 初三	10 初四	11 初五
12 初六	13 初七	14 初八	15 初九	16 初十	17 十一	18 十二
19 十三	20 十四	21 十五	22 十六	23 大暑	24 十八	25 十九
26 二十	27 廿一	28 廿二	29 廿三	30 廿四	31 廿五	

8

一	二	三	四	五	六	日
30 廿六	31 廿七					1 廿六
2 廿七	3 廿八	4 廿九	5 七月	6 初二	7 立秋	8 初四
9 初五	10 初六	11 初七	12 初八	13 初九	14 初十	15 十一
16 十二	17 十三	18 十四	19 十五	20 十六	21 十七	22 十八
23 处暑	24 二十	25 廿一	26 廿二	27 廿三	28 廿四	29 廿五

9

一	二	三	四	五	六	日
		1 廿八	2 廿九	3 八月	4 初二	5 初三
6 初四	7 初五	8 白露	9 初七	10 初八	11 初九	12 初十
13 十一	14 十二	15 十三	16 十四	17 十五	18 十六	19 十七
20 十八	21 十九	22 二十	23 秋分	24 廿二	25 廿三	26 廿四
27 廿五	28 廿六	29 廿七	30 廿八			

10

一	二	三	四	五	六	日
				1 廿九	2 三十	3 九月
4 初二	5 初三	6 初四	7 初五	8 寒露	9 初七	10 初八
11 初九	12 初十	13 十一	14 十二	15 十三	16 十四	17 十五
18 十六	19 十七	20 十八	21 十九	22 二十	23 霜降	24 廿二
25 廿三	26 廿四	27 廿五	28 廿六	29 廿七	30 廿八	31 廿九

11

一	二	三	四	五	六	日
1 十月	2 初二	3 初三	4 初四	5 初五	6 初六	7 立冬
8 初八	9 初九	10 初十	11 十一	12 十二	13 十三	14 十四
15 十五	16 十六	17 十七	18 十八	19 十九	20 二十	21 廿一
22 小雪	23 廿三	24 廿四	25 廿五	26 廿六	27 廿七	28 廿八
29 廿九	30 三十					

12

一	二	三	四	五	六	日
		1 十一月	2 初二	3 初三	4 初四	5 初五
6 初六	7 大雪	8 初八	9 初九	10 初十	11 十一	12 十二
13 十三	14 十四	15 十五	16 十六	17 十七	18 十八	19 十九
20 二十	21 廿一	22 冬至	23 廿三	24 廿四	25 廿五	26 廿六
27 廿七	28 廿八	29 廿九	30 十二月	31 初二		

龙舟

题注：龙舟又称龙船，龙船的历史可追溯到周穆王乘龙舟出游，隋炀帝乘龙舟经运河到南方出巡。在每年的阴历五月初五端午节，人们为了纪念楚国屈原，举行龙舟竞渡游乐活动。

中国吉祥图案鉴赏

1949年（己丑 牛年1月29日始 闰七月）

1

一	二	三	四	五	六	日
31初三					1初三	2初四
3初五	4初六	5小寒	6初八	7初九	8初十	9十一
10十二	11十三	12十四	13十五	14十六	15十七	16十八
17十九	18二十	19廿一	20大寒	21廿三	22廿四	23廿五
24廿六	25廿七	26廿八	27廿九	28三十	29正月	30初二

2

一	二	三	四	五	六	日
	1初四	2初五	3初六	4立春	5初八	6初九
7初十	8十一	9十二	10十三	11十四	12十五	13十六
14十七	15十八	16十九	17二十	18廿一	19雨水	20廿三
21廿四	22廿五	23廿六	24廿七	25廿八	26廿九	27三十
28二月						

3

一	二	三	四	五	六	日
	1初二	2初三	3初四	4初五	5初六	6惊蛰
7初八	8初九	9初十	10十一	11十二	12十三	13十四
14十五	15十六	16十七	17十八	18十九	19二十	20廿一
21春分	22廿三	23廿四	24廿五	25廿六	26廿七	27廿八
28廿九	29三月	30初二	31初三			

4

一	二	三	四	五	六	日
				1初四	2初五	3初六
4初七	5清明	6初九	7初十	8十一	9十二	10十三
11十四	12十五	13十六	14十七	15十八	16十九	17二十
18廿一	19廿二	20谷雨	21廿四	22廿五	23廿六	24廿七
25廿八	26廿九	27三十	28四月	29初二	30初三	

5

一	二	三	四	五	六	日
30初三	31初四					1初四
2初五	3初六	4初七	5初八	6立夏	7初十	8十一
9十二	10十三	11十四	12十五	13十六	14十七	15十八
16十九	17二十	18廿一	19廿二	20廿三	21小满	22廿五
23廿六	24廿七	25廿八	26廿九	27三十	28五月	29初二

6

一	二	三	四	五	六	日
		1初五	2初六	3初七	4初八	5初九
6芒种	7十一	8十二	9十三	10十四	11十五	12十六
13十七	14十八	15十九	16二十	17廿一	18廿二	19廿三
20廿四	21廿五	22夏至	23廿七	24廿八	25廿九	26六月
27初二	28初三	29初四	30初五			

7

一	二	三	四	五	六	日
				1初六	2初七	3初八
4初九	5初十	6十一	7小暑	8十三	9十四	10十五
11十六	12十七	13十八	14十九	15二十	16廿一	17廿二
18廿三	19廿四	20廿五	21廿六	22廿七	23大暑	24廿九
25三十	26七月	27初二	28初三	29初四	30初五	31初六

8

一	二	三	四	五	六	日
1初七	2初八	3初九	4初十	5十一	6十二	7十三
8立秋	9十五	10十六	11十七	12十八	13十九	14二十
15廿一	16廿二	17廿三	18廿四	19廿五	20廿六	21廿七
22廿八	23处暑	24七月	25初二	26初三	27初四	28初五
29初六	30初七	31初八				

9

一	二	三	四	五	六	日
			1初九	2初十	3十一	4十二
5十三	6十四	7十五	8白露	9十七	10十八	11十九
12二十	13廿一	14廿二	15廿三	16廿四	17廿五	18廿六
19廿七	20廿八	21廿九	22八月	23秋分	24初三	25初四
26初五	27初六	28初七	29初八	30初九		

10

一	二	三	四	五	六	日
31初十					1初十	2十一
3十二	4十三	5十四	6十五	7十六	8寒露	9十八
10十九	11二十	12廿一	13廿二	14廿三	15廿四	16廿五
17廿六	18廿七	19廿八	20廿九	21三十	22九月	23初二
24霜降	25初四	26初五	27初六	28初七	29初八	30初九

11

一	二	三	四	五	六	日
	1十一	2十二	3十三	4十四	5十五	6十六
7十七	8立冬	9十九	10二十	11廿一	12廿二	13廿三
14廿四	15廿五	16廿六	17廿七	18廿八	19廿九	20十月
21初二	22小雪	23初四	24初五	25初六	26初七	27初八
28初九	29初十	30十一				

12

一	二	三	四	五	六	日
			1十二	2十三	3十四	4十五
5十六	6十七	7大雪	8十九	9二十	10廿一	11廿二
12廿三	13廿四	14廿五	15廿六	16廿七	17廿八	18廿九
19三十	20十一月	21初二	22冬至	23初四	24初五	25初六
26初七	27初八	28初九	29初十	30十一	31十二	

中国吉祥图案鉴赏

六合同春

题注：图案借“鹿”与“六”，“鹤”与“合”谐音，“六合”又泛指天地四方，寓意普天之下都像春天一样，万物欣欣向荣。民间亦有取花卉、松树、椿树等组合成“六合同春”。也有以六鹤来表现的，杨慎《升庵外集·卷九十四》：“北之语合鹤迥然不分，故有绘六鹤及椿树为图者，取六合同春之义”。“六合同春”也作为祝人长寿之语。

1950年（庚寅 虎年2月17日始）

1

一	二	三	四	五	六	日
30十三	31十四					1十三
2十四	3十五	4十六	5十七	6小寒	7十九	8二十
9廿一	10廿二	11廿三	12廿四	13廿五	14廿六	15廿七
16廿八	17廿九	18十二月	19初二	20大寒	21初四	22初五
23初六	24初七	25初八	26初九	27初十	28十一	29十二

2

一	二	三	四	五	六	日
		1十五	2十六	3十七	4立春	5十九
6二十	7廿一	8廿二	9廿三	10廿四	11廿五	12廿六
13廿七	14廿八	15廿九	16三十	17正月	18初二	19雨水
20初四	21初五	22初六	23初七	24初八	25初九	26初十
27十一	28十二					

3

一	二	三	四	五	六	日
		1十三	2十四	3十五	4十六	5十七
6惊蛰	7十九	8二十	9廿一	10廿二	11廿三	12廿四
13廿五	14廿六	15廿七	16廿八	17廿九	18二月	19初二
20初三	21春分	22初五	23初六	24初七	25初八	26初九
27初十	28十一	29十二	30十三	31十四		

4

一	二	三	四	五	六	日
					1十五	2十六
3十七	4十八	5清明	6二十	7廿一	8廿二	9廿三
10廿四	11廿五	12廿六	13廿七	14廿八	15廿九	16三十
17三月	18初二	19初三	20初四	21谷雨	22初六	23初七
24初八	25初九	26初十	27十一	28十二	29十三	30十四

5

一	二	三	四	五	六	日
1十五	2十六	3十七	4十八	5十九	6立夏	7廿一
8廿二	9廿三	10廿四	11廿五	12廿六	13廿七	14廿八
15廿九	16三十	17四月	18初二	19初三	20初四	21小满
22初六	23初七	24初八	25初九	26初十	27十一	28十二
29十三	30十四	31十五				

6

一	二	三	四	五	六	日
			1十六	2十七	3十八	4十九
5二十	6芒种	7廿二	8廿三	9廿四	10廿五	11廿六
12廿七	13廿八	14廿九	15五月	16初二	17初三	18初四
19初五	20初六	21初七	22夏至	23初九	24初十	25十一
26十二	27十三	28十四	29十五	30十六		

7

一	二	三	四	五	六	日
31十七					1十七	2十八
3十九	4二十	5廿一	6廿二	7廿三	8小暑	9廿五
10廿六	11廿七	12廿八	13廿九	14三十	15六月	16初二
17初三	18初四	19初五	20初六	21初七	22初八	23大暑
24初十	25十一	26十二	27十三	28十四	29十五	30十六

8

一	二	三	四	五	六	日
	1十八	2十九	3二十	4廿一	5廿二	6廿三
7廿四	8立秋	9廿六	10廿七	11廿八	12廿九	13三十
14七月	15初二	16初三	17初四	18初五	19初六	20初七
21初八	22初九	23初十	24处暑	25十二	26十三	27十四
28十五	29十六	30十七	31十八			

9

一	二	三	四	五	六	日
				1十九	2二十	3廿一
4廿二	5廿三	6廿四	7廿五	8白露	9廿七	10廿八
11廿九	12八月	13初二	14初三	15初四	16初五	17初六
18初七	19初八	20初九	21初十	22十一	23秋分	24十三
25十四	26十五	27十六	28十七	29十八	30十九	

10

一	二	三	四	五	六	日
30二十	31廿一					1二十
2廿一	3廿二	4廿三	5廿四	6廿五	7廿六	8廿七
9寒露	10廿九	11九月	12初二	13初三	14初四	15初五
16初六	17初七	18初八	19初九	20初十	21十一	22十二
23十三	24霜降	25十五	26十六	27十七	28十八	29十九

11

一	二	三	四	五	六	日
		1廿二	2廿三	3廿四	4廿五	5廿六
6廿七	7廿八	8立冬	9三十	10十月	11初二	12初三
13初四	14初五	15初六	16初七	17初八	18初九	19初十
20十一	21十二	22十三	23小雪	24十五	25十六	26十七
27十八	28十九	29二十	30廿一			

12

一	二	三	四	五	六	日
				1廿二	2廿三	3廿四
4廿五	5廿六	6廿七	7大雪	8廿九	9十一月	10初二
11初三	12初四	13初五	14初六	15初七	16初八	17初九
18初十	19十一	20十二	21十三	22冬至	23十五	24十六
25十七	26十八	27十九	28二十	29廿一	30廿二	31廿三

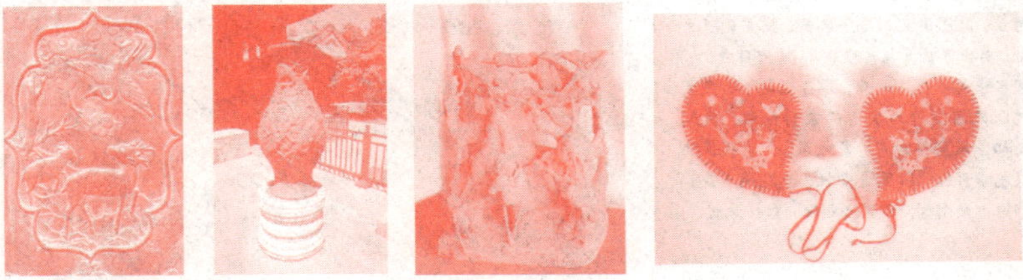

中国吉祥图案鉴赏

1951年（辛卯 兔年2月6日始）

1

一	二	三	四	五	六	日
1廿四	2廿五	3廿六	4廿七	5廿八	6小寒	7三十
8十二月	9初二	10初三	11初四	12初五	13初六	14初七
15初八	16初九	17初十	18十一	19十二	20十三	21大寒
22十五	23十六	24十七	25十八	26十九	27二十	28廿一
29廿二	30廿三	31廿四				

2

一	二	三	四	五	六	日
			1廿五	2廿六	3廿七	4立春
5廿九	6正月	7初二	8初三	9初四	10初五	11初六
12初七	13初八	14初九	15初十	16十一	17十二	18十三
19雨水	20十五	21十六	22十七	23十八	24十九	25二十
26廿一	27廿二	28廿三				

3

一	二	三	四	五	六	日
			1廿四	2廿五	3廿六	4廿七
5廿八	6惊蛰	7三十	8二月	9初二	10初三	11初四
12初五	13初六	14初七	15初八	16初九	17初十	18十一
19十二	20十三	21春分	22十五	23十六	24十七	25十八
26十九	27二十	28廿一	29廿二	30廿三	31廿四	

4

一	二	三	四	五	六	日
30廿五						1廿五
2廿六	3廿七	4廿八	5清明	6三月	7初二	8初三
9初四	10初五	11初六	12初七	13初八	14初九	15初十
16十一	17十二	18十三	19十四	20十五	21谷雨	22十七
23十八	24十九	25二十	26廿一	27廿二	28廿三	29廿四

5

一	二	三	四	五	六	日
	1廿六	2廿七	3廿八	4廿九	5三十	6四月立夏
7初二	8初三	9初四	10初五	11初六	12初七	13初八
14初九	15初十	16十一	17十二	18十三	19十四	20十五
21十六	22小满	23十八	24十九	25二十	26廿一	27廿二
28廿三	29廿四	30廿五	31廿六			

6

一	二	三	四	五	六	日
				1廿七	2廿八	3廿九
4三十	5五月	6芒种	7初三	8初四	9初五	10初六
11初七	12初八	13初九	14初十	15十一	16十二	17十三
18十四	19十五	20十六	21十七	22夏至	23十九	24二十
25廿一	26廿二	27廿三	28廿四	29廿五	30廿六	

7

一	二	三	四	五	六	日
30廿七	31廿八					1廿七
2廿八	3廿九	4六月	5初二	6初三	7初四	8小暑
9初六	10初七	11初八	12初九	13初十	14十一	15十二
16十三	17十四	18十五	19十六	20十七	21十八	22十九
23二十	24大暑	25廿二	26廿三	27廿四	28廿五	29廿六

8

一	二	三	四	五	六	日
		1廿九	2三十	3七月	4初二	5初三
6初四	7初五	8立秋	9初七	10初八	11初九	12初十
13十一	14十二	15十三	16十四	17十五	18十六	19十七
20十八	21十九	22二十	23廿一	24处暑	25廿三	26廿四
27廿五	28廿六	29廿七	30廿八	31廿九		

9

一	二	三	四	五	六	日
					1八月	2初二
3初三	4初四	5初五	6初六	7初七	8白露	9初九
10初十	11十一	12十二	13十三	14十四	15十五	16十六
17十七	18十八	19十九	20二十	21廿一	22廿二	23廿三
24秋分	25廿五	26廿六	27廿七	28廿八	29廿九	30三十

10

一	二	三	四	五	六	日
1九月	2初二	3初三	4初四	5初五	6初六	7初七
8初八	9寒露	10初十	11十一	12十二	13十三	14十四
15十五	16十六	17十七	18十八	19十九	20二十	21廿一
22廿二	23廿三	24霜降	25廿五	26廿六	27廿七	28廿八
29廿九	30十月	31初二				

11

一	二	三	四	五	六	日
			1初三	2初四	3初五	4初六
5初七	6初八	7初九	8立冬	9十一	10十二	11十三
12十四	13十五	14十六	15十七	16十八	17十九	18二十
19廿一	20廿二	21廿三	22廿四	23小雪	24廿六	25廿七
26廿八	27廿九	28三十	29十一月	30初二		

12

一	二	三	四	五	六	日
31初四					1初三	2初四
3初五	4初六	5初七	6初八	7初九	8大雪	9十一
10十二	11十三	12十四	13十五	14十六	15十七	16十八
17十九	18二十	19廿一	20廿二	21廿三	22冬至	23廿五
24廿六	25廿七	26廿八	27廿九	28十二月	29初二	30初三

中国吉祥图案鉴赏

龙凤呈祥

题注：此图案又叫龙飞凤舞，寓意天下太平。典出苏轼《表忠观碑》："天日之山，苕水出焉，龙飞凤舞，萃于临安。"民间也以此图案作为庆典的装饰纹样。民间又称龙凤呈祥为"游龙戏凤"。古代民间以龙喻男性，以凤喻女性，故结婚喜庆，常饰龙凤图案，谓男女相配，吉祥幸福。

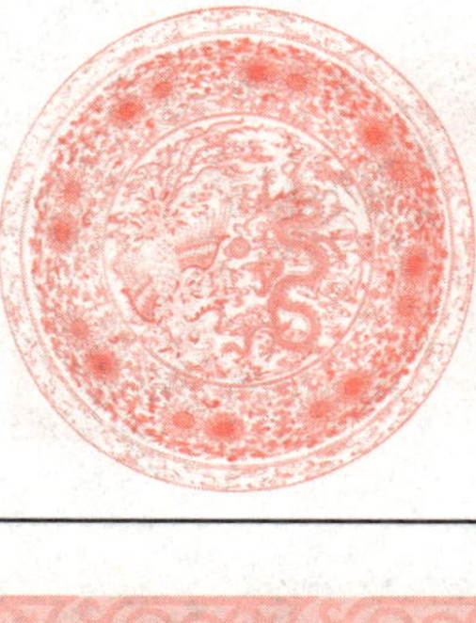

1952 年（壬辰 龙年 1 月 27 日始）

1

一	二	三	四	五	六	日
	1初五	2初六	3初七	4初八	5初九	6小寒
7十一	8十二	9十三	10十四	11十五	12十六	13十七
14十八	15十九	16二十	17廿一	18廿二	19廿三	20廿四
21大寒	22廿六	23廿七	24廿八	25廿九	26三十	27正月
28初二	29初三	30初四	31初五			

2

一	二	三	四	五	六	日
				1初六	2初七	3初八
4初九	5立春	6十一	7十二	8十三	9十四	10十五
11十六	12十七	13十八	14十九	15二十	16廿一	17廿二
18廿三	19廿四	20雨水	21廿六	22廿七	23廿八	24廿九
25二月	26初二	27初三	28初四	29初五		

3

一	二	三	四	五	六	日
31初六					1初六	2初七
3初八	4初九	5惊蛰	6十一	7十二	8十三	9十四
10十五	11十六	12十七	13十八	14十九	15二十	16廿一
17廿二	18廿三	19廿四	20廿五	21春分	22廿七	23廿八
24廿九	25三十	26三月	27初二	28初三	29初四	30初五

4

一	二	三	四	五	六	日
	1初七	2初八	3初九	4初十	5清明	6十二
7十三	8十四	9十五	10十六	11十七	12十八	13十九
14二十	15廿一	16廿二	17廿三	18廿四	19廿五	20谷雨
21廿七	22廿八	23廿九	24四月	25初二	26初三	27初四
28初五	29初六	30初七				

5

一	二	三	四	五	六	日
			1初八	2初九	3初十	4十一
5立夏	6十三	7十四	8十五	9十六	10十七	11十八
12十九	13二十	14廿一	15廿二	16廿三	17廿四	18廿五
19廿六	20廿七	21小满	22廿九	23三十	24五月	25初二
26初三	27初四	28初五	29初六	30初七	31初八	

6

一	二	三	四	五	六	日
30初九						1初九
2初十	3十一	4十二	5十三	6芒种	7十五	8十六
9十七	10十八	11十九	12二十	13廿一	14廿二	15廿三
16廿四	17廿五	18廿六	19廿七	20廿八	21夏至	22五月
23初二	24初三	25初四	26初五	27初六	28初七	29初八

7

一	二	三	四	五	六	日
	1初十	2十一	3十二	4十三	5十四	6十五
7小暑	8十七	9十八	10十九	11二十	12廿一	13廿二
14廿三	15廿四	16廿五	17廿六	18廿七	19廿八	20廿九
21三十	22六月	23大暑	24初三	25初四	26初五	27初六
28初七	29初八	30初九	31初十			

8

一	二	三	四	五	六	日
				1十一	2十二	3十三
4十四	5十五	6十六	7立秋	8十八	9十九	10二十
11廿一	12廿二	13廿三	14廿四	15廿五	16廿六	17廿七
18廿八	19廿九	20七月	21初二	22初三	23处暑	24初五
25初六	26初七	27初八	28初九	29初十	30十一	31十二

9

一	二	三	四	五	六	日
1十三	2十四	3十五	4十六	5十七	6十八	7十九
8白露	9廿一	10廿二	11廿三	12廿四	13廿五	14廿六
15廿七	16廿八	17廿九	18三十	19八月	20初二	21初三
22初四	23秋分	24初六	25初七	26初八	27初九	28初十
29十一	30十二					

10

一	二	三	四	五	六	日
		1十三	2十四	3十五	4十六	5十七
6十八	7十九	8寒露	9廿一	10廿二	11廿三	12廿四
13廿五	14廿六	15廿七	16廿八	17廿九	18三十	19九月
20初二	21初三	22初四	23霜降	24初六	25初七	26初八
27初九	28初十	29十一	30十二	31十三		

11

一	二	三	四	五	六	日
					1十四	2十五
3十六	4十七	5十八	6十九	7立冬	8廿一	9廿二
10廿三	11廿四	12廿五	13廿六	14廿七	15廿八	16廿九
17十月	18初二	19初三	20初四	21初五	22小雪	23初七
24初八	25初九	26初十	27十一	28十二	29十三	30十四

12

一	二	三	四	五	六	日
1十五	2十六	3十七	4十八	5十九	6二十	7大雪
8廿二	9廿三	10廿四	11廿五	12廿六	13廿七	14廿八
15廿九	16三十	17十一月	18初二	19初三	20初四	21初五
22冬至	23初七	24初八	25初九	26初十	27十一	28十二
29十三	30十四	31十五				

中国吉祥图案鉴赏

1953年（癸巳 蛇年2月14日始）

1

一	二	三	四	五	六	日
			1 十六	2 十七	3 十八	4 十九
5 小寒	6 廿一	7 廿二	8 廿三	9 廿四	10 廿五	11 廿六
12 廿七	13 廿八	14 廿九	15 十二月	16 初二	17 初三	18 初四
19 初五	20 大寒	21 初七	22 初八	23 初九	24 初十	25 十一
26 十二	27 十三	28 十四	29 十五	30 十六	31 十七	

2

一	二	三	四	五	六	日
						1 十八
2 十九	3 二十	4 立春	5 廿二	6 廿三	7 廿四	8 廿五
9 廿六	10 廿七	11 廿八	12 廿九	13 三十	14 正月	15 初二
16 初三	17 初四	18 初五	19 雨水	20 初七	21 初八	22 初九
23 初十	24 十一	25 十二	26 十三	27 十四	28 十五	

3

一	二	三	四	五	六	日
30 十六	31 十七					1 十六
2 十七	3 十八	4 十九	5 二十	6 惊蛰	7 廿二	8 廿三
9 廿四	10 廿五	11 廿六	12 廿七	13 廿八	14 廿九	15 二月
16 初二	17 初三	18 初四	19 初五	20 初六	21 春分	22 初八
23 初九	24 初十	25 十一	26 十二	27 十三	28 十四	29 十五

4

一	二	三	四	五	六	日
		1 十八	2 十九	3 二十	4 廿一	5 清明
6 廿三	7 廿四	8 廿五	9 廿六	10 廿七	11 廿八	12 廿九
13 三十	14 三月	15 初二	16 初三	17 初四	18 初五	19 初六
20 谷雨	21 初八	22 初九	23 初十	24 十一	25 十二	26 十三
27 十四	28 十五	29 十六	30 十七			

5

一	二	三	四	五	六	日
				1 十八	2 十九	3 二十
4 廿一	5 廿二	6 立夏	7 廿四	8 廿五	9 廿六	10 廿七
11 廿八	12 廿九	13 四月	14 初二	15 初三	16 初四	17 初五
18 初六	19 初七	20 初八	21 小满	22 初十	23 十一	24 十二
25 十三	26 十四	27 十五	28 十六	29 十七	30 十八	31 十九

6

一	二	三	四	五	六	日
1 二十	2 廿一	3 廿二	4 廿三	5 廿四	6 芒种	7 廿六
8 廿七	9 廿八	10 廿九	11 五月	12 初二	13 初三	14 初四
15 初五	16 初六	17 初七	18 初八	19 初九	20 初十	21 十一
22 夏至	23 十三	24 十三	25 初五	26 初六	27 初七	28 初八
29 初九	30 二十					

7

一	二	三	四	五	六	日
		1 廿一	2 廿二	3 廿三	4 廿四	5 廿五
6 廿六	7 小暑	8 廿八	9 廿九	10 三十	11 六月	12 初二
13 初三	14 初四	15 初五	16 初六	17 初七	18 初八	19 初九
20 初十	21 十一	22 十二	23 大暑	24 十四	25 十五	26 十六
27 十七	28 十八	29 十九	30 二十	31 廿一		

8

一	二	三	四	五	六	日
31 廿二					1 廿二	2 廿三
3 廿四	4 廿五	5 廿六	6 廿七	7 廿八	8 立秋	9 三十
10 七月	11 初二	12 初三	13 初四	14 初五	15 初六	16 初七
17 初八	18 初九	19 初十	20 十一	21 十二	22 十三	23 处暑
24 十五	25 十六	26 十七	27 十八	28 十九	29 二十	30 廿一

9

一	二	三	四	五	六	日
	1 廿三	2 廿四	3 廿五	4 廿六	5 廿七	6 廿八
7 廿九	8 八月 白露	9 初二	10 初三	11 初四	12 初五	13 初六
14 初七	15 初八	16 初九	17 初十	18 十一	19 十二	20 十三
21 十四	22 十五	23 秋分	24 十七	25 十八	26 十九	27 二十
28 廿一	29 廿二	30 廿三				

10

一	二	三	四	五	六	日
			1 廿四	2 廿五	3 廿六	4 廿七
5 廿八	6 廿九	7 三十	8 九月 寒露	9 初二	10 初三	11 初四
12 初五	13 初六	14 初七	15 初八	16 初九	17 初十	18 十一
19 十二	20 十三	21 十四	22 十五	23 十六	24 霜降	25 十八
26 十九	27 二十	28 廿一	29 廿二	30 廿三	31 廿四	

11

一	二	三	四	五	六	日
30 廿四						1 廿五
2 廿六	3 廿七	4 廿八	5 廿九	6 三十	7 十月	8 立冬
9 初三	10 初四	11 初五	12 初六	13 初七	14 初八	15 初九
16 初十	17 十一	18 十二	19 十三	20 十四	21 十五	22 小雪
23 十七	24 十八	25 十九	26 二十	27 廿一	28 廿二	29 廿三

12

一	二	三	四	五	六	日
	1 廿五	2 廿六	3 廿七	4 廿八	5 廿九	6 十一月
7 大雪	8 初三	9 初四	10 初五	11 初六	12 初七	13 初八
14 初九	15 初十	16 十一	17 十二	18 十三	19 十四	20 十五
21 十六	22 冬至	23 十八	24 十九	25 二十	26 廿一	27 廿二
28 廿三	29 廿四	30 廿五	31 廿六			

中国吉祥图案鉴赏

龙舞

题注：舞龙是古代祈福祈雨仪式中演化、保留下来的民俗活动。宋元之后，舞龙逐渐与祭祀、民间社团活动联系起来，多在春节前后进行，通称舞龙灯，形式多样，有火龙、布龙等，成为一种节日喜庆活动。

1954 年（甲午 马年 2 月 3 日始）

1

一	二	三	四	五	六	日
				1 廿七	2 廿八	3 廿九
4 三十	5 十二月	6 小寒	7 初三	8 初四	9 初五	10 初六
11 初七	12 初八	13 初九	14 初十	15 十一	16 十二	17 十三
18 十四	19 十五	20 大寒	21 十七	22 十八	23 十九	24 二十
25 廿一	26 廿二	27 廿三	28 廿四	29 廿五	30 廿六	31 廿七

2

一	二	三	四	五	六	日
1 廿八	2 廿九	3 正月	4 立春	5 初三	6 初四	7 初五
8 初六	9 初七	10 初八	11 初九	12 初十	13 十一	14 十二
15 十三	16 十四	17 十五	18 十六	19 雨水	20 十八	21 十九
22 二十	23 廿一	24 廿二	25 廿三	26 廿四	27 廿五	28 廿六

3

一	二	三	四	五	六	日
1 廿七	2 廿八	3 廿九	4 三十	5 二月	6 惊蛰	7 初三
8 初四	9 初五	10 初六	11 初七	12 初八	13 初九	14 初十
15 十一	16 十二	17 十三	18 十四	19 十五	20 十六	21 春分
22 十八	23 十九	24 二十	25 廿一	26 廿二	27 廿三	28 廿四
29 廿五	30 廿六	31 廿七				

4

一	二	三	四	五	六	日
			1 廿八	2 廿九	3 三月	4 初二
5 清明	6 初四	7 初五	8 初六	9 初七	10 初八	11 初九
12 初十	13 十一	14 十二	15 十三	16 十四	17 十五	18 十六
19 十七	20 谷雨	21 十九	22 二十	23 廿一	24 廿二	25 廿三
26 廿四	27 廿五	28 廿六	29 廿七	30 廿八		

5

一	二	三	四	五	六	日
31 廿九					1 廿九	2 三十
3 四月	4 初二	5 初三	6 立夏	7 初五	8 初六	9 初七
10 初八	11 初九	12 初十	13 十一	14 十二	15 十三	16 十四
17 十五	18 十六	19 十七	20 十八	21 小满	22 二十	23 廿一
24 廿二	25 廿三	26 廿四	27 廿五	28 廿六	29 廿七	30 廿八

6

一	二	三	四	五	六	日
	1 五月	2 初二	3 初三	4 初四	5 初五	6 芒种
7 初七	8 初八	9 初九	10 初十	11 十一	12 十二	13 十三
14 十四	15 十五	16 十六	17 十七	18 十八	19 十九	20 二十
21 廿一	22 夏至	23 廿三	24 廿四	25 廿五	26 廿六	27 廿七
28 廿八	29 廿九	30 六月				

7

一	二	三	四	五	六	日
			1 初二	2 初三	3 初四	4 初五
5 初六	6 初七	7 初八	8 小暑	9 初十	10 十一	11 十二
12 十三	13 十四	14 十五	15 十六	16 十七	17 十八	18 十九
19 二十	20 廿一	21 廿二	22 廿三	23 大暑	24 廿五	25 廿六
26 廿七	27 廿八	28 廿九	29 三十	30 七月	31 初二	

8

一	二	三	四	五	六	日
30 初三	31 初四					1 初三
2 初四	3 初五	4 初六	5 初七	6 初八	7 初九	8 立秋
9 十一	10 十二	11 十三	12 十四	13 十五	14 十六	15 十七
16 十八	17 十九	18 二十	19 廿一	20 廿二	21 廿三	22 廿四
23 廿五	24 处暑	25 廿七	26 廿八	27 廿九	28 八月	29 初二

9

一	二	三	四	五	六	日
		1 初五	2 初六	3 初七	4 初八	5 初九
6 初十	7 十一	8 白露	9 十三	10 十四	11 十五	12 十六
13 十七	14 十八	15 十九	16 二十	17 廿一	18 廿二	19 廿三
20 廿四	21 廿五	22 廿六	23 秋分	24 廿八	25 廿九	26 三十
27 九月	28 初二	29 初三	30 初四			

10

一	二	三	四	五	六	日
				1 初五	2 初六	3 初七
4 初八	5 初九	6 初十	7 十一	8 十二	9 寒露	10 十四
11 十五	12 十六	13 十七	14 十八	15 十九	16 二十	17 廿一
18 廿二	19 廿三	20 廿四	21 廿五	22 廿六	23 廿七	24 霜降
25 廿九	26 三十	27 十月	28 初二	29 初三	30 初四	31 初五

11

一	二	三	四	五	六	日
1 初六	2 初七	3 初八	4 初九	5 初十	6 十一	7 十二
8 立冬	9 十四	10 十五	11 十六	12 十七	13 十八	14 十九
15 二十	16 廿一	17 廿二	18 廿三	19 廿四	20 廿五	21 廿六
22 廿七	23 小雪	24 廿九	25 十一月	26 初二	27 初三	28 初四
29 初五	30 初六					

12

一	二	三	四	五	六	日
		1 初七	2 初八	3 初九	4 初十	5 十一
6 十二	7 大雪	8 十四	9 十五	10 十六	11 十七	12 十八
13 十九	14 二十	15 廿一	16 廿二	17 廿三	18 廿四	19 廿五
20 廿六	21 廿七	22 冬至	23 廿九	24 三十	25 十二月	26 初二
27 初三	28 初四	29 初五	30 初六	31 初七		

中国吉祥图案鉴赏

1955年（乙未 羊年1月24日始 闰三月）

1

一	二	三	四	五	六	日
31初八					1初八	2初九
3初十	4十一	5十二	6小寒	7十四	8十五	9十六
10十七	11十八	12十九	13二十	14廿一	15廿二	16廿三
17廿四	18廿五	19廿六	20廿七	21大寒	22廿九	23三十
24正月	25初二	26初三	27初四	28初五	29初六	30初七

2

一	二	三	四	五	六	日
	1初九	2初十	3十一	4立春	5十三	6十四
7十五	8十六	9十七	10十八	11十九	12二十	13廿一
14廿二	15廿三	16廿四	17廿五	18廿六	19雨水	20廿八
21廿九	22二月	23初二	24初三	25初四	26初五	27初六
28初七						

3

一	二	三	四	五	六	日
	1初八	2初九	3初十	4十一	5十二	6惊蛰
7十四	8十五	9十六	10十七	11十八	12十九	13二十
14廿一	15廿二	16廿三	17廿四	18廿五	19廿六	20廿七
21春分	22廿九	23三十	24三月	25初二	26初三	27初四
28初五	29初六	30初七	31初八			

4

一	二	三	四	五	六	日
				1初九	2初十	3十一
4十二	5清明	6十四	7十五	8十六	9十七	10十八
11十九	12二十	13廿一	14廿二	15廿三	16廿四	17廿五
18廿六	19廿七	20廿八	21谷雨	22三月	23初二	24初三
25初四	26初五	27初六	28初七	29初八	30初九	

5

一	二	三	四	五	六	日
30初九	31初十					1初十
2十一	3十二	4十三	5十四	6立夏	7十六	8十七
9十八	10十九	11二十	12廿一	13廿二	14廿三	15廿四
16廿五	17廿六	18廿七	19廿八	20廿九	21三十	22四月小满
23初二	24初三	25初四	26初五	27初六	28初七	29初八

6

一	二	三	四	五	六	日
		1十一	2十二	3十三	4十四	5十五
6芒种	7十七	8十八	9十九	10二十	11廿一	12廿二
13廿三	14廿四	15廿五	16廿六	17廿七	18廿八	19廿九
20五月	21初二	22夏至	23初四	24初五	25初六	26初七
27初八	28初九	29初十	30十一			

7

一	二	三	四	五	六	日
				1十二	2十三	3十四
4十五	5十六	6十七	7十八	8小暑	9二十	10廿一
11廿二	12廿三	13廿四	14廿五	15廿六	16廿七	17廿八
18廿九	19六月	20初二	21初三	22初四	23大暑	24初六
25初七	26初八	27初九	28初十	29十一	30十二	31十三

8

一	二	三	四	五	六	日
1十四	2十五	3十六	4十七	5十八	6十九	7二十
8立秋	9廿二	10廿三	11廿四	12廿五	13廿六	14廿七
15廿八	16廿九	17三十	18七月	19初二	20初三	21初四
22初五	23初六	24处暑	25初八	26初九	27初十	28十一
29十二	30十三	31十四				

9

一	二	三	四	五	六	日
			1十五	2十六	3十七	4十八
5十九	6二十	7廿一	8白露	9廿三	10廿四	11廿五
12廿六	13廿七	14廿八	15廿九	16八月	17初二	18初三
19初四	20初五	21初六	22初七	23初八	24秋分	25初十
26十一	27十二	28十三	29十四	30十五		

10

一	二	三	四	五	六	日
31十六					1十六	2十七
3十八	4十九	5二十	6廿一	7廿二	8廿三	9寒露
10廿五	11廿六	12廿七	13廿八	14廿九	15三十	16九月
17初二	18初三	19初四	20初五	21初六	22初七	23初八
24霜降	25初十	26十一	27十二	28十三	29十四	30十五

11

一	二	三	四	五	六	日
	1十七	2十八	3十九	4二十	5廿一	6廿二
7廿三	8立冬	9廿五	10廿六	11廿七	12廿八	13廿九
14十月	15初二	16初三	17初四	18初五	19初六	20初七
21初八	22初九	23小雪	24十一	25十二	26十三	27十四
28十五	29十六	30十七				

12

一	二	三	四	五	六	日
			1十八	2十九	3二十	4廿一
5廿二	6廿三	7廿四	8大雪	9廿六	10廿七	11廿八
12廿九	13三十	14十一月	15初二	16初三	17初四	18初五
19初六	20初七	21初八	22冬至	23初十	24十一	25十二
26十三	27十四	28十五	29十六	30十七	31十八	

中国吉祥图案鉴赏

马到平安

题注：又叫“马上平安”，古代交通不便，家里的人得到外出亲人的书信，是一件极为高兴的事情。本图案表达了对亲朋好友的关切之情，家具上的铜锁，做成马的造型，寓意马到平安，财物安全。

1956 年（丙申 猴年 2 月 12 日始）

1

一	二	三	四	五	六	日
30 十八	31 十九					1 十九
2 二十	3 廿一	4 廿二	5 廿三	6 小寒	7 廿五	8 廿六
9 廿七	10 廿八	11 廿九	12 三十	13 十二月	14 初二	15 初三
16 初四	17 初五	18 初六	19 初七	20 初八	21 大寒	22 初十
23 十一	24 十二	25 十三	26 十四	27 十五	28 十六	29 十七

7

一	二	三	四	五	六	日
30 廿三	31 廿四					1 廿三
2 廿四	3 廿五	4 廿六	5 廿七	6 廿八	7 小暑	8 六月
9 初二	10 初三	11 初四	12 初五	13 初六	14 初七	15 初八
16 初九	17 初十	18 十一	19 十二	20 十三	21 十四	22 十五
23 大暑	24 十七	25 十八	26 十九	27 二十	28 廿一	29 廿二

2

一	二	三	四	五	六	日
		1 二十	2 廿一	3 廿二	4 廿三	5 立春
6 廿五	7 廿六	8 廿七	9 廿八	10 廿九	11 三十	12 正月
13 初二	14 初三	15 初四	16 初五	17 初六	18 初七	19 初八
20 雨水	21 初十	22 十一	23 十二	24 十三	25 十四	26 十五
27 十六	28 十七	29 十八				

8

一	二	三	四	五	六	日
		1 廿五	2 廿六	3 廿七	4 廿八	5 廿九
6 七月	7 立秋	8 初三	9 初四	10 初五	11 初六	12 初七
13 初八	14 初九	15 初十	16 十一	17 十二	18 十三	19 十四
20 十五	21 十六	22 十七	23 处暑	24 十九	25 二十	26 廿一
27 廿二	28 廿三	29 廿四	30 廿五	31 廿六		

3

一	二	三	四	五	六	日
			1 十九	2 二十	3 廿一	4 廿二
5 惊蛰	6 廿四	7 廿五	8 廿六	9 廿七	10 廿八	11 廿九
12 二月	13 初二	14 初三	15 初四	16 初五	17 初六	18 初七
19 初八	20 春分	21 初十	22 十一	23 十二	24 十三	25 十四
26 十五	27 十六	28 十七	29 十八	30 十九	31 二十	

9

一	二	三	四	五	六	日
					1 廿七	2 廿八
3 廿九	4 三十	5 八月	6 初二	7 初三	8 白露	9 初五
10 初六	11 初七	12 初八	13 初九	14 初十	15 十一	16 十二
17 十三	18 十四	19 十五	20 十六	21 十七	22 十八	23 秋分
24 二十	25 廿一	26 廿二	27 廿三	28 廿四	29 廿五	30 廿六

4

一	二	三	四	五	六	日
30 二十						1 廿一
2 廿二	3 廿三	4 廿四	5 清明	6 廿六	7 廿七	8 廿八
9 廿九	10 三十	11 三月	12 初二	13 初三	14 初四	15 初五
16 初六	17 初七	18 初八	19 初九	20 谷雨	21 十一	22 十二
23 十三	24 十四	25 十五	26 十六	27 十七	28 十八	29 十九

10

一	二	三	四	五	六	日
1 廿七	2 廿八	3 廿九	4 九月	5 初二	6 初三	7 初四
8 寒露	9 初六	10 初七	11 初八	12 初九	13 初十	14 十一
15 十二	16 十三	17 十四	18 十五	19 十六	20 十七	21 十八
22 十九	23 霜降	24 廿一	25 廿二	26 廿三	27 廿四	28 廿五
29 廿六	30 廿七	31 廿八				

5

一	二	三	四	五	六	日
	1 廿一	2 廿二	3 廿三	4 廿四	5 立夏	6 廿六
7 廿七	8 廿八	9 廿九	10 四月	11 初二	12 初三	13 初四
14 初五	15 初六	16 初七	17 初八	18 初九	19 初十	20 十一
21 小满	22 十三	23 十四	24 十五	25 十六	26 十七	27 十八
28 十九	29 二十	30 廿一	31 廿二			

11

一	二	三	四	五	六	日
			1 廿九	2 三十	3 十月	4 初二
5 初三	6 初四	7 立冬	8 初六	9 初七	10 初八	11 初九
12 初十	13 十一	14 十二	15 十三	16 十四	17 十五	18 十六
19 十七	20 十八	21 十九	22 小雪	23 廿一	24 廿二	25 廿三
26 廿四	27 廿五	28 廿六	29 廿七	30 廿八		

6

一	二	三	四	五	六	日
				1 廿三	2 廿四	3 廿五
4 廿六	5 廿七	6 芒种	7 廿九	8 三十	9 五月	10 初二
11 初三	12 初四	13 初五	14 初六	15 初七	16 初八	17 初九
18 初十	19 十一	20 十二	21 夏至	22 十四	23 十五	24 十六
25 十七	26 十八	27 十九	28 二十	29 廿一	30 廿二	

12

一	二	三	四	五	六	日
31 三十					1 廿九	2 十一月
3 初二	4 初三	5 初四	6 初五	7 大雪	8 初七	9 初八
10 初九	11 初十	12 十一	13 十二	14 十三	15 十四	16 十五
17 十六	18 十七	19 十八	20 十九	21 二十	22 冬至	23 廿二
24 廿三	25 廿四	26 廿五	27 廿六	28 廿七	29 廿八	30 廿九

中国吉祥图案鉴赏

1957年（丁酉 鸡年1月31日始）

1

一	二	三	四	五	六	日
	1十二月	2初二	3初三	4初四	5小寒	6初六
7初七	8初八	9初九	10初十	11十一	12十二	13十三
14十四	15十五	16十六	17十七	18十八	19十九	20大寒
21廿一	22廿二	23廿三	24廿四	25廿五	26廿六	27廿七
28廿八	29廿九	30三十	31正月			

2

一	二	三	四	五	六	日
				1初二	2初三	3初四
4立春	5初六	6初七	7初八	8初九	9初十	10十一
11十二	12十三	13十四	14十五	15十六	16十七	17十八
18十九	19雨水	20廿一	21廿二	22廿三	23廿四	24廿五
25廿六	26廿七	27廿八	28廿九			

3

一	二	三	四	五	六	日
				1三十	2二月	3初二
4初三	5初四	6惊蛰	7初六	8初七	9初八	10初九
11初十	12十一	13十二	14十三	15十四	16十五	17十六
18十七	19十八	20十九	21春分	22廿一	23廿二	24廿三
25廿四	26廿五	27廿六	28廿七	29廿八	30廿九	31三月

4

一	二	三	四	五	六	日
1初二	2初三	3初四	4初五	5清明	6初七	7初八
8初九	9初十	10十一	11十二	12十三	13十四	14十五
15十六	16十七	17十八	18十九	19二十	20谷雨	21廿二
22廿三	23廿四	24廿五	25廿六	26廿七	27廿八	28廿九
29三十	30四月					

5

一	二	三	四	五	六	日
		1初二	2初三	3初四	4初五	5初六
6立夏	7初八	8初九	9初十	10十一	11十二	12十三
13十四	14十五	15十六	16十七	17十八	18十九	19二十
20廿一	21小满	22廿三	23廿四	24廿五	25廿六	26廿七
27廿八	28廿九	29五月	30初二	31初三		

6

一	二	三	四	五	六	日
					1初四	2初五
3初六	4初七	5初八	6芒种	7初十	8十一	9十二
10十三	11十四	12十五	13十六	14十七	15十八	16十九
17二十	18廿一	19廿二	20廿三	21廿四	22夏至	23廿六
24廿七	25廿八	26廿九	27三十	28六月	29初二	30初三

7

一	二	三	四	五	六	日
1初四	2初五	3初六	4初七	5初八	6初九	7小暑
8十一	9十二	10十三	11十四	12十五	13十六	14十七
15十八	16十九	17二十	18廿一	19廿二	20廿三	21廿四
22廿五	23大暑	24廿七	25廿八	26廿九	27七月	28初二
29初三	30初四	31初五				

8

一	二	三	四	五	六	日
			1初六	2初七	3初八	4初九
5初十	6十一	7十二	8立秋	9十四	10十五	11十六
12十七	13十八	14十九	15二十	16廿一	17廿二	18廿三
19廿四	20廿五	21廿六	22廿七	23处暑	24廿九	25八月
26初二	27初三	28初四	29初五	30初六	31初七	

9

一	二	三	四	五	六	日
30初七						1初八
2初九	3初十	4十一	5十二	6十三	7十四	8白露
9十六	10十七	11十八	12十九	13二十	14廿一	15廿二
16廿三	17廿四	18廿五	19廿六	20廿七	21廿八	22廿九
23秋分	24八月	25初二	26初三	27初四	28初五	29初六

10

一	二	三	四	五	六	日
	1初八	2初九	3初十	4十一	5十二	6十三
7十四	8寒露	9十六	10十七	11十八	12十九	13二十
14廿一	15廿二	16廿三	17廿四	18廿五	19廿六	20廿七
21廿八	22廿九	23九月	24霜降	25初三	26初四	27初五
28初六	29初七	30初八	31初九			

11

一	二	三	四	五	六	日
				1初十	2十一	3十二
4十三	5十四	6十五	7十六	8立冬	9十八	10十九
11二十	12廿一	13廿二	14廿三	15廿四	16廿五	17廿六
18廿七	19廿八	20廿九	21三十	22十月	23小雪	24初三
25初四	26初五	27初六	28初七	29初八	30初九	

12

一	二	三	四	五	六	日
30初十	31十一					1初十
2十一	3十二	4十三	5十四	6十五	7大雪	8十七
9十八	10十九	11二十	12廿一	13廿二	14廿三	15廿四
16廿五	17廿六	18廿七	19廿八	20廿九	21十一月	22冬至
23初三	24初四	25初五	26初六	27初七	28初八	29初九

中国吉祥图案鉴赏

三多

题注：桃象征长寿，佛手象征福，石榴因其多子，被视为子孙昌盛的象征。三种果物寓意多福、多寿、多子，为典型的祈福图案。

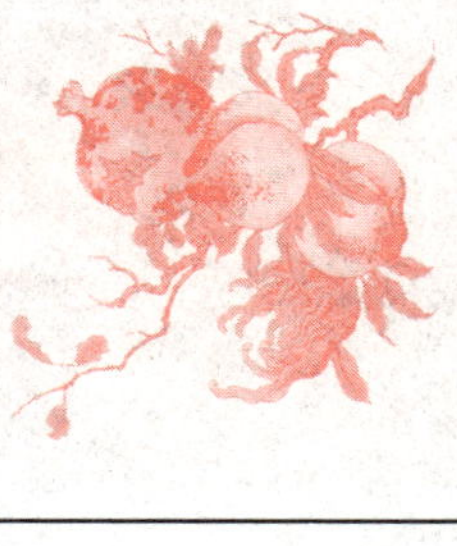

1958年（戊戌 狗年2月18日始）

1

一	二	三	四	五	六	日
		1 十二	2 十三	3 十四	4 十五	5 十六
6 小寒	7 十八	8 十九	9 二十	10 廿一	11 廿二	12 廿三
13 廿四	14 廿五	15 廿六	16 廿七	17 廿八	18 廿九	19 三十
20 十二月 大寒	21 初二	22 初三	23 初四	24 初五	25 初六	26 初七
27 初八	28 初九	29 初十	30 十一	31 十二		

2

一	二	三	四	五	六	日
					1 十三	2 十四
3 十五	4 立春	5 十七	6 十八	7 十九	8 二十	9 廿一
10 廿二	11 廿三	12 廿四	13 廿五	14 廿六	15 廿七	16 廿八
17 廿九	18 正月	19 雨水	20 初三	21 初四	22 初五	23 初六
24 初七	25 初八	26 初九	27 初十	28 十一		

3

一	二	三	四	五	六	日
31 十二					1 十二	2 十三
3 十四	4 十五	5 十六	6 惊蛰	7 十八	8 十九	9 二十
10 廿一	11 廿二	12 廿三	13 廿四	14 廿五	15 廿六	16 廿七
17 廿八	18 廿九	19 三十	20 二月	21 春分	22 初三	23 初四
24 初五	25 初六	26 初七	27 初八	28 初九	29 初十	30 十一

4

一	二	三	四	五	六	日
	1 十三	2 十四	3 十五	4 十六	5 清明	6 十八
7 十九	8 二十	9 廿一	10 廿二	11 廿三	12 廿四	13 廿五
14 廿六	15 廿七	16 廿八	17 廿九	18 三十	19 三月	20 谷雨
21 初三	22 初四	23 初五	24 初六	25 初七	26 初八	27 初九
28 初十	29 十一	30 十二				

5

一	二	三	四	五	六	日
			1 十三	2 十四	3 十五	4 十六
5 十七	6 立夏	7 十九	8 二十	9 廿一	10 廿二	11 廿三
12 廿四	13 廿五	14 廿六	15 廿七	16 廿八	17 廿九	18 三十
19 四月	20 初二	21 小满	22 初四	23 初五	24 初六	25 初七
26 初八	27 初九	28 初十	29 十一	30 十二	31 十三	

6

一	二	三	四	五	六	日
30 十四						1 十四
2 十五	3 十六	4 十七	5 十八	6 芒种	7 二十	8 廿一
9 廿二	10 廿三	11 廿四	12 廿五	13 廿六	14 廿七	15 廿八
16 廿九	17 五月	18 初二	19 初三	20 初四	21 初五	22 夏至
23 初七	24 初八	25 初九	26 初十	27 十一	28 十二	29 十三

7

一	二	三	四	五	六	日
	1 十五	2 十六	3 十七	4 十八	5 十九	6 二十
7 小暑	8 廿二	9 廿三	10 廿四	11 廿五	12 廿六	13 廿七
14 廿八	15 廿九	16 三十	17 六月	18 初二	19 初三	20 初四
21 初五	22 初六	23 大暑	24 初八	25 初九	26 初十	27 十一
28 十二	29 十三	30 十四	31 十五			

8

一	二	三	四	五	六	日
				1 十六	2 十七	3 十八
4 十九	5 二十	6 廿一	7 廿二	8 立秋	9 廿四	10 廿五
11 廿六	12 廿七	13 廿八	14 廿九	15 七月	16 初二	17 初三
18 初四	19 初五	20 初六	21 初七	22 初八	23 初九	24 处暑
25 十一	26 十二	27 十三	28 十四	29 十五	30 十六	31 十七

9

一	二	三	四	五	六	日
1 十八	2 十九	3 二十	4 廿一	5 廿二	6 廿三	7 廿四
8 白露	9 廿六	10 廿七	11 廿八	12 廿九	13 八月	14 初二
15 初三	16 初四	17 初五	18 初六	19 初七	20 初八	21 初九
22 初十	23 秋分	24 十二	25 十三	26 十四	27 十五	28 十六
29 十七	30 十八					

10

一	二	三	四	五	六	日
		1 十九	2 二十	3 廿一	4 廿二	5 廿三
6 廿四	7 廿五	8 廿六	9 寒露	10 廿八	11 廿九	12 三十
13 九月	14 初二	15 初三	16 初四	17 初五	18 初六	19 初七
20 初八	21 初九	22 初十	23 十一	24 霜降	25 十三	26 十四
27 十五	28 十六	29 十七	30 十八	31 十九		

11

一	二	三	四	五	六	日
					1 二十	2 廿一
3 廿二	4 廿三	5 廿四	6 廿五	7 廿六	8 立冬	9 廿八
10 廿九	11 十月	12 初二	13 初三	14 初四	15 初五	16 初六
17 初七	18 初八	19 初九	20 初十	21 十一	22 十二	23 小雪
24 十四	25 十五	26 十六	27 十七	28 十八	29 十九	30 二十

12

一	二	三	四	五	六	日
1 廿一	2 廿二	3 廿三	4 廿四	5 廿五	6 廿六	7 大雪
8 廿八	9 廿九	10 三十	11 十一月	12 初二	13 初三	14 初四
15 初五	16 初六	17 初七	18 初八	19 初九	20 初十	21 十一
22 冬至	23 十三	24 十四	25 十五	26 十六	27 十七	28 十八
29 十九	30 二十	31 廿一				

中国吉祥图案鉴赏

1959年（己亥 猪年2月8日始）

1

一	二	三	四	五	六	日
			1廿二	2廿三	3廿四	4廿五
5廿六	6小寒	7廿八	8廿九	9十二月	10初二	11初三
12初四	13初五	14初六	15初七	16初八	17初九	18初十
19十一	20十二	21大寒	22十四	23十五	24十六	25十七
26十八	27十九	28二十	29廿一	30廿二	31廿三	

2

一	二	三	四	五	六	日
						1廿四
2廿五	3廿六	4立春	5廿八	6廿九	7三十	8正月
9初二	10初三	11初四	12初五	13初六	14初七	15初八
16初九	17初十	18十一	19雨水	20十三	21十四	22十五
23十六	24十七	25十八	26十九	27二十	28廿一	

3

一	二	三	四	五	六	日
30廿二	31廿三					1廿二
2廿三	3廿四	4廿五	5廿六	6惊蛰	7廿八	8廿九
9二月	10初二	11初三	12初四	13初五	14初六	15初七
16初八	17初九	18初十	19十一	20十二	21春分	22十四
23十五	24十六	25十七	26十八	27十九	28二十	29廿一

4

一	二	三	四	五	六	日
		1廿四	2廿五	3廿六	4廿七	5清明
6廿九	7三十	8三月	9初二	10初三	11初四	12初五
13初六	14初七	15初八	16初九	17初十	18十一	19十二
20十三	21谷雨	22十五	23十六	24十七	25十八	26十九
27二十	28廿一	29廿二	30廿三			

5

一	二	三	四	五	六	日
				1廿四	2廿五	3廿六
4廿七	5廿八	6立夏	7三十	8四月	9初二	10初三
11初四	12初五	13初六	14初七	15初八	16初九	17初十
18十一	19十二	20十三	21十四	22小满	23十六	24十七
25十八	26十九	27二十	28廿一	29廿二	30廿三	31廿四

6

一	二	三	四	五	六	日
1廿五	2廿六	3廿七	4廿八	5廿九	6五月芒种	7初二
8初三	9初四	10初五	11初六	12初七	13初八	14初九
15初十	16十一	17十二	18十三	19十四	20十五	21十六
22夏至	23十八	24十九	25二十	26廿一	27廿二	28廿三
29廿四	30廿五					

7

一	二	三	四	五	六	日
		1廿六	2廿七	3廿八	4廿九	5三十
6六月	7初二	8小暑	9初四	10初五	11初六	12初七
13初八	14初九	15初十	16十一	17十二	18十三	19十四
20十五	21十六	22十七	23大暑	24十九	25二十	26廿一
27廿二	28廿三	29廿四	30廿五	31廿六		

8

一	二	三	四	五	六	日
31廿八					1廿七	2廿八
3廿九	4七月	5初二	6初三	7初四	8立秋	9初六
10初七	11初八	12初九	13初十	14十一	15十二	16十三
17十四	18十五	19十六	20十七	21十八	22十九	23二十
24处暑	25廿二	26廿三	27廿四	28廿五	29廿六	30廿七

9

一	二	三	四	五	六	日
	1廿九	2三十	3八月	4初二	5初三	6初四
7初五	8白露	9初七	10初八	11初九	12初十	13十一
14十二	15十三	16十四	17十五	18十六	19十七	20十八
21十九	22二十	23廿一	24秋分	25廿三	26廿四	27廿五
28廿六	29廿七	30廿八				

10

一	二	三	四	五	六	日
			1廿九	2九月	3初二	4初三
5初四	6初五	7初六	8初七	9寒露	10初九	11初十
12十一	13十二	14十三	15十四	16十五	17十六	18十七
19十八	20十九	21二十	22廿一	23廿二	24霜降	25廿四
26廿五	27廿六	28廿七	29廿八	30廿九	31三十	

11

一	二	三	四	五	六	日
30十一月						1十月
2初二	3初三	4初四	5初五	6初六	7初七	8立冬
9初九	10初十	11十一	12十二	13十三	14十四	15十五
16十六	17十七	18十八	19十九	20二十	21廿一	22廿二
23小雪	24廿四	25廿五	26廿六	27廿七	28廿八	29廿九

12

一	二	三	四	五	六	日
	1初二	2初三	3初四	4初五	5初六	6初七
7初八	8大雪	9初十	10十一	11十二	12十三	13十四
14十五	15十六	16十七	17十八	18十九	19二十	20廿一
21廿二	22冬至	23廿四	24廿五	25廿六	26廿七	27廿八
28廿九	29三十	30十二月	31初二			

中国吉祥图案鉴赏

三星高照

题注：三星高照又称三星拱照、三星在户。“三星”指福星、禄星、寿星。传说是主管人间福、禄、寿的大神，福星司祸福，禄星司富贵贫贱，寿星司生死。此图案寓意三星在户，阖家幸福、富裕、长寿。

1960 年（庚子 鼠年 1 月 28 日始 闰六月）

1

一	二	三	四	五	六	日
				1 初三	2 初四	3 初五
4 初六	5 初七	6 小寒	7 初九	8 初十	9 十一	10 十二
11 十三	12 十四	13 十五	14 十六	15 十七	16 十八	17 十九
18 二十	19 廿一	20 廿二	21 大寒	22 廿四	23 廿五	24 廿六
25 廿七	26 廿八	27 廿九	28 正月	29 初二	30 初三	31 初四

2

一	二	三	四	五	六	日
1 初五	2 初六	3 初七	4 初八	5 立春	6 初十	7 十一
8 十二	9 十三	10 十四	11 十五	12 十六	13 十七	14 十八
15 十九	16 二十	17 廿一	18 廿二	19 雨水	20 廿四	21 廿五
22 廿六	23 廿七	24 廿八	25 廿九	26 三十	27 二月	28 初二
29 初三						

3

一	二	三	四	五	六	日
	1 初四	2 初五	3 初六	4 初七	5 惊蛰	6 初九
7 初十	8 十一	9 十二	10 十三	11 十四	12 十五	13 十六
14 十七	15 十八	16 十九	17 二十	18 廿一	19 廿二	20 春分
21 廿四	22 廿五	23 廿六	24 廿七	25 廿八	26 廿九	27 三月
28 初二	29 初三	30 初四	31 初五			

4

一	二	三	四	五	六	日
				1 初六	2 初七	3 初八
4 初九	5 清明	6 十一	7 十二	8 十三	9 十四	10 十五
11 十六	12 十七	13 十八	14 十九	15 二十	16 廿一	17 廿二
18 廿三	19 廿四	20 谷雨	21 廿六	22 廿七	23 廿八	24 廿九
25 三十	26 四月	27 初二	28 初三	29 初四	30 初五	

5

一	二	三	四	五	六	日
30 初六	31 初七					1 初六
2 初七	3 初八	4 初九	5 立夏	6 十一	7 十二	8 十三
9 十四	10 十五	11 十六	12 十七	13 十八	14 十九	15 二十
16 廿一	17 廿二	18 廿三	19 廿四	20 廿五	21 小满	22 廿七
23 廿八	24 廿九	25 五月	26 初二	27 初三	28 初四	29 初五

6

一	二	三	四	五	六	日
		1 初八	2 初九	3 初十	4 十一	5 十二
6 芒种	7 十四	8 十五	9 十六	10 十七	11 十八	12 十九
13 二十	14 廿一	15 廿二	16 廿三	17 廿四	18 廿五	19 廿六
20 廿七	21 夏至	22 廿九	23 三十	24 六月	25 初二	26 初三
27 初四	28 初五	29 初六	30 初七			

7

一	二	三	四	五	六	日
				1 初八	2 初九	3 初十
4 十一	5 十二	6 十三	7 小暑	8 十五	9 十六	10 十七
11 十八	12 十九	13 二十	14 廿一	15 廿二	16 廿三	17 廿四
18 廿五	19 廿六	20 廿七	21 廿八	22 廿九	23 大暑	24 六月
25 初二	26 初三	27 初四	28 初五	29 初六	30 初七	31 初八

8

一	二	三	四	五	六	日
1 初九	2 初十	3 十一	4 十二	5 十三	6 十四	7 立秋
8 十六	9 十七	10 十八	11 十九	12 二十	13 廿一	14 廿二
15 廿三	16 廿四	17 廿五	18 廿六	19 廿七	20 廿八	21 廿九
22 七月	23 处暑	24 初三	25 初四	26 初五	27 初六	28 初七
29 初八	30 初九	31 初十				

9

一	二	三	四	五	六	日
			1 十一	2 十二	3 十三	4 十四
5 十五	6 十六	7 白露	8 十八	9 十九	10 二十	11 廿一
12 廿二	13 廿三	14 廿四	15 廿五	16 廿六	17 廿七	18 廿八
19 廿九	20 三十	21 八月	22 初二	23 秋分	24 初四	25 初五
26 初六	27 初七	28 初八	29 初九	30 初十		

10

一	二	三	四	五	六	日
31 十二					1 十一	2 十二
3 十三	4 十四	5 十五	6 十六	7 十七	8 寒露	9 十九
10 二十	11 廿一	12 廿二	13 廿三	14 廿四	15 廿五	16 廿六
17 廿七	18 廿八	19 廿九	20 九月	21 初二	22 初三	23 霜降
24 初五	25 初六	26 初七	27 初八	28 初九	29 初十	30 十一

11

一	二	三	四	五	六	日
	1 十三	2 十四	3 十五	4 十六	5 十七	6 十八
7 立冬	8 二十	9 廿一	10 廿二	11 廿三	12 廿四	13 廿五
14 廿六	15 廿七	16 廿八	17 廿九	18 三十	19 十月	20 初二
21 初三	22 小雪	23 初五	24 初六	25 初七	26 初八	27 初九
28 初十	29 十一	30 十二				

12

一	二	三	四	五	六	日
			1 十三	2 十四	3 十五	4 十六
5 十七	6 十八	7 大雪	8 二十	9 廿一	10 廿二	11 廿三
12 廿四	13 廿五	14 廿六	15 廿七	16 廿八	17 廿九	18 十一月
19 初二	20 初三	21 初四	22 冬至	23 初六	24 初七	25 初八
26 初九	27 初十	28 十一	29 十二	30 十三	31 十四	

中国吉祥图案鉴赏

1961年（辛丑 牛年2月15日始）

1

一	二	三	四	五	六	日
30十四	31十五					1十五
2十六	3十七	4十八	5小寒	6二十	7廿一	8廿二
9廿三	10廿四	11廿五	12廿六	13廿七	14廿八	15廿九
16三十	17十二月	18初二	19初三	20大寒	21初五	22初六
23初七	24初八	25初九	26初十	27十一	28十二	29十三

2

一	二	三	四	五	六	日
		1十六	2十七	3十八	4立春	5二十
6廿一	7廿二	8廿三	9廿四	10廿五	11廿六	12廿七
13廿八	14廿九	15正月	16初二	17初三	18初四	19雨水
20初六	21初七	22初八	23初九	24初十	25十一	26十二
27十三	28十四					

3

一	二	三	四	五	六	日
		1十五	2十六	3十七	4十八	5十九
6惊蛰	7廿一	8廿二	9廿三	10廿四	11廿五	12廿六
13廿七	14廿八	15廿九	16三十	17二月	18初二	19初三
20初四	21春分	22初六	23初七	24初八	25初九	26初十
27十一	28十二	29十三	30十四	31十五		

4

一	二	三	四	五	六	日
					1十六	2十七
3十八	4十九	5清明	6廿一	7廿二	8廿三	9廿四
10廿五	11廿六	12廿七	13廿八	14廿九	15三月	16初二
17初三	18初四	19初五	20谷雨	21初七	22初八	23初九
24初十	25十一	26十二	27十三	28十四	29十五	30十六

5

一	二	三	四	五	六	日
1十七	2十八	3十九	4二十	5廿一	6立夏	7廿三
8廿四	9廿五	10廿六	11廿七	12廿八	13廿九	14三十
15四月	16初二	17初三	18初四	19初五	20初六	21小满
22初八	23初九	24初十	25十一	26十二	27十三	28十四
29十五	30十六	31十七				

6

一	二	三	四	五	六	日
			1十八	2十九	3二十	4廿一
5廿二	6芒种	7廿四	8廿五	9廿六	10廿七	11廿八
12廿九	13五月	14初二	15初三	16初四	17初五	18初六
19初七	20初八	21夏至	22初十	23十一	24十二	25十三
26十四	27十五	28十六	29十七	30十八		

7

一	二	三	四	五	六	日
31十九					1十九	2二十
3廿一	4廿二	5廿三	6廿四	7小暑	8廿六	9廿七
10廿八	11廿九	12三十	13六月	14初二	15初三	16初四
17初五	18初六	19初七	20初八	21初九	22初十	23大暑
24十二	25十三	26十四	27十五	28十六	29十七	30十八

8

一	二	三	四	五	六	日
	1二十	2廿一	3廿二	4廿三	5廿四	6廿五
7廿六	8立秋	9廿八	10廿九	11七月	12初二	13初三
14初四	15初五	16初六	17初七	18初八	19初九	20初十
21十一	22十二	23处暑	24十四	25十五	26十六	27十七
28十八	29十九	30二十	31廿一			

9

一	二	三	四	五	六	日
				1廿二	2廿三	3廿四
4廿五	5廿六	6廿七	7廿八	8白露	9三十	10八月
11初二	12初三	13初四	14初五	15初六	16初七	17初八
18初九	19初十	20十一	21十二	22十三	23秋分	24十五
25十六	26十七	27十八	28十九	29二十	30廿一	

10

一	二	三	四	五	六	日
30廿一	31廿二					1廿二
2廿三	3廿四	4廿五	5廿六	6廿七	7廿八	8寒露
9三十	10九月	11初二	12初三	13初四	14初五	15初六
16初七	17初八	18初九	19初十	20十一	21十二	22十三
23霜降	24十五	25十六	26十七	27十八	28十九	29二十

11

一	二	三	四	五	六	日
		1廿三	2廿四	3廿五	4廿六	5廿七
6廿八	7立冬	8十月	9初二	10初三	11初四	12初五
13初六	14初七	15初八	16初九	17初十	18十一	19十二
20十三	21十四	22十五	23小雪	24十七	25十八	26十九
27二十	28廿一	29廿二	30廿三			

12

一	二	三	四	五	六	日
				1廿四	2廿五	3廿六
4廿七	5廿八	6廿九	7大雪	8十一月	9初二	10初三
11初四	12初五	13初六	14初七	15初八	16初九	17初十
18十一	19十二	20十三	21十四	22冬至	23十六	24十七
25十八	26十九	27二十	28廿一	29廿二	30廿三	31廿四

中国吉祥图案鉴赏

三阳开泰

题注：羊谐音阳，即吉祥字。以三只羊寓"三阳"。"三阳"在八卦中是冬去春来、阴阳消长的吉祥之象。"泰"为卦名，指下乾上坤，天地交而万物通，开泰即开启的意思，预示要交好运。民间以"三阳开泰"或"三阳交泰"为岁首之时的吉祥语，寓意驱尽邪佞，吉祥好运接踵而来。

1962 年（壬寅 虎年 2 月 5 日始）

1

一	二	三	四	五	六	日
1廿五	2廿六	3廿七	4廿八	5廿九	6十二月小寒	7初二
8初三	9初四	10初五	11初六	12初七	13初八	14初九
15初十	16十一	17十二	18十三	19十四	20大寒	21十六
22十七	23十八	24十九	25二十	26廿一	27廿二	28廿三
29廿四	30廿五	31廿六				

2

一	二	三	四	五	六	日
			1廿七	2廿八	3廿九	4立春
5正月	6初二	7初三	8初四	9初五	10初六	11初七
12初八	13初九	14初十	15十一	16十二	17十三	18十四
19雨水	20十六	21十七	22十八	23十九	24二十	25廿一
26廿二	27廿三	28廿四				

3

一	二	三	四	五	六	日
			1廿五	2廿六	3廿七	4廿八
5廿九	6二月惊蛰	7初二	8初三	9初四	10初五	11初六
12初七	13初八	14初九	15初十	16十一	17十二	18十三
19十四	20十五	21春分	22十七	23十八	24十九	25二十
26廿一	27十二	28廿三	29廿四	30廿五	31廿六	

4

一	二	三	四	五	六	日
30廿六						1廿七
2廿八	3廿九	4三十	5三月清明	6初二	7初三	8初四
9初五	10初六	11初七	12初八	13初九	14初十	15十一
16十二	17十三	18十四	19十五	20谷雨	21十七	22十八
23十九	24二十	25廿一	26廿二	27廿三	28廿四	29廿五

5

一	二	三	四	五	六	日
	1廿七	2廿八	3廿九	4四月	5立夏	6初三
7初四	8初五	9初六	10初七	11初八	12初九	13初十
14十一	15十二	16十三	17十四	18十五	19十六	20十七
21小满	22十九	23二十	24廿一	25廿二	26廿三	27廿四
28廿五	29廿六	30廿七	31廿八			

6

一	二	三	四	五	六	日
				1廿九	2五月	3初二
4初三	5初四	6芒种	7初六	8初七	9初八	10初九
11初十	12十一	13十二	14十三	15十四	16十五	17十六
18十七	19十八	20十九	21二十	22夏至	23廿二	24廿三
25廿四	26廿五	27廿六	28廿七	29廿八	30廿九	

7

一	二	三	四	五	六	日
30廿九	31七月					1三十
2六月	3初二	4初三	5初四	6初五	7小暑	8初七
9初八	10初九	11初十	12十一	13十二	14十三	15十四
16十五	17十六	18十七	19十八	20十九	21二十	22廿一
23大暑	24廿三	25廿四	26廿五	27廿六	28廿七	29廿八

8

一	二	三	四	五	六	日
		1初二	2初三	3初四	4初五	5初六
6初七	7初八	8立秋	9初十	10十一	11十二	12十三
13十四	14十五	15十六	16十七	17十八	18十九	19二十
20廿一	21廿二	22廿三	23处暑	24廿五	25廿六	26廿七
27廿八	28廿九	29三十	30八月	31初二		

9

一	二	三	四	五	六	日
					1初三	2初四
3初五	4初六	5初七	6初八	7初九	8白露	9十一
10十二	11十三	12十四	13十五	14十六	15十七	16十八
17十九	18二十	19廿一	20廿二	21廿三	22廿四	23秋分
24廿六	25廿七	26廿八	27廿九	28三十	29九月	30初二

10

一	二	三	四	五	六	日
1初三	2初四	3初五	4初六	5初七	6初八	7初九
8初十	9寒露	10十二	11十三	12十四	13十五	14十六
15十七	16十八	17十九	18二十	19廿一	20廿二	21廿三
22廿四	23廿五	24霜降	25廿七	26廿八	27廿九	28十月
29初二	30初三	31初四				

11

一	二	三	四	五	六	日
			1初五	2初六	3初七	4初八
5初九	6初十	7十一	8立冬	9十三	10十四	11十五
12十六	13十七	14十八	15十九	16二十	17廿一	18廿二
19廿三	20廿四	21廿五	22廿六	23小雪	24廿八	25廿九
26三十	27十一月	28初二	29初三	30初四		

12

一	二	三	四	五	六	日
31初五					1初五	2初六
3初七	4初八	5初九	6初十	7十一	8大雪	9十三
10十四	11十五	12十六	13十七	14十八	15十九	16二十
17廿一	18廿二	19廿三	20廿四	21廿五	22冬至	23廿七
24廿八	25廿九	26三十	27十二月	28初二	29初三	30初四

耄耋富贵

题注：耋指年，特指八十岁。《礼记》："仁十为耄，八十为耋，百年日期颐。"《魏武帝对酒歌》："耄耋皆得以寿终。""猫"与"耄"、"蝶"与"耋"同音，牡丹寓意富贵，古人常以耄耋图案，赠送老年长者，取其富贵、长寿之意。

中国吉祥图案鉴赏

1963 年（癸卯 兔年 1 月 25 日始 闰四月）

1

一	二	三	四	五	六	日
	1 初六	2 初七	3 初八	4 初九	5 初十	6 小寒
7 十二	8 十三	9 十四	10 十五	11 十六	12 十七	13 十八
14 十九	15 二十	16 廿一	17 廿二	18 廿三	19 廿四	20 廿五
21 大寒	22 廿七	23 廿八	24 廿九	25 正月	26 初二	27 初三
28 初四	29 初五	30 初六	31 初七			

2

一	二	三	四	五	六	日
				1 初八	2 初九	3 初十
4 立春	5 十二	6 十三	7 十四	8 十五	9 十六	10 十七
11 十八	12 十九	13 二十	14 廿一	15 廿二	16 廿三	17 廿四
18 廿五	19 雨水	20 廿七	21 廿八	22 廿九	23 三十	24 二月
25 初二	26 初三	27 初四	28 初五			

3

一	二	三	四	五	六	日
				1 初六	2 初七	3 初八
4 初九	5 初十	6 惊蛰	7 十二	8 十三	9 十四	10 十五
11 十六	12 十七	13 十八	14 十九	15 二十	16 廿一	17 廿二
18 廿三	19 廿四	20 廿五	21 春分	22 廿七	23 廿八	24 廿九
25 三月	26 初二	27 初三	28 初四	29 初五	30 初六	31 初七

4

一	二	三	四	五	六	日
1 初八	2 初九	3 初十	4 十一	5 清明	6 十三	7 十四
8 十五	9 十六	10 十七	11 十八	12 十九	13 二十	14 廿一
15 廿二	16 廿三	17 廿四	18 廿五	19 廿六	20 廿七	21 谷雨
22 廿九	23 三十	24 四月	25 初二	26 初三	27 初四	28 初五
29 初六	30 初七					

5

一	二	三	四	五	六	日
		1 初八	2 初九	3 初十	4 十一	5 十二
6 立夏	7 十四	8 十五	9 十六	10 十七	11 十八	12 十九
13 二十	14 廿一	15 廿二	16 廿三	17 廿四	18 廿五	19 廿六
20 廿七	21 廿八	22 小满	23 四月	24 初二	25 初三	26 初四
27 初五	28 初六	29 初七	30 初八	31 初九		

6

一	二	三	四	五	六	日
					1 初十	2 十一
3 十二	4 十三	5 十四	6 芒种	7 十六	8 十七	9 十八
10 十九	11 二十	12 廿一	13 廿二	14 廿三	15 廿四	16 廿五
17 廿六	18 廿七	19 廿八	20 廿九	21 五月	22 夏至	23 初三
24 初四	25 初五	26 初六	27 初七	28 初八	29 初九	30 初十

7

一	二	三	四	五	六	日
1 十一	2 十二	3 十三	4 十四	5 十五	6 十六	7 十七
8 小暑	9 十九	10 二十	11 廿一	12 廿二	13 廿三	14 廿四
15 廿五	16 廿六	17 廿七	18 廿八	19 廿九	20 三十	21 六月
22 初二	23 大暑	24 初四	25 初五	26 初六	27 初七	28 初八
29 初九	30 初十	31 十一				

8

一	二	三	四	五	六	日
			1 十二	2 十三	3 十四	4 十五
5 十六	6 十七	7 十八	8 立秋	9 二十	10 廿一	11 廿二
12 廿三	13 廿四	14 廿五	15 廿六	16 廿七	17 廿八	18 廿九
19 七月	20 初二	21 初三	22 初四	23 初五	24 处暑	25 初七
26 初八	27 初九	28 初十	29 十一	30 十二	31 十三	

9

一	二	三	四	五	六	日
30 十三						1 十四
2 十五	3 十六	4 十七	5 十八	6 十九	7 二十	8 白露
9 廿二	10 廿三	11 廿四	12 廿五	13 廿六	14 廿七	15 廿八
16 廿九	17 三十	18 八月	19 初二	20 初三	21 初四	22 初五
23 初六	24 秋分	25 初八	26 初九	27 初十	28 十一	29 十二

10

一	二	三	四	五	六	日
	1 十四	2 十五	3 十六	4 十七	5 十八	6 十九
7 二十	8 廿一	9 寒露	10 廿三	11 廿四	12 廿五	13 廿六
14 廿七	15 廿八	16 廿九	17 九月	18 初二	19 初三	20 初四
21 初五	22 初六	23 初七	24 霜降	25 初九	26 初十	27 十一
28 十二	29 十三	30 十四	31 十五			

11

一	二	三	四	五	六	日
				1 十六	2 十七	3 十八
4 十九	5 二十	6 廿一	7 廿二	8 立冬	9 廿四	10 廿五
11 廿六	12 廿七	13 廿八	14 廿九	15 三十	16 十月	17 初二
18 初三	19 初四	20 初五	21 初六	22 初七	23 小雪	24 初九
25 初十	26 十一	27 十二	28 十三	29 十四	30 十五	

12

一	二	三	四	五	六	日
30 十五	31 十六					1 十六
2 十七	3 十八	4 十九	5 二十	6 廿一	7 廿二	8 大雪
9 廿四	10 廿五	11 廿六	12 廿七	13 廿八	14 廿九	15 三十
16 十一月	17 初二	18 初三	19 初四	20 初五	21 初六	22 冬至
23 初八	24 初九	25 初十	26 十一	27 十二	28 十三	29 十四

中国吉祥图案鉴赏

狮子滚绣球

题注：狮子象征官爵与权贵，球取其谐音求，比喻祈求官高权贵。另有传说雄狮与雌狮在一起嬉戏，狮子的毛会缠在一起滚而成球，球内会生出小狮子。由此寓意祛灾祈福、子孙繁盛、绵延不断。绣球为吉祥之物，其图案称为“绣球锦”、“绣球纹”。狮子绣球又演变为狮子舞，是中国最富民间色彩的民俗活动之一。

1964年（甲辰 龙年2月13日始）

1

一	二	三	四	五	六	日
		1十七	2十八	3十九	4二十	5廿一
6小寒	7廿三	8廿四	9廿五	10廿六	11廿七	12廿八
13廿九	14三十	15十二月	16初二	17初三	18初四	19初五
20初六	21大寒	22初八	23初九	24初十	25十一	26十二
27十三	28十四	29十五	30十六	31十七		

2

一	二	三	四	五	六	日
					1十八	2十九
3二十	4廿一	5立春	6廿三	7廿四	8廿五	9廿六
10廿七	11廿八	12廿九	13正月	14初二	15初三	16初四
17初五	18初六	19雨水	20初八	21初九	22初十	23十一
24十二	25十三	26十四	27十五	28十六	29十七	

3

一	二	三	四	五	六	日
30十七	31十八					1十八
2十九	3二十	4廿一	5惊蛰	6廿三	7廿四	8廿五
9廿六	10廿七	11廿八	12廿九	13三十	14二月	15初二
16初三	17初四	18初五	19初六	20春分	21初八	22初九
23初十	24十一	25十二	26十三	27十四	28十五	29十六

4

一	二	三	四	五	六	日
		1十九	2二十	3廿一	4廿二	5清明
6廿四	7廿五	8廿六	9廿七	10廿八	11廿九	12三月
13初二	14初三	15初四	16初五	17初六	18初七	19初八
20谷雨	21初十	22十一	23十二	24十三	25十四	26十五
27十六	28十七	29十八	30十九			

5

一	二	三	四	五	六	日
				1二十	2廿一	3廿二
4廿三	5立夏	6廿五	7廿六	8廿七	9廿八	10廿九
11三十	12四月	13初二	14初三	15初四	16初五	17初六
18初七	19初八	20初九	21小满	22十一	23十二	24十三
25十四	26十五	27十六	28十七	29十八	30十九	31二十

6

一	二	三	四	五	六	日
1廿一	2廿二	3廿三	4廿四	5廿五	6芒种	7廿七
8廿八	9廿九	10五月	11初二	12初三	13初四	14初五
15初六	16初七	17初八	18初九	19初十	20十一	21夏至
22十三	23十四	24十五	25十六	26十七	27十八	28十九
29二十	30廿一					

7

一	二	三	四	五	六	日
		1廿二	2廿三	3廿四	4廿五	5廿六
6廿七	7小暑	8廿九	9六月	10初二	11初三	12初四
13初五	14初六	15初七	16初八	17初九	18初十	19十一
20十二	21十三	22十四	23大暑	24十六	25十七	26十八
27十九	28二十	29廿一	30廿二	31廿三		

8

一	二	三	四	五	六	日
31廿四					1廿四	2廿五
3廿六	4廿七	5廿八	6廿九	7立秋	8七月	9初二
10初三	11初四	12初五	13初六	14初七	15初八	16初九
17初十	18十一	19十二	20十三	21十四	22十五	23处暑
24十七	25十八	26十九	27二十	28廿一	29廿二	30廿三

9

一	二	三	四	五	六	日
	1廿五	2廿六	3廿七	4廿八	5廿九	6八月
7白露	8初三	9初四	10初五	11初六	12初七	13初八
14初九	15初十	16十一	17十二	18十三	19十四	20十五
21十六	22十七	23秋分	24十九	25二十	26廿一	27廿二
28廿三	29廿四	30廿五				

10

一	二	三	四	五	六	日
			1廿六	2廿七	3廿八	4廿九
5三十	6九月	7初二	8寒露	9初四	10初五	11初六
12初七	13初八	14初九	15初十	16十一	17十二	18十三
19十四	20十五	21十六	22十七	23霜降	24十九	25二十
26廿一	27廿二	28廿三	29廿四	30廿五	31廿六	

11

一	二	三	四	五	六	日
30廿七						1廿七
2廿八	3廿九	4十月	5初二	6初三	7立冬	8初五
9初六	10初七	11初八	12初九	13初十	14十一	15十二
16十三	17十四	18十五	19十六	20十七	21十八	22小雪
23二十	24廿一	25廿二	26廿三	27廿四	28廿五	29廿六

12

一	二	三	四	五	六	日
	1廿八	2廿九	3三十	4十一月	5初二	6初三
7大雪	8初五	9初六	10初七	11初八	12初九	13初十
14十一	15十二	16十三	17十四	18十五	19十六	20十七
21十八	22冬至	23二十	24廿一	25廿二	26廿三	27廿四
28廿五	29廿六	30廿七	31廿八			

中国吉祥图案鉴赏

1965年（乙巳 蛇年2月2日始）

1

一	二	三	四	五	六	日
				1廿九	2三十	3十二月
4初二	5小寒	6初四	7初五	8初六	9初七	10初八
11初九	12初十	13十一	14十二	15十三	16十四	17十五
18十六	19十七	20大寒	21十九	22二十	23廿一	24廿二
25廿七	26廿四	27廿五	28廿六	29廿七	30廿八	31廿九

2

一	二	三	四	五	六	日
1三十	2正月	3初二	4立春	5初四	6初五	7初六
8初七	9初八	10初九	11初十	12十一	13十二	14十三
15十四	16十五	17十六	18十七	19雨水	20十九	21二十
22廿一	23廿二	24廿三	25廿四	26廿五	27廿六	28廿七

3

一	二	三	四	五	六	日
1廿八	2廿九	3二月	4初二	5初三	6惊蛰	7初五
8初六	9初七	10初八	11初九	12初十	13十一	14十二
15十三	16十四	17十五	18十六	19十七	20十八	21春分
22二十	23廿一	24廿二	25廿三	26廿四	27廿五	28廿六
29廿七	30廿八	31廿九				

4

一	二	三	四	五	六	日
			1三十	2三月	3初二	4初三
5清明	6初五	7初六	8初七	9初八	10初九	11初十
12十一	13十二	14十三	15十四	16十五	17十六	18十七
19十八	20谷雨	21二十	22廿一	23廿二	24廿三	25廿四
26廿五	27廿六	28廿七	29廿八	30廿九		

5

一	二	三	四	五	六	日
31五月					1四月	2初二
3初三	4初四	5初五	6立夏	7初七	8初八	9初九
10初十	11十一	12十二	13十三	14十四	15十五	16十六
17十七	18十八	19十九	20二十	21小满	22廿二	23廿三
24廿四	25廿五	26廿六	27廿七	28廿八	29廿九	30三十

6

一	二	三	四	五	六	日
	2初二	3初三	4初四	5初五	6初六	7芒种
8初八	9初九	10初十	11十一	12十二	13十三	14十四
15十五	16十六	17十七	18十八	19十九	20二十	21廿一
22夏至	23廿三	24秋分	25廿五	26廿六	27廿七	28廿八
29廿九	30六月	31初二				

7

一	二	三	四	五	六	日
			1初三	2初四	3初五	4初六
5初七	6初八	7小暑	8初十	9十一	10十二	11十三
12十四	13十五	14十六	15十七	16十八	17十九	18二十
19廿一	20廿二	21廿三	22廿四	23大暑	24廿六	25廿七
26廿八	27廿九	28七月	29初二	30初三	31初四	

8

一	二	三	四	五	六	日
30初四	31初五					1初五
2初六	3初七	4初八	5初九	6初十	7十一	8十二
9十三	10十四	11十五	12十六	13十七	14十八	15十九
16二十	17廿一	18廿二	19廿三	20廿四	21廿五	22廿六
23处暑	24廿八	25廿九	26三十	27八月	28初二	29初三

9

一	二	三	四	五	六	日
		1初六	2初七	3初八	4初九	5初十
6十一	7十二	8白露	9十四	10十五	11十六	12十七
13十八	14十九	15二十	16廿一	17廿二	18廿三	19廿四
20廿五	21廿六	22廿七	23秋分	24廿九	25九月	26初二
27初三	28初四	29初五	30初六			

10

一	二	三	四	五	六	日
				1初七	2初八	3初九
4初十	5十一	6十二	7十三	8寒露	9十五	10十六
11十七	12十八	13十九	14二十	15廿一	16廿二	17廿三
18廿四	19廿五	20廿六	21廿七	22廿八	23霜降	24十月
25初二	26初三	27初四	28初五	29初六	30初七	31初八

11

一	二	三	四	五	六	日
1初九	2初十	3十一	4十二	5十三	6十四	7立冬
8十六	9十七	10十八	11十九	12二十	13廿一	14廿二
15廿三	16廿四	17廿五	18廿六	19廿七	20廿八	21廿九
22小雪	23十一月	24初二	25初三	26初四	27初五	28初六
29初七	30初八					

12

一	二	三	四	五	六	日
		1初九	2初十	3十一	4十二	5十三
6十四	7大雪	8十六	9十七	10十八	11十九	12二十
13廿一	14廿二	15廿三	16廿四	17廿五	18廿六	19廿七
20廿八	21廿九	22冬至	23十二月	24初二	25初三	26初四
27初五	28初六	29初七	30初八	31初九		

中国吉祥图案鉴赏

十二生肖

题注：中国最早的纪年方法，用十二种动物分配十二支，称为十二属。子为鼠，丑为牛，寅为虎，卯为兔，辰为龙，巳为蛇，午为马，未为羊，申为猴，酉为鸡，戌为狗，亥为猪。由于干支用于纪年，以人之出生年而肖属该动物，故十二属又称为十二生肖或十二属相。在道教宫观中，将十二生肖动物演变成十二种动物神，供人们祭祀。民间认为这十二种属相的动物能给人带来吉祥、富贵与平安。

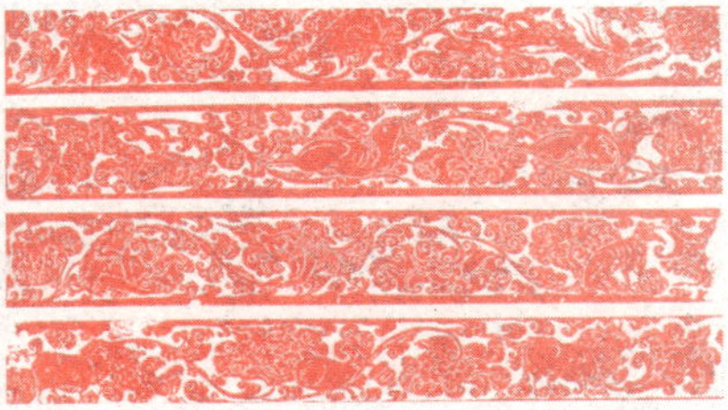

1966 年（丙午 马年 1月21日始 闰三月）

1

一	二	三	四	五	六	日
31 十一					1 初十	2 十一
3 十二	4 十三	5 十四	6 小寒	7 十六	8 十七	9 十八
10 十九	11 二十	12 廿一	13 廿二	14 廿三	15 廿四	16 廿五
17 廿六	18 廿七	19 廿八	20 大寒	21 正月	22 初二	23 初三
24 初四	25 初五	26 初六	27 初七	28 初八	29 初九	30 初十

2

一	二	三	四	五	六	日
	1 十二	2 十三	3 十四	4 立春	5 十六	6 十七
7 十八	8 十九	9 二十	10 廿一	11 廿二	12 廿三	13 廿四
14 廿五	15 廿六	16 廿七	17 廿八	18 廿九	19 雨水	20 二月
21 初二	22 初三	23 初四	24 初五	25 初六	26 初七	27 初八
28 初九						

3

一	二	三	四	五	六	日
	1 初十	2 十一	3 十二	4 十三	5 十四	6 惊蛰
7 十六	8 十七	9 十八	10 十九	11 二十	12 廿一	13 廿二
14 廿三	15 廿四	16 廿五	17 廿六	18 廿七	19 廿八	20 廿九
21 春分	22 三月	23 初二	24 初三	25 初四	26 初五	27 初六
28 初七	29 初八	30 初九	31 初十			

4

一	二	三	四	五	六	日
				1 十一	2 十二	3 十三
4 十四	5 清明	6 十六	7 十七	8 十八	9 十九	10 二十
11 廿一	12 廿二	13 廿三	14 廿四	15 廿五	16 廿六	17 廿七
18 廿八	19 廿九	20 谷雨	21 三月	22 初二	23 初三	24 初四
25 初五	26 初六	27 初七	28 初八	29 初九	30 初十	

5

一	二	三	四	五	六	日
30 十一	31 十二					1 十一
2 十二	3 十三	4 十四	5 十五	6 立夏	7 十七	8 十八
9 十九	10 二十	11 廿一	12 廿二	13 廿三	14 廿四	15 廿五
16 廿六	17 廿七	18 廿八	19 廿九	20 四月	21 小满	22 初三
23 初四	24 初五	25 初六	26 初七	27 初八	28 初九	29 初十

6

一	二	三	四	五	六	日
		1 十三	2 十四	3 十五	4 十六	5 十七
6 芒种	7 十九	8 二十	9 廿一	10 廿二	11 廿三	12 廿四
13 廿五	14 廿六	15 廿七	16 廿八	17 廿九	18 三十	19 五月
20 初二	21 初三	22 夏至	23 初五	24 初六	25 初七	26 初八
27 初九	28 初十	29 十一	30 十二			

7

一	二	三	四	五	六	日
				1 十三	2 十四	3 十五
4 十六	5 十七	6 十八	7 小暑	8 二十	9 廿一	10 廿二
11 廿三	12 廿四	13 廿五	14 廿六	15 廿七	16 廿八	17 廿九
18 六月	19 初二	20 初三	21 初四	22 初五	23 大暑	24 初七
25 初八	26 初九	27 初十	28 十一	29 十二	30 十三	31 十四

8

一	二	三	四	五	六	日
1 十五	2 十六	3 十七	4 十八	5 十九	6 二十	7 廿一
8 立秋	9 廿三	10 廿四	11 廿五	12 廿六	13 廿七	14 廿八
15 廿九	16 七月	17 初二	18 初三	19 初四	20 初五	21 初六
22 初七	23 处暑	24 初九	25 初十	26 十一	27 十二	28 十三
29 十四	30 十五	31 十六				

9

一	二	三	四	五	六	日
			1 十七	2 十八	3 十九	4 二十
5 廿一	6 廿二	7 廿三	8 白露	9 廿五	10 廿六	11 廿七
12 廿八	13 廿九	14 三十	15 八月	16 初二	17 初三	18 初四
19 初五	20 初六	21 初七	22 初八	23 秋分	24 初十	25 十一
26 十二	27 十三	28 十四	29 十五	30 十六		

10

一	二	三	四	五	六	日
31 十八					1 十七	2 十八
3 十九	4 二十	5 廿一	6 廿二	7 廿三	8 廿四	9 寒露
10 廿六	11 廿七	12 廿八	13 廿九	14 九月	15 初二	16 初三
17 初四	18 初五	19 初六	20 初七	21 初八	22 初九	23 初十
24 霜降	25 十二	26 十三	27 十四	28 十五	29 十六	30 十七

11

一	二	三	四	五	六	日
	1 十九	2 二十	3 廿一	4 廿二	5 廿三	6 廿四
7 廿五	8 立冬	9 廿七	10 廿八	11 廿九	12 十月	13 初二
14 初三	15 初四	16 初五	17 初六	18 初七	19 初八	20 初九
21 初十	22 十一	23 小雪	24 十三	25 十四	26 十五	27 十六
28 十七	29 十八	30 十九				

12

一	二	三	四	五	六	日
				1 三十	2 十一月	3 初二
4 初三	5 初四	6 初五	7 初六	8 大雪	9 初八	10 初九
11 初十	12 十一	13 十二	14 十三	15 十四	16 十五	17 十六
18 十七	19 十八	20 十九	21 二十	22 冬至	23 廿二	24 廿三
25 廿四	26 廿五	27 廿六	28 廿七	29 廿八	30 廿九	31 十二月

中国吉祥图案鉴赏

1967 年（丁未 羊年 2 月 9 日始）

1

一	二	三	四	五	六	日
30二十	31廿一					1廿一
2廿二	3廿三	4廿四	5廿五	6小寒	7廿七	8廿八
9廿九	10三十	11十二月	12初二	13初三	14初四	15初五
16初六	17初七	18初八	19初九	20初十	21大寒	22十二
23十三	24十四	25十五	26十六	27十七	28十八	29十九

2

一	二	三	四	五	六	日
		1廿二	2廿三	3廿四	4立春	5廿六
6廿七	7廿八	8廿九	9正月	10初二	11初三	12初四
13初五	14初六	15初七	16初八	17初九	18初十	19雨水
20十二	21十三	22十四	23十五	24十六	25十七	26十八
27十九	28二十					

3

一	二	三	四	五	六	日
		1廿一	2廿二	3廿三	4廿四	5廿五
6惊蛰	7廿七	8廿八	9廿九	10三十	11二月	12初二
13初三	14初四	15初五	16初六	17初七	18初八	19初九
20初十	21春分	22十二	23十三	24十四	25十五	26十六
27十七	28十八	29十九	30二十	31廿一		

4

一	二	三	四	五	六	日
					1廿二	2廿三
3廿四	4廿五	5清明	6廿七	7廿八	8廿九	9三十
10三月	11初二	12初三	13初四	14初五	15初六	16初七
17初八	18初九	19初十	20十一	21谷雨	22十三	23十四
24十五	25十六	26十七	27十八	28十九	29二十	30廿一

5

一	二	三	四	五	六	日
1廿二	2廿三	3廿四	4廿五	5廿六	6立夏	7廿八
8廿九	9四月	10初二	11初三	12初四	13初五	14初六
15初七	16初八	17初九	18初十	19十一	20十二	21十三
22小满	23十五	24十六	25十七	26十八	27十九	28二十
29廿一	30廿二	31廿三				

6

一	二	三	四	五	六	日
			1廿四	2廿五	3廿六	4廿七
5廿八	6芒种	7三十	8五月	9初二	10初三	11初四
12初五	13初六	14初七	15初八	16初九	17初十	18十一
19十二	20十三	21十四	22夏至	23十六	24十七	25十八
26十九	27二十	28廿一	29廿二	30廿三		

7

一	二	三	四	五	六	日
31廿四					1廿四	2廿五
3廿六	4廿七	5廿八	6廿九	7三十	8小暑	9初二
10初三	11初四	12初五	13初六	14初七	15初八	16初九
17初十	18十一	19十二	20十三	21十四	22十五	23大暑
24十七	25十八	26十九	27二十	28廿一	29廿二	30廿三

8

一	二	三	四	五	六	日
	1廿五	2廿六	3廿七	4廿八	5廿九	6七月
7初二	8立秋	9初四	10初五	11初六	12初七	13初八
14初九	15初十	16十一	17十二	18十三	19十四	20十五
21十六	22十七	23十八	24处暑	25二十	26廿一	27廿二
28廿三	29廿四	30廿五	31廿六			

9

一	二	三	四	五	六	日
				1廿七	2廿八	3廿九
4八月	5初二	6初三	7初四	8白露	9初六	10初七
11初八	12初九	13初十	14十一	15十二	16十三	17十四
18十五	19十六	20十七	21十八	22十九	23二十	24秋分
25廿二	26廿三	27廿四	28廿五	29廿六	30廿七	

10

一	二	三	四	五	六	日
30廿七	31廿八					1廿八
2廿九	3三十	4九月	5初二	6初三	7初四	8初五
9寒露	10初七	11初八	12初九	13初十	14十一	15十二
16十三	17十四	18十五	19十六	20十七	21十八	22十九
23二十	24霜降	25廿二	26廿三	27廿四	28廿五	29廿六

11

一	二	三	四	五	六	日
		1廿九	2十月	3初二	4初三	5初四
6初五	7初六	8立冬	9初八	10初九	11初十	12十一
13十二	14十三	15十四	16十五	17十六	18十七	19十八
20十九	21二十	22廿一	23小雪	24廿三	25廿四	26廿五
27廿六	28廿七	29廿八	30廿九			

12

一	二	三	四	五	六	日
				1三十	2十一月	3初二
4初三	5初四	6初五	7初六	8大雪	9初八	10初九
11初十	12十一	13十二	14十三	15十四	16十五	17十六
18十七	19十八	20十九	21二十	22冬至	23廿二	24廿三
25廿四	26廿五	27廿六	28廿七	29廿八	30廿九	31十二月

中国吉祥图案鉴赏

1968 年（戊申 猴年 1 月 30 日始 闰七月）

1

一	二	三	四	五	六	日
1 初二	2 初三	3 初四	4 初五	5 初六	6 小寒	7 初八
8 初九	9 初十	10 十一	11 十二	12 十三	13 十四	14 十五
15 十六	16 十七	17 十八	18 十九	19 二十	20 廿一	21 大寒
22 廿三	23 廿四	24 廿五	25 廿六	26 廿七	27 廿八	28 廿九
29 三十	30 正月	31 初二				

2

一	二	三	四	五	六	日
			1 初三	2 初四	3 初五	4 初六
5 立春	6 初八	7 初九	8 初十	9 十一	10 十二	11 十三
12 十四	13 十五	14 十六	15 十七	16 十八	17 十九	18 二十
19 雨水	20 廿二	21 廿三	22 廿四	23 廿五	24 廿六	25 廿七
26 廿八	27 廿九	28 二月	29 初二			

3

一	二	三	四	五	六	日
				1 初三	2 初四	3 初五
4 初六	5 惊蛰	6 初八	7 初九	8 初十	9 十一	10 十二
11 十三	12 十四	13 十五	14 十六	15 十七	16 十八	17 十九
18 二十	19 廿一	20 春分	21 廿三	22 廿四	23 廿五	24 廿六
25 廿七	26 廿八	27 廿九	28 三十	29 三月	30 初二	31 初三

4

一	二	三	四	五	六	日
1 初四	2 初五	3 初六	4 初七	5 清明	6 初九	7 初十
8 十一	9 十二	10 十三	11 十四	12 十五	13 十六	14 十七
15 十八	16 十九	17 二十	18 廿一	19 廿二	20 谷雨	21 廿四
22 廿五	23 廿六	24 廿七	25 廿八	26 廿九	27 四月	28 初二
29 初三	30 初四					

5

一	二	三	四	五	六	日
		1 初五	2 初六	3 初七	4 初八	5 立夏
6 初十	7 十一	8 十二	9 十三	10 十四	11 十五	12 十六
13 十七	14 十八	15 十九	16 二十	17 廿一	18 廿二	19 廿三
20 廿四	21 小满	22 廿六	23 廿七	24 廿八	25 廿九	26 三十
27 五月	28 初二	29 初三	30 初四	31 初五		

6

一	二	三	四	五	六	日
					1 初六	2 初七
3 初八	4 初九	5 芒种	6 十一	7 十二	8 十三	9 十四
10 十五	11 十六	12 十七	13 十八	14 十九	15 二十	16 廿一
17 廿二	18 廿三	19 廿四	20 廿五	21 夏至	22 廿七	23 廿八
24 廿九	25 三十	26 六月	27 初二	28 初三	29 初四	30 初五

7

一	二	三	四	五	六	日
1 初六	2 初七	3 初八	4 初九	5 初十	6 十一	7 小暑
8 十三	9 十四	10 十五	11 十六	12 十七	13 十八	14 十九
15 二十	16 廿一	17 廿二	18 廿三	19 廿四	20 廿五	21 廿六
22 廿七	23 大暑	24 廿九	25 七月	26 初二	27 初三	28 初四
29 初五	30 初六	31 初七				

8

一	二	三	四	五	六	日
			1 初八	2 初九	3 初十	4 十一
5 十二	6 十三	7 立秋	8 十五	9 十六	10 十七	11 十八
12 十九	13 二十	14 廿一	15 廿二	16 廿三	17 廿四	18 廿五
19 廿六	20 廿七	21 廿八	22 廿九	23 处暑	24 七月	25 初二
26 初三	27 初四	28 初五	29 初六	30 初七	31 初八	

9

一	二	三	四	五	六	日
30 初九						1 初九
2 初十	3 十一	4 十二	5 十三	6 十四	7 白露	8 十六
9 十七	10 十八	11 十九	12 二十	13 廿一	14 廿二	15 廿三
16 廿四	17 廿五	18 廿六	19 廿七	20 廿八	21 廿九	22 八月
23 秋分	24 初三	25 初四	26 初五	27 初六	28 初七	29 初八

10

一	二	三	四	五	六	日
	1 初十	2 十一	3 十二	4 十三	5 十四	6 十五
7 十六	8 寒露	9 十八	10 十九	11 二十	12 廿一	13 廿二
14 廿三	15 廿四	16 廿五	17 廿六	18 廿七	19 廿八	20 廿九
21 三十	22 九月	23 霜降	24 初三	25 初四	26 初五	27 初六
28 初七	29 初八	30 初九	31 初十			

11

一	二	三	四	五	六	日
				1 十一	2 十二	3 十三
4 十四	5 十五	6 十六	7 立冬	8 十八	9 十九	10 二十
11 廿一	12 廿二	13 廿三	14 廿四	15 廿五	16 廿六	17 廿七
18 廿八	19 廿九	20 十月	21 初二	22 小雪	23 初四	24 初五
25 初六	26 初七	27 初八	28 初九	29 初十	30 十一	

12

一	二	三	四	五	六	日
30 十一	31 十二					1 十二
2 十三	3 十四	4 十五	5 十六	6 十七	7 大雪	8 十九
9 二十	10 廿一	11 廿二	12 廿三	13 廿四	14 廿五	15 廿六
16 廿七	17 廿八	18 廿九	19 三十	20 十一月	21 初二	22 冬至
23 初四	24 初五	25 初六	26 初七	27 初八	28 初九	29 初十

中国吉祥图案鉴赏

1969年（己酉 鸡年2月17日始）

一	二	三	四	五	六	日	一	二	三	四	五	六	日
		1十三	2十四	3十五	4十六	5小寒		1十七	2十八	3十九	4二十	5廿一	6廿二
6十八	7十九	8二十	9廿一	10廿二	11廿三	12廿四	7小暑	8廿四	9廿五	10廿六	11廿七	12廿八	13廿九
13廿五	14廿六	15廿七	16廿八	17廿九	18十二月	19初二	14六月	15初二	16初三	17初四	18初五	19初六	20初七
20大寒	21初四	22初五	23初六	24初七	25初八	26初九	21初八	22初九	23大暑	24十一	25十二	26十三	27十四
27初十	28十一	29十二	30十三	31十四			28十五	29十六	30十七	31十八			

一	二	三	四	五	六	日	一	二	三	四	五	六	日
					1十五	2十六					1十九	2二十	3廿一
3十七	4立春	5十九	6二十	7廿一	8廿二	9廿三	4廿二	5廿三	6廿四	7廿五	8立秋	9廿七	10廿八
10廿四	11廿五	12廿六	13廿七	14廿八	15廿九	16三十	11廿九	12三十	13七月	14初二	15初三	16初四	17初五
17正月	18初二	19雨水	20初四	21初五	22初六	23初七	18初六	19初七	20初八	21初九	22初十	23处暑	24十二
24初八	25初九	26初十	27十一	28十二			25十三	26十四	27十五	28十六	29十七	30十八	31十九

一	二	三	四	五	六	日	一	二	三	四	五	六	日
31十四					1十三	2十四	1二十	2廿一	3廿二	4廿三	5廿四	6廿五	7廿六
3十五	4十六	5十七	6惊蛰	7十九	8二十	9廿一	8白露	9廿八	10廿九	11三十	12八月	13初二	14初三
10廿二	11廿三	12廿四	13廿五	14廿六	15廿七	16廿八	15初四	16初五	17初六	18初七	19初八	20初九	21初十
17廿九	18二月	19初二	20初三	21春分	22初五	23初六	22十一	23秋分	24十三	25十四	26十五	27十六	28十七
24初七	25初八	26初九	27初十	28十一	29十二	30十三	29十八	30十九					

一	二	三	四	五	六	日	一	二	三	四	五	六	日
	1十五	2十六	3十七	4十八	5清明	6二十			1二十	2廿一	3廿二	4廿三	5廿四
7廿一	8廿二	9廿三	10廿四	11廿五	12廿六	13廿七	6廿五	7廿六	8寒露	9廿八	10廿九	11九月	12初二
14廿八	15廿九	16三十	17三月	18初二	19初三	20谷雨	13初三	14初四	15初五	16初六	17初七	18初八	19初九
21初五	22初六	23初七	24初八	25初九	26初十	27十一	20初十	21十一	22十二	23霜降	24十四	25十五	26十六
28十二	29十三	30十四					27十七	28十八	29十九	30二十	31廿一		

一	二	三	四	五	六	日	一	二	三	四	五	六	日
			1十五	2十六	3十七	4十八						1廿二	2廿三
5十九	6立夏	7廿一	8廿二	9廿三	10廿四	11廿五	3廿四	4廿五	5廿六	6廿七	7立冬	8廿九	9三十
12廿六	13廿七	14廿八	15廿九	16四月	17初二	18初三	10十月	11初二	12初三	13初四	14初五	15初六	16初七
19初四	20初五	21小满	22初七	23初八	24初九	25初十	17初八	18初九	19初十	20十一	21十二	22小雪	23十四
26十一	27十二	28十三	29十四	30十五	31十六		24十五	25十六	26十七	27十八	28十九	29二十	30廿一

一	二	三	四	五	六	日	一	二	三	四	五	六	日
30十六						1十七	1廿二	2廿三	3廿四	4廿五	5廿六	6廿七	7大雪
2十八	3十九	4二十	5廿一	6芒种	7廿三	8廿四	8廿九	9十一月	10初二	11初三	12初四	13初五	14初六
9廿五	10廿六	11廿七	12廿八	13廿九	14三十	15五月	15初七	16初八	17初九	18初十	19十一	20十二	21十三
16初二	17初三	18初四	19初五	20初六	21夏至	22初八	22冬至	23十五	24十六	25十七	26十八	27十九	28二十
23初九	24初十	25十一	26十二	27十三	28十四	29十五	29廿一	30廿二	31廿三				

中国吉祥图案鉴赏

寿居耄耋

题注：古人称七十为耄，八十为耋。猫、蝶谐音耄耋，太湖石、菊花寓意长寿、延寿。为典型的祝寿用语与吉祥图案。

1970年（庚戌 狗年2月6日始）

1

一	二	三	四	五	六	日
			1廿四	2廿五	3廿六	4廿七
5廿八	6小寒	7三十	8十二月	9初二	10初三	11初四
12初五	13初六	14初七	15初八	16初九	17初十	18十一
19十二	20大寒	21十四	22十五	23十六	24十七	25十八
26十九	27二十	28廿一	29廿二	30廿三	31廿四	

2

一	二	三	四	五	六	日
						1廿五
2廿六	3廿七	4立春	5廿九	6正月	7初二	8初三
9初四	10初五	11初六	12初七	13初八	14初九	15初十
16十一	17十二	18十三	19雨水	20十五	21十六	22十七
23十八	24十九	25二十	26廿一	27廿二	28廿三	

3

一	二	三	四	五	六	日
30廿三	31廿四					1廿四
2廿五	3廿六	4廿七	5廿八	6惊蛰	7三十	8二月
9初二	10初三	11初四	12初五	13初六	14初七	15初八
16初九	17初十	18十一	19十二	20十三	21春分	22十五
23十六	24十七	25十八	26十九	27二十	28廿一	29廿二

4

一	二	三	四	五	六	日
		1廿五	2廿六	3廿七	4廿八	5清明
6三月	7初二	8初三	9初四	10初五	11初六	12初七
13初八	14初九	15初十	16十一	17十二	18十三	19十四
20谷雨	21十六	22十七	23十八	24十九	25二十	26廿一
27廿二	28廿三	29廿四	30廿五			

5

一	二	三	四	五	六	日
				1廿六	2廿七	3廿八
4廿九	5四月	6立夏	7初三	8初四	9初五	10初六
11初七	12初八	13初九	14初十	15十一	16十二	17十三
18十四	19十五	20十六	21小满	22十八	23十九	24二十
25廿一	26廿二	27廿三	28廿四	29廿五	30廿六	31廿七

6

一	二	三	四	五	六	日
1廿八	2廿九	3三十	4五月	5初二	6芒种	7初四
8初五	9初六	10初七	11初八	12初九	13初十	14十一
15十二	16十三	17十四	18十五	19十六	20十七	21十八
22夏至	23二十	24廿一	25廿二	26廿三	27廿四	28廿五
29廿六	30廿七					

7

一	二	三	四	五	六	日
		1廿八	2廿九	3六月	4初二	5初三
6初四	7小暑	8初六	9初七	10初八	11初九	12初十
13十一	14十二	15十三	16十四	17十五	18十六	19十七
20十八	21十九	22二十	23大暑	24廿二	25廿三	26廿四
27廿五	28廿六	29廿七	30廿八	31廿九		

8

一	二	三	四	五	六	日
31三十					1三十	2七月
3初二	4初三	5初四	6初五	7初六	8立秋	9初八
10初九	11初十	12十一	13十二	14十三	15十四	16十五
17十六	18十七	19十八	20十九	21二十	22廿一	23处暑
24廿三	25廿四	26廿五	27廿六	28廿七	29廿八	30廿九

9

一	二	三	四	五	六	日
	1八月	2初二	3初三	4初四	5初五	6初六
7初七	8白露	9初九	10初十	11十一	12十二	13十三
14十四	15十五	16十六	17十七	18十八	19十九	20二十
21廿一	22廿二	23秋分	24廿四	25廿五	26廿六	27廿七
28廿八	29廿九	30九月				

10

一	二	三	四	五	六	日
			1初二	2初三	3初四	4初五
5初六	6初七	7初八	8初九	9寒露	10十一	11十二
12十三	13十四	14十五	15十六	16十七	17十八	18十九
19二十	20廿一	21廿二	22廿三	23廿四	24霜降	25廿六
26廿七	27廿八	28廿九	29三十	30十月	31初二	

11

一	二	三	四	五	六	日
30初二						1初三
2初四	3初五	4初六	5初七	6初八	7初九	8初十
9十一	10十二	11十三	12十四	13十五	14十六	15十七
16十八	17十九	18二十	19廿一	20廿二	21廿三	22廿四
23小雪	24廿六	25廿七	26廿八	27廿九	28三十	29十一月

12

一	二	三	四	五	六	日
	1初三	2初四	3初五	4初六	5初七	6初八
7大雪	8初十	9十一	10十二	11十三	12十四	13十五
14十六	15十七	16十八	17十九	18二十	19廿一	20廿二
21廿三	22冬至	23廿五	24廿六	25廿七	26廿八	27廿九
28十二月	29初二	30初三	31初四			

中国吉祥图案鉴赏

1971年（辛亥 猪年 1月27日始 闰五月）

1

一	二	三	四	五	六	日
				1初五	2初六	3初七
4初八	5初九	6小寒	7十一	8十二	9十三	10十四
11十五	12十六	13十七	14十八	15十九	16二十	17廿一
18廿二	19廿三	20廿四	21大寒	22廿六	23廿七	24廿八
25廿九	26三十	27正月	28初二	29初三	30初四	31初五

2

一	二	三	四	五	六	日
1初六	2初七	3初八	4立春	5初十	6十一	7十二
8十三	9十四	10十五	11十六	12十七	13十八	14十九
15二十	16廿一	17廿二	18廿三	19雨水	20廿五	21廿六
22廿七	23廿八	24廿九	25二月	26初二	27初三	28初四

3

一	二	三	四	五	六	日
1初五	2初六	3初七	4初八	5初九	6惊蛰	7十一
8十二	9十三	10十四	11十五	12十六	13十七	14十八
15十九	16二十	17廿一	18廿二	19廿三	20廿四	21春分
22廿六	23廿七	24廿八	25廿九	26三十	27三月	28初二
29初三	30初四	31初五				

4

一	二	三	四	五	六	日
			1初六	2初七	3初八	4初九
5清明	6十一	7十二	8十三	9十四	10十五	11十六
12十七	13十八	14十九	15二十	16廿一	17廿二	18廿三
19廿四	20廿五	21谷雨	22廿七	23廿八	24廿九	25四月
26初二	27初三	28初四	29初五	30初六		

5

一	二	三	四	五	六	日
31初八					1初七	2初八
3初九	4初十	5十一	6立夏	7十三	8十四	9十五
10十六	11十七	12十八	13十九	14二十	15廿一	16廿二
17廿三	18廿四	19廿五	20廿六	21廿七	22小满	23廿九
24五月	25初二	26初三	27初四	28初五	29初六	30初七

6

一	二	三	四	五	六	日
	1初九	2初十	3十一	4十二	5十三	6芒种
7十五	8十六	9十七	10十八	11十九	12二十	13廿一
14廿二	15廿三	16廿四	17廿五	18廿六	19廿七	20廿八
21廿九	22夏至	23五月	24初二	25初三	26初四	27初五
28初六	29初七	30初八				

7

一	二	三	四	五	六	日
			1初九	2初十	3十一	4十二
5十三	6十四	7十五	8小暑	9十七	10十八	11十九
12二十	13廿一	14廿二	15廿三	16廿四	17廿五	18廿六
19廿七	20廿八	21廿九	22六月	23大暑	24初三	25初四
26初五	27初六	28初七	29初八	30初九	31初十	

8

一	二	三	四	五	六	日
30初十	31十一					1十一
2十二	3十三	4十四	5十五	6十六	7十七	8立秋
9十九	10二十	11廿一	12廿二	13廿三	14廿四	15廿五
16廿六	17廿七	18廿八	19廿九	20三十	21七月	22初二
23初三	24处暑	25初五	26初六	27初七	28初八	29初九

9

一	二	三	四	五	六	日
		1十二	2十三	3十四	4十五	5十六
6十七	7十八	8白露	9二十	10廿一	11廿二	12廿三
13廿四	14廿五	15廿六	16廿七	17廿八	18廿九	19八月
20初二	21初三	22初四	23初五	24秋分	25初七	26初八
27初九	28初十	29十一	30十二			

10

一	二	三	四	五	六	日
				1十三	2十四	3十五
4十六	5十七	6十八	7十九	8二十	9寒露	10廿二
11廿三	12廿四	13廿五	14廿六	15廿七	16廿八	17廿九
18三十	19九月	20初二	21初三	22初四	23初五	24霜降
25初七	26初八	27初九	28初十	29十一	30十二	31十三

11

一	二	三	四	五	六	日
1十四	2十五	3十六	4十七	5十八	6十九	7二十
8立冬	9廿二	10廿三	11廿四	12廿五	13廿六	14廿七
15廿八	16廿九	17三十	18十月	19初二	20初三	21初四
22初五	23小雪	24初七	25初八	26初九	27初十	28十一
29十二	30十三					

12

一	二	三	四	五	六	日
		1十四	2十五	3十六	4十七	5十八
6十九	7二十	8大雪	9廿二	10廿三	11廿四	12廿五
13廿六	14廿七	15廿八	16廿九	17三十	18十一月	19初二
20初三	21初四	22冬至	23初六	24初七	25初八	26初九
27初十	28十一	29十二	30十三	31十四		

中国吉祥图案鉴赏

寿桃

题注：传说西王母所种蟠桃，食之能长生不老。寿桃寓意长寿，祝人长寿之意。

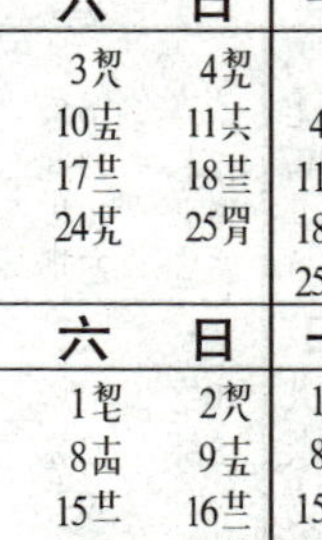

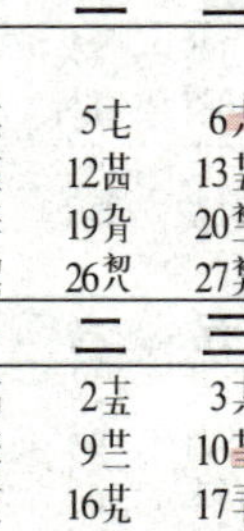

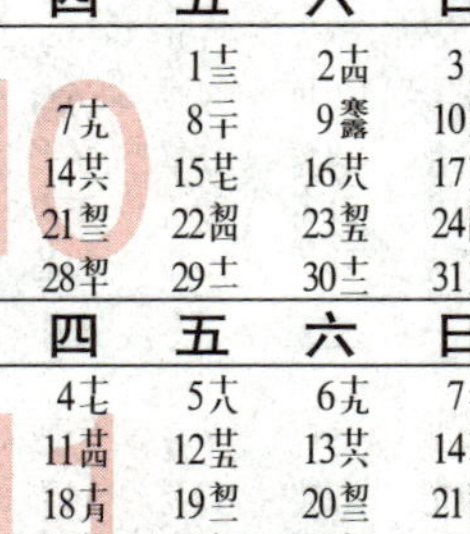

1972年（壬子 鼠年2月15日始）

1

一	二	三	四	五	六	日
31十六					1十五	2十六
3十七	4十八	5十九	6小寒	7廿一	8廿二	9廿三
10廿四	11廿五	12廿六	13廿七	14廿八	15廿九	16十二月
17初二	18初三	19初四	20初五	21大寒	22初七	23初八
24初九	25初十	26十一	27十二	28十三	29十四	30十五

2

一	二	三	四	五	六	日
	1十七	2十八	3十九	4二十	5立春	6廿二
7廿三	8廿四	9廿五	10廿六	11廿七	12廿八	13廿九
14三十	15正月	16初二	17初三	18初四	19雨水	20初六
21初七	22初八	23初九	24初十	25十一	26十二	27十三
28十四	29十五					

3

一	二	三	四	五	六	日
		1十六	2十七	3十八	4十九	5惊蛰
6廿一	7廿二	8廿三	9廿四	10廿五	11廿六	12廿七
13廿八	14廿九	15二月	16初二	17初三	18初四	19初五
20春分	21初七	22初八	23初九	24初十	25十一	26十二
27十三	28十四	29十五	30十六	31十七		

4

一	二	三	四	五	六	日
					1十八	2十九
3二十	4廿一	5清明	6廿三	7廿四	8廿五	9廿六
10廿七	11廿八	12廿九	13三十	14三月	15初二	16初三
17初四	18初五	19初六	20谷雨	21初八	22初九	23初十
24十一	25十二	26十三	27十四	28十五	29十六	30十七

5

一	二	三	四	五	六	日
1十八	2十九	3二十	4廿一	5立夏	6廿三	7廿四
8廿五	9廿六	10廿七	11廿八	12廿九	13四月	14初二
15初三	16初四	17初五	18初六	19初七	20初八	21小满
22初十	23十一	24十二	25十三	26十四	27十五	28十六
29十七	30十八	31十九				

6

一	二	三	四	五	六	日
			1二十	2廿一	3廿二	4廿三
5芒种	6廿五	7廿六	8廿七	9廿八	10廿九	11五月
12初二	13初三	14初四	15初五	16初六	17初七	18初八
19初九	20初十	21夏至	22十二	23十三	24十四	25十五
26十六	27十七	28十八	29十九	30二十		

7

一	二	三	四	五	六	日
31廿一					1廿一	2廿二
3廿三	4廿四	5廿五	6廿六	7小暑	8廿八	9廿九
10三十	11六月	12初二	13初三	14初四	15初五	16初六
17初七	18初八	19初九	20初十	21十一	22十二	23大暑
24十四	25十五	26十六	27十七	28十八	29十九	30二十

8

一	二	三	四	五	六	日
	1廿二	2廿三	3廿四	4廿五	5廿六	6廿七
7立秋	8廿九	9七月	10初二	11初三	12初四	13初五
14初六	15初七	16初八	17初九	18初十	19十一	20十二
21十三	22十四	23处暑	24十六	25十七	26十八	27十九
28二十	29廿一	30廿二	31廿三			

9

一	二	三	四	五	六	日
				1廿四	2廿五	3廿六
4廿七	5廿八	6廿九	7白露	8八月	9初二	10初三
11初四	12初五	13初六	14初七	15初八	16初九	17初十
18十一	19十二	20十三	21十四	22十五	23秋分	24十七
25十八	26十九	27二十	28廿一	29廿二	30廿三	

10

一	二	三	四	五	六	日
30廿四	31廿五					1廿四
2廿五	3廿六	4廿七	5廿八	6廿九	7九月	8寒露
9初三	10初四	11初五	12初六	13初七	14初八	15初九
16初十	17十一	18十二	19十三	20十四	21十五	22十六
23霜降	24十八	25十九	26二十	27廿一	28廿二	29廿三

11

一	二	三	四	五	六	日
		1廿六	2廿七	3廿八	4廿九	5三十
6十月	7立冬	8初三	9初四	10初五	11初六	12初七
13初八	14初九	15初十	16十一	17十二	18十三	19十四
20十五	21十六	22小雪	23十八	24十九	25二十	26廿一
27廿二	28廿三	29廿四	30廿五			

12

一	二	三	四	五	六	日
				1廿六	2廿七	3廿八
4廿九	5三十	6十一月	7大雪	8初三	9初四	10初五
11初六	12初七	13初八	14初九	15初十	16十一	17十二
18十三	19十四	20十五	21十六	22冬至	23十八	24十九
25二十	26廿一	27廿二	28廿三	29廿四	30廿五	31廿六

土地神

题注：土地神是管理土地的神祇。民间认为无论城乡、住宅、寺庙、山岳均由各自的土地神掌管，所有生长于该土地的人，都受他的保护。为民间信仰的神祇之一，其庙称为土地庙、土地宫或土地祠。

中国吉祥图案鉴赏

1973年(癸丑 牛年2月3日始)

1

一	二	三	四	五	六	日
1廿七	2廿八	3廿九	4十二月	5小寒	6初三	7初四
8初五	9初六	10初七	11初八	12初九	13初十	14十一
15十二	16十三	17十四	18十五	19十六	20大寒	21十八
22十九	23二十	24廿一	25廿二	26廿三	27廿四	28廿五
29廿六	30廿七	31廿八				

2

一	二	三	四	五	六	日
			1廿九	2三十	3正月	4立春
5初三	6初四	7初五	8初六	9初七	10初八	11初九
12初十	13十一	14十二	15十三	16十四	17十五	18十六
19雨水	20十八	21十九	22二十	23廿一	24廿二	25廿三
26廿四	27廿五	28廿六				

3

一	二	三	四	五	六	日
			1廿七	2廿八	3廿九	4三十
5二月	6惊蛰	7初三	8初四	9初五	10初六	11初七
12初八	13初九	14初十	15十一	16十二	17十三	18十四
19十五	20十六	21春分	22十八	23十九	24二十	25廿一
26廿二	27廿三	28廿四	29廿五	30廿六	31廿七	

4

一	二	三	四	五	六	日
30廿八						1廿八
2廿九	3三月	4初二	5清明	6初四	7初五	8初六
9初七	10初八	11初九	12初十	13十一	14十二	15十三
16十四	17十五	18十六	19十七	20谷雨	21十九	22二十
23廿一	24廿二	25廿三	26廿四	27廿五	28廿六	29廿七

5

一	二	三	四	五	六	日
	1廿九	2三十	3四月	4初二	5立夏	6初四
7初五	8初六	9初七	10初八	11初九	12初十	13十一
14十二	15十三	16十四	17十五	18十六	19十七	20十八
21小满	22二十	23廿一	24廿二	25廿三	26廿四	27廿五
28廿六	29廿七	30廿八	31廿九			

6

一	二	三	四	五	六	日
				1五月	2初二	3初三
4初四	5初五	6芒种	7初七	8初八	9初九	10初十
11十一	12十二	13十三	14十四	15十五	16十六	17十七
18十八	19十九	20二十	21夏至	22廿二	23廿三	24廿四
25廿五	26廿六	27廿七	28廿八	29廿九	30六月	

7

一	二	三	四	五	六	日
30七月	31初二					1初二
2初三	3初四	4初五	5初六	6初七	7小暑	8初九
9初十	10十一	11十二	12十三	13十四	14十五	15十六
16十七	17十八	18十九	19二十	20廿一	21廿二	22廿三
23大暑	24廿五	25廿六	26廿七	27廿八	28廿九	29三十

8

一	二	三	四	五	六	日
		1初三	2初四	3初五	4初六	5初七
6初八	7初九	8立秋	9十一	10十二	11十三	12十四
13十五	14十六	15十七	16十八	17十九	18二十	19廿一
20廿二	21廿三	22廿四	23处暑	24廿六	25廿七	26廿八
27廿九	28八月	29初二	30初三	31初四		

9

一	二	三	四	五	六	日
					1初五	2初六
3初七	4初八	5初九	6初十	7十一	8白露	9十三
10十四	11十五	12十六	13十七	14十八	15十九	16二十
17廿一	18廿二	19廿三	20廿四	21廿五	22廿六	23秋分
24廿八	25廿九	26九月	27初二	28初三	29初四	30初五

10

一	二	三	四	五	六	日
1初六	2初七	3初八	4初九	5初十	6十一	7十二
8寒露	9十四	10十五	11十六	12十七	13十八	14十九
15二十	16廿一	17廿二	18廿三	19廿四	20廿五	21廿六
22廿七	23霜降	24廿九	25三十	26十月	27初二	28初三
29初四	30初五	31初六				

11

一	二	三	四	五	六	日
			1初七	2初八	3初九	4初十
5十一	6十二	7立冬	8十四	9十五	10十六	11十七
12十八	13十九	14二十	15廿一	16廿二	17廿三	18廿四
19廿五	20廿六	21廿七	22小雪	23廿九	24三十	25十一月
26初二	27初三	28初四	29初五	30初六		

12

一	二	三	四	五	六	日
31初八					1初七	2初八
3初九	4初十	5十一	6十二	7大雪	8十四	9十五
10十六	11十七	12十八	13十九	14二十	15廿一	16廿二
17廿三	18廿四	19廿五	20廿六	21廿七	22冬至	23廿九
24十二月	25初二	26初三	27初四	28初五	29初六	30初七

中国吉祥图案鉴赏

寿字

题注：寿即人之寿命，以寿字组成图案，为祝人长寿之意。

1974年（甲寅 虎年1月23日始 闰四月）

1

一	二	三	四	五	六	日
	1初九	2初十	3十一	4十二	5十三	6小寒
7十五	8十六	9十七	10十八	11十九	12二十	13廿一
14廿二	15廿三	16廿四	17廿五	18廿六	19廿七	20大寒
21廿九	22三十	23正月	24初二	25初三	26初四	27初五
28初六	29初七	30初八	31初九			

2

一	二	三	四	五	六	日
				1初十	2十一	3十二
4立春	5十四	6十五	7十六	8十七	9十八	10十九
11二十	12廿一	13廿二	14廿三	15廿四	16廿五	17廿六
18廿七	19雨水	20廿九	21三十	22二月	23初二	24初三
25初四	26初五	27初六	28初七			

3

一	二	三	四	五	六	日
				1初八	2初九	3初十
4十一	5十二	6惊蛰	7十四	8十五	9十六	10十七
11十八	12十九	13二十	14廿一	15廿二	16廿三	17廿四
18廿五	19廿六	20廿七	21春分	22廿九	23三十	24三月
25初二	26初三	27初四	28初五	29初六	30初七	31初八

4

一	二	三	四	五	六	日
1初九	2初十	3十一	4十二	5清明	6十四	7十五
8十六	9十七	10十八	11十九	12二十	13廿一	14廿二
15廿三	16廿四	17廿五	18廿六	19廿七	20谷雨	21廿九
22四月	23初二	24初三	25初四	26初五	27初六	28初七
29初八	30初九					

5

一	二	三	四	五	六	日
		1初十	2十一	3十二	4十三	5十四
6立夏	7十六	8十七	9十八	10十九	11二十	12廿一
13廿二	14廿三	15廿四	16廿五	17廿六	18廿七	19廿八
20廿九	21小满	22四月	23初二	24初三	25初四	26初五
27初六	28初七	29初八	30初九	31初十		

6

一	二	三	四	五	六	日
					1十一	2十二
3十三	4十四	5十五	6芒种	7十七	8十八	9十九
10二十	11廿一	12廿二	13廿三	14廿四	15廿五	16廿六
17廿七	18廿八	19廿九	20五月	21初二	22夏至	23初四
24初五	25初六	26初七	27初八	28初九	29初十	30十一

7

一	二	三	四	五	六	日
1十二	2十三	3十四	4十五	5十六	6十七	7小暑
8十九	9二十	10廿一	11廿二	12廿三	13廿四	14廿五
15廿六	16廿七	17廿八	18廿九	19六月	20初二	21初三
22初四	23大暑	24初六	25初七	26初八	27初九	28初十
29十一	30十二	31十三				

8

一	二	三	四	五	六	日
			1十四	2十五	3十六	4十七
5十八	6十九	7二十	8立秋	9廿二	10廿三	11廿四
12廿五	13廿六	14廿七	15廿八	16廿九	17三十	18七月
19初二	20初三	21初四	22初五	23处暑	24初七	25初八
26初九	27初十	28十一	29十二	30十三	31十四	

9

一	二	三	四	五	六	日
30十五						1十五
2十六	3十七	4十八	5十九	6二十	7廿一	8白露
9廿三	10廿四	11廿五	12廿六	13廿七	14廿八	15廿九
16八月	17初二	18初三	19初四	20初五	21初六	22初七
23秋分	24初九	25初十	26十一	27十二	28十三	29十四

10

一	二	三	四	五	六	日
	1十六	2十七	3十八	4十九	5二十	6廿一
7廿二	8廿三	9寒露	10廿五	11廿六	12廿七	13廿八
14廿九	15九月	16初二	17初三	18初四	19初五	20初六
21初七	22初八	23霜降	24初十	25十一	26十二	27十三
28十四	29十五	30十六	31十七			

11

一	二	三	四	五	六	日
				1十八	2十九	3二十
4廿一	5廿二	6廿三	7廿四	8立冬	9廿六	10廿七
11廿八	12廿九	13三十	14十月	15初二	16初三	17初四
18初五	19初六	20初七	21初八	22初九	23小雪	24十一
25十二	26十三	27十四	28十五	29十六	30十七	

12

一	二	三	四	五	六	日
30十七	31十八					1十八
2十九	3二十	4廿一	5廿二	6廿三	7大雪	8廿五
9廿六	10廿七	11廿八	12廿九	13三十	14十一月	15初二
16初三	17初四	18初五	19初六	20初七	21初八	22冬至
23初十	24十一	25十二	26十三	27十四	28十五	29十六

中国吉祥图案鉴赏

1975 年（乙卯 兔年 2 月 11 日始）

1

一	二	三	四	五	六	日
		1 十九	2 二十	3 廿一	4 廿二	5 廿三
6 小寒	7 廿五	8 廿六	9 廿七	10 廿八	11 廿九	12 十二月
13 初二	14 初三	15 初四	16 初五	17 初六	18 初七	19 初八
20 初九	21 大寒	22 十一	23 十二	24 十三	25 十四	26 十五
27 十六	28 十七	29 十八	30 十九	31 二十		

2

一	二	三	四	五	六	日
					1 廿一	2 廿二
3 廿三	4 立春	5 廿五	6 廿六	7 廿七	8 廿八	9 廿九
10 三十	11 正月	12 初二	13 初三	14 初四	15 初五	16 初六
17 初七	18 初八	19 雨水	20 初十	21 十一	22 十二	23 十三
24 十四	25 十五	26 十六	27 十七	28 十八		

3

一	二	三	四	五	六	日
31 十九					1 十九	2 二十
3 廿一	4 廿二	5 廿三	6 惊蛰	7 廿五	8 廿六	9 廿七
10 廿八	11 廿九	12 三十	13 二月	14 初二	15 初三	16 初四
17 初五	18 初六	19 初七	20 初八	21 春分	22 初十	23 十一
24 十二	25 十三	26 十四	27 十五	28 十六	29 十七	30 十八

4

一	二	三	四	五	六	日
	1 二十	2 廿一	3 廿二	4 廿三	5 清明	6 廿五
7 廿六	8 廿七	9 廿八	10 廿九	11 三十	12 三月	13 初二
14 初三	15 初四	16 初五	17 初六	18 初七	19 初八	20 初九
21 谷雨	22 十一	23 十二	24 十三	25 十四	26 十五	27 十六
28 十七	29 十八	30 十九				

5

一	二	三	四	五	六	日
			1 二十	2 廿一	3 廿二	4 廿三
5 廿四	6 立夏	7 廿六	8 廿七	9 廿八	10 廿九	11 四月
12 初二	13 初三	14 初四	15 初五	16 初六	17 初七	18 初八
19 初九	20 初十	21 十一	22 小满	23 十三	24 十四	25 十五
26 十六	27 十七	28 十八	29 十九	30 二十	31 廿一	

6

一	二	三	四	五	六	日
30 廿一						1 廿二
2 廿三	3 廿四	4 廿五	5 廿六	6 芒种	7 廿八	8 廿九
9 三十	10 五月	11 初二	12 初三	13 初四	14 初五	15 初六
16 初七	17 初八	18 初九	19 初十	20 十一	21 十二	22 夏至
23 十四	24 十五	25 十六	26 十七	27 十八	28 十九	29 二十

7

一	二	三	四	五	六	日
	1 廿二	2 廿三	3 廿四	4 廿五	5 廿六	6 廿七
7 廿八	8 小暑	9 六月	10 初二	11 初三	12 初四	13 初五
14 初六	15 初七	16 初八	17 初九	18 初十	19 十一	20 十二
21 十三	22 十四	23 大暑	24 十六	25 十七	26 十八	27 十九
28 二十	29 廿一	30 廿二	31 廿三			

8

一	二	三	四	五	六	日
				1 廿四	2 廿五	3 廿六
4 廿七	5 廿八	6 廿九	7 七月	8 立秋	9 初三	10 初四
11 初五	12 初六	13 初七	14 初八	15 初九	16 初十	17 十一
18 十二	19 十三	20 十四	21 十五	22 十六	23 十七	24 处暑
25 十九	26 二十	27 廿一	28 廿二	29 廿三	30 廿四	31 廿五

9

一	二	三	四	五	六	日
1 廿六	2 廿七	3 廿八	4 廿九	5 三十	6 八月	7 初二
8 白露	9 初四	10 初五	11 初六	12 初七	13 初八	14 初九
15 初十	16 十一	17 十二	18 十三	19 十四	20 十五	21 十六
22 十七	23 秋分	24 十九	25 二十	26 廿一	27 廿二	28 廿三
29 廿四	30 廿五					

10

一	二	三	四	五	六	日
		1 廿六	2 廿七	3 廿八	4 廿九	5 九月
6 初二	7 初三	8 初四	9 寒露	10 初六	11 初七	12 初八
13 初九	14 初十	15 十一	16 十二	17 十三	18 十四	19 十五
20 十六	21 十七	22 十八	23 十九	24 霜降	25 廿一	26 廿二
27 廿三	28 廿四	29 廿五	30 廿六	31 廿七		

11

一	二	三	四	五	六	日
					1 廿八	2 廿九
3 十月	4 初二	5 初三	6 初四	7 初五	8 立冬	9 初七
10 初八	11 初九	12 初十	13 十一	14 十二	15 十三	16 十四
17 十五	18 十六	19 十七	20 十八	21 十九	22 二十	23 小雪
24 廿二	25 廿三	26 廿四	27 廿五	28 廿六	29 廿七	30 廿八

12

一	二	三	四	五	六	日
1 廿九	2 三十	3 十一月	4 初二	5 初三	6 初四	7 初五
8 大雪	9 初七	10 初八	11 初九	12 初十	13 十一	14 十二
15 十三	16 十四	17 十五	18 十六	19 十七	20 十八	21 十九
22 冬至	23 廿一	24 廿二	25 廿三	26 廿四	27 廿五	28 廿六
29 廿七	30 廿八	31 廿九				

中国吉祥图案鉴赏

受天百禄

题注：用“鹿”寓意“禄”，以柏树寓意百，传说白鹿为神仙坐骑。“百鹿”即“百禄”，又称“百禄图”，寓意多福。《诗·小雅·天保》：“罄无不宜受天之百禄。”《易林》“君子怀德，以千百禄。”图案寓意受上天禄星的保护，民间小儿生后百日，宾客同来祝贺，也泛称为“百禄”。

1976 年（丙辰 龙年 1 月 31 日始）

1

一	二	三	四	五	六	日
			1 十二月	2 初二	3 初三	4 初四
5 初五	6 小寒	7 初七	8 初八	9 初九	10 初十	11 十一
12 十二	13 十三	14 十四	15 十五	16 十六	17 十七	18 十八
19 十九	20 二十	21 大寒	22 廿二	23 廿三	24 廿四	25 廿五
26 廿六	27 廿七	28 廿八	29 廿九	30 三十	31 正月	

2

一	二	三	四	五	六	日
						1 初二
2 初三	3 初四	4 初五	5 立春	6 初七	7 初八	8 初九
9 初十	10 十一	11 十二	12 十三	13 十四	14 十五	15 十六
16 十七	17 十八	18 十九	19 雨水	20 廿一	21 廿二	22 廿三
23 廿四	24 廿五	25 廿六	26 廿七	27 廿八	28 廿九	29 三十

3

一	二	三	四	五	六	日
1 二月	2 初二	3 初三	4 初四	5 惊蛰	6 初六	7 初七
8 初八	9 初九	10 初十	11 十一	12 十二	13 十三	14 十四
15 十五	16 十六	17 十七	18 十八	19 十九	20 春分	21 廿一
22 廿二	23 廿三	24 廿四	25 廿五	26 廿六	27 廿七	28 廿八
29 廿九	30 三十	31 三月				

4

一	二	三	四	五	六	日
			1 初二	2 初三	3 初四	4 清明
5 初六	6 初七	7 初八	8 初九	9 初十	10 十一	11 十二
12 十三	13 十四	14 十五	15 十六	16 十七	17 十八	18 十九
19 二十	20 谷雨	21 廿二	22 廿三	23 廿四	24 廿五	25 廿六
26 廿七	27 廿八	28 廿九	29 四月	30 初二		

5

一	二	三	四	五	六	日
31 初三					1 初三	2 初四
3 初五	4 初六	5 立夏	6 初八	7 初九	8 初十	9 十一
10 十二	11 十三	12 十四	13 十五	14 十六	15 十七	16 十八
17 十九	18 二十	19 廿一	20 廿二	21 小满	22 廿四	23 廿五
24 廿六	25 廿七	26 廿八	27 廿九	28 三十	29 五月	30 初二

6

一	二	三	四	五	六	日
	1 初四	2 初五	3 初六	4 初七	5 芒种	6 初九
7 初十	8 十一	9 十二	10 十三	11 十四	12 十五	13 十六
14 十七	15 十八	16 十九	17 二十	18 廿一	19 廿二	20 廿三
21 夏至	22 廿五	23 廿六	24 廿七	25 廿八	26 廿九	27 六月
28 初二	29 初三	30 初四				

7

一	二	三	四	五	六	日
			1 初五	2 初六	3 初七	4 初八
5 初九	6 初十	7 小暑	8 十二	9 十三	10 十四	11 十五
12 十六	13 十七	14 十八	15 十九	16 二十	17 廿一	18 廿二
19 廿三	20 廿四	21 廿五	22 廿六	23 大暑	24 廿八	25 廿九
26 三十	27 七月	28 初二	29 初三	30 初四	31 初五	

8

一	二	三	四	五	六	日
30 初六	31 初七					1 初六
2 初七	3 初八	4 初九	5 初十	6 十一	7 立秋	8 十三
9 十四	10 十五	11 十六	12 十七	13 十八	14 十九	15 二十
16 廿一	17 廿二	18 廿三	19 廿四	20 廿五	21 廿六	22 廿七
23 处暑	24 廿九	25 八月	26 初二	27 初三	28 初四	29 初五

9

一	二	三	四	五	六	日
		1 初八	2 初九	3 初十	4 十一	5 十二
6 十三	7 白露	8 十五	9 十六	10 十七	11 十八	12 十九
13 二十	14 廿一	15 廿二	16 廿三	17 廿四	18 廿五	19 廿六
20 廿七	21 廿八	22 廿九	23 秋分	24 八月	25 初二	26 初三
27 初四	28 初五	29 初六	30 初七			

10

一	二	三	四	五	六	日
				1 初八	2 初九	3 初十
4 十一	5 十二	6 十三	7 十四	8 寒露	9 十六	10 十七
11 十八	12 十九	13 二十	14 廿一	15 廿二	16 廿三	17 廿四
18 廿五	19 廿六	20 廿七	21 廿八	22 廿九	23 九月 霜降	24 初二
25 初三	26 初四	27 初五	28 初六	29 初七	30 初八	31 初九

11

一	二	三	四	五	六	日
1 初十	2 十一	3 十二	4 十三	5 十四	6 十五	7 立冬
8 十七	9 十八	10 十九	11 二十	12 廿一	13 廿二	14 廿三
15 廿四	16 廿五	17 廿六	18 廿七	19 廿八	20 廿九	21 十月
22 小雪	23 初三	24 初四	25 初五	26 初	27 初七	28 初八
29 初九	30 初十					

12

一	二	三	四	五	六	日
		1 十一	2 十二	3 十三	4 十四	5 十四
6 十五	7 大雪	8 十八	9 十九	10 二十	11 廿一	12 廿二
13 廿三	14 廿四	15 廿五	16 廿六	17 廿七	18 廿八	19 廿九
20 三十	21 十一月	22 冬至	23 初三	24 初四	25 初五	26 初六
27 初七	28 初八	29 初九	30 初十	31 十一		

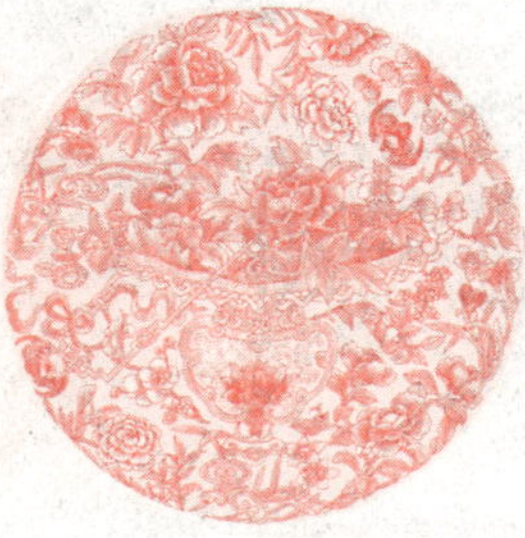

四季长春

题注：四季花卉寓意一年四季春光长在、美满幸福、喜事不断。

中国吉祥图案鉴赏

1977年（丁巳 蛇年2月18日始）

1

一	二	三	四	五	六	日
31十三					1十二	2十三
3十四	4十五	5小寒	6十七	7十八	8十九	9二十
10廿一	11廿二	12廿三	13廿四	14廿五	15廿六	16廿七
17廿八	18廿九	19十二月	20大寒	21初三	22初四	23初五
24初六	25初七	26初八	27初九	28初十	29十一	30十二

2

一	二	三	四	五	六	日
	1十四	2十五	3十六	4立春	5十八	6十九
7二十	8廿一	9廿二	10廿三	11廿四	12廿五	13廿六
14廿七	15廿八	16廿九	17三十	18正月	19雨水	20初三
21初四	22初五	23初六	24初七	25初八	26初九	27初十
28十一						

3

一	二	三	四	五	六	日
	1十二	2十三	3十四	4十五	5十六	6惊蛰
7十八	8十九	9二十	10廿一	11廿二	12廿三	13廿四
14廿五	15廿六	16廿七	17廿八	18廿九	19三十	20二月
21春分	22初三	23初四	24初五	25初六	26初七	27初八
28初九	29初十	30十一	31十二			

4

一	二	三	四	五	六	日
				1十三	2十四	3十五
4十六	5清明	6十八	7十九	8二十	9廿一	10廿二
11廿三	12廿四	13廿五	14廿六	15廿七	16廿八	17廿九
18三月	19初二	20谷雨	21初四	22初五	23初六	24初七
25初八	26初九	27初十	28十一	29十二	30十三	

5

一	二	三	四	五	六	日
30十三	31十四					1十四
2十五	3十六	4十七	5立夏	6十九	7二十	8廿一
9廿二	10廿三	11廿四	12廿五	13廿六	14廿七	15廿八
16廿九	17三十	18四月	19初二	20初三	21小满	22初五
23初六	24初七	25初八	26初九	27初十	28十一	29十二

6

一	二	三	四	五	六	日
		1十五	2十六	3十七	4十八	5十九
6芒种	7廿一	8廿二	9廿三	10廿四	11廿五	12廿六
13廿七	14廿八	15廿九	16三十	17五月	18初二	19初三
20初四	21夏至	22初六	23初七	24初八	25初九	26初十
27十一	28十二	29十三	30十四			

7

一	二	三	四	五	六	日
				1十五	2十六	3十七
4十八	5十九	6二十	7小暑	8廿二	9廿三	10廿四
11廿五	12廿六	13廿七	14廿八	15廿九	16六月	17初二
18初三	19初四	20初五	21初六	22初七	23大暑	24初九
25初十	26十一	27十二	28十三	29十四	30十五	31十六

8

一	二	三	四	五	六	日
1十七	2十八	3十九	4二十	5廿一	6廿二	7立秋
8廿四	9廿五	10廿六	11廿七	12廿八	13廿九	14三十
15七月	16初二	17初三	18初四	19初五	20初六	21初七
22初八	23处暑	24初十	25十一	26十二	27十三	28十四
29十五	30十六	31十七				

9

一	二	三	四	五	六	日
			1十八	2十九	3二十	4廿一
5廿二	6廿三	7廿四	8白露	9廿六	10廿七	11廿八
12廿九	13八月	14初二	15初三	16初四	17初五	18初六
19初七	20初八	21初九	22初十	23秋分	24十二	25十三
26十四	27十五	28十六	29十七	30十八		

10

一	二	三	四	五	六	日
31十九					1十九	2二十
3廿一	4廿二	5廿三	6廿四	7廿五	8寒露	9廿七
10廿八	11廿九	12三十	13九月	14初二	15初三	16初四
17初五	18初六	19初七	20初八	21初九	22初十	23霜降
24十二	25十三	26十四	27十五	28十六	29十七	30十八

11

一	二	三	四	五	六	日
	1二十	2廿一	3廿二	4廿三	5廿四	6廿五
7立冬	8廿七	9廿八	10廿九	11十月	12初二	13初三
14初四	15初五	16初六	17初七	18初八	19初九	20初十
21十一	22小雪	23十三	24十四	25十五	26十六	27十七
28十八	29十九	30二十				

12

一	二	三	四	五	六	日
			1廿一	2廿二	3廿三	4廿四
5廿五	6廿六	7大雪	8廿八	9廿九	10三十	11十一月
12初二	13初三	14初四	15初五	16初六	17初七	18初八
19初九	20初十	21十一	22冬至	23十三	24十四	25十五
26十六	27十七	28十八	29十九	30二十	31廿一	

中国吉祥图案鉴赏

四神

题注：四神又称四灵，是四种被神化的动物，即青龙、白虎、朱雀、玄武。是古人对动物界最早的分类说。据说“龙能变化，凤知治乱，龟兆吉凶，麟性仁厚。”在古代天文学中，青龙位于东方，白虎位于西方，朱雀位于南方，玄武位于北方。四神同时对应四种颜色，青龙为青色，白虎为白色，朱雀为红色，玄武为黑色。古人认为四神能护佑辟邪，带来占祥、安康。

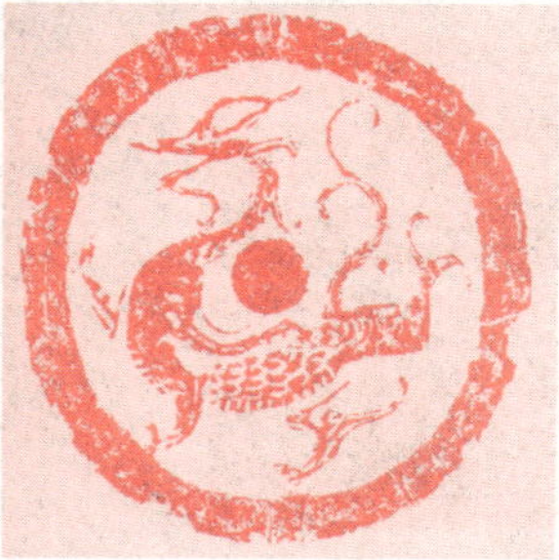

1978年（戊午 马年2月7日始）

1

一	二	三	四	五	六	日
30廿二	31廿三					1廿三
2廿四	3廿五	4廿六	5廿七	6小寒	7廿九	8三十
9十二月	10初二	11初三	12初四	13初五	14初六	15初七
16初八	17初九	18初十	19十一	20大寒	21十三	22十四
23十五	24十六	25十七	26十八	27十九	28二十	29廿一

2

一	二	三	四	五	六	日
		1廿四	2廿五	3廿六	4立春	5廿八
6廿九	7正月	8初二	9初三	10初四	11初五	12初六
13初七	14初八	15初九	16初十	17十一	18十二	19雨水
20十四	21十五	22十六	23十七	24十八	25十九	26二十
27廿一	28廿二					

3

一	二	三	四	五	六	日
		1廿三	2廿四	3廿五	4廿六	5廿七
6惊蛰	7廿九	8三十	9二月	10初二	11初三	12初四
13初五	14初六	15初七	16初八	17初九	18初十	19十一
20十二	21春分	22十四	23十五	24十六	25十七	26十八
27十九	28二十	29廿一	30廿二	31廿三		

4

一	二	三	四	五	六	日
					1廿四	2廿五
3廿六	4廿七	5清明	6廿九	7三月	8初二	9初三
10初四	11初五	12初六	13初七	14初八	15初九	16初十
17十一	18十二	19十三	20谷雨	21十五	22十六	23十七
24十八	25十九	26二十	27廿一	28廿二	29廿三	30廿四

5

一	二	三	四	五	六	日
1廿五	2廿六	3廿七	4廿八	5廿九	6立夏	7四月
8初二	9初三	10初四	11初五	12初六	13初七	14初八
15初九	16初十	17十一	18十二	19十三	20十四	21小满
22十六	23十七	24十八	25十九	26二十	27廿一	28廿二
29廿三	30廿四	31廿五				

6

一	二	三	四	五	六	日
			1廿六	2廿七	3廿八	4廿九
5三十	6芒种	7初二	8初三	9初四	10初五	11初六
12初七	13初八	14初九	15初十	16十一	17十二	18十三
19十四	20十五	21十六	22夏至	23十八	24十九	25二十
26廿一	27廿二	28廿三	29廿四	30廿五		

7

一	二	三	四	五	六	日
31廿七					1廿六	2廿七
3廿八	4廿九	5六月	6初二	7小暑	8初四	9初五
10初六	11初七	12初八	13初九	14初十	15十一	16十二
17十三	18十四	19十五	20十六	21十七	22十八	23大暑
24二十	25廿一	26廿二	27廿三	28廿四	29廿五	30廿六

8

一	二	三	四	五	六	日
	1廿八	2廿九	3三十	4七月	5初二	6初三
7初四	8立秋	9初六	10初七	11初八	12初九	13初十
14十一	15十二	16十三	17十四	18十五	19十六	20十七
21十八	22十九	23处暑	24廿一	25廿二	26廿三	27廿四
28廿五	29廿六	30廿七	31廿八			

9

一	二	三	四	五	六	日
				1廿九	2三十	3八月
4初二	5初三	6初四	7初五	8白露	9初七	10初八
11初九	12初十	13十一	14十二	15十三	16十四	17十五
18十六	19十七	20十八	21十九	22二十	23秋分	24廿二
25廿三	26廿四	27廿五	28廿六	29廿七	30廿八	

10

一	二	三	四	五	六	日
27廿九	28三十					1廿九
2九月	3初二	4初三	5初四	6初五	7初六	8寒露
9初八	10初九	11初十	12十一	13十二	14十三	15十四
16十五	17十六	18十七	19十八	20十九	21二十	22廿一
23廿二	24霜降	25廿四	26廿五	27廿六	28廿七	29廿八

11

一	二	三	四	五	六	日
		1十月	2初二	3初三	4初四	5初五
6初六	7初七	8立冬	9初九	10初十	11十一	12十二
13十三	14十四	15十五	16十六	17十七	18十八	19十九
20二十	21廿一	22廿二	23小雪	24廿四	25廿五	26廿六
27廿七	28廿八	29廿九	30十一月			

12

一	二	三	四	五	六	日
				1初二	2初三	3初四
4初五	5初六	6初七	7大雪	8初九	9初十	10十一
11十二	12十三	13十四	14十五	15十六	16十七	17十八
18十九	19二十	20廿一	21廿二	22冬至	23廿四	24廿五
25廿六	26廿七	27廿八	28廿九	29三十	30十二月	31初二

中国吉祥图案鉴赏

1979 年（己未 羊年 1月28日始 闰六月）

1

一	二	三	四	五	六	日
1初三	2初四	3初五	4初六	5初七	6小寒	7初九
8初十	9十一	10十二	11十三	12十四	13十五	14十六
15十七	16十八	17十九	18二十	19廿一	20廿二	21大寒
22廿四	23廿五	24廿六	25廿七	26廿八	27廿九	28正月
29初二	30初三	31初四				

2

一	二	三	四	五	六	日
			1初五	2初六	3初七	4立春
5初九	6初十	7十一	8十二	9十三	10十四	11十五
12十六	13十七	14十八	15十九	16二十	17廿一	18廿二
19雨水	20廿四	21廿五	22廿六	23廿七	24廿八	25廿九
26三十	27二月	28初二				

3

一	二	三	四	五	六	日
			1初三	2初四	3初五	4初六
5初七	6惊蛰	7初九	8初十	9十一	10十二	11十三
12十四	13十五	14十六	15十七	16十八	17十九	18二十
19廿一	20廿二	21春分	22廿四	23廿五	24廿六	25廿七
26廿八	27廿九	28三月	29初二	30初三	31初四	

4

一	二	三	四	五	六	日
30初五						1初五
2初六	3初七	4初八	5清明	6初十	7十一	8十二
9十三	10十四	11十五	12十六	13十七	14十八	15十九
16二十	17廿一	18廿二	19廿三	20廿四	21谷雨	22廿六
23廿七	24廿八	25廿九	26四月	27初二	28初三	29初四

5

一	二	三	四	五	六	日
	1初六	2初七	3初八	4初九	5初十	6立夏
7十二	8十三	9十四	10十五	11十六	12十七	13十八
14十九	15二十	16廿一	17廿二	18廿三	19廿四	20廿五
21小满	22廿七	23廿八	24廿九	25三十	26五月	27初二
28初三	29初四	30初五	31初六			

6

一	二	三	四	五	六	日
				1初七	2初八	3初九
4初十	5十一	6芒种	7十三	8十四	9十五	10十六
11十七	12十八	13十九	14二十	15廿一	16廿二	17廿三
18廿四	19廿五	20廿六	21廿七	22夏至	23廿九	24六月
25初二	26初三	27初四	28初五	29初六	30初七	

7

一	二	三	四	五	六	日
30初七	31初八					1初八
2初九	3初十	4十一	5十二	6十三	7十四	8小暑
9十六	10十七	11十八	12十九	13二十	14廿一	15廿二
16廿三	17廿四	18廿五	19廿六	20廿七	21廿八	22廿九
23大暑	24闰六	25初二	26初三	27初四	28初五	29初六

8

一	二	三	四	五	六	日
		1初九	2初十	3十一	4十二	5十三
6十四	7十五	8立秋	9十七	10十八	11十九	12二十
13廿一	14廿二	15廿三	16廿四	17廿五	18廿六	19廿七
20廿八	21廿九	22三十	23七月	24处暑	25初三	26初四
27初五	28初六	29初七	30初八	31初九		

9

一	二	三	四	五	六	日
					1初十	2十一
3十二	4十三	5十四	6十五	7十六	8白露	9十八
10十九	11二十	12廿一	13廿二	14廿三	15廿四	16廿五
17廿六	18廿七	19廿八	20廿九	21八月	22初二	23秋分
24初四	25初五	26初六	27初七	28初八	29初九	30初十

10

一	二	三	四	五	六	日
1十一	2十二	3十三	4十四	5十五	6十六	7十七
8十八	9寒露	10二十	11廿一	12廿二	13廿三	14廿四
15廿五	16廿六	17廿七	18廿八	19廿九	20三十	21九月
22初二	23初三	24霜降	25初五	26初六	27初七	28初八
29初九	30初十	31十一				

11

一	二	三	四	五	六	日
			1十二	2十三	3十四	4十五
5十六	6十七	7十八	8立冬	9二十	10廿一	11廿二
12廿三	13廿四	14廿五	15廿六	16廿七	17廿八	18廿九
19三十	20十月	21初二	22初三	23小雪	24初五	25初六
26初七	27初八	28初九	29初十	30十一		

12

一	二	三	四	五	六	日
31十三					1十二	2十三
3十四	4十五	5十六	6十七	7十八	8大雪	9二十
10廿一	11廿二	12廿三	13廿四	14廿五	15廿六	16廿七
17廿八	18廿九	19十一月	20初二	21初三	22冬至	23初五
24初六	25初七	26初八	27初九	28初十	29十一	30十二

中国吉祥图案鉴赏

松鹤延年

题注：又名松鹤长春、鹤寿松龄、鹤寿延年等。松，其树长寿，其叶长绿，称“千岁之松”。鹤为长寿仙禽，有仙风道骨之仪态。松鹤延年寓意像松鹤一样长寿。《淮南子·说林训》：“鹤寿千岁，以极其游。”王建《闲说》诗：“鹤寿下年也未神”。后世常以“鹤寿”、“鹤龄”、“鹤算”作为祝寿之词。由双鹤、祥云纹等组成的图案，称双鹤祥云，均为祝寿之词。

1980 年（庚申 猴年 2 月 16 日始）

1

一	二	三	四	五	六	日
	1十四	2十五	3十六	4十七	5十八	6小寒
7二十	8廿一	9廿二	10廿三	11廿四	12廿五	13廿六
14廿七	15廿八	16廿九	17三十	18十二月	19初二	20初三
21大寒	22初五	23初六	24初七	25初八	26初九	27初十
28十一	29十二	30十三	31十四			

2

一	二	三	四	五	六	日
				1十五	2十六	3十七
4十八	5立春	6二十	7廿一	8廿二	9廿三	10廿四
11廿五	12廿六	13廿七	14廿八	15廿九	16正月	17初二
18初三	19雨水	20初五	21初六	22初七	23初八	24初九
25初十	26十一	27十二	28十三	29十四		

3

一	二	三	四	五	六	日
31十五					1十五	2十六
3十七	4十八	5惊蛰	6二十	7廿一	8廿二	9廿三
10廿四	11廿五	12廿六	13廿七	14廿八	15廿九	16三十
17二月	18初二	19初三	20春分	21初五	22初六	23初七
24初八	25初九	26初十	27十一	28十二	29十三	30十四

4

一	二	三	四	五	六	日
	1十六	2十七	3十八	4清明	5二十	6廿一
7廿二	8廿三	9廿四	10廿五	11廿六	12廿七	13廿八
14廿九	15三月	16初二	17初三	18初四	19初五	20谷雨
21初七	22初八	23初九	24初十	25十一	26十二	27十三
28十四	29十五	30十六				

5

一	二	三	四	五	六	日
			1十七	2十八	3十九	4二十
5立夏	6廿二	7廿三	8廿四	9廿五	10廿六	11廿七
12廿八	13廿九	14四月	15初二	16初三	17初四	18初五
19初六	20初七	21小满	22初九	23初十	24十一	25十二
26十三	27十四	28十五	29十六	30十七	31十八	

6

一	二	三	四	五	六	日
30十八						1十九
2二十	3廿一	4廿二	5芒种	6廿四	7廿五	8廿六
9廿七	10廿八	11廿九	12三十	13五月	14初二	15初三
16初四	17初五	18初六	19初七	20初八	21夏至	22初十
23十一	24十二	25十三	26十四	27十五	28十六	29十七

7

一	二	三	四	五	六	日
	1十九	2二十	3廿一	4廿二	5廿三	6廿四
7小暑	8廿六	9廿七	10廿八	11廿九	12六月	13初二
14初三	15初四	16初五	17初六	18初七	19初八	20初九
21初十	22十一	23大暑	24十三	25十四	26十五	27十六
28十七	29十八	30十九	31二十			

8

一	二	三	四	五	六	日
				1廿一	2廿二	3廿三
4廿四	5廿五	6廿六	7立秋	8廿八	9廿九	10三十
11七月	12初二	13初三	14初四	15初五	16初六	17初七
18初八	19初九	20初十	21十一	22十二	23处暑	24十四
25十五	26十六	27十七	28十八	29十九	30二十	31廿一

9

一	二	三	四	五	六	日
1廿二	2廿三	3廿四	4廿五	5廿六	6廿七	7白露
8廿九	9八月	10初二	11初三	12初四	13初五	14初六
15初七	16初八	17初九	18初十	19十一	20秋分	21十三
22十四	23十五	24十六	25十七	26十八	27十九	28二十
29廿一	30廿二					

10

一	二	三	四	五	六	日
		1廿三	2廿四	3廿五	4廿六	5廿七
6廿八	7廿九	8寒露	9九月	10初二	11初三	12初四
13初五	14初六	15初七	16初八	17初九	18初十	19十一
20十二	21十三	22十四	23霜降	24十六	25十七	26十八
27十九	28二十	29廿一	30廿二	31廿三		

11

一	二	三	四	五	六	日
					1廿四	2廿五
3廿六	4廿七	5廿八	6廿九	7立冬	8十月	9初二
10初三	11初四	12初五	13初六	14初七	15初八	16初九
17初十	18十一	19十二	20十三	21十四	22小雪	23十六
24十七	25十八	26十九	27二十	28廿一	29廿二	30廿三

12

一	二	三	四	五	六	日
1廿四	2廿五	3廿六	4廿七	5廿八	6廿九	7十一月 大雪
8初二	9初三	10初四	11初五	12初六	13初七	14初八
15初九	16初十	17十一	18十二	19十三	20十四	21十五
22冬至	23十七	24十八	25十九	26二十	27廿一	28廿二
29廿三	30廿四	31廿五				

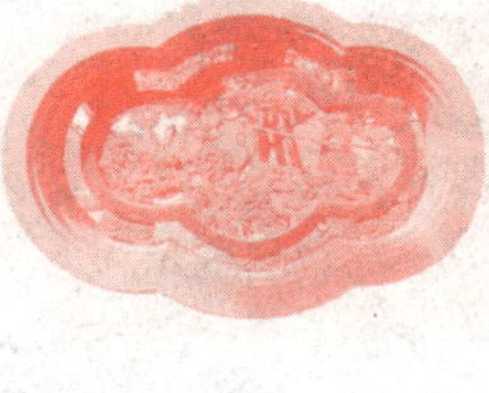

中国吉祥图案鉴赏

1981年（辛酉 鸡年2月5日始）

1

一	二	三	四	五	六	日
			1 廿六	2 廿七	3 廿八	4 廿九
5 小寒	6 十二月	7 初二	8 初三	9 初四	10 初五	11 初六
12 初七	13 初八	14 初九	15 初十	16 十一	17 十二	18 十三
19 十四	20 大寒	21 十六	22 十七	23 十八	24 十九	25 二十
26 廿一	27 廿二	28 廿三	29 廿四	30 廿五	31 廿六	

2

一	二	三	四	五	六	日
						1 廿七
2 廿八	3 廿九	4 立春	5 正月	6 初二	7 初三	8 初四
9 初五	10 初六	11 初七	12 初八	13 初九	14 初十	15 十一
16 十二	17 十三	18 十四	19 雨水	20 十六	21 十七	22 十八
23 十九	24 二十	25 廿一	26 廿二	27 廿三	28 廿四	

3

一	二	三	四	五	六	日
30 廿五	31 廿六					1 廿五
2 廿六	3 廿七	4 廿八	5 廿九	6 二月 惊蛰	7 初二	8 初三
9 初四	10 初五	11 初六	12 初七	13 初八	14 初九	15 初十
16 十一	17 十二	18 十三	19 十四	20 十五	21 春分	22 十七
23 十八	24 十九	25 二十	26 廿一	27 廿二	28 廿三	29 廿四

4

一	二	三	四	五	六	日
		1 廿七	2 廿八	3 廿九	4 三十	5 三月 清明
6 初二	7 初三	8 初四	9 初五	10 初六	11 初七	12 初八
13 初九	14 初十	15 十一	16 十二	17 十三	18 十四	19 十五
20 谷雨	21 十七	22 十八	23 十九	24 二十	25 廿一	26 廿二
27 廿三	28 廿四	29 廿五	30 廿六			

5

一	二	三	四	五	六	日
				1 廿七	2 廿八	3 廿九
4 四月	5 立夏	6 初三	7 初四	8 初五	9 初六	10 初七
11 初八	12 初九	13 初十	14 十一	15 十二	16 十三	17 十四
18 十五	19 十六	20 十七	21 小满	22 十九	23 二十	24 廿一
25 廿二	26 廿三	27 廿四	28 廿五	29 廿六	30 廿七	31 廿八

6

一	二	三	四	五	六	日
1 廿九	2 五月	3 初二	4 初三	5 初四	6 芒种	7 初六
8 初七	9 初八	10 初九	11 初十	12 十一	13 十二	14 十三
15 十四	16 十五	17 十六	18 十七	19 夏至	20 十九	21 二十
22 廿一	23 廿二	24 廿三	25 廿四	26 廿五	27 廿六	28 廿七
29 廿八	30 廿九					

7

一	二	三	四	五	六	日
		1 三十	2 六月	3 初二	4 初三	5 初四
6 初五	7 小暑	8 初七	9 初八	10 初九	11 初十	12 十一
13 十二	14 十三	15 十四	16 十五	17 十六	18 十七	19 十八
20 十九	21 二十	22 廿一	23 大暑	24 廿三	25 廿四	26 廿五
27 廿六	28 廿七	29 廿八	30 廿九	31 七月		

8

一	二	三	四	五	六	日
31 初三					1 初二	2 初三
3 初四	4 初五	5 初六	6 初七	7 立秋	8 初九	9 初十
10 十一	11 十二	12 十三	13 十四	14 十五	15 十六	16 十七
17 十八	18 十九	19 二十	20 廿一	21 廿二	22 廿三	23 处暑
24 廿五	25 廿六	26 廿七	27 廿八	28 廿九	29 八月	30 初二

9

一	二	三	四	五	六	日
	1 初四	2 初五	3 初六	4 初七	5 初八	6 初九
7 初十	8 白露	9 十二	10 十三	11 十四	12 十五	13 十六
14 十七	15 十八	16 十九	17 二十	18 廿一	19 廿二	20 廿三
21 廿四	22 廿五	23 秋分	24 廿七	25 廿八	26 廿九	27 三十
28 九月	29 初二	30 初三				

10

一	二	三	四	五	六	日
			1 初四	2 初五	3 初六	4 初七
5 初八	6 初九	7 初十	8 寒露	9 十二	10 十三	11 十四
12 十五	13 十六	14 十七	15 十八	16 十九	17 二十	18 廿一
19 廿二	20 廿三	21 廿四	22 廿五	23 霜降	24 廿七	25 廿八
26 廿九	27 三十	28 十月	29 初二	30 初三	31 初四	

11

一	二	三	四	五	六	日
30 初五						1 初五
2 初六	3 初七	4 初八	5 初九	6 初十	7 立冬	8 十二
9 十三	10 十四	11 十五	12 十六	13 十七	14 十八	15 十九
16 二十	17 廿一	18 廿二	19 廿三	20 廿四	21 廿五	22 小雪
23 廿七	24 廿八	25 廿九	26 十一月	27 初二	28 初三	29 初四

12

一	二	三	四	五	六	日
	1 初六	2 初七	3 初八	4 初九	5 初十	6 十一
7 大雪	8 十三	9 十四	10 十五	11 十六	12 十七	13 十八
14 十九	15 二十	16 廿一	17 廿二	18 廿三	19 廿四	20 廿五
21 廿六	22 冬至	23 廿八	24 廿九	25 三十	26 十二月	27 初二
28 初三	29 初四	30 初五	31 初六			

中国吉祥图案鉴赏

1982 年（壬戌 狗年 1 月 25 日始 闰四月）

1

一	二	三	四	五	六	日
				1初七	2初八	3初九
4初十	5十一	6小寒	7十三	8十四	9十五	10十六
11十七	12十八	13十九	14二十	15廿一	16廿二	17廿三
18廿四	19廿五	20大寒	21廿七	22廿八	23廿九	24三十
25正月	26初二	27初三	28初四	29初五	30初六	31初七

2

一	二	三	四	五	六	日
1初八	2初九	3初十	4立春	5十二	6十三	7十四
8十五	9十六	10十七	11十八	12十九	13二十	14廿一
15廿二	16廿三	17廿四	18廿五	19雨水	20廿七	21廿八
22廿九	23三十	24二月	25初二	26初三	27初四	28初五

3

一	二	三	四	五	六	日
1初六	2初七	3初八	4初九	5初十	6惊蛰	7十二
8十三	9十四	10十五	11十六	12十七	13十八	14十九
15二十	16廿一	17廿二	18廿三	19廿四	20廿五	21春分
22廿七	23廿八	24廿九	25三月	26初二	27初三	28初四
29初五	30初六	31初七				

4

一	二	三	四	五	六	日
			1初八	2初九	3初十	4十一
5清明	6十三	7十四	8十五	9十六	10十七	11十八
12十九	13二十	14廿一	15廿二	16廿三	17廿四	18廿五
19廿六	20谷雨	21廿八	22廿九	23三十	24四月	25初二
26初三	27初四	28初五	29初六	30初七		

5

一	二	三	四	五	六	日
31初九					1初八	2初九
3初十	4十一	5十二	6立夏	7十四	8十五	9十六
10十七	11十八	12十九	13二十	14廿一	15廿二	16廿三
17廿四	18廿五	19廿六	20廿七	21小满	22廿九	23四月
24初二	25初三	26初四	27初五	28初六	29初七	30初八

6

一	二	三	四	五	六	日
	1初十	2十一	3十二	4十三	5十四	6芒种
7十六	8十七	9十八	10十九	11二十	12廿一	13廿二
14廿三	15廿四	16廿五	17廿六	18廿七	19廿八	20廿九
21五月	22夏至	23初三	24初四	25初五	26初六	27初七
28初八	29初九	30初十				

7

一	二	三	四	五	六	日
			1十一	2十二	3十三	4十四
5十五	6十六	7小暑	8十八	9十九	10二十	11廿一
12廿二	13廿三	14廿四	15廿五	16廿六	17廿七	18廿五
19廿六	20廿七	21六月	22初二	23大暑	24初四	25初五
26初六	27初七	28初八	29初九	30初十	31十一	

8

一	二	三	四	五	六	日
30十二	31十三					1十二
2十三	3十四	4十五	5十六	6十七	7十八	8立秋
9二十	10廿一	11廿二	12廿三	13廿四	14廿五	15廿六
16廿七	17廿八	18廿九	19七月	20初二	21初三	22初四
23处暑	24初六	25初七	26初八	27初九	28初十	29十一

9

一	二	三	四	五	六	日
		1十四	2十五	3十六	4十七	5十八
6十九	7二十	8白露	9廿二	10廿三	11廿四	12廿五
13廿六	14廿七	15廿八	16廿九	17八月	18初二	19初三
20初四	21初五	22初六	23秋分	24初八	25初九	26初十
27十一	28十二	29十三	30十四			

10

一	二	三	四	五	六	日
				1十五	2十六	3十七
4十八	5十九	6二十	7廿一	8寒露	9廿三	10廿四
11廿五	12廿六	13廿七	14廿八	15廿九	16三十	17九月
18初二	19初三	20初四	21初五	22初六	23初七	24霜降
25初九	26初十	27十一	28十二	29十三	30十四	31十五

11

一	二	三	四	五	六	日
1十六	2十七	3十八	4十九	5二十	6廿一	7廿二
8立冬	9廿四	10廿五	11廿六	12廿七	13廿八	14廿九
15十月	16初二	17初三	18初四	19初五	20初六	21初七
22小雪	23初九	24初十	25十一	26十二	27十三	28十四
29十五	30十六					

12

一	二	三	四	五	六	日
		1十七	2十八	3十九	4二十	5廿一
6廿二	7大雪	8廿四	9廿五	10廿六	11廿七	12廿八
13廿九	14三十	15十一月	16初二	17初三	18初四	19初五
20初六	21初七	22冬至	23初九	24初十	25十一	26十二
27十三	28十四	29十五	30十六	31十七		

中国吉祥图案鉴赏

1983 年（癸亥 猪年 2 月 13 日始）

1

一	二	三	四	五	六	日
31十八					1十八	2十九
3二十	4廿一	5廿二	6小寒	7廿四	8廿五	9廿六
10廿七	11廿八	12廿九	13三十	14十二月	15初二	16初三
17初四	18初五	19初六	20大寒	21初八	22初九	23初十
24十一	25十二	26十三	27十四	28十五	29十六	30十七

2

一	二	三	四	五	六	日
	1十九	2二十	3廿一	4立春	5廿三	6廿四
7廿五	8廿六	9廿七	10廿八	11廿九	12三十	13正月
14初二	15初三	16初四	17初五	18初六	19雨水	20初八
21初九	22初十	23十一	24十二	25十三	26十四	27十五
28十六						

3

一	二	三	四	五	六	日
	1十七	2十八	3十九	4二十	5廿一	6惊蛰
7廿三	8廿四	9廿五	10廿六	11廿七	12廿八	13廿九
14三十	15二月	16初二	17初三	18初四	19初五	20初六
21春分	22初八	23初九	24初十	25十一	26十二	27十三
28十四	29十五	30十六	31十七			

4

一	二	三	四	五	六	日
				1十八	2十九	3二十
4廿一	5清明	6廿三	7廿四	8廿五	9廿六	10廿七
11廿八	12廿九	13三月	14初二	15初三	16初四	17初五
18初六	19初七	20谷雨	21初九	22初十	23十一	24十二
25十三	26十四	27十五	28十六	29十七	30十八	

5

一	二	三	四	五	六	日
30十八	31十九					1十九
2二十	3廿一	4廿二	5廿三	6立夏	7廿五	8廿六
9廿七	10廿八	11廿九	12三十	13四月	14初二	15初三
16初四	17初五	18初六	19初七	20初八	21小满	22初十
23十一	24十二	25十三	26十四	27十五	28十六	29十七

6

一	二	三	四	五	六	日
		1二十	2廿一	3廿二	4廿三	5廿四
6芒种	7廿六	8廿七	9廿八	10廿九	11五月	12初二
13初三	14初四	15初五	16初六	17初七	18初八	19初九
20初十	21十一	22夏至	23十三	24十四	25十五	26十六
27十七	28十八	29十九	30二十			

7

一	二	三	四	五	六	日
				1廿一	2廿二	3廿三
4廿四	5廿五	6廿六	7廿七	8小暑	9廿九	10六月
11初二	12初三	13初四	14初五	15初六	16初七	17初八
18初九	19初十	20十一	21十二	22十三	23大暑	24十五
25十六	26十七	27十八	28十九	29二十	30廿一	31廿二

8

一	二	三	四	五	六	日
1廿三	2廿四	3廿五	4廿六	5廿七	6廿八	7廿九
8立秋	9七月	10初二	11初三	12初四	13初五	14初六
15初七	16初八	17初九	18初十	19十一	20十二	21十三
22十四	23十五	24处暑	25十七	26十八	27十九	28二十
29廿一	30廿二	31廿三				

9

一	二	三	四	五	六	日
			1廿四	2廿五	3廿六	4廿七
5廿八	6廿九	7八月	8白露	9初三	10初四	11初五
12初六	13初七	14初八	15初九	16初十	17十一	18十二
19十三	20十四	21十五	22十六	23秋分	24十八	25十九
26二十	27廿一	28廿二	29廿三	30廿四		

10

一	二	三	四	五	六	日
31廿六					1廿五	2廿六
3廿七	4廿八	5廿九	6九月	7初二	8初三	9寒露
10初五	11初六	12初七	13初八	14初九	15初十	16十一
17十二	18十三	19十四	20十五	21十六	22十七	23十八
24霜降	25二十	26廿一	27廿二	28廿三	29廿四	30廿五

11

一	二	三	四	五	六	日
	1廿七	2廿八	3廿九	4三十	5十月	6初二
7初三	8立冬	9初五	10初六	11初七	12初八	13初九
14初十	15十一	16十二	17十三	18十四	19十五	20十六
21十七	22十八	23小雪	24二十	25廿一	26廿二	27廿三
28廿四	29廿五	30廿六				

12

一	二	三	四	五	六	日
			1廿七	2廿八	3廿九	4十一月
5初二	6初三	7初四	8大雪	9初六	10初七	11初八
12初九	13初十	14十一	15十二	16十三	17十四	18十五
19十六	20十七	21十八	22冬至	23二十	24廿一	25廿二
26廿三	27廿四	28廿五	29廿六	30廿七	31廿八	

中国吉祥图案鉴赏

岁寒三友

题注：有“岁寒三友”之称的松、竹、梅，一直为人们所称颂。古人以这几种耐寒植物的自然特征，象征人的人格理想，孔子曰：“岁寒，然后知松柏之后凋也”；陆游词：“玉可碎而不改其白，竹可焚而不改其节”；“零落成泥辗作尘，只有香如故”。人们以“岁寒三友”寓意具有高尚品格的人。

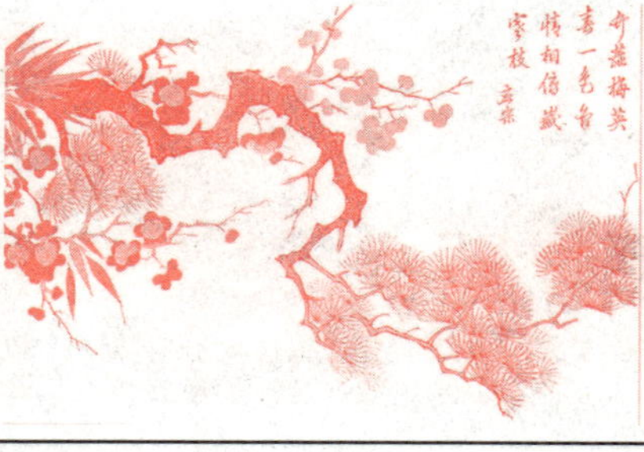

1984年（甲子 鼠年2月2日始 闰十月）

1

一	二	三	四	五	六	日
30廿八	31廿九					1廿九
2三十	3十二月	4初二	5初三	6小寒	7初五	8初六
9初七	10初八	11初九	12初十	13十一	14十二	15十三
16十四	17十五	18十六	19十七	20十八	21大寒	22二十
23廿一	24廿二	25廿三	26廿四	27廿五	28廿六	29廿七

2

一	二	三	四	五	六	日
		1三十	2正月	3初二	4立春	5初四
6初五	7初六	8初七	9初八	10初九	11初十	12十一
13十二	14十三	15十四	16十五	17十六	18十七	19雨水
20十九	21二十	22廿一	23廿二	24廿三	25廿四	26廿五
27廿六	28廿七	29廿八				

3

一	二	三	四	五	六	日
			1廿九	2三十	3二月	4初二
5惊蛰	6初四	7初五	8初六	9初七	10初八	11初九
12初十	13十一	14十二	15十三	16十四	17十五	18十六
19十七	20春分	21十九	22二十	23廿一	24廿二	25廿三
26廿四	27廿五	28廿六	29廿七	30廿八	31廿九	

4

一	二	三	四	五	六	日
30三十						1三月
2初二	3初三	4清明	5初五	6初六	7初七	8初八
9初九	10初十	11十一	12十二	13十三	14十四	15十五
16十六	17十七	18十八	19十九	20谷雨	21廿一	22廿二
23廿三	24廿四	25廿五	26廿六	27廿七	28廿八	29廿九

5

一	二	三	四	五	六	日
	1四月	2初二	3初三	4立夏	5初五	6初六
7初七	8初八	9初九	10初十	11十一	12十二	13十三
14十四	15十五	16十六	17十七	18十八	19十九	20二十
21小满	22廿二	23廿三	24廿四	25廿五	26廿六	27廿七
28廿八	29廿九	30三十	31五月			

6

一	二	三	四	五	六	日
				1初二	2初三	3初四
4初五	5芒种	6初七	7初八	8初九	9初十	10十一
11十二	12十三	13十四	14十五	15十六	16十七	17十八
18十九	19二十	20廿一	21夏至	22廿三	23廿四	24廿五
25廿六	26廿七	27廿八	28廿九	29六月	30初二	

7

一	二	三	四	五	六	日
30初三	31初四					1初三
2初四	3初五	4初六	5初七	6初八	7小暑	8初十
9十一	10十二	11十三	12十四	13十五	14十六	15十七
16十八	17十九	18二十	19廿一	20廿二	21廿三	22大暑
23廿五	24廿六	25廿七	26廿八	27廿九	28七月	29初二

8

一	二	三	四	五	六	日
		1初五	2初六	3初七	4初八	5初九
6立秋	7十一	8十二	9十三	10十四	11十五	12十六
13十七	14十八	15十九	16二十	17廿一	18廿二	19廿三
20廿四	21廿五	22处暑	23廿七	24廿八	25廿九	26三十
27八月	28初二	29初三	30初四	31初五		

9

一	二	三	四	五	六	日
					1初六	2初七
3初八	4初九	5初十	6十一	7白露	8十三	9十四
10十五	11十六	12十七	13十八	14十九	15二十	16廿一
17廿二	18廿三	19廿四	20廿五	21廿六	22廿七	23廿八
24廿九	25九月	26初二	27初三	28初四	29初五	30初六

10

一	二	三	四	五	六	日
1初七	2初八	3初九	4初十	5十一	6十二	7十三
8寒露	9十五	10十六	11十七	12十八	13十九	14二十
15廿一	16廿二	17廿三	18廿四	19廿五	20廿六	21廿七
22廿八	23霜降	24十月	25初二	26初三	27初四	28初五
29初六	30初七	31初八				

11

一	二	三	四	五	六	日
			1初九	2初十	3十一	4十二
5十三	6十四	7十五	8立冬	9十七	10十八	11十九
12二十	13廿一	14廿二	15廿三	16廿四	17廿五	18廿六
19廿七	20廿八	21廿九	22小雪	23十月	24初二	25初三
26初四	27初五	28初六	29初七	30初八		

12

一	二	三	四	五	六	日
31初十					1初九	2初十
3十一	4十二	5十三	6十四	7大雪	8十六	9十七
10十八	11十九	12二十	13廿一	14廿二	15廿三	16廿四
17廿五	18廿六	19廿七	20廿八	21廿九	22十一月 冬至	23初二
24初三	25初四	26初五	27初六	28初七	29初八	30初九

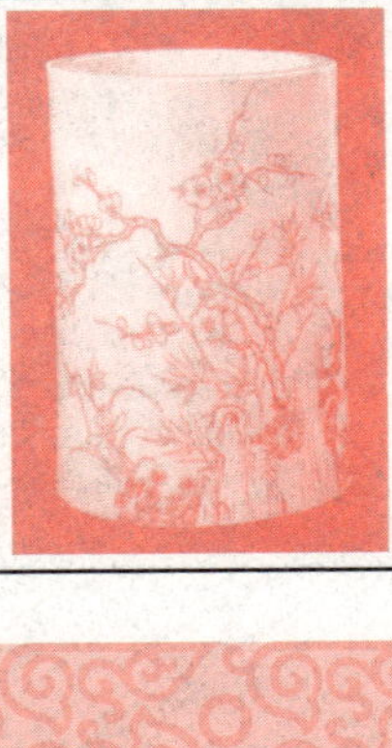

中国吉祥图案鉴赏

1985年（乙丑 牛年2月20日始）

1

一	二	三	四	五	六	日
	1十一	2十二	3十三	4十四	5小寒	6十六
7十七	8十八	9十九	10二十	11廿一	12廿二	13廿三
14廿四	15廿五	16廿六	17廿七	18廿八	19廿九	20大寒
21十二月	22初二	23初三	24初四	25初五	26初六	27初七
28初八	29初九	30初十	31十一			

2

一	二	三	四	五	六	日
				1十二	2十三	3十四
4立春	5十六	6十七	7十八	8十九	9二十	10廿一
11廿二	12廿三	13廿四	14廿五	15廿六	16廿七	17廿八
18廿九	19雨水	20正月	21初二	22初三	23初四	24初五
25初六	26初七	27初八	28初九			

3

一	二	三	四	五	六	日
				1初十	2十一	3十二
4十三	5惊蛰	6十五	7十六	8十七	9十八	10十九
11二十	12廿一	13廿二	14廿三	15廿四	16廿五	17廿六
18廿七	19廿八	20廿九	21二月 春分	22初二	23初三	24初四
25初五	26初六	27初七	28初八	29初九	30初十	31十一

4

一	二	三	四	五	六	日
1十二	2十三	3十四	4十五	5清明	6十七	7十八
8十九	9二十	10廿一	11廿二	12廿三	13廿四	14廿五
15廿六	16廿七	17廿八	18廿九	19三十	20三月 谷雨	21初二
22初三	23初四	24初五	25初六	26初七	27初八	28初九
29初十	30十一					

5

一	二	三	四	五	六	日
		1十二	2十三	3十四	4十五	5立夏
6十七	7十八	8十九	9二十	10廿一	11廿二	12廿三
13廿四	14廿五	15廿六	16廿七	17廿八	18廿九	19三十
20四月	21小满	22初三	23初四	24初五	25初六	26初七
27初八	28初九	29初十	30十一	31十二		

6

一	二	三	四	五	六	日
					1十三	2十四
3十五	4十六	5十七	6芒种	7十九	8二十	9廿一
10廿二	11廿三	12廿四	13廿五	14廿六	15廿七	16廿八
17廿九	18五月	19初二	20初三	21夏至	22初五	23初六
24初七	25初八	26初九	27初十	28十一	29十二	30十三

7

一	二	三	四	五	六	日
1十四	2十五	3十六	4十七	5十八	6十九	7小暑
8廿一	9廿二	10廿三	11廿四	12廿五	13廿六	14廿七
15廿八	16廿九	17三十	18六月	19初二	20初三	21初四
22初五	23大暑	24初七	25初八	26初九	27初十	28十一
29十二	30十三	31十四				

8

一	二	三	四	五	六	日
			1十五	2十六	3十七	4十八
5十九	6二十	7立秋	8廿二	9廿三	10廿四	11廿五
12廿六	13廿七	14廿八	15廿九	16七月	17初二	18初三
19初四	20初五	21初六	22初七	23处暑	24初九	25初十
26十五	27十二	28十三	29十四	30十五	31十六	

9

一	二	三	四	五	六	日
30十六						1十七
2十八	3十九	4二十	5廿一	6廿二	7廿三	8白露
9廿五	10寒露	11廿七	12廿八	13廿九	14三十	15八月
16初二	17初三	18初四	19初五	20初六	21初七	22初八
23初九	24初十	25霜降	26十二	27十三	28十四	29十五

10

一	二	三	四	五	六	日
	1十七	2十八	3十九	4二十	5廿一	6廿二
7廿三	8寒露	9廿五	10廿六	11廿七	12廿八	13廿九
14九月	15初二	16初三	17初四	18初五	19初六	20初七
21初八	22初九	23霜降	24十一	25十二	26十三	27十四
28十五	29十六	30十七	31十八			

11

一	二	三	四	五	六	日
				1十九	2二十	3廿一
4廿二	5廿三	6廿四	7立冬	8廿六	9廿七	10廿八
11廿九	12十月	13初二	14初三	15初四	16初五	17初六
18初七	19初八	20初九	21初十	22十一	23十二	24十三
25十四	26十五	27十六	28十七	29十八	30十九	

12

一	二	三	四	五	六	日
30十九	31二十					1二十
2廿一	3廿二	4廿三	5廿四	6廿五	7大雪	8廿七
9廿八	10廿九	11三十	12十一月	13初二	14初三	15初四
16初五	17初六	18初七	19初八	20初九	21初十	22冬至
23十二	24十三	25十四	26十五	27十六	28十七	29十八

中国吉祥图案鉴赏

岁岁平安

题注：因“穗”谐音“岁”，此图案寓意岁岁平安、岁岁如意。

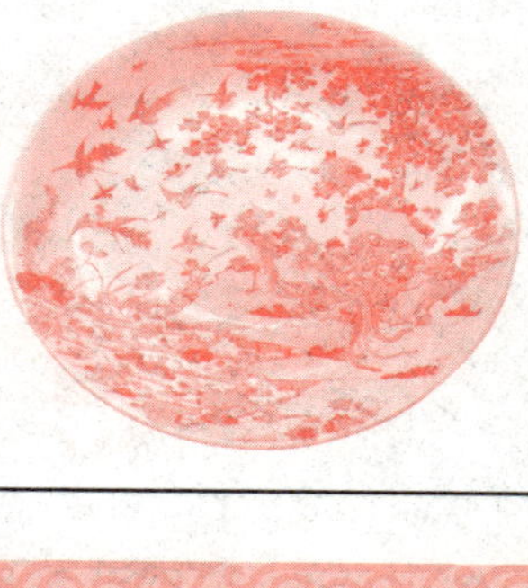

1986年（丙寅 虎年2月9日始）

1

一	二	三	四	五	六	日
		1廿一	2廿二	3廿三	4廿四	5小寒
6廿六	7廿七	8廿八	9廿九	10十二月	11初二	12初三
13初四	14初五	15初六	16初七	17初八	18初九	19初十
20大寒	21十二	22十三	23十四	24十五	25十六	26十七
27十八	28十九	29二十	30廿一	31廿二		

2

一	二	三	四	五	六	日
					1廿三	2廿四
3廿五	4立春	5廿七	6廿八	7廿九	8三十	9正月
10初二	11初三	12初四	13初五	14初六	15初七	16初八
17初九	18初十	19雨水	20十二	21十三	22十四	23十五
24十六	25十七	26十八	27十九	28二十		

3

一	二	三	四	五	六	日
31廿二					1廿一	2廿二
3廿三	4廿四	5廿五	6惊蛰	7廿七	8廿八	9廿九
10二月	11初二	12初三	13初四	14初五	15初六	16初七
17初八	18初九	19初十	20十一	21春分	22十三	23十四
24十五	25十六	26十七	27十八	28十九	29二十	30廿一

4

一	二	三	四	五	六	日
	1廿三	2廿四	3廿五	4廿六	5清明	6廿八
7廿九	8三十	9三月	10初二	11初三	12初四	13初五
14初六	15初七	16初八	17初九	18初十	19十一	20谷雨
21十三	22十四	23十五	24十六	25十七	26十八	27十九
28二十	29廿一	30廿二				

5

一	二	三	四	五	六	日
			1廿三	2廿四	3廿五	4廿六
5廿七	6立夏	7廿九	8三十	9四月	10初二	11初三
12初四	13初五	14初六	15初七	16初八	17初九	18初十
19十一	20十二	21小满	22十四	23十五	24十六	25十七
26十八	27十九	28二十	29廿一	30廿二	31廿三	

6

一	二	三	四	五	六	日
30廿四						1廿四
2廿五	3廿六	4廿七	5廿八	6芒种	7五月	8初二
9初三	10初四	11初五	12初六	13初七	14初八	15初九
16初十	17十一	18十二	19十三	20十四	21十五	22夏至
23十七	24十八	25十九	26二十	27廿一	28廿二	29廿三

7

一	二	三	四	五	六	日
	1廿五	2廿六	3廿七	4廿八	5廿九	6三十
7六月小暑	8初二	9初三	10初四	11初五	12初六	13初七
14初八	15初九	16初十	17十一	18十二	19十三	20十四
21十五	22十六	23大暑	24十八	25十九	26二十	27廿一
28廿二	29廿三	30廿四	31廿五			

8

一	二	三	四	五	六	日
				1廿六	2廿七	3廿八
4廿九	5三十	6七月	7初二	8立秋	9初四	10初五
11初六	12初七	13初八	14初九	15初十	16十一	17十二
18十三	19十四	20十五	21十六	22十七	23处暑	24十九
25二十	26廿一	27廿二	28廿三	29廿四	30廿五	31廿六

9

一	二	三	四	五	六	日
1廿七	2廿八	3廿九	4八月	5初二	6初三	7初四
8白露	9初六	10初七	11初八	12初九	13初十	14十一
15十二	16十三	17十四	18十五	19十六	20十七	21十八
22十九	23秋分	24廿一	25廿二	26廿三	27廿四	28廿五
29廿六	30廿七					

10

一	二	三	四	五	六	日
		1廿八	2廿九	3三十	4九月	5初二
6初三	7初四	8寒露	9初六	10初七	11初八	12初九
13初十	14十一	15十二	16十三	17十四	18十五	19十六
20十七	21十八	22十九	23二十	24霜降	25廿二	26廿三
27廿四	28廿五	29廿六	30廿七	31廿八		

11

一	二	三	四	五	六	日
					1廿九	2十月
3初二	4初三	5初四	6初五	7初六	8立冬	9初八
10初九	11初十	12十一	13十二	14十三	15十四	16十五
17十六	18十七	19十八	20十九	21二十	22小雪	23廿二
24廿三	25廿四	26廿五	27廿六	28廿七	29廿八	30廿九

12

一	二	三	四	五	六	日
1三十	2十一月	3初二	4初三	5初四	6初五	7大雪
8初七	9初八	10初九	11初十	12十一	13十二	14十三
15十四	16十五	17十六	18十七	19十八	20十九	21二十
22冬至	23廿二	24廿三	25廿四	26廿五	27廿六	28廿七
29廿八	30廿九	31十二月				

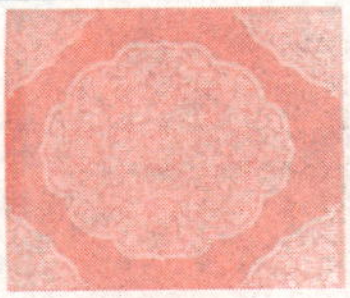

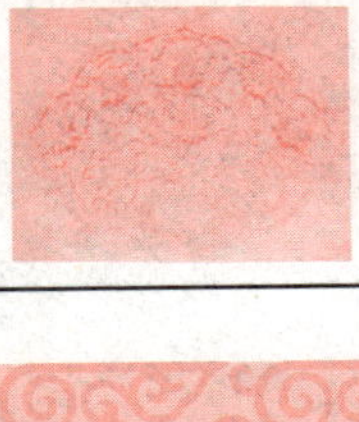

桃花流水

题注：桃花流水是春天的优美景色。唐代诗人李白《山中问答》诗："桃花流水杳然去，别有天地非人间。""桃花流水"也有用作比喻男女爱情的，明清锦缎上常有此纹饰。

中国吉祥图案鉴赏

1987年（丁卯 兔年1月29日始 闰六月）

1

一	二	三	四	五	六	日
			1初二	2初三	3初四	4初五
5初六	6小寒	7初八	8初九	9初十	10十一	11十二
12十三	13十四	14十五	15十六	16十七	17十八	18十九
19二十	20大寒	21廿二	22廿三	23廿四	24廿五	25廿六
26廿七	27廿八	28廿九	29正月	30初二	31初三	

2

一	二	三	四	五	六	日
						1初四
2初五	3初六	4立春	5初八	6初九	7初十	8十一
9十二	10十三	11十四	12十五	13十六	14十七	15十八
16十九	17二十	18廿一	19雨水	20廿三	21廿四	22廿五
23廿六	24廿七	25廿八	26廿九	27三十	28二月	

3

一	二	三	四	五	六	日
30初二	31初三					1初二
2初三	3初四	4初五	5初六	6惊蛰	7初八	8初九
9初十	10十一	11十二	12十三	13十四	14十五	15十六
16十七	17十八	18十九	19二十	20廿一	21春分	22廿三
23廿四	24廿五	25廿六	26廿七	27廿八	28廿九	29三月

4

一	二	三	四	五	六	日
		1初四	2初五	3初六	4初七	5清明
6初九	7初十	8十一	9十二	10十三	11十四	12十五
13十六	14十七	15十八	16十九	17二十	18廿一	19廿二
20谷雨	21廿四	22廿五	23廿六	24廿七	25廿八	26廿九
27三十	28四月	29初二	30初三			

5

一	二	三	四	五	六	日
				1初四	2初五	3初六
4初七	5初八	6立夏	7初十	8十一	9十二	10十三
11十四	12十五	13十六	14十七	15十八	16十九	17二十
18廿一	19廿二	20廿三	21小满	22廿五	23廿六	24廿七
25廿八	26廿九	27五月	28初二	29初三	30初四	31初五

6

一	二	三	四	五	六	日
1初六	2初七	3初八	4初九	5初十	6芒种	7十二
8十三	9十四	10十五	11十六	12十七	13十八	14十九
15二十	16廿一	17廿二	18廿三	19廿四	20廿五	21廿六
22夏至	23廿八	24廿九	25三十	26六月	27初二	28初三
29初四	30初五					

7

一	二	三	四	五	六	日
		1初六	2初七	3初八	4初九	5初十
6十一	7小暑	8十三	9十四	10十五	11十六	12十七
13十八	14十九	15二十	16廿一	17廿二	18廿三	19廿四
20廿五	21廿六	22廿七	23大暑	24廿九	25三十	26六月
27初二	28初三	29初四	30初五	31初六		

8

一	二	三	四	五	六	日
31初八					1初七	2初八
3初九	4初十	5十一	6十二	7十三	8立秋	9十五
10十六	11十七	12十八	13十九	14二十	15廿一	16廿二
17廿三	18廿四	19廿五	20廿六	21廿七	22廿八	23廿九
24七月处暑	25初二	26初三	27初四	28初五	29初六	30初七

9

一	二	三	四	五	六	日
	1初九	2初十	3十一	4十二	5十三	6十四
7十五	8白露	9十七	10十八	11十九	12二十	13廿一
14廿二	15廿三	16廿四	17廿五	18廿六	19廿七	20廿八
21廿九	22三十	23八月秋分	24初二	25初三	26初四	27初五
28初六	29初七	30初八				

10

一	二	三	四	五	六	日
			1初九	2初十	3十一	4十二
5十三	6十四	7十五	8十六	9寒露	10十八	11十九
12二十	13廿一	14廿二	15廿三	16廿四	17廿五	18廿六
19廿七	20廿八	21廿九	22三十	23九月	24霜降	25初三
26初四	27初五	28初六	29初七	30初八	31初九	

11

一	二	三	四	五	六	日
30初十						1初十
2十一	3十二	4十三	5十四	6十五	7立冬	8十七
9十八	10十九	11二十	12廿一	13廿二	14廿三	15廿四
16廿五	17廿六	18廿七	19廿八	20廿九	21十月	22初二
23小雪	24初四	25初五	26初六	27初七	28初八	29初九

12

一	二	三	四	五	六	日
	1十一	2十二	3十三	4十四	5十五	6十六
7大雪	8十八	9十九	10二十	11廿一	12廿二	13廿三
14廿四	15廿五	16廿六	17廿七	18廿八	19廿九	20三十
21初一	22冬至	23初三	24初四	25初五	26初六	27初七
28初八	29初九	30初十	31十一			

中国吉祥图案鉴赏

太平有象

题注：传说宝瓶为观世音的净水瓶，内盛圣水，滴洒能得祥瑞。象力大魁伟，性灵柔顺，又传说佛从天上下降时是乘象而来。本图案利用“瓶”与“平”谐音释意，“象”又谐音“祥”。《汉书·王莽传》：“天下太平，五谷成熟。”本图寓意天下太平、五谷丰登、国泰民安，为典型的宫廷吉祥图案。

1988年（戊辰 龙年2月17日始）

1

一	二	三	四	五	六	日
				1 十二	2 十三	3 十四
4 十五	5 十六	6 小寒	7 十八	8 十九	9 二十	10 廿一
11 廿二	12 廿三	13 廿四	14 廿五	15 廿六	16 廿七	17 廿八
18 廿九	19 十二月	20 初二	21 大寒	22 初四	23 初五	24 初六
25 初七	26 初八	27 初九	28 初十	29 十一	30 十二	31 十三

2

一	二	三	四	五	六	日
1 十四	2 十五	3 十六	4 十七	5 立春	6 十九	7 二十
8 廿一	9 廿二	10 廿三	11 廿四	12 廿五	13 廿六	14 廿七
15 廿八	16 廿九	17 正月	18 初二	19 雨水	20 初四	21 初五
22 初六	23 初七	24 初八	25 初九	26 初十	27 十一	28 十二
29 十三						

3

一	二	三	四	五	六	日
	1 十四	2 十五	3 十六	4 十七	5 惊蛰	6 十九
7 二十	8 廿一	9 廿二	10 廿三	11 廿四	12 廿五	13 廿六
14 廿七	15 廿八	16 廿九	17 三十	18 二月	19 初二	20 春分
21 初四	22 初五	23 初六	24 初七	25 初八	26 初九	27 初十
28 十一	29 十二	30 十三	31 十四			

4

一	二	三	四	五	六	日
				1 十五	2 十六	3 十七
4 清明	5 十九	6 二十	7 廿一	8 廿二	9 廿三	10 廿四
11 廿五	12 廿六	13 廿七	14 廿八	15 廿九	16 三月	17 初二
18 初三	19 初四	20 谷雨	21 初六	22 初七	23 初八	24 初九
25 初十	26 十一	27 十二	28 十三	29 十四	30 十五	

5

一	二	三	四	五	六	日
30 十五	31 十六					1 十六
2 十七	3 十八	4 十九	5 立夏	6 廿一	7 廿二	8 廿三
9 廿四	10 廿五	11 廿六	12 廿七	13 廿八	14 廿九	15 三十
16 四月	17 初二	18 初三	19 初四	20 小满	21 初六	22 初七
23 初八	24 初九	25 初十	26 十一	27 十二	28 十三	29 十四

6

一	二	三	四	五	六	日
		1 十七	2 十八	3 十九	4 二十	5 芒种
6 廿二	7 廿三	8 廿四	9 廿五	10 廿六	11 廿七	12 廿八
13 廿九	14 五月	15 初二	16 初三	17 初四	18 初五	19 初六
20 初七	21 夏至	22 初九	23 初十	24 十一	25 十二	26 十三
27 十四	28 十五	29 十六	30 十七			

7

一	二	三	四	五	六	日
				1 十八	2 十九	3 二十
4 廿一	5 廿二	6 廿三	7 小暑	8 廿五	9 廿六	10 廿七
11 廿八	12 廿九	13 三十	14 六月	15 初二	16 初三	17 初四
18 初五	19 初六	20 初七	21 初八	22 大暑	23 初十	24 十一
25 十二	26 十三	27 十四	28 十五	29 十六	30 十七	31 十八

8

一	二	三	四	五	六	日
1 十九	2 二十	3 廿一	4 廿二	5 廿三	6 廿四	7 立秋
8 廿六	9 廿七	10 廿八	11 廿九	12 七月	13 初二	14 初三
15 初四	16 初五	17 初六	18 初七	19 初八	20 初九	21 初十
22 十一	23 处暑	24 十三	25 十四	26 十五	27 十六	28 十七
29 十八	30 十九	31 二十				

9

一	二	三	四	五	六	日
			1 廿一	2 廿二	3 廿三	4 廿四
5 廿五	6 廿六	7 白露	8 廿八	9 廿九	10 三十	11 八月
12 初二	13 初三	14 初四	15 初五	16 初六	17 初七	18 初八
19 初九	20 初十	21 十一	22 十二	23 秋分	24 十四	25 十五
26 十六	27 十七	28 十八	29 十九	30 二十		

10

一	二	三	四	五	六	日
31 廿一					1 廿一	2 廿二
3 廿三	4 廿四	5 廿五	6 廿六	7 廿七	8 寒露	9 廿九
10 三十	11 九月	12 初二	13 初三	14 初四	15 初五	16 初六
17 初七	18 初八	19 初九	20 初十	21 十一	22 十二	23 霜降
24 十四	25 十五	26 十六	27 十七	28 十八	29 十九	30 二十

11

一	二	三	四	五	六	日
	1 廿二	2 廿三	3 廿四	4 廿五	5 廿六	6 廿七
7 立冬	8 廿九	9 十月	10 初二	11 初三	12 初四	13 初五
14 初六	15 初七	16 初八	17 初九	18 初十	19 十一	20 十二
21 十三	22 小雪	23 十五	24 十六	25 十七	26 十八	27 十九
28 二十	29 廿一	30 廿二				

12

一	二	三	四	五	六	日
			1 廿三	2 廿四	3 廿五	4 廿六
5 廿七	6 廿八	7 大雪	8 三十	9 十一月	10 初二	11 初三
12 初四	13 初五	14 初六	15 初七	16 初八	17 初九	18 初十
19 十一	20 十二	21 冬至	22 十四	23 十五	24 十六	25 十七
26 十八	27 十九	28 二十	29 廿一	30 廿二	31 廿三	

中国吉祥图案鉴赏

1989年（己巳 蛇年2月6日始）

1

一	二	三	四	五	六	日
30廿三	31廿四					1廿四
2廿五	3廿六	4廿七	5小寒	6廿九	7三十	8十二月
9初二	10初三	11初四	12初五	13初六	14初七	15初八
16初九	17初十	18十一	19大寒	20十三	21十四	22十五
23十六	24十七	25十八	26十九	27二十	28廿一	29廿二

2

一	二	三	四	五	六	日
		1廿五	2廿六	3廿七	4立春	5廿九
6正月	7初二	8初三	9初四	10初五	11初六	12初七
13初八	14初九	15初十	16十一	17十二	18十三	19雨水
20十五	21十六	22十七	23十八	24十九	25二十	26廿一
27廿二	28廿三					

3

一	二	三	四	五	六	日
		1廿四	2廿五	3廿六	4廿七	5惊蛰
6廿九	7三十	8二月	9初二	10初三	11初四	12初五
13初六	14初七	15初八	16初九	17初十	18十一	19十二
20春分	21十四	22十五	23十六	24十七	25十八	26十九
27二十	28廿一	29廿二	30廿三	31廿四		

4

一	二	三	四	五	六	日
					1廿五	2廿六
3廿七	4廿八	5清明	6三月	7初二	8初三	9初四
10初五	11初六	12初七	13初八	14初九	15初十	16十一
17十二	18十三	19十四	20谷雨	21十六	22十七	23十八
24十九	25二十	26廿一	27廿二	28廿三	29廿四	30廿五

5

一	二	三	四	五	六	日
1廿六	2廿七	3廿八	4廿九	5四月立夏	6初二	7初三
8初四	9初五	10初六	11初七	12初八	13初九	14初十
15十一	16十二	17十三	18十四	19十五	20十六	21小满
22十八	23十九	24二十	25廿一	26廿二	27廿三	28廿四
29廿五	30廿六	31廿七				

6

一	二	三	四	五	六	日
			1廿八	2廿九	3三十	4五月
5初二	6芒种	7初四	8初五	9初六	10初七	11初八
12初九	13初十	14十一	15十二	16十三	17十四	18十五
19十六	20十七	21夏至	22十九	23二十	24廿一	25廿二
26廿三	27廿四	28廿五	29廿六	30廿七		

7

一	二	三	四	五	六	日
31廿九					1廿八	2廿九
3六月	4初二	5初三	6初四	7小暑	8初六	9初七
10初八	11初九	12初十	13十一	14十二	15十三	16十四
17十五	18十六	19十七	20十八	21十九	22二十	23大暑
24廿二	25廿三	26廿四	27廿五	28廿六	29廿七	30廿八

8

一	二	三	四	五	六	日
	1三十	2七月	3初二	4初三	5初四	6初五
7立秋	8初七	9初八	10初九	11初十	12十一	13十二
14十三	15十四	16十五	17十六	18十七	19十八	20十九
21二十	22廿一	23处暑	24廿三	25廿四	26廿五	27廿六
28廿七	29廿八	30廿九	31八月			

9

一	二	三	四	五	六	日
				1初二	2初三	3初四
4初五	5初六	6初七	7白露	8初九	9初十	10十一
11十二	12十三	13十四	14十五	15十六	16十七	17十八
18十九	19二十	20廿一	21廿二	22廿三	23秋分	24廿五
25廿六	26廿七	27廿八	28廿九	29三十	30九月	

10

一	二	三	四	五	六	日
30初二	31初三					1初二
2初三	3初四	4初五	5初六	6初七	7初八	8寒露
9初十	10十一	11十二	12十三	13十四	14十五	15十六
16十七	17十八	18十九	19二十	20廿一	21廿二	22廿三
23霜降	24廿五	25廿六	26廿七	27廿八	28廿九	29十月

11

一	二	三	四	五	六	日
		1初四	2初五	3初六	4初七	5初八
6初九	7立冬	8十一	9十二	10十三	11十四	12十五
13十六	14十七	15十八	16十九	17二十	18廿一	19廿二
20廿三	21廿四	22小雪	23廿六	24廿七	25廿八	26廿九
27三十	28十一月	29初二	30初三			

12

一	二	三	四	五	六	日
				1初四	2初五	3初六
4初七	5初八	6初九	7大雪	8十一	9十二	10十三
11十四	12十五	13十六	14十七	15十八	16十九	17二十
18廿一	19廿二	20廿三	21廿四	22冬至	23廿六	24廿七
25廿八	26廿九	27三十	28十二月	29初二	30初三	31初四

中国吉祥图案鉴赏

太师少师

题注：大狮、小狮谐音太师、少师。古代官制太师为三公之首，少师为三孤之首，官位显赫。又，官府门前对置石狮，左边的代表“太师”，右边的代表“少保”，均为朝廷中的最高官阶。太师少师成为官品、财富与权力的象征。狮又为百兽之王，是佛教中的神兽，以门狮镇宅辟邪，象征神圣、吉祥。

1990 年（庚午 马年 1 月 27 日始 闰五月）

1

一	二	三	四	五	六	日
1初五	2初六	3初七	4初八	5小寒	6初十	7十一
8十二	9十三	10十四	11十五	12十六	13十七	14十八
15十九	16二十	17廿一	18廿二	19廿三	20大寒	21廿五
22廿六	23廿七	24廿八	25廿九	26三十	27正月	28初二
29初三	30初四	31初五				

2

一	二	三	四	五	六	日
			1初六	2初七	3初八	4立春
5初十	6十一	7十二	8十三	9十四	10十五	11十六
12十七	13十八	14十九	15二十	16廿一	17廿二	18廿三
19雨水	20廿五	21廿六	22廿七	23廿八	24廿九	25二月
26初二	27初三	28初四				

3

一	二	三	四	五	六	日
			1初五	2初六	3初七	4初八
5初九	6惊蛰	7十一	8十二	9十三	10十四	11十五
12十六	13十七	14十八	15十九	16二十	17廿一	18廿二
19廿三	20廿四	21春分	22廿六	23廿七	24廿八	25廿九
26三十	27三月	28初二	29初三	30初四	31初五	

4

一	二	三	四	五	六	日
30初六						1初六
2初七	3初八	4初九	5清明	6十一	7十二	8十三
9十四	10十五	11十六	12十七	13十八	14十九	15二十
16廿一	17廿二	18廿三	19廿四	20廿五	21廿六	22廿七
23谷雨	24廿九	25四月	26初二	27初三	28初四	29初五

5

一	二	三	四	五	六	日
	1初七	2初八	3初九	4初十	5十一	6立夏
7十三	8十四	9十五	10十六	11十七	12十八	13十九
14二十	15廿一	16廿二	17廿三	18廿四	19廿五	20廿六
21小满	22廿八	23廿九	24五月	25初二	26初三	27初四
28初五	29初六	30初七	31初八			

6

一	二	三	四	五	六	日
				1初九	2初十	3十一
4十二	5十三	6芒种	7十五	8十六	9十七	10十八
11十九	12二十	13廿一	14廿二	15廿三	16廿四	17廿五
18廿六	19廿七	20廿八	21廿九	22三十	23五月	24初二
25初三	26初四	27初五	28初六	29初七	30初八	

7

一	二	三	四	五	六	日
30初九	31初十					1初九
2初十	3十一	4十二	5十三	6十四	7小暑	8十六
9十七	10十八	11十九	12二十	13廿一	14廿二	15廿三
16廿四	17廿五	18廿六	19廿七	20廿八	21廿九	22六月
23大暑	24初三	25初四	26初五	27初六	28初七	29初八

8

一	二	三	四	五	六	日
		1十一	2十二	3十三	4十四	5十五
6十六	7十七	8立秋	9十九	10二十	11廿一	12廿二
13廿三	14廿四	15廿五	16廿六	17廿七	18廿八	19廿九
20七月	21初二	22初三	23处暑	24初五	25初六	26初七
27初八	28初九	29初十	30十一	31十二		

9

一	二	三	四	五	六	日
					1十三	2十四
3十五	4十六	5十七	6十八	7十九	8白露	9廿一
10廿二	11廿三	12廿四	13廿五	14廿六	15廿七	16廿八
17廿九	18三十	19八月	20初二	21初三	22初四	23秋分
24初六	25初七	26初八	27初九	28初十	29十一	30十二

10

一	二	三	四	五	六	日
1十三	2十四	3十五	4十六	5十七	6十八	7十九
8寒露	9廿一	10廿二	11廿三	12廿四	13廿五	14廿六
15廿七	16廿八	17廿九	18九月	19初二	20初三	21初四
22初五	23初六	24霜降	25初八	26初九	27初十	28十一
29十二	30十三	31十四				

11

一	二	三	四	五	六	日
			1十五	2十六	3十七	4十八
5十九	6二十	7廿一	8立冬	9廿三	10廿四	11廿五
12廿六	13廿七	14廿八	15廿九	16三十	17十月	18初二
19初三	20初四	21初五	22小雪	23初七	24初八	25初九
26初十	27十一	28十二	29十三	30十四		

12

一	二	三	四	五	六	日
31十五					1十五	2十六
3十七	4十八	5十九	6二十	7大雪	8廿二	9廿三
10廿四	11廿五	12廿六	13廿七	14廿八	15廿九	16三十
17十一月	18初二	19初三	20初四	21初五	22冬至	23初七
24初八	25初九	26初十	27十一	28十二	29十三	30十四

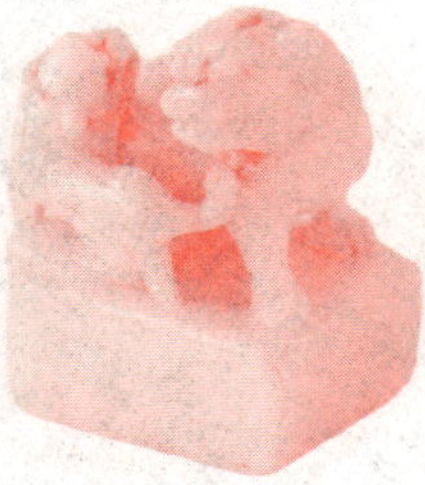

中国吉祥图案鉴赏

1991年（辛未 羊年2月15日始）

1

一	二	三	四	五	六	日
	1十六	2十七	3十八	4十九	5二十	6小寒
7廿二	8廿三	9廿四	10廿五	11廿六	12廿七	13廿八
14廿九	15三十	16十二月	17初二	18初三	19初四	20大寒
21初六	22初七	23初八	24初九	25初十	26十一	27十二
28十三	29十四	30十五	31十六			

2

一	二	三	四	五	六	日
				1十七	2十八	3十九
4立春	5廿一	6廿二	7廿三	8廿四	9廿五	10廿六
11廿七	12廿八	13廿九	14三十	15正月	16初二	17初三
18初四	19雨水	20初六	21初七	22初八	23初九	24初十
25十一	26十二	27十三	28十四			

3

一	二	三	四	五	六	日
				1十五	2十六	3十七
4十八	5十九	6惊蛰	7廿一	8廿二	9廿三	10廿四
11廿五	12廿六	13廿七	14廿八	15廿九	16二月	17初二
18初三	19初四	20初五	21春分	22初七	23初八	24初九
25初十	26十一	27十二	28十三	29十四	30十五	31十六

4

一	二	三	四	五	六	日
1十七	2十八	3十九	4二十	5清明	6廿二	7廿三
8廿四	9廿五	10廿六	11廿七	12廿八	13廿九	14三十
15三月	16初二	17初三	18初四	19初五	20谷雨	21初七
22初八	23初九	24初十	25十一	26十二	27十三	28十四
29十五	30十六					

5

一	二	三	四	五	六	日
		1十七	2十八	3十九	4二十	5廿一
6立夏	7廿三	8廿四	9廿五	10廿六	11廿七	12廿八
13廿九	14四月	15初二	16初三	17初四	18初五	19初六
20初七	21小满	22初九	23初十	24十一	25十二	26十三
27十四	28十五	29十六	30十七	31十八		

6

一	二	三	四	五	六	日
					1十九	2二十
3廿一	4廿二	5廿三	6芒种	7廿五	8廿六	9廿七
10廿八	11廿九	12五月	13初二	14初三	15初四	16初五
17初六	18初七	19初八	20初九	21初十	22夏至	23十二
24十三	25十四	26十五	27十六	28十七	29十八	30十九

7

一	二	三	四	五	六	日
1二十	2廿一	3廿二	4廿三	5廿四	6廿五	7小暑
8廿七	9廿八	10廿九	11三十	12六月	13初二	14初三
15初四	16初五	17初六	18初七	19初八	20初九	21初十
22十一	23大暑	24十三	25十四	26十五	27十六	28十七
29十八	30十九	31二十				

8

一	二	三	四	五	六	日
			1廿一	2廿二	3廿三	4廿四
5廿五	6廿六	7廿七	8立秋	9廿九	10七月	11初二
12初三	13初四	14初五	15初六	16初七	17初八	18初九
19初十	20十一	21十二	22十三	23处暑	24十五	25十六
26十七	27十八	28十九	29二十	30廿一	31廿二	

9

一	二	三	四	五	六	日
30廿三						1廿三
2廿四	3廿五	4廿六	5廿七	6廿八	7廿九	8八月 白露
9初二	10初三	11初四	12初五	13初六	14初七	15初八
16初九	17初十	18十一	19十二	20十三	21十四	22十五
23秋分	24十七	25十八	26十九	27二十	28廿一	29廿二

10

一	二	三	四	五	六	日
	1廿四	2廿五	3廿六	4廿七	5廿八	6廿九
7三十	8九月	9寒露	10初三	11初四	12初五	13初六
14初七	15初八	16初九	17初十	18十一	19十二	20十三
21十四	22十五	23十六	24霜降	25十八	26十九	27二十
28廿一	29廿二	30廿三	31廿四			

11

一	二	三	四	五	六	日
				1廿五	2廿六	3廿七
4廿八	5廿九	6十月	7初二	8立冬	9初四	10初五
11初六	12初七	13初八	14初九	15初十	16十一	17十二
18十三	19十四	20十五	21十六	22十七	23小雪	24十九
25二十	26廿一	27廿二	28廿三	29廿四	30廿五	

12

一	二	三	四	五	六	日
30廿五	31廿六					1廿六
2廿七	3廿八	4廿九	5三十	6十一月	7大雪	8初三
9初四	10初五	11初六	12初七	13初八	14初九	15初十
16十一	17十二	18十三	19十四	20十五	21十六	22冬至
23十八	24十九	25二十	26廿一	27廿二	28廿三	29廿四

中国吉祥图案鉴赏

天地长春

题注：又名天长地久。天竹或天竺取一个天字，瓜瓞即小瓜，瓜在地上生长，取一个地字，月季花取长春二字。天地长春寓意春光永驻、家业兴旺、子孙昌盛、天下太平、福泽长远。

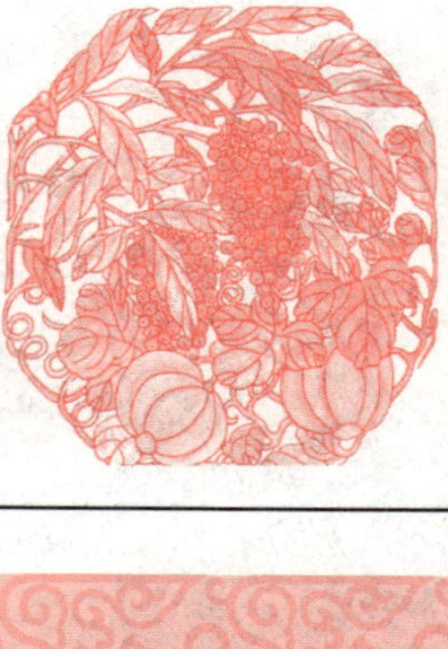

1992 年（壬申 猴年 2 月 4 日始）

1

一	二	三	四	五	六	日
		1 廿七	2 廿八	3 廿九	4 三十	5 十二月
6 小寒	7 初三	8 初四	9 初五	10 初六	11 初七	12 初八
13 初九	14 初十	15 十一	16 十二	17 十三	18 十四	19 十五
20 十六	21 大寒	22 十八	23 十九	24 二十	25 廿一	26 廿二
27 廿三	28 廿四	29 廿五	30 廿六	31 廿七		

2

一	二	三	四	五	六	日
					1 廿八	2 廿九
3 三十	4 正月 立春	5 初二	6 初三	7 初四	8 初五	9 初六
10 初七	11 初八	12 初九	13 初十	14 十一	15 十二	16 十三
17 十四	18 十五	19 雨水	20 十七	21 十八	22 十九	23 二十
24 廿一	25 廿二	26 廿三	27 廿四	28 廿五	29 廿六	

3

一	二	三	四	五	六	日
30 廿七	31 廿八					1 廿七
2 廿八	3 廿九	4 二月	5 惊蛰	6 初三	7 初四	8 初五
9 初六	10 初七	11 初八	12 初九	13 初十	14 十一	15 十二
16 十三	17 十四	18 十五	19 十六	20 春分	21 十八	22 十九
23 二十	24 廿一	25 廿二	26 廿三	27 廿四	28 廿五	29 廿六

4

一	二	三	四	五	六	日
		1 廿九	2 三十	3 三月	4 清明	5 初三
6 初四	7 初五	8 初六	9 初七	10 初八	11 初九	12 初十
13 十一	14 十二	15 十三	16 十四	17 十五	18 十六	19 十七
20 谷雨	21 十九	22 二十	23 廿一	24 廿二	25 廿三	26 廿四
27 廿五	28 廿六	29 廿七	30 廿八			

5

一	二	三	四	五	六	日
				1 廿九	2 三十	3 四月
4 初二	5 立夏	6 初四	7 初五	8 初六	9 初七	10 初八
11 初九	12 初十	13 十一	14 十二	15 十三	16 十四	17 十五
18 十六	19 十七	20 十八	21 小满	22 二十	23 廿一	24 廿二
25 廿三	26 廿四	27 廿五	28 廿六	29 廿七	30 廿八	31 廿九

6

一	二	三	四	五	六	日
1 五月	2 初二	3 初三	4 初四	5 芒种	6 初六	7 初七
8 初八	9 初九	10 初十	11 十一	12 十二	13 十三	14 十四
15 十五	16 十六	17 十七	18 十八	19 十九	20 二十	21 夏至
22 廿二	23 廿三	24 廿四	25 廿五	26 廿六	27 廿七	28 廿八
29 廿九	30 六月					

7

一	二	三	四	五	六	日
		1 初二	2 初三	3 初四	4 初五	5 初六
6 初七	7 小暑	8 初九	9 初十	10 十一	11 十二	12 十三
13 十四	14 十五	15 十六	16 十七	17 十八	18 十九	19 二十
20 廿一	21 廿二	22 大暑	23 廿四	24 廿五	25 廿六	26 廿七
27 廿八	28 廿九	29 三十	30 七月	31 初二		

8

一	二	三	四	五	六	日
31 初四					1 初三	2 初四
3 初五	4 初六	5 初七	6 初八	7 立秋	8 初十	9 十一
10 十二	11 十三	12 十四	13 十五	14 十六	15 十七	16 十八
17 十九	18 二十	19 廿一	20 廿二	21 处暑	22 廿四	23 廿五
24 廿六	25 廿七	26 廿八	27 廿九	28 八月	29 初二	30 初三

9

一	二	三	四	五	六	日
	1 初五	2 初六	3 初七	4 初八	5 初九	6 初十
7 白露	8 十二	9 十三	10 十四	11 十五	12 十六	13 十七
14 十八	15 十九	16 二十	17 廿一	18 廿二	19 廿三	20 廿四
21 廿五	22 廿六	23 秋分	24 廿八	25 廿九	26 九月	27 初二
28 初三	29 初四	30 初五				

10

一	二	三	四	五	六	日
			1 初六	2 初七	3 初八	4 初九
5 初十	6 十一	7 十二	8 寒露	9 十四	10 十五	11 十六
12 十七	13 十八	14 十九	15 二十	16 廿一	17 廿二	18 廿三
19 廿四	20 廿五	21 廿六	22 廿七	23 霜降	24 廿九	25 三十
26 十月	27 初二	28 初三	29 初四	30 初五	31 初六	

11

一	二	三	四	五	六	日
30 初七						1 初七
2 初八	3 初九	4 初十	5 十一	6 十二	7 立冬	8 十四
9 十五	10 十六	11 十七	12 十八	13 十九	14 二十	15 廿一
16 廿二	17 廿三	18 廿四	19 廿五	20 廿六	21 廿七	22 小雪
23 廿九	24 十一月	25 初二	26 初三	27 初四	28 初五	29 初六

12

一	二	三	四	五	六	日
	1 初八	2 初九	3 初十	4 十一	5 十二	6 十三
7 大雪	8 十五	9 十六	10 十七	11 十八	12 十九	13 二十
14 廿一	15 廿二	16 廿三	17 廿四	18 廿五	19 廿六	20 廿七
21 冬至	22 廿九	23 三十	24 十二月	25 初二	26 初三	27 初四
28 初五	29 初六	30 初七	31 初八			

天仙送子

题注："天仙送子"由"麒麟送子"演变而成，天仙即送子神仙，莲花寓意连生。天仙送子的含义是，祈求聪慧仁厚的子女出世，神灵庇护孩子健康成长。传说观音能保佑妇女生育，在民间被称为送子观音，是中国民间广受崇敬的神仙之一。

1993 年（癸酉 鸡年 1月23日始 闰三月）

1

一	二	三	四	五	六	日
				1初九	2初十	3十一
4十二	5小寒	6十四	7十五	8十六	9十七	10十八
11十九	12二十	13廿一	14廿二	15廿三	16廿四	17廿五
18廿六	19廿七	20大寒	21廿九	22三十	23正月	24初二
25初三	26初四	27初五	28初六	29初七	30初八	31初九

2

一	二	三	四	五	六	日
1初十	2十一	3十二	4立春	5十四	6十五	7十六
8十七	9十八	10十九	11二十	12廿一	13廿二	14廿三
15廿四	16廿五	17廿六	18雨水	19廿八	20廿九	21二月
22初二	23初三	24初四	25初五	26初六	27初七	28初八

3

一	二	三	四	五	六	日
1初九	2初十	3十一	4十二	5惊蛰	6十四	7十五
8十六	9十七	10十八	11十九	12二十	13廿一	14廿二
15廿三	16廿四	17廿五	18廿六	19廿七	20春分	21廿九
22三十	23三月	24初二	25初三	26初四	27初五	28初六
29初七	30初八	31初九				

4

一	二	三	四	五	六	日
			1初十	2十一	3十二	4十三
5清明	6十五	7十六	8十七	9十八	10十九	11二十
12廿一	13廿二	14廿三	15廿四	16廿五	17廿六	18廿七
19廿八	20谷雨	21三十	22三月	23初二	24初三	25初四
26初五	27初六	28初七	29初八	30初九		

5

一	二	三	四	五	六	日
31十一					1初十	2十一
3十二	4十三	5立夏	6十五	7十六	8十七	9十八
10十九	11二十	12廿一	13廿二	14廿三	15廿四	16廿五
17廿六	18廿七	19廿八	20廿九	21四月小满	22初二	23初三
24初四	25初五	26初六	27初七	28初八	29初九	30初十

6

一	二	三	四	五	六	日
	1十二	2十三	3十四	4十五	5十六	6十七
7十八	8十九	9二十	10廿一	11廿二	12廿三	13廿四
14廿五	15廿六	16廿七	17廿八	18廿九	19三十	20五月
21初二	22初三	23初四	24初五	25初六	26初七	27初八
28初九	29初十	30十一				

7

一	二	三	四	五	六	日
			1十二	2十三	3十四	4十五
5十六	6十七	7小暑	8十九	9二十	10廿一	11廿二
12廿三	13廿四	14廿五	15廿六	16廿七	17廿八	18廿九
19六月	20初二	21初三	22初四	23大暑	24初六	25初七
26初八	27初九	28初十	29十一	30十二	31十三	

8

一	二	三	四	五	六	日
30十三	31十四					1十四
2十五	3十六	4十七	5十八	6十九	7立秋	8廿一
9廿二	10廿三	11廿四	12廿五	13廿六	14廿七	15廿八
16廿九	17三十	18七月	19初二	20初三	21初四	22初五
23处暑	24初七	25初八	26初九	27初十	28十一	29十二

9

一	二	三	四	五	六	日
		1十五	2十六	3十七	4十八	5十九
6二十	7白露	8廿二	9廿三	10廿四	11廿五	12廿六
13廿七	14廿八	15廿九	16八月	17初二	18初三	19初四
20初五	21初六	22初七	23秋分	24初九	25初十	26十一
27十二	28十三	29十四	30十五			

10

一	二	三	四	五	六	日
				1十六	2十七	3十八
4十九	5二十	6廿一	7廿二	8寒露	9廿四	10廿五
11廿六	12廿七	13廿八	14廿九	15九月	16初二	17初三
18初四	19初五	20初六	21初七	22初八	23霜降	24初十
25十一	26十二	27十三	28十四	29十五	30十六	31十七

11

一	二	三	四	五	六	日
1十八	2十九	3二十	4廿一	5廿二	6廿三	7立冬
8廿五	9廿六	10廿七	11廿八	12廿九	13三十	14十月
15初二	16初三	17初四	18初五	19初六	20初七	21初八
22小雪	23初十	24十一	25十二	26十三	27十四	28十五
29十六	30十七					

12

一	二	三	四	五	六	日
		1十八	2十九	3二十	4廿一	5廿二
6廿三	7大雪	8廿五	9廿六	10廿七	11廿八	12廿九
13十一月	14初二	15初三	16初四	17初五	18初六	19初七
20初八	21初九	22冬至	23十一	24十二	25十三	26十四
27十五	28十六	29十七	30十八	31十九		

中国吉祥图案鉴赏

天马行空

题注：天马又叫神马，能腾空飞行，民间常用来形容超群不凡、我行我素的人。

1994 年（甲戌 狗年 2 月 10 日始）

1

一	二	三	四	五	六	日
31二十					1二十	2廿一
3廿二	4廿三	5小寒	6廿五	7廿六	8廿七	9廿八
10廿九	11三十	12十二月	13初二	14初三	15初四	16初五
17初六	18初七	19初八	20大寒	21初十	22十一	23十二
24十三	25十四	26十五	27十六	28十七	29十八	30十九

2

一	二	三	四	五	六	日
	1廿一	2廿二	3廿三	4立春	5廿五	6廿六
7廿七	8廿八	9廿九	10正月	11初二	12初三	13初四
14初五	15初六	16初七	17初八	18初九	19雨水	20十一
21十二	22十三	23十四	24十五	25十六	26十七	27十八
28十九						

3

一	二	三	四	五	六	日
	1二十	2廿一	3廿二	4廿三	5廿四	6惊蛰
7廿六	8廿七	9廿八	10廿九	11三十	12二月	13初二
14初三	15初四	16初五	17初六	18初七	19初八	20初九
21春分	22十一	23十二	24十三	25十四	26十五	27十六
28十七	29十八	30十九	31二十			

4

一	二	三	四	五	六	日
				1廿一	2廿二	3廿三
4廿四	5清明	6廿六	7廿七	8廿八	9廿九	10三十
11三月	12初二	13初三	14初四	15初五	16初六	17初七
18初八	19初九	20谷雨	21十一	22十二	23十三	24十四
25十五	26十六	27十七	28十八	29十九	30二十	

5

一	二	三	四	五	六	日
30二十	31廿一					1廿一
2廿二	3廿三	4廿四	5廿五	6立夏	7廿七	8廿八
9廿九	10三十	11四月	12初二	13初三	14初四	15初五
16初六	17初七	18初八	19初九	20初十	21小满	22十二
23十三	24十四	25十五	26十六	27十七	28十八	29十九

6

一	二	三	四	五	六	日
		1廿二	2廿三	3廿四	4廿五	5廿六
6芒种	7廿八	8廿九	9五月	10初二	11初三	12初四
13初五	14初六	15初七	16初八	17初九	18初十	19十一
20十二	21夏至	22十四	23十五	24十六	25十七	26十八
27十九	28二十	29廿一	30廿二			

7

一	二	三	四	五	六	日
				1廿三	2廿四	3廿五
4廿六	5廿七	6廿八	7小暑	8三十	9六月	10初二
11初三	12初四	13初五	14初六	15初七	16初八	17初九
18初十	19十一	20十二	21十三	22十四	23大暑	24十六
25十七	26十八	27十九	28二十	29廿一	30廿二	31廿三

8

一	二	三	四	五	六	日
1廿四	2廿五	3廿六	4廿七	5廿八	6廿九	7七月
8立秋	9初三	10初四	11初五	12初六	13初七	14初八
15初九	16初十	17十一	18十二	19十三	20十四	21十五
22十六	23处暑	24十八	25十九	26二十	27廿一	28廿二
29廿三	30廿四	31廿五				

9

一	二	三	四	五	六	日
			1廿六	2廿七	3廿八	4廿九
5三十	6八月	7初二	8白露	9初四	10初五	11初六
12初七	13初八	14初九	15初十	16十一	17十二	18十三
19十四	20十五	21十六	22十七	23秋分	24十九	25二十
26廿一	27廿二	28廿三	29廿四	30廿五		

10

一	二	三	四	五	六	日
31廿七					1廿六	2廿七
3廿八	4廿九	5九月	6初二	7初三	8寒露	9初五
10初六	11初七	12初八	13初九	14初十	15十一	16十二
17十三	18十四	19十五	20十六	21十七	22十八	23霜降
24二十	25廿一	26廿二	27廿三	28廿四	29廿五	30廿六

11

一	二	三	四	五	六	日
	1廿八	2廿九	3十月	4初二	5初三	6初四
7立冬	8初六	9初七	10初八	11初九	12初十	13十一
14十二	15十三	16十四	17十五	18十六	19十七	20十八
21十九	22小雪	23廿一	24廿二	25廿三	26廿四	27廿五
28廿六	29廿七	30廿八				

12

一	二	三	四	五	六	日
			1廿九	2三十	3十一月	4初二
5初三	6初四	7大雪	8初六	9初七	10初八	11初九
12初十	13十一	14十二	15十三	16十四	17十五	18十六
19十七	20十八	21十九	22冬至	23廿一	24廿二	25廿三
26廿四	27廿五	28廿六	29廿七	30廿八	31廿九	

中国吉祥图案鉴赏

1995年（乙亥 猪年1月31日始 闰八月）

1

一	二	三	四	五	六	日
30三十	31正月					1十二月
2初二	3初三	4初四	5初五	6小寒	7初七	8初八
9初九	10初十	11十一	12十二	13十三	14十四	15十五
16十六	17十七	18十八	19十九	20大寒	21廿一	22廿二
23廿三	24廿四	25廿五	26廿六	27廿七	28廿八	29廿九

2

一	二	三	四	五	六	日
		1初二	2初三	3初四	4立春	5初六
6初七	7初八	8初九	9初十	10十一	11十二	12十三
13十四	14十五	15十六	16十七	17十八	18十九	19雨水
20廿一	21廿二	22廿三	23廿四	24廿五	25廿六	26廿七
27廿八	28廿九					

3

一	二	三	四	五	六	日
		1二月	2初二	3初三	4初四	5初五
6惊蛰	7初七	8初八	9初九	10初十	11十一	12十二
13十三	14十四	15十五	16十六	17十七	18十八	19十九
20二十	21春分	22廿二	23廿三	24廿四	25廿五	26廿六
27廿七	28廿八	29廿九	30三十	31三月		

4

一	二	三	四	五	六	日
					1初二	2初三
3初四	4初五	5清明	6初七	7初八	8初九	9初十
10十一	11十二	12十三	13十四	14十五	15十六	16十七
17十八	18十九	19二十	20谷雨	21廿二	22廿三	23廿四
24廿五	25廿六	26廿七	27廿八	28廿九	29三十	30四月

5

一	二	三	四	五	六	日
1初二	2初三	3初四	4初五	5初六	6立夏	7初八
8初九	9初十	10十一	11十二	12十三	13十四	14十五
15十六	16十七	17十八	18十九	19二十	20廿一	21小满
22廿三	23廿四	24廿五	25廿六	26廿七	27廿八	28廿九
29五月	30初二	31初三				

6

一	二	三	四	五	六	日
			1初四	2初五	3初六	4初七
5初八	6芒种	7初十	8十一	9十二	10十三	11十四
12十五	13十六	14十七	15十八	16十九	17二十	18廿一
19廿二	20廿三	21廿四	22夏至	23廿六	24廿七	25廿八
26廿九	27三十	28六月	29初二	30初三		

7

一	二	三	四	五	六	日
					1初四	2初五
3初六	4初七	5初八	6初九	7小暑	8十一	9十二
10十三	11十四	12十五	13十六	14十七	15十八	16十九
17二十	18廿一	19廿二	20廿三	21廿四	22廿五	23大暑
24廿七	25廿八	26廿九	27七月	28初二	29初三	30初四

8

一	二	三	四	五	六	日
	1初六	2初七	3初八	4初九	5初十	6十一
7十二	8立秋	9十四	10十五	11十六	12十七	13十八
14十九	15二十	16廿一	17廿二	18廿三	19廿四	20廿五
21廿六	22廿七	23处暑	24廿九	25三十	26八月	27初二
28初三	29初四	30初五	31初六			

9

一	二	三	四	五	六	日
				1初七	2初八	3初九
4初十	5十一	6十二	7十三	8白露	9十五	10十六
11十七	12十八	13十九	14二十	15廿一	16廿二	17廿三
18廿四	19廿五	20廿六	21廿七	22廿八	23秋分	24三十
25八月	26初二	27初三	28初四	29初五	30初六	

10

一	二	三	四	五	六	日
30初七	31初八					1初七
2初八	3初九	4初十	5十一	6十二	7十三	8十四
9寒露	10十六	11十七	12十八	13十九	14二十	15廿一
16廿二	17廿三	18廿四	19廿五	20廿六	21廿七	22廿八
23廿九	24九月霜降	25初二	26初三	27初四	28初五	29初六

11

一	二	三	四	五	六	日
		1初九	2初十	3十一	4十二	5十三
6十四	7十五	8立冬	9十七	10十八	11十九	12二十
13廿一	14廿二	15廿三	16廿四	17廿五	18廿六	19廿七
20廿八	21廿九	22十月	23小雪	24初三	25初四	26初五
27初六	28初七	29初八	30初九			

12

一	二	三	四	五	六	日
				1初十	2十一	3十二
4十三	5十四	6十五	7大雪	8十七	9十八	10十九
11二十	12廿一	13廿二	14廿三	15廿四	16廿五	17廿六
18廿七	19廿八	20廿九	21三十	22十一月冬至	23初二	24初三
25初四	26初五	27初六	28初七	29初八	30初九	31初十

中国吉祥图案鉴赏

同心永结

题注：用锦带结成连环回文式样的佩饰，名同心结。同心结佩饰有相亲相爱的寓意。梁武帝诗："腰间双绮带，梦为同心结。"铜镜为古代妇女常用的物品，其背面的图案多由成对的孔雀或凤凰缠枝纹组成。历代铜镜不仅是上层社会流行的实用品，而且还是赏赐、相互馈赠的贵重礼品。因此，铜镜背面不仅有精美的吉祥图案画，而且还常铭有祈祝高官厚禄、子孙繁盛、长生不老、家族兴旺等言语文字，成为图案精巧、文字瑰奇、辞旨温雅，集图画、书法、意境之美于一身的特殊工艺品。

1996年（丙子 鼠年2月19日始）

1

一	二	三	四	五	六	日
1十一	2十二	3十三	4十四	5十五	6小寒	7十七
8十八	9十九	10二十	11廿一	12廿二	13廿三	14廿四
15廿五	16廿六	17廿七	18廿八	19廿九	20十二月	21大寒
22初三	23初四	24初五	25初六	26初七	27初八	28初九
29初十	30十一	31十二				

2

一	二	三	四	五	六	日
			1十三	2十四	3十五	4立春
5十七	6十八	7十九	8二十	9廿一	10廿二	11廿三
12廿四	13廿五	14廿六	15廿七	16廿八	17廿九	18三十
19正月雨水	20初二	21初三	22初四	23初五	24初六	25初七
26初八	27初九	28初十	29十一			

3

一	二	三	四	五	六	日
				1十二	2十三	3十四
4十五	5惊蛰	6十七	7十八	8十九	9二十	10廿一
11廿二	12廿三	13廿四	14廿五	15廿六	16廿七	17廿八
18廿九	19二月	20春分	21初三	22初四	23初五	24初六
25初七	26初八	27初九	28初十	29十一	30十二	31十三

4

一	二	三	四	五	六	日
1十四	2十五	3十六	4清明	5十八	6十九	7二十
8廿一	9廿二	10廿三	11廿四	12廿五	13廿六	14廿七
15廿八	16廿九	17三十	18三月	19初二	20谷雨	21初四
22初五	23初六	24初七	25初八	26初九	27初十	28十一
29十二	30十三					

5

一	二	三	四	五	六	日
		1十四	2十五	3十六	4十七	5立夏
6十九	7二十	8廿一	9廿二	10廿三	11廿四	12廿五
13廿六	14廿七	15廿八	16廿九	17四月	18初二	19初三
20初四	21小满	22初六	23初七	24初八	25初九	26初十
27十一	28十二	29十三	30十四	31十五		

6

一	二	三	四	五	六	日
					1十六	2十七
3十八	4十九	5芒种	6廿一	7廿二	8廿三	9廿四
10廿五	11廿六	12廿七	13廿八	14廿九	15三十	16五月
17初二	18初三	19初四	20初五	21夏至	22初七	23初八
24初九	25初十	26十一	27十二	28十三	29十四	30十五

7

一	二	三	四	五	六	日
1十六	2十七	3十八	4十九	5二十	6廿一	7小暑
8廿三	9廿四	10廿五	11廿六	12廿七	13廿八	14廿九
15三十	16六月	17初二	18初三	19初四	20初五	21初六
22大暑	23初八	24初九	25初十	26十一	27十二	28十三
29十四	30十五	31十六				

8

一	二	三	四	五	六	日
			1十七	2十八	3十九	4二十
5廿一	6廿二	7立秋	8廿四	9廿五	10廿六	11廿七
12廿八	13廿九	14七月	15初二	16初三	17初四	18初五
19初六	20初七	21初八	22初九	23处暑	24十一	25十二
26十三	27十四	28十五	29十六	30十七	31十八	

9

一	二	三	四	五	六	日
30十八						1十九
2二十	3廿一	4廿二	5廿三	6廿四	7白露	8廿六
9廿七	10廿八	11廿九	12三十	13八月	14初二	15初三
16初四	17初五	18初六	19初七	20初八	21初九	22初十
23秋分	24十二	25十三	26十四	27十五	28十六	29十七

10

一	二	三	四	五	六	日
	1十九	2二十	3廿一	4廿二	5廿三	6廿四
7廿五	8寒露	9廿七	10廿八	11廿九	12九月	13初二
14初三	15初四	16初五	17初六	18初七	19初八	20初九
21初十	22十一	23霜降	24十三	25十四	26十五	27十六
28十七	29十八	30十九	31二十			

11

一	二	三	四	五	六	日
				1廿一	2廿二	3廿三
4廿四	5廿五	6廿六	7立冬	8廿八	9廿九	10三十
11十月	12初二	13初三	14初四	15初五	16初六	17初七
18初八	19初九	20初十	21十一	22小雪	23十三	24十四
25十五	26十六	27十七	28十八	29十九	30二十	

12

一	二	三	四	五	六	日
30二十	31廿一					1廿一
2廿二	3廿三	4廿四	5廿五	6廿六	7大雪	8廿八
9廿九	10三十	11十一月	12初二	13初三	14初四	15初五
16初六	17初七	18初八	19初九	20初十	21冬至	22十二
23十三	24十四	25十五	26十六	27十七	28十八	29十九

中国吉祥图案鉴赏

1997年（丁丑 牛年2月7日始）

1

一	二	三	四	五	六	日
		1廿二	2廿三	3廿四	4廿五	5小寒
6廿七	7廿八	8廿九	9十二月	10初二	11初三	12初四
13初五	14初六	15初七	16初八	17初九	18初十	19十一
20大寒	21十三	22十四	23十五	24十六	25十七	26十八
27十九	28二十	29廿一	30廿二	31廿三		

2

一	二	三	四	五	六	日
					1廿四	2廿五
3廿六	4立春	5廿八	6廿九	7正月	8初二	9初三
10初四	11初五	12初六	13初七	14初八	15初九	16初十
17十一	18雨水	19十三	20十四	21十五	22十六	23十七
24十八	25十九	26二十	27廿一	28廿二		

3

一	二	三	四	五	六	日
31廿三					1廿三	2廿四
3廿五	4廿六	5惊蛰	6廿八	7廿九	8三十	9二月
10初二	11初三	12初四	13初五	14初六	15初七	16初八
17初九	18初十	19十一	20春分	21十三	22十四	23十五
24十六	25十七	26十八	27十九	28二十	29廿一	30廿二

4

一	二	三	四	五	六	日
	1廿四	2廿五	3廿六	4廿七	5清明	6廿九
7三月	8初二	9初三	10初四	11初五	12初六	13初七
14初八	15初九	16初十	17十一	18十二	19十三	20谷雨
21十五	22十六	23十七	24十八	25十九	26二十	27廿一
28廿二	29廿三	30廿四				

5

一	二	三	四	五	六	日
			1廿五	2廿六	3廿七	4廿八
5立夏	6三十	7四月	8初二	9初三	10初四	11初五
12初六	13初七	14初八	15初九	16初十	17十一	18十二
19十三	20十四	21小满	22十六	23十七	24十八	25十九
26二十	27廿一	28廿二	29廿三	30廿四	31廿五	

6

一	二	三	四	五	六	日
30廿六						1廿六
2廿七	3廿八	4廿九	5五月芒种	6初二	7初三	8初四
9初五	10初六	11初七	12初八	13初九	14初十	15十一
16十二	17十三	18十四	19十五	20十六	21十七	22十八
23十九	24二十	25廿一	26廿二	27廿三	28廿四	29廿五

7

一	二	三	四	五	六	日
	1廿七	2廿八	3廿九	4三十	5六月	6初二
7小暑	8初四	9初五	10初六	11初七	12初八	13初九
14初十	15十一	16十二	17十三	18十四	19十五	20十六
21十七	22十八	23大暑	24二十	25廿一	26廿二	27廿三
28廿四	29廿五	30廿六	31廿七			

8

一	二	三	四	五	六	日
				1廿八	2廿九	3七月
4初二	5初三	6初四	7立秋	8初六	9初七	10初八
11初九	12初十	13十一	14十二	15十三	16十四	17十五
18十六	19十七	20十八	21十九	22二十	23处暑	24廿二
25廿三	26廿四	27廿五	28廿六	29廿七	30廿八	31廿九

9

一	二	三	四	五	六	日
1三十	2八月	3初二	4初三	5初四	6初五	7白露
8初七	9初八	10初九	11初十	12十一	13十二	14十三
15十四	16十五	17十六	18十七	19十八	20十九	21二十
22廿一	23秋分	24廿三	25廿四	26廿五	27廿六	28廿七
29廿八	30廿九					

10

一	二	三	四	五	六	日
		1三十	2九月	3初二	4初三	5初四
6初五	7初六	8寒露	9初八	10初九	11初十	12十一
13十二	14十三	15十四	16十五	17十六	18十七	19十八
20十九	21二十	22廿一	23霜降	24廿三	25廿四	26廿五
27廿六	28廿七	29廿八	30廿九	31十月		

11

一	二	三	四	五	六	日
					1初二	2初三
3初四	4初五	5初六	6初七	7立冬	8初九	9初十
10十一	11十二	12十三	13十四	14十五	15十六	16十七
17十八	18十九	19二十	20廿一	21廿二	22小雪	23廿四
24廿五	25廿六	26廿七	27廿八	28廿九	29三十	30十一月

12

一	二	三	四	五	六	日
1初二	2初三	3初四	4初五	5初六	6初七	7大雪
8初九	9初十	10十一	11十二	12十三	13十四	14十五
15十六	16十七	17十八	18十九	19二十	20廿一	21廿二
22冬至	23廿四	24廿五	25廿六	26廿七	27廿八	28廿九
29三十	30十二月	31初二				

中国吉祥图案鉴赏

武门神

题注：门神，是一种年画，又叫“门画”，贴于门上，用于祈祷赐福、辟邪护宅。门神的历史悠久，画像石上有神荼、郁垒的图像。神荼、郁垒出自古代神话，传说神荼、郁垒兄弟俩，终日把守度索山的山门，守护桃树。如遇恶鬼、邪神偷桃，他俩即用苇索将其捆起来扔到沟里喂虎，因能捉鬼，故被奉为门神。尉迟恭与秦叔宝是为唐太宗李世民打天下的两位开国功臣。相传唐太宗得病，由于鬼魅滋扰，皇宫夜无安宁。秦、尉两位将军得知后，为其伺卫，夜间果然宁静。后太宗令画工为其画像贴于宫门，邪祟因此平息。从此，两位将军称为民间那流传最广泛的武士门神。

1998年（戊寅 虎年1月28日始 闰五月）

1

一	二	三	四	五	六	日
			1初三	2初四	3初五	4初六
5小寒	6初八	7初九	8初十	9十一	10十二	11十三
12十四	13十五	14十六	15十七	16十八	17十九	18二十
19廿一	20大寒	21廿三	22廿四	23廿五	24廿六	25廿七
26廿八	27廿九	28春节	29初二	30初三	31初四	

2

一	二	三	四	五	六	日
						1初五
2初六	3初七	4立春	5初九	6初十	7十一	8十二
9十三	10十四	11十五	12十六	13十七	14十八	15十九
16二十	17廿一	18廿二	19雨水	20廿四	21廿五	22廿六
23廿七	24廿八	25廿九	26三十	27二月	28初二	

3

一	二	三	四	五	六	日
30初三	31初四					1初三
2初四	3初五	4初六	5初七	6惊蛰	7初九	8初十
9十一	10十二	11十三	12十四	13十五	14十六	15十七
16十八	17十九	18二十	19廿一	20廿二	21春分	22廿四
23廿五	24廿六	25廿七	26廿八	27廿九	28三月	29初二

4

一	二	三	四	五	六	日
		1初五	2初六	3初七	4初八	5清明
6初十	7十一	8十二	9十三	10十四	11十五	12十六
13十七	14十八	15十九	16二十	17廿一	18廿二	19廿三
20谷雨	21廿五	22廿六	23廿七	24廿八	25廿九	26四月
27初二	28初三	29初四	30初五			

5

一	二	三	四	五	六	日
				1初六	2初七	3初八
4初九	5初十	6立夏	7十二	8十三	9十四	10十五
11十六	12十七	13十八	14十九	15二十	16廿一	17廿二
18廿三	19廿四	20小满	21廿六	22廿七	23廿八	24廿九
25三十	26五月	27初二	28初三	29初四	30初五	31初六

6

一	二	三	四	五	六	日
1初七	2初八	3初九	4初十	5十一	6十二	7十三
8十四	9十五	10十六	11十七	12十八	13十九	14二十
15廿一	16廿二	17廿三	18廿四	19廿五	20廿六	21夏至
22廿八	23廿九	24五月	25初二	26初三	27初四	28初五
29初六	30初七					

7

一	二	三	四	五	六	日
		1初八	2初九	3初十	4十一	5十二
6十三	7小暑	8十五	9十六	10十七	11十八	12十九
13二十	14廿一	15廿二	16廿三	17廿四	18廿五	19廿六
20廿七	21廿八	22廿九	23六月 大暑	24初二	25初三	26初四
27初五	28初六	29初七	30初八	31初九		

8

一	二	三	四	五	六	日
31初十					1初十	2十一
3十二	4十三	5十四	6十五	7十六	8立秋	9十八
10十九	11二十	12廿一	13廿二	14廿三	15廿四	16廿五
17廿六	18廿七	19廿八	20廿九	21三十	22七月	23处暑
24初三	25初四	26初五	27初六	28初七	29初八	30初九

9

一	二	三	四	五	六	日
	1十一	2十二	3十三	4十四	5十五	6十六
7十七	8白露	9十九	10二十	11廿一	12廿二	13廿三
14廿四	15廿五	16廿六	17廿七	18廿八	19廿九	20三十
21八月	22初二	23秋分	24初四	25初五	26初六	27初七
28初八	29初九	30初十				

10

一	二	三	四	五	六	日
			1十一	2十二	3十三	4十四
5十五	6十六	7十七	8寒露	9十九	10二十	11廿一
12廿二	13廿三	14廿四	15廿五	16廿六	17廿七	18廿八
19廿九	20九月	21初二	22初三	23霜降	24初五	25初六
26初七	27初八	28初九	29初十	30十一	31十二	

11

一	二	三	四	五	六	日
30十二						1十三
2十四	3十五	4十六	5十七	6十八	7立冬	8二十
9廿一	10廿二	11廿三	12廿四	13廿五	14廿六	15廿七
16廿八	17廿九	18三十	19十月	20初二	21初三	22小雪
23初五	24初六	25初七	26初八	27初九	28初十	29十一

12

一	二	三	四	五	六	日
	1十三	2十四	3十五	4十六	5十七	6十八
7大雪	8二十	9廿一	10廿二	11廿三	12廿四	13廿五
14廿六	15廿七	16廿八	17廿九	18三十	19十一月	20初二
21初三	22冬至	23初五	24初六	25初七	26初八	27初九
28初十	29十一	30十二	31十三			

五谷丰登

题注：寓意五谷丰登、天下太平。

中国吉祥图案鉴赏

1999 年（己卯 兔年 2 月 16 日始）

1

一	二	三	四	五	六	日
				1十四	2十五	3十六
4十七	5十八	6小寒	7二十	8廿一	9廿二	10廿三
11廿四	12廿五	13廿六	14廿七	15廿八	16廿九	17十二月
18初二	19初三	20大寒	21初五	22初六	23初七	24初八
25初九	26初十	27十一	28十二	29十三	30十四	31十五

2

一	二	三	四	五	六	日
1十六	2十七	3十八	4立春	5二十	6廿一	7廿二
8廿三	9廿四	10廿五	11廿六	12廿七	13廿八	14廿九
15三十	16正月	17初二	18初三	19初四	20初五	21初六
22初七	23初八	24初九	25初十	26十一	27十二	28十三

3

一	二	三	四	五	六	日
1十四	2十五	3十六	4十七	5十八	6惊蛰	7二十
8廿一	9廿二	10廿三	11廿四	12廿五	13廿六	14廿七
15廿八	16廿九	17三十	18二月	19初二	20初三	21春分
22初五	23初六	24初七	25初八	26初九	27初十	28十一
29十二	30十三	31十四				

4

一	二	三	四	五	六	日
			1十五	2十六	3十七	4十八
5清明	6二十	7廿一	8廿二	9廿三	10廿四	11廿五
12廿六	13廿七	14廿八	15廿九	16三月	17初二	18初三
19初四	20谷雨	21初六	22初七	23初八	24初九	25初十
26十一	27十二	28十三	29十四	30十五		

5

一	二	三	四	五	六	日
31十七					1十六	2十七
3十八	4十九	5二十	6立夏	7廿二	8廿三	9廿四
10廿五	11廿六	12廿七	13廿八	14廿九	15四月	16初二
17初三	18初四	19初五	20初六	21小满	22初八	23初九
24初十	25十一	26十二	27十三	28十四	29十五	30十六

6

一	二	三	四	五	六	日
	1十八	2十九	3二十	4廿一	5廿二	6芒种
7廿四	8廿五	9廿六	10廿七	11廿八	12廿九	13三十
14五月	15初二	16初三	17初四	18初五	19初六	20初七
21初八	22夏至	23初十	24十一	25十二	26十三	27十四
28十五	29十六	30十七				

7

一	二	三	四	五	六	日
			1十八	2十九	3二十	4廿一
5廿二	6廿三	7小暑	8廿五	9廿六	10廿七	11廿八
12廿九	13六月	14初二	15初三	16初四	17初五	18初六
19初七	20初八	21初九	22初十	23大暑	24十二	25十三
26十四	27十五	28十六	29十七	30十八	31十九	

8

一	二	三	四	五	六	日
30二十	31廿一					1二十
2廿一	3廿二	4廿三	5廿四	6廿五	7廿六	8立秋
9廿八	10廿九	11七月	12初二	13初三	14初四	15初五
16初六	17初七	18初八	19初九	20初十	21十一	22十二
23处暑	24十四	25十五	26十六	27十七	28十八	29十九

9

一	二	三	四	五	六	日
		1廿二	2廿三	3廿四	4廿五	5廿六
6廿七	7廿八	8白露	9三十	10八月	11初二	12初三
13初四	14初五	15初六	16初七	17初八	18初九	19初十
20十一	21十二	22十三	23秋分	24十五	25十六	26十七
27十八	28十九	29二十	30廿一			

10

一	二	三	四	五	六	日
				1廿二	2廿三	3廿四
4廿五	5廿六	6廿七	7廿八	8廿九	9九月寒露	10初二
11初三	12初四	13初五	14初六	15初七	16初八	17初九
18初十	19十一	20十二	21十三	22十四	23十五	24霜降
25十七	26十八	27十九	28二十	29廿一	30廿二	31廿三

11

一	二	三	四	五	六	日
1廿四	2廿五	3廿六	4廿七	5廿八	6廿九	7三十
8十月立冬	9初二	10初三	11初四	12初五	13初六	14初七
15初八	16初九	17初十	18十一	19十二	20十三	21十四
22十五	23小雪	24十七	25十八	26十九	27二十	28廿一
29廿二	30廿三					

12

一	二	三	四	五	六	日
		1廿四	2廿五	3廿六	4廿七	5廿八
6廿九	7大雪	8十一月	9初二	10初三	11初四	12初五
13初六	14初七	15初八	16初九	17初十	18十一	19十二
20十三	21十四	22冬至	23十六	24十七	25十八	26十九
27二十	28廿一	29廿二	30廿三	31廿四		

中国吉祥图案鉴赏

五福临门

题注：寓意幸福、吉祥降临。

2000 年（庚辰 龙年 2 月 5 日始）

1

一	二	三	四	五	六	日
31廿五					1廿五	2廿六
3廿七	4廿八	5廿九	6小寒	7十二月	8初二	9初三
10初四	11初五	12初六	13初七	14初八	15初九	16初十
17十一	18十二	19十三	20十四	21大寒	22十六	23十七
24十八	25十九	26二十	27廿一	28廿二	29廿三	30廿四

2

一	二	三	四	五	六	日
	1廿六	2廿七	3廿八	4立春	5正月	6初二
7初三	8初四	9初五	10初六	11初七	12初八	13初九
14初十	15十一	16十二	17十三	18雨水	19十五	20十六
21十七	22十八	23十九	24二十	25廿一	26廿二	27廿三
28廿四	29廿五					

3

一	二	三	四	五	六	日
		1廿六	2廿七	3廿八	4廿九	5惊蛰
6二月	7初二	8初三	9初四	10初五	11初六	12初七
13初八	14初九	15初十	16十一	17十二	18十三	19十四
20春分	21十六	22十七	23十八	24十九	25二十	26廿一
27廿二	28廿三	29廿四	30廿五	31廿六		

4

一	二	三	四	五	六	日
					1廿七	2廿八
3廿九	4清明	5三月	6初二	7初三	8初四	9初五
10初六	11初七	12初八	13初九	14初十	15十一	16十二
17十三	18十四	19十五	20谷雨	21十七	22十八	23十九
24二十	25廿一	26廿二	27廿三	28廿四	29廿五	30廿六

5

一	二	三	四	五	六	日
1廿七	2廿八	3廿九	4四月	5立夏	6初三	7初四
8初五	9初六	10初七	11初八	12初九	13初十	14十一
15十二	16十三	17十四	18十五	19十六	20十七	21小满
22十九	23二十	24廿一	25廿二	26廿三	27廿四	28廿五
29廿六	30廿七	31廿八				

6

一	二	三	四	五	六	日
			1廿九	2五月	3初二	4初三
5芒种	6初五	7初六	8初七	9初八	10初九	11初十
12十一	13十二	14十三	15十四	16十五	17十六	18十七
19十八	20十九	21夏至	22廿一	23廿二	24廿三	25廿四
26廿五	27廿六	28廿七	29廿八	30廿九		

7

一	二	三	四	五	六	日
31七月					1三十	2六月
3初二	4初三	5初四	6初五	7小暑	8初七	9初八
10初九	11初十	12十一	13十二	14十三	15十四	16十五
17十六	18十七	19十八	20十九	21二十	22廿一	23廿二
24廿三	25廿四	26廿五	27廿六	28廿七	29廿八	30廿九

8

一	二	三	四	五	六	日
	1初二	2初三	3初四	4初五	5初六	6初七
7立秋	8初九	9初十	10十一	11十二	12十三	13十四
14十五	15十六	16十七	17十八	18十九	19二十	20廿一
21廿二	22廿三	23处暑	24廿五	25廿六	26廿七	27廿八
28廿九	29八月	30初二	31初三			

9

一	二	三	四	五	六	日
				1初四	2初五	3初六
4初七	5初八	6初九	7白露	8十一	9十二	10十三
11十四	12十五	13十六	14十七	15十八	16十九	17二十
18廿一	19廿二	20廿三	21廿四	22廿五	23秋分	24廿七
25廿八	26廿九	27三十	28九月	29初二	30初三	

10

一	二	三	四	五	六	日
30初四	31初五					1初四
2初五	3初六	4初七	5初八	6初九	7初十	8寒露
9十二	10十三	11十四	12十五	13十六	14十七	15十八
16十九	17二十	18廿一	19廿二	20廿三	21廿四	22廿五
23霜降	24廿七	25廿八	26廿九	27十月	28初二	29初三

11

一	二	三	四	五	六	日
		1初六	2初七	3初八	4初九	5初十
6十一	7十二	8十三	9十四	10十五	11十六	12十七
13十八	14十九	15二十	16廿一	17廿二	18廿三	19廿四
20廿五	21廿六	22小雪	23廿八	24廿九	25三十	26十一月
27初二	28初三	29初四	30初五			

12

一	二	三	四	五	六	日
				1初六	2初七	3初八
4初九	5初十	6十一	7大雪	8十三	9十四	10十五
11十六	12十七	13十八	14十九	15二十	16廿一	17廿二
18廿三	19廿四	20廿五	21冬至	22廿七	23廿八	24廿九
25三十	26十二月	27初二	28初三	29初四	30初五	31初六

五子闹弥勒

题注：弥勒，即民间供奉的大肚弥勒佛，相传弥勒佛心宽肚大，能容天下一切之人；笑容可掬，笑天下一切可笑之事。古代还有五子闹弥勒的传说。此图案有阖家欢乐、子孙满堂的吉祥寓意。

中国吉祥图案鉴赏

2001年（辛巳 蛇年1月24日始 闰四月）

1

一	二	三	四	五	六	日
1 初七	2 初八	3 初九	4 初十	5 小寒	6 十二	7 十三
8 十四	9 十五	10 十六	11 十七	12 十八	13 十九	14 二十
15 廿一	16 廿二	17 廿三	18 廿四	19 廿五	20 大寒	21 廿七
22 廿八	23 廿九	24 正月	25 初二	26 初三	27 初四	28 初五
29 初六	30 初七	31 初八				

2

一	二	三	四	五	六	日
			1 初九	2 初十	3 十一	4 立春
5 十三	6 十四	7 十五	8 十六	9 十七	10 十八	11 十九
12 二十	13 廿一	14 廿二	15 廿三	16 廿四	17 廿五	18 雨水
19 廿七	20 廿八	21 廿九	22 三十	23 二月	24 初二	25 初三
26 初四	27 初五	28 初六				

3

一	二	三	四	五	六	日
			1 初七	2 初八	3 初九	4 初十
5 惊蛰	6 十二	7 十三	8 十四	9 十五	10 十六	11 十七
12 十八	13 十九	14 二十	15 廿一	16 廿二	17 廿三	18 廿四
19 廿五	20 春分	21 廿七	22 廿八	23 廿九	24 三十	25 三月
26 初二	27 初三	28 初四	29 初五	30 初六	31 初七	

4

一	二	三	四	五	六	日
30 初八						1 初八
2 初九	3 初十	4 十一	5 清明	6 十三	7 十四	8 十五
9 十六	10 十七	11 十八	12 十九	13 二十	14 廿一	15 廿二
16 廿三	17 廿四	18 廿五	19 廿六	20 谷雨	21 廿八	22 廿九
23 四月	24 初二	25 初三	26 初四	27 初五	28 初六	29 初七

5

一	二	三	四	五	六	日
	1 初九	2 初十	3 十一	4 十二	5 立夏	6 十四
7 十五	8 十六	9 十七	10 十八	11 十九	12 二十	13 廿一
14 廿二	15 廿三	16 廿四	17 廿五	18 廿六	19 廿七	20 廿八
21 小满	22 三十	23 闰四	24 初二	25 初三	26 初四	27 初五
28 初六	29 初七	30 初八	31 初九			

6

一	二	三	四	五	六	日
				1 初十	2 十一	3 十二
4 十三	5 芒种	6 十五	7 十六	8 十七	9 十八	10 十九
11 二十	12 廿一	13 廿二	14 廿三	15 廿四	16 廿五	17 廿六
18 廿七	19 廿八	20 廿九	21 五月 夏至	22 初二	23 初三	24 初四
25 初五	26 初六	27 初七	28 初八	29 初九	30 初十	

7

一	二	三	四	五	六	日
30 初十	31 十一					1 十一
2 十二	3 十三	4 十四	5 十五	6 十六	7 小暑	8 十八
9 十九	10 二十	11 廿一	12 廿二	13 廿三	14 廿四	15 廿五
16 廿六	17 廿七	18 廿八	19 廿九	20 三十	21 六月	22 初二
23 大暑	24 初四	25 初五	26 初六	27 初七	28 初八	29 初九

8

一	二	三	四	五	六	日
		1 十二	2 十三	3 十四	4 十五	5 十六
6 十七	7 立秋	8 十九	9 二十	10 廿一	11 廿二	12 廿三
13 廿四	14 廿五	15 廿六	16 廿七	17 廿八	18 廿九	19 七月
20 初二	21 初三	22 初四	23 处暑	24 初六	25 初七	26 初八
27 初九	28 初十	29 十一	30 十二	31 十三		

9

一	二	三	四	五	六	日
					1 十四	2 十五
3 十六	4 十七	5 十八	6 十九	7 白露	8 廿一	9 廿二
10 廿三	11 廿四	12 廿五	13 廿六	14 廿七	15 廿八	16 廿九
17 八月	18 初二	19 初三	20 初四	21 初五	22 初六	23 秋分
24 初八	25 初九	26 初十	27 十一	28 十二	29 十三	30 十四

10

一	二	三	四	五	六	日
1 十五	2 十六	3 十七	4 十八	5 十九	6 二十	7 廿一
8 寒露	9 廿三	10 廿四	11 廿五	12 廿六	13 廿七	14 廿八
15 廿九	16 三十	17 九月	18 初二	19 初三	20 初四	21 初五
22 初六	23 霜降	24 初八	25 初九	26 初十	27 十一	28 十二
29 十三	30 十四	31 十五				

11

一	二	三	四	五	六	日
			1 十六	2 十七	3 十八	4 十九
5 二十	6 廿一	7 立冬	8 廿三	9 廿四	10 廿五	11 廿六
12 廿七	13 廿八	14 廿九	15 十月	16 初二	17 初三	18 初四
19 初五	20 初六	21 初七	22 小雪	23 初九	24 初十	25 十一
26 十二	27 十三	28 十四	29 十五	30 十六		

12

一	二	三	四	五	六	日
31 十七					1 十七	2 十八
3 十九	4 二十	5 廿一	6 廿二	7 大雪	8 廿四	9 廿五
10 廿六	11 廿七	12 廿八	13 廿九	14 三十	15 十一月	16 初二
17 初三	18 初四	19 初五	20 初六	21 初七	22 冬至	23 初九
24 初十	25 十一	26 十二	27 十三	28 十四	29 十五	30 十六

中国吉祥图案鉴赏

喜报三元

题注：又名连中三元。因为荔枝、桂圆、核桃都是圆球形的果实，取其“圆”与“元”同音。明清科举考试以名列第一为元，乡试第一为解元，会试第一为会元，殿试第一称状元。如应试举子在三级考试中，连取三个第一名，即所谓“连中三元”。金榜题名与洞房花烛夜，这在封建社会是人生最大的荣宠与喜事。“连中三元”为祝贺人科举高中的祝颂词。

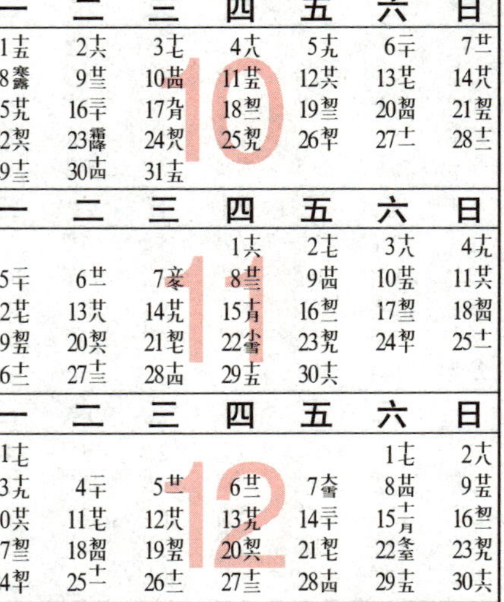

2002年（壬午年 马年2月12日始）

1月

一	二	三	四	五	六	日
	1十八	2十九	3二十	4廿一	5小寒	6廿三
7廿四	8廿五	9廿六	10廿七	11廿八	12廿九	13十二月
14初二	15初三	16初四	17初五	18初六	19初七	20大寒
21初九	22初十	23十一	24十二	25十三	26十四	27十五
28十六	29十七	30十八	31十九			

7月

一	二	三	四	五	六	日
1廿一	2廿二	3廿三	4廿四	5廿五	6廿六	7小暑
8廿八	9廿九	10六月	11初二	12初三	13初四	14初五
15初六	16初七	17初八	18初九	19初十	20十一	21十二
22十三	23大暑	24十五	25十六	26十七	27十八	28十九
29二十	30廿一	31廿二				

2月

一	二	三	四	五	六	日
				1二十	2廿一	3廿二
4立春	5廿四	6廿五	7廿六	8廿七	9廿八	10廿九
11三十	12正月	13初二	14初三	15初四	16初五	17初六
18初七	19雨水	20初九	21初十	22十一	23十二	24十三
25十四	26十五	27十六	28十七			

8月

一	二	三	四	五	六	日
			1廿三	2廿四	3廿五	4廿六
5廿七	6廿八	7廿九	8立秋	9七月	10初二	11初三
12初四	13初五	14初六	15初七	16初八	17初九	18初十
19十一	20十二	21十三	22十四	23处暑	24十六	25十七
26十八	27十九	28二十	29廿一	30廿二	31廿三	

3月

一	二	三	四	五	六	日
				1十八	2十九	3二十
4廿一	5廿二	6惊蛰	7廿四	8廿五	9廿六	10廿七
11廿八	12廿九	13三十	14二月	15初二	16初三	17初四
18初五	19初六	20初七	21春分	22初九	23初十	24十一
25十二	26十三	27十四	28十五	29十六	30十七	31十八

9月

一	二	三	四	五	六	日
30廿四						1廿四
2廿五	3廿六	4廿七	5廿八	6廿九	7八月	8白露
9初三	10初四	11初五	12初六	13初七	14初八	15初九
16初十	17十一	18十二	19十三	20十四	21十五	22十六
23秋分	24十八	25十九	26二十	27廿一	28廿二	29廿三

4月

一	二	三	四	五	六	日
1十九	2二十	3廿一	4廿二	5清明	6廿四	7廿五
8廿六	9廿七	10廿八	11廿九	12三十	13三月	14初二
15初三	16初四	17初五	18初六	19初七	20谷雨	21初九
22初十	23十一	24十二	25十三	26十四	27十五	28十六
29十七	30十八					

10月

一	二	三	四	五	六	日
	1廿五	2廿六	3廿七	4廿八	5廿九	6九月
7初二	8寒露	9初四	10初五	11初六	12初七	13初八
14初九	15初十	16十一	17十二	18十三	19十四	20十五
21十六	22十七	23霜降	24十九	25二十	26廿一	27廿二
28廿三	29廿四	30廿五	31廿六			

5月

一	二	三	四	五	六	日
		1十九	2二十	3廿一	4廿二	5廿三
6立夏	7廿五	8廿六	9廿七	10廿八	11廿九	12四月
13初二	14初三	15初四	16初五	17初六	18初七	19初八
20初九	21小满	22十一	23十二	24十三	25十四	26十五
27十六	28十七	29十八	30十九	31二十		

11月

一	二	三	四	五	六	日
				1廿七	2廿八	3廿九
4三十	5十月	6初二	7立冬	8初四	9初五	10初六
11初七	12初八	13初九	14初十	15十一	16十二	17十三
18十四	19十五	20十六	21十七	22小雪	23十九	24二十
25廿一	26廿二	27廿三	28廿四	29廿五	30廿六	

6月

一	二	三	四	五	六	日
					1廿一	2廿二
3廿三	4廿四	5廿五	6芒种	7廿七	8廿八	9廿九
10三十	11五月	12初二	13初三	14初四	15初五	16初六
17初七	18初八	19初九	20初十	21夏至	22十二	23十三
24十四	25十五	26十六	27十七	28十八	29十九	30二十

12月

一	二	三	四	五	六	日
30廿七	31廿八					1廿七
2廿八	3廿九	4十一月	5初二	6初三	7大雪	8初五
9初六	10初七	11初八	12初九	13初十	14十一	15十二
16十三	17十四	18十五	19十六	20十七	21十八	22冬至
23二十	24廿一	25廿二	26廿三	27廿四	28廿五	29廿六

喜鹊登梅

题注：又名“喜上眉梢”、“喜报春光”。民间认为喜鹊是报喜之鸟，喜鹊多与有关喜的吉祥装饰有关，意为喜事即将来临。

中国吉祥图案鉴赏

2003年（癸未 羊年2月1日始）

1

一	二	三	四	五	六	日
		1廿九	2三十	3十二月	4初二	5初三
6小寒	7初五	8初六	9初七	10初八	11初九	12初十
13十一	14十二	15十三	16十四	17十五	18十六	19十七
20大寒	21十九	22二十	23廿一	24廿二	25廿三	26廿四
27廿五	28廿六	29廿七	30廿八	31廿九		

2

一	二	三	四	五	六	日
					1春节	2初二
3初三	4立春	5初五	6初六	7初七	8初八	9初九
10初十	11十一	12十二	13十三	14十四	15十五	16十六
17十七	18十八	19雨水	20二十	21廿一	22廿二	23廿三
24廿四	25廿五	26廿六	27廿七	28廿八		

3

一	二	三	四	五	六	日
31廿九					1廿九	2三十
3二月	4初二	5初三	6惊蛰	7初五	8初六	9初七
10初八	11初九	12初十	13十一	14十二	15十三	16十四
17十五	18十六	19十七	20十八	21春分	22二十	23廿一
24廿二	25廿三	26廿四	27廿五	28廿六	29廿七	30廿八

4

一	二	三	四	五	六	日
	1三十	2三月	3初二	4初三	5清明	6初五
7初六	8初七	9初八	10初九	11初十	12十一	13十二
14十三	15十四	16十五	17十六	18十七	19十八	20谷雨
21二十	22廿一	23廿二	24廿三	25廿四	26廿五	27廿六
28廿七	29廿八	30廿九				

5

一	二	三	四	五	六	日
			1四月	2初二	3初三	4初四
5初五	6立夏	7初七	8初八	9初九	10初十	11十一
12十二	13十三	14十四	15十五	16十六	17十七	18十八
19十九	20二十	21小满	22廿二	23廿三	24廿四	25廿五
26廿六	27廿七	28廿八	29廿九	30三十	31五月	

6

一	二	三	四	五	六	日
30六月						1初二
2初三	3初四	4初五	5初六	6芒种	7初八	8初九
9初十	10十一	11十二	12十三	13十四	14十五	15十六
16十七	17十八	18十九	19二十	20廿一	21廿二	22夏至
23廿四	24廿五	25廿六	26廿七	27廿八	28廿九	29三十

7

一	二	三	四	五	六	日
	1初二	2初三	3初四	4初五	5初六	6初七
7小暑	8初九	9初十	10十一	11十二	12十三	13十四
14十五	15十六	16十七	17十八	18十九	19二十	20廿一
21廿二	22廿三	23大暑	24廿五	25廿六	26廿七	27廿八
28廿九	29七月	30初二	31初三			

8

一	二	三	四	五	六	日
				1初四	2初五	3初六
4初七	5初八	6初九	7初十	8立秋	9十二	10十三
11十四	12十五	13十六	14十七	15十八	16十九	17二十
18廿一	19廿二	20廿三	21廿四	22廿五	23处暑	24廿七
25廿八	26廿九	27三十	28八月	29初二	30初三	31初四

9

一	二	三	四	五	六	日
1初五	2初六	3初七	4初八	5初九	6初十	7十一
8白露	9十三	10十四	11十五	12十六	13十七	14十八
15十九	16二十	17廿一	18廿二	19廿三	20廿四	21廿五
22廿六	23秋分	24廿八	25廿九	26九月	27初二	28初三
29初四	30初五					

10

一	二	三	四	五	六	日
		1初六	2初七	3初八	4初九	5初十
6十一	7十二	8十三	9寒露	10十五	11十六	12十七
13十八	14十九	15二十	16廿一	17廿二	18廿三	19廿四
20廿五	21廿六	22廿七	23廿八	24霜降	25十月	26初二
27初三	28初四	29初五	30初六	31初七		

11

一	二	三	四	五	六	日
					1初八	2初九
3初十	4十一	5十二	6十三	7十四	8立冬	9十六
10十七	11十八	12十九	13二十	14廿一	15廿二	16廿三
17廿四	18廿五	19廿六	20廿七	21廿八	22廿九	23小雪
24十一月	25初二	26初三	27初四	28初五	29初六	30初七

12

一	二	三	四	五	六	日
1初八	2初九	3初十	4十一	5十二	6十三	7大雪
8十五	9十六	10十七	11十八	12十九	13二十	14廿一
15廿二	16廿三	17廿四	18廿五	19廿六	20廿七	21廿八
22冬至	23十二月	24初二	25初三	26初四	27初五	28初六
29初七	30初八	31初九				

中国吉祥图案鉴赏

喜从天降

题注：蜘蛛又名“喜蛛”，喜蛛体细长，色暗褐，足甚长，常于草际或树间张网如车轮状，俗称喜子。《尔雅·疏》：“此蟲来著人衣，当有亲客至。”葛洪《西京杂记》：“乾鹊噪而了人至，蜘蛛集而百事喜。”在吉祥装饰图案中，画喜蛛脱巢而降，谓喜从天降，民间常以此作为吉祥纹样。民间以生孩子为喜事，图案中配合孩子出生年的生肖动物，寓意“喜从天降”。

2004 年（甲申 猴年 1 月 22 日始 闰二月）

1

一	二	三	四	五	六	日
			1初十	2十一	3十二	4十三
5十四	6小寒	7十六	8十七	9十八	10十九	11二十
12廿一	13廿二	14廿三	15廿四	16廿五	17廿六	18廿七
19廿八	20廿九	21大寒	22正月	23初二	24初三	25初四
26初五	27初六	28初七	29初八	30初九	31初十	

2

一	二	三	四	五	六	日
						1十一
2十二	3十三	4立春	5十五	6十六	7十七	8十八
9十九	10二十	11廿一	12廿二	13廿三	14廿四	15廿五
16廿六	17廿七	18廿八	19雨水	20二月	21初二	22初三
23初四	24初五	25初六	26初七	27初八	28初九	29初十

3

一	二	三	四	五	六	日
1十一	2十二	3十三	4十四	5惊蛰	6十六	7十七
8十八	9十九	10二十	11廿一	12廿二	13廿三	14廿四
15廿五	16廿六	17廿七	18廿八	19廿九	20春分	21二月
22初二	23初三	24初四	25初五	26初六	27初七	28初八
29初九	30初十	31十一				

4

一	二	三	四	五	六	日
			1十二	2十三	3十四	4清明
5十六	6十七	7十八	8十九	9二十	10廿一	11廿二
12廿三	13廿四	14廿五	15廿六	16廿七	17廿八	18廿九
19三月	20谷雨	21初三	22初四	23初五	24初六	25初七
26初八	27初九	28初十	29十一	30十二		

5

一	二	三	四	五	六	日
31十三					1十三	2十四
3十五	4十六	5立夏	6十八	7十九	8二十	9廿一
10廿二	11廿三	12廿四	13廿五	14廿六	15廿七	16廿八
17廿九	18三十	19四月	20初二	21小满	22初四	23初五
24初六	25初七	26初八	27初九	28初十	29十一	30十二

6

一	二	三	四	五	六	日
	1十四	2十五	3十六	4十七	5芒种	6十九
7二十	8廿一	9廿二	10廿三	11廿四	12廿五	13廿六
14廿七	15廿八	16廿九	17三十	18五月	19初二	20初三
21夏至	22初五	23初六	24初七	25初八	26初九	27初十
28十一	29十二	30十三				

7

一	二	三	四	五	六	日
			1十四	2十五	3十六	4十七
5十八	6十九	7小暑	8廿一	9廿二	10廿三	11廿四
12廿五	13廿六	14廿七	15廿八	16廿九	17六月	18初二
19初三	20初四	21初五	22大暑	23初七	24初八	25初九
26初十	27十一	28十二	29十三	30十四	31十五	

8

一	二	三	四	五	六	日
30十五	31十六					1十六
2十七	3十八	4十九	5二十	6廿一	7立秋	8廿三
9廿四	10廿五	11廿六	12廿七	13廿八	14廿九	15三十
16七月	17初二	18初三	19初四	20初五	21初六	22初七
23处暑	24初九	25初十	26十一	27十二	28十三	29十四

9

一	二	三	四	五	六	日
		1十七	2十八	3十九	4二十	5廿一
6廿二	7白露	8廿四	9廿五	10廿六	11廿七	12廿八
13廿九	14八月	15初二	16初三	17初四	18初五	19初六
20初七	21初八	22初九	23秋分	24十一	25十二	26十三
27十四	28十五	29十六	30十七			

10

一	二	三	四	五	六	日
				1十八	2十九	3二十
4廿一	5廿二	6廿三	7廿四	8寒露	9廿六	10廿七
11廿八	12廿九	13三十	14九月	15初二	16初三	17初四
18初五	19初六	20初七	21初八	22初九	23霜降	24十一
25十二	26十三	27十四	28十五	29十六	30十七	31十八

11

一	二	三	四	五	六	日
1十九	2二十	3廿一	4廿二	5廿三	6廿四	7立冬
8廿六	9廿七	10廿八	11廿九	12十月	13初二	14初三
15初四	16初五	17初六	18初七	19初八	20初九	21初十
22小雪	23十二	24十三	25十四	26十五	27十六	28十七
29十八	30十九					

12

一	二	三	四	五	六	日
		1二十	2廿一	3廿二	4廿三	5廿四
6廿五	7大雪	8廿七	9廿八	10廿九	11三十	12十一月
13初二	14初三	15初四	16初五	17初六	18初七	19初八
20初九	21冬至	22十一	23十二	24十三	25十四	26十五
27十六	28十七	29十八	30十九	31二十		

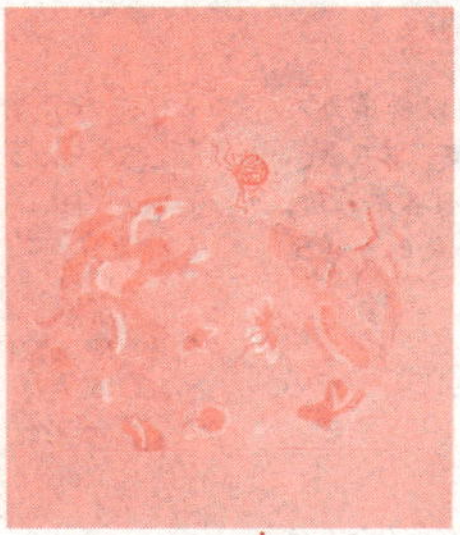

中国吉祥图案鉴赏

2005年（乙酉 鸡年2月9日始）

1

一	二	三	四	五	六	日
31 廿二					1 廿一	2 廿二
3 廿三	4 廿四	5 廿五	6 廿六	7 廿七	8 廿八	9 廿九
10 十二月	11 初二	12 初三	13 初四	14 初五	15 初六	16 初七
17 初八	18 初九	19 初十	20 十一	21 十二	22 十三	23 十四
24 十五	25 十六	26 十七	27 十八	28 十九	29 二十	30 廿一

2

一	二	三	四	五	六	日
	1 廿三	2 廿四	3 廿五	4 廿六	5 廿七	6 廿八
7 廿九	8 三十	9 正月	10 初二	11 初三	12 初四	13 初五
14 初六	15 初七	16 初八	17 初九	18 初十	19 十一	20 十二
21 十三	22 十四	23 十五	24 十六	25 十七	26 十八	27 十九
28 二十						

3

一	二	三	四	五	六	日
	1 廿一	2 廿二	3 廿三	4 廿四	5 惊蛰	6 廿六
7 廿七	8 廿八	9 廿九	10 二月	11 初二	12 初三	13 初四
14 初五	15 初六	16 初七	17 初八	18 初九	19 初十	20 春分
21 十二	22 十三	23 十四	24 十五	25 十六	26 十七	27 十八
28 十九	29 二十	30 廿一	31 廿二			

4

一	二	三	四	五	六	日
				1 廿三	2 廿四	3 廿五
4 廿六	5 清明	6 廿八	7 廿九	8 三十	9 三月	10 初二
11 初三	12 初四	13 初五	14 初六	15 初七	16 初八	17 初九
18 初十	19 十一	20 谷雨	21 十三	22 十四	23 十五	24 十六
25 十七	26 十八	27 十九	28 二十	29 廿一	30 廿二	

5

一	二	三	四	五	六	日
30 廿三	31 廿四					1 廿三
2 廿四	3 廿五	4 廿六	5 立夏	6 廿八	7 廿九	8 四月
9 初二	10 初三	11 初四	12 初五	13 初六	14 初七	15 初八
16 初九	17 初十	18 十一	19 十二	20 十三	21 小满	22 十五
23 十六	24 十七	25 十八	26 十九	27 二十	28 廿一	29 廿二

6

一	二	三	四	五	六	日
		1 廿五	2 廿六	3 廿七	4 廿八	5 芒种
6 三十	7 五月	8 初二	9 初三	10 初四	11 初五	12 初六
13 初七	14 初八	15 初九	16 初十	17 十一	18 十二	19 夏至
20 十四	21 十五	22 十六	23 十七	24 十八	25 十九	26 二十
27 廿一	28 廿二	29 廿三	30 廿四			

7

一	二	三	四	五	六	日
				1 廿五	2 廿六	3 廿七
4 廿八	5 廿九	6 六月	7 小暑	8 初三	9 初四	10 初五
11 初六	12 初七	13 初八	14 初九	15 初十	16 十一	17 十二
18 十三	19 十四	20 十五	21 十六	22 十七	23 大暑	24 十九
25 二十	26 廿一	27 廿二	28 廿三	29 廿四	30 廿五	31 廿六

8

一	二	三	四	五	六	日
1 廿七	2 廿八	3 廿九	4 三十	5 七月	6 初二	7 立秋
8 初四	9 初五	10 初六	11 初七	12 初八	13 初九	14 初十
15 十一	16 十二	17 十三	18 十四	19 十五	20 十六	21 十七
22 十八	23 处暑	24 二十	25 廿一	26 廿二	27 廿三	28 廿四
29 廿五	30 廿六	31 廿七				

9

一	二	三	四	五	六	日
			1 廿八	2 廿九	3 三十	4 八月
5 初二	6 初三	7 白露	8 初五	9 初六	10 初七	11 初八
12 初九	13 初十	14 十一	15 十二	16 十三	17 十四	18 十五
19 十六	20 十七	21 十八	22 十九	23 秋分	24 廿一	25 廿二
26 廿三	27 廿四	28 廿五	29 廿六	30 廿七		

10

一	二	三	四	五	六	日
31 廿九					1 廿八	2 廿九
3 九月	4 初二	5 初三	6 初四	7 初五	8 寒露	9 初七
10 初八	11 初九	12 初十	13 十一	14 十二	15 十三	16 十四
17 十五	18 十六	19 十七	20 十八	21 十九	22 二十	23 霜降
24 廿二	25 廿三	26 廿四	27 廿五	28 廿六	29 廿七	30 廿八

11

一	二	三	四	五	六	日
	1 三十	2 十月	3 初二	4 初三	5 初四	6 初五
7 立冬	8 初七	9 初八	10 初九	11 初十	12 十一	13 十二
14 十三	15 十四	16 十五	17 十六	18 十七	19 十八	20 十九
21 二十	22 小雪	23 廿二	24 廿三	25 廿四	26 廿五	27 廿六
28 廿七	29 廿八	30 廿九				

12

一	二	三	四	五	六	日
			1 十一月	2 初二	3 初三	4 初四
5 初五	6 初六	7 大雪	8 初八	9 初九	10 初十	11 十一
12 十二	13 十三	14 十四	15 十五	16 十六	17 十七	18 十八
19 十九	20 二十	21 廿一	22 冬至	23 廿三	24 廿四	25 廿五
26 廿六	27 廿七	28 廿八	29 廿九	30 三十	31 十二月	

中国吉祥图案鉴赏

喜结良缘

题注：中国民间以新婚为人喜，是人生之大事。各民族、各地区的新婚礼仪各不相同，礼仪中融入了传统的吉祥文化与各种寓意。

2006年（丙戌 狗年1月29日始 闰七月）

1

一	二	三	四	五	六	日
30 初二	31 初三					1 初二
2 初三	3 初四	4 初五	5 小寒	6 初七	7 初八	8 初九
9 初十	10 十一	11 十二	12 十三	13 十四	14 十五	15 十六
16 十七	17 十八	18 十九	19 二十	20 大寒	21 廿二	22 廿三
23 廿四	24 廿五	25 廿六	26 廿七	27 廿八	28 廿九	29 正月

2

一	二	三	四	五	六	日
		1 初四	2 初五	3 初六	4 立春	5 初八
6 初九	7 初十	8 十一	9 十二	10 十三	11 十四	12 十五
13 十六	14 十七	15 十八	16 十九	17 二十	18 廿一	19 雨水
20 廿三	21 廿四	22 廿五	23 廿六	24 廿七	25 廿八	26 廿九
27 三十	28 二月					

3

一	二	三	四	五	六	日
		1 初二	2 初三	3 初四	4 初五	5 初六
6 惊蛰	7 初八	8 初九	9 初十	10 十一	11 十二	12 十三
13 十四	14 十五	15 十六	16 十七	17 十八	18 十九	19 二十
20 廿一	21 春分	22 廿三	23 廿四	24 廿五	25 廿六	26 廿七
27 廿八	28 廿九	29 三月	30 初二	31 初三		

4

一	二	三	四	五	六	日
					1 初四	2 初五
3 初六	4 初七	5 清明	6 初九	7 初十	8 十一	9 十二
10 十三	11 十四	12 十五	13 十六	14 十七	15 十八	16 十九
17 二十	18 廿一	19 廿二	20 谷雨	21 廿四	22 廿五	23 廿六
24 廿七	25 廿八	26 廿九	27 三十	28 四月	29 初二	30 初三

5

一	二	三	四	五	六	日
1 初四	2 初五	3 初六	4 初七	5 初八	6 立夏	7 初十
8 十一	9 十二	10 十三	11 十四	12 十五	13 十六	14 十七
15 十八	16 十九	17 二十	18 廿一	19 廿二	20 廿三	21 小满
22 廿五	23 廿六	24 廿七	25 廿八	26 廿九	27 五月	28 初二
29 初三	30 初四	31 初五				

6

一	二	三	四	五	六	日
			1 初六	2 初七	3 初八	4 初九
5 初十	6 芒种	7 十二	8 十三	9 十四	10 十五	11 十六
12 十七	13 十八	14 十九	15 二十	16 廿一	17 廿二	18 廿三
19 廿四	20 廿五	21 夏至	22 廿七	23 廿八	24 廿九	25 三十
26 六月	27 初二	28 初三	29 初四	30 初五		

7

一	二	三	四	五	六	日
31 初七					1 初六	2 初七
3 初八	4 初九	5 初十	6 十一	7 小暑	8 十三	9 十四
10 十五	11 十六	12 十七	13 十八	14 十九	15 二十	16 廿一
17 廿二	18 廿三	19 廿四	20 廿五	21 廿六	22 廿七	23 大暑
24 廿九	25 七月	26 初二	27 初三	28 初四	29 初五	30 初六

8

一	二	三	四	五	六	日
	1 初八	2 初九	3 初十	4 十一	5 十二	6 十三
7 十四	8 立秋	9 十六	10 十七	11 十八	12 十九	13 二十
14 廿一	15 廿二	16 廿三	17 廿四	18 廿五	19 廿六	20 廿七
21 廿八	22 廿九	23 处暑	24 七月	25 初二	26 初三	27 初四
28 初五	29 初六	30 初七	31 初八			

9

一	二	三	四	五	六	日
				1 初九	2 初十	3 十一
4 十二	5 十三	6 十四	7 十五	8 白露	9 十七	10 十八
11 十九	12 二十	13 廿一	14 廿二	15 廿三	16 廿四	17 廿五
18 廿六	19 廿七	20 廿八	21 廿九	22 八月	23 秋分	24 初三
25 初四	26 初五	27 初六	28 初七	29 初八	30 初九	

10

一	二	三	四	五	六	日
30 初九	31 初十					1 初十
2 十一	3 十二	4 十三	5 十四	6 十五	7 十六	8 寒露
9 十八	10 十九	11 二十	12 廿一	13 廿二	14 廿三	15 廿四
16 廿五	17 廿六	18 廿七	19 廿八	20 廿九	21 三十	22 九月
23 霜降	24 初三	25 初四	26 初五	27 初六	28 初七	29 初八

11

一	二	三	四	五	六	日
		1 十一	2 十二	3 十三	4 十四	5 十五
6 十六	7 立冬	8 十八	9 十九	10 二十	11 廿一	12 廿二
13 廿三	14 廿四	15 廿五	16 廿六	17 廿七	18 廿八	19 廿九
20 三十	21 十月	22 小雪	23 初三	24 初四	25 初五	26 初六
27 初七	28 初八	29 初九	30 初十			

12

一	二	三	四	五	六	日
				1 十一	2 十二	3 十三
4 十四	5 十五	6 十六	7 大雪	8 十八	9 十九	10 二十
11 廿一	12 廿二	13 廿三	14 廿四	15 廿五	16 廿六	17 廿七
18 廿八	19 廿九	20 十一月	21 初二	22 冬至	23 初四	24 初五
25 初六	26 初七	27 初八	28 初九	29 初十	30 十一	31 十二

中国吉祥图案鉴赏

2007年（丁亥 猪年2月18日始）

1

一	二	三	四	五	六	日
1十三	2十四	3十五	4十六	5十七	6小寒	7十九
8二十	9廿一	10廿二	11廿三	12廿四	13廿五	14廿六
15廿七	16廿八	17廿九	18三十	19十二月	20大寒	21初三
22初四	23初五	24初六	25初七	26初八	27初九	28初十
29十一	30十二	31十三				

2

一	二	三	四	五	六	日
			1十四	2十五	3十六	4立春
5十七	6十八	7十九	8二十	9廿一	10廿二	11廿三
12廿四	13廿五	14廿六	15廿七	16廿八	17廿九	18正月
19雨水	20初三	21初四	22初五	23初六	24初七	25初八
26初九	27初十	28十一				

3

一	二	三	四	五	六	日
			1十二	2十三	3十四	4十五
5十六	6惊蛰	7十八	8十九	9二十	10廿一	11廿二
12廿三	13廿四	14廿五	15廿六	16廿七	17廿八	18廿九
19二月	20初二	21春分	22初四	23初五	24初六	25初七
26初八	27初九	28初十	29十一	30十二	31十三	

4

一	二	三	四	五	六	日
30十四						1十四
2十五	3十六	4十七	5清明	6十九	7二十	8廿一
9廿二	10廿三	11廿四	12廿五	13廿六	14廿七	15廿八
16廿九	17三月	18初二	19初三	20谷雨	21初五	22初六
23初七	24初八	25初九	26初十	27十一	28十二	29十三

5

一	二	三	四	五	六	日
	1十五	2十六	3十七	4十八	5十九	6立夏
7廿一	8廿二	9廿三	10廿四	11廿五	12廿六	13廿七
14廿八	15廿九	16三十	17四月	18初二	19初三	20初四
21小满	22初六	23初七	24初八	25初九	26初十	27十一
28十二	29十三	30十四	31十五			

6

一	二	三	四	五	六	日
				1十六	2十七	3十八
4十九	5二十	6芒种	7廿二	8廿三	9廿四	10廿五
11廿六	12廿七	13廿八	14廿九	15五月	16初二	17初三
18初四	19初五	20初六	21初七	22夏至	23初九	24初十
25十一	26十二	27十三	28十四	29十五	30十六	

7

一	二	三	四	五	六	日
30十七	31十八					1十七
2十八	3十九	4二十	5廿一	6廿二	7小暑	8廿四
9廿五	10廿六	11廿七	12廿八	13廿九	14六月	15初二
16初三	17初四	18初五	19初六	20初七	21初八	22初九
23大暑	24十一	25十二	26十三	27十四	28十五	29十六

8

一	二	三	四	五	六	日
		1十九	2二十	3廿一	4廿二	5廿三
6廿四	7廿五	8立秋	9廿七	10廿八	11廿九	12三十
13七月	14初二	15初三	16初四	17初五	18初六	19初七
20初八	21初九	22初十	23处暑	24十二	25十三	26十四
27十五	28十六	29十七	30十八	31十九		

9

一	二	三	四	五	六	日
					1二十	2廿一
3廿二	4廿三	5廿四	6廿五	7廿六	8白露	9廿八
10廿九	11八月	12初二	13初三	14初四	15初五	16初六
17初七	18初八	19初九	20初十	21十一	22十二	23秋分
24十四	25十五	26十六	27十七	28十八	29十九	30二十

10

一	二	三	四	五	六	日
1廿一	2廿二	3廿三	4廿四	5廿五	6廿六	7廿七
8廿八	9寒露	10三十	11九月	12初二	13初三	14初四
15初五	16初六	17初七	18初八	19初九	20初十	21十一
22十二	23十三	24霜降	25十五	26十六	27十七	28十八
29十九	30二十	31廿一				

11

一	二	三	四	五	六	日
			1廿二	2廿三	3廿四	4廿五
5廿六	6廿七	7廿八	8立冬	9三十	10十月	11初二
12初三	13初四	14初五	15初六	16初七	17初八	18初九
19初十	20十一	21十二	22小雪	23十四	24十五	25十六
26十七	27十八	28十九	29二十	30廿一		

12

一	二	三	四	五	六	日
31廿二					1廿二	2廿三
3廿四	4廿五	5廿六	6廿七	7大雪	8廿九	9三十
10十一月	11初二	12初三	13初四	14初五	15初六	16初七
17初八	18初九	19初十	20十一	21十二	22冬至	23十四
24十五	25十六	26十七	27十八	28十九	29二十	30廿一

中国吉祥图案鉴赏

喜字

题注：由两个喜字组成的“ ”是家喻户晓的、婚姻礼仪上不可或缺的吉祥符号，读作“双喜”，有时也写“双禧”。“禧”字是福或喜神之意，与表示高兴的“喜”字不同，但写成双喜和禧意思就相同。喜、禧、囍字被民间广泛用来作为一种装饰纹样。用文字组成的图案俗称“喜字花”多用于新婚祝贺。

2008 年（戊子 鼠年 2 月 7 日始）

1

一	二	三	四	五	六	日
	1 廿三	2 廿四	3 廿五	4 廿六	5 廿七	6 小寒
7 廿九	8 十二月	9 初二	10 初三	11 初四	12 初五	13 初六
14 初七	15 初八	16 初九	17 初十	18 十一	19 十二	20 大寒
21 十四	22 十五	23 十六	24 十七	25 十八	26 十九	27 二十
28 廿一	29 廿二	30 廿三	31 廿四			

2

一	二	三	四	五	六	日
				1 廿五	2 廿六	3 廿七
4 立春	5 廿九	6 三十	7 正月	8 初二	9 初三	10 初四
11 初五	12 初六	13 初七	14 初八	15 初九	16 初十	17 十一
18 十二	19 雨水	20 十四	21 十五	22 十六	23 十七	24 十八
25 十九	26 二十	27 廿一	28 廿二	29 廿三		

3

一	二	三	四	五	六	日
31 廿四					1 廿四	2 廿五
3 廿六	4 廿七	5 惊蛰	6 廿九	7 三十	8 二月	9 初二
10 初三	11 初四	12 初五	13 初六	14 初七	15 初八	16 初九
17 初十	18 十一	19 十二	20 春分	21 十四	22 十五	23 十六
24 十七	25 十八	26 十九	27 二十	28 廿一	29 廿二	30 廿三

4

一	二	三	四	五	六	日
	1 廿五	2 廿六	3 廿七	4 清明	5 廿九	6 三月
7 初二	8 初三	9 初四	10 初五	11 初六	12 初七	13 初八
14 初九	15 初十	16 十一	17 十二	18 十三	19 十四	20 谷雨
21 十六	22 十七	23 十八	24 十九	25 二十	26 廿一	27 廿二
28 廿三	29 廿四	30 廿五				

5

一	二	三	四	五	六	日
			1 廿六	2 廿七	3 廿八	4 廿九
5 四月 立夏	6 初二	7 初三	8 初四	9 初五	10 初六	11 初七
12 初八	13 初九	14 初十	15 十一	16 十二	17 十三	18 十四
19 十五	20 十六	21 小满	22 十八	23 十九	24 二十	25 廿一
26 廿二	27 廿三	28 廿四	29 廿五	30 廿六	31 廿七	

6

一	二	三	四	五	六	日
30 廿七						1 廿八
2 廿九	3 三十	4 五月	5 芒种	6 初三	7 初四	8 初五
9 初六	10 初七	11 初八	12 初九	13 初十	14 十一	15 十二
16 十三	17 十四	18 十五	19 十六	20 十七	21 夏至	22 十九
23 二十	24 廿一	25 廿二	26 廿三	27 廿四	28 廿五	29 廿六

7

一	二	三	四	五	六	日
	1 廿八	2 廿九	3 六月	4 初二	5 初三	6 初四
7 小暑	8 初六	9 初七	10 初八	11 初九	12 初十	13 十一
14 十二	15 十三	16 十四	17 十五	18 十六	19 十七	20 十八
21 十九	22 大暑	23 廿一	24 廿二	25 廿三	26 廿四	27 廿五
28 廿六	29 廿七	30 廿八	31 廿九			

8

一	二	三	四	五	六	日
				1 七月	2 初二	3 初三
4 初四	5 初五	6 初六	7 立秋	8 初八	9 初九	10 初十
11 十一	12 十二	13 十三	14 十四	15 十五	16 十六	17 十七
18 十八	19 十九	20 二十	21 廿一	22 廿二	23 处暑	24 廿四
25 廿五	26 廿六	27 廿七	28 廿八	29 廿九	30 三十	31 八月

9

一	二	三	四	五	六	日
1 初二	2 初三	3 初四	4 初五	5 初六	6 初七	7 白露
8 初九	9 初十	10 十一	11 十二	12 十三	13 十四	14 十五
15 十六	16 十七	17 十八	18 十九	19 二十	20 廿一	21 廿二
22 廿三	23 秋分	24 廿五	25 廿六	26 廿七	27 廿八	28 廿九
29 九月	30 初二					

10

一	二	三	四	五	六	日
		1 初三	2 初四	3 初五	4 初六	5 初七
6 初八	7 初九	8 寒露	9 十一	10 十二	11 十三	12 十四
13 十五	14 十六	15 十七	16 十八	17 十九	18 二十	19 廿一
20 廿二	21 廿三	22 廿四	23 霜降	24 廿六	25 廿七	26 廿八
27 廿九	28 三十	29 十月	30 初二	31 初三		

11

一	二	三	四	五	六	日
					1 初四	2 初五
3 初六	4 初七	5 初八	6 初九	7 立冬	8 十一	9 十二
10 十三	11 十四	12 十五	13 十六	14 十七	15 十八	16 十九
17 二十	18 廿一	19 廿二	20 廿三	21 廿四	22 小雪	23 廿六
24 廿七	25 廿八	26 廿九	27 三十	28 十一月	29 初二	30 初三

12

一	二	三	四	五	六	日
1 初四	2 初五	3 初六	4 初七	5 初八	6 初九	7 大雪
8 十一	9 十二	10 十三	11 十四	12 十五	13 十六	14 十七
15 十八	16 十九	17 二十	18 廿一	19 廿二	20 廿三	21 冬至
22 廿五	23 廿六	24 廿七	25 廿八	26 廿九	27 十二月	28 初二
29 初三	30 初四	31 初五				

中国吉祥图案鉴赏

2009年（己丑 牛年1月26日始 闰五月）

1

一	二	三	四	五	六	日
			1初六	2初七	3初八	4初九
5小寒	6十一	7十二	8十三	9十四	10十五	11十六
12十七	13十八	14十九	15二十	16廿一	17廿二	18廿三
19廿四	20大寒	21廿六	22廿七	23廿八	24廿九	25三十
26正月	27初二	28初三	29初四	30初五	31初六	

2

一	二	三	四	五	六	日
						1初七
2初八	3立春	4初十	5十一	6十二	7十三	8十四
9十五	10十六	11十七	12十八	13十九	14二十	15廿一
16廿二	17廿三	18雨水	19廿五	20廿六	21廿七	22廿八
23廿九	24三十	25二月	26初二	27初三	28初四	

3

一	二	三	四	五	六	日
30初四	31初五					1初五
2初六	3初七	4初八	5惊蛰	6初十	7十一	8十二
9十三	10十四	11十五	12十六	13十七	14十八	15十九
16二十	17廿一	18廿二	19廿三	20春分	21廿五	22廿六
23廿七	24廿八	25廿九	26三十	27三月	28初二	29初三

4

一	二	三	四	五	六	日
		1初六	2初七	3初八	4清明	5初十
6十一	7十二	8十三	9十四	10十五	11十六	12十七
13十八	14十九	15二十	16廿一	17廿二	18廿三	19廿四
20谷雨	21廿六	22廿七	23廿八	24廿九	25四月	26初二
27初三	28初四	29初五	30初六			

5

一	二	三	四	五	六	日
				1初七	2初八	3初九
4初十	5立夏	6十二	7十三	8十四	9十五	10十六
11十七	12十八	13十九	14二十	15廿一	16廿二	17廿三
18廿四	19廿五	20廿六	21小满	22廿八	23廿九	24五月
25初二	26初三	27初四	28初五	29初六	30初七	31初八

6

一	二	三	四	五	六	日
1初九	2初十	3十一	4十二	5芒种	6十四	7十五
8十六	9十七	10十八	11十九	12二十	13廿一	14廿二
15廿三	16廿四	17廿五	18廿六	19廿七	20廿八	21夏至
22三十	23五月	24初二	25初三	26初四	27初五	28初六
29初七	30初八					

7

一	二	三	四	五	六	日
		1初九	2初十	3十一	4十二	5十三
6十四	7小暑	8十六	9十七	10十八	11十九	12二十
13廿一	14廿二	15廿三	16廿四	17廿五	18廿六	19廿七
20廿八	21廿九	22六月	23大暑	24初三	25初四	26初五
27初六	28初七	29初八	30初九	31初十		

8

一	二	三	四	五	六	日
31十二					1十一	2十二
3十三	4十四	5十五	6十六	7立秋	8十八	9十九
10二十	11廿一	12廿二	13廿三	14廿四	15廿五	16廿六
17廿七	18廿八	19廿九	20七月	21初二	22初三	23处暑
24初五	25初六	26初七	27初八	28初九	29初十	30十一

9

一	二	三	四	五	六	日
	1十三	2十四	3十五	4十六	5十七	6十八
7白露	8二十	9廿一	10廿二	11廿三	12廿四	13廿五
14廿六	15廿七	16廿八	17廿九	18三十	19八月	20初二
21初三	22初四	23秋分	24初六	25初七	26初八	27初九
28初十	29十一	30十二				

10

一	二	三	四	五	六	日
			1十三	2十四	3十五	4十六
5十七	6十八	7十九	8寒露	9廿一	10廿二	11廿三
12廿四	13廿五	14廿六	15廿七	16廿八	17廿九	18九月
19初二	20初三	21初四	22初五	23霜降	24初七	25初八
26初九	27初十	28十一	29十二	30十三	31十四	

11

一	二	三	四	五	六	日
30十四						1十五
2十六	3十七	4十八	5十九	6二十	7立冬	8廿二
9廿三	10廿四	11廿五	12廿六	13廿七	14廿八	15廿九
16三十	17十月	18初二	19初三	20初四	21初五	22小雪
23初七	24初八	25初九	26初十	27十一	28十二	29十三

12

一	二	三	四	五	六	日
	1十五	2十六	3十七	4十八	5十九	6二十
7大雪	8廿二	9廿三	10廿四	11廿五	12廿六	13廿七
14廿八	15廿九	16十一月	17初二	18初三	19初四	20初五
21初六	22冬至	23初八	24初九	25初十	26十一	27十二
28十三	29十四	30十五	31十六			

中国吉祥图案鉴赏

状元及第

题注：旧时科举考试，列榜有甲乙次第，凡考中状元，皆称“状元及第”。童子戴冠寓意“高中状元”；童子骑龙寓意昔日的鲤鱼已跃过龙门而变成龙。“状元及第”象征成就功名和高官厚禄。

2010 年（庚寅 虎年 2 月 14 日始）

1

一	二	三	四	五	六	日
				1十七	2十八	3十九
4二十	5小寒	6廿二	7廿三	8廿四	9廿五	10廿六
11廿七	12廿八	13廿九	14三十	15十二月	16初二	17初三
18初四	19初五	20大寒	21初七	22初八	23初九	24初十
25十一	26十二	27十三	28十四	29十五	30十六	31十七

2

一	二	三	四	五	六	日
1十八	2十九	3二十	4立春	5廿二	6廿三	7廿四
8廿五	9廿六	10廿七	11廿八	12廿九	13三十	14正月
15初二	16初三	17初四	18初五	19雨水	20初七	21初八
22初九	23初十	24十一	25十二	26十三	27十四	28十五

3

一	二	三	四	五	六	日
1十六	2十七	3十八	4十九	5惊蛰	6廿一	7廿二
8廿三	9廿四	10廿五	11廿六	12廿七	13廿八	14廿九
15三十	16二月	17初二	18初三	19初四	20初五	21春分
22初七	23初八	24初九	25初十	26十一	27十二	28十三
29十四	30十五	31十六				

4

一	二	三	四	五	六	日
			1十七	2十八	3十九	4二十
5清明	6廿二	7廿三	8廿四	9廿五	10廿六	11廿七
12廿八	13廿九	14三月	15初二	16初三	17初四	18初五
19初六	20谷雨	21初八	22初九	23初十	24十一	25十二
26十三	27十四	28十五	29十六	30十七		

5

一	二	三	四	五	六	日
31十八					1十八	2十九
3二十	4廿一	5立夏	6廿三	7廿四	8廿五	9廿六
10廿七	11廿八	12廿九	13三十	14四月	15初二	16初三
17初四	18初五	19初六	20初七	21小满	22初九	23初十
24十一	25十二	26十三	27十四	28十五	29十六	30十七

6

一	二	三	四	五	六	日
	1十九	2二十	3廿一	4廿二	5廿三	6芒种
7廿五	8廿六	9廿七	10廿八	11廿九	12五月	13初二
14初三	15初四	16初五	17初六	18初七	19初八	20初九
21夏至	22十一	23十二	24十三	25十四	26十五	27十六
28十七	29十八	30十九				

7

一	二	三	四	五	六	日
			1二十	2廿一	3廿二	4廿三
5廿四	6廿五	7小暑	8廿七	9廿八	10廿九	11三十
12六月	13初二	14初三	15初四	16初五	17初六	18初七
19初八	20初九	21初十	22十一	23大暑	24十三	25十四
26十五	27十六	28十七	29十八	30十九	31二十	

8

一	二	三	四	五	六	日
30廿一	31廿二					1廿一
2廿二	3廿三	4廿四	5廿五	6廿六	7廿七	8立秋
9廿九	10七月	11初二	12初三	13初四	14初五	15初六
16初七	17初八	18初九	19初十	20十一	21十二	22十三
23处暑	24十五	25十六	26十七	27十八	28十九	29二十

9

一	二	三	四	五	六	日
		1廿三	2廿四	3廿五	4廿六	5廿七
6廿八	7廿九	8八月白露	9初二	10初三	11初四	12初五
13初六	14初七	15初八	16初九	17初十	18十一	19十二
20十三	21十四	22十五	23秋分	24十七	25十八	26十九
27二十	28廿一	29廿二	30廿三			

10

一	二	三	四	五	六	日
				1廿四	2廿五	3廿六
4廿七	5廿八	6廿九	7三十	8九月寒露	9初二	10初三
11初四	12初五	13初六	14初七	15初八	16初九	17初十
18十一	19十二	20十三	21十四	22十五	23霜降	24十七
25十八	26十九	27二十	28廿一	29廿二	30廿三	31廿四

11

一	二	三	四	五	六	日
1廿五	2廿六	3廿七	4廿八	5廿九	6十月	7立冬
8初三	9初四	10初五	11初六	12初七	13初八	14初九
15初十	16十一	17十二	18十三	19十四	20十五	21十六
22小雪	23十八	24十九	25二十	26廿一	27廿二	28廿三
29廿四	30廿五					

12

一	二	三	四	五	六	日
		1廿六	2廿七	3廿八	4廿九	5三十
6十一月	7大雪	8初三	9初四	10初五	11初六	12初七
13初八	14初九	15初十	16十一	17十二	18十三	19十四
20十五	21十六	22冬至	23十八	24十九	25二十	26廿一
27廿二	28廿三	29廿四	30廿五	31廿六		

祥禽瑞兽

题注：祥禽瑞兽指各种被赋予吉祥寓意的神兽及动物。传说这些祥禽瑞兽能够给人们带来吉祥。如明清宫服补子图案为典型的祥禽瑞兽。补子为明清两代官服上的徽饰，以金、银等彩线绣成，缀于官服的前胸和后背，所绣鸟兽图案工艺精湛，灿烂夺目，均为典型的吉祥寓意图案。

中国吉祥图案鉴赏

2011年（辛卯 兔年2月3日始）

1

一	二	三	四	五	六	日
31廿八					1廿七	2廿八
3廿九	4十二月	5小寒	6初三	7初四	8初五	9初六
10初七	11初八	12初九	13初十	14十一	15十二	16十三
17十四	18十五	19十六	20大寒	21十八	22十九	23二十
24廿一	25廿二	26廿三	27廿四	28廿五	29廿六	30廿七

2

一	二	三	四	五	六	日
	1廿九	2三十	3正月	4立春	5初三	6初四
7初五	8初六	9初七	10初八	11初九	12初十	13十一
14十二	15十三	16十四	17十五	18十六	19雨水	20十八
21十九	22二十	23廿一	24廿二	25廿三	26廿四	27廿五
28廿六						

3

一	二	三	四	五	六	日
	1廿七	2廿八	3廿九	4三十	5二月	6惊蛰
7初三	8初四	9初五	10初六	11初七	12初八	13初九
14初十	15十一	16十二	17十三	18十四	19十五	20十六
21春分	22十八	23十九	24二十	25廿一	26廿二	27廿三
28廿四	29廿五	30廿六	31廿七			

4

一	二	三	四	五	六	日
				1廿八	2廿九	3三月
4初二	5清明	6初四	7初五	8初六	9初七	10初八
11初九	12初十	13十一	14十二	15十三	16十四	17十五
18十六	19十七	20谷雨	21十九	22二十	23廿一	24廿二
25廿三	26廿四	27廿五	28廿六	29廿七	30廿八	

5

一	二	三	四	五	六	日
30廿八	31廿九					1廿九
2三十	3四月	4初二	5初三	6立夏	7初五	8初六
9初七	10初八	11初九	12初十	13十一	14十二	15十三
16十四	17十五	18十六	19十七	20十八	21小满	22二十
23廿一	24廿二	25廿三	26廿四	27廿五	28廿六	29廿七

6

一	二	三	四	五	六	日
		1三十	2五月	3初二	4初三	5初四
6芒种	7初六	8初七	9初八	10初九	11初十	12十一
13十二	14十三	15十四	16十五	17十六	18十七	19十八
20十九	21二十	22夏至	23廿二	24廿三	25廿四	26廿五
27廿六	28廿七	29廿八	30廿九			

7

一	二	三	四	五	六	日
				1六月	2初二	3初三
4初四	5初五	6初六	7小暑	8初八	9初九	10初十
11十一	12十二	13十三	14十四	15十五	16十六	17十七
18十八	19十九	20二十	21廿一	22廿二	23大暑	24廿四
25廿五	26廿六	27廿七	28廿八	29廿九	30三十	31七月

8

一	二	三	四	五	六	日
1初二	2初三	3初四	4初五	5初六	6初七	7初八
8立秋	9初十	10十一	11十二	12十三	13十四	14十五
15十六	16十七	17十八	18十九	19二十	20廿一	21廿二
22廿三	23处暑	24廿五	25廿六	26廿七	27廿八	28廿九
29八月	30初二	31初三				

9

一	二	三	四	五	六	日
			1初四	2初五	3初六	4初七
5初八	6初九	7初十	8白露	9十二	10十三	11十四
12十五	13十六	14十七	15十八	16十九	17二十	18廿一
19廿二	20廿三	21秋分	22廿五	23秋分	24廿七	25廿八
26廿九	27九月	28初二	29初三	30初四		

10

一	二	三	四	五	六	日
31初五					1初五	2初六
3初七	4初八	5初九	6初十	7十一	8寒露	9十三
10十四	11十五	12十六	13十七	14十八	15十九	16二十
17廿一	18廿二	19廿三	20廿四	21廿五	22廿六	23廿七
24霜降	25廿九	26三十	27十月	28初二	29初三	30初四

11

一	二	三	四	五	六	日
	1初六	2初七	3初八	4初九	5初十	6十一
7十二	8立冬	9十四	10十五	11十六	12十七	13十八
14十九	15二十	16廿一	17廿二	18廿三	19廿四	20廿五
21廿六	22小雪	23廿八	24廿九	25十一月	26初二	27初三
28初四	29初五	30初六				

12

一	二	三	四	五	六	日
			1初七	2初八	3初九	4初十
5十一	6十二	7大雪	8十四	9十五	10十六	11十七
12十八	13十九	14二十	15廿一	16廿二	17廿三	18廿四
19廿五	20廿六	21廿七	22冬至	23廿九	24三十	25十二月
26初二	27初三	28初四	29初五	30初六	31初七	

中国吉祥图案鉴赏

2012 年（壬辰 龙年 1月23日始 闰四月）

1

一	二	三	四	五	六	日
30初八	31初九					1初八
2初九	3初十	4十一	5十二	6小寒	7十四	8十五
9十六	10十七	11十八	12十九	13二十	14廿一	15廿二
16廿三	17廿四	18廿五	19廿六	20大寒	21廿八	22廿九
23正月	24初二	25初三	26初四	27初五	28初六	29初七

2

一	二	三	四	五	六	日
		1初十	2十一	3十二	4立春	5十四
6十五	7十六	8十七	9十八	10十九	11二十	12廿一
13廿二	14廿三	15廿四	16廿五	17廿六	18廿七	19雨水
20廿九	21三十	22二月	23初二	24初三	25初四	26初五
27初六	28初七	29初八				

3

一	二	三	四	五	六	日
			1初九	2初十	3十一	4十二
5惊蛰	6十四	7十五	8十六	9十七	10十八	11十九
12二十	13廿一	14廿二	15廿三	16廿四	17廿五	18廿六
19廿七	20春分	21廿九	22三月	23初二	24初三	25初四
26初五	27初六	28初七	29初八	30初九	31初十	

4

一	二	三	四	五	六	日
30初十						1十一
2十二	3十三	4清明	5十五	6十六	7十七	8十八
9十九	10二十	11廿一	12廿二	13廿三	14廿四	15廿五
16廿六	17廿七	18廿八	19廿九	20谷雨	21四月	22初二
23初三	24初四	25初五	26初六	27初七	28初八	29初九

5

一	二	三	四	五	六	日
	1十一	2十二	3十三	4十四	5立夏	6十六
7十七	8十八	9十九	10二十	11廿一	12廿二	13廿三
14廿四	15廿五	16廿六	17廿七	18廿八	19小满	20三十
21四月	22初二	23初三	24初四	25初五	26初六	27初七
28初八	29初九	30初十	31十一			

6

一	二	三	四	五	六	日
				1十二	2十三	3十四
4十五	5芒种	6十七	7十八	8十九	9二十	10廿一
11廿二	12廿三	13廿四	14廿五	15廿六	16廿七	17廿八
18廿九	19五月	20初二	21夏至	22初四	23初五	24初六
25初七	26初八	27初九	28初十	29十一	30十二	

7

一	二	三	四	五	六	日
30十二	31十三					1十三
2十四	3十五	4十六	5十七	6十八	7小暑	8二十
9廿一	10廿二	11廿三	12廿四	13廿五	14廿六	15廿七
16廿八	17廿九	18三十	19六月	20初二	21初三	22大暑
23初五	24初六	25初七	26初八	27初九	28初十	29十一

8

一	二	三	四	五	六	日
		1十四	2十五	3十六	4十七	5十八
6十九	7立秋	8廿一	9廿二	10廿三	11廿四	12廿五
13廿六	14廿七	15廿八	16廿九	17七月	18初二	19初三
20初四	21初五	22初六	23处暑	24初八	25初九	26初十
27十一	28十二	29十三	30十四	31十五		

9

一	二	三	四	五	六	日
					1十六	2十七
3十八	4十九	5二十	6廿一	7白露	8廿三	9廿四
10廿五	11廿六	12廿七	13廿八	14廿九	15三十	16八月
17初二	18初三	19初四	20初五	21初六	22秋分	23初八
24初九	25初十	26十一	27十二	28十三	29十四	30十五

10

一	二	三	四	五	六	日
1十六	2十七	3十八	4十九	5二十	6廿一	7廿二
8寒露	9廿四	10廿五	11廿六	12廿七	13廿八	14廿九
15九月	16初二	17初三	18初四	19初五	20初六	21初七
22初八	23霜降	24初十	25十一	26十二	27十三	28十四
29十五	30十六	31十七				

11

一	二	三	四	五	六	日
			1十八	2十九	3二十	4廿一
5廿二	6廿三	7立冬	8廿五	9廿六	10廿七	11廿八
12廿九	13三十	14十月	15初二	16初三	17初四	18初五
19初六	20初七	21初八	22小雪	23初十	24十一	25十二
26十三	27十四	28十五	29十六	30十七		

12

一	二	三	四	五	六	日
31十九					1十八	2十九
3二十	4廿一	5廿二	6大雪	7廿四	8廿五	9廿六
10廿七	11廿八	12廿九	13十一月	14初二	15初三	16初四
17初五	18初六	19初七	20初八	21冬至	22初十	23十一
24十二	25十三	26十四	27十五	28十六	29十七	30十八

中国吉祥图案鉴赏

2013 年（癸巳 蛇年 2 月 10 日始）

1

一	二	三	四	五	六	日
	1 二十	2 廿一	3 廿二	4 廿三	5 小寒	6 廿五
7 廿六	8 廿七	9 廿八	10 廿九	11 三十	12 十二月	13 初二
14 初三	15 初四	16 初五	17 初六	18 初七	19 初八	20 大寒
21 初十	22 十一	23 十二	24 十三	25 十四	26 十五	27 十六
28 十七	29 十八	30 十九	31 二十			

2

一	二	三	四	五	六	日
				1 廿一	2 廿二	3 立春
4 廿四	5 廿五	6 廿六	7 廿七	8 廿八	9 廿九	10 正月
11 初二	12 初三	13 初四	14 初五	15 初六	16 初七	17 初八
18 雨水	19 初十	20 十一	21 十二	22 十三	23 十四	24 十五
25 十六	26 十七	27 十八	28 十九			

3

一	二	三	四	五	六	日
				1 二十	2 廿一	3 廿二
4 廿三	5 惊蛰	6 廿五	7 廿六	8 廿七	9 廿八	10 廿九
11 三十	12 二月	13 初二	14 初三	15 初四	16 初五	17 初六
18 初七	19 初八	20 春分	21 初十	22 十一	23 十二	24 十三
25 十四	26 十五	27 十六	28 十七	29 十八	30 十九	31 二十

4

一	二	三	四	五	六	日
1 廿一	2 廿二	3 廿三	4 清明	5 廿五	6 廿六	7 廿七
8 廿八	9 廿九	10 三月	11 初二	12 初三	13 初四	14 初五
15 初六	16 初七	17 初八	18 初九	19 初十	20 谷雨	21 十二
22 十三	23 十四	24 十五	25 十六	26 十七	27 十八	28 十九
29 二十	30 廿一					

5

一	二	三	四	五	六	日
		1 廿二	2 廿三	3 廿四	4 廿五	5 立夏
6 廿七	7 廿八	8 廿九	9 三十	10 四月	11 初二	12 初三
13 初四	14 初五	15 初六	16 初七	17 初八	18 初九	19 初十
20 十一	21 小满	22 十三	23 十四	24 十五	25 十六	26 十七
27 十八	28 十九	29 二十	30 廿一	31 廿二		

6

一	二	三	四	五	六	日
					1 廿三	2 廿四
3 廿五	4 廿六	5 芒种	6 廿八	7 廿九	8 五月	9 初二
10 初三	11 初四	12 初五	13 初六	14 初七	15 初八	16 初九
17 初十	18 十一	19 十二	20 十三	21 夏至	22 十五	23 十六
24 十七	25 十八	26 十九	27 二十	28 廿一	29 廿二	30 廿三

7

一	二	三	四	五	六	日
1 廿四	2 廿五	3 廿六	4 廿七	5 廿八	6 廿九	7 小暑
8 六月	9 初二	10 初三	11 初四	12 初五	13 初六	14 初七
15 初八	16 初九	17 初十	18 十一	19 十二	20 十三	21 十四
22 十五	23 大暑	24 十七	25 十八	26 十九	27 二十	28 廿一
29 廿二	30 廿三	31 廿四				

8

一	二	三	四	五	六	日
			1 廿五	2 廿六	3 廿七	4 廿八
5 廿九	6 三十	7 七月 立秋	8 初二	9 初三	10 初四	11 初五
12 初六	13 初七	14 初八	15 初九	16 初十	17 十一	18 十二
19 十三	20 十四	21 十五	22 十六	23 处暑	24 十八	25 十九
26 二十	27 廿一	28 廿二	29 廿三	30 廿四	31 廿五	

9

一	二	三	四	五	六	日
30 廿六						1 廿六
2 廿七	3 廿八	4 廿九	5 八月	6 初二	7 白露	8 初四
9 初五	10 初六	11 初七	12 初八	13 初九	14 初十	15 十一
16 十二	17 十三	18 十四	19 十五	20 十六	21 十七	22 十八
23 秋分	24 二十	25 廿一	26 廿二	27 廿三	28 廿四	29 廿五

10

一	二	三	四	五	六	日
	1 廿七	2 廿八	3 廿九	4 三十	5 九月	6 初二
7 初三	8 寒露	9 初五	10 初六	11 初七	12 初八	13 初九
14 初十	15 十一	16 十二	17 十三	18 十四	19 十五	20 十六
21 十七	22 十八	23 霜降	24 二十	25 廿一	26 廿二	27 廿三
28 廿四	29 廿五	30 廿六	31 廿七			

11

一	二	三	四	五	六	日
				1 廿八	2 廿九	3 十月
4 初二	5 初三	6 初四	7 立冬	8 初六	9 初七	10 初八
11 初九	12 初十	13 十一	14 十二	15 十三	16 十四	17 十五
18 十六	19 十七	20 十八	21 十九	22 小雪	23 廿一	24 廿二
25 廿三	26 廿四	27 廿五	28 廿六	29 廿七	30 廿八	

12

一	二	三	四	五	六	日
						1 廿九
2 三十	3 十一月	4 初二	5 初三	6 初四	7 大雪	8 初六
9 初七	10 初八	11 初九	12 初十	13 十一	14 十二	15 十三
16 十四	17 十五	18 十六	19 十七	20 十八	21 冬至	22 二十
23 廿一	24 廿二	25 廿三	26 廿四	27 廿五	28 廿六	29 廿七

中国吉祥图案鉴赏

一路连科

题注：又称路路连科。“鹭”与“路”谐音，“棵”与“科”谐音，“莲”与“连”谐音。芦苇、莲花一棵连一棵地生长，寓意“连科”。古代科举制，考生连续考中称为“连科”。本图案寓意科考连捷、仕途顺畅。

2014 年（甲午 马年 1 月 31 日始 闰九月）

1

一	二	三	四	五	六	日
		1十二月	2初二	3初三	4初四	5小寒
6初六	7初七	8初八	9初九	10初十	11十一	12十二
13十三	14十四	15十五	16十六	17十七	18十八	19十九
20大寒	21廿一	22廿二	23廿三	24廿四	25廿五	26廿六
27廿七	28廿八	29廿九	30三十	31正月		

2

一	二	三	四	五	六	日
					1初二	2初三
3初四	4立春	5初六	6初七	7初八	8初九	9初十
10十一	11十二	12十三	13十四	14十五	15十六	16十七
17十八	18十九	19雨水	20廿一	21廿二	22廿三	23廿四
24廿五	25廿六	26廿七	27廿八	28廿九		

3

一	二	三	四	五	六	日
31三月					1二月	2初二
3初三	4初四	5惊蛰	6初六	7初七	8初八	9初九
10初十	11十一	12十二	13十三	14十四	15十五	16十六
17十七	18十八	19十九	20二十	21春分	22廿二	23廿三
24廿四	25廿五	26廿六	27廿七	28廿八	29廿九	30三十

4

一	二	三	四	五	六	日
	1初二	2初三	3初四	4初五	5清明	6初七
7初八	8初九	9初十	10十一	11十二	12十三	13十四
14十五	15十六	16十七	17十八	18十九	19二十	20谷雨
21廿二	22廿三	23廿四	24廿五	25廿六	26廿七	27廿八
28廿九	29四月	30初二				

5

一	二	三	四	五	六	日
			1初三	2初四	3初五	4初六
5立夏	6初八	7初九	8初十	9十一	10十二	11十三
12十四	13十五	14十六	15十七	16十八	17十九	18二十
19廿一	20廿二	21小满	22廿四	23廿五	24廿六	25廿七
26廿八	27廿九	28三十	29五月	30初二	31初三	

6

一	二	三	四	五	六	日
30初四						1初四
2初五	3初六	4初七	5初八	6芒种	7初十	8十一
9十二	10十三	11十四	12十五	13十六	14十七	15十八
16十九	17二十	18廿一	19廿二	20廿三	21夏至	22廿五
23廿六	24廿七	25廿八	26廿九	27六月	28初二	29初三

7

一	二	三	四	五	六	日
	1初五	2初六	3初七	4初八	5初九	6初十
7小暑	8十二	9十三	10十四	11十五	12十六	13十七
14十八	15十九	16二十	17廿一	18廿二	19廿三	20廿四
21廿五	22廿六	23大暑	24廿八	25廿九	26三十	27七月
28初二	29初三	30初四	31初五			

8

一	二	三	四	五	六	日
				1初六	2初七	3初八
4初九	5初十	6十一	7立秋	8十三	9十四	10十五
11十六	12十七	13十八	14十九	15二十	16廿一	17廿二
18廿三	19廿四	20廿五	21廿六	22廿七	23处暑	24廿九
25八月	26初二	27初三	28初四	29初五	30初六	31初七

9

一	二	三	四	五	六	日
1初八	2初九	3初十	4十一	5十二	6十三	7十四
8白露	9十六	10十七	11十八	12十九	13二十	14廿一
15廿二	16廿三	17廿四	18廿五	19廿六	20廿七	21廿八
22廿九	23秋分	24九月	25初二	26初三	27初四	28初五
29初六	30初七					

10

一	二	三	四	五	六	日
		1初八	2初九	3初十	4十一	5十二
6十三	7十四	8寒露	9十六	10十七	11十八	12十九
13二十	14廿一	15廿二	16廿三	17廿四	18廿五	19廿六
20廿七	21廿八	22廿九	23霜降	24九月	25初二	26初三
27初四	28初五	29初六	30初七	31初八		

11

一	二	三	四	五	六	日
					1初九	2初十
3十一	4十二	5十三	6十四	7立冬	8十六	9十七
10十八	11十九	12二十	13廿一	14廿二	15廿三	16廿四
17廿五	18廿六	19廿七	20廿八	21廿九	22十月小雪	23初二
24初三	25初四	26初五	27初六	28初七	29初八	30初九

12

一	二	三	四	五	六	日
1初十	2十一	3十二	4十三	5十四	6十五	7大雪
8十六	9十七	10十八	11十九	12二十	13廿一	14廿二
15廿三	16廿四	17廿五	18廿六	19廿七	20廿八	21廿九
22十一月冬至	23初二	24初三	25初四	26初五	27初六	28初七
29初八	30初九	31初十				

中国吉祥图案鉴赏

2015 年（乙未 羊年 2 月 19 日始）

1

一	二	三	四	五	六	日
			1 十一	2 十二	3 十三	4 十四
5 小寒	6 十六	7 十七	8 十八	9 十九	10 二十	11 廿一
12 廿二	13 廿三	14 廿四	15 廿五	16 廿六	17 廿七	18 廿八
19 廿九	20 十二月 大寒	21 初二	22 初三	23 初四	24 初五	25 初六
26 初七	27 初八	28 初九	29 初十	30 十一	31 十二	

2

一	二	三	四	五	六	日
						1 十三
2 十四	3 十五	4 立春	5 十七	6 十八	7 十九	8 二十
9 廿一	10 廿二	11 廿三	12 廿四	13 廿五	14 廿六	15 廿七
16 廿八	17 廿九	18 三十	19 正月 雨水	20 初二	21 初三	22 初四
23 初五	24 初六	25 初七	26 初八	27 初九	28 初十	

3

一	二	三	四	五	六	日
30 十一	31 十二					1 十一
2 十二	3 十三	4 十四	5 十五	6 惊蛰	7 十七	8 十八
9 十九	10 二十	11 廿一	12 廿二	13 廿三	14 廿四	15 廿五
16 廿六	17 廿七	18 廿八	19 廿九	20 二月	21 春分	22 初三
23 初四	24 初五	25 初六	26 初七	27 初八	28 初九	29 初十

4

一	二	三	四	五	六	日
		1 十三	2 十四	3 十五	4 十六	5 清明
6 十八	7 十九	8 二十	9 廿一	10 廿二	11 廿三	12 廿四
13 廿五	14 廿六	15 廿七	16 廿八	17 廿九	18 三十	19 三月
20 谷雨	21 初三	22 初四	23 初五	24 初六	25 初七	26 初八
27 初九	28 初十	29 十一	30 十二			

5

一	二	三	四	五	六	日
				1 十三	2 十四	3 十五
4 十六	5 十七	6 立夏	7 十九	8 二十	9 廿一	10 廿二
11 廿三	12 廿四	13 廿五	14 廿六	15 廿七	16 廿八	17 廿九
18 四月	19 初二	20 初三	21 小满	22 初五	23 初六	24 初七
25 初八	26 初九	27 初十	28 十一	29 十二	30 十三	31 十四

6

一	二	三	四	五	六	日
1 十五	2 十六	3 十七	4 十八	5 十九	6 芒种	7 廿一
8 廿二	9 廿三	10 廿四	11 廿五	12 廿六	13 廿七	14 廿八
15 廿九	16 五月	17 初二	18 初三	19 初四	20 初五	21 初六
22 夏至	23 初八	24 初九	25 初十	26 十一	27 十二	28 十三
29 十四	30 十五					

7

一	二	三	四	五	六	日
		1 十六	2 十七	3 十八	4 十九	5 二十
6 廿一	7 小暑	8 廿三	9 廿四	10 廿五	11 廿六	12 廿七
13 廿八	14 廿九	15 三十	16 六月	17 初二	18 初三	19 初四
20 初五	21 初六	22 初七	23 大暑	24 初九	25 初十	26 十一
27 十二	28 十三	29 十四	30 十五	31 十六		

8

一	二	三	四	五	六	日
31 十八					1 十七	2 十八
3 十九	4 二十	5 廿一	6 廿二	7 廿三	8 立秋	9 廿五
10 廿六	11 廿七	12 廿八	13 廿九	14 七月	15 初二	16 初三
17 初四	18 初五	19 初六	20 初七	21 初八	22 初九	23 处暑
24 十一	25 十二	26 十三	27 十四	28 十五	29 十六	30 十七

9

一	二	三	四	五	六	日
	1 十九	2 二十	3 廿一	4 廿二	5 廿三	6 廿四
7 廿五	8 白露	9 廿七	10 廿八	11 廿九	12 三十	13 八月
14 初二	15 初三	16 初四	17 初五	18 初六	19 初七	20 初八
21 初九	22 初十	23 秋分	24 十二	25 十三	26 十四	27 十五
28 十六	29 十七	30 十八				

10

一	二	三	四	五	六	日
			1 十九	2 二十	3 廿一	4 廿二
5 廿三	6 廿四	7 廿五	8 寒露	9 廿七	10 廿八	11 廿九
12 三十	13 九月	14 初二	15 初三	16 初四	17 初五	18 初六
19 初七	20 初八	21 初九	22 初十	23 十一	24 霜降	25 十三
26 十四	27 十五	28 十六	29 十七	30 十八	31 十九	

11

一	二	三	四	五	六	日
30 十九						1 二十
2 廿一	3 廿二	4 廿三	5 廿四	6 廿五	7 廿六	8 立冬
9 廿八	10 廿九	11 三十	12 十月	13 初二	14 初三	15 初四
16 初五	17 初六	18 初七	19 初八	20 初九	21 初十	22 小雪
23 十二	24 十三	25 十四	26 十五	27 十六	28 十七	29 十八

12

一	二	三	四	五	六	日
	1 二十	2 廿一	3 廿二	4 廿三	5 廿四	6 廿五
7 大雪	8 廿七	9 廿八	10 廿九	11 十一月	12 初二	13 初三
14 初四	15 初五	16 初六	17 初七	18 初八	19 初九	20 初十
21 十一	22 冬至	23 十三	24 十四	25 十五	26 十六	27 十七
28 十八	29 十九	30 二十	31 廿一			

中国吉祥图案鉴赏

一路荣华，一路高升

题注："鹭"与"路"、"蓉"与"荣"谐音，"花"与"华"字古代通用。鹭鸶与芙蓉组成图案，寓意一路荣华；"鹿"谐音"路"，竹寓意节节高升，鹿与竹组成图案，寓意一路高升。常用语送考生上路赶考的祝词，寓意从此交上好运，荣华富贵享受不尽。

2016年（丙申 猴年2月8日始）

1

一	二	三	四	五	六	日
				1廿二	2廿三	3廿四
4廿五	5廿六	6小寒	7廿八	8廿九	9三十	10十二月
11初二	12初三	13初四	14初五	15初六	16初七	17初八
18初九	19初十	20大寒	21十二	22十三	23十四	24十五
25十六	26十七	27十八	28十九	29二十	30廿一	31廿二

2

一	二	三	四	五	六	日
1廿三	2廿四	3廿五	4立春	5廿七	6廿八	7廿九
8正月	9初二	10初三	11初四	12初五	13初六	14初七
15初八	16初九	17初十	18十一	19雨水	20十三	21十四
22十五	23十六	24十七	25十八	26十九	27二十	28廿一
29廿二						

3

一	二	三	四	五	六	日
	1廿三	2廿四	3廿五	4廿六	5惊蛰	6廿八
7廿九	8三十	9二月	10初二	11初三	12初四	13初五
14初六	15初七	16初八	17初九	18初十	19十一	20春分
21十三	22十四	23十五	24十六	25十七	26十八	27十九
28二十	29廿一	30廿二	31廿三			

4

一	二	三	四	五	六	日
				1廿四	2廿五	3廿六
4清明	5廿八	6廿九	7三月	8初二	9初三	10初四
11初五	12初六	13初七	14初八	15初九	16初十	17十一
18十二	19谷雨	20十四	21十五	22十六	23十七	24十八
25十九	26二十	27廿一	28廿二	29廿三	30廿四	

5

一	二	三	四	五	六	日
30廿四	31廿五					1廿五
2廿六	3廿七	4廿八	5立夏	6三十	7四月	8初二
9初三	10初四	11初五	12初六	13初七	14初八	15初九
16初十	17十一	18十二	19十三	20小满	21十五	22十六
23十七	24十八	25十九	26二十	27廿一	28廿二	29廿三

6

一	二	三	四	五	六	日
		1廿六	2廿七	3廿八	4廿九	5五月芒种
6初二	7初三	8初四	9初五	10初六	11初七	12初八
13初九	14初十	15十一	16十二	17十三	18十四	19十五
20十六	21夏至	22十八	23十九	24二十	25廿一	26廿二
27廿三	28廿四	29廿五	30廿六			

7

一	二	三	四	五	六	日
				1廿七	2廿八	3廿九
4六月	5初二	6初三	7小暑	8初五	9初六	10初七
11初八	12初九	13初十	14十一	15十二	16十三	17十四
18十五	19十六	20十七	21十八	22大暑	23二十	24廿一
25廿二	26廿三	27廿四	28廿五	29廿六	30廿七	31廿八

8

一	二	三	四	五	六	日
1廿九	2三十	3七月	4初二	5初三	6初四	7立秋
8初六	9初七	10初八	11初九	12初十	13十一	14十二
15十三	16十四	17十五	18十六	19十七	20十八	21十九
22二十	23处暑	24廿二	25廿三	26廿四	27廿五	28廿六
29廿七	30廿八	31廿九				

9

一	二	三	四	五	六	日
			1八月	2初二	3初三	4初四
5初五	6初六	7白露	8初八	9初九	10初十	11十一
12十二	13十三	14十四	15十五	16十六	17十七	18十八
19十九	20二十	21廿一	22秋分	23廿三	24廿四	25廿五
26廿六	27廿七	28廿八	29廿九	30三十		

10

一	二	三	四	五	六	日
					1九月	2初二
3初三	4初四	5初五	6初六	7初七	8寒露	9初九
10初十	11十一	12十二	13十三	14十四	15十五	16十六
17十七	18十八	19十九	20二十	21廿一	22廿二	23霜降
24廿四	25廿五	26廿六	27廿七	28廿八	29廿九	30三十

11

一	二	三	四	五	六	日
	1初二	2初三	3初四	4初五	5初六	6初七
7立冬	8初九	9初十	10十一	11十二	12十三	13十四
14十五	15十六	16十七	17十八	18十九	19二十	20廿一
21廿二	22小雪	23廿四	24廿五	25廿六	26廿七	27廿八
28廿九	29十一月	30初二				

12

一	二	三	四	五	六	日
			1初三	2初四	3初五	4初六
5初七	6初八	7大雪	8初十	9十一	10十二	11十三
12十四	13十五	14十六	15十七	16十八	17十九	18二十
19廿一	20廿二	21冬至	22廿四	23廿五	24廿六	25廿七
26廿八	27廿九	28三十	29十二月	30初二	31初三	

芝仙祝寿

题注：寿带鸟、长春花、桃、寿石皆寓长寿之意，芝仙指灵芝，古人认为食之能长生不老，故被人格化，冠名“芝仙”。

中国吉祥图案鉴赏

2017 年（丁酉 鸡年 1月28日始 闰六月）

1

一	二	三	四	五	六	日
30初二	31初三					1初四
2初五	3初六	4初七	5小寒	6初九	7初十	8十一
9十二	10十三	11十四	12十五	13十六	14十七	15十八
16十九	17二十	18廿一	19廿二	20大寒	21廿四	22廿五
23廿六	24廿七	25廿八	26廿九	27三十	28正月	29初二

2

一	二	三	四	五	六	日
		1初五	2初六	3立春	4初八	5初九
6初十	7十一	8十二	9十三	10十四	11十五	12十六
13十七	14十八	15十九	16二十	17廿一	18雨水	19廿三
20廿四	21廿五	22廿六	23廿七	24廿八	25廿九	26二月
27初二	28初三					

3

一	二	三	四	五	六	日
		1初四	2初五	3初六	4初七	5惊蛰
6初九	7初十	8十一	9十二	10十三	11十四	12十五
13十六	14十七	15十八	16十九	17二十	18廿一	19廿二
20春分	21廿四	22廿五	23廿六	24廿七	25廿八	26廿九
27三十	28三月	29初二	30初三	31初四		

4

一	二	三	四	五	六	日
					1初五	2初六
3初七	4清明	5初九	6初十	7十一	8十二	9十三
10十四	11十五	12十六	13十七	14十八	15十九	16二十
17廿一	18廿二	19廿三	20谷雨	21廿五	22廿六	23廿七
24廿八	25廿九	26四月	27初二	28初三	29初四	30初五

5

一	二	三	四	五	六	日
1初六	2初七	3初八	4初九	5立夏	6十一	7十二
8十三	9十四	10十五	11十六	12十七	13十八	14十九
15二十	16廿一	17廿二	18廿三	19廿四	20廿五	21小满
22廿七	23廿八	24廿九	25三十	26五月	27初二	28初三
29初四	30初五	31初六				

6

一	二	三	四	五	六	日
			1初七	2初八	3初九	4初十
5芒种	6十二	7十三	8十四	9十五	10十六	11十七
12十八	13十九	14二十	15廿一	16廿二	17廿三	18廿四
19廿五	20廿六	21夏至	22廿八	23廿九	24六月	25初二
26初三	27初四	28初五	29初六	30初七		

7

一	二	三	四	五	六	日
31初九					1初八	2初九
3初十	4十一	5十二	6十三	7小暑	8十五	9十六
10十七	11十八	12十九	13二十	14廿一	15廿二	16廿三
17廿四	18廿五	19廿六	20廿七	21廿八	22大暑	23六月
24初二	25初三	26初四	27初五	28初六	29初七	30初八

8

一	二	三	四	五	六	日
	1初十	2十一	3十二	4十三	5十四	6十五
7立秋	8十七	9十八	10十九	11二十	12廿一	13廿二
14廿三	15廿四	16廿五	17廿六	18廿七	19廿八	20廿九
21三十	22七月	23处暑	24初三	25初四	26初五	27初六
28初七	29初八	30初九	31初十			

9

一	二	三	四	五	六	日
				1十一	2十二	3十三
4十四	5十五	6十六	7白露	8十八	9十九	10二十
11廿一	12廿二	13廿三	14廿四	15廿五	16廿六	17廿七
18廿八	19廿九	20八月	21初二	22初三	23秋分	24初五
25初六	26初七	27初八	28初九	29初十	30十一	

10

一	二	三	四	五	六	日
30十一	31十二					1十二
2十三	3十四	4十五	5十六	6十七	7十八	8寒露
9二十	10廿一	11廿二	12廿三	13廿四	14廿五	15廿六
16廿七	17廿八	18廿九	19三十	20九月	21初二	22初三
23霜降	24初五	25初六	26初七	27初八	28初九	29初十

11

一	二	三	四	五	六	日
		1十三	2十四	3十五	4十六	5十七
6十八	7立冬	8二十	9廿一	10廿二	11廿三	12廿四
13廿五	14廿六	15廿七	16廿八	17廿九	18十月	19初二
20初三	21初四	22小雪	23初六	24初七	25初八	26初九
27初十	28十一	29十二	30十三			

12

一	二	三	四	五	六	日
				1十四	2十五	3十六
4十七	5十八	6十九	7大雪	8廿一	9廿二	10廿三
11廿四	12廿五	13廿六	14廿七	15廿八	16廿九	17三十
18十一月	19初二	20初三	21初四	22冬至	23初六	24初七
25初八	26初九	27初十	28十一	29十二	30十三	31十四

中国吉祥图案鉴赏

诸事如意

题注：诸谐音猪。猪是十二生肖动物之一。古代曾流行过猪崇拜，远古时代的"方相氏"即为人面猪首形。猪为农家宝，是丰收与财富的象征。此吉祥装饰图案流行于广大城乡。

2018 年（戊戌 狗年 2 月 16 日始）

1

一	二	三	四	五	六	日
1十五	2十六	3十七	4十八	5小寒	6二十	7廿一
8廿二	9廿三	10廿四	11廿五	12廿六	13廿七	14廿八
15廿九	16三十	17十二月	18初二	19初三	20大寒	21初五
22初六	23初七	24初八	25初九	26初十	27十一	28十二
29十三	30十四	31十五				

2

一	二	三	四	五	六	日
			1十六	2十七	3十八	4立春
5二十	6廿一	7廿二	8廿三	9廿四	10廿五	11廿六
12廿七	13廿八	14廿九	15三十	16正月	17初二	18雨水
19初四	20初五	21初六	22初七	23初八	24初九	25初十
26十一	27十二	28十三				

3

一	二	三	四	五	六	日
			1十四	2十五	3十六	4十七
5惊蛰	6十九	7二十	8廿一	9廿二	10廿三	11廿四
12廿五	13廿六	14廿七	15廿八	16廿九	17二月	18初二
19初三	20春分	21初五	22初六	23初七	24初八	25初九
26初十	27十一	28十二	29十三	30十四	31十五	

4

一	二	三	四	五	六	日
30十五						1十六
2十七	3十八	4十九	5清明	6廿一	7廿二	8廿三
9廿四	10廿五	11廿六	12廿七	13廿八	14廿九	15三十
16三月	17初二	18初三	19初四	20谷雨	21初六	22初七
23初八	24初九	25初十	26十一	27十二	28十三	29十四

5

一	二	三	四	五	六	日
	1十六	2十七	3十八	4十九	5立夏	6廿一
7廿二	8廿三	9廿四	10廿五	11廿六	12廿七	13廿八
14廿九	15四月	16初二	17初三	18初四	19初五	20初六
21小满	22初八	23初九	24初十	25十一	26十二	27十三
28十四	29十五	30十六	31十七			

6

一	二	三	四	五	六	日
				1十八	2十九	3二十
4廿一	5廿二	6芒种	7廿四	8廿五	9廿六	10廿七
11廿八	12廿九	13三十	14五月	15初二	16初三	17初四
18初五	19初六	20初七	21夏至	22初九	23初十	24十一
25十二	26十三	27十四	28十五	29十六	30十七	

7

一	二	三	四	五	六	日
30十八	31十九					1十八
2十九	3二十	4廿一	5廿二	6廿三	7小暑	8廿五
9廿六	10廿七	11廿八	12廿九	13六月	14初二	15初三
16初四	17初五	18初六	19初七	20初八	21初九	22初十
23大暑	24十二	25十三	26十四	27十五	28十六	29十七

8

一	二	三	四	五	六	日
		1二十	2廿一	3廿二	4廿三	5廿四
6廿五	7立秋	8廿七	9廿八	10廿九	11七月	12初二
13初三	14初四	15初五	16初六	17初七	18初八	19初九
20初十	21十一	22十二	23处暑	24十四	25十五	26十六
27十七	28十八	29十九	30二十	31廿一		

9

一	二	三	四	五	六	日
					1廿二	2廿三
3廿四	4廿五	5廿六	6廿七	7廿八	8白露	9三十
10八月	11初二	12初三	13初四	14初五	15初六	16初七
17初八	18初九	19初十	20十一	21十二	22十三	23秋分
24十五	25十六	26十七	27十八	28十九	29二十	30廿一

10

一	二	三	四	五	六	日
1廿二	2廿三	3廿四	4廿五	5廿六	6廿七	7廿八
8寒露	9九月	10初二	11初三	12初四	13初五	14初六
15初七	16初八	17初九	18初十	19十一	20十二	21十三
22十四	23霜降	24十六	25十七	26十八	27十九	28二十
29廿一	30廿二	31廿三				

11

一	二	三	四	五	六	日
			1廿四	2廿五	3廿六	4廿七
5廿八	6廿九	7立冬	8十月	9初二	10初三	11初四
12初五	13初六	14初七	15初八	16初九	17初十	18十一
19十二	20十三	21十四	22小雪	23十六	24十七	25十八
26十九	27二十	28廿一	29廿二	30廿三		

12

一	二	三	四	五	六	日
31廿五					1廿四	2廿五
3廿六	4廿七	5廿八	6廿九	7十一月 大雪	8初二	9初三
10初四	11初五	12初六	13初七	14初八	15初九	16初十
17十一	18十二	19十三	20十四	21十五	22冬至	23十七
24十八	25十九	26二十	27廿一	28廿二	29廿三	30廿四

中国吉祥图案鉴赏

2019 年（己亥 猪年 2 月 5 日始）

1

一	二	三	四	五	六	日
	1廿六	2廿七	3廿八	4廿九	5小寒	6十二月
7初二	8初三	9初四	10初五	11初六	12初七	13初八
14初九	15初十	16十一	17十二	18十三	19十四	20大寒
21十六	22十七	23十八	24十九	25二十	26廿一	27廿二
28廿三	29廿四	30廿五	31廿六			

2

一	二	三	四	五	六	日
				1廿七	2廿八	3廿九
4立春	5正月	6初二	7初三	8初四	9初五	10初六
11初七	12初八	13初九	14初十	15十一	16十二	17十三
18十四	19雨水	20十六	21十七	22十八	23十九	24二十
25廿一	26廿二	27廿三	28廿四			

3

一	二	三	四	五	六	日
				1廿五	2廿六	3廿七
4廿八	5廿九	6惊蛰	7二月	8初二	9初三	10初四
11初五	12初六	13初七	14初八	15初九	16初十	17十一
18十二	19十三	20十四	21春分	22十六	23十七	24十八
25十九	26二十	27廿一	28廿二	29廿三	30廿四	31廿五

4

一	二	三	四	五	六	日
1廿六	2廿七	3廿八	4廿九	5三月清明	6初二	7初三
8初四	9初五	10初六	11初七	12初八	13初九	14初十
15十一	16十二	17十三	18十四	19十五	20谷雨	21十七
22十八	23十九	24二十	25廿一	26廿二	27廿三	28廿四
29廿五	30廿六					

5

一	二	三	四	五	六	日
		1廿七	2廿八	3廿九	4三十	5四月
6立夏	7初三	8初四	9初五	10初六	11初七	12初八
13初九	14初十	15十一	16十二	17十三	18十四	19十五
20十六	21小满	22十八	23十九	24二十	25廿一	26廿二
27廿三	28廿四	29廿五	30廿六	31廿七		

6

一	二	三	四	五	六	日
					1廿八	2廿九
3五月	4初二	5初三	6芒种	7初五	8初六	9初七
10初八	11初九	12初十	13十一	14十二	15十三	16十四
17十五	18十六	19十七	20十八	21十九	22夏至	23廿一
24廿二	25廿三	26廿四	27廿五	28廿六	29廿七	30廿八

7

一	二	三	四	五	六	日
1廿九	2三十	3六月	4初二	5初三	6初四	7小暑
8初六	9初七	10初八	11初九	12初十	13十一	14十二
15十三	16十四	17十五	18十六	19十七	20十八	21十九
22二十	23大暑	24廿二	25廿三	26廿四	27廿五	28廿六
29廿七	30廿八	31廿九				

8

一	二	三	四	五	六	日
			1七月	2初二	3初三	4初四
5初五	6初六	7初七	8立秋	9初九	10初十	11十一
12十二	13十三	14十四	15十五	16十六	17十七	18十八
19十九	20二十	21廿一	22廿二	23处暑	24廿四	25廿五
26廿六	27廿七	28廿八	29廿九	30八月	31初二	

9

一	二	三	四	五	六	日
30初二						1初三
2初四	3初五	4初六	5初七	6初八	7初九	8白露
9十一	10十二	11十三	12十四	13十五	14十六	15十七
16十八	17十九	18二十	19廿一	20廿二	21廿三	22廿四
23秋分	24廿六	25廿七	26廿八	27廿九	28三十	29九月

10

一	二	三	四	五	六	日
	1初三	2初四	3初五	4初六	5初七	6初八
7初九	8寒露	9十一	10十二	11十三	12十四	13十五
14十六	15十七	16十八	17十九	18二十	19廿一	20廿二
21廿三	22廿四	23廿五	24霜降	25廿七	26廿八	27廿九
28十月	29初二	30初三	31初四			

11

一	二	三	四	五	六	日
				1初五	2初六	3初七
4初八	5初九	6初十	7十一	8立冬	9十三	10十四
11十五	12十六	13十七	14十八	15十九	16二十	17廿一
18廿二	19廿三	20廿四	21廿五	22小雪	23廿七	24廿八
25廿九	26十一月	27初二	28初三	29初四	30初五	

12

一	二	三	四	五	六	日
30初五	31初六					1初六
2初七	3初八	4初九	5初十	6十一	7大雪	8十三
9十四	10十五	11十六	12十七	13十八	14十九	15二十
16廿一	17廿二	18廿三	19廿四	20廿五	21廿六	22冬至
23廿八	24廿九	25三十	26十二月	27初二	28初三	29初四

中国吉祥图案鉴赏

麒麟送子

题注：“麒麟送子”是古代张贴于“洞房”的婚俗喜画。“麒麟送子”的传说与孔子有关，人们以“麟趾”来比喻仁厚贤德和富有文采的子孙。在民间信仰中，麒麟不但能送书，还能送子，就转化为可送子嗣的吉祥灵兽。麒麟像鹿一样有孳茸报春的本领，所谓“阳气动、万物滋”。据此可见，“麒麟送子”实为“送滋”，即用“孳茸”办法，给人们报春。春天，万物复苏，带来生机，带来子孙的繁盛。

2020 年（庚子 鼠年 1 月 25 日始 闰四月）

1

一	二	三	四	五	六	日
		1初七	2初八	3初九	4初十	5十一
6小寒	7十三	8十四	9十五	10十六	11十七	12十八
13十九	14二十	15廿一	16廿二	17廿三	18廿四	19廿五
20大寒	21廿七	22廿八	23廿九	24三十	25正月	26初二
27初三	28初四	29初五	30初六	31初七		

2

一	二	三	四	五	六	日
					1初八	2初九
3初十	4立春	5十二	6十三	7十四	8十五	9十六
10十七	11十八	12十九	13二十	14廿一	15廿二	16廿三
17廿四	18廿五	19雨水	20廿七	21廿八	22廿九	23二月
24初二	25初三	26初四	27初五	28初六	29初七	

3

一	二	三	四	五	六	日
30初七	31初八					1初八
2初九	3初十	4十一	5惊蛰	6十三	7十四	8十五
9十六	10十七	11十八	12十九	13二十	14廿一	15廿二
16廿三	17廿四	18廿五	19廿六	20春分	21廿八	22廿九
23三十	24三月	25初二	26初三	27初四	28初五	29初六

4

一	二	三	四	五	六	日
		1初九	2初十	3十一	4清明	5十三
6十四	7十五	8十六	9十七	10十八	11十九	12二十
13廿一	14廿二	15廿三	16廿四	17廿五	18廿六	19谷雨
20廿八	21廿九	22三十	23四月	24初二	25初三	26初四
27初五	28初六	29初七	30初八			

5

一	二	三	四	五	六	日
				1初九	2初十	3十一
4十二	5立夏	6十四	7十五	8十六	9十七	10十八
11十九	12二十	13廿一	14廿二	15廿三	16廿四	17廿五
18廿六	19廿七	20小满	21廿九	22三十	23四月	24初二
25初三	26初四	27初五	28初六	29初七	30初八	31初九

6

一	二	三	四	五	六	日
1初十	2十一	3十二	4十三	5芒种	6十五	7十六
8十七	9十八	10十九	11二十	12廿一	13廿二	14廿三
15廿四	16廿五	17廿六	18廿七	19廿八	20廿九	21五月夏至
22初二	23初三	24初四	25初五	26初六	27初七	28初八
29初九	30初十					

7

一	二	三	四	五	六	日
		1十一	2十二	3十三	4十四	5十五
6十六	7小暑	8十八	9十九	10二十	11廿一	12廿二
13廿三	14廿四	15廿五	16廿六	17廿七	18廿八	19廿九
20三十	21六月	22大暑	23初三	24初四	25初五	26初六
27初七	28初八	29初九	30初十	31十一		

8

一	二	三	四	五	六	日
31十三					1十二	2十三
3十四	4十五	5十六	6十七	7立秋	8十九	9二十
10廿一	11廿二	12廿三	13廿四	14廿五	15廿六	16廿七
17廿八	18廿九	19七月	20初二	21初三	22初四	23处暑
24初六	25初七	26初八	27初九	28初十	29十一	30十二

9

一	二	三	四	五	六	日
	1十四	2十五	3十六	4十七	5十八	6十九
7白露	8廿一	9廿二	10廿三	11廿四	12廿五	13廿六
14廿七	15廿八	16廿九	17八月	18初二	19初三	20初四
21初五	22秋分	23初七	24初八	25初九	26初十	27十一
28十二	29十三	30十四				

10

一	二	三	四	五	六	日
			1十五	2十六	3十七	4十八
5十九	6二十	7廿一	8寒露	9廿三	10廿四	11廿五
12廿六	13廿七	14廿八	15廿九	16三十	17九月	18初二
19初三	20初四	21初五	22初六	23霜降	24初八	25初九
26初十	27十一	28十二	29十三	30十四	31十五	

11

一	二	三	四	五	六	日
30十六						1十六
2十七	3十八	4十九	5二十	6廿一	7立冬	8廿三
9廿四	10廿五	11廿六	12廿七	13廿八	14廿九	15十月
16初二	17初三	18初四	19初五	20初六	21初七	22小雪
23初九	24初十	25十一	26十二	27十三	28十四	29十五

12

一	二	三	四	五	六	日
	1十七	2十八	3十九	4二十	5廿一	6大雪
7廿三	8廿四	9廿五	10廿六	11廿七	12廿八	13廿九
14三十	15十一月	16初二	17初三	18初四	19初五	20初六
21冬至	22初八	23初九	24初十	25十一	26十二	27十三
28十四	29十五	30十六	31十七			

中国吉祥图案鉴赏

2021年（辛丑 牛年2月12日始）

1

一	二	三	四	五	六	日
				1 十八	2 十九	3 二十
4 廿一	5 小寒	6 廿三	7 廿四	8 廿五	9 廿六	10 廿七
11 廿八	12 廿九	13 十二月	14 初二	15 初三	16 初四	17 初五
18 初六	19 初七	20 大寒	21 初九	22 初十	23 十一	24 十二
25 十三	26 十四	27 十五	28 十六	29 十七	30 十八	31 十九

2

一	二	三	四	五	六	日
1 二十	2 廿一	3 立春	4 廿三	5 廿四	6 廿五	7 廿六
8 廿七	9 廿八	10 廿九	11 三十	12 正月	13 初二	14 初三
15 初四	16 初五	17 初六	18 雨水	19 初八	20 初九	21 初十
22 十一	23 十二	24 十三	25 十四	26 十五	27 十六	28 十七

3

一	二	三	四	五	六	日
1 十八	2 十九	3 二十	4 廿一	5 惊蛰	6 廿三	7 廿四
8 廿五	9 廿六	10 廿七	11 廿八	12 廿九	13 二月	14 初二
15 初三	16 初四	17 初五	18 初六	19 初七	20 春分	21 初九
22 初十	23 十一	24 十二	25 十三	26 十四	27 十五	28 十六
29 十七	30 十八	31 十九				

4

一	二	三	四	五	六	日
			1 二十	2 廿一	3 廿二	4 清明
5 廿四	6 廿五	7 廿六	8 廿七	9 廿八	10 廿九	11 三十
12 三月	13 初二	14 初三	15 初四	16 初五	17 初六	18 初七
19 初八	20 谷雨	21 初十	22 十一	23 十二	24 十三	25 十四
26 十五	27 十六	28 十七	29 十八	30 十九		

5

一	二	三	四	五	六	日
31 二十					1 二十	2 廿一
3 廿二	4 廿三	5 立夏	6 廿五	7 廿六	8 廿七	9 廿八
10 廿九	11 三十	12 四月	13 初二	14 初三	15 初四	16 初五
17 初六	18 初七	19 初八	20 初九	21 小满	22 十一	23 十二
24 十三	25 十四	26 十五	27 十六	28 十七	29 十八	30 十九

6

一	二	三	四	五	六	日
	1 廿一	2 廿二	3 廿三	4 廿四	5 芒种	6 廿六
7 廿七	8 廿八	9 廿九	10 五月	11 初二	12 初三	13 初四
14 初五	15 初六	16 初七	17 初八	18 初九	19 初十	20 十一
21 夏至	22 十三	23 十四	24 十五	25 十六	26 十七	27 十八
28 十九	29 二十	30 廿一				

7

一	二	三	四	五	六	日
			1 廿二	2 廿三	3 廿四	4 廿五
5 廿六	6 廿七	7 小暑	8 廿九	9 三十	10 六月	11 初二
12 初三	13 初四	14 初五	15 初六	16 初七	17 初八	18 初九
19 初十	20 十一	21 十二	22 大暑	23 十四	24 十五	25 十六
26 十七	27 十八	28 十九	29 二十	30 廿一	31 廿二	

8

一	二	三	四	五	六	日
30 廿三	31 廿四					1 廿三
2 廿四	3 廿五	4 廿六	5 廿七	6 廿八	7 立秋	8 七月
9 初二	10 初三	11 初四	12 初五	13 初六	14 初七	15 初八
16 初九	17 初十	18 十一	19 十二	20 十三	21 十四	22 十五
23 处暑	24 十七	25 十八	26 十九	27 二十	28 廿一	29 廿二

9

一	二	三	四	五	六	日
		1 廿五	2 廿六	3 廿七	4 廿八	5 廿九
6 三十	7 八月 白露	8 初二	9 初三	10 初四	11 初五	12 初六
13 初七	14 初八	15 初九	16 初十	17 十一	18 十二	19 十三
20 十四	21 十五	22 十六	23 秋分	24 十八	25 十九	26 二十
27 廿一	28 廿二	29 廿三	30 廿四			

10

一	二	三	四	五	六	日
				1 廿五	2 廿六	3 廿七
4 廿八	5 廿九	6 九月	7 初二	8 寒露	9 初四	10 初五
11 初六	12 初七	13 初八	14 初九	15 初十	16 十一	17 十二
18 十三	19 十四	20 十五	21 十六	22 十七	23 霜降	24 十九
25 二十	26 廿一	27 廿二	28 廿三	29 廿四	30 廿五	31 廿六

11

一	二	三	四	五	六	日
1 廿七	2 廿八	3 廿九	4 三十	5 十月	6 初二	7 立冬
8 初四	9 初五	10 初六	11 初七	12 初八	13 初九	14 初十
15 十一	16 十二	17 十三	18 十四	19 十五	20 十六	21 十七
22 小雪	23 十九	24 二十	25 廿一	26 廿二	27 廿三	28 廿四
29 廿五	30 廿六					

12

一	二	三	四	五	六	日
		1 廿七	2 廿八	3 廿九	4 十一月	5 初二
6 初三	7 大雪	8 初五	9 初六	10 初七	11 初八	12 初九
13 初十	14 十一	15 十二	16 十三	17 十四	18 十五	19 十六
20 十七	21 冬至	22 十九	23 二十	24 廿一	25 廿二	26 廿三
27 廿四	28 廿五	29 廿六	30 廿七	31 廿八		

中国吉祥图案鉴赏

百福图

题注：寓意百福，此图案用于祝寿。

2022年（壬寅 虎年2月1日始）

1

一	二	三	四	五	六	日
31廿九					1廿九	2三十
3十二月	4初二	5小寒	6初四	7初五	8初六	9初七
10初八	11初九	12初十	13十一	14十二	15十三	16十四
17十五	18十六	19十七	20大寒	21十九	22二十	23廿一
24廿二	25廿三	26廿四	27廿五	28廿六	29廿七	30廿八

2

一	二	三	四	五	六	日
	1正月	2初二	3初三	4立春	5初五	6初六
7初七	8初八	9初九	10初十	11十一	12十二	13十三
14十四	15十五	16十六	17十七	18雨水	19十九	20二十
21廿一	22廿二	23廿三	24廿四	25廿五	26廿六	27廿七
28廿八						

3

一	二	三	四	五	六	日
	1廿九	2三十	3二月	4初二	5惊蛰	6初四
7初五	8初六	9初七	10初八	11初九	12初十	13十一
14十二	15十三	16十四	17十五	18十六	19十七	20春分
21十九	22二十	23廿一	24廿二	25廿三	26廿四	27廿五
28廿六	29廿七	30廿八	31廿九			

4

一	二	三	四	五	六	日
				1三月	2初二	3初三
4初四	5清明	6初六	7初七	8初八	9初九	10初十
11十一	12十二	13十三	14十四	15十五	16十六	17十七
18十八	19十九	20谷雨	21廿一	22廿二	23廿三	24廿四
25廿五	26廿六	27廿七	28廿八	29廿九	30三十	

5

一	二	三	四	五	六	日
30五月	31初二					1四月
2初二	3初三	4初四	5立夏	6初六	7初七	8初八
9初九	10初十	11十一	12十二	13十三	14十四	15十五
16十六	17十七	18十八	19十九	20二十	21小满	22廿二
23廿三	24廿四	25廿五	26廿六	27廿七	28廿八	29廿九

6

一	二	三	四	五	六	日
		1初三	2初四	3初五	4初六	5初七
6芒种	7初九	8初十	9十一	10十二	11十三	12十四
13十五	14十六	15十七	16十八	17十九	18二十	19廿一
20廿二	21夏至	22廿四	23廿五	24廿六	25廿七	26廿八
27廿九	28三十	29六月	30初二			

7

一	二	三	四	五	六	日
				1初三	2初四	3初五
4初六	5初七	6初八	7小暑	8初十	9十一	10十二
11十三	12十四	13十五	14十六	15十七	16十八	17十九
18二十	19廿一	20廿二	21廿三	22廿四	23大暑	24廿六
25廿七	26廿八	27廿九	28三十	29七月	30初二	31初三

8

一	二	三	四	五	六	日
1初四	2初五	3初六	4初七	5初八	6初九	7立秋
8十一	9十二	10十三	11十四	12十五	13十六	14十七
15十八	16十九	17二十	18廿一	19廿二	20廿三	21廿四
22廿五	23处暑	24廿七	25廿八	26廿九	27八月	28初二
29初三	30初四	31初五				

9

一	二	三	四	五	六	日
			1初六	2初七	3初八	4初九
5初十	6十一	7十二	8白露	9十四	10十五	11十六
12十七	13十八	14十九	15二十	16廿一	17廿二	18廿三
19廿四	20廿五	21廿六	22廿七	23秋分	24廿九	25三十
26九月	27初二	28初三	29初四	30初五		

10

一	二	三	四	五	六	日
31初七					1初六	2初七
3初八	4初九	5初十	6十一	7十二	8寒露	9十四
10十五	11十六	12十七	13十八	14十九	15二十	16廿一
17廿二	18廿三	19廿四	20廿五	21廿六	22廿七	23霜降
24廿九	25十月	26初二	27初三	28初四	29初五	30初六

11

一	二	三	四	五	六	日
	1初八	2初九	3初十	4十一	5十二	6十三
7立冬	8十五	9十六	10十七	11十八	12十九	13二十
14廿一	15廿二	16廿三	17廿四	18廿五	19廿六	20廿七
21廿八	22小雪	23三十	24十一月	25初二	26初三	27初四
28初五	29初六	30初七				

12

一	二	三	四	五	六	日
			1初八	2初九	3初十	4十一
5十二	6十三	7大雪	8十五	9十六	10十七	11十八
12十九	13二十	14廿一	15廿二	16廿三	17廿四	18廿五
19廿六	20廿七	21廿八	22冬至	23十二月	24初二	25初三
26初四	27初五	28初六	29初七	30初八	31初九	

百寿图

题注：清·钱曾《读书敏求记·字学百寿字图》一卷，记南宋绍定时静江令史谓十夫子岩刻百寿字。明正德时昆明赵壁编百寿字书，分十四体。此图案为祝寿之用。

中国吉祥图案鉴赏

2023年（癸卯 兔年1月22日始 闰二月）

1

一	二	三	四	五	六	日
30初九	31初十					1初十
2十一	3十二	4初三	5小寒	6十五	7十六	8十七
9十八	10十九	11二十	12廿一	13廿二	14廿三	15廿四
16廿五	17廿六	18廿七	19廿八	20大寒	21三十	22正月
23初二	24初三	25初四	26初五	27初六	28初七	29初八

2

一	二	三	四	五	六	日
		1十一	2十二	3十三	4立春	5十五
6十六	7十七	8十八	9十九	10二十	11廿一	12廿二
13廿三	14廿四	15廿五	16廿六	17廿七	18廿八	19雨水
20二月	21初二	22初三	23初四	24初五	25初六	26初七
27初八	28初九					

3

一	二	三	四	五	六	日
		1初十	2十一	3十二	4十三	5十四
6惊蛰	7十六	8十七	9十八	10十九	11二十	12廿一
13廿二	14廿三	15廿四	16廿五	17廿六	18廿七	19廿八
20廿九	21春分	22二月	23初二	24初三	25初四	26初五
27初六	28初七	29初八	30初九	31初十		

4

一	二	三	四	五	六	日
					1十一	2十二
3十三	4十四	5清明	6十六	7十七	8十八	9十九
10二十	11廿一	12廿二	13廿三	14廿四	15廿五	16廿六
17廿七	18廿八	19廿九	20三月谷雨	21初二	22初三	23初四
24初五	25初六	26初七	27初八	28初九	29初十	30十一

5

一	二	三	四	五	六	日
1十二	2十三	3十四	4十五	5十六	6立夏	7十八
8十九	9二十	10廿一	11廿二	12廿三	13廿四	14廿五
15廿六	16廿七	17廿八	18廿九	19四月	20初二	21小满
22初四	23初五	24初六	25初七	26初八	27初九	28初十
29十一	30十二	31十三				

6

一	二	三	四	五	六	日
			1十四	2十五	3十六	4十七
5十八	6芒种	7二十	8廿一	9廿二	10廿三	11廿四
12廿五	13廿六	14廿七	15廿八	16十九	17三十	18五月
19初二	20初三	21初四	22夏至	23初六	24初七	25初八
26初九	27初十	28十一	29十二	30十三		

7

一	二	三	四	五	六	日
31十四					1十四	2十五
3十六	4十七	5十八	6十九	7小暑	8廿一	9廿二
10廿三	11廿四	12廿五	13廿六	14廿七	15廿八	16廿九
17三十	18六月	19初二	20初三	21初四	22初五	23大暑
24初五	25初八	26初九	27初十	28十一	29十二	30十三

8

一	二	三	四	五	六	日
	1十五	2十六	3十七	4十八	5十九	6二十
7廿一	8立秋	9廿三	10廿四	11廿五	12廿六	13廿七
14廿八	15廿九	16七月	17初二	18初三	19初四	20初五
21初六	22初七	23处暑	24初九	25初十	26十一	27十二
28十三	29十四	30十五	31十六			

9

一	二	三	四	五	六	日
				1十七	2十八	3十九
4二十	5廿一	6廿二	7廿三	8白露	9廿五	10廿六
11廿七	12廿八	13廿九	14三十	15八月	16初二	17初三
18初四	19初五	20初六	21初七	22初八	23秋分	24初十
25十一	26十二	27十三	28十四	29十五	30十六	

10

一	二	三	四	五	六	日
30十六	31十七					1十七
2十八	3十九	4二十	5廿一	6廿二	7廿三	8寒露
9廿五	10廿六	11廿七	12廿八	13廿九	14三十	15九月
16初二	17初三	18初四	19初五	20初六	21初七	22初八
23霜降	24初十	25十一	26十二	27十三	28十四	29十五

11

一	二	三	四	五	六	日
		1十八	2十九	3二十	4廿一	5廿二
6廿三	7立冬	8廿五	9廿六	10廿七	11廿八	12廿九
13十月	14初二	15初三	16初四	17初五	18初六	19初七
20初八	21初九	22小雪	23十一	24十二	25十三	26十四
27十五	28十六	29十七	30十八			

12

一	二	三	四	五	六	日
				1十九	2二十	3廿一
4廿二	5廿三	6廿四	7大雪	8廿六	9廿七	10廿八
11廿九	12三十	13十一月	14初二	15初三	16初四	17初五
18初六	19初七	20初八	21初九	22冬至	23十一	24十二
25十三	26十四	27十五	28十六	29十七	30十八	31十九

中国吉祥图案鉴赏

辟邪

题注：辟邪为中国一种古老的瑞兽，传说可辟除妖魔、邪恶，汉代以前称为翼兽，汉代及南朝陵墓前多置辟邪，为一种双角瑞兽。民间美术中的辟邪，由于制作材料的不同及放置的地方不同而品类繁多，如乔口、马勺、面具、玩具及建筑装饰等，悬于院中或屋内，置于屋顶，起辟邪的作用。

2024年（甲辰 龙年2月10日始）

1

一	二	三	四	五	六	日
1二十	2廿一	3廿二	4廿三	5廿四	6小寒	7廿六
8廿七	9廿八	10廿九	11十二月	12初二	13初三	14初四
15初五	16初六	17初七	18初八	19初九	20大寒	21十一
22十二	23十三	24十四	25十五	26十六	27十七	28十八
29十九	30二十	31廿一				

2

一	二	三	四	五	六	日
			2廿二	3廿三	3廿四	4立春
5廿六	6廿七	7廿八	8廿九	9三十	10正月	11初二
12初三	13初四	14初五	15初六	16初七	17初八	18初九
19雨水	20十一	21十二	22十三	23十四	24十五	25十六
26十七	27十八	28十九	29二十			

3

一	二	三	四	五	六	日
				1廿一	2廿二	3廿三
4廿四	5惊蛰	6廿六	7廿七	8廿八	9廿九	10二月
11初二	12初三	13初四	14初五	15初六	16初七	17初八
18初九	19初十	20春分	21十二	22十三	23十四	24十五
25十六	26十七	27十八	28十九	29二十	30廿一	31廿二

4

一	二	三	四	五	六	日
1廿三	2廿四	3廿五	4清明	5廿七	6廿八	7廿九
8三十	9三月	10初二	11初三	12初四	13初五	14初六
15初七	16初八	17初九	18初十	19谷雨	20十二	21十三
22十四	23十五	24十六	25十七	26十八	27十九	28二十
29廿一	30廿二					

5

一	二	三	四	五	六	日
		1廿三	2廿四	3廿五	4廿六	5立夏
6廿八	7廿九	8四月	9初二	10初三	11初四	12初五
13初六	14初七	15初八	16初九	17初十	18十一	19十二
20小满	21十四	22十五	23十六	24十七	25十八	26十九
27二十	28廿一	29廿二	30廿三	31廿四		

6

一	二	三	四	五	六	日
					1廿五	2廿六
3廿七	4廿八	5芒种	6五月	7初二	8初三	9初四
10初五	11初六	12初七	13初八	14初九	15初十	16十一
17十二	18十三	19十四	20十五	21夏至	22十七	23十八
24十九	25二十	26廿一	27廿二	28廿三	29廿四	30廿五

7

一	二	三	四	五	六	日
1廿六	2廿七	3廿八	4廿九	5三十	6六月小暑	7初二
8初三	9初四	10初五	11初六	12初七	13初八	14初九
15初十	16十一	17十二	18十三	19十四	20十五	21十六
22大暑	23十八	24十九	25二十	26廿一	27廿二	28廿三
29廿四	30廿五	31廿六				

8

一	二	三	四	五	六	日
			1廿七	2廿八	3廿九	4七月
5初二	6初三	7立秋	8初五	9初六	10初七	11初八
12初九	13初十	14十一	15十二	16十三	17十四	18十五
19十六	20十七	21十八	22十九	23处暑	24廿一	25廿二
26廿三	27廿四	28廿五	29廿六	30廿七	31廿八	

9

一	二	三	四	五	六	日
30廿八						1廿九
2三十	3八月	4初二	5初三	6初四	7白露	8初六
9初七	10初八	11初九	12初十	13十一	14十二	15十三
16十四	17十五	18十六	19十七	20十八	21十九	22秋分
23廿一	24廿二	25廿三	26廿四	27廿五	28廿六	29廿七

10

一	二	三	四	五	六	日
	1廿九	2三十	3九月	4初二	5初三	6初四
7初五	8寒露	9初七	10初八	11初九	12初十	13十一
14十二	15十三	16十四	17十五	18十六	19十七	20十八
21十九	22二十	23霜降	24廿二	25廿三	26廿四	27廿五
28廿六	29廿七	30廿八	31廿九			

11

一	二	三	四	五	六	日
				1十月	2初二	3初三
4初四	5初五	6初六	7立冬	8初八	9初九	10初十
11十一	12十二	13十三	14十四	15十五	16十六	17十七
18十八	19十九	20二十	21廿一	22小雪	23廿三	24廿四
25廿五	26廿六	27廿七	28廿八	29廿九	30三十	

12

一	二	三	四	五	六	日
30三十	31十二月					1十一月
2初二	3初三	4初四	5初五	6大雪	7初七	8初八
9初九	10初十	11十一	12十二	13十三	14十四	15十五
16十六	17十七	18十八	19十九	20二十	21冬至	22廿二
23廿三	24廿四	25廿五	26廿六	27廿七	28廿八	29廿九

2025 年（乙巳 蛇年 1月29日始 闰六月）

1

一	二	三	四	五	六	日
		1初二	2初三	3初四	4初五	5小寒
6初七	7初八	8初九	9初十	10十一	11十二	12十三
13十四	14十五	15十六	16十七	17十八	18十九	19二十
20大寒	21廿二	22廿三	23廿四	24廿五	25廿六	26廿七
27廿八	28廿九	29正月	30初二	31初三		

2

一	二	三	四	五	六	日
					1初四	2初五
3立春	4初七	5初八	6初九	7初十	8十一	9十二
10十三	11十四	12十五	13十六	14十七	15十八	16十九
17二十	18雨水	19廿二	20廿三	21廿四	22廿五	23廿六
24廿七	25廿八	26廿九	27三十	28二月		

3

一	二	三	四	五	六	日
31初三					1初二	2初三
3初四	4初五	5惊蛰	6初七	7初八	8初九	9初十
10十一	11十二	12十三	13十四	14十五	15十六	16十七
17十八	18十九	19二十	20春分	21廿二	22廿三	23廿四
24廿五	25廿六	26廿七	27廿八	28廿九	29三月	30初二

4

一	二	三	四	五	六	日
	1初四	2初五	3初六	4清明	5初八	6初九
7初十	8十一	9十二	10十三	11十四	12十五	13十六
14十七	15十八	16十九	17二十	18廿一	19廿二	20谷雨
21廿四	22廿五	23廿六	24廿七	25廿八	26廿九	27三十
28四月	29初二	30初三				

5

一	二	三	四	五	六	日
			1初四	2初五	3初六	4初七
5立夏	6初九	7初十	8十一	9十二	10十三	11十四
12十五	13十六	14十七	15十八	16十九	17二十	18廿一
19廿二	20廿三	21小满	22廿五	23廿六	24廿七	25廿八
26廿九	27五月	28初二	29初三	30初四	31初五	

6

一	二	三	四	五	六	日
30初六						1初六
2初七	3初八	4初九	5芒种	6十一	7十二	8十三
9十四	10十五	11十六	12十七	13十八	14十九	15二十
16廿一	17廿二	18廿三	19廿四	20廿五	21夏至	22廿七
23廿八	24廿九	25六月	26初二	27初三	28初四	29初五

7

一	二	三	四	五	六	日
	1初七	2初八	3初九	4初十	5十一	6十二
7小暑	8十四	9十五	10十六	11十七	12十八	13十九
14二十	15廿一	16廿二	17廿三	18廿四	19廿五	20廿六
21廿七	22大暑	23廿九	24三十	25六月	26初二	27初三
28初四	29初五	30初六	31初七			

8

一	二	三	四	五	六	日
				1初八	2初九	3初十
4十一	5十二	6十三	7立秋	8十五	9十六	10十七
11十八	12十九	13二十	14廿一	15廿二	16廿三	17廿四
18廿五	19廿六	20廿七	21廿八	22廿九	23七月处暑	24初二
25初三	26初四	27初五	28初六	29初七	30初八	31初九

9

一	二	三	四	五	六	日
1初十	2十一	3十二	4十三	5十四	6十五	7白露
8十七	9十八	10十九	11二十	12廿一	13廿二	14廿三
15廿四	16廿五	17廿六	18廿七	19廿八	20廿九	21三十
22八月	23秋分	24初三	25初四	26初五	27初六	28初七
29初八	30初九					

10

一	二	三	四	五	六	日
		1初十	2十一	3十二	4十三	5十四
6十五	7十六	8寒露	9十八	10十九	11二十	12廿一
13廿二	14廿三	15廿四	16廿五	17廿六	18廿七	19廿八
20廿九	21九月	22初二	23霜降	24初四	25初五	26初六
27初七	28初八	29初九	30初十	31十一		

11

一	二	三	四	五	六	日
					1十二	2十三
3十四	4十五	5十六	6十七	7立冬	8十九	9二十
10廿一	11廿二	12廿三	13廿四	14廿五	15廿六	16廿七
17廿八	18廿九	19三十	20十月	21初二	22小雪	23初四
24初五	25初六	26初七	27初八	28初九	29初十	30十一

12

一	二	三	四	五	六	日
1十二	2十三	3十四	4十五	5十六	6十七	7大雪
8十九	9二十	10廿一	11廿二	12廿三	13廿四	14廿五
15廿六	16廿七	17廿八	18廿九	19三十	20十一月	21冬至
22初三	23初四	24初五	25初六	26初七	27初八	28初九
29初十	30十一	31十二				

中国吉祥图案鉴赏

本固枝荣

题注：荷花、荷叶之所以茂盛，因莲花有肥大的地下茎藕，盘根错节，才得以发芽、生叶、开花、结实。即“本固”才能“枝荣”。《左公·文公七年》：“公族，公室之枝叶，若去之则本根无所庇荫矣。”也有用竹子、松树组成装饰图案来寓意本固枝荣。

2026年（丙午 马年2月17日始）

1

一	二	三	四	五	六	日
			1 十三	2 十四	3 十五	4 十六
5 小寒	6 十八	7 十九	8 二十	9 廿一	10 廿二	11 廿三
12 廿四	13 廿五	14 廿六	15 廿七	16 廿八	17 廿九	18 三十
19 十二月	20 大寒	21 初三	22 初四	23 初五	24 初六	25 初七
26 初八	27 初九	28 初十	29 十一	30 十二	31 十三	

2

一	二	三	四	五	六	日
						1 十四
2 十五	3 十六	4 立春	5 十八	6 十九	7 二十	8 廿一
9 廿二	10 廿三	11 廿四	12 廿五	13 廿六	14 廿七	15 廿八
16 廿九	17 正月	18 雨水	19 初三	20 初四	21 初五	22 初六
23 初七	24 初八	25 初九	26 初十	27 十一	28 十二	

3

一	二	三	四	五	六	日
30 十二	31 十三					1 十三
2 十四	3 十五	4 十六	5 惊蛰	6 十八	7 十九	8 二十
9 廿一	10 廿二	11 廿三	12 廿四	13 廿五	14 廿六	15 廿七
16 廿八	17 廿九	18 三十	19 二月	20 春分	21 初三	22 初四
23 初五	24 初六	25 初七	26 初八	27 初九	28 初十	29 十一

4

一	二	三	四	五	六	日
		1 十四	2 十五	3 十六	4 十七	5 清明
6 十九	7 二十	8 廿一	9 廿二	10 廿三	11 廿四	12 廿五
13 廿六	14 廿七	15 廿八	16 廿九	17 三月	18 初二	19 初三
20 谷雨	21 初五	22 初六	23 初七	24 初八	25 初九	26 初十
27 十一	28 十二	29 十三	30 十四			

5

一	二	三	四	五	六	日
				1 十五	2 十六	3 十七
4 十八	5 立夏	6 二十	7 廿一	8 廿二	9 廿三	10 廿四
11 廿五	12 廿六	13 廿七	14 廿八	15 廿九	16 三十	17 四月
18 初二	19 初三	20 初四	21 小满	22 初六	23 初七	24 初八
25 初九	26 初十	27 十一	28 十二	29 十三	30 十四	31 十五

6

一	二	三	四	五	六	日
1 十六	2 十七	3 十八	4 十九	5 二十	6 芒种	7 廿二
8 廿三	9 廿四	10 廿五	11 廿六	12 廿七	13 廿八	14 廿九
15 五月	16 初二	17 初三	18 初四	19 初五	20 初六	21 夏至
22 初八	23 初九	24 初十	25 十一	26 十二	27 十三	28 十四
29 十五	30 十六					

7

一	二	三	四	五	六	日
		1 十七	2 十八	3 十九	4 二十	5 廿一
6 廿二	7 小暑	8 廿四	9 廿五	10 廿六	11 廿七	12 廿八
13 廿九	14 六月	15 初二	16 初三	17 初四	18 初五	19 初六
20 初七	21 初八	22 初九	23 大暑	24 十一	25 十二	26 十三
27 十四	28 十五	29 十六	30 十七	31 十八		

8

一	二	三	四	五	六	日
31 十九					1 十九	2 二十
3 廿一	4 廿二	5 廿三	6 廿四	7 立秋	8 廿六	9 廿七
10 廿八	11 廿九	12 三十	13 七月	14 初二	15 初三	16 初四
17 初五	18 初六	19 初七	20 初八	21 初九	22 初十	23 处暑
24 十二	25 十三	26 十四	27 十五	28 十六	29 十七	30 十八

9

一	二	三	四	五	六	日
	1 二十	2 廿一	3 廿二	4 廿三	5 廿四	6 廿五
7 白露	8 廿七	9 廿八	10 廿九	11 八月	12 初二	13 初三
14 初四	15 初五	16 初六	17 初七	18 初八	19 初九	20 初十
21 十一	22 十二	23 秋分	24 十四	25 十五	26 十六	27 十七
28 十八	29 十九	30 二十				

10

一	二	三	四	五	六	日
			1 廿一	2 廿二	3 廿三	4 廿四
5 廿五	6 廿六	7 廿七	8 寒露	9 廿九	10 九月	11 初二
12 初三	13 初四	14 初五	15 初六	16 初七	17 初八	18 初九
19 初十	20 十一	21 十二	22 十三	23 霜降	24 十五	25 十六
26 十七	27 十八	28 十九	29 二十	30 廿一	31 廿二	

11

一	二	三	四	五	六	日
30 廿二						1 廿三
2 廿四	3 廿五	4 廿六	5 廿七	6 廿八	7 立冬	8 三十
9 十月	10 初二	11 初三	12 初四	13 初五	14 初六	15 初七
16 初八	17 初九	18 初十	19 十一	20 十二	21 十三	22 小雪
23 十五	24 十六	25 十七	26 十八	27 十九	28 二十	29 廿一

12

一	二	三	四	五	六	日
	1 廿三	2 廿四	3 廿五	4 廿六	5 廿七	6 廿八
7 大雪	8 三十	9 十一月	10 初二	11 初三	12 初四	13 初五
14 初六	15 初七	16 初八	17 初九	18 初十	19 十一	20 十二
21 十三	22 冬至	23 十五	24 十六	25 十七	26 十八	27 十九
28 二十	29 廿一	30 廿二	31 廿三			

博古纹

题注：北宋时期，复古占风气盛，宋徽宗命大臣王黼等编绘宣和殿所收藏的古代器皿，成《宣和博古图》三十卷。后世把古代器皿图案泛称为“博古纹”。在吉祥图案中，“博古纹”成为钟鸣鼎食之家的象征；“博古纹”又寓意清雅高洁、知识渊博之人。

中国吉祥图案鉴赏

2027年（丁未 羊年2月6日始）

1月

一	二	三	四	五	六	日
				1廿四	2廿五	3廿六
4廿七	5小寒	6廿九	7三十	8十二月	9初二	10初三
11初四	12初五	13初六	14初七	15初八	16初九	17初十
18十一	19十二	20大寒	21十四	22十五	23十六	24十七
25十八	26十九	27二十	28廿一	29廿二	30廿三	31廿四

7月

一	二	三	四	五	六	日
			1廿七	2廿八	3廿九	4六月
5初二	6初三	7小暑	8初五	9初六	10初七	11初八
12初九	13初十	14十一	15十二	16十三	17十四	18十五
19十六	20十七	21十八	22十九	23大暑	24廿一	25廿二
26廿三	27廿四	28廿五	29廿六	30廿七	31廿八	

2月

一	二	三	四	五	六	日
1廿五	2廿六	3廿七	4立春	5廿九	6春节	7初二
8初三	9初四	10初五	11初六	12初七	13初八	14初九
15初十	16十一	17十二	18十三	19雨水	20十五	21十六
22十七	23十八	24十九	25二十	26廿一	27廿二	28廿三

8月

一	二	三	四	五	六	日
30廿九	31三十					1廿九
2七月	3初二	4初三	5初四	6初五	7初六	8立秋
9初八	10初九	11初十	12十一	13十二	14十三	15十四
16十五	17十六	18十七	19十八	20十九	21二十	22廿一
23处暑	24廿三	25廿四	26廿五	27廿六	28廿七	29廿八

3月

一	二	三	四	五	六	日
1廿四	2廿五	3廿六	4廿七	5廿八	6惊蛰	7三十
8二月	9初二	10初三	11初四	12初五	13初六	14初七
15初八	16初九	17初十	18十一	19十二	20十三	21春分
22十五	23十六	24十七	25十八	26十九	27二十	28廿一
29廿二	30廿三	31廿四				

9月

一	二	三	四	五	六	日
		1八月	2初二	3初三	4初四	5初五
6初六	7初七	8白露	9初九	10初十	11十一	12十二
13十三	14十四	15十五	16十六	17十七	18十八	19十九
20二十	21廿一	22廿二	23秋分	24廿四	25廿五	26廿六
27廿七	28廿八	29廿九	30九月			

4月

一	二	三	四	五	六	日
			1廿五	2廿六	3廿七	4廿八
5清明	6三十	7三月	8初二	9初三	10初四	11初五
12初六	13初七	14初八	15初九	16初十	17十一	18十二
19十三	20谷雨	21十五	22十六	23十七	24十八	25十九
26二十	27廿一	28廿二	29廿三	30廿四		

10月

一	二	三	四	五	六	日
				1初二	2初三	3初四
4初五	5初六	6初七	7初八	8寒露	9初十	10十一
11十二	12十三	13十四	14十五	15十六	16十七	17十八
18十九	19二十	20廿一	21廿二	22廿三	23霜降	24廿五
25廿六	26廿七	27廿八	28廿九	29十月	30初二	31初三

5月

一	二	三	四	五	六	日
					1廿五	2廿六
3廿七	4廿八	5廿九	6四月立夏	7初二	8初三	9初四
10初五	11初六	12初七	13初八	14初九	15初十	16十一
17十二	18十三	19十四	20十五	21小满	22十七	23十八
24十九	25二十	26廿一	27廿二	28廿三	29廿四	30廿五

11月

一	二	三	四	五	六	日
1初四	2初五	3初六	4初七	5初八	6初九	7立冬
8十一	9十二	10十三	11十四	12十五	13十六	14十七
15十八	16十九	17二十	18廿一	19廿二	20廿三	21廿四
22小雪	23廿六	24廿七	25廿八	26廿九	27三十	28十一月
29初二	30初三					

6月

一	二	三	四	五	六	日
	1廿七	2廿八	3廿九	4三十	5五月	6芒种
7初三	8初四	9初五	10初六	11初七	12初八	13初九
14初十	15十一	16十二	17十三	18十四	19十五	20十六
21夏至	22十八	23十九	24二十	25廿一	26廿二	27廿三
28廿四	29廿五	30廿六				

12月

一	二	三	四	五	六	日
		1初四	2初五	3初六	4初七	5初八
6初九	7大雪	8十一	9十二	10十三	11十四	12十五
13十六	14十七	15十八	16十九	17二十	18廿一	19廿二
20廿三	21廿四	22冬至	23廿六	24廿七	25廿八	26廿九
27三十	28十二月	29初二	30初三	31初四		

中国吉祥图案鉴赏

长春白头

题注：白头鸟打入画眉，老则白头，又名白头翁，象征白头长寿。长春花即月季花，寓意四季长春，菊花也寓意长寿。图案寓意夫妻和睦，永葆青春、白头到老。

2028年（戊申 猴年1月26日始 闰五月）

1

一	二	三	四	五	六	日
31初六					1初五	2初六
3初七	4初八	5初九	6小寒	7十一	8十二	9十三
10十四	11十五	12十六	13十七	14十八	15十九	16二十
17廿一	18廿二	19廿三	20大寒	21廿五	22廿六	23廿七
24廿八	25廿九	26正月	27初二	28初三	29初四	30初五

2

一	二	三	四	五	六	日
	1初七	2初八	3初九	4立春	5十一	6十二
7十三	8十四	9十五	10十六	11十七	12十八	13十九
14二十	15廿一	16廿二	17廿三	18廿四	19雨水	20廿六
21廿七	22廿八	23廿九	24三十	25二月	26初二	27初三
28初四	29初五					

3

一	二	三	四	五	六	日
		1初六	2初七	3初八	4初九	5惊蛰
6十一	7十二	8十三	9十四	10十五	11十六	12十七
13十八	14十九	15二十	16廿一	17廿二	18廿三	19廿四
20春分	21廿六	22廿七	23廿八	24廿九	25三十	26三月
27初二	28初三	29初四	30初五	31初六		

4

一	二	三	四	五	六	日
					1初七	2初八
3初九	4清明	5十一	6十二	7十三	8十四	9十五
10十六	11十七	12十八	13十九	14二十	15廿一	16廿二
17廿三	18廿四	19谷雨	20廿六	21廿七	22廿八	23廿九
24三十	25四月	26初二	27初三	28初四	29初五	30初六

5

一	二	三	四	五	六	日
1初七	2初八	3初九	4初十	5立夏	6十二	7十三
8十四	9十五	10十六	11十七	12十八	13十九	14二十
15廿一	16廿二	17廿三	18廿四	19廿五	20小满	21廿七
22廿八	23廿九	24五月	25初二	26初三	27初四	28初五
29初六	30初七	31初八				

6

一	二	三	四	五	六	日
			1初九	2初十	3十一	4十二
5芒种	6十四	7十五	8十六	9十七	10十八	11十九
12二十	13廿一	14廿二	15廿三	16廿四	17廿五	18廿六
19廿七	20廿八	21夏至	22三十	23五月	24初二	25初三
26初四	27初五	28初六	29初七	30初八		

7

一	二	三	四	五	六	日
31初十					1初九	2初十
3十一	4十二	5初三	6小暑	7十五	8十六	9十七
10十八	11十九	12二十	13廿一	14廿二	15廿三	16廿四
17廿五	18廿六	19廿七	20廿八	21廿九	22六月大暑	23初二
24初三	25初四	26初五	27初六	28初七	29初八	30初九

8

一	二	三	四	五	六	日
	1十一	2十二	3十三	4十四	5十五	6十六
7立秋	8十八	9十九	10二十	11廿一	12廿二	13廿三
14廿四	15廿五	16廿六	17廿七	18廿八	19廿九	20七月
21初二	22处暑	23初四	24初五	25初六	26初七	27初八
28初九	29初十	30十一	31十二			

9

一	二	三	四	五	六	日
				1十三	2十四	3十五
4十六	5十七	6十八	7白露	8二十	9廿一	10廿二
11廿三	12廿四	13廿五	14廿六	15廿七	16廿八	17廿九
18三十	19八月	20初二	21初三	22秋分	23初五	24初六
25初七	26初八	27初九	28初十	29十一	30十二	

10

一	二	三	四	五	六	日
30十三	31十四					1十三
2十四	3十五	4十六	5十七	6十八	7十九	8寒露
9廿一	10廿二	11廿三	12廿四	13廿五	14廿六	15廿七
16廿八	17廿九	18九月	19初二	20初三	21初四	22初五
23霜降	24初七	25初八	26初九	27初十	28十一	29十二

11

一	二	三	四	五	六	日
		1十五	2十六	3十七	4十八	5十九
6二十	7立冬	8廿二	9廿三	10廿四	11廿五	12廿六
13廿七	14廿八	15廿九	16十月	17初二	18初三	19初四
20初五	21初六	22小雪	23初八	24初九	25初十	26十一
27十二	28十三	29十四	30十五			

12

一	二	三	四	五	六	日
				1十六	2十七	3十八
4十九	5二十	6大雪	7廿二	8廿三	9廿四	10廿五
11廿六	12廿七	13廿八	14廿九	15三十	16十一月	17初二
18初三	19初四	20初五	21冬至	22初七	23初八	24初九
25初十	26十一	27十二	28十三	29十四	30十五	31十六

丹凤朝阳

题注：凤为传说中的鸟中之王、灵鸟，遇之大吉；太阳具光明，寓明主。“丹凤朝阳”寓贤才逢明主之意，又比喻盛世出圣贤之人，寓意贤才，或有可喜之事。《禽经》：“鸾，首翼赤曰丹凤。”《诗·大雅·卷阿》：“凤凰鸣矣，于彼高冈，梧桐生矣，于彼朝阳。”朱善曰：“凤凰者，贤才之喻，朝阳者明时之喻。”又指丹山之凤，丹山，产丹砂之山，或谓赤山。《宜都记》：“寻西北陆行四十里，有丹山，山间时有赤气，龙盘林岭，如丹色，因以名山。”《张柬之东飞伯劳歌》：“青田白碧，丹山凤口”。

中国吉祥图案鉴赏

2029 年（己酉 鸡年 2 月 13 日始）

1

一	二	三	四	五	六	日
1十七	2十八	3十九	4二十	5小寒	6廿二	7廿三
8廿四	9廿五	10廿六	11廿七	12廿八	13廿九	14三十
15十二月	16初二	17初三	18初四	19初五	20大寒	21初七
22初八	23初九	24初十	25十一	26十二	27十三	28十四
29十五	30十六	31十七				

2

一	二	三	四	五	六	日
			1十八	2十九	3立春	4廿一
5廿二	6廿三	7廿四	8廿五	9廿六	10廿七	11廿八
12廿九	13正月	14初二	15初三	16初四	17初五	18雨水
19初七	20初八	21初九	22初十	23十一	24十二	25十三
26十四	27十五	28十六				

3

一	二	三	四	五	六	日
			1十七	2十八	3十九	4二十
5惊蛰	6廿二	7廿三	8廿四	9廿五	10廿六	11廿七
12廿八	13廿九	14三十	15二月	16初二	17初三	18初四
19初五	20春分	21初七	22初八	23初九	24初十	25十一
26十二	27十三	28十四	29十五	30十六	31十七	

4

一	二	三	四	五	六	日
30十七						1十八
2十九	3二十	4清明	5廿二	6廿三	7廿四	8廿五
9廿六	10廿七	11廿八	12廿九	13三十	14三月	15初二
16初三	17初四	18初五	19初六	20谷雨	21初八	22初九
23初十	24十一	25十二	26十三	27十四	28十五	29十六

5

一	二	三	四	五	六	日
	1十八	2十九	3二十	4廿一	5立夏	6廿三
7廿四	8廿五	9廿六	10廿七	11廿八	12廿九	13四月
14初二	15初三	16初四	17初五	18初六	19初七	20初八
21小满	22初十	23十一	24十二	25十三	26十四	27十五
28十六	29十七	30十八	31十九			

6

一	二	三	四	五	六	日
				1二十	2廿一	3廿二
4廿三	5芒种	6廿五	7廿六	8廿七	9廿八	10廿九
11三十	12五月	13初二	14初三	15初四	16初五	17初六
18初七	19初八	20初九	21夏至	22十一	23十二	24十三
25十四	26十五	27十六	28十七	29十八	30十九	

7

一	二	三	四	五	六	日
30二十	31廿一					1二十
2廿一	3廿二	4廿三	5廿四	6廿五	7小暑	8廿七
9廿八	10廿九	11六月	12初二	13初三	14初四	15初五
16初六	17初七	18初八	19初九	20初十	21十一	22大暑
23十三	24十四	25十五	26十六	27十七	28十八	29十九

8

一	二	三	四	五	六	日
		1廿二	2廿三	3廿四	4廿五	5廿六
6廿七	7立秋	8廿九	9三十	10七月	11初二	12初三
13初四	14初五	15初六	16初七	17初八	18初九	19初十
20十一	21十二	22十三	23处暑	24十五	25十六	26十七
27十八	28十九	29二十	30廿一	31廿二		

9

一	二	三	四	五	六	日
					1廿三	2廿四
3廿五	4廿六	5廿七	6廿八	7白露	8八月	9初二
10初三	11初四	12初五	13初六	14初七	15初八	16初九
17初十	18十一	19十二	20十三	21十四	22十五	23秋分
24十七	25十八	26十九	27二十	28廿一	29廿二	30廿三

10

一	二	三	四	五	六	日
1廿四	2廿五	3廿六	4廿七	5廿八	6廿九	7三十
8九月寒露	9初二	10初三	11初四	12初五	13初六	14初七
15初八	16初九	17初十	18十一	19十二	20十三	21十四
22十五	23霜降	24十七	25十八	26十九	27二十	28廿一
29廿二	30廿三	31廿四				

11

一	二	三	四	五	六	日
			1廿五	2廿六	3廿七	4廿八
5廿九	6十月	7立冬	8初三	9初四	10初五	11初六
12初七	13初八	14初九	15初十	16十一	17十二	18十三
19十四	20十五	21十六	22小雪	23十八	24十九	25二十
26廿一	27廿二	28廿三	29廿四	30廿五		

12

一	二	三	四	五	六	日
31廿七					1廿六	2廿七
3廿八	4廿九	5十一月	6初二	7大雪	8初四	9初五
10初六	11初七	12初八	13初九	14初十	15十一	16十二
17十三	18十四	19十五	20十六	21冬至	22十八	23十九
24二十	25廿一	26廿二	27廿三	28廿四	29廿五	30廿六

中国吉祥图案鉴赏

福禄寿喜

题注：用福禄寿喜四个汉字点明主题，搭配有关内容的动物、植物组成图案。

2030 年（庚戌 狗年 2 月 3 日始）

1

一	二	三	四	五	六	日
	1廿八	2廿九	3三十	4十二月	5小寒	6初三
7初四	8初五	9初六	10初七	11初八	12初九	13初十
14十一	15十二	16十三	17十四	18十五	19十六	20大寒
21十八	22十九	23二十	24廿一	25廿二	26廿三	27廿四
28廿五	29廿六	30廿七	31廿八			

2

一	二	三	四	五	六	日
				1廿九	2三十	3正月
4立春	5初三	6初四	7初五	8初六	9初七	10初八
11初九	12初十	13十一	14十二	15十三	16十四	17十五
18雨水	19十七	20十八	21十九	22二十	23廿一	24廿二
25廿三	26廿四	27廿五	28廿六			

3

一	二	三	四	五	六	日
				1廿七	2廿八	3廿九
4二月	5惊蛰	6初三	7初四	8初五	9初六	10初七
11初八	12初九	13初十	14十一	15十二	16十三	17十四
18十五	19十六	20春分	21十八	22十九	23二十	24廿一
25廿二	26廿三	27廿四	28廿五	29廿六	30廿七	31廿八

4

一	二	三	四	五	六	日
1廿九	2三十	3三月	4初二	5清明	6初四	7初五
8初六	9初七	10初八	11初九	12初十	13十一	14十二
15十三	16十四	17十五	18十六	19十七	20谷雨	21十九
22二十	23廿一	24廿二	25廿三	26廿四	27廿五	28廿六
29廿七	30廿八					

5

一	二	三	四	五	六	日
		1廿九	2四月	3初二	4初三	5立夏
6初五	7初六	8初七	9初八	10初九	11初十	12十一
13十二	14十三	15十四	16十五	17十六	18十七	19十八
20十九	21小满	22廿一	23廿二	24廿三	25廿四	26廿五
27廿六	28廿七	29廿八	30廿九	31三十		

6

一	二	三	四	五	六	日
					1五月	2初二
3初三	4初四	5初五	6芒种	7初七	8初八	9初九
10初十	11十一	12十二	13十三	14十四	15十五	16十六
17十七	18十八	19十九	20二十	21夏至	22廿二	23廿三
24廿四	25廿五	26廿六	27廿七	28廿八	29廿九	30三十

7

一	二	三	四	五	六	日
1六月	2初二	3初三	4初四	5初五	6初六	7小暑
8初八	9初九	10初十	11十一	12十二	13十三	14十四
15十五	16十六	17十七	18十八	19十九	20二十	21廿一
22廿二	23大暑	24廿四	25廿五	26廿六	27廿七	28廿八
29廿九	30七月	31初二				

8

一	二	三	四	五	六	日
			1初三	2初四	3初五	4初六
5初七	6初八	7立秋	8初十	9十一	10十二	11十三
12十四	13十五	14十六	15十七	16十八	17十九	18二十
19廿一	20廿二	21廿三	22廿四	23处暑	24廿六	25廿七
26廿八	27廿九	28三十	29八月	30初二	31初三	

9

一	二	三	四	五	六	日
30初四						1初四
2初五	3初六	4初七	5初八	6初九	7白露	8十一
9十二	10十三	11十四	12十五	13十六	14十七	15十八
16十九	17二十	18廿一	19廿二	20廿三	21廿四	22廿五
23秋分	24廿七	25廿八	26廿九	27九月	28初二	29初三

10

一	二	三	四	五	六	日
	1初五	2初六	3初七	4初八	5初九	6初十
7十一	8寒露	9十三	10十四	11十五	12十六	13十七
14十八	15十九	16二十	17廿一	18廿二	19廿三	20廿四
21廿五	22廿六	23霜降	24廿八	25廿九	26三十	27十月
28初二	29初三	30初四	31初五			

11

一	二	三	四	五	六	日
				1初六	2初七	3初八
4初九	5初十	6十一	7立冬	8十三	9十四	10十五
11十六	12十七	13十八	14十九	15二十	16廿一	17廿二
18廿三	19廿四	20廿五	21廿六	22小雪	23廿八	24廿九
25十一月	26初二	27初三	28初四	29初五	30初六	

12

一	二	三	四	五	六	日
30初六	31初七					1初七
2初八	3初九	4初十	5十一	6十二	7大雪	8十四
9十五	10十六	11十七	12十八	13十九	14二十	15廿一
16廿二	17廿三	18廿四	19廿五	20廿六	21廿七	22冬至
23廿九	24三十	25十二月	26初二	27初三	28初四	29初五

中国吉祥图案鉴赏

2031年（辛亥 猪年1月23日始 闰三月）

1

一	二	三	四	五	六	日
		1初八	2初九	3初十	4十一	5小寒
6十三	7十四	8十五	9十六	10十七	11十八	12十九
13二十	14廿一	15廿二	16廿三	17廿四	18廿五	19廿六
20大寒	21廿八	22廿九	23正月	24初二	25初三	26初四
27初五	28初六	29初七	30初八	31初九		

2

一	二	三	四	五	六	日
					1初十	2十一
3十二	4立春	5十四	6十五	7十六	8十七	9十八
10十九	11二十	12廿一	13廿二	14廿三	15廿四	16廿五
17廿六	18廿七	19雨水	20廿九	21二月	22初二	23初三
24初四	25初五	26初六	27初七	28初八		

3

一	二	三	四	五	六	日
31初九					1初九	2初十
3十一	4十二	5十三	6惊蛰	7十五	8十六	9十七
10十八	11十九	12二十	13廿一	14廿二	15廿三	16廿四
17廿五	18廿六	19廿七	20廿八	21春分	22三十	23三月
24初二	25初三	26初四	27初五	28初六	29初七	30初八

4

一	二	三	四	五	六	日
	1初十	2十一	3十二	4十三	5清明	6十五
7十六	8十七	9十八	10十九	11二十	12廿一	13廿二
14廿三	15廿四	16廿五	17廿六	18廿七	19廿八	20谷雨
21三十	22三月	23初二	24初三	25初四	26初五	27初六
28初七	29初八	30初九				

5

一	二	三	四	五	六	日
			1初十	2十一	3十二	4十三
5十四	6立夏	7十六	8十七	9十八	10十九	11二十
12廿一	13廿二	14廿三	15廿四	16廿五	17廿六	18廿七
19廿八	20廿九	21四月小满	22初二	23初三	24初四	25初五
26初六	27初七	28初八	29初九	30初十	31十一	

6

一	二	三	四	五	六	日
30十一						1十二
2十三	3十四	4十五	5十六	6芒种	7十八	8十九
9二十	10廿一	11廿二	12廿三	13廿四	14廿五	15廿六
16廿七	17廿八	18廿九	19三十	20五月	21夏至	22初三
23初四	24初五	25初六	26初七	27初八	28初九	29初十

7

一	二	三	四	五	六	日
	1十二	2十三	3十四	4十五	5十六	6十七
7小暑	8十九	9二十	10廿一	11廿二	12廿三	13廿四
14廿五	15廿六	16廿七	17廿八	18廿九	19六月	20初二
21初三	22初四	23大暑	24初六	25初七	26初八	27初九
28初十	29十一	30十二	31十三			

8

一	二	三	四	五	六	日
				1十四	2十五	3十六
4十七	5十八	6十九	7二十	8立秋	9廿二	10廿三
11廿四	12廿五	13廿六	14廿七	15廿八	16廿九	17三十
18七月	19初二	20初三	21初四	22初五	23处暑	24初七
25初八	26初九	27初十	28十一	29十二	30十三	31十四

9

一	二	三	四	五	六	日
1十五	2十六	3十七	4十八	5十九	6二十	7廿一
8白露	9廿三	10廿四	11廿五	12廿六	13廿七	14廿八
15廿九	16三十	17八月	18初二	19初三	20初四	21初五
22初六	23秋分	24初八	25初九	26初十	27十一	28十二
29十三	30十四					

10

一	二	三	四	五	六	日
		1十五	2十六	3十七	4十八	5十九
6二十	7廿一	8寒露	9廿三	10廿四	11廿五	12廿六
13廿七	14廿八	15廿九	16九月	17初二	18初三	19初四
20初五	21初六	22初七	23霜降	24初九	25初十	26十一
27十二	28十三	29十四	30十五	31十六		

11

一	二	三	四	五	六	日
					1十七	2十八
3十九	4二十	5廿一	6廿二	7立冬	8廿四	9廿五
10廿六	11廿七	12廿八	13廿九	14三十	15十月	16初二
17初三	18初四	19初五	20初六	21初七	22小雪	23初九
24初十	25十一	26十二	27十三	28十四	29十五	30十六

12

一	二	三	四	五	六	日
1十七	2十八	3十九	4二十	5廿一	6廿二	7大雪
8廿四	9廿五	10廿六	11廿七	12廿八	13廿九	14十一月
15初二	16初三	17初四	18初五	19初六	20初七	21初八
22冬至	23初十	24十一	25十二	26十三	27十四	28十五
29十六	30十七	31十八				

中国吉祥图案鉴赏

飞天

题注：飞天，是佛教中乾闼婆和紧那罗的化身。乾闼婆，意译为天歌神；紧那罗，意译为天乐神。原是古印度神话中的娱乐神和歌舞神，是一对夫妻，后被佛教吸收为天龙八部众神之一。乾闼婆的任务是在佛国里散发香气，为佛献花、供宝，栖身于花丛，飞翔于天宫。紧那罗的任务是在佛国里奏乐、歌舞，但不能飞翔于云霄。后来，乾闼婆和紧那罗相混合，男女不分，职能不分，合为一体，变为飞天。

2032年（壬子 鼠年2月11日始）

1月

一	二	三	四	五	六	日
			1 十九	2 二十	3 廿一	4 廿二
5 廿三	6 小寒	7 廿五	8 廿六	9 廿七	10 廿八	11 廿九
12 三十	13 十二月	14 初二	15 初三	16 初四	17 初五	18 初六
19 初七	20 大寒	21 初九	22 初十	23 十一	24 十二	25 十三
26 十四	27 十五	28 十六	29 十七	30 十八	31 十九	

2月

一	二	三	四	五	六	日
						1 二十
2 廿一	3 廿二	4 立春	5 廿四	6 廿五	7 廿六	8 廿七
9 廿八	10 廿九	11 正月	12 初二	13 初三	14 初四	15 初五
16 初六	17 初七	18 初八	19 雨水	20 初十	21 十一	22 十二
23 十三	24 十四	25 十五	26 十六	27 十七	28 十八	29 十九

3月

一	二	三	四	五	六	日
1 二十	2 廿一	3 廿二	4 廿三	5 惊蛰	6 廿五	7 廿六
8 廿七	9 廿八	10 廿九	11 三十	12 二月	13 初二	14 初三
15 初四	16 初五	17 初六	18 初七	19 初八	20 春分	21 初十
22 十一	23 十二	24 十三	25 十四	26 十五	27 十六	28 十七
29 十八	30 十九	31 二十				

4月

一	二	三	四	五	六	日
			1 廿一	2 廿二	3 廿三	4 清明
5 廿五	6 廿六	7 廿七	8 廿八	9 廿九	10 三月	11 初二
12 初三	13 初四	14 初五	15 初六	16 初七	17 初八	18 初九
19 谷雨	20 十一	21 十二	22 十三	23 十四	24 十五	25 十六
26 十七	27 十八	28 十九	29 二十	30 廿一		

5月

一	二	三	四	五	六	日
31 廿三					1 廿二	2 廿三
3 廿四	4 廿五	5 立夏	6 廿七	7 廿八	8 廿九	9 四月
10 初二	11 初三	12 初四	13 初五	14 初六	15 初七	16 初八
17 初九	18 初十	19 十一	20 小满	21 十三	22 十四	23 十五
24 十六	25 十七	26 十八	27 十九	28 二十	29 廿一	30 廿二

6月

一	二	三	四	五	六	日
	1 廿四	2 廿五	3 廿六	4 廿七	5 芒种	6 廿九
7 三十	8 五月	9 初二	10 初三	11 初四	12 初五	13 初六
14 初七	15 初八	16 初九	17 初十	18 十一	19 十二	20 十三
21 夏至	22 十五	23 十六	24 十七	25 十八	26 十九	27 二十
28 廿一	29 廿二	30 廿三				

7月

一	二	三	四	五	六	日
			1 廿四	2 廿五	3 廿六	4 廿七
5 廿八	6 小暑	7 六月	8 初二	9 初三	10 初四	11 初五
12 初六	13 初七	14 初八	15 初九	16 初十	17 十一	18 十二
19 十三	20 十四	21 十五	22 大暑	23 十七	24 十八	25 十九
26 二十	27 廿一	28 廿二	29 廿三	30 廿四	31 廿五	

8月

一	二	三	四	五	六	日
30 廿五	31 廿六					1 廿六
2 廿七	3 廿八	4 廿九	5 三十	6 七月	7 立秋	8 初三
9 初四	10 初五	11 初六	12 初七	13 初八	14 初九	15 初十
16 十一	17 十二	18 十三	19 十四	20 十五	21 十六	22 处暑
23 十八	24 十九	25 二十	26 廿一	27 廿二	28 廿三	29 廿四

9月

一	二	三	四	五	六	日
		1 廿七	2 廿八	3 廿九	4 三十	5 八月
6 初二	7 白露	8 初四	9 初五	10 初六	11 初七	12 初八
13 初九	14 初十	15 十一	16 十二	17 十三	18 十四	19 十五
20 十六	21 十七	22 秋分	23 十九	24 二十	25 廿一	26 廿二
27 廿三	28 廿四	29 廿五	30 廿六			

10月

一	二	三	四	五	六	日
				1 廿七	2 廿八	3 廿九
4 九月	5 初二	6 初三	7 初四	8 寒露	9 初六	10 初七
11 初八	12 初九	13 初十	14 十一	15 十二	16 十三	17 十四
18 十五	19 十六	20 十七	21 十八	22 十九	23 霜降	24 廿一
25 廿二	26 廿三	27 廿四	28 廿五	29 廿六	30 廿七	31 廿八

11月

一	二	三	四	五	六	日
1 廿九	2 三十	3 十月	4 初二	5 初三	6 初四	7 立冬
8 初六	9 初七	10 初八	11 初九	12 初十	13 十一	14 十二
15 十三	16 十四	17 十五	18 十六	19 十七	20 十八	21 十九
22 小雪	23 廿一	24 廿二	25 廿三	26 廿四	27 廿五	28 廿六
29 廿七	30 廿八					

12月

一	二	三	四	五	六	日
		1 廿九	2 三十	3 十一月	4 初二	5 初三
6 大雪	7 初五	8 初六	9 初七	10 初八	11 初九	12 初十
13 十一	14 十二	15 十三	16 十四	17 十五	18 十六	19 十七
20 十八	21 冬至	22 二十	23 廿一	24 廿二	25 廿三	26 廿四
27 廿五	28 廿六	29 廿七	30 廿八	31 廿九		

福如东海

题注：寓意福如东海之宏大。

中国吉祥图案鉴赏

2033年（癸丑 牛年1月31日始 闰十一月）

1

一	二	三	四	五	六	日
31 正月					1 十二月	2 初二
3 初三	4 初四	5 小寒	6 初六	7 初七	8 初八	9 初九
10 初十	11 十一	12 十二	13 十三	14 十四	15 十五	16 十六
17 十七	18 十八	19 十九	20 大寒	21 廿一	22 廿二	23 廿三
24 廿四	25 廿五	26 廿六	27 廿七	28 廿八	29 廿九	30 三十

2

一	二	三	四	五	六	日
	1 初二	2 初三	3 立春	4 初五	5 初六	6 初七
7 白露	8 初九	9 初十	10 十一	11 十二	12 十三	13 十四
14 十五	15 十六	16 十七	17 十八	18 雨水	19 二十	20 廿一
21 廿二	22 廿三	23 廿四	24 廿五	25 廿六	26 廿七	27 廿八
28 廿九						

3

一	二	三	四	五	六	日
	1 二月	2 初二	3 初三	4 初四	5 惊蛰	6 初六
7 初七	8 初八	9 初九	10 初十	11 十一	12 十二	13 十三
14 十四	15 十五	16 十六	17 十七	18 十八	19 十九	20 春分
21 廿一	22 廿二	23 廿三	24 廿四	25 廿五	26 廿六	27 廿七
28 廿八	29 廿九	30 三十	31 三月			

4

一	二	三	四	五	六	日
				1 初二	2 初三	3 初四
4 清明	5 初六	6 初七	7 初八	8 初九	9 初十	10 十一
11 十二	12 十三	13 十四	14 十五	15 十六	16 十七	17 十八
18 十九	19 二十	20 谷雨	21 廿二	22 廿三	23 廿四	24 廿五
25 廿六	26 廿七	27 廿八	28 廿九	29 四月	30 初二	

5

一	二	三	四	五	六	日
30 初三	31 初四					1 初三
2 初四	3 初五	4 初六	5 立夏	6 初八	7 初九	8 初十
9 十一	10 十二	11 十三	12 十四	13 十五	14 十六	15 十七
16 十八	17 十九	18 二十	19 廿一	20 廿二	21 小满	22 廿四
23 廿五	24 廿六	25 廿七	26 廿八	27 廿九	28 五月	29 初二

6

一	二	三	四	五	六	日
		1 初五	2 初六	3 初七	4 初八	5 芒种
6 初十	7 十一	8 十二	9 十三	10 十四	11 十五	12 十六
13 十七	14 十八	15 十九	16 二十	17 廿一	18 廿二	19 廿三
20 廿四	21 夏至	22 廿六	23 廿七	24 廿八	25 廿九	26 三十
27 六月	28 初二	29 初三	30 初四			

7

一	二	三	四	五	六	日
				1 初五	2 初六	3 初七
4 初八	5 初九	6 初十	7 小暑	8 十二	9 十三	10 十四
11 十五	12 十六	13 十七	14 十八	15 十九	16 二十	17 廿一
18 廿二	19 廿三	20 廿四	21 廿五	22 大暑	23 廿七	24 廿八
25 廿九	26 七月	27 初二	28 初三	29 初四	30 初五	31 初六

8

一	二	三	四	五	六	日
1 初七	2 初八	3 初九	4 初十	5 十一	6 十二	7 立秋
8 十四	9 十五	10 十六	11 十七	12 十八	13 十九	14 二十
15 廿一	16 廿二	17 廿三	18 廿四	19 廿五	20 廿六	21 廿七
22 廿八	23 处暑	24 三十	25 八月	26 初二	27 初三	28 初四
29 初五	30 初六	31 初七				

9

一	二	三	四	五	六	日
			1 初八	2 初九	3 初十	4 十一
5 十二	6 十三	7 白露	8 十五	9 十六	10 十七	11 十八
12 十七	13 二十	14 廿一	15 廿二	16 廿三	17 廿四	18 廿五
19 廿六	20 廿七	21 廿八	22 廿九	23 九月 秋分	24 初二	25 初三
26 初四	27 初五	28 初六	29 初七	30 初八		

10

一	二	三	四	五	六	日
31 初九					1 初九	2 初十
3 十一	4 十二	5 十三	6 十四	7 十五	8 寒露	9 十七
10 十八	11 十九	12 二十	13 廿一	14 廿二	15 廿三	16 廿四
17 廿五	18 廿六	19 廿七	20 廿八	21 廿九	22 三十	23 十月 霜降
24 初二	25 初三	26 初四	27 初五	28 初六	29 初七	30 初八

11

一	二	三	四	五	六	日
	1 初十	2 十一	3 十二	4 十三	5 十四	6 十五
7 立冬	8 十七	9 十八	10 十九	11 二十	12 廿一	13 廿二
14 廿三	15 廿四	16 廿五	17 廿六	18 廿七	19 廿八	20 廿九
21 三十	22 十一月 小雪	23 初二	24 初三	25 初四	26 初五	27 初六
28 初七	29 初八	30 初九				

12

一	二	三	四	五	六	日
			1 初十	2 十一	3 十二	4 十三
5 十四	6 十五	7 大雪	8 十七	9 十八	10 十九	11 二十
12 廿一	13 廿二	14 廿三	15 廿四	16 廿五	17 廿六	18 廿七
19 廿八	20 廿九	21 冬至	22 十一月	23 初二	24 初三	25 初四
26 初五	27 初六	28 初七	29 初八	30 初九	31 初十	

中国吉祥图案鉴赏

福寿双全

题注：寓意福寿兼而有之。

2034 年（甲寅 虎年 2 月 19 日始）

1

一	二	三	四	五	六	日
30 十一	31 十二					1 十一
2 十二	3 十三	4 十四	5 小寒	6 十六	7 十七	8 十八
9 十九	10 二十	11 廿一	12 廿二	13 廿三	14 廿四	15 廿五
16 廿六	17 廿七	18 廿八	19 廿九	20 十二月 大寒	21 初二	22 初三
23 初四	24 初五	25 初六	26 初七	27 初八	28 初九	29 初十

7

一	二	三	四	五	六	日
31 十六					1 十六	2 十七
3 十八	4 十九	5 二十	6 廿一	7 小暑	8 廿三	9 廿四
10 廿五	11 廿六	12 廿七	13 廿八	14 廿九	15 三十	16 六月
17 初二	18 初三	19 初四	20 初五	21 初六	22 初七	23 大暑
24 初九	25 初十	26 十一	27 十二	28 十三	29 十四	30 十五

2

一	二	三	四	五	六	日
		1 十三	2 十四	3 十五	4 立春	5 十七
6 十八	7 十九	8 二十	9 廿一	10 廿二	11 廿三	12 廿四
13 廿五	14 廿六	15 廿七	16 廿八	17 廿九	18 雨水	19 正月
20 初二	21 初三	22 初四	23 初五	24 初六	25 初七	26 初八
27 初九	28 初十					

8

一	二	三	四	五	六	日
	1 十七	2 十八	3 十九	4 二十	5 廿一	6 廿二
7 立秋	8 廿四	9 廿五	10 廿六	11 廿七	12 廿八	13 廿九
14 七月	15 初二	16 初三	17 初四	18 初五	19 初六	20 初七
21 初八	22 初九	23 处暑	24 十一	25 十二	26 十三	27 十四
28 十五	29 十六	30 十七	31 十八			

3

一	二	三	四	五	六	日
		1 十一	2 十二	3 十三	4 十四	5 惊蛰
6 十六	7 十七	8 十八	9 十九	10 二十	11 廿一	12 廿二
13 廿三	14 廿四	15 廿五	16 廿六	17 廿七	18 廿八	19 廿九
20 二月 春分	21 初二	22 初三	23 初四	24 初五	25 初六	26 初七
27 初八	28 初九	29 初十	30 十一	31 十二		

9

一	二	三	四	五	六	日
				1 十九	2 二十	3 廿一
4 廿二	5 廿三	6 廿四	7 白露	8 廿六	9 廿七	10 廿八
11 廿九	12 三十	13 八月	14 初二	15 初三	16 初四	17 初五
18 初六	19 初七	20 初八	21 初九	22 初十	23 秋分	24 十二
25 十三	26 十四	27 十五	28 十六	29 十七	30 十八	

4

一	二	三	四	五	六	日
					1 十三	2 十四
3 十五	4 十六	5 清明	6 十八	7 十九	8 二十	9 廿一
10 廿二	11 廿三	12 廿四	13 廿五	14 廿六	15 廿七	16 廿八
17 廿九	18 三十	19 三月	20 谷雨	21 初三	22 初四	23 初五
24 初六	25 初七	26 初八	27 初九	28 初十	29 十一	30 十二

10

一	二	三	四	五	六	日
31 十九	30 二十					1 十九
2 二十	3 廿一	4 廿二	5 廿三	6 廿四	7 廿五	8 寒露
9 廿七	10 廿八	11 廿九	12 九月	13 初二	14 初三	15 初四
16 初五	17 初六	18 初七	19 初八	20 初九	21 初十	22 十一
23 霜降	24 十三	25 十四	26 十五	27 十六	28 十七	29 十八

5

一	二	三	四	五	六	日
1 十三	2 十四	3 十五	4 十六	5 立夏	6 十八	7 十九
8 二十	9 廿一	10 廿二	11 廿三	12 廿四	13 廿五	14 廿六
15 廿七	16 廿八	17 廿九	18 四月	19 初二	20 初三	21 小满
22 初五	23 初六	24 初七	25 初八	26 初九	27 初十	28 十一
29 十二	30 十三	31 十四				

11

一	二	三	四	五	六	日
		1 廿一	2 廿二	3 廿三	4 廿四	5 廿五
6 廿六	7 立冬	8 廿八	9 廿九	10 三十	11 十月	12 初二
13 初三	14 初四	15 初五	16 初六	17 初七	18 初八	19 初九
20 初十	21 十一	22 小雪	23 十三	24 十四	25 十五	26 十六
27 十七	28 十八	29 十九	30 二十			

6

一	二	三	四	五	六	日
			1 十五	2 十六	3 十七	4 十八
5 芒种	6 二十	7 廿一	8 廿二	9 廿三	10 廿四	11 廿五
12 廿六	13 廿七	14 廿八	15 廿九	16 五月	17 初二	18 初三
19 初四	20 初五	21 夏至	22 初七	23 初八	24 初九	25 初十
26 十一	27 十二	28 十三	29 十四	30 十五		

12

一	二	三	四	五	六	日
				1 廿一	2 廿二	3 廿三
4 廿四	5 廿五	6 廿六	7 大雪	8 廿八	9 廿九	10 三十
11 十一月	12 初二	13 初三	14 初四	15 初五	16 初六	17 初七
18 初八	19 初九	20 初十	21 十一	22 冬至	23 十三	24 十四
25 十五	26 十六	27 十七	28 十八	29 十九	30 二十	31 廿一

福在眼前

题注：此图案以前谐音“钱”，连钱寓钱之意，寓意福马上全到来。

中国吉祥图案鉴赏

2035 年（乙卯 兔年 2 月 8 日始）

1月

一	二	三	四	五	六	日
1廿二	2廿三	3廿四	4廿五	5小寒	6廿七	7廿八
8廿九	9十二月	10初二	11初三	12初四	13初五	14初六
15初七	16初八	17初九	18初十	19十一	20大寒	21十三
22十四	23十五	24十六	25十七	26十八	27十九	28二十
29廿一	30廿二	31廿三				

2月

一	二	三	四	五	六	日
			1廿四	2廿五	3廿六	4立春
5廿八	6廿九	7三十	8正月	9初二	10初三	11初四
12初五	13初六	14初七	15初八	16初九	17初十	18十一
19雨水	20十三	21十四	22十五	23十六	24十七	25十八
26十九	27二十	28廿一				

3月

一	二	三	四	五	六	日
			1廿二	2廿三	3廿四	4廿五
5廿六	6惊蛰	7廿八	8廿九	9三十	10二月	11初二
12初三	13初四	14初五	15初六	16初七	17初八	18初九
19初十	20十一	21春分	22十三	23十四	24十五	25十六
26十七	27十八	28十九	29二十	30廿一	31廿二	

4月

一	二	三	四	五	六	日
30廿三						1廿三
2廿四	3廿五	4廿六	5清明	6廿八	7廿九	8三月
9初二	10初三	11初四	12初五	13初六	14初七	15初八
16初九	17初十	18十一	19十二	20谷雨	21十四	22十五
23十六	24十七	25十八	26十九	27二十	28廿一	29廿二

5月

一	二	三	四	五	六	日
	1廿四	2廿五	3廿六	4廿七	5廿八	6立夏
7三十	8四月	9初二	10初三	11初四	12初五	13初六
14初七	15初八	16初九	17初十	18十一	19十二	20十三
21小满	22十五	23十六	24十七	25十八	26十九	27二十
28廿一	29廿二	30廿三	31廿四			

6月

一	二	三	四	五	六	日
				1廿五	2廿六	3廿七
4廿八	5廿九	6五月芒种	7初二	8初三	9初四	10初五
11初六	12初七	13初八	14初九	15初十	16十一	17十二
18十三	19十四	20十五	21夏至	22十七	23十八	24十九
25二十	26廿一	27廿二	28廿三	29廿四	30廿五	

7月

一	二	三	四	五	六	日
31廿六	30廿七					1廿六
2廿七	3廿八	4廿九	5六月	6初二	7小暑	8初四
9初五	10初六	11初七	12初八	13初九	14初十	15十一
16十二	17十三	18十四	19十五	20十六	21十七	22十八
23大暑	24二十	25廿一	26廿二	27廿三	28廿四	29廿五

8月

一	二	三	四	五	六	日
		1廿八	2廿九	3三十	4七月	5初二
6初三	7立秋	8初五	9初六	10初七	11初八	12初九
13初十	14十一	15十二	16十三	17十四	18十五	19十六
20十七	21十八	22十九	23处暑	24廿一	25廿二	26廿三
27廿四	28廿五	29廿六	30廿七	31廿八		

9月

一	二	三	四	五	六	日
					1廿九	2八月
3初二	4初三	5初四	6初五	7初六	8白露	9初八
10初九	11初十	12十一	13十二	14十三	15十四	16十五
17十六	18十七	19十八	20十九	21二十	22廿一	23秋分
24廿三	25廿四	26廿五	27廿六	28廿七	29廿八	30廿九

10月

一	二	三	四	五	六	日
1九月	2初二	3初三	4初四	5初五	6初六	7初七
8寒露	9初九	10初十	11十一	12十二	13十三	14十四
15十五	16十六	17十七	18十八	19十九	20二十	21廿一
22廿二	23霜降	24廿四	25廿五	26廿六	27廿七	28廿八
29廿九	30三十	31十月				

11月

一	二	三	四	五	六	日
			1初二	2初三	3初四	4初五
5初六	6初七	7立冬	8初九	9初十	10十一	11十二
12十三	13十四	14十五	15十六	16十七	17十八	18十九
19二十	20廿一	21廿二	22小雪	23廿四	24廿五	25廿六
26廿七	27廿八	28廿九	29三十	30十一月		

12月

一	二	三	四	五	六	日
31初三					1初二	2初三
3初四	4初五	5初六	6初七	7大雪	8初九	9初十
10十一	11十二	12十三	13十四	14十五	15十六	16十七
17十八	18十九	19二十	20廿一	21廿二	22冬至	23廿四
24廿五	25廿六	26廿七	27廿八	28廿九	29十二月	30初二

中国吉祥图案鉴赏

恭喜发财

题注：恭喜发财为民间广泛的祝寿颂词，寓意生活富足，财源兴旺。

2036 年（丙辰 龙年 1月28日始 闰六月）

1

一	二	三	四	五	六	日
	1 初四	2 初五	3 初六	4 初七	5 初八	6 小寒
7 初十	8 十一	9 十二	10 十三	11 十四	12 十五	13 十六
14 十七	15 十八	16 十九	17 二十	18 廿一	19 廿二	20 大寒
21 廿四	22 廿五	23 廿六	24 廿七	25 廿八	26 廿九	27 三十
28 正月	29 初二	30 初三	31 初四			

2

一	二	三	四	五	六	日
				1 初五	2 初六	3 初七
4 立春	5 初九	6 初十	7 十一	8 十二	9 十三	10 十四
11 十五	12 十六	13 十七	14 十八	15 十九	16 二十	17 廿一
18 廿二	19 雨水	20 廿四	21 廿五	22 廿六	23 廿七	24 廿八
25 廿九	26 三十	27 二月	28 初二	29 初三		

3

一	二	三	四	五	六	日
31 初四					1 初四	2 初五
3 初六	4 初七	5 惊蛰	6 初九	7 初十	8 十一	9 十二
10 十三	11 十四	12 十五	13 十六	14 十七	15 十八	16 十九
17 二十	18 廿一	19 廿二	20 春分	21 廿四	22 廿五	23 廿六
24 廿七	25 廿八	26 廿九	27 三十	28 三月	29 初二	30 初三

4

一	二	三	四	五	六	日
	1 初五	2 初六	3 初七	4 清明	5 初九	6 初十
7 十一	8 十二	9 十三	10 十四	11 十五	12 十六	13 十七
14 十八	15 十九	16 二十	17 廿一	18 廿二	19 谷雨	20 廿四
21 廿五	22 廿六	23 廿七	24 廿八	25 廿九	26 四月	27 初二
28 初三	29 初四	30 初五				

5

一	二	三	四	五	六	日
			1 初六	2 初七	3 初八	4 初九
5 立夏	6 十一	7 十二	8 十三	9 十四	10 十五	11 十六
12 十七	13 十八	14 十九	15 二十	16 廿一	17 廿二	18 廿三
19 廿四	20 小满	21 廿六	22 廿七	23 廿八	24 廿九	25 三十
26 五月	27 初二	28 初三	29 初四	30 初五	31 初六	

6

一	二	三	四	五	六	日
30 初七						1 初七
2 初八	3 初九	4 初十	5 芒种	6 十二	7 十三	8 十四
9 十五	10 十六	11 十七	12 十八	13 十九	14 二十	15 廿一
16 廿二	17 廿三	18 廿四	19 廿五	20 廿六	21 夏至	22 廿八
23 廿九	24 六月	25 初二	26 初三	27 初四	28 初五	29 初六

7

一	二	三	四	五	六	日
	1 初八	2 初九	3 初十	4 十一	5 十二	6 小暑
7 十四	8 十五	9 十六	10 十七	11 十八	12 十九	13 二十
14 廿一	15 廿二	16 廿三	17 廿四	18 廿五	19 廿六	20 廿七
21 廿八	22 大暑	23 六月	24 初二	25 初三	26 初四	27 初五
28 初六	29 初七	30 初八	31 初九			

8

一	二	三	四	五	六	日
				1 初十	2 十一	3 十二
4 十三	5 十四	6 十五	7 立秋	8 十七	9 十八	10 十九
11 二十	12 廿一	13 廿二	14 廿三	15 廿四	16 廿五	17 廿六
18 廿七	19 廿八	20 廿九	21 三十	22 七月 处暑	23 初二	24 初三
25 初四	26 初五	27 初六	28 初七	29 初八	30 初九	31 初十

9

一	二	三	四	五	六	日
1 十一	2 十二	3 十三	4 十四	5 十五	6 十六	7 白露
8 十八	9 十九	10 二十	11 廿一	12 廿二	13 廿三	14 廿四
15 廿五	16 廿六	17 廿七	18 廿八	19 廿九	20 八月	21 初二
22 秋分	23 初四	24 初五	25 初六	26 初七	27 初八	28 初九
29 初十	30 十一					

10

一	二	三	四	五	六	日
		1 十二	2 十三	3 十四	4 十五	5 十六
6 十七	7 十八	8 寒露	9 二十	10 廿一	11 廿二	12 廿三
13 廿四	14 廿五	15 廿六	16 廿七	17 廿八	18 廿九	19 九月
20 初二	21 初三	22 初四	23 霜降	24 初六	25 初七	26 初八
27 初九	28 初十	29 十一	30 十二	31 十三		

11

一	二	三	四	五	六	日
					1 十四	2 十五
3 十六	4 十七	5 十八	6 十九	7 立冬	8 廿一	9 廿二
10 廿三	11 廿四	12 廿五	13 廿六	14 廿七	15 廿八	16 廿九
17 三十	18 十月	19 初二	20 初三	21 初四	22 小雪	23 初六
24 初七	25 初八	26 初九	27 初十	28 十一	29 十二	30 十三

12

一	二	三	四	五	六	日
1 十四	2 十五	3 十六	4 十七	5 十八	6 大雪	7 二十
8 廿一	9 廿二	10 廿三	11 廿四	12 廿五	13 廿六	14 廿七
15 廿八	16 廿九	17 十一月	18 初二	19 初三	20 初四	21 冬至
22 初六	23 初七	24 初八	25 初九	26 初十	27 十一	28 十二
29 十三	30 十四	31 十五				

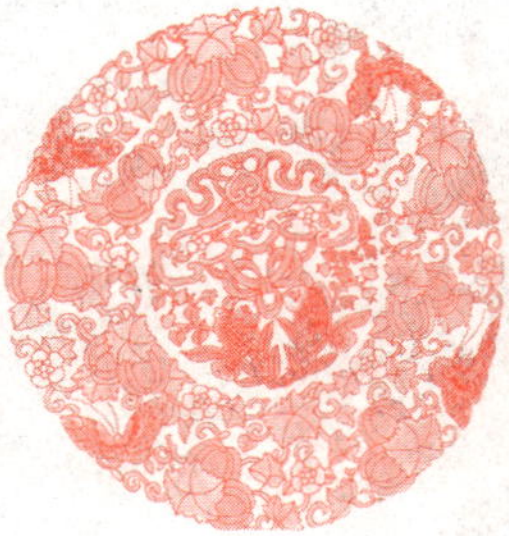

瓜瓞绵绵

题注："瓞"与"蝶"谐音，瓜多籽，是繁殖力旺盛的象征。"瓜瓞绵绵"典出《诗经·大雅·绵》："绵绵瓜瓞，民之初生，自土沮漆。"潘岳《为贾谧作赠陆机》诗："画野离疆，受封众子，夏殷即袭，宗周祭祀，绵绵瓜瓞，六国互峙。"瓞为小瓜。意思是说周的祖先像瓜瓞般相继，历传道大王，才奠定了王业的基础。后多用于祝颂子孙昌盛之词，寓意王业或家业，如连绵的瓜瓞一样，子孙万代，生生不息。

中国吉祥图案鉴赏

2037 年（丁巳 蛇年 2 月 15 日始）

1

一	二	三	四	五	六	日
			1十六	2十七	3十八	4十九
5小寒	6廿一	7廿二	8廿三	9廿四	10廿五	11廿六
12廿七	13廿八	14廿九	15三十	16十二月	17初二	18初三
19初四	20大寒	21初六	22初七	23初八	24初九	25初十
26十一	27十二	28十三	29十四	30十五	31十六	

2

一	二	三	四	五	六	日
						1十七
2十八	3立春	4二十	5廿一	6廿二	7廿三	8廿四
9廿五	10廿六	11廿七	12廿八	13廿九	14三十	15正月
16初二	17初三	18雨水	19初五	20初六	21初七	22初八
23初九	24初十	25十一	26十二	27十三	28十四	

3

一	二	三	四	五	六	日
30十四	31十五					1十五
2十六	3十七	4十八	5惊蛰	6二十	7廿一	8廿二
9廿三	10廿四	11廿五	12廿六	13廿七	14廿八	15廿九
16三十	17二月	18初二	19初三	20春分	21初五	22初六
23初七	24初八	25初九	26初十	27十一	28十二	29十三

4

一	二	三	四	五	六	日
		1十六	2十七	3十八	4清明	5二十
6廿一	7廿二	8廿三	9廿四	10廿五	11廿六	12廿七
13廿八	14廿九	15三十	16三月	17初二	18初三	19初四
20谷雨	21初六	22初七	23初八	24初九	25初十	26十一
27十二	28十三	29十四	30十五			

5

一	二	三	四	五	六	日
				1十六	2十七	3十八
4十九	5立夏	6廿一	7廿二	8廿三	9廿四	10廿五
11廿六	12廿七	13廿八	14廿九	15四月	16初二	17初三
18初四	19初五	20初六	21小满	22初八	23初九	24初十
25十一	26十二	27十三	28十四	29十五	30十六	31十七

6

一	二	三	四	五	六	日
1十八	2十九	3二十	4廿一	5芒种	6廿三	7廿四
8廿五	9廿六	10廿七	11廿八	12廿九	13三十	14五月
15初二	16初三	17初四	18初五	19初六	20初七	21夏至
22初九	23初十	24十一	25十二	26十三	27十四	28十五
29十六	30十七					

7

一	二	三	四	五	六	日
		1十八	2十九	3二十	4廿一	5廿二
6廿三	7小暑	8廿五	9廿六	10廿七	11廿八	12廿九
13六月	14初二	15初三	16初四	17初五	18初六	19初七
20初八	21初九	22大暑	23十一	24十二	25十三	26十四
27十五	28十六	29十七	30十八	31十九		

8

一	二	三	四	五	六	日
31廿二					1二十	2廿一
3廿二	4廿三	5廿四	6廿五	7立秋	8廿七	9廿八
10廿九	11七月	12初二	13初三	14初四	15初五	16初六
17初七	18初八	19初九	20初十	21十一	22十二	23处暑
24十四	25十五	26十六	27十七	28十八	29十九	30二十

9

一	二	三	四	五	六	日
	1廿二	2廿三	3廿四	4廿五	5廿六	6廿七
7白露	8廿九	9三十	10八月	11初二	12初三	13初四
14初五	15初六	16初七	17初八	18初九	19初十	20十一
21十二	22十三	23秋分	24十五	25十六	26十七	27十八
28十九	29二十	30廿一				

10

一	二	三	四	五	六	日
			1廿二	2廿三	3廿四	4廿五
5廿六	6廿七	7廿八	8寒露	9九月	10初二	11初三
12初四	13初五	14初六	15初七	16初八	17初九	18初十
19十一	20十二	21十三	22十四	23霜降	24十六	25十七
26十八	27十九	28二十	29廿一	30廿二	31廿三	

11

一	二	三	四	五	六	日
30廿四						1廿四
2廿五	3廿六	4廿七	5廿八	6廿九	7十月立冬	8初二
9初三	10初四	11初五	12初六	13初七	14初八	15初九
16初十	17十一	18十二	19十三	20十四	21十五	22小雪
23十七	24十八	25十九	26二十	27廿一	28廿二	29廿三

12

一	二	三	四	五	六	日
	1廿五	2廿六	3廿七	4廿八	5廿九	6三十
7十一月大雪	8初二	9初三	10初四	11初五	12初六	13初七
14初八	15初九	16初十	17十一	18十二	19十三	20十四
21冬至	22十六	23十七	24十八	25十九	26二十	27廿一
28廿二	29廿三	30廿四	31廿五			

中国吉祥图案鉴赏

官带流传

题注：船与传同音，寓意官禄代代相传。

2038 年（戊午 马年 2 月 4 日始）

1

一	二	三	四	五	六	日
				1 廿六	2 廿七	3 廿八
4 廿九	5 十二月 小寒	6 初二	7 初三	8 初四	9 初五	10 初六
11 初七	12 初八	13 初九	14 初十	15 十一	16 十二	17 十三
18 十四	19 十五	20 大寒	21 十七	22 十八	23 十九	24 二十
25 廿一	26 廿二	27 廿三	28 廿四	29 廿五	30 廿六	31 廿七

7

一	二	三	四	五	六	日
			1 廿九	2 六月	3 初二	4 初三
5 初四	6 初五	7 小暑	8 初七	9 初八	10 初九	11 初十
12 十一	13 十二	14 十三	15 十四	16 十五	17 十六	18 十七
19 十八	20 十九	21 二十	22 廿一	23 大暑	24 廿三	25 廿四
26 廿五	27 廿六	28 廿七	29 廿八	30 廿九	31 三十	

2

一	二	三	四	五	六	日
1 廿八	2 廿九	3 三十	4 正月 立春	5 初二	6 初三	7 初四
8 初五	9 初六	10 初七	11 初八	12 初九	13 初十	14 十一
15 十二	16 十三	17 十四	18 雨水	19 十六	20 十七	21 十八
22 十九	23 二十	24 廿一	25 廿二	26 廿三	27 廿四	28 廿五

8

一	二	三	四	五	六	日
30 八月	31 初二					1 七月
2 初二	3 初三	4 初四	5 初五	6 初六	7 立秋	8 初八
9 初九	10 初十	11 十一	12 十二	13 十三	14 十四	15 十五
16 十六	17 十七	18 十八	19 十九	20 二十	21 廿一	22 廿二
23 处暑	24 廿四	25 廿五	26 廿六	27 廿七	28 廿八	29 廿九

3

一	二	三	四	五	六	日
1 廿六	2 廿七	3 廿八	4 廿九	5 惊蛰	6 二月	7 初二
8 初三	9 初四	10 初五	11 初六	12 初七	13 初八	14 初九
15 初十	16 十一	17 十二	18 十三	19 十四	20 春分	21 十六
22 十七	23 十八	24 十九	25 二十	26 廿一	27 廿二	28 廿三
29 廿四	30 廿五	31 廿六				

9

一	二	三	四	五	六	日
		1 初三	2 初四	3 初五	4 初六	5 初七
6 初八	7 白露	8 初十	9 十一	10 十二	11 十三	12 十四
13 十五	14 十六	15 十七	16 十八	17 十九	18 二十	19 廿一
20 廿二	21 廿三	22 廿四	23 秋分	24 廿六	25 廿七	26 廿八
27 廿九	28 三十	29 九月	30 初二			

4

一	二	三	四	五	六	日
			1 廿七	2 廿八	3 廿九	4 三十
5 三月 清明	6 初二	7 初三	8 初四	9 初五	10 初六	11 初七
12 初八	13 初九	14 初十	15 十一	16 十二	17 十三	18 十四
19 十五	20 谷雨	21 十七	22 十八	23 十九	24 二十	25 廿一
26 廿二	27 廿三	28 廿四	29 廿五	30 廿六		

10

一	二	三	四	五	六	日
				1 初三	2 初四	3 初五
4 初六	5 初七	6 初八	7 初九	8 寒露	9 十一	10 十二
11 十三	12 十四	13 十五	14 十六	15 十七	16 十八	17 十九
18 二十	19 廿一	20 廿二	21 廿三	22 廿四	23 霜降	24 廿六
25 廿七	26 廿八	27 廿九	28 十月	29 初二	30 初三	31 初四

5

一	二	三	四	五	六	日
31 廿八					1 廿七	2 廿八
3 廿九	4 四月	5 立夏	6 初三	7 初四	8 初五	9 初六
10 初七	11 初八	12 初九	13 初十	14 十一	15 十二	16 十三
17 十四	18 十五	19 十六	20 十七	21 小满	22 十九	23 二十
24 廿一	25 廿二	26 廿三	27 廿四	28 廿五	29 廿六	30 廿七

11

一	二	三	四	五	六	日
1 初五	2 初六	3 初七	4 初八	5 初九	6 初十	7 立冬
8 十二	9 十三	10 十四	11 十五	12 十六	13 十七	14 十八
15 十九	16 二十	17 廿一	18 廿二	19 廿三	20 廿四	21 廿五
22 小雪	23 廿七	24 廿八	25 廿九	26 十一月	27 初二	28 初三
29 初四	30 初五					

6

一	二	三	四	五	六	日
	1 廿九	2 三十	3 五月	4 初二	5 芒种	6 初四
7 初五	8 初六	9 初七	10 初八	11 初九	12 初十	13 十一
14 十二	15 十三	16 十四	17 十五	18 十六	19 十七	20 十八
21 夏至	22 二十	23 廿一	24 廿二	25 廿三	26 廿四	27 廿五
28 廿六	29 廿七	30 廿八				

12

一	二	三	四	五	六	日
		1 初六	2 初七	3 初八	4 初九	5 初十
6 十一	7 大雪	8 十三	9 十四	10 十五	11 十六	12 十七
13 十八	14 十九	15 二十	16 廿一	17 廿二	18 廿三	19 廿四
20 廿五	21 廿六	22 冬至	23 廿八	24 廿九	25 三十	26 十二月
27 初二	28 初三	29 初四	30 初五	31 初六		

欢天喜地

题注：獾是一种哺乳动物，又名猪獾，常见的野生动物。头尖，嘴长，体毛灰色，有的略带黄色，本图案利用“獾”与“欢”谐音和喜鹊在天上飞。獾在地上跑的画面，表达了“欢天喜地”这个喜庆吉语。

中国吉祥图案鉴赏

2039 年（己未 羊年 1月24日始 闰五月）

1

一	二	三	四	五	六	日
31初八					1初七	2初八
3初九	4初十	5小寒	6十二	7十三	8十四	9十五
10十六	11十七	12十八	13十九	14二十	15廿一	16廿二
17廿三	18廿四	19廿五	20大寒	21廿七	22廿八	23廿九
24正月	25初二	26初三	27初四	28初五	29初六	30初七

2

一	二	三	四	五	六	日
	1初九	2初十	3十一	4立春	5十三	6十四
7十五	8十六	9十七	10十八	11十九	12二十	13廿一
14廿二	15廿三	16廿四	17廿五	18廿六	19雨水	20廿八
21廿九	22三十	23二月	24初二	25初三	26初四	27初五
28初六						

3

一	二	三	四	五	六	日
	1初七	2初八	3初九	4初十	5十一	6惊蛰
7十三	8十四	9十五	10十六	11十七	12十八	13十九
14二十	15廿一	16廿二	17廿三	18廿四	19廿五	20廿六
21春分	22廿八	23廿九	24三十	25三月	26初二	27初三
28初四	29初五	30初六	31初七			

4

一	二	三	四	五	六	日
				1初八	2初九	3初十
4十一	5清明	6十三	7十四	8十五	9十六	10十七
11十八	12十九	13二十	14廿一	15廿二	16廿三	17廿四
18廿五	19廿六	20谷雨	21廿八	22廿九	23四月	24初二
25初三	26初四	27初五	28初六	29初七	30初八	

5

一	二	三	四	五	六	日
30初八	31初九					1初九
2初十	3十一	4十二	5立夏	6十四	7十五	8十六
9十七	10十八	11十九	12二十	13廿一	14廿二	15廿三
16廿四	17廿五	18廿六	19廿七	20廿八	21小满	22三十
23五月	24初二	25初三	26初四	27初五	28初六	29初七

6

一	二	三	四	五	六	日
		1初十	2十一	3十二	4十三	5十四
6芒种	7十六	8十七	9十八	10十九	11二十	12廿一
13廿二	14廿三	15廿四	16廿五	17廿六	18廿七	19廿八
20廿九	21夏至	22五月	23初二	24初三	25初四	26初五
27初六	28初七	29初八	30初九			

7

一	二	三	四	五	六	日
				1初十	2十一	3十二
4十三	5十四	6十五	7小暑	8十七	9十八	10十九
11二十	12廿一	13廿二	14廿三	15廿四	16廿五	17廿六
18廿七	19廿八	20廿九	21六月	22初二	23大暑	24初四
25初五	26初六	27初七	28初八	29初九	30初十	31十一

8

一	二	三	四	五	六	日
1十二	2十三	3十四	4十五	5十六	6十七	7十八
8立秋	9二十	10廿一	11廿二	12廿三	13廿四	14廿五
15廿六	16廿七	17廿八	18廿九	19三十	20七月	21初二
22初三	23处暑	24初五	25初六	26初七	27初八	28初九
29初十	30十一	31十二				

9

一	二	三	四	五	六	日
			1十三	2十四	3十五	4十六
5十七	6十八	7十九	8白露	9廿一	10廿二	11廿三
12廿四	13廿五	14廿六	15廿七	16廿八	17廿九	18八月
19初二	20初三	21初四	22初五	23秋分	24初七	25初八
26初九	27初十	28十一	29十二	30十三		

10

一	二	三	四	五	六	日
31十四					1十四	2十五
3十六	4十七	5十八	6十九	7二十	8寒露	9廿二
10廿三	11廿四	12廿五	13廿六	14廿七	15廿八	16廿九
17三十	18九月	19初二	20初三	21初四	22初五	23霜降
24初七	25初八	26初九	27初十	28十一	29十二	30十三

11

一	二	三	四	五	六	日
	1十五	2十六	3十七	4十八	5十九	6二十
7立冬	8廿二	9廿三	10廿四	11廿五	12廿六	13廿七
14廿八	15廿九	16十月	17初二	18初三	19初四	20初五
21初六	22小雪	23初八	24初九	25初十	26十一	27十二
28十三	29十四	30十五				

12

一	二	三	四	五	六	日
			1十六	2十七	3十八	4十九
5二十	6廿一	7大雪	8廿三	9廿四	10廿五	11廿六
12廿七	13廿八	14廿九	15三十	16十一月	17初二	18初三
18初四	20初五	21初六	22冬至	23初八	24初九	25初十
26十一	27十二	28十三	29十四	30十五	31十六	

中国吉祥图案鉴赏

教子升天

题注：大龙带小龙在祥云中盘旋飞舞，象征父子在仕途中得意遨游的情景。古代以此祝颂他人教子有方，父子都当上大官。

2040 年（庚申 猴年 2 月 12 日始）

1

一	二	三	四	五	六	日
30 十七	31 十八					1 十七
2 十八	3 十九	4 二十	5 廿一	6 小寒	7 廿三	8 廿四
9 廿五	10 廿六	11 廿七	12 廿八	13 廿九	14 十二月	15 初二
16 初三	17 初四	18 初五	19 初六	20 初七	21 初八	22 初九
23 初十	24 十一	25 十二	26 十三	27 十四	28 十五	29 十六

2

一	二	三	四	五	六	日
		1 十九	2 二十	3 廿一	4 立春	5 廿三
6 廿四	7 廿五	8 廿六	9 廿七	10 廿八	11 廿九	12 正月
13 初二	14 初三	15 初四	16 初五	17 初六	18 初七	19 雨水
20 初九	21 初十	22 十一	23 十二	24 十三	25 十四	26 十五
27 十六	28 十七	29 十八				

3

一	二	三	四	五	六	日
			1 十九	2 二十	3 廿一	4 廿二
5 惊蛰	6 廿四	7 廿五	8 廿六	9 廿七	10 廿八	11 廿九
12 三十	13 二月	14 初二	15 初三	16 初四	17 初五	18 初六
19 初七	20 春分	21 初九	22 初十	23 十一	24 十二	25 十三
26 十四	27 十五	28 十六	29 十七	30 十八	31 十九	

4

一	二	三	四	五	六	日
30 二十						1 二十
2 廿一	3 廿二	4 清明	5 廿四	6 廿五	7 廿六	8 廿七
9 廿八	10 廿九	11 三月	12 初二	13 初三	14 初四	15 初五
16 初六	17 初七	18 初八	19 谷雨	20 初十	21 十一	22 十二
23 十三	24 十四	25 十五	26 十六	27 十七	28 十八	29 十九

5

一	二	三	四	五	六	日
	1 廿一	2 廿二	3 廿三	4 廿四	5 立夏	6 廿六
7 廿七	8 廿八	9 廿九	10 三十	11 四月	12 初二	13 初三
14 初四	15 初五	16 初六	17 初七	18 初八	19 初九	20 小满
21 十一	22 十二	23 十三	24 十四	25 十五	26 十六	27 十七
28 十八	29 十九	30 二十	31 廿一			

6

一	二	三	四	五	六	日
				1 廿二	2 廿三	3 廿四
4 廿五	5 芒种	6 廿七	7 廿八	8 廿九	9 三十	10 五月
11 初二	12 初三	13 初四	14 初五	15 初六	16 初七	17 初八
18 初九	19 初十	20 十一	21 夏至	22 十三	23 十四	24 十五
25 十六	26 十七	27 十八	28 十九	29 二十	30 廿一	

7

一	二	三	四	五	六	日
30 廿二	31 廿三					1 廿二
2 廿三	3 廿四	4 廿五	5 廿六	6 小暑	7 廿八	8 廿九
9 六月	10 初二	11 初三	12 初四	13 初五	14 初六	15 初七
16 初八	17 初九	18 初十	19 十一	20 十二	21 十三	22 大暑
23 十五	24 十六	25 十七	26 十八	27 十九	28 二十	29 廿一

8

一	二	三	四	五	六	日
		1 廿四	2 廿五	3 廿六	4 廿七	5 廿八
6 廿九	7 立秋	8 七月	9 初二	10 初三	11 初四	12 初五
13 初六	14 初七	15 初八	16 初九	17 初十	18 十一	19 十二
20 十三	21 十四	22 处暑	23 十六	24 十七	25 十八	26 十九
27 二十	28 廿一	29 廿二	30 廿三	31 廿四		

9

一	二	三	四	五	六	日
					1 廿五	2 廿六
3 廿七	4 廿八	5 廿九	6 八月	7 白露	8 初三	9 初四
10 初五	11 初六	12 初七	13 初八	14 初九	15 初十	16 十一
17 十二	18 十三	19 十四	20 十五	21 十六	22 秋分	23 十八
24 十九	25 二十	26 廿一	27 廿二	28 廿三	29 廿四	30 廿五

10

一	二	三	四	五	六	日
1 廿六	2 廿七	3 廿八	4 廿九	5 三十	6 九月	7 寒露
8 初三	9 初四	10 初五	11 初六	12 初七	13 初八	14 初九
15 初十	16 十一	17 十二	18 十三	19 十四	20 十五	21 十六
22 十七	23 霜降	24 十九	25 二十	26 廿一	27 廿二	28 廿三
29 廿四	30 廿五	31 廿六				

11

一	二	三	四	五	六	日
			1 廿七	2 廿八	3 廿九	4 三十
5 十月	6 初二	7 立冬	8 初四	9 初五	10 初六	11 初七
12 初八	13 初九	14 初十	15 十一	16 十二	17 十三	18 十四
19 十五	20 十六	21 小雪	22 十八	23 十九	24 二十	25 廿一
26 廿二	27 廿三	28 廿四	29 廿五	30 廿六		

12

一	二	三	四	五	六	日
31 廿八					1 廿七	2 廿八
3 廿九	4 十一月	5 初二	6 大雪	7 初四	8 初五	9 初六
10 初七	11 初八	12 初九	13 初十	14 十一	15 十二	16 十三
17 十四	18 十五	19 十六	20 十七	21 冬至	22 十九	23 二十
24 廿一	25 廿二	26 廿三	27 廿四	28 廿五	29 廿六	30 廿七

九阳启泰

题注：羊谐音阳，为古“详”字。九为数之极限，泛指其多活多次，寓意如意之事，数不胜数，连绵不尽。“九阳”指太阳，“九阳启泰”寓意福星高照，百事顺遂。

中国吉祥图案鉴赏

2041年（辛酉 鸡年2月1日始）

1

一	二	三	四	五	六	日
	1廿九	2三十	3十二月	4初二	5小寒	6初四
7初五	8初六	9初七	10初八	11初九	12初十	13十一
14十二	15十三	16十四	17十五	18十六	19大寒	20十八
21十九	22二十	23廿一	24廿二	25廿三	26廿四	27廿五
28廿六	29廿七	30廿八	31廿九			

2

一	二	三	四	五	六	日
				1正月	2初二	3立春
4初四	5初五	6初六	7初七	8初八	9初九	10初十
11十一	12十二	13十三	14十四	15十五	16十六	17十七
18雨水	19十九	20二十	21廿一	22廿二	23廿三	24廿四
25廿五	26廿六	27廿七	28廿八			

3

一	二	三	四	五	六	日
				1廿九	2二月	3初二
4初三	5惊蛰	6初五	7初六	8初七	9初八	10初九
11初十	12十一	13十二	14十三	15十四	16十五	17十六
18十七	19十八	20春分	21二十	22廿一	23廿二	24廿三
25廿四	26廿五	27廿六	28廿七	29廿八	30廿九	31三十

4

一	二	三	四	五	六	日
1三月	2初二	3初三	4清明	5初五	6初六	7初七
8初八	9初九	10初十	11十一	12十二	13十三	14十四
15十五	16十六	17十七	18十八	19十九	20谷雨	21廿一
22廿二	23廿三	24廿四	25廿五	26廿六	27廿七	28廿八
29廿九	30四月					

5

一	二	三	四	五	六	日
		1初二	2初三	3初四	4初五	5立夏
6初七	7初八	8初九	9初十	10十一	11十二	12十三
13十四	14十五	15十六	16十七	17十八	18十九	19二十
20廿一	21小满	22廿三	23廿四	24廿五	25廿六	26廿七
27廿八	28廿九	29三十	30五月	31初二		

6

一	二	三	四	五	六	日
					1初三	2初四
3初五	4初六	5芒种	6初八	7初九	8初十	9十一
10十二	11十三	12十四	13十五	14十六	15十七	16十八
17十九	18二十	19廿一	20廿二	21夏至	22廿四	23廿五
24廿六	25廿七	26廿八	27廿九	28六月	29初二	30初三

7

一	二	三	四	五	六	日
1初四	2初五	3初六	4初七	5初八	6初九	7小暑
8十一	9十二	10十三	11十四	12十五	13十六	14十七
15十八	16十九	17二十	18廿一	19廿二	20廿三	21廿四
22大暑	23廿六	24廿七	25廿八	26廿九	27三十	28七月
29初二	30初三	31初四				

8

一	二	三	四	五	六	日
			1初五	2初六	3初七	4初八
5初九	6初十	7十一	8立秋	9十三	10十四	11十五
12十六	13十七	14十八	15十九	16二十	17廿一	18廿二
19廿三	20廿四	21廿五	22廿六	23处暑	24廿八	25廿九
26三十	27八月	28初二	29初三	30初四	31初五	

9

一	二	三	四	五	六	日
30初六						1初六
2初七	3初八	4初九	5初十	6十一	7白露	8十三
9十四	10十五	11十六	12十七	13十八	14十九	15二十
16廿一	17廿二	18廿三	19廿四	20廿五	21廿六	22秋分
23廿八	24廿九	25九月	26初二	27初三	28初四	29初五

10

一	二	三	四	五	六	日
	1初七	2初八	3初九	4初十	5十一	6十二
7十三	8寒露	9十五	10十六	11十七	12十八	13十九
14二十	15廿一	16廿二	17廿三	18廿四	19廿五	20廿六
21廿七	22廿八	23霜降	24三十	25十月	26初二	27初三
28初四	29初五	30初六	31初七			

11

一	二	三	四	五	六	日
				1初八	2初九	3初十
4十一	5十二	6十三	7立冬	8十五	9十六	10十七
11十八	12十九	13二十	14廿一	15廿二	16廿三	17廿四
18廿五	19廿六	20廿七	21廿八	22小雪	23三十	24十一月
25初二	26初三	27初四	28初五	29初六	30初七	

12

一	二	三	四	五	六	日
30初八	31初九					1初八
2初九	3初十	4十一	5十二	6十三	7大雪	8十五
9十六	10十七	11十八	12十九	13二十	14廿一	15廿二
16廿三	17廿四	18廿五	19廿六	20廿七	21冬至	22廿九
23十二月	24初二	25初三	26初四	27初五	28初六	29初七

中国吉祥图案鉴赏

刘海戏金蟾

题注：民谣“刘海戏金蟾，步步钓金钱。”典故出自道教传说，金蟾为灵物，形似蛙，三足，会口吐金钱，获之能致富。刘海全名刘海蟾，为五代燕国人，遇吕洞宾得道，被全真道教奉为北五祖之一，号“海蟾子”。传说他常洒钱与人致富，民间崇奉为福神，寓意财源兴旺幸福美满。

2042 年（壬戌 狗年 1 月 22 日始 闰二月）

1

一	二	三	四	五	六	日
		1初十	2十一	3十二	4十三	5小寒
6十五	7十六	8十七	9十八	10十九	11二十	12廿一
13廿二	14廿三	15廿四	16廿五	17廿六	18廿七	19廿八
20大寒	21三十	22正月	23初二	24初三	25初四	26初五
27初六	28初七	29初八	30初九	31初十		

2

一	二	三	四	五	六	日
					1十一	2十二
3立春	4十四	5十五	6十六	7十七	8十八	9十九
10二十	11廿一	12廿二	13廿三	14廿四	15廿五	16廿六
17廿七	18雨水	19廿九	20二月	21初二	22初三	23初四
24初五	25初六	26初七	27初八	28初九		

3

一	二	三	四	五	六	日
31初十					1初十	2十一
3十二	4十三	5惊蛰	6十五	7十六	8十七	9十八
10十九	11二十	12廿一	13廿二	14廿三	15廿四	16廿五
17廿六	18廿七	19廿八	20春分	21三十	22二月	23初二
24初三	25初四	26初五	27初六	28初七	29初八	30初九

4

一	二	三	四	五	六	日
	1十一	2十二	3十三	4清明	5十五	6十六
7十七	8十八	9十九	10二十	11廿一	12廿二	13廿三
14廿四	15廿五	16廿六	17廿七	18廿八	19廿九	20三月谷雨
21初二	22初三	23初四	24初五	25初六	26初七	27初八
28初九	29初十	30十一				

5

一	二	三	四	五	六	日
			1十二	2十三	3十四	4十五
5立夏	6十七	7十八	8十九	9二十	10廿一	11廿二
12廿三	13廿四	14廿五	15廿六	16廿七	17廿八	18廿九
19四月	20初二	21小满	22初四	23初五	24初六	25初七
26初八	27初九	28初十	29十一	30十二	31十三	

6

一	二	三	四	五	六	日
30十三						1十四
2十五	3十六	4十七	5芒种	6十九	7二十	8廿一
9廿二	10廿三	11廿四	12廿五	13廿六	14廿七	15廿八
16廿九	17三十	18五月	19初二	20初三	21夏至	22初五
23初六	24初七	25初八	26初九	27初十	28十一	29十二

7

一	二	三	四	五	六	日
	1十四	2十五	3十六	4十七	5十八	6十九
7小暑	8廿一	9廿二	10廿三	11廿四	12廿五	13廿六
14廿七	15廿八	16廿九	17六月	18初二	19初三	20初四
21初五	22初六	23大暑	24初八	25初九	26初十	27十一
28十二	29十三	30十四	31十五			

8

一	二	三	四	五	六	日
				1十六	2十七	3十八
4十九	5二十	6廿一	7立秋	8廿三	9廿四	10廿五
11廿六	12廿七	13廿八	14廿九	15三十	16七月	17初二
18初三	19初四	20初五	21初六	22初七	23处暑	24初九
25初十	26十一	27十二	28十三	29十四	30十五	31十六

9

一	二	三	四	五	六	日
1十七	2十八	3十九	4二十	5廿一	6廿二	7白露
8廿四	9廿五	10廿六	11廿七	12廿八	13廿九	14八月
15初二	16初三	17初四	18初五	19初六	20初七	21初八
22初九	23秋分	24十一	25十二	26十三	27十四	28十五
29十六	30十七					

10

一	二	三	四	五	六	日
		1十八	2十九	3二十	4廿一	5廿二
6廿三	7廿四	8寒露	9廿六	10廿七	11廿八	12廿九
13三十	14九月	15初二	16初三	17初四	18初五	19初六
20初七	21初八	22初九	23霜降	24十一	25十二	26十三
27十四	28十五	29十六	30十七	31十八		

11

一	二	三	四	五	六	日
					1十九	2二十
3廿一	4廿二	5廿三	6廿四	7立冬	8廿六	9廿七
10廿八	11廿九	12三十	13十月	14初二	15初三	16初四
17初五	18初六	19初七	20初八	21初九	22小雪	23十一
24十二	25十三	26十四	27十五	28十六	29十七	30十八

12

一	二	三	四	五	六	日
1十九	2二十	3廿一	4廿二	5廿三	6廿四	7大雪
8廿六	9廿七	10廿八	11廿九	12十一月	13初二	14初三
15初四	16初五	17初六	18初七	19初八	20初九	21初十
22冬至	23十二	24十三	25十四	26十五	27十六	28十七
29十八	30十九	31二十				

龙生九子

题注：龙是中国最大的祥瑞动物，一方面，龙逐渐成为皇权的象征，龙的形象不得随意使用；另一方面各种民间器物上的装饰也需要多种龙形的图案。因此，历代的工匠们创造了众多被称为“龙子”的龙族动物，这就是所谓的“龙生九子，各司其职”之说，龙生九子及其图形广泛应用于各种装饰图案中。

中国吉祥图案鉴赏

2043年（癸亥 猪年2月10日始）

1月

一	二	三	四	五	六	日
			1 廿一	2 廿二	3 廿三	4 廿四
5 小寒	6 廿六	7 廿七	8 廿八	9 廿九	10 三十	11 十二月
12 初二	13 初三	14 初四	15 初五	16 初六	17 初七	18 初八
19 初九	20 大寒	21 十一	22 十二	23 十三	24 十四	25 十五
26 十六	27 十七	28 十八	29 十九	30 二十	31 廿一	

2月

一	二	三	四	五	六	日
						1 廿二
2 廿三	3 廿四	4 立春	5 廿六	6 廿七	7 廿八	8 廿九
9 三十	10 正月	11 初二	12 初三	13 初四	14 初五	15 初六
16 初七	17 初八	18 初九	19 雨水	20 十一	21 十二	22 十三
23 十四	24 十五	25 十六	26 十七	27 十八	28 十九	

3月

一	二	三	四	五	六	日
30 二十	31 廿一					1 二十
2 廿一	3 廿二	4 廿三	5 惊蛰	6 廿五	7 廿六	8 廿七
9 廿八	10 廿九	11 二月	12 初二	13 初三	14 初四	15 初五
16 初六	17 初七	18 初八	19 初九	20 初十	21 春分	22 十二
23 十三	24 十四	25 十五	26 十六	27 十七	28 十八	29 十九

4月

一	二	三	四	五	六	日
		1 廿二	2 廿三	3 廿四	4 廿五	5 清明
6 廿七	7 廿八	8 廿九	9 三十	10 三月	11 初二	12 初三
13 初四	14 初五	15 初六	16 初七	17 初八	18 初九	19 初十
20 谷雨	21 十二	22 十三	23 十四	24 十五	25 十六	26 十七
27 十八	28 十九	29 二十	30 廿一			

5月

一	二	三	四	五	六	日
				1 廿二	2 廿三	3 廿四
4 廿五	5 立夏	6 廿七	7 廿八	8 廿九	9 四月	10 初二
11 初三	12 初四	13 初五	14 初六	15 初七	16 初八	17 初九
18 初十	19 十一	20 十二	21 小满	22 十四	23 十五	24 十六
25 十七	26 十八	27 十九	28 二十	29 廿一	30 廿二	31 廿三

6月

一	二	三	四	五	六	日
1 廿四	2 廿五	3 廿六	4 廿七	5 廿八	6 芒种	7 五月
8 初二	9 初三	10 初四	11 初五	12 初六	13 初七	14 初八
15 初九	16 初十	17 十一	18 十二	19 十三	20 十四	21 夏至
22 十六	23 十七	24 十八	25 十九	26 二十	27 廿一	28 廿二
29 廿三	30 廿四					

7月

一	二	三	四	五	六	日
		1 廿五	2 廿六	3 廿七	4 廿八	5 廿九
6 三十	7 六月 小暑	8 初二	9 初三	10 初四	11 初五	12 初六
13 初七	14 初八	15 初九	16 初十	17 十一	18 十二	19 十三
20 十四	21 十五	22 十六	23 大暑	24 十八	25 十九	26 二十
27 廿一	28 廿二	29 廿三	30 廿四	31 廿五		

8月

一	二	三	四	五	六	日
31 廿七					1 廿六	2 廿七
3 廿八	4 廿九	5 七月	6 初二	7 立秋	8 初四	9 初五
10 初六	11 初七	12 初八	13 初九	14 初十	15 十一	16 十二
17 十三	18 十四	19 十五	20 十六	21 十七	22 十八	23 处暑
24 二十	25 廿一	26 廿二	27 廿三	28 廿四	29 廿五	30 廿六

9月

一	二	三	四	五	六	日
	1 廿八	2 廿九	3 八月	4 初二	5 初三	6 初四
7 初五	8 白露	9 初七	10 初八	11 初九	12 初十	13 十一
14 十二	15 十三	16 十四	17 十五	18 十六	19 十七	20 十八
21 十九	22 二十	23 秋分	24 廿二	25 廿三	26 廿四	27 廿五
28 廿六	29 廿七	30 廿八				

10月

一	二	三	四	五	六	日
			1 廿九	2 三十	3 九月	4 初二
5 初三	6 初四	7 初五	8 寒露	9 初七	10 初八	11 初九
12 初十	13 十一	14 十二	15 十三	16 十四	17 十五	18 十六
19 十七	20 十八	21 十九	22 二十	23 霜降	24 廿二	25 廿三
26 廿四	27 廿五	28 廿六	29 廿七	30 廿八	31 廿九	

11月

一	二	三	四	五	六	日
30 廿九						1 三十
2 十月	3 初二	4 初三	5 初四	6 初五	7 立冬	8 初七
9 初八	10 初九	11 初十	12 十一	13 十二	14 十三	15 十四
16 十五	17 十六	18 十七	19 十八	20 十九	21 二十	22 小雪
23 廿二	24 廿三	25 廿四	26 廿五	27 廿六	28 廿七	29 廿八

12月

一	二	三	四	五	六	日
	1 十一月	2 初二	3 初三	4 初四	5 初五	6 初六
7 大雪	8 初八	9 初九	10 初十	11 十一	12 十二	13 十三
14 十四	15 十五	16 十六	17 十七	18 十八	19 十九	20 二十
21 廿一	22 冬至	23 廿三	24 廿四	25 廿五	26 廿六	27 廿七
28 廿八	29 廿九	30 三十	31 十二月			

中国吉祥图案鉴赏

盘长

题注：盘长，八宝之一，佛教的标志之一。图案由模拟绳索编结而来，纹样盘曲连接，无头无尾，无终无止，寓意源远流长、福泽永济，故称"盘长"或"盘肠"，在吉祥装饰中应用极为广泛，建筑的窗棂、栏杆，以至纽扣、佩饰都可做成盘长样式。有的盘长将外轮廓变化成葫芦形，有的与篆体"寿"字组成花边等等。

2044年（甲子 鼠年1月30日始 闰七月）

1

一	二	三	四	五	六	日
				1初二	2初三	3初四
4初五	5小寒	6初七	7初八	8初九	9初十	10十一
11十二	12十三	13十四	14十五	15十六	16十七	17十八
18十九	19二十	20大寒	21廿二	22廿三	23廿四	24廿五
25廿六	26廿七	27廿八	28廿九	29三十	30正月	31初二

7

一	二	三	四	五	六	日
				1初七	2初八	3初九
4初十	5十一	6小暑	7十三	8十四	9十五	10十六
11十七	12十八	13十九	14二十	15廿一	16廿二	17廿三
18廿四	19廿五	20廿六	21廿七	22大暑	23廿九	24三十
25七月	26初二	27初三	28初四	29初五	30初六	31初七

2

一	二	三	四	五	六	日
1初三	2初四	3初五	4立春	5初七	6初八	7初九
8初十	9十一	10十二	11十三	12十四	13十五	14十六
15十七	16十八	17十九	18二十	19雨水	20廿二	21廿三
22廿四	23廿五	24廿六	25廿七	26廿八	27廿九	28三十
29二月						

8

一	二	三	四	五	六	日
1初八	2初九	3初十	4十一	5十二	6十三	7立秋
8十五	9十六	10十七	11十八	12十九	13二十	14廿一
15廿二	16廿三	17廿四	18廿五	19廿六	20廿七	21廿八
22处暑	23七月	24初二	25初三	26初四	27初五	28初六
29初七	30初八	31初九				

3

一	二	三	四	五	六	日
	1初二	2初三	3初四	4初五	5惊蛰	6初七
7白露	8初九	9初十	10十一	11十二	12十三	13十四
14十五	15十六	16十七	17十八	18十九	19二十	20春分
21廿二	22廿三	23廿四	24廿五	25廿六	26廿七	27廿八
28廿九	29三月	30初二	31初三			

9

一	二	三	四	五	六	日
			1初十	2十一	3十二	4十三
5十四	6十五	7白露	8十七	9十八	10十九	11二十
12廿一	13廿二	14廿三	15廿四	16廿五	17廿六	18廿七
19廿八	20廿九	21八月	22初二	23秋分	24初四	25初五
26初六	27初七	28初八	29初九	30初十		

4

一	二	三	四	五	六	日
				1初四	2初五	3初六
4清明	5初八	6初九	7初十	8十一	9十二	10十三
11十四	12十五	13十六	14十七	15十八	16十九	17二十
18廿一	19谷雨	20廿三	21廿四	22廿五	23廿六	24廿七
25廿八	26廿九	27三十	28四月	29初二	30初三	

10

一	二	三	四	五	六	日
31十一					1十一	2十二
3十三	4十四	5十五	6十六	7寒露	8十八	9十九
10二十	11廿一	12廿二	13廿三	14廿四	15廿五	16廿六
17廿七	18廿八	19廿九	20三十	21九月	22初二	23霜降
24初四	25初五	26初六	27初七	28初八	29初九	30初十

5

一	二	三	四	五	六	日
30初四	31初五					1初四
2初五	3初六	4初七	5立夏	6初九	7初十	8十一
9十二	10十三	11十四	12十五	13十六	14十七	15十八
16十九	17二十	18廿一	19廿二	20小满	21廿四	22廿五
23廿六	24廿七	25廿八	26廿九	27五月	28初二	29初三

11

一	二	三	四	五	六	日
	1十二	2十三	3十四	4十五	5十六	6十七
7立冬	8十九	9二十	10廿一	11廿二	12廿三	13廿四
14廿五	15廿六	16廿七	17廿八	18廿九	19十月	20初二
21小雪	22初四	23初五	24初六	25初七	26初八	27初九
28初十	29十一	30十二				

6

一	二	三	四	五	六	日
		1初六	2初七	3初八	4初九	5芒种
6十一	7十二	8十三	9十四	10十五	11十六	12十七
13十八	14十九	15二十	16廿一	17廿二	18廿三	19廿四
20廿五	21夏至	22廿七	23廿八	24廿九	25六月	26初二
27初三	28初四	29初五	30初六			

12

一	二	三	四	五	六	日
			1十三	2十四	3十五	4十六
5十七	6大雪	7十九	8二十	9廿一	10廿二	11廿三
12廿四	13廿五	14廿六	15廿七	16廿八	17廿九	18三十
19十一月	20初二	21冬至	22初四	23初五	24初六	25初七
26初八	27初九	28初十	29十一	30十二	31十三	

平安五福自天降

题注：五只蝙蝠寓意五福，五只蝙蝠自天儿降，寓意福自天降，两位童子与飞舞的蝙蝠相嬉戏，寓意福泽攸归。

中国吉祥图案鉴赏

2045年（乙丑 牛年2月17日始）

1

一	二	三	四	五	六	日
30十二	31十三					1十四
2十五	3十六	4十七	5小寒	6十九	7二十	8廿一
9廿二	10廿三	11廿四	12廿五	13廿六	14廿七	15廿八
16廿九	17三十	18十二月	19大寒	20初二	21初三	22初四
23初五	24初六	25初七	26初八	27初九	28初十	29十一

2

一	二	三	四	五	六	日
		1十五	2十六	3立春	4十八	5十九
6二十	7廿一	8廿二	9廿三	10廿四	11廿五	12廿六
13廿七	14廿八	15廿九	16三十	17正月	18雨水	19初三
20初四	21初五	22初六	23初七	24初八	25初九	26初十
27十一	28十二					

3

一	二	三	四	五	六	日
		1三十	2四十	3十五	4十六	5惊蛰
6十八	7十九	8二十	9廿一	10廿二	11廿三	12廿四
13廿五	14廿六	15廿七	16廿八	17廿九	18三十	19二月
20春分	21初三	22初四	23初五	24初六	25初七	26初八
27初九	28初十	29十一	30十二	31十三		

4

一	二	三	四	五	六	日
					1十四	2十五
3十六	4清明	5十八	6十九	7二十	8廿一	9廿二
10廿三	11廿四	12廿五	13廿六	14廿七	15廿八	16廿九
17三月	18初二	19初三	20谷雨	21初五	22初六	23初七
24初八	25初九	26初十	27十一	28十二	29十三	30十四

5

一	二	三	四	五	六	日
1十五	2十六	3十七	4十八	5立夏	6二十	7廿一
8廿二	9廿三	10廿四	11廿五	12廿六	13廿七	14廿八
15廿九	16三十	17四月	18初二	19初三	20小满	21初五
22初六	23初七	24初八	25初九	26初十	27十一	28十二
29十三	30十四	31十五				

6

一	二	三	四	五	六	日
			1十六	2十七	3十八	4十九
5芒种	6廿一	7廿二	8廿三	9廿四	10廿五	11廿六
12廿七	13廿八	14廿九	15五月	16初二	17初三	18初四
19初五	20初六	21夏至	22初八	23初九	24初十	25十一
26十二	27十三	28十四	29十五	30十六		

7

一	二	三	四	五	六	日
31六月					1十七	2十八
3十九	4二十	5廿一	6廿二	7小暑	8廿四	9廿五
10廿六	11廿七	12廿八	13廿九	14六月	15初二	16初三
17初四	18初五	19初六	20初七	21初八	22大暑	23初十
24十一	25十二	25十三	27十四	28十五	29十六	30十七

8

一	二	三	四	五	六	日
	1十九	2二十	3廿一	4廿二	5廿三	6廿四
7立秋	8廿六	9廿七	10廿八	11廿九	12三十	13七月
14初二	15初三	16初四	17初五	18初六	19初七	20初八
21初九	22初十	23处暑	24十二	25十三	26十四	27十五
28十六	29十七	30十八	31十九			

9

一	二	三	四	五	六	日
				1二十	2廿一	3廿二
4廿三	5廿四	6廿五	7白露	8廿七	9廿八	10廿九
11八月	12初二	13初三	14初四	15初五	16初六	17初七
18初八	19初九	20初十	21十一	22秋分	23十三	24十四
25十五	26十六	27十七	28十八	29十九	30二十	

10

一	二	三	四	五	六	日
30廿一	31廿二					1廿一
2廿二	3廿三	4廿四	5廿五	6廿六	7廿七	8寒露
9廿九	10九月	11初二	12初三	13初四	14初五	15初六
16初七	17初八	18初九	19初十	20十一	21十二	22十三
23霜降	24十五	25十六	26十七	27十八	28十九	29二十

11

一	二	三	四	五	六	日
		1廿三	2廿四	3廿五	4廿六	5廿七
6廿八	7立冬	8三十	9十月	10初二	11初三	12初四
13初五	14初六	15初七	16初八	17初九	18初十	19十一
20十二	21十三	22小雪	23十五	24十六	25十七	26十八
27十九	28二十	29廿一	30廿二			

12

一	二	三	四	五	六	日
				1廿三	2廿四	3廿五
4廿六	5廿七	6大雪	7廿九	8十一月	9初二	10初三
11初四	12初五	13初六	14初七	15初八	16初九	17初十
18十一	19十二	20十三	21冬至	22十五	23十六	24十七
25十八	26十九	27二十	28廿一	29廿二	30廿三	31廿四

中国吉祥图案鉴赏

平升三级

题注：戟，古代兵器，头上有长矛一样的枪尖，侧畔有月牙形的锋刃。因“戟”与“级”谐音，故用三只戟来表示“三级”。笙，是古代簧管类乐器，一般为17根长短不同的簧管插入铜斗中，演奏时，用手指按放竹孔，可控制竹簧的发音和声阶。“笙”与“升”谐音，“瓶”与“平”谐音，平生是意想不到晋升。“平升三级”用于祝颂他人加官进爵，升迁很快。

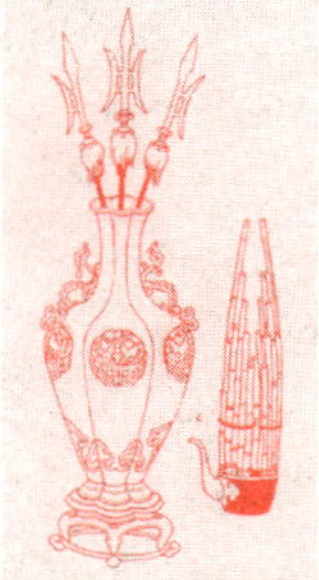

2046年（丙寅 虎年2月6日始）

一	二	三	四	五	六	日
1廿五	2廿六	3廿七	4廿八	5小寒	6三十	7十二月
8初二	9初三	10初四	11初五	12初六	13初七	14初八
15初九	16初十	17十一	18十二	19十三	20大寒	21十五
22十六	23十七	24十八	25十九	26二十	27廿一	28廿二
29廿三	30廿四	31廿五				

一	二	三	四	五	六	日
			1廿六	2廿七	3立春	4廿九
5三十	6正月	7初二	8初三	9初四	10初五	11初六
12初七	13初八	14初九	15初十	16十一	17十二	18雨水
19十四	20十五	21十六	22十七	23十八	24十九	25二十
26廿一	27廿二	28廿三				

一	二	三	四	五	六	日
			1廿四	2廿五	3廿六	4廿七
5惊蛰	6廿九	7三十	8二月	9初二	10初三	11初四
12初五	13初六	14初七	15初八	16初九	17初十	18十一
19十二	20春分	21十四	22十五	23十六	24十七	25十八
26十九	27二十	28廿一	29廿二	30廿三	31廿四	

一	二	三	四	五	六	日
30廿五						1廿五
2廿六	3廿七	4清明	5廿九	6三月	7初二	8初三
9初四	10初五	11初六	12初七	13初八	14初九	15初十
16十一	17十二	18十三	19十四	20谷雨	21十六	22十七
23十八	24十九	25二十	26廿一	27廿二	28廿三	29廿四

一	二	三	四	五	六	日
	1廿六	2廿七	3廿八	4廿九	5立夏	6四月
7初二	8初三	9初四	10初五	11初六	12初七	13初八
14初九	15初十	16十一	17十二	18十三	19十四	20十五
21小满	22十七	23十八	24十九	25二十	26廿一	27廿二
28廿三	29廿四	30廿五	31廿六			

一	二	三	四	五	六	日
				1廿七	2廿八	3廿九
4五月	5芒种	6初三	7初四	8初五	9初六	10初七
11初八	12初九	13初十	14十一	15十二	16十三	17十四
18十五	19十六	20十七	21夏至	22十九	23二十	24廿一
25廿二	26廿三	27廿四	28廿五	29廿六	30廿七	

一	二	三	四	五	六	日
						1廿八
2廿九	3三十	4六月	5初二	6初三	7小暑	8初五
9初六	10初七	11初八	12初九	13初十	14十一	15十二
16十三	17十四	18十五	19十六	20十七	21十八	22十九
23大暑	24廿一	25廿二	26廿三	27廿四	28廿五	29廿六

一	二	三	四	五	六	日
		1廿九	2七月	3初二	4初三	5初四
6初五	7立秋	8初七	9初八	10初九	11初十	12十一
13十二	14十三	15十四	16十五	17十六	18十七	19十八
20十九	21二十	22廿一	23处暑	24廿三	25廿四	26廿五
27廿六	28廿七	29廿八	30廿九	31三十		

一	二	三	四	五	六	日
					1八月	2初二
3初三	4初四	5初五	6初六	7白露	8初八	9初九
10初十	11十一	12十二	13十三	14十四	15十五	16十六
17十七	18十八	19十九	20二十	21廿一	22廿二	23秋分
24廿四	25廿五	26廿六	27廿七	28廿八	29廿九	30九月

一	二	三	四	五	六	日
1初二	2初三	3初四	4初五	5初六	6初七	7初八
8寒露	9初十	10十一	11十二	12十三	13十四	14十五
15十六	16十七	17十八	18十九	19二十	20廿一	21廿二
22廿三	23霜降	24廿五	25廿六	26廿七	27廿八	28廿九
29十月	30初二	31初三				

一	二	三	四	五	六	日
			1初四	2初五	3初六	4初七
5白露	6初九	7立冬	8十一	9十二	10十三	11十四
12十五	13十六	14十七	15十八	16十九	17二十	18廿一
19廿二	20廿三	21廿四	22小雪	23廿六	24廿七	25廿八
26廿九	27三十	28十一月	29初二	30初三		

一	二	三	四	五	六	日
31初五					1初四	2初五
3初六	4初七	5初八	6初九	7大雪	8十一	9十二
10十三	11十四	12十五	13十六	14十七	15十八	16十九
17二十	18廿一	19廿二	20廿三	21冬至	22廿五	23廿六
24廿七	25廿八	26廿九	27十二月	28初二	29初三	30初四

齐眉祝寿

题注："齐眉"即"举案齐眉"，颂扬夫妻互敬互爱，健康长寿。据《后汉书》记载：汉代有叫梁鸿的人，与妻子孟光感情很好，互相尊重。梁鸿常出去为人舂米，每次回来，妻子孟光都为他做好饭菜，在端饭上菜时，孟光不在梁鸿前面仰视，而是"举案齐眉"，在历史上成为佳话。

中国吉祥图案鉴赏

2047 年（丁卯 兔年 1 月 26 日始 闰五月）

1

一	二	三	四	五	六	日
	1初六	2初七	3初八	4初九	5小寒	6十一
7十二	8十三	9十四	10十五	11十六	12十七	13十八
14十九	15二十	16廿一	17廿二	18廿三	19廿四	20大寒
21廿六	22廿七	23廿八	24廿九	25三十	26正月	27初二
28初三	29初四	30初五	31初六			

2

一	二	三	四	五	六	日
				1初七	2初八	3初九
4立春	5十一	6十二	7十三	8十四	9十五	10十六
11十七	12十八	13十九	14二十	15廿一	16廿二	17廿三
18廿四	19雨水	20廿六	21廿七	22廿八	23廿九	24三十
25二月	26初二	27初三	28初四			

3

一	二	三	四	五	六	日
				1初五	2初六	3初七
4初八	5惊蛰	6初十	7十一	8十二	9十三	10十四
11十五	12十六	13十七	14十八	15十九	16二十	17廿一
18廿二	19廿三	20廿四	21春分	22廿六	23廿七	24廿八
25廿九	26三月	27初二	28初三	29初四	30初五	31初六

4

一	二	三	四	五	六	日
1初七	2初八	3初九	4初十	5清明	6十二	7十三
8十四	9十五	10十六	11十七	12十八	13十九	14二十
15廿一	16廿二	17廿三	18廿四	19廿五	20谷雨	21廿七
22廿八	23廿九	24三十	25四月	26初二	27初三	28初四
29初五	30初六					

5

一	二	三	四	五	六	日
		1初七	2初八	3初九	4初十	5立夏
6十二	7十三	8十四	9十五	10十六	11十七	12十八
13十九	14二十	15廿一	16廿二	17廿三	18廿四	19廿五
20廿六	21小满	22廿八	23廿九	24三十	25五月	26初二
27初三	28初四	29初五	30初六	31初七		

6

一	二	三	四	五	六	日
					1初八	2初九
3初十	4十一	5十二	6芒种	7十四	8十五	9十六
10十七	11十八	12十九	13二十	14廿一	15廿二	16廿三
17廿四	18廿五	19廿六	20廿七	21夏至	22廿九	23五月
24初二	25初三	26初四	27初五	28初六	29初七	30初八

7

一	二	三	四	五	六	日
1初九	2初十	3十一	4十二	5十三	6十四	7小暑
8十六	9十七	10十八	11十九	12二十	13廿一	14廿二
15廿三	16廿四	17廿五	18廿六	19廿七	20廿八	21廿九
22三十	23六月大暑	24初二	25初三	26初四	27初五	28初六
29初七	30初八	31初九				

8

一	二	三	四	五	六	日
			1初十	2十一	3十二	4十三
5十四	6十五	7立秋	8十七	9十八	10十九	11二十
12廿一	13廿二	14廿三	15廿四	16廿五	17廿六	18廿七
19廿八	20廿九	21七月	22初二	23处暑	24初四	25初五
25初六	27初七	28初八	29初九	30初十	31十一	

9

一	二	三	四	五	六	日
30十一						1十二
2十三	3十四	4十五	5十六	6十七	7十八	8白露
9二十	10廿一	11廿二	12廿三	13廿四	14廿五	15廿六
16廿七	17廿八	18廿九	19三十	20八月	21初二	22初三
23初四	24初五	25初六	26初七	27初八	28初九	29初十

10

一	二	三	四	五	六	日
	1十二	2十三	3十四	4十五	5十六	6十七
7十八	8寒露	9二十	10廿一	11廿二	12廿三	13廿四
14廿五	15廿六	16廿七	17廿八	18廿九	19九月	20初二
21初三	22初四	23霜降	24初六	25初七	26初八	27初九
28初十	29十一	30十二	31十三			

11

一	二	三	四	五	六	日
				1十四	2十五	3十六
4十七	5十八	6十九	7立冬	8廿一	9廿二	10廿三
11廿四	12廿五	13廿六	14廿七	15廿八	16廿九	17十月
18初二	19初三	20初四	21初五	22小雪	23初七	24初八
25初九	26初十	27十一	28十二	29十三	30十四	

12

一	二	三	四	五	六	日
30十四	31十五					1十五
2十六	3十七	4十八	5十九	6二十	7大雪	8廿二
9廿三	10廿四	11廿五	12廿六	13廿七	14廿八	15廿九
16三十	17十一月	18初二	19初三	20初四	21初五	22冬至
23初七	24初八	25初九	26初十	27十一	28十二	29十三

中国吉祥图案鉴赏

千秋万岁

题注：象形字体青龙、白虎、朱雀、玄武。

2048 年（戊辰 龙年 2 月 14 日始）

1

一	二	三	四	五	六	日
		1 十六	2 十七	3 十八	4 十九	5 小寒
6 廿一	7 廿二	8 廿三	9 廿四	10 廿五	11 廿六	12 廿七
13 廿八	14 廿九	15 十二月	16 初二	17 初三	18 初四	19 初五
20 大寒	21 初七	22 初八	23 初九	24 初十	25 十一	26 十二
27 十三	28 十四	29 十五	30 十六	31 十七		

2

一	二	三	四	五	六	日
					1 十八	2 十九
3 二十	4 立春	5 廿二	6 廿三	7 廿四	8 廿五	9 廿六
10 廿七	11 廿八	12 廿九	13 三十	14 正月	15 初二	16 初三
17 初四	18 初五	19 雨水	20 初七	21 初八	22 初九	23 初十
24 十一	25 十二	26 十三	27 十四	28 十五	29 十六	

3

一	二	三	四	五	六	日
30 十七	31 十八					1 十七
2 十八	3 十九	4 二十	5 惊蛰	6 廿二	7 廿三	8 廿四
9 廿五	10 廿六	11 廿七	12 廿八	13 廿九	14 二月	15 初二
16 初三	17 初四	18 初五	19 初六	20 春分	21 初八	22 初九
23 初十	24 十一	25 十二	26 十三	27 十四	28 十五	29 十六

4

一	二	三	四	五	六	日
		1 十九	2 二十	3 廿一	4 清明	5 廿三
6 廿四	7 廿五	8 廿六	9 廿七	10 廿八	11 廿九	12 三十
13 三月	14 初二	15 初三	16 初四	17 初五	18 初六	19 谷雨
20 初八	21 初九	22 初十	23 十一	24 十二	25 十三	26 十四
27 十五	28 十六	29 十七	30 十八			

5

一	二	三	四	五	六	日
				1 十九	2 二十	3 廿一
4 廿二	5 立夏	6 廿四	7 廿五	8 廿六	9 廿七	10 廿八
11 廿九	12 三十	13 四月	14 初二	15 初三	16 初四	17 初五
18 初六	19 初七	20 小满	21 初九	22 初十	23 十一	24 十二
25 十三	26 十四	27 十五	28 十六	29 十七	30 十八	31 十九

6

一	二	三	四	五	六	日
1 二十	2 廿一	3 廿二	4 廿三	5 芒种	6 廿五	7 廿六
8 廿七	9 廿八	10 廿九	11 五月	12 初二	13 初三	14 初四
15 初五	16 初六	17 初七	18 初八	19 初九	20 夏至	21 十一
22 十二	23 十三	24 十四	25 十五	26 十六	27 十七	28 十八
29 十九	30 二十					

7

一	二	三	四	五	六	日
		1 廿一	2 廿二	3 廿三	4 廿四	5 廿五
6 小暑	7 廿七	8 廿八	9 廿九	10 三十	11 六月	12 初二
13 初三	14 初四	15 初五	16 初六	17 初七	18 初八	19 初九
20 初十	21 十一	22 大暑	23 十三	24 十四	25 十五	26 十六
27 十七	28 十八	29 十九	30 二十	31 廿一		

8

一	二	三	四	五	六	日
					1 廿二	2 廿三
3 廿四	4 廿五	5 廿六	6 廿七	7 立秋	8 廿九	9 三十
10 七月	11 初二	12 初三	13 初四	14 初五	15 初六	16 初七
17 初八	18 初九	19 初十	20 十一	21 十二	22 处暑	23 十四
24 十五	25 十六	26 十七	27 十八	28 十九	29 二十	30 廿一

9

一	二	三	四	五	六	日
	1 廿三	2 廿四	3 廿五	4 廿六	5 廿七	6 廿八
7 白露	8 八月	9 初二	10 初三	11 初四	12 初五	13 初六
14 初七	15 初八	16 初九	17 初十	18 十一	19 十二	20 十三
21 十四	22 秋分	23 十六	24 十七	25 十八	26 十九	27 二十
28 廿一	29 廿二	30 廿三				

10

一	二	三	四	五	六	日
			1 廿四	2 廿五	3 廿六	4 廿七
5 廿八	6 廿九	7 寒露	8 九月	9 初二	10 初三	11 初四
12 初五	13 初六	14 初七	15 初八	16 初九	17 初十	18 十一
19 十二	20 十三	21 十四	22 十五	23 霜降	24 十七	25 十八
26 十九	27 二十	28 廿一	29 廿二	30 廿三	31 廿四	

11

一	二	三	四	五	六	日
30 廿五						1 廿五
2 廿六	3 廿七	4 廿八	5 廿九	6 十月	7 立冬	8 初三
9 初四	10 初五	11 初六	12 初七	13 初八	14 初九	15 初十
16 十一	17 十二	18 十三	19 十四	20 十五	21 小雪	22 十七
23 十八	24 十九	25 二十	26 廿一	27 廿二	28 廿三	29 廿四

12

一	二	三	四	五	六	日
	1 廿六	2 廿七	3 廿八	4 廿九	5 十一月	6 大雪
7 初三	8 初四	9 初五	10 初六	11 初七	12 初八	13 初九
14 初十	15 十一	16 十二	17 十三	18 十四	19 十五	20 十六
21 冬至	22 十八	23 十九	24 二十	25 廿一	26 廿二	27 廿三
28 廿四	29 廿五	30 廿六	31 廿七			

群仙祝寿

题注：群仙祝寿又名瑶池赴会、蟠桃大会。民间相传每年农历三月三日时西王母的诞辰。各路神仙都要手持宝物前往昆仑瑶池，为王母娘娘祝寿。在民间工艺品中常用各种蔬果花卉比喻“群仙”，名“群芳祝寿”。

中国吉祥图案鉴赏

2049 年（己巳 蛇年 2 月 2 日始）

1月

一	二	三	四	五	六	日
				1廿八	2廿九	3三十
4十二月	5小寒	6初三	7初四	8初五	9初六	10初七
11初八	12初九	13初十	14十一	15十二	16十三	17十四
18十五	19大寒	20十七	21十八	22十九	23二十	24廿一
25廿二	26廿三	27廿四	28廿五	29廿六	30廿七	31廿八

7月

一	二	三	四	五	六	日
			1初二	2初三	3初四	4初五
5初六	6小暑	7初八	8初九	9初十	10十一	11十二
12十三	13十四	14十五	15十六	16十七	17十八	18十九
19二十	20廿一	21廿二	22大暑	23廿四	24廿五	25廿六
26廿七	27廿八	28廿九	29三十	30七月	31初二	

2月

一	二	三	四	五	六	日
1廿九	2正月	3立春	4初三	5初四	6初五	7初六
8初七	9初八	10初九	11初十	12十一	13十二	14十三
15十四	16十五	17十六	18雨水	19十八	20十九	21二十
22廿一	23廿二	24廿三	25廿四	26廿五	27廿六	28廿七

8月

一	二	三	四	五	六	日
30初三	31初四					1初三
2初四	3初五	4初六	5初七	6初八	7立秋	8初十
9十一	10十二	11十三	12十四	13十五	14十六	15十七
16十八	17十九	18二十	19廿一	20廿二	21廿三	22廿四
23处暑	24廿六	25廿七	26廿八	27廿九	28八月	29初二

3月

一	二	三	四	五	六	日
1廿八	2廿九	3三十	4二月	5惊蛰	6初三	7初四
8初五	9初六	10初七	11初八	12初九	13初十	14十一
15十二	16十三	17十四	18十五	19十六	20春分	21十八
22十九	23二十	24廿一	25廿二	26廿三	27廿四	28廿五
29廿六	30廿七	31廿八				

9月

一	二	三	四	五	六	日
		1初五	2初六	3初七	4初八	5初九
6初十	7白露	8十二	9十三	10十四	11十五	12十六
13十七	14十八	15十九	16二十	17廿一	18廿二	19廿三
20廿四	21廿五	22秋分	23廿七	24廿八	25廿九	26三十
27九月	28初二	29初三	30初四			

4月

一	二	三	四	五	六	日
			1廿九	2三月	3初二	4清明
5初四	6初五	7初六	8初七	9初八	10初九	11初十
12十一	13十二	14十三	15十四	16十五	17十六	18十七
19谷雨	20十九	21二十	22廿一	23廿二	24廿三	25廿四
26廿五	27廿六	28廿七	29廿八	30廿九		

10月

一	二	三	四	五	六	日
				1初五	2初六	3初七
4初八	5初九	6初十	7十一	8寒露	9十三	10十四
11十五	12十六	13十七	14十八	15十九	16二十	17廿一
18廿二	19廿三	20廿四	21廿五	22廿六	23霜降	24廿八
25廿九	26三十	27十月	28初二	29初三	30初四	31初五

5月

一	二	三	四	五	六	日
31五月					1三十	2四月
3初二	4初三	5立夏	6初五	7初六	8初七	9初八
10初九	11初十	12十一	13十二	14十三	15十四	16十五
17十六	18十七	19十八	20小满	21二十	22廿一	23廿二
24廿三	25廿四	26廿五	27廿六	28廿七	29廿八	30廿九

11月

一	二	三	四	五	六	日
1初六	2初七	3初八	4初九	5初十	6十一	7立冬
8十三	9十四	10十五	11十六	12十七	13十八	14十九
15二十	16廿一	17廿二	18廿三	19廿四	20廿五	21廿六
22小雪	23廿八	24廿九	25十一月	26初二	27初三	28初四
29初五	30初六					

6月

一	二	三	四	五	六	日
	1初二	2初三	3初四	4初五	5芒种	6初七
7初八	8初九	9初十	10十一	11十二	12十三	13十四
14十五	15十六	16十七	17十八	18十九	19二十	20廿一
21夏至	22廿三	23廿四	24廿五	25廿六	26廿七	27廿八
28廿九	29三十	30六月				

12月

一	二	三	四	五	六	日
		1初七	2初八	3初九	4初十	5十一
6大雪	7十三	8十四	9十五	10十六	11十七	12十八
13十九	14二十	15廿一	16廿二	17廿三	18廿四	19廿五
20廿六	21冬至	22廿八	23廿九	24三十	25十二月	26初二
27初三	28初四	29初五	30初六	31初七		

中国吉祥图案鉴赏

三多九如

题注：以佛手、蟠桃、石榴寓意“三多”。九柄如意寓意“九如”。以九个“如”字，祝颂福寿绵长。典出《诗经·大雅·天保》：“天保定尔，以莫不兴。如山如阜，如冈如陵，如川之方至，以莫不增……如月之恒，如日之升，如南山之寿，不骞不崩。如松柏之茂，无不尔或承。”

2050年（庚午 马年1月23日始 闰三月）

1

一	二	三	四	五	六	日
31 初九					1 初八	2 初九
3 初十	4 十一	5 小寒	6 十三	7 十四	8 十五	9 十六
10 十七	11 十八	12 十九	13 二十	14 廿一	15 廿二	16 廿三
17 廿四	18 廿五	19 廿六	20 大寒	21 廿八	22 廿九	23 正月
24 初二	25 初三	26 初四	27 初五	28 初六	29 初七	30 初八

2

一	二	三	四	五	六	日
	1 初十	2 十一	3 立春	4 十三	5 十四	6 十五
7 十六	8 十七	9 十八	10 十九	11 二十	12 廿一	13 廿二
14 廿三	15 廿四	16 廿五	17 廿六	18 雨水	19 廿八	20 廿九
21 二月	22 初二	23 初三	24 初四	25 初五	26 初六	27 初七
28 初八						

3

一	二	三	四	五	六	日
	1 初九	2 初十	3 十一	4 十二	5 惊蛰	6 十四
7 十五	8 十六	9 十七	10 十八	11 十九	12 二十	13 廿一
14 廿二	15 廿三	16 廿四	17 廿五	18 廿六	19 廿七	20 春分
21 廿九	22 三十	23 三月	24 初二	25 初三	26 初四	27 初五
28 初六	29 初七	30 初八	31 初九			

4

一	二	三	四	五	六	日
				1 初十	2 十一	3 十二
4 清明	5 十四	6 十五	7 十六	8 十七	9 十八	10 十九
11 二十	12 廿一	13 廿二	14 廿三	15 廿四	16 廿五	17 廿六
18 廿七	19 廿八	20 谷雨	21 三月	22 初二	23 初三	24 初四
25 初五	26 初六	27 初七	28 初八	29 初九	30 初十	

5

一	二	三	四	五	六	日
						1 十一
2 十二	3 十三	4 十四	5 立夏	6 十六	7 十七	8 十八
9 十九	10 二十	11 廿一	12 廿二	13 廿三	14 廿四	15 廿五
16 廿六	17 廿七	18 廿八	19 廿九	20 三十	21 四月 小满	22 初二
23 初三	24 初四	25 初五	26 初六	27 初七	28 初八	29 初九

6

一	二	三	四	五	六	日
		1 十二	2 十三	3 十四	4 十五	5 芒种
6 十七	7 十八	8 十九	9 二十	10 廿一	11 廿二	12 廿三
13 廿四	14 廿五	15 廿六	16 廿七	17 廿八	18 廿九	19 五月
20 初二	21 夏至	22 初四	23 初五	24 初六	25 初七	26 初八
27 初九	28 初十	29 十一	30 十二			

7

一	二	三	四	五	六	日
				1 十三	2 十四	3 十五
4 十六	5 十七	6 十八	7 小暑	8 二十	9 廿一	10 廿二
11 廿三	12 廿四	13 廿五	14 廿六	15 廿七	16 廿八	17 廿九
18 三十	19 六月	20 初二	21 初三	22 大暑	23 初五	24 初六
25 初七	26 初八	27 初九	28 初十	29 十一	30 十二	31 十三

8

一	二	三	四	五	六	日
1 十四	2 十五	3 十六	4 十七	5 十八	6 十九	7 立秋
8 廿一	9 廿二	10 廿三	11 廿四	12 廿五	13 廿六	14 廿七
15 廿八	16 廿九	17 七月	18 初二	19 初三	20 初四	21 初五
22 初六	23 处暑	24 初八	25 初九	26 初十	27 十一	28 十二
29 十三	30 十四	31 十五				

9

一	二	三	四	五	六	日
			1 十六	2 十七	3 十八	4 十九
5 二十	6 廿一	7 白露	8 廿三	9 廿四	10 廿五	11 廿六
12 廿七	13 廿八	14 廿九	15 三十	16 八月	17 初二	18 初三
19 初四	20 初五	21 初六	22 初七	23 秋分	24 初九	25 初十
26 十一	27 十二	28 十三	29 十四	30 十五		

10

一	二	三	四	五	六	日
					1 十六	2 十七
3 十八	4 十九	5 二十	6 廿一	7 廿二	8 寒露	9 廿四
10 廿五	11 廿六	12 廿七	13 廿八	14 廿九	15 三十	16 九月
17 初二	18 初三	19 初四	20 初五	21 初六	22 初七	23 霜降
24 初九	25 初十	26 十一	27 十二	28 十三	29 十四	30 十五

11

一	二	三	四	五	六	日
	1 十七	2 十八	3 十九	4 二十	5 廿一	6 廿二
7 立冬	8 廿四	9 廿五	10 廿六	11 廿七	12 廿八	13 廿九
14 十月	15 初二	16 初三	17 初四	18 初五	19 初六	20 初七
21 初八	22 小雪	23 初十	24 十一	25 十二	26 十三	27 十四
28 十五	29 十六	30 十七				

12

一	二	三	四	五	六	日
			1 十八	2 十九	3 二十	4 廿一
5 廿二	6 廿三	7 大雪	8 廿五	9 廿六	10 廿七	11 廿八
12 廿九	13 三十	14 十一月	15 初二	16 初三	17 初四	18 初五
19 初六	20 初七	21 冬至	22 初九	23 初十	24 十一	25 十二
26 十三	27 十四	28 十五	29 十六	30 十七	31 十八	

中国吉祥图案鉴赏

十二花神

题注：相传农历二月十二日为花神生日，以十二位古代名人或神位十二花神，如正月梅花，花神柳营梅；二月杏花，花神杨玉环；三月桃花，花神杨延昭；四月蔷薇花，花神张丽华；五月石榴花，花神钟馗等。又，称桃花女为花神，据《花木录》载，魏夫人之弟子花姑善种花，后被奉为花神。

2051年（辛未 羊年2月11日始）

1

一	二	三	四	五	六	日
30 十八	31 十九					1 十九
2 二十	3 廿一	4 廿二	5 小寒	6 廿四	7 廿五	8 廿六
9 廿七	10 廿八	11 廿九	12 三十	13 十二月	14 初二	15 初三
16 初四	17 初五	18 初六	19 初七	20 大寒	21 初九	22 初十
23 十一	24 十二	25 十三	26 十四	27 十五	28 十六	29 十七

2

一	二	三	四	五	六	日
		1 二十	2 廿一	3 廿二	4 立春	5 廿四
6 廿五	7 廿六	8 廿七	9 廿八	10 廿九	11 正月	12 初二
13 初三	14 初四	15 初五	16 初六	17 初七	18 初八	19 雨水
20 初十	21 十一	22 十二	23 十三	24 十四	25 十五	26 十六
27 十七	28 十八					

3

一	二	三	四	五	六	日
		1 十九	2 二十	3 廿一	4 廿二	5 惊蛰
6 廿四	7 廿五	8 廿六	9 廿七	10 廿八	11 廿九	12 三十
13 二月	14 初二	15 初三	16 初四	17 初五	18 初六	19 初七
20 初八	21 春分	22 初十	23 十一	24 十二	25 十三	26 十四
27 十五	28 十六	29 十七	30 十八	31 十九		

4

一	二	三	四	五	六	日
					1 二十	2 廿一
3 廿二	4 廿三	5 清明	6 廿五	7 廿六	8 廿七	9 廿八
10 廿九	11 三月	12 初二	13 初三	14 初四	15 初五	16 初六
17 初七	18 初八	19 初九	20 谷雨	21 十一	22 十二	23 十三
24 十四	25 十五	26 十六	27 十七	28 十八	29 十九	30 二十

5

一	二	三	四	五	六	日
1 廿一	2 廿二	3 廿三	4 廿四	5 立夏	6 廿六	7 廿七
8 廿八	9 廿九	10 四月	11 初二	12 初三	13 初四	14 初五
15 初六	16 初七	17 初八	18 初九	19 初十	20 十一	21 小满
22 十三	23 十四	24 十五	25 十六	26 十七	27 十八	28 十九
29 二十	30 廿一	31 廿二				

6

一	二	三	四	五	六	日
			1 廿三	2 廿四	3 廿五	4 廿六
5 廿七	6 芒种	7 廿九	8 三十	9 五月	10 初二	11 初三
12 初四	13 初五	14 初六	15 初七	16 初八	17 初九	18 初十
19 十一	20 十二	21 夏至	22 十四	23 十五	24 十六	25 十七
26 十八	27 十九	28 二十	29 廿一	30 廿二		

7

一	二	三	四	五	六	日
31 廿四					1 廿三	2 廿四
3 廿五	4 廿六	5 廿七	6 廿八	7 小暑	8 六月	9 初二
10 初三	11 初四	12 初五	13 初六	14 初七	15 初八	16 初九
17 初十	18 十一	19 十二	20 十三	21 十四	22 十五	23 大暑
24 十七	25 十八	26 十九	27 二十	28 廿一	29 廿二	30 廿三

8

一	二	三	四	五	六	日
	1 廿五	2 廿六	3 廿七	4 廿八	5 廿九	6 七月
7 立秋	8 初三	9 初四	10 初五	11 初六	12 初七	13 初八
14 初九	15 初十	16 十一	17 十二	18 十三	19 十四	20 十五
21 十六	22 十七	23 处暑	24 十九	25 二十	26 廿一	27 廿二
28 廿三	29 廿四	30 廿五	31 廿六			

9

一	二	三	四	五	六	日
				1 廿七	2 廿八	3 廿九
4 三十	5 八月	6 初二	7 白露	8 初四	9 初五	10 初六
11 初七	12 初八	13 初九	14 初十	15 十一	16 十二	17 十三
18 十四	19 十五	20 十六	21 十七	22 十八	23 秋分	24 二十
25 廿一	26 廿二	27 廿三	28 廿四	29 廿五	30 廿六	

10

一	二	三	四	五	六	日
30 廿六	31 廿七					1 廿七
2 廿八	3 廿九	4 三十	5 九月	6 初二	7 初三	8 寒露
9 初五	10 初六	11 初七	12 初八	13 初九	14 初十	15 十一
16 十二	17 十三	18 十四	19 十五	20 十六	21 十七	22 十八
23 霜降	24 二十	25 廿一	26 廿二	27 廿三	28 廿四	29 廿五

11

一	二	三	四	五	六	日
		1 廿八	2 廿九	3 十月	4 初二	5 初三
6 初四	7 立冬	8 初六	9 初七	10 初八	11 初九	12 初十
13 十一	14 十二	15 十三	16 十四	17 十五	18 十六	19 十七
20 十八	21 十九	22 小雪	23 廿一	24 廿二	25 廿三	26 廿四
27 廿五	28 廿六	29 廿七	30 廿八			

12

一	二	三	四	五	六	日
				1 廿九	2 三十	3 十一月
4 初二	5 初三	6 初四	7 大雪	8 初六	9 初七	10 初八
11 初九	12 初十	13 十一	14 十二	15 十三	16 十四	17 十五
18 十六	19 十七	20 十八	21 十九	22 冬至	23 廿一	24 廿二
25 廿三	26 廿四	27 廿五	28 廿六	29 廿七	30 廿八	31 廿九

中国吉祥图案鉴赏

双凤双喜

题注：为祝贺新婚之词。

2052 年（壬申 猴年 2 月 1 日始 闰八月）

1

一	二	三	四	五	六	日
1 三十	2 十二月	3 初二	4 初三	5 小寒	6 初五	7 初六
8 初七	9 初八	10 初九	11 初十	12 十一	13 十二	14 十三
15 十四	16 十五	17 十六	18 十七	19 十八	20 大寒	21 二十
22 廿一	23 廿二	24 廿三	25 廿四	26 廿五	27 廿六	28 廿七
29 廿八	30 廿九	31 三十				

7

一	二	三	四	五	六	日
1 初五	2 初六	3 初七	4 初八	5 初九	6 小暑	7 十一
8 十二	9 十三	10 十四	11 十五	12 十六	13 十七	14 十八
15 十九	16 二十	17 廿一	18 廿二	19 廿三	20 廿四	21 廿五
22 大暑	23 廿七	24 廿八	25 廿九	26 七月	27 初二	28 初三
29 初四	30 初五	31 初六				

2

一	二	三	四	五	六	日
			1 正月	2 初二	3 初三	4 立春
5 初五	6 初六	7 初七	8 初八	9 初九	10 初十	11 十一
12 十二	13 十三	14 十四	15 十五	16 十六	17 十七	18 十八
19 雨水	20 二十	21 廿一	22 廿二	23 廿三	24 廿四	25 廿五
26 廿六	27 廿七	28 廿八	29 廿九			

8

一	二	三	四	五	六	日
			1 初七	2 初八	3 初九	4 初十
5 十一	6 十二	7 立秋	8 十四	9 十五	10 十六	11 十七
12 十八	13 十九	14 二十	15 廿一	16 廿二	17 廿三	18 廿四
19 廿五	20 廿六	21 廿七	22 处暑	23 廿九	24 八月	25 初二
26 初三	27 初四	28 初五	29 初六	30 初七	31 初八	

3

一	二	三	四	五	六	日
				1 二月	2 初二	3 初三
4 初四	5 惊蛰	6 初六	7 初七	8 初八	9 初九	10 初十
11 十一	12 十二	13 十三	14 十四	15 十五	16 十六	17 十七
18 十八	19 十九	20 春分	21 廿一	22 廿二	23 廿三	24 廿四
25 廿五	26 廿六	27 廿七	28 廿八	29 廿九	30 三十	31 三月

9

一	二	三	四	五	六	日
30 初八						1 初九
2 初十	3 十一	4 十二	5 十三	6 十四	7 白露	8 十六
9 十七	10 十八	11 十九	12 二十	13 廿一	14 廿二	15 廿三
16 廿四	17 廿五	18 廿六	19 廿七	20 廿八	21 廿九	22 秋分
23 八月	24 初二	25 初三	26 初四	27 初五	28 初六	29 初七

4

一	二	三	四	五	六	日
1 初二	2 初三	3 初四	4 清明	5 初六	6 初七	7 初八
8 初九	9 初十	10 十一	11 十二	12 十三	13 十四	14 十五
15 十六	16 十七	17 十八	18 十九	19 谷雨	20 廿一	21 廿二
22 廿三	23 廿四	24 廿五	25 廿六	26 廿七	27 廿八	28 廿九
29 四月	30 初二					

10

一	二	三	四	五	六	日
	1 初九	2 初十	3 十一	4 十二	5 十三	6 十四
7 寒露	8 十六	9 十七	10 十八	11 十九	12 二十	13 廿一
14 廿二	15 廿三	16 廿四	17 廿五	18 廿六	19 廿七	20 廿八
21 廿九	22 九月	23 霜降	24 初三	25 初四	26 初五	27 初六
28 初七	29 初八	30 初九	31 初十			

5

一	二	三	四	五	六	日
		1 初三	2 初四	3 初五	4 初六	5 立夏
6 初八	7 初九	8 初十	9 十一	10 十二	11 十三	12 十四
13 十五	14 十六	15 十七	16 十八	17 十九	18 二十	19 廿一
20 小满	21 廿三	22 廿四	23 廿五	24 廿六	25 廿七	26 廿八
27 廿九	28 五月	29 初二	30 初三	31 初四		

11

一	二	三	四	五	六	日
				1 十一	2 十二	3 十三
4 十四	5 十五	6 十六	7 立冬	8 十八	9 十九	10 二十
11 廿一	12 廿二	13 廿三	14 廿四	15 廿五	16 廿六	17 廿七
18 廿八	19 廿九	20 三十	21 十月 小雪	22 初二	23 初三	24 初四
25 初五	26 初六	27 初七	28 初八	29 初九	30 初十	

6

一	二	三	四	五	六	日
					1 初五	2 初六
3 初七	4 初八	5 芒种	6 初十	7 十一	8 十二	9 十三
10 十四	11 十五	12 十六	13 十七	14 十八	15 十九	16 二十
17 廿一	18 廿二	19 廿三	20 夏至	21 廿五	22 廿六	23 廿七
24 廿八	25 廿九	26 三十	27 六月	28 初二	29 初三	30 初四

12

一	二	三	四	五	六	日
30 初十	31 十一					1 十一
2 十二	3 十三	4 十四	5 十五	6 大雪	7 十七	8 十八
9 十九	10 二十	11 廿一	12 廿二	13 廿三	14 廿四	15 廿五
16 廿六	17 廿七	18 廿八	19 廿九	20 三十	21 十一月 冬至	22 初二
23 初三	24 初四	25 初五	26 初六	27 初七	28 初八	29 初九

天官赐福

题注：“天官赐福”亦称“受天福禄”。天官是地位极高、专司赐福的大神，位列“三官”之首。三官又称上元、中元、下元，指道教中的“天地水”三位大神。因天官主赐福，地官主赦罪，水官主解厄，被世人奉为“三官大帝”。农历的正月十五、七月十五、十月十五分别为三官大帝的诞辰，民间均要举行盛大的仪式庆贺，由此形成上元节、中元节、下元节。图案利用“蝠”与“福”谐音，表达了“天官降福”的吉祥寓意。

中国吉祥图案鉴赏

2053 年（癸酉 鸡年 2 月 19 日始）

1

一	二	三	四	五	六	日
		1十二	2十三	3十四	4十五	5小寒
6十七	7十八	8十九	9二十	10廿一	11廿二	12廿三
13廿四	14廿五	15廿六	16廿七	17廿八	18廿九	19大寒
20十二月	21初二	22初三	23初四	24初五	25初六	26初七
27初八	28初九	29初十	30十一	31十二		

2

一	二	三	四	五	六	日
					1十三	2十四
3立春	4十六	5十七	6十八	7十九	8二十	9廿一
10廿二	11廿三	12廿四	13廿五	14廿六	15廿七	16廿八
17廿九	18雨水	19正月	20初二	21初三	22初四	23初五
24初六	25初七	26初八	27初九	28初十		

3

一	二	三	四	五	六	日
31十二					1十一	2十二
3十三	4十四	5惊蛰	6十六	7十七	8十八	9十九
10二十	11廿一	12廿二	13廿三	14廿四	15廿五	16廿六
17廿七	18廿八	19廿九	20二月 春分	21初二	22初三	23初四
24初五	25初六	26初七	27初八	28初九	29初十	30十一

4

一	二	三	四	五	六	日
	1十三	2十四	3十五	4清明	5十七	6十八
7十九	8二十	9廿一	10廿二	11廿三	12廿四	13廿五
14廿六	15廿七	16廿八	17廿九	18三十	19三月 谷雨	20初二
21初三	22初四	23初五	24初六	25初七	26初八	27初九
28初十	29十一	30十二				

5

一	二	三	四	五	六	日
			1十三	2十四	3十五	4十六
5立夏	6十八	7十九	8二十	9廿一	10廿二	11廿三
12廿四	13廿五	14廿六	15廿七	16廿八	17廿九	18四月
19初二	20小满	21初四	22初五	23初六	24初七	25初八
26初九	27初十	28十一	29十二	30十三	31十四	

6

一	二	三	四	五	六	日
30十五						1十五
2十六	3十七	4十八	5芒种	6二十	7廿一	8廿二
9廿三	10廿四	11廿五	12廿六	13廿七	14廿八	15廿九
16五月	17初二	18初三	19初四	20初五	21夏至	22初七
23初八	24初九	25初十	26十一	27十二	28十三	29十四

7

一	二	三	四	五	六	日
	1十六	2十七	3十八	4十九	5二十	6小暑
7廿二	8廿三	9廿四	10廿五	11廿六	12廿七	13廿八
14廿九	15三十	16六月	17初二	18初三	19初四	20初五
21初六	22大暑	23初八	24初九	25初十	26十一	27十二
28十三	29十四	30十五	31十六			

8

一	二	三	四	五	六	日
				1十七	2十八	3十九
4二十	5廿一	6廿二	7立秋	8廿四	9廿五	10廿六
11廿七	12廿八	13廿九	14七月	15初二	16初三	17初四
18初五	19初六	20初七	21初八	22处暑	23初十	24十一
25十二	26十三	27十四	28十五	29十六	30十七	31十八

9

一	二	三	四	五	六	日
1十九	2二十	3廿一	4廿二	5廿三	6廿四	7白露
8廿六	9廿七	10廿八	11廿九	12八月	13初二	14初三
15初四	16初五	17初六	18初七	19初八	20初九	21初十
22秋分	23十二	24十三	25十四	26十五	27十六	28十七
29十八	30十九					

10

一	二	三	四	五	六	日
		1二十	2廿一	3廿二	4廿三	5廿四
6廿五	7廿六	8寒露	9廿八	10廿九	11三十	12九月
13初二	14初三	15初四	16初五	17初六	18初七	19初八
20初九	21初十	22十一	23霜降	24十三	25十四	26十五
27十六	28十七	29十八	30十九	31二十		

11

一	二	三	四	五	六	日
					1廿一	2廿二
3廿三	4廿四	5廿五	6廿六	7立冬	8廿八	9廿九
10十月	11初二	12初三	13初四	14初五	15初六	16初七
17初八	18初九	19初十	20十一	21十二	22小雪	23十四
24十五	25十六	26十七	27十八	28十九	29二十	30廿一

12

一	二	三	四	五	六	日
1廿二	2廿三	3廿四	4廿五	5廿六	6廿七	7大雪
8廿九	9三十	10十一月	11初二	12初三	13初四	14初五
15初六	16初七	17初八	18初九	19初十	20十一	21冬至
22十三	23十四	24十五	25十六	26十七	27十八	28十九
29二十	30廿一	31廿二				

中国吉祥图案鉴赏

天女散花

题注：天女散花原为佛教故事，出自《维摩经观众生品》。天女以花散诸菩萨身，即皆坠落。至大弟子身，便著不坠。天女曰：结习未尽，花著身耳。其后辗转传变为描写天女美化、绿化山川大地的诗篇：“龙王戏水，车马之尘埃；天女散花，缀山林之曹树。”

2054 年（甲戌 狗年 2 月 8 日始）

1

一	二	三	四	五	六	日
			1廿三	2廿四	3廿五	4廿六
5小寒	6廿八	7廿九	8三十	9十二月	10初二	11初三
12初四	13初五	14初六	15初七	16初八	17初九	18初十
19十一	20大寒	21十三	22十四	23十五	24十六	25十七
26十八	27十九	28二十	29廿一	30廿二		

7

一	二	三	四	五	六	日
		1廿六	2廿七	3廿八	4廿九	5六月
6初二	7小暑	8初四	9初五	10初六	11初七	12初八
13初九	14初十	15十一	16十二	17十三	18十四	19十五
20十六	21十七	22大暑	23十九	24二十	25廿一	26廿二
27廿三	28廿四	29廿五	30廿六	31廿七		

2

一	二	三	四	五	六	日
						1廿四
2廿五	3立春	4廿七	5廿八	6廿九	7三十	8正月
9初二	10初三	11初四	12初五	13初六	14初七	15初八
16初九	17初十	18雨水	19十二	20十三	21十四	22十五
23十六	24十七	25十八	26十九	27二十	28廿一	

8

一	二	三	四	五	六	日
31廿八					1廿八	2廿九
3三十	4七月	5初二	6初三	7立秋	8初五	9初六
10初七	11初八	12初九	13初十	14十一	15十二	16十三
17十四	18十五	19十六	20十七	21十八	22十九	23处暑
24廿一	25廿二	26廿三	27廿四	28廿五	29廿六	30廿七

3

一	二	三	四	五	六	日
30廿二	31廿三					1廿二
2廿三	3廿四	4廿五	5惊蛰	6廿七	7廿八	8廿九
9二月	10初二	11初三	12初四	13初五	14初六	15初七
16初八	17初九	18初十	19十一	20春分	21十三	22十四
23十五	24十六	25十七	26十八	27十九	28二十	29廿一

9

一	二	三	四	五	六	日
	1廿九	2三十	3八月	4初二	5初三	6初四
7白露	8初七	9初八	10初九	11初十	12十一	13十二
14十三	15十四	16十五	17十六	18十七	19十八	20十九
21二十	22廿一	23秋分	24廿三	25廿四	26廿五	27廿六
28廿七	29廿八	30廿九				

4

一	二	三	四	五	六	日
		1廿四	2廿五	3廿六	4清明	5廿八
6廿九	7三十	8三月	9初二	10初三	11初四	12初五
13初六	14初七	15初八	16初九	17初十	18十一	19十二
20谷雨	21十四	22十五	23十六	24十七	25十八	26十九
27二十	28廿一	29廿二	30廿三			

10

一	二	三	四	五	六	日
			1九月	2初二	3初三	4初四
5初五	6初六	7初七	8寒露	9初九	10初十	11十一
12十二	13十三	14十四	15十五	16十六	17十七	18十八
19十九	20二十	21廿一	22廿二	23霜降	24廿四	25廿五
26廿六	27廿七	28廿八	29廿九	30三十	31十月	

5

一	二	三	四	五	六	日
				1廿四	2廿五	3廿六
4廿七	5立夏	6廿九	7三十	8四月	9初二	10初三
11初四	12初五	13初六	14初七	15初八	16初九	17初十
18十一	19十二	20十三	21小满	22十五	23十六	24十七
25十八	26十九	27二十	28廿一	29廿二	30廿三	31廿四

11

一	二	三	四	五	六	日
30初二						1初二
2初三	3初四	4初五	5初六	6初七	7立冬	8初九
9初十	10十一	11十二	12十三	13十四	14十五	15十六
16十七	17十八	18十九	19二十	20廿一	21廿二	22廿三
23廿四	24廿五	25廿六	26廿七	27廿八	28廿九	29十一月

6

一	二	三	四	五	六	日
1廿五	2廿六	3廿七	4廿八	5芒种	6五月	7初二
8初三	9初四	10初五	11初六	12初七	13初八	14初九
15初十	16十一	17十二	18十三	19十四	20十五	21夏至
22十七	23十八	24十九	25二十	26廿一	27廿二	28廿三
29廿四	30廿五					

12

一	二	三	四	五	六	日
	1初三	2初四	3初五	4初六	5初七	6初八
7大雪	8初十	9十一	10十二	11十三	12十四	13十五
14十六	15十七	16十八	17十九	18二十	19廿一	20廿二
21廿三	22冬至	23廿五	24廿六	25廿七	26廿八	27廿九
28三十	29十二月	30初二	31初三			

天师镇宅

题注：张天师即道教的创始人张道陵，其祖庭在江西贵溪县龙虎山上清宫，传说是一位知名度甚高，颇有法力的驱魔大师，在民间受到广泛崇敬。

中国吉祥图案鉴赏

2055年（乙亥 猪年1月28日始 闰六月）

1

一	二	三	四	五	六	日
				1初四	2初五	3初六
4初七	5小寒	6初九	7初十	8十一	9十二	10十三
11十四	12十五	13十六	14十七	15十八	16十九	17二十
18廿一	19廿二	20大寒	21廿四	22廿五	23廿六	24廿七
25廿八	26廿九	27三十	28正月	29初二	30初三	31初四

2

一	二	三	四	五	六	日
1初五	2初六	3初七	4立春	5初九	6初十	7十一
8十二	9十三	10十四	11十五	12十六	13十七	14十八
15十九	16二十	17廿一	18廿二	19雨水	20廿四	21廿五
22廿六	23廿七	24廿八	25廿九	26二月	27初二	28初三

3

一	二	三	四	五	六	日
1初四	2初五	3初六	4初七	5惊蛰	6初九	7初十
8十一	9十二	10十三	11十四	12十五	13十六	14十七
15十八	16十九	17二十	18廿一	19廿二	20春分	21廿四
22廿五	23廿六	24廿七	25廿八	26廿九	27三十	28三月
29初二	30初三	31初四				

4

一	二	三	四	五	六	日
			1初五	2初六	3初七	4初八
5清明	6初十	7十一	8十二	9十三	10十四	11十五
12十六	13十七	14十八	15十九	16二十	17廿一	18廿二
19廿三	20谷雨	21廿五	22廿六	23廿七	24廿八	25廿九
26三十	27四月	28初二	29初三	30初四		

5

一	二	三	四	五	六	日
31初六					1初五	2初六
3初七	4初八	5立夏	6初十	7十一	8十二	9十三
10十四	11十五	12十六	13十七	14十八	15十九	16二十
17廿一	18廿二	19廿三	20廿四	21小满	22廿六	23廿七
24廿八	25廿九	26五月	27初二	28初三	29初四	30初五

6

一	二	三	四	五	六	日
	1初七	2初八	3初九	4初十	5芒种	6十二
7十三	8十四	9十五	10十六	11十七	12十八	13十九
14二十	15廿一	16廿二	17廿三	18廿四	19廿五	20廿六
21夏至	22廿八	23廿九	24三十	25六月	26初二	27初三
28初四	29初五	30初六	31初五			

7

一	二	三	四	五	六	日
			1初七	2初八	3初九	4初十
5十一	6十二	7小暑	8十四	9十五	10十六	11十七
12十八	13十九	14二十	15廿一	16廿二	17廿三	18廿四
19廿五	20廿六	21廿七	22廿八	23大暑	24六月	25初二
26初三	27初四	28初五	29初六	30初七	31初八	

8

一	二	三	四	五	六	日
30初八	31初九					1初九
2初十	3十一	4十二	5十三	6十四	7立秋	8十六
9十七	10十八	11十九	12二十	13廿一	14廿二	15廿三
16廿四	17廿五	18廿六	19廿七	20廿八	21廿九	22三十
23七月处暑	24初二	25初三	26初四	27初五	28初六	29初七

9

一	二	三	四	五	六	日
		1初十	2十一	3十二	4十三	5十四
6十五	7白露	8十七	9十八	10十九	11二十	12廿一
13廿二	14廿三	15廿四	16廿五	17廿六	18廿七	19廿八
20廿九	21八月	22初二	23秋分	24初四	25初五	26初六
27初七	28初八	29初九	30初十	31十一		

10

一	二	三	四	五	六	日
				1十一	2十二	3十三
4十四	5十五	6十六	7十七	8寒露	9十九	10二十
11廿一	12廿二	13廿三	14廿四	15廿五	16廿六	17廿七
18廿八	19廿九	20九月	21初二	22初三	23霜降	24初五
25初六	26初七	27初八	28初七	29初十	30十一	31十二

11

一	二	三	四	五	六	日
1十三	2十四	3十五	4十六	5十七	6十八	7立冬
8二十	9廿一	10廿二	11廿三	12廿四	13廿五	14廿六
15廿七	16廿八	17廿九	18三十	19十月	20初二	21初三
22小雪	23初五	24初六	25初七	26初八	27初九	28初十
29十一	30十二					

12

一	二	三	四	五	六	日
		1十三	2十四	3十五	4十六	5十七
6十八	7大雪	8二十	9廿一	10廿二	11廿三	12廿四
13廿五	14廿六	15廿七	16廿八	17廿九	18十一月	19初二
20初三	21初四	22冬至	23初六	24初七	25初八	26初九
27初十	28十一	29十二	30十三	31十四		

中国吉祥图案鉴赏

同心之言

题注：兰花典雅幽香，素有“花中君子”之称。古代常以兰花象征高尚的友谊、同心之言，典出《易经》“二人同心，齐利断金。”“同心之言，其臭如兰”。

2056 年（丙子 鼠年 2 月 15 日始）

1

一	二	三	四	五	六	日
31 十五					1 十五	2 十六
3 十七	4 十八	5 小寒	6 二十	7 廿一	8 廿二	9 廿三
10 廿四	11 廿五	12 廿六	13 廿七	14 廿八	15 廿九	16 三十
17 十二月	18 初二	19 初三	20 大寒	21 初五	22 初六	23 初七
24 初八	25 初九	26 初十	27 十一	28 十二	29 十三	30 十四

2

一	二	三	四	五	六	日
	1 十六	2 十七	3 十八	4 立春	5 二十	6 廿一
7 廿二	8 廿三	9 廿四	10 廿五	11 廿六	12 廿七	13 廿八
14 廿九	15 正月	16 初二	17 初三	18 初四	19 雨水	20 初六
21 初七	22 初八	23 初九	24 初十	25 十一	26 十二	27 十三
28 十四	29 十五					

3

一	二	三	四	五	六	日
		1 十六	2 十七	3 十八	4 十九	5 惊蛰
6 廿一	7 廿二	8 廿三	9 廿四	10 廿五	11 廿六	12 廿七
13 廿八	14 廿九	15 三十	16 二月	17 初二	18 初三	19 初四
20 春分	21 初六	22 初七	23 初八	24 初九	25 初十	26 十一
27 十二	28 十三	29 十四	30 十五	31 十六		

4

一	二	三	四	五	六	日
					1 十七	2 十八
3 十九	4 清明	5 廿一	6 廿二	7 廿三	8 廿四	9 廿五
10 廿六	11 廿七	12 廿八	13 廿九	14 三十	15 三月	16 初二
17 初三	18 初四	19 谷雨	20 初六	21 初七	22 初八	23 初九
24 初十	25 十一	26 十二	27 十三	28 十四	29 十五	30 十六

5

一	二	三	四	五	六	日
1 十七	2 十八	3 十九	4 二十	5 立夏	6 廿二	7 廿三
8 廿四	9 廿五	10 廿六	11 廿七	12 廿八	13 廿九	14 三十
15 四月	16 初二	17 初三	18 初四	19 初五	20 小满	21 初七
22 初八	23 初九	24 初十	25 十一	26 十二	27 十三	28 十四
29 十五	30 十六	31 十七				

6

一	二	三	四	五	六	日
			1 十八	2 十九	3 二十	4 廿一
5 芒种	6 廿三	7 廿四	8 廿五	9 廿六	10 廿七	11 廿八
12 廿九	13 五月	14 初二	15 初三	16 初四	17 初五	18 初六
19 初七	20 夏至	21 初九	22 初十	23 十一	24 十二	25 十三
26 十四	27 十五	28 十六	29 十七	30 十八		

7

一	二	三	四	五	六	日
31 十九					1 十九	2 二十
3 廿一	4 廿二	5 廿三	6 小暑	7 廿五	8 廿六	9 廿七
10 廿八	11 廿九	12 三十	13 六月	14 初二	15 初三	16 初四
17 初五	18 初六	19 初七	20 初八	21 初九	22 大暑	23 十一
24 十二	25 十三	26 十四	27 十五	28 十六	29 十七	30 十八

8

一	二	三	四	五	六	日
	1 二十	2 廿一	3 廿二	4 廿三	5 廿四	6 廿五
7 立秋	8 廿七	9 廿八	10 廿九	11 七月	12 初二	13 初三
14 初四	15 初五	16 初六	17 初七	18 初八	19 初九	20 初十
21 十一	22 处暑	23 十三	24 十四	25 十五	26 十六	27 十七
28 十八	29 十九	30 二十	31 廿一			

9

一	二	三	四	五	六	日
				1 廿二	2 廿三	3 廿四
4 廿五	5 廿六	6 廿七	7 白露	8 廿九	9 三十	10 八月
11 初二	12 初三	13 初四	14 初五	15 初六	16 初七	17 初八
18 初九	19 初十	20 十一	21 十二	22 秋分	23 十四	24 十五
25 十六	26 十七	27 十八	28 十九	29 二十	30 廿一	

10

一	二	三	四	五	六	日
30 廿二	31 廿三					1 廿二
2 廿三	3 廿四	4 廿五	5 廿六	6 廿七	7 寒露	8 廿九
9 九月	10 初二	11 初三	12 初四	13 初五	14 初六	15 初七
16 初八	17 初九	18 初十	19 十一	20 十二	21 十三	22 十四
23 霜降	24 十六	25 十七	26 十八	27 十九	28 二十	29 廿一

11

一	二	三	四	五	六	日
		1 廿四	2 廿五	3 廿六	4 廿七	5 廿八
6 廿九	7 十月 立冬	8 初二	9 初三	10 初四	11 初五	12 初六
13 初七	14 初八	15 初九	16 初十	17 十一	18 十二	19 十三
20 十四	21 小雪	22 十六	23 十七	24 十八	25 十九	26 二十
27 廿一	28 廿二	29 廿三	30 廿四			

12

一	二	三	四	五	六	日
				1 廿五	2 廿六	3 廿七
4 廿八	5 廿九	6 大雪	7 十一月	8 初二	9 初三	10 初四
11 初五	12 初六	13 初七	14 初八	15 初九	16 初十	17 十一
18 十二	19 十三	20 十四	21 冬至	22 十六	23 十七	24 十八
25 十九	26 二十	27 廿一	28 廿二	29 廿三	30 廿四	31 廿五

万年如意

题注：如意是佛家的一种吉祥物，灵芝在古代被视为珍贵植物，寓意福寿。“万年如意”寓意世代吉祥幸福。

中国吉祥图案鉴赏

2057 年（丁丑 牛年 2 月 4 日始）

1

一	二	三	四	五	六	日
1 廿六	2 廿七	3 廿八	4 廿九	5 十二月 小寒	6 初二	7 初三
8 初四	9 初五	10 初六	11 初七	12 初八	13 初九	14 初十
15 十一	16 十二	17 十三	18 十四	19 大寒	20 十六	21 十七
22 十八	23 十九	24 二十	25 廿一	26 廿二	27 廿三	28 廿四
29 廿五	30 廿六	31 廿七				

2

一	二	三	四	五	六	日
			1 廿八	2 廿九	3 立春	4 正月
5 初二	6 初三	7 初四	8 初五	9 初六	10 初七	11 初八
12 初九	13 初十	14 十一	15 十二	16 十三	17 十四	18 雨水
19 十六	20 十七	21 十八	22 十九	23 二十	24 廿一	25 廿二
26 廿三	27 廿四	28 廿五				

3

一	二	三	四	五	六	日
			1 廿六	2 廿七	3 廿八	4 廿九
5 二月 惊蛰	6 初二	7 初三	8 初四	9 初五	10 初六	11 初七
12 初八	13 初九	14 初十	15 十一	16 十二	17 十三	18 十四
19 十五	20 春分	21 十七	22 十八	23 十九	24 二十	25 廿一
26 廿二	27 廿三	28 廿四	29 廿五	30 廿六	31 廿七	

4

一	二	三	四	五	六	日
30 廿七						1 廿八
2 廿九	3 三十	4 三月 清明	5 初二	6 初三	7 初四	8 初五
9 初六	10 初七	11 初八	12 初九	13 初十	14 十一	15 十二
16 十三	17 十四	18 十五	19 谷雨	20 十七	21 十八	22 十九
23 二十	24 廿一	25 廿二	26 廿三	27 廿四	28 廿五	29 廿六

5

一	二	三	四	五	六	日
	1 廿八	2 廿九	3 三十	4 四月	5 立夏	6 初三
7 初四	8 初五	9 初六	10 初七	11 初八	12 初九	13 初十
14 十一	15 十二	16 十三	17 十四	18 十五	19 十六	20 小满
21 十八	22 十九	23 二十	24 廿一	25 廿二	26 廿三	27 廿四
28 廿五	29 廿六	30 廿七	31 廿八			

6

一	二	三	四	五	六	日
				1 廿九	2 五月	3 初二
4 初三	5 芒种	6 初五	7 初六	8 初七	9 初八	10 初九
11 初十	12 十一	13 十二	14 十三	15 十四	16 十五	17 十六
18 十七	19 十八	20 十九	21 夏至	22 廿一	23 廿二	24 廿三
25 廿四	26 廿五	27 廿六	28 廿七	29 廿八	30 廿九	

7

一	二	三	四	五	六	日
30 廿九	31 七月					1 三十
2 六月	3 初二	4 初三	5 初四	6 小暑	7 初六	8 初七
9 初八	10 初九	11 初十	12 十一	13 十二	14 十三	15 十四
16 十五	17 十六	18 十七	19 十八	20 十九	21 二十	22 大暑
23 廿二	24 廿三	25 廿四	26 廿五	27 廿六	28 廿七	29 廿八

8

一	二	三	四	五	六	日
		1 初二	2 初三	3 初四	4 初五	5 初六
6 初七	7 立秋	8 初九	9 初十	10 十一	11 十二	12 十三
13 十四	14 十五	15 十六	16 十七	17 十八	18 十九	19 二十
20 廿一	21 廿二	22 处暑	23 廿四	24 廿五	25 廿六	26 廿七
27 廿八	28 廿九	29 三十	30 八月	31 初二		

9

一	二	三	四	五	六	日
					1 初三	2 初四
3 初五	4 初六	5 初七	6 初八	7 白露	8 白露	9 十一
10 十二	11 十三	12 十四	13 十五	14 十六	15 十七	16 十八
17 十九	18 二十	19 廿一	20 廿二	21 廿三	22 秋分	23 廿五
24 廿六	25 廿七	26 廿八	27 廿九	28 三十	29 九月	30 初二

10

一	二	三	四	五	六	日
1 初三	2 初四	3 初五	4 初六	5 初七	6 初八	7 初九
8 寒露	9 十一	10 十二	11 十三	12 十四	13 十五	14 十六
15 十七	16 十八	17 十九	18 二十	19 廿一	20 廿二	21 廿三
22 廿四	23 霜降	24 廿六	25 廿七	26 廿八	27 廿九	28 十月
29 初二	30 初三	31 初四				

11

一	二	三	四	五	六	日
			1 初五	2 初六	3 初七	4 初八
5 初九	6 初十	7 立冬	8 十二	9 十三	10 十四	11 十五
12 十六	13 十七	14 十八	15 十九	16 二十	17 廿一	18 廿二
19 廿三	20 廿四	21 廿五	22 小雪	23 廿七	24 廿八	25 廿九
26 十一月	27 初二	28 初三	29 初四	30 初五		

12

一	二	三	四	五	六	日
31 初六					1 初六	2 初七
3 初八	4 初九	5 初十	6 大雪	7 十二	8 十三	9 十四
10 十五	11 十六	12 十七	13 十八	14 十九	15 二十	16 廿一
17 廿二	18 廿三	19 廿四	20 廿五	21 冬至	22 廿七	23 廿八
24 廿九	25 三十	26 十二月	27 初二	28 初三	29 初四	30 初五

中国吉祥图案鉴赏

喜相逢

题注：寓意喜庆相逢，喜事来临。

2058 年（戊寅 虎年 1 月 24 日始 闰四月）

1

一	二	三	四	五	六	日
	1 初七	2 初八	3 初九	4 初十	5 小寒	6 十二
7 十三	8 十四	9 十五	10 十六	11 十七	12 十八	13 十九
14 二十	15 廿一	16 廿二	17 廿三	18 廿四	19 廿五	20 大寒
21 廿七	22 廿八	23 廿九	24 正月	25 初二	26 初三	27 初四
28 初五	29 初六	30 初七	31 初八			

2

一	二	三	四	五	六	日
				1 初九	2 初十	3 立春
4 十二	5 十三	6 十四	7 十五	8 十六	9 十七	10 十八
11 十九	12 二十	13 廿一	14 廿二	15 廿三	16 廿四	17 廿五
18 雨水	19 廿七	20 廿八	21 廿九	22 三十	23 二月	24 初二
25 初三	26 初四	27 初五	28 初六			

3

一	二	三	四	五	六	日
				1 初七	2 初八	3 初九
4 初十	5 惊蛰	6 十二	7 十三	8 十四	9 十五	10 十六
11 十七	12 十八	13 十九	14 二十	15 廿一	16 廿二	17 廿三
18 廿四	19 廿五	20 廿六	21 廿七	22 廿八	23 廿九	24 三月
25 初二	26 初三	27 初四	28 初五	29 初六	30 初七	31 初八

4

一	二	三	四	五	六	日
1 初九	2 初十	3 十一	4 清明	5 十三	6 十四	7 十五
8 十六	9 十七	10 十八	11 十九	12 二十	13 廿一	14 廿二
15 廿三	16 廿四	17 廿五	18 廿六	19 廿七	20 谷雨	21 廿九
22 三十	23 四月	24 初二	25 初三	26 初四	27 初五	28 初六
29 初七	30 初八					

5

一	二	三	四	五	六	日
		1 初九	2 初十	3 十一	4 十二	5 立夏
6 十四	7 十五	8 十六	9 十七	10 十八	11 十九	12 二十
13 廿一	14 廿二	15 廿三	16 廿四	17 廿五	18 廿六	19 廿七
20 廿八	21 小满	22 四月	23 初二	24 初三	25 初四	26 初五
27 初六	28 初七	29 初八	30 初九	31 初十		

6

一	二	三	四	五	六	日
					1 十一	2 十二
3 十三	4 十四	5 芒种	6 十六	7 十七	8 十八	9 十九
10 二十	11 廿一	12 廿二	13 廿三	14 廿四	15 廿五	16 廿六
17 廿七	18 廿八	19 廿九	20 三十	21 五月 夏至	22 初二	23 初三
24 初四	25 初五	26 初六	27 初七	28 初八	29 初九	30 初十

7

一	二	三	四	五	六	日
1 十一	2 十二	3 十三	4 十四	5 十五	6 十六	7 小暑
8 十八	9 十九	10 二十	11 廿一	12 廿二	13 廿三	14 廿四
15 廿五	16 廿六	17 廿七	18 廿八	19 廿九	20 六月	21 初二
22 初三	23 初四	24 初五	25 初六	26 初七	27 初八	28 初九
29 初十	30 十一	31 十二				

8

一	二	三	四	五	六	日
			1 十三	2 十四	3 十五	4 十六
5 十七	6 十八	7 立秋	8 二十	9 廿一	10 廿二	11 廿三
12 廿四	13 廿五	14 廿六	15 廿七	16 廿八	17 廿九	18 三十
19 七月	20 初二	21 初三	22 初四	23 初五	24 初六	25 初七
26 初八	27 初九	28 初十	29 十一	30 十二	31 十三	

9

一	二	三	四	五	六	日
30 十三						1 十四
2 十五	3 十六	4 十七	5 十八	6 十九	7 二十	8 廿一
9 廿二	10 廿三	11 廿四	12 廿五	13 廿六	14 廿七	15 廿八
16 廿九	17 三十	18 八月	19 初二	20 初三	21 初四	22 初五
23 秋分	24 初七	25 初八	26 初九	27 初十	28 十一	29 十二

10

一	二	三	四	五	六	日
	1 十四	2 十五	3 十六	4 十七	5 十八	6 十九
7 二十	8 寒露	9 廿二	10 廿三	11 廿四	12 廿五	13 廿六
14 廿七	15 廿八	16 廿九	17 九月	18 初二	19 初三	20 初四
21 初五	22 初六	23 霜降	24 初八	25 初九	26 初十	27 十一
28 十二	29 十三	30 十四	31 十五			

11

一	二	三	四	五	六	日
				1 十六	2 十七	3 十八
4 十九	5 二十	6 廿一	7 立冬	8 廿三	9 廿四	10 廿五
11 廿六	12 廿七	13 廿八	14 廿九	15 三十	16 十月	17 初二
18 初三	19 初四	20 初五	21 初六	22 小雪	23 初八	24 初九
25 初十	26 十一	27 十二	28 十三	29 十四	30 十五	

12

一	二	三	四	五	六	日
30 十五	31 十六					1 十六
2 十七	3 十八	4 十九	5 二十	6 廿一	7 大雪	8 廿三
9 廿四	10 廿五	11 廿六	12 廿七	13 廿八	14 廿九	15 三十
16 十一月	17 初二	18 初三	19 初四	20 初五	21 初六	22 初七
23 初八	24 初九	25 初十	26 十一	27 十二	28 十三	29 十四

祥鹿献瑞

题注：鹿自古以来被认为是一种神兽，是神仙的坐骑，也是人升天时的坐骑，如湖南长沙西汉马王堆出土漆棺上绘有仙人骑鹿的图案。鹿又被视为长寿的动物，常同鹤组成寓意长寿的图案，如鹤鹿同春。鹿由于与禄同音，而常用于与官运、俸禄有关的图案，如加官进禄等。

中国吉祥图案鉴赏

2059 年（己卯 兔年 2 月 12 日始）

1

一	二	三	四	五	六	日
		1 十七	2 十八	3 十九	4 二十	5 小寒
6 廿二	7 廿三	8 廿四	9 廿五	10 廿六	11 廿七	12 廿八
13 廿九	14 十二月	15 初二	16 初三	17 初四	18 初五	19 初六
20 大寒	21 初八	22 初九	23 初十	24 十一	25 十二	26 十三
27 十四	28 十五	29 十六	30 十七	31 十八		

2

一	二	三	四	五	六	日
					1 十九	2 二十
3 廿一	4 立春	5 廿三	6 廿四	7 廿五	8 廿六	9 廿七
10 廿八	11 廿九	12 正月	13 初二	14 初三	15 初四	16 初五
17 初六	18 初七	19 雨水	20 初九	21 初十	22 十一	23 十二
24 十三	25 十四	26 十五	27 十六	28 十七		

3

一	二	三	四	五	六	日
31 十八					1 十八	2 十九
3 二十	4 廿一	5 惊蛰	6 廿三	7 廿四	8 廿五	9 廿六
10 廿七	11 廿八	12 廿九	13 三十	14 二月	15 初二	16 初三
17 初四	18 初五	19 初六	20 春分	21 初八	22 初九	23 初十
24 十一	25 十二	26 十三	27 十四	28 十五	29 十六	30 十七

4

一	二	三	四	五	六	日
	1 十九	2 二十	3 廿一	4 廿二	5 清明	6 廿四
7 廿五	8 廿六	9 廿七	10 廿八	11 廿九	12 三月	13 初二
14 初三	15 初四	16 初五	17 初六	18 初七	19 初八	20 谷雨
21 初十	22 十一	23 十二	24 十三	25 十四	26 十五	27 十六
28 十七	29 十八	30 十九				

5

一	二	三	四	五	六	日
			1 二十	2 廿一	3 廿二	4 廿三
5 立夏	6 廿五	7 廿六	8 廿七	9 廿八	10 廿九	11 三十
12 四月	13 初二	14 初三	15 初四	16 初五	17 初六	18 初七
19 初八	20 初九	21 小满	22 十一	23 十二	24 十三	25 十四
26 十五	27 十六	28 十七	29 十八	30 十九	31 二十	

6

一	二	三	四	五	六	日
30 廿一						1 廿一
2 廿二	3 廿三	4 廿四	5 芒种	6 廿六	7 廿七	8 廿八
9 廿九	10 五月	11 初二	12 初三	13 初四	14 初五	15 初六
16 初七	17 初八	18 初九	19 初十	20 十一	21 夏至	22 十三
23 十四	24 十五	25 十六	26 十七	27 十八	28 十九	29 二十

7

一	二	三	四	五	六	日
	1 廿二	2 廿三	3 廿四	4 廿五	5 廿六	6 廿七
7 小暑	8 廿九	9 三十	10 六月	11 初二	12 初三	13 初四
14 初五	15 初六	16 初七	17 初八	18 初九	19 初十	20 十一
21 十二	22 十三	23 十四	24 十五	25 十六	26 十七	27 十八
28 十九	29 二十	30 廿一	31 廿二			

8

一	二	三	四	五	六	日
				1 廿三	2 廿四	3 廿五
4 廿六	5 廿七	6 廿八	7 立秋	8 七月	9 初二	10 初三
11 初四	12 初五	13 初六	14 初七	15 初八	16 初九	17 初十
18 十一	19 十二	20 十三	21 十四	22 十五	23 处暑	24 十七
25 十八	26 十九	27 二十	28 廿一	29 廿二	30 廿三	31 廿四

9

一	二	三	四	五	六	日
1 廿五	2 廿六	3 廿七	4 廿八	5 廿九	6 三十	7 八月 白露
8 初二	9 初三	10 初四	11 初五	12 初六	13 初七	14 初八
15 初九	16 初十	17 十一	18 十二	19 十三	20 十四	21 十五
22 十六	23 秋分	24 十八	25 十九	26 二十	27 廿一	28 廿二
29 廿三	30 廿四					

10

一	二	三	四	五	六	日
		1 廿五	2 廿六	3 廿七	4 廿八	5 廿九
6 九月	7 初二	8 寒露	9 初四	10 初五	11 初六	12 初七
13 初八	14 初九	15 初十	16 十一	17 十二	18 十三	19 十四
20 十五	21 十六	22 十七	23 霜降	24 十九	25 二十	26 廿一
27 廿二	28 廿三	29 廿四	30 廿五	31 廿六		

11

一	二	三	四	五	六	日
					1 廿七	2 廿八
3 廿九	4 三十	5 十月	6 初二	7 立冬	8 初四	9 初五
10 初六	11 初七	12 初八	13 初九	14 初十	15 十一	16 十二
17 十三	18 十四	19 十五	20 十六	21 十七	22 小雪	23 十九
24 二十	25 廿一	26 廿二	27 廿三	28 廿四	29 廿五	30 廿六

12

一	二	三	四	五	六	日
1 廿七	2 廿八	3 廿九	4 三十	5 十一月	6 初二	7 大雪
8 初四	9 初五	10 初六	11 初七	12 初八	13 初九	14 初十
15 十一	16 十二	17 十三	18 十四	19 十五	20 十六	21 十七
22 冬至	23 十九	24 二十	25 廿一	26 廿二	27 廿三	28 廿四
29 廿五	30 廿六	31 廿七				

中国吉祥图案鉴赏

新韶如意

题注：韶，本是上古时代舜帝的乐曲名，引申有优美之义。新韶是美好的意思，新韶即新年、新春。新韶如意即新年如意。唐太宗诗："韶光开令序，淑气动芳年。"百合、柿子和灵芝寓意百事如意。山茶和梅花均为正月之花，正月即春天。松竹四季常青也寓意春天。本图案用于贺新春，祝新的一年天下太平，万事如意。

2060 年（庚辰 龙年 2 月 2 日始）

1

一	二	三	四	五	六	日
			1 廿八	2 廿九	3 三十	4 十二月
5 小寒	6 初三	7 初四	8 初五	9 初六	10 初七	11 初八
12 初九	13 初十	14 十一	15 十二	16 十三	17 十四	18 十五
19 十六	20 大寒	21 十八	22 十九	23 二十	24 廿一	25 廿二
26 廿三	27 廿四	28 廿五	29 廿六	30 廿七	31 廿八	

2

一	二	三	四	五	六	日
						1 廿九
2 正月	3 初二	4 立春	5 初四	6 初五	7 初六	8 初七
9 初八	10 初九	11 初十	12 十一	13 十二	14 十三	15 十四
16 十五	17 十六	18 十七	19 雨水	20 十九	21 二十	22 廿一
23 廿二	24 廿三	25 廿四	26 廿五	27 廿六	28 廿七	29 廿八

3

一	二	三	四	五	六	日
1 廿九	2 三十	3 二月	4 初二	5 惊蛰	6 初四	7 初五
8 初六	9 初七	10 初八	11 初九	12 初十	13 十一	14 十二
15 十三	16 十四	17 十五	18 十六	19 十七	20 十八	21 十九
22 二十	23 廿一	24 廿二	25 廿三	26 廿四	27 廿五	28 廿六
29 廿七	30 廿八	31 廿九				

4

一	二	三	四	五	六	日
			1 三月	2 初二	3 初三	4 初四
5 初五	6 初六	7 初七	8 初八	9 初九	10 初十	11 十一
12 十二	13 十三	14 十四	15 十五	16 十六	17 十七	18 十八
19 十九	20 二十	21 廿一	22 廿二	23 廿三	24 廿四	25 廿五
26 廿六	27 廿七	28 廿八	29 廿九	30 四月		

5

一	二	三	四	五	六	日
31 初二					1 初二	2 初三
3 初四	4 初五	5 立夏	6 初七	7 初八	8 初九	9 初十
10 十一	11 十二	12 十三	13 十四	14 十五	15 十六	16 十七
17 十八	18 十九	19 二十	20 小满	21 廿二	22 廿三	23 廿四
24 廿五	25 廿六	26 廿七	27 廿八	28 廿九	29 三十	30 五月

6

一	二	三	四	五	六	日
	1 初三	2 初四	3 初五	4 初六	5 芒种	6 初八
7 初九	8 初十	9 十一	10 十二	11 十三	12 十四	13 十五
14 十六	15 十七	16 十八	17 十九	18 二十	19 廿一	20 廿二
21 廿三	22 廿四	23 廿五	24 廿六	25 廿七	26 廿八	27 廿九
28 六月	29 初二	30 初三				

7

一	二	三	四	五	六	日
			1 初四	2 初五	3 初六	4 初七
5 初八	6 小暑	7 初十	8 十一	9 十二	10 十三	11 十四
12 十五	13 十六	14 十七	15 十八	16 十九	17 二十	18 廿一
19 廿二	20 廿三	21 廿四	22 大暑	23 廿六	24 廿七	25 廿八
26 廿九	27 七月	28 初二	29 初三	30 初四	31 初五	

8

一	二	三	四	五	六	日
30 初五	31 初六					1 初六
2 初七	3 初八	4 初九	5 初十	6 十一	7 十二	8 十三
9 十四	10 十五	11 十六	12 十七	13 十八	14 十九	15 二十
16 廿一	17 廿二	18 廿三	19 廿四	20 廿五	21 廿六	22 廿七
23 廿八	24 廿九	25 三十	26 八月	27 初二	28 初三	29 初四

9

一	二	三	四	五	六	日
		1 初七	2 初八	3 初九	4 初十	5 十一
6 十二	7 十三	8 十四	9 十五	10 十六	11 十七	12 十八
13 十九	14 二十	15 廿一	16 廿二	17 廿三	18 廿四	19 廿五
20 廿六	21 廿七	22 秋分	23 廿九	24 九月	25 初二	26 初三
27 初四	28 初五	29 初六	30 初七			

10

一	二	三	四	五	六	日
				1 初八	2 初九	3 初十
4 十一	5 十二	6 十三	7 寒露	8 十五	9 十六	10 十七
11 十八	12 十九	13 二十	14 廿一	15 廿二	16 廿三	17 廿四
18 廿五	19 廿六	20 廿七	21 廿八	22 霜降	23 三十	24 十月
25 初二	26 初三	27 初四	28 初五	29 初六	30 初七	31 初八

11

一	二	三	四	五	六	日
1 初九	2 初十	3 十一	4 十二	5 十三	6 立冬	7 十五
8 十六	9 十七	10 十八	11 十九	12 二十	13 廿一	14 廿二
15 廿三	16 廿四	17 廿五	18 廿六	19 廿七	20 廿八	21 小雪
22 三十	23 十一月	24 初二	25 初三	26 初四	27 初五	28 初六
29 初七	30 初八					

12

一	二	三	四	五	六	日
		1 初九	2 初十	3 十一	4 十二	5 十三
6 大雪	7 十五	8 十六	9 十七	10 十八	11 十九	12 二十
13 廿一	14 廿二	15 廿三	16 廿四	17 廿五	18 廿六	19 廿七
20 廿八	21 冬至	22 三十	23 十二月	24 初二	25 初三	26 初四
27 初五	28 初六	29 初七	30 初八	31 初九		

云纹

题注：云纹由自然界中的云气的造型变化而来。传说中的神仙、菩萨都居住在云雾缭绕的高山之中，神仙、菩萨等降临人间时均乘云而来，云纹被赋予吉祥寓意，称为祥云，广泛应用于吉祥装饰中。

中国吉祥图案鉴赏

2061年（辛巳 蛇年1月21日始 闰三月）

1

一	二	三	四	五	六	日
31十一					1初十	2十一
3十二	4十三	5十四	6十五	7十六	8十七	9十八
10十九	11二十	12廿一	13廿二	14廿三	15廿四	16廿五
17廿六	18廿七	19大寒	20廿九	21正月	22初二	23初三
24初四	25初五	26初六	27初七	28初八	29初九	30初十

2

一	二	三	四	五	六	日
	1十二	2十三	3立春	4十五	5十六	6十七
7十八	8十九	9二十	10廿一	11廿二	12廿三	13廿四
14廿五	15廿六	16廿七	17廿八	18雨水	19三十	20二月
21初二	22初三	23初四	24初五	25初六	26初七	27初八
28初九						

3

一	二	三	四	五	六	日
	1初十	2十一	3十二	4十三	5惊蛰	6十五
7十六	8十七	9十八	10十九	11二十	12廿一	13廿二
14廿三	15廿四	16廿五	17廿六	18廿七	19廿八	20春分
21三十	22三月	23初二	24初三	25初四	26初五	27初六
28初七	29初八	30初九	31初十			

4

一	二	三	四	五	六	日
				1十一	2十二	3十三
4清明	5十五	6十六	7十七	8十八	9十九	10二十
11廿一	12廿二	13廿三	14廿四	15廿五	16廿六	17廿七
18廿八	19谷雨	20三月	21初二	22初三	23初四	24初五
25初六	26初七	27初八	28初九	29初十	30十一	

5

一	二	三	四	五	六	日
30十二	31十三					1十二
2十三	3十四	4十五	5立夏	6十七	7十八	8十九
9二十	10廿一	11廿二	12廿三	13廿四	14廿五	15廿六
16廿七	17廿八	18廿九	19四月	20小满	21初三	22初四
23初五	24初六	25初七	26初八	27初九	28初十	29十一

6

一	二	三	四	五	六	日
		1十四	2十五	3十六	4十七	5芒种
6十九	7二十	8廿一	9廿二	10廿三	11廿四	12廿五
13廿六	14廿七	15廿八	16廿九	17三十	18五月	19初二
20初三	21夏至	22初五	23初六	24初七	25初八	26初九
27初十	28十一	29十二	30十三			

7

一	二	三	四	五	六	日
				1十四	2十五	3十六
4十七	5十八	6小暑	7二十	8廿一	9廿二	10廿三
11廿四	12廿五	13廿六	14廿七	15廿八	16廿九	17六月
18初二	19初三	20初四	21初五	22大暑	23初七	24初八
25初九	26初十	27十一	28十二	29十三	30十四	31十五

8

一	二	三	四	五	六	日
1十六	2十七	3十八	4十九	5二十	6廿一	7立秋
8廿三	9廿四	10廿五	11廿六	12廿七	13廿八	14廿九
15七月	16初二	17初三	18初四	19初五	20初六	21初七
22处暑	23初九	24初十	25十一	26十二	27十三	28十四
29十五	30十六	31十七				

9

一	二	三	四	五	六	日
			1十八	2十九	3二十	4廿一
5廿二	6廿三	7白露	8廿五	9廿六	10廿七	11廿八
12廿九	13三十	14八月	15初二	16初三	17初四	18初五
19初六	20初七	21初八	22初九	23秋分	24十一	25十二
26十三	27十四	28十五	29十六	30十七		

10

一	二	三	四	五	六	日
31十九					1十八	2十九
3二十	4廿一	5廿二	6廿三	7廿四	8寒露	9廿六
10廿七	11廿八	12廿九	13九月	14初二	15初三	16初四
17初五	18初六	19初七	20初八	21初九	22初十	23霜降
24十二	25十三	26十四	27十五	28十六	29十七	30十八

11

一	二	三	四	五	六	日
	1二十	2廿一	3廿二	4廿三	5廿四	6廿五
7立冬	8廿七	9廿八	10廿九	11三十	12十月	13初二
14初三	15初四	16初五	17初六	18初七	19初八	20初九
21初十	22小雪	23十二	24十三	25十四	26十五	27十六
28十七	29十八	30十九				

12

一	二	三	四	五	六	日
			1二十	2廿一	3廿二	4廿三
5廿四	6大雪	7廿六	8廿七	9廿八	10廿九	11三十
12十一月	13初二	14初三	15初四	16初五	17初六	18初七
19初八	20初九	21冬至	22十一	23十二	24十三	25十四
26十五	27十六	28十七	29十八	30十九	31二十	

中国吉祥图案鉴赏

镇宅神虎

题注：老虎为兽中之王，古人认为有“镇宅辟邪，消灾降福”神力，如《风俗通义》：“虎者，阳物，百兽之长也，能执搏挫锐，噬食鬼魅。”汉代画像石、画像砖常刻虎纹。南阳画像石有《虎吃女魃》，图中虎用前右爪按住女鬼的右前肢，张口欲吞。在民间，虎是人们喜爱的吉祥瑞兽，传说虎能为人驱邪、保平安，广泛应用于各种吉祥物与儿童用品。虎由于能镇邪，也被用于门神，叫做老虎门神，意为祈求全家安宁和幸福。

2062年（壬午 马年2月9日始）

1月

一	二	三	四	五	六	日
30二十	31廿一					1廿一
2廿二	3廿三	4廿四	5小寒	6廿六	7廿七	8廿八
9廿九	10三十	11十二月	12初二	13初三	14初四	15初五
16初六	17初七	18初八	19初九	20大寒	21十一	22十二
23十三	24十四	25十五	26十六	27十七	28十八	29十九

2月

一	二	三	四	五	六	日
		1廿二	2廿三	3廿四	4立春	5廿六
6廿七	7廿八	8廿九	9正月	10初二	11初三	12初四
13初五	14初六	15初七	16初八	17初九	18雨水	19十一
20十二	21十三	22十四	23十五	24十六	25十七	26十八
27十九	28二十					

3月

一	二	三	四	五	六	日
		1廿一	2廿二	3廿三	4廿四	5惊蛰
6廿六	7廿七	8廿八	9廿九	10三十	11二月	12初二
13初三	14初四	15初五	16初六	17初七	18初八	19初九
20春分	21十一	22十二	23十三	24十四	25十五	26十六
27十七	28十八	29十九	30二十	31廿一		

4月

一	二	三	四	五	六	日
					1廿二	2廿三
3廿四	4清明	5廿六	6廿七	7廿八	8廿九	9三十
10三月	11初二	12初三	13初四	14初五	15初六	16初七
17初八	18初九	19初十	20谷雨	21十二	22十三	23十四
24十五	25十六	26十七	27十八	28十九	29二十	30廿一

5月

一	二	三	四	五	六	日
1廿二	2廿三	3廿四	4廿五	5立夏	6廿七	7廿八
8廿九	9四月	10初二	11初三	12初四	13初五	14初六
15初七	16初八	17初九	18初十	19十一	20十二	21小满
22十四	23十五	24十六	25十七	26十八	27十九	28二十
29廿一	30廿二	31廿三				

6月

一	二	三	四	五	六	日
			1廿四	2廿五	3廿六	4廿七
5芒种	6廿九	7五月	8初二	9初三	10初四	11初五
12初六	13初七	14初八	15初九	16初十	17十一	18十二
19十三	20十四	21夏至	22十六	23十七	24十八	25十九
26二十	27廿一	28廿二	29廿三	30廿四		

7月

一	二	三	四	五	六	日
31廿五					1廿五	2廿六
3廿七	4廿八	5廿九	6三十	7六月小暑	8初二	9初三
10初四	11初五	12初六	13初七	14初八	15初九	16初十
17十一	18十二	19十三	20十四	21十五	22大暑	23十七
24十八	25十九	26二十	27廿一	28廿二	29廿三	30廿四

8月

一	二	三	四	五	六	日
	1廿六	2廿七	3廿八	4廿九	5七月	6初二
7立秋	8初四	9初五	10初六	11初七	12初八	13初九
14初十	15十一	16十二	17十三	18十四	19十五	20十六
21十七	22十八	23处暑	24二十	25廿一	26廿二	27廿三
28廿四	29廿五	30廿六	31廿七			

9月

一	二	三	四	五	六	日
				1廿八	2廿九	3八月
4初二	5初三	6初四	7白露	8初六	9初七	10初八
11初九	12初十	13十一	14十二	15十三	16十四	17十五
18十六	19十七	20十八	21十九	22二十	23廿一	24廿二
25廿三	26廿四	27廿五	28廿六	29廿七	30廿八	

10月

一	二	三	四	五	六	日
30廿八	31廿九					1廿九
2三十	3九月	4初二	5初三	6初四	7初五	8寒露
9初七	10初八	11初九	12初十	13十一	14十二	15十三
16十四	17十五	18十六	19十七	20十八	21十九	22二十
23霜降	24廿二	25廿三	26廿四	27廿五	28廿六	29廿七

11月

一	二	三	四	五	六	日
		1十月	2初二	3初三	4初四	5初五
6初六	7立冬	8初八	9初九	10初十	11十一	12十二
13十三	14十四	15十五	16十六	17十七	18十八	19十九
20二十	21廿一	22小雪	23廿三	24廿四	25廿五	26廿六
27廿七	28廿八	29廿九	30三十			

12月

一	二	三	四	五	六	日
				1十一月	2初二	3初三
4初四	5初五	6大雪	7初七	8初八	9初九	10初十
11十一	12十二	13十三	14十四	15十五	16十六	17十七
18十八	19十九	20二十	21冬至	22廿二	23廿三	24廿四
25廿五	26廿六	27廿七	28廿八	29廿九	30三十	31十二月

中国吉祥图案鉴赏

2063年（癸未 羊年1月29日始 闰七月）

1

一	二	三	四	五	六	日
1 初二	2 初三	3 初四	4 初五	5 小寒	6 初七	7 初八
8 初九	9 初十	10 十一	11 十二	12 十三	13 十四	14 十五
15 十六	16 十七	17 十八	18 十九	19 二十	20 大寒	21 廿二
22 廿三	23 廿四	24 廿五	25 廿六	26 廿七	27 廿八	28 廿九
29 正月	30 初二	31 初三				

2

一	二	三	四	五	六	日
			1 初四	2 初五	3 初六	4 立春
5 初八	6 初九	7 初十	8 十一	9 十二	10 十三	11 十四
12 十五	13 十六	14 十七	15 十八	16 十九	17 二十	18 雨水
19 廿二	20 廿三	21 秋分	22 廿五	23 廿六	24 廿七	25 廿八
26 廿九	27 三十	28 二月				

3

一	二	三	四	五	六	日
			1 初二	2 初三	3 初四	4 初五
5 惊蛰	6 初七	7 初八	8 初九	9 初十	10 十一	11 十二
12 十三	13 十四	14 十五	15 十六	16 十七	17 十八	18 十九
19 二十	20 春分	21 廿二	22 廿三	23 廿四	24 廿五	25 廿六
26 廿七	27 廿八	28 廿九	29 三十	30 三月	31 初二	

4

一	二	三	四	五	六	日
30 初三						1 初三
2 初四	3 初五	4 初六	5 清明	6 初八	7 初九	8 初十
9 十一	10 十二	11 十三	12 十四	13 十五	14 十六	15 十七
16 十八	17 十九	18 二十	19 廿一	20 谷雨	21 廿三	22 廿四
23 廿五	24 廿六	25 廿七	26 廿八	27 廿九	28 四月	29 初二

5

一	二	三	四	五	六	日
	1 初四	2 初五	3 初六	4 初七	5 立夏	6 初九
7 初十	8 十一	9 十二	10 十三	11 十四	12 十五	13 十六
14 十七	15 十八	16 十九	17 二十	18 廿一	19 廿二	20 廿三
21 小满	22 廿五	23 廿六	24 廿七	25 廿八	26 廿九	27 三十
28 五月	29 初二	30 初三	31 初四			

6

一	二	三	四	五	六	日
				1 初五	2 初六	3 初七
4 初八	5 芒种	6 初十	7 十一	8 十二	9 十三	10 十四
11 十五	12 十六	13 十七	14 十八	15 十九	16 二十	17 廿一
18 廿二	19 廿三	20 夏至	21 廿五	22 廿六	23 廿七	24 廿八
25 廿九	26 六月	27 初二	28 初三	29 初四	30 初五	

7

一	二	三	四	五	六	日
30 初五	31 初六					1 初六
2 初七	3 初八	4 初九	5 初十	6 十一	7 小暑	8 十三
9 十四	10 十五	11 十六	12 十七	13 十八	14 十九	15 二十
16 廿一	17 廿二	18 廿三	19 廿四	20 廿五	21 廿六	22 廿七
23 大暑	24 廿九	25 三十	26 七月	27 初二	28 初三	29 初四

8

一	二	三	四	五	六	日
		1 初七	2 初八	3 初九	4 初十	5 十一
6 十二	7 立秋	8 十四	9 十五	10 十六	11 十七	12 十八
13 十九	14 二十	15 廿一	16 廿二	17 廿三	18 廿四	19 廿五
20 廿六	21 廿七	22 廿八	23 处暑	24 七月	25 初二	26 初三
27 初四	28 初五	29 初六	30 初七	31 初八		

9

一	二	三	四	五	六	日
					1 初九	2 初十
3 十一	4 十二	5 十三	6 十四	7 白露	8 十六	9 十七
10 十八	11 十九	12 二十	13 廿一	14 廿二	15 廿三	16 廿四
17 廿五	18 廿六	19 廿七	20 廿八	21 廿九	22 八月	23 秋分
24 初三	25 初四	26 初五	27 初六	28 初七	29 初八	30 初九

10

一	二	三	四	五	六	日
1 初十	2 十一	3 十二	4 十三	5 十四	6 十五	7 十六
8 寒露	9 十八	10 十九	11 二十	12 廿一	13 廿二	14 廿三
15 廿四	16 廿五	17 廿六	18 廿七	19 廿八	20 廿九	21 三十
22 九月	23 霜降	24 初三	25 初四	26 初五	27 初六	28 初七
29 初八	30 初九	31 初十				

11

一	二	三	四	五	六	日
			1 十一	2 十二	3 十三	4 十四
5 十五	6 十六	7 立冬	8 十八	9 十九	10 二十	11 廿一
12 廿二	13 廿三	14 廿四	15 廿五	16 廿六	17 廿七	18 廿八
19 廿九	20 十月	21 初二	22 初三	23 初四	24 初五	25 初六
26 初七	27 初八	28 初九	29 初十	30 十一		

12

一	二	三	四	五	六	日
31 十二					1 十二	2 十三
3 十四	4 十五	5 十六	6 十七	7 大雪	8 十九	9 二十
10 廿一	11 廿二	12 廿三	13 廿四	14 廿五	15 廿六	16 廿七
17 廿八	18 廿九	19 三十	20 十一月	21 初二	22 冬至	23 初四
24 初五	25 初六	26 初七	27 初八	28 初九	29 初十	30 十一

中国吉祥图案鉴赏

嵩山祝寿

题注：以太湖石喻嵩山，意为寿比嵩山。又称嵩岳遐龄。

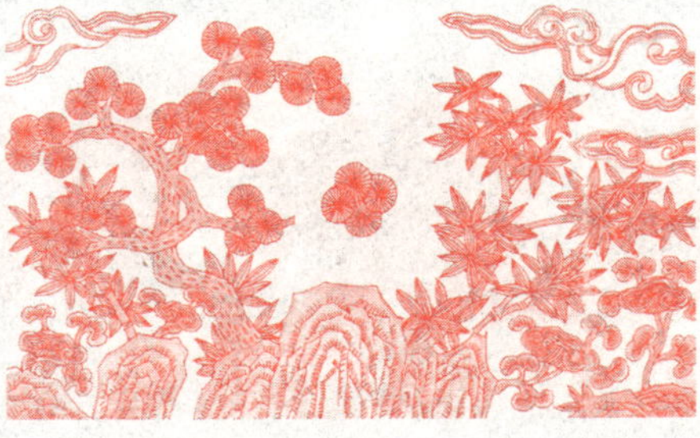

2064年（甲申 猴年2月17日始）

1

一	二	三	四	五	六	日
	1 十三	2 十四	3 十五	4 十六	5 小寒	6 十八
7 十九	8 二十	9 廿一	10 廿二	11 廿三	12 廿四	13 廿五
14 廿六	15 廿七	16 廿八	17 廿九	18 十二月	19 初二	20 大寒
21 初四	22 初五	23 初六	24 初七	25 初八	26 初九	27 初十
28 十一	29 十二	30 十三	31 十四			

2

一	二	三	四	五	六	日
				1 十五	2 十六	3 十七
4 立春	5 十九	6 二十	7 廿一	8 廿二	9 廿三	10 廿四
11 廿五	12 廿六	13 廿七	14 廿八	15 廿九	16 三十	17 正月
18 初二	19 雨水	20 初四	21 初五	22 初六	23 初七	24 初八
25 初九	26 初十	27 十一	28 十二	29 十三		

3

一	二	三	四	五	六	日
31 十四					1 十四	2 十五
3 十六	4 十七	5 惊蛰	6 十九	7 二十	8 廿一	9 廿二
10 廿三	11 廿四	12 廿五	13 廿六	14 廿七	15 廿八	16 廿九
17 三十	18 二月	19 初二	20 春分	21 初四	22 初五	23 初六
24 初七	25 初八	26 初九	27 初十	28 十一	29 十二	30 十三

4

一	二	三	四	五	六	日
	1 十五	2 十六	3 十七	4 清明	5 十九	6 二十
7 廿一	8 廿二	9 廿三	10 廿四	11 廿五	12 廿六	13 廿七
14 廿八	15 廿九	16 三十	17 三月	18 初二	19 谷雨	20 初四
21 初五	22 初六	23 初七	24 初八	25 初九	26 初十	27 十一
28 十二	29 十三	30 十四				

5

一	二	三	四	五	六	日
			1 十五	2 十六	3 十七	4 十八
5 立夏	6 二十	7 廿一	8 廿二	9 廿三	10 廿四	11 廿五
12 廿六	13 廿七	14 廿八	15 廿九	16 四月	17 初二	18 初三
19 初四	20 小满	21 初六	22 初七	23 初八	24 初九	25 初十
26 十一	27 十二	28 十三	29 十四	30 十五	31 十六	

6

一	二	三	四	五	六	日
30 十六						1 十七
2 十八	3 十九	4 二十	5 芒种	6 廿二	7 廿三	8 廿四
9 廿五	10 廿六	11 廿七	12 廿八	13 廿九	14 三十	15 五月
16 初二	17 初三	18 初四	19 初五	20 夏至	21 初七	22 初八
23 初九	24 初十	25 十一	26 十二	27 十三	28 十四	29 十五

7

一	二	三	四	五	六	日
	1 十七	2 十八	3 十九	4 二十	5 廿一	6 小暑
7 廿三	8 廿四	9 廿五	10 廿六	11 廿七	12 廿八	13 廿九
14 六月	15 初二	16 初三	17 初四	18 初五	19 初六	20 初七
21 初八	22 大暑	23 初十	24 十一	25 十二	26 十三	27 十四
28 十五	29 十六	30 十七	31 十八			

8

一	二	三	四	五	六	日
				1 十九	2 二十	3 廿一
4 廿二	5 廿三	6 廿四	7 立秋	8 廿六	9 廿七	10 廿八
11 廿九	12 三十	13 七月	14 初二	15 初三	16 初四	17 初五
18 初六	19 初七	20 初八	21 初九	22 处暑	23 十一	24 十二
25 十三	26 十四	27 十五	28 十六	29 十七	30 十八	31 十九

9

一	二	三	四	五	六	日
1 二十	2 廿一	3 廿二	4 廿三	5 廿四	6 廿五	7 白露
8 廿七	9 廿八	10 廿九	11 八月	12 初二	13 初三	14 初四
15 初五	16 初六	17 初七	18 初八	19 初九	20 初十	21 十一
22 秋分	23 十三	24 十四	25 十五	26 十六	27 十七	28 十八
29 十七	30 二十					

10

一	二	三	四	五	六	日
		1 廿一	2 廿二	3 廿三	4 廿四	5 廿五
6 廿六	7 寒露	8 廿八	9 廿九	10 九月	11 初二	12 初三
13 初四	14 初五	15 初六	16 初七	17 初八	18 初九	19 初十
20 十一	21 十二	22 霜降	23 十四	24 十五	25 十六	26 十七
27 十八	28 十九	29 二十	30 廿一	31 廿二		

11

一	二	三	四	五	六	日
					1 廿三	2 廿四
3 廿五	4 廿六	5 廿七	6 立冬	7 廿九	8 三十	9 十月
10 初二	11 初三	12 初四	13 初五	14 初六	15 初七	16 初八
17 初九	18 初十	19 十一	20 十二	21 小雪	22 十四	23 十五
24 十六	25 十七	26 十八	27 十九	28 二十	29 廿一	30 廿二

12

一	二	三	四	五	六	日
1 廿三	2 廿四	3 廿五	4 廿六	5 廿七	6 大雪	7 廿九
8 十一月	9 初二	10 初三	11 初四	12 初五	13 初六	14 初七
15 初八	16 初九	17 初十	18 十一	19 十二	20 十三	21 冬至
22 十五	23 十六	24 十七	25 十八	26 十九	27 二十	28 廿一
29 廿二	30 廿三	31 廿四				

麒麟献瑞，麟吐玉书

题注：又名"麟吐玉书"、"麒麟呈祥"。"麒麟"为五灵之一，为兽类之长，麒麟设武备而不为害，所以称为"仁兽"。据《拾遗记》记载，孔子出生时，有麒麟在孔家院子里"口吐玉书"，即"麟吐玉书"，由此，麒麟称为孔子的化身。在民间信仰中。麒麟不但能送书，还能送子，演变成语生育有关的吉祥图案，叫"麒麟送子"。

中国吉祥图案鉴赏

2065年（乙酉 鸡年2月5日始）

1

一	二	三	四	五	六	日
			1廿五	2廿六	3廿七	4廿八
5小寒	6三十	7十二月	8初二	9初三	10初四	11初五
12初六	13初七	14初八	15初九	16初十	17十一	18十二
19大寒	20十四	21十五	22十六	23十七	24十八	25十九
26二十	27廿一	28廿二	29廿三	30廿四	31廿五	

2

一	二	三	四	五	六	日
						1廿六
2廿七	3立春	4廿九	5正月	6初二	7初三	8初四
9初五	10初六	11初七	12初八	13初九	14初十	15十一
16十二	17十三	18雨水	19十五	20十六	21十七	22十八
23十九	24二十	25廿一	26廿二	27廿三	28廿四	

3

一	二	三	四	五	六	日
30廿四	31廿五					1廿五
2廿六	3廿七	4廿八	5惊蛰	6三十	7二月	8初二
9初三	10初四	11初五	12初六	13初七	14初八	15初九
16初十	17十一	18十二	19十三	20春分	21十五	22十六
23十七	24十八	25十九	26二十	27廿一	28廿二	29廿三

4

一	二	三	四	五	六	日
		1廿六	2廿七	3廿八	4清明	5三十
6三月	7初二	8初三	9初四	10初五	11初六	12初七
13初八	14初九	15初十	16十一	17十二	18十三	19谷雨
20十五	21十六	22十七	23十八	24十九	25二十	26廿一
27廿二	28廿三	29廿四	30廿五			

5

一	二	三	四	五	六	日
				1廿六	2廿七	3廿八
4廿九	5四月立夏	6初二	7初三	8初四	9初五	10初六
11初七	12初八	13初九	14初十	15十一	16十二	17十三
18十四	19十五	20小满	21十七	22十八	23十九	24二十
25廿一	26廿二	27廿三	28廿四	29廿五	30廿六	31廿七

6

一	二	三	四	五	六	日
1廿八	2廿九	3三十	4五月	5芒种	6初三	7初四
8初五	9初六	10初七	11初八	12初九	13初十	14十一
15十二	16十三	17十四	18十五	19十六	20十七	21夏至
22十九	23二十	24廿一	25廿二	26廿三	27廿四	28廿五
29廿六	30廿七					

7

一	二	三	四	五	六	日
		1廿八	2廿九	3三十	4六月	5初二
6小暑	7初四	8初五	9初六	10初七	11初八	12初九
13初十	14十一	15十二	16十三	17十四	18十五	19十六
20十七	21十八	22大暑	23二十	24廿一	25廿二	26廿三
27廿四	28廿五	29廿六	30廿七	31廿八		

8

一	二	三	四	五	六	日
31三十					1廿九	2七月
3初二	4初三	5初四	6初五	7立秋	8初七	9初八
10初九	11初十	12十一	13十二	14十三	15十四	16十五
17十六	18十七	19十八	20十九	21二十	22处暑	23廿二
24廿三	25廿四	26廿五	27廿六	28廿七	29廿八	30廿九

9

一	二	三	四	五	六	日
	1八月	2初二	3初三	4初四	5初五	6初六
7白露	8初八	9初九	10初十	11十一	12十二	13十三
14十四	15十五	16十六	17十七	18十八	19十九	20二十
21廿一	22秋分	23廿三	24廿四	25廿五	26廿六	27廿七
28廿八	29廿九	30九月				

10

一	二	三	四	五	六	日
			1初二	2初三	3初四	4初五
5初六	6初七	7初八	8寒露	9初三	10十一	11十二
12十三	13十四	14十五	15十六	16十七	17十八	18十九
19二十	20廿一	21廿二	22廿三	23霜降	24廿五	25廿六
26廿七	27廿八	28廿九	29十月	30初二	31初三	

11

一	二	三	四	五	六	日
30初三						1初四
2初五	3初六	4初七	5初八	6初九	7立冬	8十一
9十二	10十三	11十四	12十五	13十六	14十七	15十八
16十九	17二十	18廿一	19廿二	20廿三	21廿四	22小雪
23廿六	24廿七	25廿八	26廿九	27三十	28十一月	29初二

12

一	二	三	四	五	六	日
	1初四	2初五	3初六	4初七	5初八	6大雪
7初十	8十一	9十二	10十三	11十四	12十五	13十六
14十七	15十八	16十九	17二十	18廿一	19廿二	20廿三
21冬至	22廿五	23廿六	24廿七	25廿八	26廿九	27十二月
28初二	29初三	30初四	31初五			

中国吉祥图案鉴赏

八卦凹镜

八卦牌本身就能化解大门犯太岁、火形煞、天斩煞、穿心煞等冲煞，在八卦牌的中央镶上凸镜或凹镜或平面镜，可使得八卦镜兼有八卦牌和不同类风水镜的双重功能，并可加强不同类风水镜原有的作用，化煞效果更佳。凸镜的作用是“分散”，而凹镜的作用是“聚集”。当大门出现地气逃走或吉物远离住宅时，可利用凹镜收聚之。

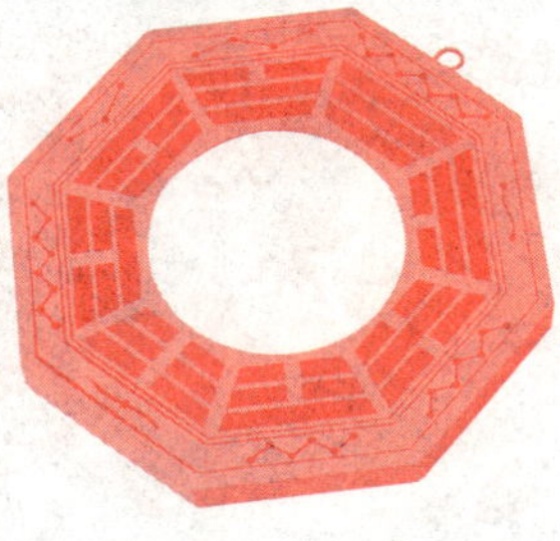

2066 年（丙戌 狗年 1 月 26 日始 闰五月）

1

一	二	三	四	五	六	日
				1初六	2初七	3初八
4初九	5小寒	6十一	7十二	8十三	9十四	10十五
11十六	12十七	13十八	14十九	15二十	16廿一	17廿二
18廿三	19廿四	20大寒	21廿六	22廿七	23廿八	24廿九
25三十	26正月	27初二	28初三	29初四	30初五	31初六

2

一	二	三	四	五	六	日
1初七	2初八	3立春	4初十	5十一	6十二	7十三
8十四	9十五	10十六	11十七	12十八	13十九	14二十
15廿一	16廿二	17廿三	18雨水	19廿五	20廿六	21廿七
22廿八	23廿九	24二月	25初二	26初三	27初四	28初五

3

一	二	三	四	五	六	日
1初六	2初七	3初八	4初九	5惊蛰	6十一	7十二
8十三	9十四	10十五	11十六	12十七	13十八	14十九
15二十	16廿一	17廿二	18廿三	19廿四	20春分	21廿六
22廿七	23廿八	24廿九	25三十	26三月	27初二	28初三
29初四	30初五	31初六				

4

一	二	三	四	五	六	日
			1初七	2初八	3初九	4清明
5十一	6十二	7十三	8十四	9十五	10十六	11十七
12十八	13十九	14二十	15廿一	16廿二	17廿三	18廿四
19廿五	20谷雨	21廿七	22廿八	23廿九	24四月	25初二
26初三	27初四	28初五	29初六	30初七		

5

一	二	三	四	五	六	日
31初八					1初八	2初九
3初十	4十一	5立夏	6十三	7十四	8十五	9十六
10十七	11十八	12十九	13二十	14廿一	15廿二	16廿三
17廿四	18廿五	19廿六	20廿七	21小满	22廿九	23三十
24五月	25初二	26初三	27初四	28初五	29初六	30初七

6

一	二	三	四	五	六	日
	1初九	2初十	3十一	4十二	5芒种	6十四
7十五	8十六	9十七	10十八	11十九	12二十	13廿一
14廿二	15廿三	16廿四	17廿五	18廿六	19廿七	20廿八
21夏至	22三十	23五月	24初二	25初三	26初四	27初五
28初六	29初七	30初八				

7

一	二	三	四	五	六	日
			1初九	2初十	3十一	4十二
5十三	6十四	7小暑	8十六	9十七	10十八	11十九
12二十	13廿一	14廿二	15廿三	16廿四	17廿五	18廿六
19廿七	20廿八	21廿九	22六月大暑	23初二	24初三	25初四
26初五	27初六	28初七	29初八	30初九	31初十	

8

一	二	三	四	五	六	日
30初十	31十一					1十一
2十二	3十三	4十四	5十五	6十六	7立秋	8十八
9十九	10二十	11廿一	12廿二	13廿三	14廿四	15廿五
16廿六	17廿七	18廿八	19廿九	20三十	21七月	22初二
23处暑	24初四	25初五	26初六	27初七	28初八	29初九

9

一	二	三	四	五	六	日
		1十二	2十三	3十四	4十五	5十六
6十七	7白露	8十九	9二十	10廿一	11廿二	12廿三
13廿四	14廿五	15廿六	16廿七	17廿八	18廿九	19八月
20初二	21初三	22初四	23秋分	24初六	25初七	26初八
27初九	28初十	29十一	30十二			

10

一	二	三	四	五	六	日
				1十三	2十四	3十五
4十六	5十七	6十八	7十九	8寒露	9廿一	10廿二
11廿三	12廿四	13廿五	14廿六	15廿七	16廿八	17廿九
18三十	19九月	20初二	21初三	22初四	23霜降	24初六
25初七	26初八	27初九	28初十	29十一	30十二	31十三

11

一	二	三	四	五	六	日
1十四	2十五	3十六	4十七	5十八	6十九	7立冬
8廿一	9廿二	10廿三	11廿四	12廿五	13廿六	14廿七
15廿八	16廿九	17十月	18初二	19初三	20初四	21初五
22小雪	23初七	24初八	25初九	26初十	27十一	28十二
29十三	30十四					

12

一	二	三	四	五	六	日
		1十五	2十六	3十七	4十八	5十九
6二十	7大雪	8廿二	9廿三	10廿四	11廿五	12廿六
13廿七	14廿八	15廿九	16三十	17十一月	18初二	19初三
20初四	21冬至	22初六	23初七	24初八	25初九	26初十
27十一	28十二	29十三	30十四	31十五		

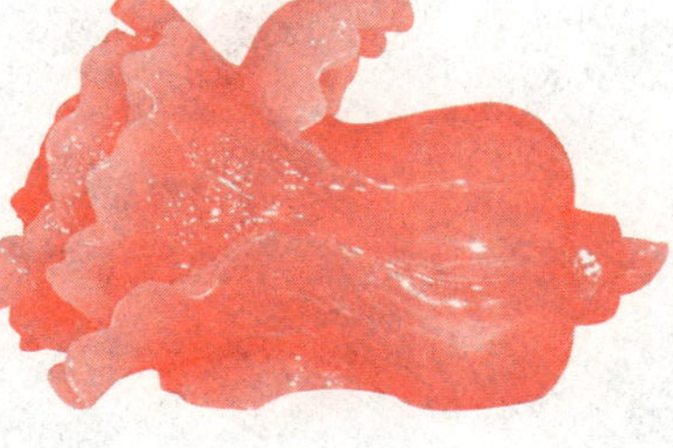

摆财纳福

“白菜”与“摆财”谐音，并且形状招人喜欢。一般为有宗教信仰的人士使用。

中国吉祥图案鉴赏

2067 年（丁亥 猪年 2 月 14 日始）

1

一	二	三	四	五	六	日
31十七					1十六	2十七
3十八	4十九	5小寒	6廿一	7廿二	8廿三	9廿四
10廿五	11廿六	12廿七	13廿八	14廿九	15十二月	16初二
17初三	18初四	19初五	20大寒	21初七	22初八	23初九
24初十	25十一	26十二	27十三	28十四	29十五	30十六

2

一	二	三	四	五	六	日
	1十八	2十九	3二十	4立春	5廿二	6廿三
7廿四	8廿五	9廿六	10廿七	11廿八	12廿九	13三十
14正月	15初二	16初三	17初四	18雨水	19初六	20初七
21初八	22初九	23初十	24十一	25十二	26十三	27十四
28十五						

3

一	二	三	四	五	六	日
	1十六	2十七	3十八	4十九	5惊蛰	6廿一
7廿二	8廿三	9廿四	10廿五	11廿六	12廿七	13廿八
14廿九	15二月	16初二	17初三	18初四	19初五	20春分
21初七	22初八	23初九	24初十	25十一	26十二	27十三
28十四	29十五	30十六	31十七			

4

一	二	三	四	五	六	日
				1十八	2十九	3二十
4廿一	5清明	6廿三	7廿四	8廿五	9廿六	10廿七
11廿八	12廿九	13三十	14三月	15初二	16初三	17初四
18初五	19初六	20谷雨	21初八	22初九	23初十	24十一
25十二	26十三	27十四	28十五	29十六	30十七	

5

一	二	三	四	五	六	日
30十八	31十九					1十八
2十九	3二十	4廿一	5立夏	6廿三	7廿四	8廿五
9廿六	10廿七	11廿八	12廿九	13四月	14初二	15初三
16初四	17初五	18初六	19初七	20初八	21小满	22初十
23十一	24十二	25十三	26十四	27十五	28十六	29十七

6

一	二	三	四	五	六	日
		1二十	2廿一	3廿二	4廿三	5芒种
6廿五	7廿六	8廿七	9廿八	10廿九	11三十	12五月
13初二	14初三	15初四	16初五	17初六	18初七	19初八
20初九	21夏至	22十一	23十二	24十三	25十四	26十五
27十六	28十七	29十八	30十九			

7

一	二	三	四	五	六	日
				1二十	2廿一	3廿二
4廿三	5廿四	6廿五	7小暑	8廿七	9廿八	10廿九
11六月	12初二	13初三	14初四	15初五	16初六	17初七
18初八	19初九	20初十	21十一	22十二	23大暑	24十四
25十五	26十六	27十七	28十八	29十九	30二十	31廿一

8

一	二	三	四	五	六	日
1廿二	2廿三	3廿四	4廿五	5廿六	6廿七	7立秋
8廿九	9三十	10七月	11初二	12初三	13初四	14初五
15初六	16初七	17初八	18初九	19初十	20十一	21十二
22十三	23处暑	24十五	25十六	26十七	27十八	28十九
29二十	30廿一	31廿二				

9

一	二	三	四	五	六	日
			1廿三	2廿四	3廿五	4廿六
5廿七	6廿八	7白露	8三十	9八月	10初二	11初三
12初四	13初五	14初六	15初七	16初八	17初九	18初十
19十一	20十二	21十三	22十四	23秋分	24十六	25十七
26十八	27十九	28二十	29廿一	30廿二		

10

一	二	三	四	五	六	日
31廿四					1廿三	2廿四
3廿五	4廿六	5廿七	6廿八	7廿九	8九月寒露	9初二
10初三	11初四	12初五	13初六	14初七	15初八	16初九
17初十	18十一	19十二	20十三	21十四	22十五	23霜降
24十七	25十八	26十九	27二十	28廿一	29廿二	30廿三

11

一	二	三	四	五	六	日
	1廿五	2廿六	3廿七	4廿八	5廿九	6三十
7十月立冬	8初二	9初三	10初四	11初五	12初六	13初七
14初八	15初九	16初十	17十一	18十二	19十三	20十四
21十五	22小雪	23十七	24十八	25十九	26二十	27廿一
28廿二	29廿三	30廿四				

12

一	二	三	四	五	六	日
			1廿五	2廿六	3廿七	4廿八
5廿九	6十一月	7大雪	8初三	9初四	10初五	11初六
12初七	13初八	14初九	15初十	16十一	17十二	18十三
19十四	20十五	21十六	22冬至	23十八	24十九	25二十
26廿一	27廿二	28廿三	29廿四	30廿五	31廿六	

中国吉祥图案鉴赏

布袋和尚

题注：布袋似乎是难登大雅之堂，但民间却很看重它。历史上有一个禅宗方僧，常常背着一个大布袋到处化缘，乞求布施，人称其为布袋和尚。他死后人们又多次看到过他，于是人们认为他是弥勒佛的化身，所以在很多的地方，很多家庭在布袋里常放些大米，不让他空着。

2068年（戊子 鼠年2月3日始）

1

一	二	三	四	五	六	日
30 廿六	31 廿七					1 廿七
2 廿八	3 廿九	4 三十	5 十二月 小寒	6 初二	7 初三	8 初四
9 初五	10 初六	11 初七	12 初八	13 初九	14 初十	15 十一
16 十二	17 十三	18 十四	19 十五	20 大寒	21 十七	22 十八
23 十九	24 二十	25 廿一	26 廿二	27 廿三	28 廿四	29 廿五

2

一	二	三	四	五	六	日
		1 廿六	2 廿七	3 正月	4 立春	5 初三
6 初四	7 初五	8 初六	9 初七	10 初八	11 初九	12 初十
13 十一	14 十二	15 十三	16 十四	17 十五	18 十六	19 雨水
20 十八	21 十九	22 二十	23 廿一	24 廿二	25 廿三	26 廿四
27 廿五	28 廿六	29 廿七				

3

一	二	三	四	五	六	日
			1 廿八	2 廿九	3 三十	4 二月
5 惊蛰	6 初三	7 初四	8 初五	9 初六	10 初七	11 初八
12 初九	13 初十	14 十一	15 十二	16 十三	17 十四	18 十五
19 十六	20 春分	21 十八	22 十九	23 二十	24 廿一	25 廿二
26 廿三	27 廿四	28 廿五	29 廿六	30 廿七	31 廿八	

4

一	二	三	四	五	六	日
30 廿九						1 廿九
2 三月	3 初二	4 清明	5 初四	6 初五	7 初六	8 初七
9 初八	10 初九	11 初十	12 十一	13 十二	14 十三	15 十四
16 十五	17 十六	18 十七	19 谷雨	20 十九	21 二十	22 廿一
23 廿二	24 廿三	25 廿四	26 廿五	27 廿六	28 廿七	29 廿八

5

一	二	三	四	五	六	日
	1 三十	2 四月	3 初二	4 立夏	5 初四	6 初五
7 初六	8 初七	9 初八	10 初九	11 初十	12 十一	13 十二
14 十三	15 十四	16 十五	17 十六	18 十七	19 十八	20 小满
21 二十	22 廿一	23 廿二	24 廿三	25 廿四	26 廿五	27 廿六
28 廿七	29 廿八	30 廿九	31 五月			

6

一	二	三	四	五	六	日
				1 初二	2 初三	3 初四
4 初五	5 芒种	6 初七	7 初八	8 初九	9 初十	10 十一
11 十二	12 十三	13 十四	14 十五	15 十六	16 十七	17 十八
18 十九	19 二十	20 廿一	21 夏至	22 廿三	23 廿四	24 廿五
25 廿六	26 廿七	27 廿八	28 廿九	29 六月	30 初二	

7

一	二	三	四	五	六	日
30 初二	31 初三					1 初三
2 初四	3 初五	4 初六	5 初七	6 初八	7 小暑	8 初十
9 十一	10 十二	11 十三	12 十四	13 十五	14 十六	15 十七
16 十八	17 十九	18 二十	19 廿一	20 廿二	21 廿三	22 大暑
23 廿五	24 廿六	25 廿七	26 廿八	27 廿九	28 三十	29 七月

8

一	二	三	四	五	六	日
		1 初四	2 初五	3 初六	4 初七	5 初八
6 立秋	7 初十	8 十一	9 十二	10 十三	11 十四	12 十五
13 十六	14 十七	15 十八	16 十九	17 二十	18 廿一	19 廿二
20 廿三	21 廿四	22 处暑	23 廿六	24 廿七	25 廿八	26 廿九
27 三十	28 八月	29 初二	30 初三	31 初四		

9

一	二	三	四	五	六	日
					1 初五	2 初六
3 初七	4 初八	5 初九	6 初十	7 白露	8 十二	9 十三
10 十四	11 十五	12 十六	13 十七	14 十八	15 十九	16 二十
17 廿一	18 廿二	19 廿三	20 廿四	21 廿五	22 秋分	23 廿七
24 廿八	25 廿九	26 九月	27 初二	28 初三	29 初四	30 初五

10

一	二	三	四	五	六	日
1 初六	2 初七	3 初八	4 初九	5 初十	6 十一	7 寒露
8 十三	9 十四	10 十五	11 十六	12 十七	13 十八	14 十九
15 二十	16 廿一	17 廿二	18 廿三	19 廿四	20 廿五	21 廿六
22 霜降	23 廿八	24 廿九	25 三十	26 十月	27 初二	28 初三
29 初四	30 初五	31 初六				

11

一	二	三	四	五	六	日
			1 初七	2 初八	3 初九	4 初十
5 十一	6 立冬	7 十三	8 十四	9 十五	10 十六	11 十七
12 十八	13 十九	14 二十	15 廿一	16 廿二	17 廿三	18 廿四
19 廿五	20 廿六	21 小雪	22 廿八	23 廿九	24 三十	25 十一月
26 初二	27 初三	28 初四	29 初五	30 初六		

12

一	二	三	四	五	六	日
31 初八					1 初七	2 初八
3 初九	4 初十	5 十一	6 大雪	7 十三	8 十四	9 十五
10 十六	11 十七	12 十八	13 十九	14 二十	15 廿一	16 廿二
17 廿三	18 廿四	19 廿五	20 廿六	21 冬至	22 廿八	23 廿九
24 十二月	25 初二	26 初三	27 初四	28 初五	29 初六	30 初七

催财貔貅

据古书记载，貔貅是一种猛兽，为古代五大瑞兽之一（龙、凤、龟、麒麟、貔貅），称为招财神兽。貔貅曾为华夏族的图腾，传说帮助炎黄二帝作战有功，被赐封为“天禄兽”，即天赐福禄之意。貔貅专为帝王守护财宝，也是皇室的象征，称为“帝宝”。又因貔貅专食猛兽邪灵，故又称“辟邪”，中国古代风水学者认为貔貅是转祸为祥的吉瑞之兽。貔貅身无鳞、脚无毛、神态威武，为上好的摆设吉祥物，适合于偏财或推销行业者选用，对收入浮动者会带来很好的效应。

中国吉祥图案鉴赏

2069 年（己丑 牛年 1月 23 日始 闰四月）

1

一	二	三	四	五	六	日
	1 初九	2 初十	3 十一	4 十二	5 小寒	6 十四
7 十五	8 十六	9 十七	10 十八	11 十九	12 二十	13 廿一
14 廿二	15 廿三	16 廿四	17 廿五	18 廿六	19 大寒	20 廿八
21 廿九	22 三十	23 正月	24 初二	25 初三	26 初四	27 初五
28 初六	29 初七	30 初八	31 初九			

2

一	二	三	四	五	六	日
				1 初十	2 十一	3 立春
4 十三	5 十四	6 十五	7 十六	8 十七	9 十八	10 十九
11 二十	12 廿一	13 廿二	14 廿三	15 廿四	16 廿五	17 廿六
18 雨水	19 廿八	20 廿九	21 二月	22 初二	23 初三	24 初四
25 初五	26 初六	27 初七	28 初八			

3

一	二	三	四	五	六	日
				1 初九	2 初十	3 十一
4 十二	5 惊蛰	6 十四	7 十五	8 十六	9 十七	10 十八
11 十九	12 二十	13 廿一	14 廿二	15 廿三	16 廿四	17 廿五
18 廿六	19 廿七	20 春分	21 廿九	22 三十	23 三月	24 初二
25 初三	26 初四	27 初五	28 初六	29 初七	30 初八	31 初九

4

一	二	三	四	五	六	日
1 初十	2 十一	3 十二	4 清明	5 十四	6 十五	7 十六
8 十七	9 十八	10 十九	11 二十	12 廿一	13 廿二	14 廿三
15 廿四	16 廿五	17 廿六	18 廿七	19 谷雨	20 廿九	21 四月
22 初二	23 初三	24 初四	25 初五	26 初六	27 初七	28 初八
29 初九	30 初十					

5

一	二	三	四	五	六	日
		1 十一	2 十二	3 十三	4 十四	5 立夏
6 十六	7 十七	8 十八	9 十九	10 二十	11 廿一	12 廿二
13 廿三	14 廿四	15 廿五	16 廿六	17 廿七	18 廿八	19 廿九
20 小满	21 四月	22 初二	23 初三	24 初四	25 初五	26 初六
27 初七	28 初八	29 初九	30 初十	31 十一		

6

一	二	三	四	五	六	日
					1 十二	2 十三
3 十四	4 十五	5 芒种	6 十七	7 十八	8 十九	9 二十
10 廿一	11 廿二	12 廿三	13 廿四	14 廿五	15 廿六	16 廿七
17 廿八	18 廿九	19 五月	20 初二	21 夏至	22 初四	23 初五
24 初六	25 初七	26 初八	27 初九	28 初十	29 十一	30 十二

7

一	二	三	四	五	六	日
1 十三	2 十四	3 十五	4 十六	5 十七	6 小暑	7 十九
8 二十	9 廿一	10 廿二	11 廿三	12 廿四	13 廿五	14 廿六
15 廿七	16 廿八	17 廿九	18 六月	19 初二	20 初三	21 初四
22 大暑	23 初六	24 初七	25 初八	26 初九	27 初十	28 十一
29 十二	30 十三	31 十四				

8

一	二	三	四	五	六	日
			1 十五	2 十六	3 十七	4 十八
5 十九	6 二十	7 立秋	8 廿二	9 廿三	10 廿四	11 廿五
12 廿六	13 廿七	14 廿八	15 廿九	16 三十	17 七月	18 初二
19 初三	20 初四	21 初五	22 处暑	23 初七	24 初八	25 初九
26 初十	27 十一	28 十二	29 十三	30 十四	31 十五	

9

一	二	三	四	五	六	日
30 十六						1 十六
2 十七	3 十八	4 十九	5 二十	6 廿一	7 白露	8 廿三
9 廿四	10 廿五	11 廿六	12 廿七	13 廿八	14 廿九	15 八月
16 初二	17 初三	18 初四	19 初五	20 初六	21 初七	22 秋分
23 初九	24 初十	25 十一	26 十二	27 十三	28 十四	29 十五

10

一	二	三	四	五	六	日
	1 十七	2 十八	3 十九	4 二十	5 廿一	6 廿二
7 廿三	8 寒露	9 廿五	10 廿六	11 廿七	12 廿八	13 廿九
14 三十	15 九月	16 初二	17 初三	18 初四	19 初五	20 初六
21 初七	22 初八	23 霜降	24 初十	25 十一	26 十二	27 十三
28 十四	29 十五	30 十六	31 十七			

11

一	二	三	四	五	六	日
				1 十八	2 十九	3 二十
4 廿一	5 廿二	6 廿三	7 立冬	8 廿五	9 廿六	10 廿七
11 廿八	12 廿九	13 三十	14 十月	15 初二	16 初三	17 初四
18 初五	19 初六	20 初七	21 初八	22 小雪	23 初十	24 十一
25 十二	26 十三	27 十四	28 十五	29 十六	30 十七	

12

一	二	三	四	五	六	日
30 十七	31 十八					1 十八
2 十九	3 二十	4 廿一	5 廿二	6 大雪	7 廿四	8 廿五
9 廿六	10 廿七	11 廿八	12 廿九	13 三十	14 十一月	15 初二
16 初三	17 初四	18 初五	19 初六	20 初七	21 冬至	22 初九
23 初十	24 十一	25 十二	26 十三	27 十四	28 十五	29 十六

中国吉祥图案鉴赏

风水葫芦

题注：风水葫芦象征化煞转运、吉祥。风水里经常在葫芦的下面铺垫上铜制的古钱或八卦，使其变成“八卦化煞转运葫芦”，可以除去所有自己厌恶的东西。它可以阻止财气化散，其“止泄耗财气”的用法是非常有名的。在使用时，可在葫芦中放入水晶和七宝等物，然后将葫芦放在自己所处的环境空间中。

2070年（庚寅 虎年2月11日始）

1

一	二	三	四	五	六	日
		1 十九	2 二十	3 廿一	4 廿二	5 小寒
6 廿四	7 廿五	8 廿六	9 廿七	10 廿八	11 廿九	12 十二月
13 初二	14 初三	15 初四	16 初五	17 初六	18 初七	19 初八
20 大寒	21 初十	22 十一	23 十二	24 十三	25 十四	26 十五
27 十六	28 十七	29 十八	30 十九	31 二十		

2

一	二	三	四	五	六	日
					1 廿一	2 廿二
3 立春	4 廿四	5 廿五	6 廿六	7 廿七	8 廿八	9 廿九
10 三十	11 正月	12 初二	13 初三	14 初四	15 初五	16 初六
17 初七	18 雨水	19 初九	20 初十	21 十一	22 十二	23 十三
24 十四	25 十五	26 十六	27 十七	28 十八		

3

一	二	三	四	五	六	日
31 二十					1 十九	2 二十
3 廿一	4 廿二	5 惊蛰	6 廿四	7 廿五	8 廿六	9 廿七
10 廿八	11 廿九	12 二月	13 初二	14 初三	15 初四	16 初五
17 初六	18 初七	19 初八	20 春分	21 初十	22 十一	23 十二
24 十三	25 十四	26 十五	27 十六	28 十七	29 十八	30 十九

4

一	二	三	四	五	六	日
	1 廿一	2 廿二	3 廿三	4 清明	5 廿五	6 廿六
7 廿七	8 廿八	9 廿九	10 三十	11 三月	12 初二	13 初三
14 初四	15 初五	16 初六	17 初七	18 初八	19 初九	20 谷雨
21 十一	22 十二	23 十三	24 十四	25 十五	26 十六	27 十七
28 十八	29 十九	30 二十				

5

一	二	三	四	五	六	日
			1 廿一	2 廿二	3 廿三	4 廿四
5 立夏	6 廿六	7 廿七	8 廿八	9 廿九	10 四月	11 初二
12 初三	13 初四	14 初五	15 初六	16 初七	17 初八	18 初九
19 初十	20 小满	21 十二	22 十三	23 十四	24 十五	25 十六
26 十七	27 十八	28 十九	29 二十	30 廿一	31 廿二	

6

一	二	三	四	五	六	日
30 廿二						1 廿三
2 廿四	3 廿五	4 廿六	5 芒种	6 廿八	7 廿九	8 三十
9 五月	10 初二	11 初三	12 初四	13 初五	14 初六	15 初七
16 初八	17 初九	18 初十	19 十一	20 十二	21 夏至	22 十四
23 十五	24 十六	25 十七	26 十八	27 十九	28 二十	29 廿一

7

一	二	三	四	五	六	日
	1 廿三	2 廿四	3 廿五	4 廿六	5 廿七	6 廿八
7 小暑	8 六月	9 初二	10 初三	11 初四	12 初五	13 初六
14 初七	15 初八	16 初九	17 初十	18 十一	19 十二	20 十三
21 十四	22 十五	23 大暑	24 十七	25 十八	26 十九	27 二十
28 廿一	29 廿二	30 廿三	31 廿四			

8

一	二	三	四	五	六	日
				1 廿五	2 廿六	3 廿七
4 廿八	5 廿九	6 七月	7 立秋	8 初三	9 初四	10 初五
11 初六	12 初七	13 初八	14 初九	15 初十	16 十一	17 十二
18 十三	19 十四	20 十五	21 十六	22 十七	23 处暑	24 十九
25 二十	26 廿一	27 廿二	28 廿三	29 廿四	30 廿五	31 廿六

9

一	二	三	四	五	六	日
1 廿七	2 廿八	3 廿九	4 三十	5 八月	6 初二	7 白露
8 初四	9 初五	10 初六	11 初七	12 初八	13 初九	14 初十
15 十一	16 十二	17 十三	18 十四	19 十五	20 十六	21 十七
22 秋分	23 十九	24 二十	25 廿一	26 廿二	27 廿三	28 廿四
29 廿五	30 廿六					

10

一	二	三	四	五	六	日
		1 廿七	2 廿八	3 廿九	4 九月	5 初二
6 初三	7 初四	8 寒露	9 初六	10 初七	11 初八	12 初九
13 初十	14 十一	15 十二	16 十三	17 十四	18 十五	19 十六
20 十七	21 十八	22 十九	23 霜降	24 廿一	25 廿二	26 廿三
27 廿四	28 廿五	29 廿六	30 廿七	31 廿八		

11

一	二	三	四	五	六	日
					1 廿九	2 三十
3 十月	4 初二	5 初三	6 初四	7 立冬	8 初六	9 初七
10 初八	11 初九	12 初十	13 十一	14 十二	15 十三	16 十四
17 十五	18 十六	19 十七	20 十八	21 十九	22 小雪	23 廿一
24 廿二	25 廿三	26 廿四	27 廿五	28 廿六	29 廿七	30 廿八

12

一	二	三	四	五	六	日
1 廿九	2 三十	3 十一月	4 初二	5 初三	6 初四	7 大雪
8 初六	9 初七	10 初八	11 初九	12 初十	13 十一	14 十二
15 十三	16 十四	17 十五	18 十六	19 十七	20 十八	21 冬至
22 二十	23 廿一	24 廿二	25 廿三	26 廿四	27 廿五	28 廿六
29 廿七	30 廿八	31 廿九				

风水罗盘

题注：风水罗盘，又名罗盘、罗经、罗庚、罗经盘等，是风水专业人士在堪舆风水时用于立极与定向的测量必备工具之一。最主要的组成部分有天池（也就是指南针）、天心十道（架于外盘上的红十字线尼龙绳）、内盘（刻绘有一圈圈黑底金字一圈叫做一层）。

中国吉祥图案鉴赏

2071年（辛卯 兔年1月31日始 闰八月）

1

一	二	三	四	五	六	日
			1十二月	2初二	3初三	4初四
5小寒	6初六	7初七	8初八	9初九	10初十	11十一
12十二	13十三	14十四	15十五	16十六	17十七	18十八
19十九	20大寒	21廿一	22廿二	23廿三	24廿四	25廿五
26廿六	27廿七	28廿八	29廿九	30三十	31正月	

7

一	二	三	四	五	六	日
		1初四	2初五	3初六	4初七	5初八
6初九	7小暑	8十一	9十二	10十三	11十四	12十五
13十六	14十七	15十八	16十九	17二十	18廿一	19廿二
20廿三	21廿四	22廿五	23大暑	24廿七	25廿八	26廿九
27七月	28初二	29初三	30初四	31初五		

2

一	二	三	四	五	六	日
						1初二
2初三	3初四	4立春	5初六	6初七	7初八	8初九
9初十	10十一	11十二	12十三	13十四	14十五	15十六
16十七	17十八	18雨水	19二十	20廿一	21廿二	22廿三
23廿四	24廿五	25廿六	26廿七	27廿八	28廿九	

8

一	二	三	四	五	六	日
31初七					1初六	2初七
3初八	4初九	5初十	6十一	7立秋	8十三	9十四
10十五	11十六	12十七	13十八	14十九	15二十	16廿一
17廿二	18廿三	19廿四	20廿五	21廿六	22廿七	23处暑
24廿九	25八月	26初二	27初三	28初四	29初五	30初六

3

一	二	三	四	五	六	日
30廿九	31三月					1三十
2二月	3初二	4初三	5惊蛰	6初五	7初六	8初七
9初八	10初九	11初十	12十一	13十二	14十三	15十四
16十五	17十六	18十七	19十八	20春分	21二十	22廿一
23廿二	24廿三	25廿四	26廿五	27廿六	28廿七	29廿八

9

一	二	三	四	五	六	日
	1初八	2初九	3初十	4十一	5十二	6十三
7白露	8十五	9十六	10十七	11十八	12十九	13二十
14廿一	15廿二	16廿三	17廿四	18廿五	19廿六	20廿七
21廿八	22廿九	23秋分	24八月	25初二	26初三	27初四
28初五	29初六	30初七				

4

一	二	三	四	五	六	日
		1初二	2初三	3初四	4初五	5清明
6初七	7初八	8初九	9初十	10十一	11十二	12十三
13十四	14十五	15十六	16十七	17十八	18十九	19二十
20谷雨	21廿二	22廿三	23廿四	24廿五	25廿六	26廿七
27廿八	28廿九	29三十	30四月			

10

一	二	三	四	五	六	日
			1初八	2初九	3初十	4十一
5十二	6十三	7十四	8寒露	9十六	10十七	11十八
12十九	13二十	14廿一	15廿二	16廿三	17廿四	18廿五
19廿六	20廿七	21廿八	22廿九	23九月霜降	24初二	25初三
26初四	27初五	28初六	29初七	30初八	31初九	

5

一	二	三	四	五	六	日
				1初二	2初三	3初四
4初五	5立夏	6初七	7初八	8初九	9初十	10十一
11十二	12十三	13十四	14十五	15十六	16十七	17十八
18十九	19二十	20廿一	21小满	22廿三	23廿四	24廿五
25廿六	26廿七	27廿八	28廿九	29五月	30初二	31初三

11

一	二	三	四	五	六	日
30初九						1初十
2十一	3十二	4十三	5十四	6十五	7立冬	8十七
9十八	10十九	11二十	12廿一	13廿二	14廿三	15廿四
16廿五	17廿六	18廿七	19廿八	20廿九	21三十	22十月小雪
23初二	24初三	25初四	26初五	27初六	28初七	29初八

6

一	二	三	四	五	六	日
1初四	2初五	3初六	4初七	5芒种	6初九	7初十
8十一	9十二	10十三	11十四	12十五	13十六	14十七
15十八	16十九	17二十	18廿一	19廿二	20廿三	21夏至
22廿五	23廿六	24廿七	25廿八	26廿九	27三十	28六月
29初二	30初三					

12

一	二	三	四	五	六	日
	1初十	2十一	3十二	4十三	5十四	6十五
7大雪	8十七	9十八	10十九	11二十	12廿一	13廿二
14廿三	15廿四	16廿五	17廿六	18廿七	19廿八	20廿九
21十一月	22冬至	23初三	24初四	25初五	26初六	27初七
28初八	29初九	30初十	31十一			

中国吉祥图案鉴赏

达摩尊者

题注：达摩尊者即达摩多罗，为佛教十八罗汉中的第十八位，是中国佛教禅宗的第一传人。达摩尊者象征诸恶莫取、众善奉行。

2072 年（壬辰 龙年 2 月 19 日始）

1

一	二	三	四	五	六	日
				1十二	2十三	3十四
4十五	5小寒	6十七	7十八	8十九	9二十	10廿一
11廿二	12廿三	13廿四	14廿五	15廿六	16廿七	17廿八
18廿九	19三十	20十二月大寒	21初二	22初三	23初四	24初五
25初六	26初七	27初八	28初九	29初十	30十一	31十二

2

一	二	三	四	五	六	日
1十三	2十四	3十五	4立春	5十七	6十八	7十九
8二十	9廿一	10廿二	11廿三	12廿四	13廿五	14廿六
15廿七	16廿八	17廿九	18三十	19正月雨水	20初二	21初三
22初四	23初五	24初六	25初七	26初八	27初九	28初十
29十一						

3

一	二	三	四	五	六	日
	1十二	2十三	3十四	4十五	5惊蛰	6十七
7十八	8十九	9二十	10廿一	11廿二	12廿三	13廿四
14廿五	15廿六	16廿七	17廿八	18廿九	19三十	20二月春分
21初二	22初三	23初四	24初五	25初六	26初七	27初八
28初九	29初十	30十一	31十二			

4

一	二	三	四	五	六	日
				1十三	2十四	3十五
4清明	5十七	6十八	7十九	8二十	9廿一	10廿二
11廿三	12廿四	13廿五	14廿六	15廿七	16廿八	17廿九
18三月	19谷雨	20初三	21初四	22初五	23初六	24初七
25初八	26初九	27初十	28十一	29十二	30十三	

5

一	二	三	四	五	六	日
30十三	31十四					1十四
2十五	3十六	4立夏	5十八	6十九	7二十	8廿一
9廿二	10廿三	11廿四	12廿五	13廿六	14廿七	15廿八
16廿九	17三十	18四月	19初二	20小满	21初四	22初五
23初六	24初七	25初八	26初九	27初十	28十一	29十二

6

一	二	三	四	五	六	日
		1十五	2十六	3十七	4十八	5芒种
6二十	7廿一	8廿二	9廿三	10廿四	11廿五	12廿六
13廿七	14廿八	15廿九	16五月	17初二	18初三	19初四
20夏至	21初六	22初七	23初八	24初九	25初十	26十一
27十二	28十三	29十四	30十五			

7

一	二	三	四	五	六	日
				1十六	2十七	3十八
4十九	5二十	6小暑	7廿二	8廿三	9廿四	10廿五
11廿六	12廿七	13廿八	14廿九	15三十	16六月	17初二
18初三	19初四	20初五	21初六	22大暑	23初八	24初九
25初十	26十一	27十二	28十三	29十四	30十五	31十六

8

一	二	三	四	五	六	日
1十七	2十八	3十九	4二十	5廿一	6立秋	7廿三
8廿四	9廿五	10廿六	11廿七	12廿八	13廿九	14七月
15初二	16初三	17初四	18初五	19初六	20初七	21初八
22处暑	23初十	24十一	25十二	26十三	27十四	28十五
29十六	30十七	31十八				

9

一	二	三	四	五	六	日
			1十九	2二十	3廿一	4廿二
5廿三	6廿四	7白露	8廿六	9廿七	10廿八	11廿九
12八月	13初二	14初三	15初四	16初五	17初六	18初七
19初八	20初九	21初十	22秋分	23十二	24十三	25十四
26十五	27十六	28十七	29十八	30十九		

10

一	二	三	四	五	六	日
31二十					1二十	2廿一
3廿二	4廿三	5廿四	6廿五	7寒露	8廿七	9廿八
10廿九	11三十	12九月	13初二	14初三	15初四	16初五
17初六	18初七	19初八	20初九	21初十	22霜降	23十二
24十三	25十四	26十五	27十六	28十七	29十八	30十九

11

一	二	三	四	五	六	日
	1廿一	2廿二	3廿三	4廿四	5廿五	6立冬
7廿七	8廿八	9廿九	10十月	11初二	12初三	13初四
14初五	15初六	16初七	17初八	18初九	19初十	20十一
21小雪	22十三	23十四	24十五	25十六	26十七	27十八
28十九	29二十	30廿一				

12

一	二	三	四	五	六	日
			1廿二	2廿三	3廿四	4廿五
5廿六	6大雪	7廿八	8廿九	9三十	10十一月	11初二
12初三	13初四	14初五	15初六	16初七	17初八	18初九
19初十	20十一	21冬至	22十三	23十四	24十五	25十六
26十七	27十八	28十九	29二十	30廿一	31廿二	

花开富贵

题注：牡丹乃花中皇后，极有富贵之相，是富贵的象征。凤凰则寓意着吉祥和太平。花开富贵象征富贵、吉祥、万事如意、水到渠成。

中国吉祥图案鉴赏

2073 年（癸巳 蛇年 2 月 7 日始）

1

一	二	三	四	五	六	日
30廿三	31廿四					1廿三
2廿四	3廿五	4廿六	5小寒	6廿八	7廿九	8十二月
9初二	10初三	11初四	12初五	13初六	14初七	15初八
16初九	17初十	18十一	19大寒	20十三	21十四	22十五
23十六	24十七	25十八	26十九	27二十	28廿一	29廿二

2

一	二	三	四	五	六	日
		1廿五	2廿六	3立春	4廿八	5廿九
6三十	7正月	8初二	9初三	10初四	11初五	12初六
13初七	14初八	15初九	16初十	17十一	18雨水	19十三
20十四	21十五	22十六	23十七	24十八	25十九	26二十
27廿一	28廿二					

3

一	二	三	四	五	六	日
		1廿三	2廿四	3廿五	4廿六	5惊蛰
6廿八	7廿九	8三十	9二月	10初二	11初三	12初四
13初五	14初六	15初七	16初八	17初九	18初十	19十一
20春分	21十三	22十四	23十五	24十六	25十七	26十八
27十九	28二十	29廿一	30廿二	31廿三		

4

一	二	三	四	五	六	日
					1廿四	2廿五
3廿六	4清明	5廿八	6廿九	7三月	8初二	9初三
10初四	11初五	12初六	13初七	14初八	15初九	16初十
17十一	18十二	19谷雨	20十四	21十五	22十六	23十七
24十八	25十九	26二十	27廿一	28廿二	29廿三	30廿四

5

一	二	三	四	五	六	日
1廿五	2廿六	3廿七	4廿八	5立夏	6三十	7四月
8初二	9初三	10初四	11初五	12初六	13初七	14初八
15初九	16初十	17十一	18十二	19十三	20小满	21十五
22十六	23十七	24十八	25十九	26二十	27廿一	28廿二
29廿三	30廿四	31廿五				

6

一	二	三	四	五	六	日
			1廿六	2廿七	3廿八	4廿九
5芒种	6五月	7初二	8初三	9初四	10初五	11初六
12初七	13初八	14初九	15初十	16十一	17十二	18十三
19十四	20十五	21夏至	22十七	23十八	24十九	25二十
26廿一	27廿二	28廿三	29廿四	30廿五		

7

一	二	三	四	五	六	日
31廿七					1廿六	2廿七
3廿八	4廿九	5六月	6小暑	7初三	8初四	9初五
10初六	11初七	12初八	13初九	14初十	15十一	16十二
17十三	18十四	19十五	20十六	21十七	22大暑	23十九
24二十	25廿一	26廿二	27廿三	28廿四	29廿五	30廿六

8

一	二	三	四	五	六	日
	1廿八	2廿九	3三十	4七月	5初二	6初三
7立秋	8初五	9初六	10初七	11初八	12初九	13初十
14十一	15十二	16十三	17十四	18十五	19十六	20十七
21十八	22处暑	23二十	24廿一	25廿二	26廿三	27廿四
28廿五	29廿六	30廿七	31廿八			

9

一	二	三	四	五	六	日
				1廿九	2八月	3初二
4初三	5初四	6初五	7白露	8初七	9初八	10初九
11初十	12十一	13十二	14十三	15十四	16十五	17十六
18十七	19十八	20十九	21二十	22秋分	23廿二	24廿三
25廿四	26廿五	27廿六	28廿七	29廿八	30廿九	

10

一	二	三	四	五	六	日
30三十	31十月					1九月
2初二	3初三	4初四	5初五	6初六	7寒露	8初八
9初九	10初十	11十一	12十二	13十三	14十四	15十五
16十六	17十七	18十八	19十九	20二十	21廿一	22廿二
23霜降	24廿四	25廿五	26廿六	27廿七	28廿八	29廿九

11

一	二	三	四	五	六	日
		1初二	2初三	3初四	4初五	5初六
6初七	7立冬	8初九	9初十	10十一	11十二	12十三
13十四	14十五	15十六	16十七	17十八	18十九	19二十
20廿一	21廿二	22小雪	23廿四	24廿五	25廿六	26廿七
27廿八	28廿九	29十一月	30初二			

12

一	二	三	四	五	六	日
				1初三	2初四	3初五
4初六	5初七	6大雪	7初九	8初十	9十一	10十二
11十三	12十四	13十五	14十六	15十七	16十八	17十九
18二十	19廿一	20廿二	21冬至	22廿四	23廿五	24廿六
25廿七	26廿八	27廿九	28三十	29十二月	30初二	31初三

中国吉祥图案鉴赏

龙龟

题注：龙龟是瑞兽的一种，象征吉祥，可挡灾化煞。龙龟的用法比较复杂，要恰当地放置在三煞位或水气重的地方才有效。风水学中有“要快发，斗三煞”之说，其原理即在于此。龙龟在位时能化解口舌之争、加强人缘。

2074年（甲午 马年1月27日始 闰六月）

1

一	二	三	四	五	六	日
1初四	2初五	3初六	4初七	5小寒	6初九	7初十
8十一	9十二	10十三	11十四	12十五	13十六	14十七
15十八	16十九	17二十	18廿一	19廿二	20大寒	21廿四
22廿五	23廿六	24廿七	25廿八	26廿九	27正月	28初二
29初三	30初四	31初五				

2

一	二	三	四	五	六	日
			1初六	2初七	3立春	4初九
5初十	6十一	7十二	8十三	9十四	10十五	11十六
12十七	13十八	14十九	15二十	16廿一	17廿二	18雨水
19廿四	20廿五	21廿六	22廿七	23廿八	24廿九	25三十
26二月	27初二	28初三				

3

一	二	三	四	五	六	日
			1初四	2初五	3初六	4初七
5惊蛰	6初九	7初十	8十一	9十二	10十三	11十四
12十五	13十六	14十七	15十八	16十九	17二十	18廿一
19廿二	20廿三	21春分	22廿五	23廿六	24廿七	25廿八
26廿九	27三月	28初二	29初三	30初四	31初五	

4

一	二	三	四	五	六	日
30初五						1初六
2初七	3初八	4清明	5初十	6十一	7十二	8十三
9十四	10十五	11十六	12十七	13十八	14十九	15二十
16廿一	17廿二	18廿三	19廿四	20谷雨	21廿六	22廿七
23廿八	24廿九	25三十	26四月	27初二	28初三	29初四

5

一	二	三	四	五	六	日
	1初六	2初七	3初八	4初九	5立夏	6十一
7十二	8十三	9十四	10十五	11十六	12十七	13十八
14十九	15二十	16廿一	17廿二	18廿三	19廿四	20小满
21廿六	22廿七	23廿八	24廿九	25三十	26五月	27初二
28初三	29初四	30初五	31初六			

6

一	二	三	四	五	六	日
				1初七	2初八	3初九
4初十	5芒种	6十二	7十三	8十四	9十五	10十六
11十七	12十八	13十九	14二十	15廿一	16廿二	17廿三
18廿四	19廿五	20廿六	21夏至	22廿八	23廿九	24六月
25初二	26初三	27初四	28初五	29初六	30初七	

7

一	二	三	四	五	六	日
30初七	31初八					1初八
2初九	3初十	4十一	5十二	6十三	7小暑	8十五
9十六	10十七	11十八	12十九	13二十	14廿一	15廿二
16廿三	17廿四	18廿五	19廿六	20廿七	21廿八	22大暑
23三十	24六月	25初二	26初三	27初四	28初五	29初六

8

一	二	三	四	五	六	日
		1初九	2初十	3十一	4十二	5十三
6十四	7立秋	8十六	9十七	10十八	11十九	12二十
13廿一	14廿二	15廿三	16廿四	17廿五	18廿六	19廿七
20廿八	21廿九	22七月	23处暑	24初三	25初四	26初五
27初六	28初七	29初八	30初九	31初十		

9

一	二	三	四	五	六	日
					1十一	2十二
3十三	4十四	5十五	6十六	7白露	8十八	9十九
10二十	11廿一	12廿二	13廿三	14廿四	15廿五	16廿六
17廿七	18廿八	19廿九	20三十	21八月	22秋分	23初三
24初四	25初五	26初六	27初七	28初八	29初九	30初十

10

一	二	三	四	五	六	日
1十一	2十二	3十三	4十四	5十五	6十六	7十七
8寒露	9十九	10二十	11廿一	12廿二	13廿三	14廿四
15廿五	16廿六	17廿七	18廿八	19廿九	20九月	21初二
22初三	23霜降	24初五	25初六	26初七	27初八	28初九
29初十	30十一	31十二				

11

一	二	三	四	五	六	日
			1十三	2十四	3十五	4十六
5十七	6十八	7立冬	8二十	9廿一	10廿二	11廿三
12廿四	13廿五	14廿六	15廿七	16廿八	17廿九	18三十
19十月	20初二	21初三	22小雪	23初五	24初六	25初七
26初八	27初九	28初十	29十一	30十二		

12

一	二	三	四	五	六	日
31十四					1十三	2十四
3十五	4十六	5十七	6十八	7大雪	8二十	9廿一
10廿二	11廿三	12廿四	13廿五	14廿六	15廿七	16廿八
17廿九	18十一月	19初二	20初三	21冬至	22初五	23初六
24初七	25初八	26初九	27初十	28十一	29十二	30十三

吉祥猴

题注：古时人们普遍认为猴为吉祥物。由于“猴”与“侯”谐音，在许多图画中，猴的形象有着“封侯”的意思。如一只猴子爬在枫树上挂印，取“封侯挂印”之意；一只猴子骑在马背上，取“马上封侯”之意；两只猴子坐在一棵松树上，或一只猴子骑在另一只猴的背上，取“辈辈封侯”之意。

中国吉祥图案鉴赏

2075年（乙未 羊年2月15日始）

1

一	二	三	四	五	六	日
	1 十五	2 十六	3 十七	4 十八	5 小寒	6 二十
7 廿一	8 廿二	9 廿三	10 廿四	11 廿五	12 廿六	13 廿七
14 廿八	15 廿九	16 三十	17 十二月	18 初二	19 初三	20 大寒
21 初五	22 初六	23 初七	24 初八	25 初九	26 初十	27 十一
28 十二	29 十三	30 十四	31 十五			

2

一	二	三	四	五	六	日
				1 十六	2 十七	3 十八
4 立春	5 二十	6 廿一	7 廿二	8 廿三	9 廿四	10 廿五
11 廿六	12 廿七	13 廿八	14 廿九	15 正月	16 初二	17 初三
18 雨水	19 初五	20 初六	21 初七	22 初八	23 初九	24 初十
25 十一	26 十二	27 十三	28 十四			

3

一	二	三	四	五	六	日
				1 十五	2 十六	3 十七
4 十八	5 惊蛰	6 二十	7 廿一	8 廿二	9 廿三	10 廿四
11 廿五	12 廿六	13 廿七	14 廿八	15 廿九	16 三十	17 二月
18 初二	19 初三	20 春分	21 初五	22 初六	23 初七	24 初八
25 初九	26 初十	27 十一	28 十二	29 十三	30 十四	31 十五

4

一	二	三	四	五	六	日
1 十六	2 十七	3 十八	4 清明	5 二十	6 廿一	7 廿二
8 廿三	9 廿四	10 廿五	11 廿六	12 廿七	13 廿八	14 廿九
15 三月	16 初二	17 初三	18 初四	19 初五	20 谷雨	21 初七
22 初八	23 初九	24 初十	25 十一	26 十二	27 十三	28 十四
29 十五	30 十六					

5

一	二	三	四	五	六	日
		1 十七	2 十八	3 十九	4 二十	5 立夏
6 廿二	7 廿三	8 廿四	9 廿五	10 廿六	11 廿七	12 廿八
13 廿九	14 三十	15 四月	16 初二	17 初三	18 初四	19 初五
20 初六	21 小满	22 初八	23 初九	24 初十	25 十一	26 十二
27 十三	28 十四	29 十五	30 十六	31 十七		

6

一	二	三	四	五	六	日
					1 十八	2 十九
3 二十	4 廿一	5 芒种	6 廿三	7 廿四	8 廿五	9 廿六
10 廿七	11 廿八	12 廿九	13 五月	14 初二	15 初三	16 初四
17 初五	18 初六	19 初七	20 初八	21 夏至	22 初十	23 十一
24 十二	25 十三	26 十四	27 十五	28 十六	29 十七	30 十八

7

一	二	三	四	五	六	日
1 十九	2 二十	3 廿一	4 廿二	5 廿三	6 廿四	7 小暑
8 廿六	9 廿七	10 廿八	11 廿九	12 三十	13 六月	14 初二
15 初三	16 初四	17 初五	18 初六	19 初七	20 初八	21 初九
22 大暑	23 十一	24 十二	25 十三	26 十四	27 十五	28 十六
29 十七	30 十八	31 十九				

8

一	二	三	四	五	六	日
			1 二十	2 廿一	3 廿二	4 廿三
5 廿四	6 廿五	7 立秋	8 廿七	9 廿八	10 廿九	11 三十
12 七月	13 初二	14 初三	15 初四	16 初五	17 初六	18 初七
19 初八	20 初九	21 初十	22 十一	23 处暑	24 十三	25 十四
26 十五	27 十六	28 十七	29 十八	30 十九	31 二十	

9

一	二	三	四	五	六	日
30 廿一						1 廿一
2 廿二	3 廿三	4 廿四	5 廿五	6 廿六	7 白露	8 廿八
9 廿九	10 八月	11 初二	12 初三	13 初四	14 初五	15 初六
16 初七	17 初八	18 初九	19 初十	20 十一	21 十二	22 十三
23 秋分	24 十五	25 十六	26 十七	27 十八	28 十九	29 二十

10

一	二	三	四	五	六	日
	1 廿二	2 廿三	3 廿四	4 廿五	5 廿六	6 廿七
7 廿八	8 寒露	9 三十	10 九月	11 初二	12 初三	13 初四
14 初五	15 初六	16 初七	17 初八	18 初九	19 初十	20 十一
21 十二	22 十三	23 霜降	24 十五	25 十六	26 十七	27 十八
28 十九	29 二十	30 廿一	31 廿二			

11

一	二	三	四	五	六	日
				1 廿三	2 廿四	3 廿五
4 廿六	5 廿七	6 廿八	7 立冬	8 十月	9 初二	10 初三
11 初四	12 初五	13 初六	14 初七	15 初八	16 初九	17 初十
18 十一	19 十二	20 十三	21 十四	22 小雪	23 十六	24 十七
25 十八	26 十九	27 二十	28 廿一	29 廿二	30 廿三	

12

一	二	三	四	五	六	日
30 廿三	31 廿四					1 廿四
2 廿五	3 廿六	4 廿七	5 廿八	6 廿九	7 大雪	8 十一月
9 初二	10 初三	11 初四	12 初五	13 初六	14 初七	15 初八
16 初九	17 初十	18 十一	19 十二	20 十三	21 十四	22 冬至
23 十六	24 十七	25 十八	26 十九	27 二十	28 廿一	29 廿二

中国吉祥图案鉴赏

金蟾

题注：金蟾象征招财、旺财、聚财、财禄满贯。此款摆件雕刻得非常细致，三条腿的蟾蜍趴在金钱币上，口中也含着金币。特别是金蟾的眼睛经朱砂开光，活灵活现，栩栩如生，仿佛金蟾有了生命力，颇具功力。"三脚金蟾"寓意财源滚滚，事事如意。

2076年（丙申 猴年2月5日始）

1

一	二	三	四	五	六	日
		1廿五	2廿六	3廿七	4廿八	5小寒
6十二月	7初二	8初三	9初四	10初五	11初六	12初七
13初八	14初九	15初十	16十一	17十二	18十三	19十四
20大寒	21十六	22十七	23十八	24十九	25二十	26廿一
27廿二	28廿三	29廿四	30廿五	31廿六		

2

一	二	三	四	五	六	日
					1廿七	2廿八
3廿九	4立春	5正月	6初二	7初三	8初四	9初五
10初六	11初七	12初八	13初九	14初十	15十一	16十二
17十三	18十四	19雨水	20十六	21十七	22十八	23十九
24二十	25廿一	26廿二	27廿三	28廿四	29廿五	

3

一	二	三	四	五	六	日
30廿六	31廿七					1廿六
2廿七	3廿八	4廿九	5二月 惊蛰	6初二	7初三	8初四
9初五	10初六	11初七	12初八	13初九	14初十	15十一
16十二	17十三	18十四	19十五	20春分	21十七	22十八
23十九	24二十	25廿一	26廿二	27廿三	28廿四	29廿五

4

一	二	三	四	五	六	日
		1廿八	2廿九	3三十	4三月 清明	5初二
6初三	7初四	8初五	9初六	10初七	11初八	12初九
13初十	14十一	15十二	16十三	17十四	18十五	19谷雨
20十七	21十八	22十九	23二十	24廿一	25廿二	26廿三
27廿四	28廿五	29廿六	30廿七			

5

一	二	三	四	五	六	日
				1廿八	2廿九	3四月
4立夏	5初三	6初四	7初五	8初六	9初七	10初八
11初九	12初十	13十一	14十二	15十三	16十四	17十五
18十六	19十七	20小满	21十九	22二十	23廿一	24廿二
25廿三	26廿四	27廿五	28廿六	29廿七	30廿八	31廿九

6

一	二	三	四	五	六	日
1三十	2五月	3初二	4初三	5芒种	6初五	7初六
8初七	9初八	10初九	11初十	12十一	13十二	14十三
15十四	16十五	17十六	18十七	19十八	20夏至	21二十
22廿一	23廿二	24廿三	25廿四	26廿五	27廿六	28廿七
29廿八	30廿九					

7

一	二	三	四	五	六	日
		1六月	2初二	3初三	4初四	5初五
6小暑	7初七	8初八	9初九	10初十	11十一	12十二
13十三	14十四	15十五	16十六	17十七	18十八	19十九
20二十	21廿一	22大暑	23廿三	24廿四	25廿五	26廿六
27廿七	28廿八	29廿九	30三十	31七月		

8

一	二	三	四	五	六	日
31初三					1初二	2初三
3初四	4初五	5初六	6立秋	7初八	8初九	9初十
10十一	11十二	12十三	13十四	14十五	15十六	16十七
17十八	18十九	19二十	20廿一	21廿二	22处暑	23廿四
24廿五	25廿六	26廿七	27廿八	28廿九	29八月	30初二

9

一	二	三	四	五	六	日
	1初四	2初五	3初六	4初七	5初八	6初九
7白露	8十一	9十二	10十三	11十四	12十五	13十六
14十七	15十八	16十九	17二十	18廿一	19廿二	20廿三
21廿四	22秋分	23廿六	24廿七	25廿八	26廿九	27三十
28九月	29初二	30初三				

10

一	二	三	四	五	六	日
			1初四	2初五	3初六	4初七
5初八	6初九	7寒露	8十一	9十二	10十三	11十四
12十五	13十六	14十七	15十八	16十九	17二十	18廿一
19廿二	20廿三	21廿四	22霜降	23廿六	24廿七	25廿八
26廿九	27三十	28十月	29初二	30初三	31初四	

11

一	二	三	四	五	六	日
30初五						1初五
2初六	3初七	4初八	5初九	6立冬	7十一	8十二
9十三	10十四	11十五	12十六	13十七	14十八	15十九
16二十	17廿一	18廿二	19廿三	20廿四	21小雪	22廿六
23廿七	24廿八	25廿九	26十一月	27初二	28初三	29初四

12

一	二	三	四	五	六	日
	1初六	2初七	3初八	4初九	5初十	6大雪
7十二	8十三	9十四	10十五	11十六	12十七	13十八
14十九	15二十	16廿一	17廿二	18廿三	19廿四	20廿五
21冬至	22廿七	23廿八	24廿九	25三十	26十二月	27初二
28初三	29初四	30初五	31初六			

藏传佛教中的财神

题注：藏传佛教中财神的信奉十分普遍，种类也很多，有财宝天王、黄财神、黑财神、白财神、红财神等。

多闻天王是佛教四大天王之一，又称毗沙门天，是北方的保护神，又兼司财之职。梵文称其为kuberd，意为施财天，是世上一切财富的守护者。天王左手持吐宝鼬，右手握宝幢，宝幢转动便产生珠宝，故又称财宝天王。

中国吉祥图案鉴赏

2077 年（丁酉 鸡年 1月24日始 闰四月）

1

一	二	三	四	五	六	日
				1初七	2初八	3初九
4初十	5小寒	6十二	7十三	8十四	9十五	10十六
11十七	12十八	13十九	14二十	15廿一	16廿二	17廿三
18廿四	19大寒	20廿六	21廿七	22廿八	23廿九	24正月
25初二	26初三	27初四	28初五	29初六	30初七	31初八

2

一	二	三	四	五	六	日
1初九	2初十	3立春	4十二	5十三	6十四	7十五
8十六	9十七	10十八	11十九	12二十	13廿一	14廿二
15廿三	16廿四	17廿五	18雨水	19廿七	20廿八	21廿九
22三十	23二月	24初二	25初三	26初四	27初五	28初六

3

一	二	三	四	五	六	日
1初七	2初八	3初九	4初十	5惊蛰	6十二	7十三
8十四	9十五	10十六	11十七	12十八	13十九	14二十
15廿一	16廿二	17廿三	18廿四	19廿五	20春分	21廿七
22廿八	23廿九	24三月	25初二	26初三	27初四	28初五
29初六	30初七	31初八				

4

一	二	三	四	五	六	日
			1初九	2初十	3十一	4清明
5十三	6十四	7十五	8十六	9十七	10十八	11十九
12二十	13廿一	14廿二	15廿三	16廿四	17廿五	18廿六
19谷雨	20廿八	21廿九	22三十	23四月	24初二	25初三
26初四	27初五	28初六	29初七	30初八		

5

一	二	三	四	五	六	日
31初十					1初九	2初十
3十一	4十二	5立夏	6十四	7十五	8十六	9十七
10十八	11十九	12二十	13廿一	14廿二	15廿三	16廿四
17廿五	18廿六	19廿七	20小满	21廿九	22四月	23初二
24初三	25初四	26初五	27初六	28初七	29初八	30初九

6

一	二	三	四	五	六	日
	1十一	2十二	3十三	4十四	5芒种	6十六
7十七	8十八	9十九	10二十	11廿一	12廿二	13廿三
14廿四	15廿五	16廿六	17廿七	18廿八	19廿九	20五月
21夏至	22初三	23初四	24初五	25初六	26初七	27初八
28初九	29初十	30十一				

7

一	二	三	四	五	六	日
			1十二	2十三	3十四	4十五
5十六	6小暑	7十八	8十九	9二十	10廿一	11廿二
12廿三	13廿四	14廿五	15廿六	16廿七	17廿八	18廿九
19三十	20六月	21初二	22大暑	23初四	24初五	25初六
26初七	27初八	28初九	29初十	30十一	31十二	

8

一	二	三	四	五	六	日
30十三	31十四					1十三
2十四	3十五	4十六	5十七	6十八	7立秋	8二十
9廿一	10廿二	11廿三	12廿四	13廿五	14廿六	15廿七
16廿八	17廿九	18七月	19初二	20初三	21初四	22处暑
23初六	24初七	25初八	26初九	27初十	28十一	29十二

9

一	二	三	四	五	六	日
		1十五	2十六	3十七	4十八	5十九
6二十	7白露	8廿二	9廿三	10廿四	11廿五	12廿六
13廿七	14廿八	15廿九	16三十	17八月	18初二	19初三
20初四	21初五	22秋分	23初七	24初八	25初九	26初十
27十一	28十二	29十三	30十四			

10

一	二	三	四	五	六	日
				1十五	2十六	3十七
4十八	5十九	6二十	7寒露	8廿二	9廿三	10廿四
11廿五	12廿六	13廿七	14廿八	15廿九	16三十	17九月
18初二	19初三	20初四	21初五	22初六	23初七	24初八
25初九	26初十	27十一	28十二	29十三	30十四	31十五

11

一	二	三	四	五	六	日
1十六	2十七	3十八	4十九	5二十	6廿一	7立冬
8廿三	9廿四	10廿五	11廿六	12廿七	13廿八	14廿九
15三十	16十月	17初二	18初三	19初四	20初五	21初六
22小雪	23初八	24初九	25初十	26十一	27十二	28十三
29十四	30十五					

12

一	二	三	四	五	六	日
		1十六	2十七	3十八	4十九	5二十
6大雪	7廿二	8廿三	9廿四	10廿五	11廿六	12廿七
13廿八	14廿九	15十一月	16初二	17初三	18初四	19初五
20初六	21冬至	22初八	23初九	24初十	25十一	26十二
27十三	28十四	29十五	30十六	31十七		

中国吉祥图案鉴赏

鲤鱼跳龙门

题注：明代李时珍的《本草纲目》里记载："鲤为诸鱼之长。形状可爱，能神变，常飞跃江湖"。因此，鲤鱼跳龙门，常作为古时平民通过科举而高升的比喻，被视为幸运的象征。跳龙门寓意事业有成和梦想的实现，"鱼"还有吉庆有余、年年有余的蕴涵。

2078年（戊戌 狗年2月12日始）

1月

一	二	三	四	五	六	日
31十八					1十八	2十九
3二十	4廿一	5小寒	6廿三	7廿四	8廿五	9廿六
10廿七	11廿八	12廿九	13三十	14十二月	15初二	16初三
17初四	18初五	19初六	20大寒	21初八	22初九	23初十
24十一	25十二	26十三	27十四	28十五	29十六	30十七

2月

一	二	三	四	五	六	日
	1十九	2二十	3立春	4廿二	5廿三	6廿四
7廿五	8廿六	9廿七	10廿八	11廿九	12春节	13初二
14初三	15初四	16初五	17初六	18雨水	19初八	20初九
21初十	22十一	23十二	24十三	25十四	26十五	27十六
28十七						

3月

一	二	三	四	五	六	日
	1十八	2十九	3二十	4廿一	5惊蛰	6廿三
7廿四	8廿五	9廿六	10廿七	11廿八	12廿九	13三十
14二月	15初二	16初三	17初四	18初五	19初六	20春分
21初八	22初九	23初十	24十一	25十二	26十三	27十四
28十五	29十六	30十七	31十八			

4月

一	二	三	四	五	六	日
				1十九	2二十	3廿一
4清明	5廿三	6廿四	7廿五	8廿六	9廿七	10廿八
11廿九	12三月	13初二	14初三	15初四	16初五	17初六
18初七	19谷雨	20初九	21初十	22十一	23十二	24十三
25十四	26十五	27十六	28十七	29十八	30十九	

5月

一	二	三	四	五	六	日
30十九	31二十					1二十
2廿一	3廿二	4廿三	5立夏	6廿五	7廿六	8廿七
9廿八	10廿九	11三十	12四月	13初二	14初三	15初四
16初五	17初六	18初七	19初八	20初九	21小满	22十一
23十二	24十三	25十四	26十五	27十六	28十七	29十八

6月

一	二	三	四	五	六	日
		1廿一	2廿二	3廿三	4廿四	5芒种
6廿六	7廿七	8廿八	9廿九	10五月	11初二	12初三
13初四	14初五	15初六	16初七	17初八	18初九	19初十
20十一	21夏至	22十三	23十四	24十五	25十六	26十七
27十八	28十九	29二十	30廿一			

7月

一	二	三	四	五	六	日
				1廿二	2廿三	3廿四
4廿五	5廿六	6小暑	7廿八	8廿九	9六月	10初二
11初三	12初四	13初五	14初六	15初七	16初八	17初九
18初十	19十一	20十二	21十三	22大暑	23十五	24十六
25十七	26十八	27十九	28二十	29廿一	30廿二	31廿三

8月

一	二	三	四	五	六	日
1廿四	2廿五	3廿六	4廿七	5廿八	6廿九	7立秋
8七月	9初二	10初三	11初四	12初五	13初六	14初七
15初八	16初九	17初十	18十一	19十二	20十三	21十四
22十五	23处暑	24十七	25十八	26十九	27二十	28廿一
29廿二	30廿三	31廿四				

9月

一	二	三	四	五	六	日
			1廿五	2廿六	3廿七	4廿八
5廿九	6八月	7白露	8初三	9初四	10初五	11初六
12初七	13初八	14初九	15初十	16十一	17十二	18十三
19十四	20十五	21十六	22秋分	23十八	24十九	25二十
26廿一	27廿二	28廿三	29廿四	30廿五		

10月

一	二	三	四	五	六	日
31廿六					1廿六	2廿七
3廿八	4廿九	5三十	6九月	7初二	8寒露	9初四
10初五	11初六	12初七	13初八	14初九	15初十	16十一
17十二	18十三	19十四	20十五	21十六	22十七	23霜降
24十九	25二十	26廿一	27廿二	28廿三	29廿四	30廿五

11月

一	二	三	四	五	六	日
	1廿七	2廿八	3廿九	4三十	5十月	6初二
7立冬	8初四	9初五	10初六	11初七	12初八	13初九
14初十	15十一	16十二	17十三	18十四	19十五	20十六
21十七	22小雪	23十九	24二十	25廿一	26廿二	27廿三
28廿四	29廿五	30廿六				

12月

一	二	三	四	五	六	日
			1廿七	2廿八	3廿九	4十一月
5初二	6初三	7大雪	8初五	9初六	10初七	11初八
12初九	13初十	14十一	15十二	16十三	17十四	18十五
19十六	20十七	21冬至	22十九	23二十	24廿一	25廿二
26廿三	27廿四	28廿五	29廿六	30廿七	31廿八	

绿檀辟邪

题注：辟邪相传为龙的儿子。龙生九子，其中麒麟、青龙、辟邪为最有出息的三个儿子，所到之处，百恶消散，被后人敬为四大吉兽之首。相传辟邪喜食金银财宝，只吃不拉，故有招财、聚财、辟邪、恶小人是非的功效。绿檀辟邪则象征吉祥、辟邪、如意、财源滚滚。

中国吉祥图案鉴赏

2079 年（己亥 猪年 2 月2日始）

1

一	二	三	四	五	六	日
30廿八	31廿九					1廿九
2三十	3十二月	4初二	5小寒	6初四	7初五	8初六
9初七	10初八	11初九	12初十	13十一	14十二	15十三
16十四	17十五	18十六	19十七	20大寒	21十九	22二十
23廿一	24廿二	25廿三	26廿四	27廿五	28廿六	29廿七

2

一	二	三	四	五	六	日
		1三十	2正月	3初二	4立春	5初四
6初五	7初六	8初七	9初八	10初九	11初十	12十一
13十二	14十三	15十四	16十五	17十六	18雨水	19十八
20十九	21二十	22廿一	23廿二	24廿三	25廿四	26廿五
27廿六	28廿七					

3

一	二	三	四	五	六	日
		1廿八	2廿九	3二月	4初二	5初三
6初四	7初五	8初六	9初七	10初八	11初九	12初十
13十一	14十二	15十三	16十四	17十五	18十六	19十七
20春分	21十九	22二十	23廿一	24廿二	25廿三	26廿四
27廿五	28廿六	29廿七	30廿八	31廿九		

4

一	二	三	四	五	六	日
					1三十	2三月
3初二	4清明	5初四	6初五	7初六	8初七	9初八
10初九	11初十	12十一	13十二	14十三	15十四	16十五
17十六	18十七	19十八	20谷雨	21二十	22廿一	23廿二
24廿三	25廿四	26廿五	27廿六	28廿七	29廿八	30廿九

5

一	二	三	四	五	六	日
1四月	2初二	3初三	4初四	5立夏	6初六	7初七
8初八	9初九	10初十	11十一	12十二	13十三	14十四
15十五	16十六	17十七	18十八	19十九	20二十	21小满
22廿二	23廿三	24廿四	25廿五	26廿六	27廿七	28廿八
29廿九	30三十	31五月				

6

一	二	三	四	五	六	日
			1初二	2初三	3初四	4初五
5芒种	6初七	7初八	8初九	9初十	10十一	11十二
12十三	13十四	14十五	15十六	16十七	17十八	18十九
19二十	20廿一	21夏至	22廿三	23廿四	24廿五	25廿六
26廿七	27廿八	28廿九	29六月	30初二		

7

一	二	三	四	五	六	日
31初四					1初三	2初四
3初五	4初六	5初七	6初八	7小暑	8初十	9十一
10十二	11十三	12十四	13十五	14十六	15十七	16十八
17十九	18二十	19廿一	20廿二	21廿三	22大暑	23廿五
24廿六	25廿七	26廿八	27廿九	28七月	29初二	30初三

8

一	二	三	四	五	六	日
	1初五	2初六	3初七	4初八	5初九	6初十
7立秋	8十二	9十三	10十四	11十五	12十六	13十七
14十八	15十九	16二十	17廿一	18廿二	19廿三	20廿四
21廿五	22廿六	23处暑	24廿八	25廿九	26三十	27八月
28初二	29初三	30初四	31初五			

9

一	二	三	四	五	六	日
				1初六	2初七	3初八
4初九	5初十	10十一	7白露	8十三	9十四	10十五
11十六	12十七	13十八	14十九	15二十	16廿一	17廿二
18廿三	19廿四	20廿五	21廿六	22廿七	23秋分	24廿九
25九月	26初二	27初三	28初四	29初五	30初六	

10

一	二	三	四	五	六	日
30初六	31初七					1初七
2初八	3初九	4初十	5十一	6十二	7十三	8寒露
9十五	10十六	11十七	12十八	13十九	14二十	15廿一
16廿二	17廿三	18廿四	19廿五	20廿六	21廿七	22廿八
23霜降	24三十	25十月	26初二	27初三	28初四	29初五

11

一	二	三	四	五	六	日
		1初八	2初九	3初十	4十一	5十二
6十三	7立冬	8十五	9十六	10十七	11十八	12十九
13二十	14廿一	15廿二	16廿三	17廿四	18廿五	19廿六
20廿七	21廿八	22小雪	23十一月	24初二	25初三	26初四
27初五	28初六	29初七	30初八			

12

一	二	三	四	五	六	日
				1初九	2初十	3十一
4十二	5十三	6十四	7大雪	8十六	9十七	10十八
11十九	12二十	13廿一	14廿二	15廿三	16廿四	17廿五
18廿六	19廿七	20廿八	21廿九	22冬至	23十二月	24初二
25初三	26初四	27初五	28初六	29初七	30初八	31初九

中国吉祥图案鉴赏

牛

题注：老子李耳，乘青牛西游。民间认为牛是一种神物，在神话传说中有关神牛的故事很多。道家谓仙人常骑青牛，老子西游时，就乘着青牛。在中国南方，很多人把牛当作图腾来崇拜。牛象征勤劳、隐忍。

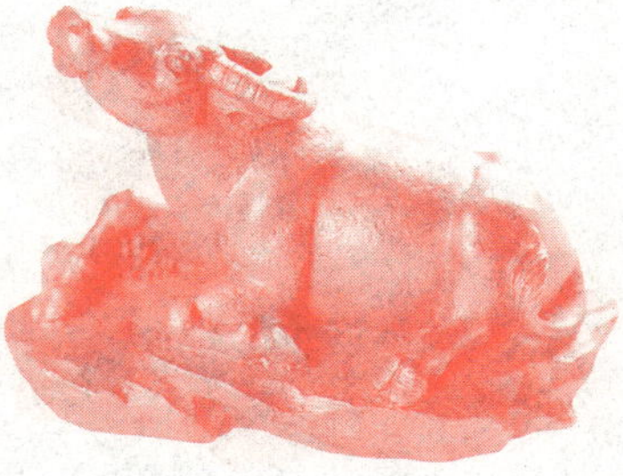

2080 年（庚子 鼠年 1月22日始 闰三月）

1

一	二	三	四	五	六	日
1 初十	2 十一	3 十二	4 十三	5 小寒	6 十五	7 十六
8 十七	9 十八	10 十九	11 二十	12 廿一	13 廿二	14 廿三
15 廿四	16 廿五	17 廿六	18 廿七	19 廿八	20 大寒	21 三十
22 正月	23 初二	24 初三	25 初四	26 初五	27 初六	28 初七
29 初八	30 初九	31 初十				

2

一	二	三	四	五	六	日
			1 十一	2 十二	3 十三	4 立春
5 十五	6 十六	7 十七	8 十八	9 十九	10 二十	11 廿一
12 廿二	13 廿三	14 廿四	15 廿五	16 廿六	17 廿七	18 廿八
19 雨水	20 三十	21 二月	22 初二	23 初三	24 初四	25 初五
26 初六	27 初七	28 初八	29 初九			

3

一	二	三	四	五	六	日
				1 初十	2 十一	3 十二
4 十三	5 惊蛰	6 十五	7 十六	8 十七	9 十八	10 十九
11 二十	12 廿一	13 廿二	14 廿三	15 廿四	16 廿五	17 廿六
18 廿七	19 廿八	20 春分	21 三月	22 初二	23 初三	24 初四
25 初五	26 初六	27 初七	28 初八	29 初九	30 初十	31 十一

4

一	二	三	四	五	六	日
1 十二	2 十三	3 十四	4 清明	5 十六	6 十七	7 十八
8 十九	9 二十	10 廿一	11 廿二	12 廿三	13 廿四	14 廿五
15 廿六	16 廿七	17 廿八	18 廿九	19 谷雨	20 三月	21 初二
22 初三	23 初四	24 初五	25 初六	26 初七	27 初八	28 初九
29 初十	30 十一					

5

一	二	三	四	五	六	日
		1 十二	2 十三	3 十四	4 立夏	5 十六
6 十七	7 十八	8 十九	9 二十	10 廿一	11 廿二	12 廿三
13 廿四	14 廿五	15 廿六	16 廿七	17 廿八	18 廿九	19 四月
20 小满	21 初三	22 初四	23 初五	24 初六	25 初七	26 初八
27 初九	28 初十	29 十一	30 十二	31 十三		

6

一	二	三	四	五	六	日
					1 十四	2 十五
3 十六	4 十七	5 芒种	6 十九	7 二十	8 廿一	9 廿二
10 廿三	11 廿四	12 廿五	13 廿六	14 廿七	15 廿八	16 廿九
17 三十	18 五月	19 初二	20 夏至	21 初四	22 初五	23 初六
24 初七	25 初八	26 初九	27 初十	28 十一	29 十二	30 十三

7

一	二	三	四	五	六	日
1 十四	2 十五	3 十六	4 十七	5 十八	6 小暑	7 二十
8 廿一	9 廿二	10 廿三	11 廿四	12 廿五	13 廿六	14 廿七
15 廿八	16 廿九	17 六月	18 初二	19 初三	20 初四	21 初五
22 大暑	23 初七	24 初八	25 初九	26 初十	27 十一	28 十二
29 十三	30 十四	31 十五				

8

一	二	三	四	五	六	日
			1 十六	2 十七	3 十八	4 十九
5 二十	6 立秋	7 廿二	8 廿三	9 廿四	10 廿五	11 廿六
12 廿七	13 廿八	14 廿九	15 七月	16 初二	17 初三	18 初四
19 初五	20 初六	21 初七	22 处暑	23 初九	24 初十	25 十一
26 十二	27 十三	28 十四	29 十五	30 十六	31 十七	

9

一	二	三	四	五	六	日
30 十七						1 十八
2 十九	3 二十	4 廿一	5 廿二	6 廿三	7 白露	8 廿五
9 廿六	10 廿七	11 廿八	12 廿九	13 三十	14 八月	15 初二
16 初三	17 初四	18 初五	19 初六	20 初七	21 初八	22 秋分
23 初十	24 十一	25 十二	26 十三	27 十四	28 十五	29 十六

10

一	二	三	四	五	六	日
	1 十八	2 十九	3 二十	4 廿一	5 廿二	6 廿三
7 寒露	8 廿五	9 廿六	10 廿七	11 廿八	12 廿九	13 九月
14 初二	15 初三	16 初四	17 初五	18 初六	19 初七	20 初八
21 初九	22 霜降	23 十一	24 十二	25 十三	26 十四	27 十五
28 十六	29 十七	30 十八	31 十九			

11

一	二	三	四	五	六	日
				1 二十	2 廿一	3 廿二
4 廿三	5 廿四	6 立冬	7 廿六	8 廿七	9 廿八	10 廿九
11 十月	12 初二	13 初三	14 初四	15 初五	16 初六	17 初七
18 初八	19 初九	20 初十	21 小雪	22 十二	23 十三	24 十四
25 十五	26 十六	27 十七	28 十八	29 十九	30 二十	

12

一	二	三	四	五	六	日
30 二十	31 廿一					1 廿一
2 廿二	3 廿三	4 廿四	5 廿五	6 大雪	7 廿七	8 廿八
9 廿九	10 三十	11 十一月	12 初二	13 初三	14 初四	15 初五
16 初六	17 初七	18 初八	19 初九	20 初十	21 冬至	22 十二
23 十三	24 十四	25 十五	26 十六	27 十七	28 十八	29 十九

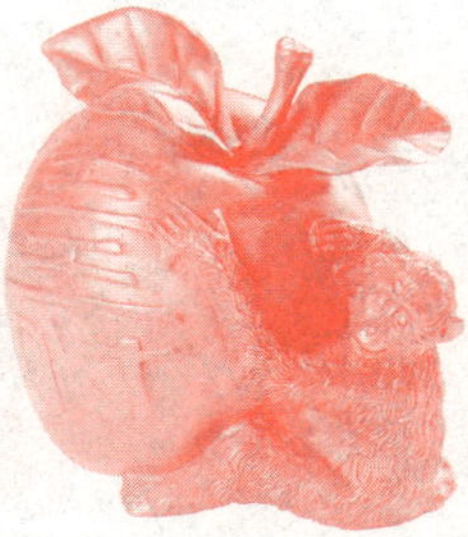

寿桃

题注：寿桃象征延年益寿、保健长寿、年年有今日，常被作为贺寿佳礼。传说天上王母娘娘的桃园里种的仙桃，三千年开一次花，三千年结一次果，吃一枚就可延年益寿，因此，人们称此桃为寿桃。

中国吉祥图案鉴赏

2081年（辛丑 牛年2月9日始）

1

一	二	三	四	五	六	日
		1廿二	2廿三	3廿四	4廿五	5小寒
6廿七	7廿八	8廿九	9三十	10十二月	11初二	12初三
13初四	14初五	15初六	16初七	17初八	18初九	19大寒
20十一	21十二	22十三	23十四	24十五	25十六	26十七
27十八	28十九	29二十	30廿一	31廿二		

2

一	二	三	四	五	六	日
					1廿三	2廿四
3立春	4廿六	5廿七	6廿八	7廿九	8三十	9正月
10初二	11初三	12初四	13初五	14初六	15初七	16初八
17初九	18雨水	19十一	20十二	21十三	22十四	23十五
24十六	25十七	26十八	27十九	28二十		

3

一	二	三	四	五	六	日
31廿二					1廿一	2廿二
3廿三	4廿四	5惊蛰	6廿六	7廿七	8廿八	9廿九
10二月	11初二	12初三	13初四	14初五	15初六	16初七
17初八	18初九	19初十	20春分	21十二	22十三	23十四
24十五	25十六	26十七	27十八	28十九	29二十	30廿一

4

一	二	三	四	五	六	日
	1廿三	2廿四	3廿五	4清明	5廿七	6廿八
7廿九	8三十	9三月	10初二	11初三	12初四	13初五
14初六	15初七	16初八	17初九	18初十	19谷雨	20十二
21十三	22十四	23十五	24十六	25十七	26十八	27十九
28二十	29廿一	30廿二				

5

一	二	三	四	五	六	日
			1廿三	2廿四	3廿五	4廿六
5立夏	6廿八	7廿九	8三十	9四月	10初二	11初三
12初四	13初五	14初六	15初七	16初八	17初九	18初十
19十一	20小满	21十三	22十四	23十五	24十六	25十七
26十八	27十九	28二十	29廿一	30廿二	31廿三	

6

一	二	三	四	五	六	日
30廿四						1廿四
2廿五	3廿六	4廿七	5廿八	6廿九	7五月	8初二
9初三	10初四	11初五	12初六	13初七	14初八	15初九
16初十	17十一	18十二	19十三	20夏至	21十五	22十六
23十七	24十八	25十九	26二十	27廿一	28廿二	29廿三

7

一	二	三	四	五	六	日
	1廿五	2廿六	3廿七	4廿八	5廿九	6小暑
7六月	8初二	9初三	10初四	11初五	12初六	13初七
14初八	15初九	16初十	17十一	18十二	19十三	20十四
21十五	22大暑	23十七	24十八	25十九	26二十	27廿一
28廿二	29廿三	30廿四	31廿五			

8

一	二	三	四	五	六	日
				1廿六	2廿七	3廿八
4廿九	5七月	6初二	7立秋	8初四	9初五	10初六
11初七	12初八	13初九	14初十	15十一	16十二	17十三
18十四	19十五	20十六	21十七	22处暑	23十九	24二十
25廿一	26廿二	27廿三	28廿四	29廿五	30廿六	31廿七

9

一	二	三	四	五	六	日
1廿八	2廿九	3八月	4初二	5初三	6初四	7白露
8初六	9初七	10初八	11初九	12初十	13十一	14十二
15十三	16十四	17十五	18十六	19十七	20十八	21十九
22秋分	23廿一	24廿二	25廿三	26廿四	27廿五	28廿六
29廿七	30廿八					

10

一	二	三	四	五	六	日
		1廿九	2三十	3九月	4初二	5初三
6初四	7寒露	8初六	9初七	10初八	11初九	12初十
13十一	14十二	15十三	16十四	17十五	18十六	19十七
20十八	21十九	22二十	23霜降	24廿二	25廿三	26廿四
27廿五	28廿六	29廿七	30廿八	31廿九		

11

一	二	三	四	五	六	日
					1十月	2初二
3初三	4初四	5初五	6初六	7立冬	8初八	9初九
10初十	11十一	12十二	13十三	14十四	15十五	16十六
17十七	18十八	19十九	20二十	21小雪	22廿二	23廿三
24廿四	25廿五	26廿六	27廿七	28廿八	29廿九	30十一月

12

一	二	三	四	五	六	日
1初二	2初三	3初四	4初五	5初六	6大雪	7初八
8初九	9初十	10十一	11十二	12十三	13十四	14十五
15十六	16十七	17十八	18十九	19二十	20廿一	21冬至
22廿三	23廿四	24廿五	25廿六	26廿七	27廿八	28廿九
29三十	30十二月	31初二				

中国吉祥图案鉴赏

泰山石敢当

题注："石敢当"，亦名"泰山石敢当""石将军""石神"等，四川人称之为"吞口"，是我国民间常见的一种建筑风俗。通常是在家宅的大门或外墙边，或街道巷口、桥道要冲、城门渡口等处立一块石碑，也有嵌进建筑物的，碑上刻有"石敢当"三个字。旧时人们认为其作用有三：一是辟邪，二是镇鬼，三是祛除不祥之气。在山东一带，还传说这块石碑有"能暮夜至人家医病"的神通，所以又称其为"石大夫"。

2082 年（壬寅 虎年 1月29日始 闰七月）

1

一	二	三	四	五	六	日
			1 初三	2 初四	3 初五	4 初六
5 小寒	6 初八	7 初九	8 初十	9 十一	10 十二	11 十三
12 十四	13 十五	14 十六	15 十七	16 十八	17 十九	18 二十
19 廿一	20 大寒	21 廿三	22 廿四	23 廿五	24 廿六	25 廿七
26 廿八	27 廿九	28 三十	29 正月	30 初二	31 初三	

2

一	二	三	四	五	六	日
						1 初四
2 初五	3 立春	4 初七	5 初八	6 初九	7 初十	8 十一
9 十二	10 十三	11 十四	12 十五	13 十六	14 十七	15 十八
16 十九	17 二十	18 雨水	19 廿二	20 廿三	21 廿四	22 廿五
23 廿六	24 廿七	25 廿八	26 廿九	27 二月	28 初二	

3

一	二	三	四	五	六	日
30 初二	31 初三					1 初三
2 初四	3 初五	4 初六	5 惊蛰	6 初八	7 初九	8 初十
9 十一	10 十二	11 十三	12 十四	13 十五	14 十六	15 十七
16 十八	17 十九	18 二十	19 廿一	20 春分	21 廿三	22 廿四
23 廿五	24 廿六	25 廿七	26 廿八	27 廿九	28 三十	29 三月

4

一	二	三	四	五	六	日
		1 初四	2 初五	3 初六	4 清明	5 初八
6 初九	7 初十	8 十一	9 十二	10 十三	11 十四	12 十五
13 十六	14 十七	15 十八	16 十九	17 二十	18 廿一	19 谷雨
20 廿三	21 廿四	22 廿五	23 廿六	24 廿七	25 廿八	26 廿九
27 三十	28 四月	29 初二	30 初三			

5

一	二	三	四	五	六	日
				1 初四	2 初五	3 初六
4 初七	5 立夏	6 初九	7 初十	8 十一	9 十二	10 十三
11 十四	12 十五	13 十六	14 十七	15 十八	16 十九	17 二十
18 廿一	19 廿二	20 小满	21 廿四	22 廿五	23 廿六	24 廿七
25 廿八	26 廿九	27 三十	28 五月	29 初二	30 初三	31 初四

6

一	二	三	四	五	六	日
1 初五	2 初六	3 初七	4 初八	5 芒种	6 初十	7 十一
8 十二	9 十三	10 十四	11 十五	12 十六	13 十七	14 十八
15 十九	16 二十	17 廿一	18 廿二	19 廿三	20 廿四	21 夏至
22 廿六	23 廿七	24 廿八	25 廿九	26 六月	27 初二	28 廿三
29 初四	30 初五					

7

一	二	三	四	五	六	日
		1 初六	2 初七	3 初八	4 初九	5 初十
6 小暑	7 十二	8 十三	9 十四	10 十五	11 十六	12 十七
13 十八	14 十九	15 二十	16 廿一	17 廿二	18 廿三	19 廿四
20 廿五	21 廿六	22 大暑	23 廿八	24 廿九	25 七月	26 初二
27 初三	28 初四	29 初五	30 初六	31 初七		

8

一	二	三	四	五	六	日
31 初八					1 初八	2 初九
3 初十	4 十一	5 十二	6 十三	7 立秋	8 十五	9 十六
10 十七	11 十八	12 十九	13 二十	14 廿一	15 廿二	16 廿三
17 廿四	18 廿五	19 廿六	20 廿七	21 廿八	22 廿九	23 三十
24 七月	25 初二	26 初三	27 初四	28 初五	29 初六	30 初七

9

一	二	三	四	五	六	日
	1 初九	2 初十	3 十一	4 十二	5 十三	6 十四
7 白露	8 十六	9 十七	10 十八	11 十九	12 二十	13 廿一
14 廿二	15 廿三	16 廿四	17 廿五	18 廿六	19 廿七	20 廿八
21 廿九	22 八月 秋分	23 初二	24 初三	25 初四	26 初五	27 初六
28 初七	29 初八	30 初九				

10

一	二	三	四	五	六	日
			1 初十	2 十一	3 十二	4 十三
5 十四	6 十五	7 十六	8 寒露	9 十八	10 十九	11 二十
12 廿一	13 廿二	14 廿三	15 廿四	16 廿五	17 廿六	18 廿七
19 廿八	20 廿九	21 三十	22 九月	23 霜降	24 初三	25 初四
26 初五	27 初六	28 初七	29 初八	30 初九	31 初十	

11

一	二	三	四	五	六	日
30 十一						1 十一
2 十二	3 十三	4 十四	5 十五	6 十六	7 立冬	8 十八
9 十九	10 二十	11 廿一	12 廿二	13 廿三	14 廿四	15 廿五
16 廿六	17 廿七	18 廿八	19 廿九	20 十月	21 初二	22 小雪
23 初四	24 初五	25 初六	26 初七	27 初八	28 初九	29 初十

12

一	二	三	四	五	六	日
	1 十二	2 十三	3 十四	4 十五	5 十六	6 十七
7 大雪	8 十九	9 二十	10 廿一	11 廿二	12 廿三	13 廿四
14 廿五	15 廿六	16 廿七	17 廿八	18 廿九	19 十一月	20 初二
21 冬至	22 初四	23 初五	24 初六	25 初七	26 初八	27 初九
28 初十	29 十一	30 十二	31 十三			

铜龟

题注：在日本象征长寿的龟受到人们的尊崇，在中国也同样受到欢迎。龟甲形似凸面镜，又像似描绘出的弧线，被认为具有可以弹击、打散房屋中滋生的不吉之气的能量。铜龟还可以化解天斩煞、路冲煞、劈面煞，在这些形煞迎面的地方，摆放铜龟效果极佳，其中化煞效果最好的就是天斩煞。

中国吉祥图案鉴赏

2083 年（癸卯 兔年 2 月 17 日始）

1

一	二	三	四	五	六	日
				1 十四	2 十五	3 十六
4 十七	5 小寒	6 十九	7 二十	8 廿一	9 廿二	10 廿三
11 廿四	12 廿五	13 廿六	14 廿七	15 廿八	16 廿九	17 三十
18 十二月	19 初二	20 大寒	21 初四	22 初五	23 初六	24 初七
25 初八	26 初九	27 初十	28 十一	29 十二	30 十三	31 十四

2

一	二	三	四	五	六	日
1 十五	2 十六	3 十七	4 立春	5 十九	6 二十	7 廿一
8 廿二	9 廿三	10 廿四	11 廿五	12 廿六	13 廿七	14 廿八
15 廿九	16 三十	17 正月	18 雨水	19 初三	20 初四	21 初五
22 初六	23 初七	24 初八	25 初九	26 初十	27 十一	28 十二

3

一	二	三	四	五	六	日
1 十三	2 十四	3 十五	4 十六	5 惊蛰	6 十八	7 十九
8 二十	9 廿一	10 廿二	11 廿三	12 廿四	13 廿五	14 廿六
15 廿七	16 廿八	17 廿九	18 二月	19 初二	20 春分	21 初四
22 初五	23 初六	24 初七	25 初八	26 初九	27 初十	28 十一
29 十二	30 十三	31 十四				

4

一	二	三	四	五	六	日
			1 十五	2 十六	3 十七	4 清明
5 十九	6 二十	7 廿一	8 廿二	9 廿三	10 廿四	11 廿五
12 廿六	13 廿七	14 廿八	15 廿九	16 三十	17 三月	18 初二
19 初三	20 谷雨	21 初五	22 初六	23 初七	24 初八	25 初九
26 初十	27 十一	28 十二	29 十三	30 十四		

5

一	二	三	四	五	六	日
31 十五					1 十五	2 十六
3 十七	4 十八	5 立夏	6 二十	7 廿一	8 廿二	9 廿三
10 廿四	11 廿五	12 廿六	13 廿七	14 廿八	15 廿九	16 三十
17 四月	18 初二	19 初三	20 初四	21 小满	22 初六	23 初七
24 初八	25 初九	26 初十	27 十一	28 十二	29 十三	30 十四

6

一	二	三	四	五	六	日
	1 十六	2 十七	3 十八	4 十九	5 芒种	6 廿一
7 廿二	8 廿三	9 廿四	10 廿五	11 廿六	12 廿七	13 廿八
14 廿九	15 五月	16 初二	17 初三	18 初四	19 初五	20 初六
21 夏至	22 初八	23 初九	24 初十	25 十一	26 十二	27 十三
28 十四	29 十五	30 十六				

7

一	二	三	四	五	六	日
			1 十七	2 十八	3 十九	4 二十
5 廿一	6 廿二	7 小暑	8 廿四	9 廿五	10 廿六	11 廿七
12 廿八	13 廿九	14 三十	15 六月	16 初二	17 初三	18 初四
19 初五	20 初六	21 初七	22 大暑	23 初九	24 初十	25 十一
26 十二	27 十三	28 十四	29 十五	30 十六	31 十七	

8

一	二	三	四	五	六	日
30 十八	31 十九					1 十八
2 十九	3 二十	4 廿一	5 廿二	6 廿三	7 立秋	8 廿五
9 廿六	10 廿七	11 廿八	12 廿九	13 七月	14 初二	15 初三
16 初四	17 初五	18 初六	19 初七	20 初八	21 初九	22 初十
23 处暑	24 十二	25 十三	26 十四	27 十五	28 十六	29 十七

9

一	二	三	四	五	六	日
		1 二十	2 廿一	3 廿二	4 廿三	5 廿四
6 廿五	7 白露	8 廿七	9 廿八	10 廿九	11 三十	12 八月
13 初二	14 初三	15 初四	16 初五	17 初六	18 初七	19 初八
20 初九	21 初十	22 十一	23 秋分	24 十三	25 十四	26 十五
27 十六	28 十七	29 十八	30 十九			

10

一	二	三	四	五	六	日
				1 二十	2 廿一	3 廿二
4 廿三	5 廿四	6 廿五	7 廿六	8 寒露	9 廿八	10 廿九
11 九月	12 初二	13 初三	14 初四	15 初五	16 初六	17 初七
18 初八	19 初九	20 初十	21 十一	22 十二	23 霜降	24 十四
25 十五	26 十六	27 十七	28 十八	29 十九	30 二十	31 廿一

11

一	二	三	四	五	六	日
1 廿二	2 廿三	3 廿四	4 廿五	5 廿六	6 廿七	7 立冬
8 廿九	9 三十	10 十月	11 初二	12 初三	13 初四	14 初五
15 初六	16 初七	17 初八	18 初九	19 初十	20 十一	21 十二
22 小雪	23 十四	24 十五	25 十六	26 十七	27 十八	28 十九
29 二十	30 廿一					

12

一	二	三	四	五	六	日
		1 廿二	2 廿三	3 廿四	4 廿五	5 廿六
6 廿七	7 大雪	8 廿九	9 十一月	10 初二	11 初三	12 初四
13 初五	14 初六	15 初七	16 初八	17 初九	18 初十	19 十一
20 十二	21 十三	22 冬至	23 十五	24 十六	25 十七	26 十八
27 十九	28 二十	29 廿一	30 廿二	31 廿三		

中国吉祥图案鉴赏

铜制狮子牌

题注：狮子牌同狮子摆饰一样，具有化煞挡灾、镇宅、吉祥、抵御攻击的功效，当因某种原因无法摆放狮子时，可以用狮子牌来代替。与虎不同，狮子不会给他人带来坏的影响，可以轻松地在家里和办公场所使用。在室内之刑害、绝命位置，可放置此铜狮子以减轻破坏力。如宅内有属水之人，放此铜狮则更佳，因金生水，可旺财。

2084 年（甲辰 龙年 2 月 6 日始）

1

一	二	三	四	五	六	日
31 廿四					1 廿四	2 廿五
3 廿六	4 廿七	5 小寒	6 廿九	7 三十	8 十二月	9 初二
10 初三	11 初四	12 初五	13 初六	14 初七	15 初八	16 初九
17 初十	18 十一	19 十二	20 大寒	21 十四	22 十五	23 十六
24 十七	25 十八	26 十九	27 二十	28 廿一	29 廿二	30 廿三

2

一	二	三	四	五	六	日
	1 廿五	2 廿六	3 廿七	4 立春	5 廿九	6 正月
7 初二	8 初三	9 初四	10 初五	11 初六	12 初七	13 初八
14 初九	15 初十	16 十一	17 十二	18 十三	19 雨水	20 十五
21 十六	22 十七	23 十八	24 十九	25 二十	26 廿一	27 廿二
28 廿三	29 廿四					

3

一	二	三	四	五	六	日
		1 廿五	2 廿六	3 廿七	4 惊蛰	5 廿九
6 三十	7 二月	8 初二	9 初三	10 初四	11 初五	12 初六
13 初七	14 初八	15 初九	16 初十	17 十一	18 十二	19 十三
20 春分	21 十五	22 十六	23 十七	24 十八	25 十九	26 二十
27 廿一	28 廿二	29 廿三	30 廿四	31 廿五		

4

一	二	三	四	五	六	日
					1 廿六	2 廿七
3 廿八	4 清明	5 三月	6 初二	7 初三	8 初四	9 初五
10 初六	11 初七	12 初八	13 初九	14 初十	15 十一	16 十二
17 十三	18 十四	19 谷雨	20 十六	21 十七	22 十八	23 十九
24 二十	25 廿一	26 廿二	27 廿三	28 廿四	29 廿五	30 廿六

5

一	二	三	四	五	六	日
1 廿七	2 廿八	3 廿九	4 立夏	5 四月	6 初二	7 初三
8 初四	9 初五	10 初六	11 初七	12 初八	13 初九	14 初十
15 十一	16 十二	17 十三	18 十四	19 十五	20 小满	21 十七
22 十八	23 十九	24 二十	25 廿一	26 廿二	27 廿三	28 廿四
29 廿五	30 廿六	31 廿七				

6

一	二	三	四	五	六	日
			1 廿八	2 廿九	3 五月	4 初二
5 芒种	6 初四	7 初五	8 初六	9 初七	10 初八	11 初九
12 初十	13 十一	14 十二	15 十三	16 十四	17 十五	18 十六
19 十七	20 夏至	21 十九	22 二十	23 廿一	24 廿二	25 廿三
26 廿四	27 廿五	28 廿六	29 廿七	30 廿八		

7

一	二	三	四	五	六	日
31 廿九					1 廿九	2 三十
3 六月	4 初二	5 初三	6 小暑	7 初五	8 初六	9 初七
10 初八	11 初九	12 初十	13 十一	14 十二	15 十三	16 十四
17 十五	18 十六	19 十七	20 十八	21 十九	22 大暑	23 廿一
24 廿二	25 廿三	26 廿四	27 廿五	28 廿六	29 廿七	30 廿八

8

一	二	三	四	五	六	日
	1 三十	2 七月	3 初二	4 初三	5 初四	6 立秋
7 初六	8 初七	9 初八	10 初九	11 初十	12 十一	13 十二
14 十三	15 十四	16 十五	17 十六	18 十七	19 十八	20 十九
21 二十	22 处暑	23 廿二	24 廿三	25 廿四	26 廿五	27 廿六
28 廿七	29 廿八	30 廿九	31 八月			

9

一	二	三	四	五	六	日
				1 初二	2 初三	3 初四
4 初五	5 初六	6 白露	7 初八	8 初九	9 初十	10 十一
11 十二	12 十三	13 十四	14 十五	15 十六	16 十七	17 十八
18 十九	19 二十	20 廿一	21 廿二	22 秋分	23 廿四	24 廿五
25 廿六	26 廿七	27 廿八	28 廿九	29 三十	30 九月	

10

一	二	三	四	五	六	日
30 初二	31 初三					1 初二
2 初三	3 初四	4 初五	5 初六	6 初七	7 寒露	8 初九
9 初十	10 十一	11 十二	12 十三	13 十四	14 十五	15 十六
16 十七	17 十八	18 十九	19 二十	20 廿一	21 廿二	22 霜降
23 廿四	24 廿五	25 廿六	26 廿七	27 廿八	28 廿九	29 十月

11

一	二	三	四	五	六	日
		1 初四	2 初五	3 初六	4 初七	5 初八
6 立冬	7 初十	8 十一	9 十二	10 十三	11 十四	12 十五
13 十六	14 十七	15 十八	16 十九	17 二十	18 廿一	19 廿二
20 廿三	21 小雪	22 廿五	23 廿六	24 廿七	25 廿八	26 廿九
27 三十	28 十一月	29 初二	30 初三			

12

一	二	三	四	五	六	日
				1 初四	2 初五	3 初六
4 初七	5 初八	6 大雪	7 初十	8 十一	9 十二	10 十三
11 十四	12 十五	13 十六	14 十七	15 十八	16 十九	17 二十
18 廿一	19 廿二	20 廿三	21 冬至	22 廿五	23 廿六	24 廿七
25 廿八	26 廿九	27 十二月	28 初二	29 初三	30 初四	31 初五

旺财狗

题注：传说阴山有天狗，状如狸，白首。秦襄公时，有天狗曾来到白鹿原的狗枷堡，凡是有贼出现，天狗就大吠护堡，整个狗枷堡因此平安无事。如果是一只狗跟着你跑，或是一只狗突然来到你家而不走开，这都是吉祥的兆头，表示会带来财运。

中国吉祥图案鉴赏

2085 年（乙巳 蛇年 1月26日始 闰五月）

1

一	二	三	四	五	六	日
1 初六	2 初七	3 初八	4 小寒	5 初十	6 十一	7 十二
8 十三	9 十四	10 十五	11 十六	12 十七	13 十八	14 十九
15 二十	16 廿一	17 廿二	18 廿三	19 大寒	20 廿五	21 廿六
22 廿七	23 廿八	24 廿九	25 三十	26 正月	27 初二	28 初三
29 初四	30 初五	31 初六				

2

一	二	三	四	五	六	日
			1 初七	2 初八	3 立春	4 初十
5 十一	6 十二	7 十三	8 十四	9 十五	10 十六	11 十七
12 十八	13 十九	14 二十	15 廿一	16 廿二	17 廿三	18 雨水
19 廿五	20 廿六	21 廿七	22 廿八	23 廿九	24 二月	25 初二
26 初三	27 初四	28 初五				

3

一	二	三	四	五	六	日
			1 初六	2 初七	3 初八	4 初九
5 惊蛰	6 十一	7 十二	8 十三	9 十四	10 十五	11 十六
12 十七	13 十八	14 十九	15 二十	16 廿一	17 廿二	18 廿三
19 廿四	20 春分	21 廿六	22 廿七	23 廿八	24 廿九	25 三十
26 三月	27 初二	28 初三	29 初四	30 初五	31 初六	

4

一	二	三	四	五	六	日
30 初七						1 初七
2 初八	3 初九	4 清明	5 十一	6 十二	7 十三	8 十四
9 十五	10 十六	11 十七	12 十八	13 十九	14 二十	15 廿一
16 廿二	17 廿三	18 廿四	19 谷雨	20 廿六	21 廿七	22 廿八
23 廿九	24 四月	25 初二	26 初三	27 初四	28 初五	29 初六

5

一	二	三	四	五	六	日
	1 初八	2 初九	3 初十	4 十一	5 立夏	6 十三
7 十四	8 十五	9 十六	10 十七	11 十八	12 十九	13 二十
14 廿一	15 廿二	16 廿三	17 廿四	18 廿五	19 廿六	20 小满
21 廿八	22 廿九	23 五月	24 初二	25 初三	26 初四	27 初五
28 初六	29 初七	30 初八	31 初九			

6

一	二	三	四	五	六	日
				1 初十	2 十一	3 十二
4 十三	5 芒种	6 十五	7 十六	8 十七	9 十八	10 十九
11 二十	12 廿一	13 廿二	14 廿三	15 廿四	16 廿五	17 廿六
18 廿七	19 廿八	20 夏至	21 三十	22 五月	23 初二	24 初三
25 初四	26 初五	27 初六	28 初七	29 初八	30 初九	

7

一	二	三	四	五	六	日
30 初九	31 初十					1 初十
2 十一	3 十二	4 十三	5 十四	6 小暑	7 十六	8 十七
9 十八	10 十九	11 二十	12 廿一	13 廿二	14 廿三	15 廿四
16 廿五	17 廿六	18 廿七	19 廿八	20 廿九	21 三十	22 六月 大暑
23 初二	24 初三	25 初四	26 初五	27 初六	28 初七	29 初八

8

一	二	三	四	五	六	日
		1 十一	2 十二	3 十三	4 十四	5 十五
6 十六	7 立秋	8 十八	9 十九	10 二十	11 廿一	12 廿二
13 廿三	14 廿四	15 廿五	16 廿六	17 廿七	18 廿八	19 廿九
20 七月	21 初二	22 处暑	23 初四	24 初五	25 初六	26 初七
27 初八	28 初九	29 初十	30 十一	31 十二		

9

一	二	三	四	五	六	日
					1 十三	2 十四
3 十五	4 十六	5 十七	6 十八	7 白露	8 二十	9 廿一
10 廿二	11 廿三	12 廿四	13 廿五	14 廿六	15 廿七	16 廿八
17 廿九	18 三十	19 八月	20 初二	21 初三	22 秋分	23 初五
24 初六	25 初七	26 初八	27 初九	28 初十	29 十一	30 十二

10

一	二	三	四	五	六	日
1 十三	2 十四	3 十五	4 十六	5 十七	6 十八	7 寒露
8 二十	9 廿一	10 廿二	11 廿三	12 廿四	13 廿五	14 廿六
15 廿七	16 廿八	17 廿九	18 三十	19 九月	20 初二	21 初三
22 初四	23 霜降	24 初六	25 初七	26 初八	27 初九	28 初十
29 十一	30 十二	31 十三				

11

一	二	三	四	五	六	日
			1 十四	2 十五	3 十六	4 十七
5 十八	6 十九	7 立冬	8 廿一	9 廿二	10 廿三	11 廿四
12 廿五	13 廿六	14 廿七	15 廿八	16 廿九	17 十月	18 初二
19 初三	20 初四	21 小雪	22 初六	23 初七	24 初八	25 初九
26 初十	27 十一	28 十二	29 十三	30 十四		

12

一	二	三	四	五	六	日
31 十五					1 十五	2 十六
3 十七	4 十八	5 十九	6 大雪	7 廿一	8 廿二	9 廿三
10 廿四	11 廿五	12 廿六	13 廿七	14 廿八	15 廿九	16 三十
17 十一月	18 初二	19 初三	20 初四	21 冬至	22 初六	23 初七
24 初八	25 初九	26 初十	27 十一	28 十二	29 十三	30 十四

中国吉祥图案鉴赏

文财神

题注：文财神，又称财帛星君，即增福财神。文财神主要有比干和范蠡。文财神塑像和画像皆为文官打扮，头戴宰相纱帽，脸白发长，五绺长须，手捧如意，身着蟒袍，足蹬元宝，有招财进宝之意，故经商之人都很崇拜。文财神即使摆放在玄关，也必须面向宅内，切勿面向大门，以免钱财外泄。文财神面向宅内，是因为这样可引财入室，但必须小心，切勿面向厕所或鱼缸，以免本来想引财入屋，结果却见财化水，匆匆流走。

2086 年（丙午 马年 2 月 14 日始）

1

一	二	三	四	五	六	日
	1十六	2十七	3十八	4十九	5小寒	6廿一
7廿二	8廿三	9廿四	10廿五	11廿六	12廿七	13廿八
14廿九	15十二月	16初二	17初三	18初四	19大寒	20初六
21初七	22初八	23初九	24初十	25十一	26十二	27十三
28十四	29十五	30十六	31十七			

2

一	二	三	四	五	六	日
				1十八	2十九	3立春
4廿一	5廿二	6廿三	7廿四	8廿五	9廿六	10廿七
11廿八	12廿九	13三十	14正月	15初二	16初三	17初四
18雨水	19初六	20初七	21初八	22初九	23初十	24十一
25十二	26十三	27十四	28十五			

3

一	二	三	四	五	六	日
				1十六	2十七	3十八
4十九	5惊蛰	6廿一	7廿二	8廿三	9廿四	10廿五
11廿六	12廿七	13廿八	14廿九	15二月	16初二	17初三
18初四	19初五	20春分	21初七	22初八	23初九	24初十
25十一	26十二	27十三	28十四	29十五	30十六	31十七

4

一	二	三	四	五	六	日
1十八	2十九	3二十	4清明	5廿二	6廿三	7廿四
8廿五	9廿六	10廿七	11廿八	12廿九	13三十	14三月
15初二	16初三	17初四	18初五	19谷雨	20初七	21初八
22初九	23初十	24十一	25十二	26十三	27十四	28十五
29十六	30十七					

5

一	二	三	四	五	六	日
		1十八	2十九	3二十	4廿一	5立夏
6廿三	7廿四	8廿五	9廿六	10廿七	11廿八	12廿九
13四月	14初二	15初三	16初四	17初五	18初六	19初七
20小满	21初九	22初十	23十一	24十二	25十三	26十四
27十五	28十六	29十七	30十八	31十九		

6

一	二	三	四	五	六	日
					1二十	2廿一
3廿二	4廿三	5芒种	6廿五	7廿六	8廿七	9廿八
10廿九	11五月	12初二	13初三	14初四	15初五	16初六
17初七	18初八	19初九	20初十	21夏至	22十二	23十三
24十四	25十五	26十六	27十七	28十八	29十九	30二十

7

一	二	三	四	五	六	日
1廿一	2廿二	3廿三	4廿四	5廿五	6小暑	7廿七
8廿八	9廿九	10三十	11六月	12初二	13初三	14初四
15初五	16初六	17初七	18初八	19初九	20初十	21十一
22大暑	23十三	24十四	25十五	26十六	27十七	28十八
29十九	30二十	31廿一				

8

一	二	三	四	五	六	日
			1廿二	2廿三	3廿四	4廿五
5廿六	6廿七	7立秋	8廿九	9七月	10初二	11初三
12初四	13初五	14初六	15初七	16初八	17初九	18初十
19十一	20十二	21十三	22处暑	23十五	24十六	25十七
26十八	27十九	28二十	29廿一	30廿二	31廿三	

9

一	二	三	四	五	六	日
30廿三						1廿四
2廿五	3廿六	4廿七	5廿八	6廿九	7白露	8八月
9初二	10初三	11初四	12初五	13初六	14初七	15初八
16初九	17初十	18十一	19十二	20十三	21十四	22秋分
23十六	24十七	25十八	26十九	27二十	28廿一	29廿二

10

一	二	三	四	五	六	日
	1廿四	2廿五	3廿六	4廿七	5廿八	6廿九
7三十	8九月寒露	9初二	10初三	11初四	12初五	13初六
14初七	15初八	16初九	17初十	18十一	19十二	20十三
21十四	22十五	23霜降	24十七	25十八	26十九	27二十
28廿一	29廿二	30廿三	31廿四			

11

一	二	三	四	五	六	日
				1廿五	2廿六	3廿七
4廿八	5廿九	6十月	7立冬	8初三	9初四	10初五
11初六	12初七	13初八	14初九	15初十	16十一	17十二
18十三	19十四	20十五	21十六	22小雪	23十八	24十九
25二十	26廿一	27廿二	28廿三	29廿四	30廿五	

12

一	二	三	四	五	六	日
30廿五	31廿六					1廿六
2廿七	3廿八	4廿九	5三十	6十一月	7大雪	8初三
9初四	10初五	11初六	12初七	13初八	14初九	15初十
16十一	17十二	18十三	19十四	20十五	21冬至	22十七
23十八	24十九	25二十	26廿一	27廿二	28廿三	29廿四

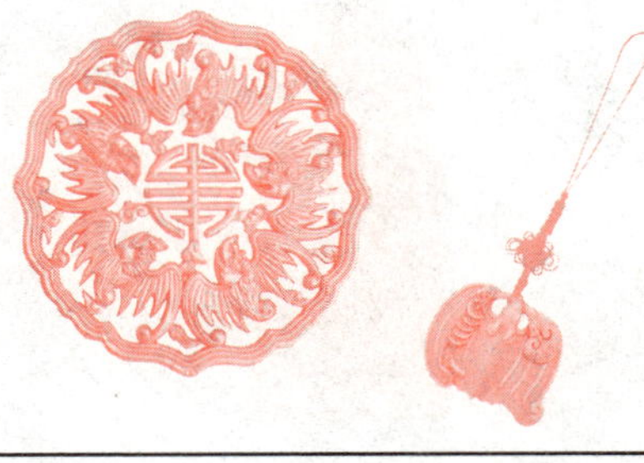

五福圆盘

题注：五福圆盘是由五只蝙蝠相连而成，通常被称为“五福临门”。它意味着人生的五种福（五福：长寿、富贵、康宁、善终、好德）也是所有的福都聚集到自己的门口，象征招财纳福。

中国吉祥图案鉴赏

2087年（丁未 羊年2月3日始）

1

一	二	三	四	五	六	日
		1 廿七	2 廿八	3 廿九	4 三十	5 十二月 小寒
6 初二	7 初三	8 初四	9 初五	10 初六	11 初七	12 初八
13 初九	14 初十	15 十一	16 十二	17 十三	18 十四	19 十五
20 大寒	21 十七	22 十八	23 十九	24 二十	25 廿一	26 廿二
27 廿三	28 廿四	29 廿五	30 廿六	31 廿七		

2

一	二	三	四	五	六	日
					1 廿八	2 廿九
3 正月 立春	4 初二	5 初三	6 初四	7 初五	8 初六	9 初七
10 初八	11 初九	12 初十	13 十一	14 十二	15 十三	16 十四
17 十五	18 雨水	19 十七	20 十八	21 十九	22 二十	23 廿一
24 廿二	25 廿三	26 廿四	27 廿五	28 廿六		

3

一	二	三	四	五	六	日
31 廿七					1 廿七	2 廿八
3 廿九	4 三十	5 二月 惊蛰	6 初二	7 初三	8 初四	9 初五
10 初六	11 初七	12 初八	13 初九	14 初十	15 十一	16 十二
17 十三	18 十四	19 十五	20 春分	21 十七	22 十八	23 十九
24 二十	25 廿一	26 廿二	27 廿三	28 廿四	29 廿五	30 廿六

4

一	二	三	四	五	六	日
	1 廿八	2 廿九	3 三月	4 清明	5 初三	6 初四
7 初五	8 初六	9 初七	10 初八	11 初九	12 初十	13 十一
14 十二	15 十三	16 十四	17 十五	18 十六	19 十七	20 谷雨
21 十九	22 二十	23 廿一	24 廿二	25 廿三	26 廿四	27 廿五
28 廿六	29 廿七	30 廿八				

5

一	二	三	四	五	六	日
			1 廿九	2 三十	3 四月	4 初二
5 立夏	6 初四	7 初五	8 初六	9 初七	10 初八	11 初九
12 初十	13 十一	14 十二	15 十三	16 十四	17 十五	18 十六
19 十七	20 十八	21 小满	22 二十	23 廿一	24 廿二	25 廿三
26 廿四	27 廿五	28 廿六	29 廿七	30 廿八	31 廿九	

6

一	二	三	四	五	六	日
30 六月						1 五月
2 初二	3 初三	4 初四	5 芒种	6 初六	7 初七	8 初八
9 初九	10 初十	11 十一	12 十二	13 十三	14 十四	15 十五
16 十六	17 十七	18 十八	19 十九	20 二十	21 夏至	22 廿二
23 廿三	24 廿四	25 廿五	26 廿六	27 廿七	28 廿八	29 廿九

7

一	二	三	四	五	六	日
	1 初二	2 初三	3 初四	4 初五	5 初六	6 初七
7 小暑	8 初九	9 初十	10 十一	11 十二	12 十三	13 十四
14 十五	15 十六	16 十七	17 十八	18 十九	19 二十	20 廿一
21 廿二	22 大暑	23 廿四	24 廿五	25 廿六	26 廿七	27 廿八
28 廿九	29 三十	30 七月	31 初二			

8

一	二	三	四	五	六	日
				1 初三	2 初四	3 初五
4 初六	5 初七	6 初八	7 立秋	8 初十	9 十一	10 十二
11 十三	12 十四	13 十五	14 十六	15 十七	16 十八	17 十九
18 二十	19 廿一	20 廿二	21 廿三	22 廿四	23 处暑	24 廿六
25 廿七	26 廿八	27 廿九	28 八月	29 初二	30 初三	31 初四

9

一	二	三	四	五	六	日
1 初五	2 初六	3 初七	4 初八	5 初九	6 初十	7 白露
8 十二	9 十三	10 十四	11 十五	12 十六	13 十七	14 十八
15 十九	16 二十	17 廿一	18 廿二	19 廿三	20 廿四	21 廿五
22 廿六	23 秋分	24 廿八	25 廿九	26 三十	27 九月	28 初二
29 初三	30 初四					

10

一	二	三	四	五	六	日
		1 初五	2 初六	3 初七	4 初八	5 初九
6 初十	7 十一	8 寒露	9 十三	10 十四	11 十五	12 十六
13 十七	14 十八	15 十九	16 二十	17 廿一	18 廿二	19 廿三
20 廿四	21 廿五	22 廿六	23 霜降	24 廿八	25 廿九	26 十月
27 初二	28 初三	29 初四	30 初五	31 初六		

11

一	二	三	四	五	六	日
					1 初七	2 初八
3 初九	4 初十	5 十一	6 十二	7 立冬	8 十四	9 十五
10 十六	11 十七	12 十八	13 十九	14 二十	15 廿一	16 廿二
17 廿三	18 廿四	19 廿五	20 廿六	21 廿七	22 小雪	23 廿九
24 三十	25 十一月	26 初二	27 初三	28 初四	29 初五	30 初六

12

一	二	三	四	五	六	日
1 初七	2 初八	3 初九	4 初十	5 十一	6 十二	7 大雪
8 十四	9 十五	10 十六	11 十七	12 十八	13 十九	14 二十
15 廿一	16 廿二	17 廿三	18 廿四	19 廿五	20 廿六	21 廿七
22 冬至	23 廿九	24 三十	25 十二月	26 初二	27 初三	28 初四
29 初五	30 初六	31 初七				

中国吉祥图案鉴赏

西方三圣佛

题注：西方三圣佛为佛教中的南无阿弥陀佛、南无观世音菩萨和南无大势至菩萨。南无阿弥陀佛位居三圣的中间，主要迎接有功德之人去西天极乐世界；南无观世音菩萨救苦救难；南无大势至菩萨主管教化众人积德行善，惩奸除恶。

2088年（戊申 猴年1月24日始 闰四月）

1

一	二	三	四	五	六	日
			1初八	2初九	3初十	4十一
5小寒	6十三	7十四	8十五	9十六	10十七	11十八
12十九	13二十	14廿一	15廿二	16廿三	17廿四	18廿五
19廿六	20大寒	21廿八	22廿九	23三十	24正月	25初二
26初三	27初四	28初五	29初六	30初七	31初八	

2

一	二	三	四	五	六	日
						1初九
2初十	3十一	4立春	5十三	6十四	7十五	8十六
9十七	10十八	11十九	12二十	13廿一	14廿二	15廿三
16廿四	17廿五	18廿六	19雨水	20廿八	21廿九	22二月
23初二	24初三	25初四	26初五	27初六	28初七	29初八

3

一	二	三	四	五	六	日
1初九	2初十	3十一	4惊蛰	5十三	6十四	7十五
8十六	9十七	10十八	11十九	12二十	13廿一	14廿二
15廿三	16廿四	17廿五	18廿六	19春分	20廿七	21廿八
22廿九	23三月	24初二	25初三	26初四	27初五	28初六
29初七	30初八	31初九				

4

一	二	三	四	五	六	日
			1初十	2十一	3十二	4清明
5十四	6十五	7十六	8十七	9十八	10十九	11二十
12廿一	13廿二	14廿三	15廿四	16廿五	17廿六	18廿七
19谷雨	20廿九	21四月	22初二	23初三	24初四	25初五
26初六	27初七	28初八	29初九	30初十		

5

一	二	三	四	五	六	日
31十一					1十一	2十二
3十三	4立夏	5十五	6十六	7十七	8十八	9十九
10二十	11廿一	12廿二	13廿三	14廿四	15廿五	16廿六
17廿七	18廿八	19廿九	20小满	21四月	22初二	23初三
24初四	25初五	26初六	27初七	28初八	29初九	30初十

6

一	二	三	四	五	六	日
	1十二	2十三	3十四	4芒种	5十六	6十七
7十八	8十九	9二十	10廿一	11廿二	12廿三	13廿四
14廿五	15廿六	16廿七	17廿八	18廿九	19五月	20夏至
21初三	22初四	23初五	24初六	25初七	26初八	27初九
28初十	29十一	30十二				

7

一	二	三	四	五	六	日
			1十三	2十四	3十五	4十六
5十七	6小暑	7十九	8二十	9廿一	10廿二	11廿三
12廿四	13廿五	14廿六	15廿七	16廿八	17廿九	18六月
19初二	20初三	21初四	22大暑	23初六	24初七	25初八
26初九	27初十	28十一	29十二	30十三	31十四	

8

一	二	三	四	五	六	日
30十四	31十五					1十五
2十六	3十七	4十八	5十九	6立秋	7廿一	8廿二
9廿三	10廿四	11廿五	12廿六	13廿七	14廿八	15廿九
16三十	17七月	18初二	19初三	20初四	21初五	22初六
23初七	24初八	25初九	26初十	27十一	28十二	29十三

9

一	二	三	四	五	六	日
		1十六	2十七	3十八	4十九	5二十
6白露	7廿二	8廿三	9廿四	10廿五	11廿六	12廿七
13廿八	14廿九	15八月	16初二	17初三	18初四	19初五
20初六	21初七	22秋分	23初九	24初十	25十一	26十二
27十三	28十四	29十五	30十六			

10

一	二	三	四	五	六	日
				1十七	2十八	3十九
4二十	5廿一	6廿二	7寒露	8廿四	9廿五	10廿六
11廿七	12廿八	13廿九	14九月	15初二	16初三	17初四
18初五	19初六	20初七	21初八	22霜降	23初十	24十一
25十二	26十三	27十四	28十五	29十六	30十七	31十八

11

一	二	三	四	五	六	日
1十九	2二十	3廿一	4廿二	5廿三	6立冬	7廿五
8廿六	9廿七	10廿八	11廿九	12三十	13十月	14初二
15初三	16初四	17初五	18初六	19初七	20初八	21小雪
22初十	23十一	24十二	25十三	26十四	27十五	28十六
29十七	30十八					

12

一	二	三	四	五	六	日
		1十九	2二十	3廿一	4廿二	5廿三
6大雪	7廿五	8廿六	9廿七	10廿八	11廿九	12三十
13十一月	14初二	15初三	16初四	17初五	18初六	19初七
20初八	21冬至	22初十	23十一	24十二	25十三	26十四
27十五	28十六	29十七	30十八	31十九		

小财神

题注：小财神主要有利市仙官、招财童子、刘海和合财神。这些财神因多以童子形象出现，并经常手托宝盘或手持元宝、如意等，旁侍在文武财神跟前，故以此得名。

利市仙官是民间流传的一位小财神，是赵公明的徒弟，名姚少司，在《封神演义》中被封为迎祥纳珍的利市仙官。“利市”在俗语中是走运、吉利之意，又指买卖所得利润。利市仙官最受商人欢迎，每到新年，必将利市仙官贴在门上，以图吉利、发财。

中国吉祥图案鉴赏

2089 年（己酉 鸡年 2 月 10 日始）

1

一	二	三	四	五	六	日
31 二十					1 二十	2 廿一
3 廿二	4 小寒	5 廿四	6 廿五	7 廿六	8 廿七	9 廿八
10 廿九	11 三十	12 十二月	13 初二	14 初三	15 初四	16 初五
17 初六	18 初七	19 大寒	20 初九	21 初十	22 十一	23 十二
24 十三	25 十四	26 十五	27 十六	28 十七	29 十八	30 十九

2

一	二	三	四	五	六	日
	1 廿一	2 廿二	3 立春	4 廿四	5 廿五	6 廿六
7 廿七	8 廿八	9 廿九	10 正月	11 初二	12 初三	13 初四
14 初五	15 初六	16 初七	17 初八	18 雨水	19 初十	20 十一
21 十二	22 十三	23 十四	24 十五	25 十六	26 十七	27 十八
28 十九						

3

一	二	三	四	五	六	日
	1 二十	2 廿一	3 廿二	4 廿三	5 惊蛰	6 廿五
7 廿六	8 廿七	9 廿八	10 廿九	11 三十	12 二月	13 初二
14 初三	15 初四	16 初五	17 初六	18 初七	19 初八	20 春分
21 初十	22 十一	23 十二	24 十三	25 十四	26 十五	27 十六
28 十七	29 十八	30 十九	31 二十			

4

一	二	三	四	五	六	日
				1 廿一	2 廿二	3 廿三
4 清明	5 廿五	6 廿六	7 廿七	8 廿八	9 廿九	10 三十
11 三月	12 初二	13 初三	14 初四	15 初五	16 初六	17 初七
18 初八	19 谷雨	20 初十	21 十一	22 十二	23 十三	24 十四
25 十五	26 十六	27 十七	28 十八	29 十九	30 二十	

5

一	二	三	四	五	六	日
30 廿一	31 廿二					1 廿一
2 廿二	3 廿三	4 廿四	5 立夏	6 廿六	7 廿七	8 廿八
9 廿九	10 四月	11 初二	12 初三	13 初四	14 初五	15 初六
16 初七	17 初八	18 初九	19 初十	20 小满	21 十二	22 十三
23 十四	24 十五	25 十六	26 十七	27 十八	28 十九	29 二十

6

一	二	三	四	五	六	日
		1 廿三	2 廿四	3 廿五	4 廿六	5 芒种
6 廿八	7 廿九	8 三十	9 五月	10 初二	11 初三	12 初四
13 初五	14 初六	15 初七	16 初八	17 初九	18 初十	19 十一
20 夏至	21 十三	22 十四	23 十五	24 十六	25 十七	26 十八
27 十九	28 二十	29 廿一	30 廿二			

7

一	二	三	四	五	六	日
				1 廿三	2 廿四	3 廿五
4 廿六	5 廿七	6 小暑	7 廿九	8 六月	9 初二	10 初三
11 初四	12 初五	13 初六	14 初七	15 初八	16 初九	17 初十
18 十一	19 十二	20 十三	21 十四	22 大暑	23 十六	24 十七
25 十八	26 十九	27 二十	28 廿一	29 廿二	30 廿三	31 廿四

8

一	二	三	四	五	六	日
1 廿五	2 廿六	3 廿七	4 廿八	5 廿九	6 七月	7 立秋
8 初三	9 初四	10 初五	11 初六	12 初七	13 初八	14 初九
15 初十	16 十一	17 十二	18 十三	19 十四	20 十五	21 十六
22 处暑	23 十八	24 十九	25 二十	26 廿一	27 廿二	28 廿三
29 廿四	30 廿五	31 廿六				

9

一	二	三	四	五	六	日
			1 廿七	2 廿八	3 廿九	4 三十
5 八月	6 初二	7 白露	8 初四	9 初五	10 初六	11 初七
12 初八	13 初九	14 初十	15 十一	16 十二	17 十三	18 十四
19 十五	20 十六	21 十七	22 秋分	23 十九	24 二十	25 廿一
26 廿二	27 廿三	28 廿四	29 廿五	30 廿六		

10

一	二	三	四	五	六	日
31 廿八					1 廿七	2 廿八
3 廿九	4 九月	5 初二	6 初三	7 寒露	8 初五	9 初六
10 初七	11 初八	12 初九	13 初十	14 十一	15 十二	16 十三
17 十四	18 十五	19 十六	20 十七	21 十八	22 十九	23 霜降
24 廿一	25 廿二	26 廿三	27 廿四	28 廿五	29 廿六	30 廿七

11

一	二	三	四	五	六	日
	1 廿九	2 十月	3 初二	4 初三	5 初四	6 初五
7 立冬	8 初七	9 初八	10 初九	11 初十	12 十一	13 十二
14 十三	15 十四	16 十五	17 十六	18 十七	19 十八	20 十九
21 小雪	22 廿一	23 廿二	24 廿三	25 廿四	26 廿五	27 廿六
28 廿七	29 廿八	30 廿九				

12

一	二	三	四	五	六	日
			1 三十	2 十一月	3 初二	4 初三
5 初四	6 大雪	7 初六	8 初七	9 初八	10 初九	11 初十
12 十一	13 十二	14 十三	15 十四	16 十五	17 十六	18 十七
19 十八	20 十九	21 冬至	22 廿一	23 廿二	24 廿三	25 廿四
26 廿五	27 廿六	28 廿七	29 廿八	30 廿九	31 三十	

中国吉祥图案鉴赏

心中有福

题注："心中有福"的造型是两个蝙蝠中间有一个可以转的轮，代表双福临门。

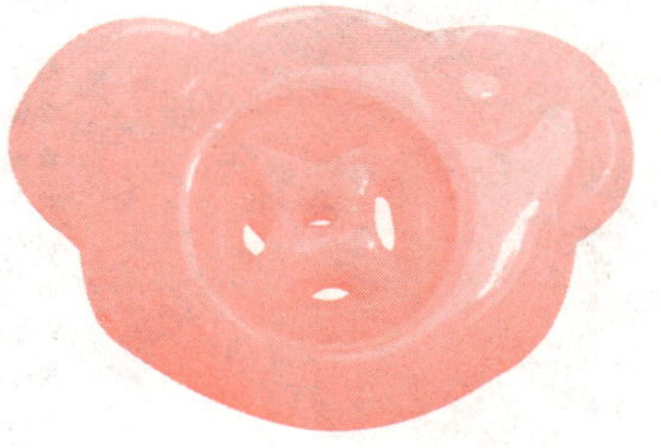

2090 年（庚戌 狗年 1月30日始 闰八月）

1

一	二	三	四	五	六	日
30 正月	31 初二					1 十二月
2 初二	3 初三	4 初四	5 小寒	6 初六	7 初七	8 初八
9 初九	10 初十	11 十一	12 十二	13 十三	14 十四	15 十五
16 十六	17 十七	18 十八	19 大寒	20 二十	21 廿一	22 廿二
23 廿三	24 廿四	25 廿五	26 廿六	27 廿七	28 廿八	29 廿九

2

一	二	三	四	五	六	日
		1 初三	2 初四	3 立春	4 初六	5 初七
6 初八	7 初九	8 初十	9 十一	10 十二	11 十三	12 十四
13 十五	14 十六	15 十七	16 十八	17 十九	18 雨水	19 廿一
20 廿二	21 廿三	22 廿四	23 廿五	24 廿六	25 廿七	26 廿八
27 廿九	28 三十					

3

一	二	三	四	五	六	日
		1 二月	2 初二	3 初三	4 初四	5 惊蛰
6 初六	7 初七	8 初八	9 初九	10 初十	11 十一	12 十二
13 十三	14 十四	15 十五	16 十六	17 十七	18 十八	19 十九
20 春分	21 廿一	22 廿二	23 廿三	24 廿四	25 廿五	26 廿六
27 廿七	28 廿八	29 廿九	30 三十	31 三月		

4

一	二	三	四	五	六	日
					1 初二	2 初三
3 初四	4 清明	5 初六	6 初七	7 初八	8 初九	9 初十
10 十一	11 十二	12 十三	13 十四	14 十五	15 十六	16 十七
17 十八	18 十九	19 谷雨	20 廿一	21 廿二	22 廿三	23 廿四
24 廿五	25 廿六	26 廿七	27 廿八	28 廿九	29 三十	30 四月

5

一	二	三	四	五	六	日
1 初二	2 初三	3 初四	4 初五	5 立夏	6 初七	7 初八
8 初九	9 初十	10 十一	11 十二	12 十三	13 十四	14 十五
15 十六	16 十七	17 十八	18 十九	19 二十	20 小满	21 廿二
22 廿三	23 廿四	24 廿五	25 廿六	26 廿七	27 廿八	28 廿九
29 五月	30 初二	31 初三				

6

一	二	三	四	五	六	日
			1 初四	2 初五	3 初六	4 初七
5 芒种	6 初九	7 初十	8 十一	9 十二	10 十三	11 十四
12 十五	13 十六	14 十七	15 十八	16 十九	17 二十	18 廿一
19 廿二	20 廿三	21 夏至	22 廿五	23 廿六	24 廿七	25 廿八
26 廿九	27 三十	28 六月	29 初二	30 初三		

7

一	二	三	四	五	六	日
31 初五					1 初四	2 初五
3 初六	4 初七	5 初八	6 小暑	7 初十	8 十一	9 十二
10 十三	11 十四	12 十五	13 十六	14 十七	15 十八	16 十九
17 二十	18 廿一	19 廿二	20 廿三	21 廿四	22 大暑	23 廿六
24 廿七	25 廿八	26 廿九	27 七月	28 初二	29 初三	30 初四

8

一	二	三	四	五	六	日
	1 初六	2 初七	3 初八	4 初九	5 初十	6 十一
7 立秋	8 十三	9 十四	10 十五	11 十六	12 十七	13 十八
14 十九	15 二十	16 廿一	17 廿二	18 廿三	19 廿四	20 廿五
21 廿六	22 处暑	23 廿八	24 廿九	25 八月	26 初二	27 初三
28 初四	29 初五	30 初六	31 初七			

9

一	二	三	四	五	六	日
				1 初八	2 初九	3 初十
4 十一	5 十二	6 十三	7 白露	8 十五	9 十六	10 十七
11 十八	12 十九	13 二十	14 廿一	15 廿二	16 廿三	17 廿四
18 廿五	19 廿六	20 廿七	21 廿八	22 秋分	23 三十	24 八月
25 初二	26 初三	27 初四	28 初五	29 初六	30 初七	

10

一	二	三	四	五	六	日
30 初八	31 初九					1 初八
2 初九	3 初十	4 十一	5 十二	6 十三	7 十四	8 寒露
9 十六	10 十七	11 十八	12 十九	13 二十	14 廿一	15 廿二
16 廿三	17 廿四	18 廿五	19 廿六	20 廿七	21 廿八	22 廿九
23 九月 霜降	24 初二	25 初三	26 初四	27 初五	28 初六	29 初七

11

一	二	三	四	五	六	日
		1 初十	2 十一	3 十二	4 十三	5 十四
6 十五	7 立冬	8 十七	9 十八	10 十九	11 二十	12 廿一
13 廿二	14 廿三	15 廿四	16 廿五	17 廿六	18 廿七	19 廿八
20 廿九	21 十月	22 小雪	23 初三	24 初四	25 初五	26 初六
27 初七	28 初八	29 初九	30 初十			

12

一	二	三	四	五	六	日
				1 十一	2 十二	3 十三
4 十四	5 十五	6 十六	7 十七	8 十八	9 十九	10 二十
11 廿一	12 廿二	13 廿三	14 廿四	15 廿五	16 廿六	17 廿七
18 廿八	19 廿九	20 三十	21 十一月 冬至	22 初二	23 初三	24 初四
25 初五	26 初六	27 初七	28 初八	29 初九	30 初十	31 十一

雄鸡

题注：鸡能驱凶，也能致吉，在语源上有以“鸡”谐音为“吉”的意思。雄鸡有五德：文、武、勇、仁、信。雄鸡头顶红冠，文也；脚踩斗距，武也；见敌能斗，勇也；找到食物能召唤其它鸡去吃，仁也；守信按时报告时辰，信也。雄鸡善斗，目能辟邪，所以常被作为辟邪的吉祥物。雄鸡能旺家运，令家庭祥和。

中国吉祥图案鉴赏

2091 年（辛亥 猪年 2 月 18 日始）

1

一	二	三	四	五	六	日
1十二	2十三	3十四	4十五	5小寒	6十七	7十八
8十九	9二十	10廿一	11廿二	12廿三	13廿四	14廿五
15廿六	16廿七	17廿八	18廿九	19三十	20十二月 大寒	21初二
22初三	23初四	24初五	25初六	26初七	27初八	28初九
29初十	30十一	31十二				

2

一	二	三	四	五	六	日
			1十三	2十四	3立春	4十六
5十七	6十八	7十九	8二十	9廿一	10廿二	11廿三
12廿四	13廿五	14廿六	15廿七	16廿八	17廿九	18正月 雨水
19初二	20初三	21初四	22初五	23初六	24初七	25初八
26初九	27初十	28十一				

3

一	二	三	四	五	六	日
			1十二	2十三	3十四	4十五
5惊蛰	6十七	7十八	8十九	9二十	10廿一	11廿二
12廿三	13廿四	14廿五	15廿六	16廿七	17廿八	18廿九
19三十	20二月 春分	21初二	22初三	23初四	24初五	25初六
26初七	27初八	28初九	29初十	30十一	31十二	

4

一	二	三	四	五	六	日
30十二						1十三
2十四	3十五	4清明	5十七	6十八	7十九	8二十
9廿一	10廿二	11廿三	12廿四	13廿五	14廿六	15廿七
16廿八	17廿九	18三十	19三月	20谷雨	21初三	22初四
23初五	24初六	25初七	26初八	27初九	28初十	29十一

5

一	二	三	四	五	六	日
	1十三	2十四	3十五	4十六	5立夏	6十八
7十九	8二十	9廿一	10廿二	11廿三	12廿四	13廿五
14廿六	15廿七	16廿八	17廿九	18四月	19初二	20初三
21小满	22初五	23初六	24初七	25初八	26初九	27初十
28十一	29十二	30十三	31十四			

6

一	二	三	四	五	六	日
				1十五	2十六	3十七
4十八	5芒种	6二十	7廿一	8廿二	9廿三	10廿四
11廿五	12廿六	13廿七	14廿八	15廿九	16三十	17五月
18初二	19初三	20初四	21夏至	22初六	23初七	24初八
25初九	26初十	27十一	28十二	29十三	30十四	

7

一	二	三	四	五	六	日
30十五	31十六					1十五
2十六	3十七	4十八	5十九	6二十	7小暑	8廿二
9廿三	10廿四	11廿五	12廿六	13廿七	14廿八	15廿九
16六月	17初二	18初三	19初四	20初五	21初六	22大暑
23初八	24初九	25初十	26十一	27十二	28十三	29十四

8

一	二	三	四	五	六	日
		1十七	2十八	3十九	4二十	5廿一
6廿二	7立秋	8廿四	9廿五	10廿六	11廿七	12廿八
13廿九	14三十	15七月	16初二	17初三	18初四	19初五
20初六	21初七	22初八	23处暑	24初十	25十一	26十二
27十三	28十四	29十五	30十六	31十七		

9

一	二	三	四	五	六	日
					1十八	2十九
3二十	4廿一	5廿二	6廿三	7白露	8廿五	9廿六
10廿七	11廿八	12廿九	13八月	14初二	15初三	16初四
17初五	18初六	19初七	20初八	21初九	22初十	23秋分
24十二	25十三	26十四	27十五	28十六	29十七	30十八

10

一	二	三	四	五	六	日
1十九	2二十	3廿一	4廿二	5廿三	6廿四	7廿五
8寒露	9廿七	10廿八	11廿九	12三十	13九月	14初二
15初三	16初四	17初五	18初六	19初七	20初八	21初九
22初十	23霜降	24十二	25十三	26十四	27十五	28十六
29十七	30十八	31十九				

11

一	二	三	四	五	六	日
			1二十	2廿一	3廿二	4廿三
5廿四	6廿五	7立冬	8廿七	9廿八	10廿九	11十月
12初二	13初三	14初四	15初五	16初六	17初七	18初八
19初九	20初十	21十一	22小雪	23十三	24十四	25十五
26十六	27十七	28十八	29十九	30二十		

12

一	二	三	四	五	六	日
31廿二					1廿一	2廿二
3廿三	4廿四	5廿五	6廿六	7大雪	8廿八	9廿九
10十一月	11初二	12初三	13初四	14初五	15初六	16初七
17初八	18初九	19初十	20十一	21冬至	22十三	23十四
24十五	25十六	26十七	27十八	28十九	29二十	30廿一

中国吉祥图案鉴赏

招财弥勒佛

题注：佛的神态安乐、自在、和蔼、安详，拉着装满金银财宝的布袋，送财上门。招财弥勒佛象征招财、安乐、财源滚滚、团结和睦。

2092年（壬子 鼠年2月7日始）

1

一	二	三	四	五	六	日
	1 廿三	2 廿四	3 廿五	4 廿六	5 小寒	6 廿八
7 廿九	8 三十	9 十二月	10 初二	11 初三	12 初四	13 初五
14 初六	15 初七	16 初八	17 初九	18 初十	19 十一	20 大寒
21 十三	22 十四	23 十五	24 十六	25 十七	26 十八	27 十九
28 二十	29 廿一	30 廿二	31 廿三			

2

一	二	三	四	五	六	日
				1 廿四	2 廿五	3 廿六
4 立春	5 廿八	6 廿九	7 正月	8 初二	9 初三	10 初四
11 初五	12 初六	13 初七	14 初八	15 初九	16 初十	17 十一
18 十二	19 雨水	20 十四	21 十五	22 十六	23 十七	24 十八
25 十九	26 二十	27 廿一	28 廿二	29 廿三		

3

一	二	三	四	五	六	日
31 廿四					1 廿四	2 廿五
3 廿六	4 惊蛰	5 廿八	6 廿九	7 三十	8 二月	9 初二
10 初三	11 初四	12 初五	13 初六	14 初七	15 初八	16 初九
17 初十	18 十一	19 春分	20 十三	21 十四	22 十五	23 十六
24 十七	25 十八	26 十九	27 二十	28 廿一	29 廿二	30 廿三

4

一	二	三	四	五	六	日
	1 廿五	2 廿六	3 廿七	4 清明	5 廿九	6 三十
7 三月	8 初二	9 初三	10 初四	11 初五	12 初六	13 初七
14 初八	15 初九	16 初十	17 十一	18 十二	19 谷雨	20 十四
21 十五	22 十六	23 十七	24 十八	25 十九	26 二十	27 廿一
28 廿二	29 廿三	30 廿四				

5

一	二	三	四	五	六	日
			1 廿五	2 廿六	3 廿七	4 立夏
5 廿九	6 四月	7 初二	8 初三	9 初四	10 初五	11 初六
12 初七	13 初八	14 初九	15 初十	16 十一	17 十二	18 十三
19 十四	20 小满	21 十六	22 十七	23 十八	24 十九	25 二十
26 廿一	27 廿二	28 廿三	29 廿四	30 廿五	31 廿六	

6

一	二	三	四	五	六	日
30 廿六						1 廿七
2 廿八	3 廿九	4 芒种	5 五月	6 初二	7 初三	8 初四
9 初五	10 初六	11 初七	12 初八	13 初九	14 初十	15 十一
16 十二	17 十三	18 十四	19 十五	20 夏至	21 十七	22 十八
23 十九	24 二十	25 廿一	26 廿二	27 廿三	28 廿四	29 廿五

7

一	二	三	四	五	六	日
	1 廿七	2 廿八	3 廿九	4 三十	5 六月	6 小暑
7 初三	8 初四	9 初五	10 初六	11 初七	12 初八	13 初九
14 初十	15 十一	16 十二	17 十三	18 十四	19 十五	20 十六
21 十七	22 大暑	23 十九	24 二十	25 廿一	26 廿二	27 廿三
28 廿四	29 廿五	30 廿六	31 廿七			

8

一	二	三	四	五	六	日
				1 廿八	2 廿九	3 七月
4 初二	5 初三	6 立秋	7 初五	8 初六	9 初七	10 初八
11 初九	12 初十	13 十一	14 十二	15 十三	16 十四	17 十五
18 十六	19 十七	20 十八	21 十九	22 处暑	23 廿一	24 廿二
25 廿三	26 廿四	27 廿五	28 廿六	29 廿七	30 廿八	31 廿九

9

一	二	三	四	五	六	日
1 三十	2 八月	3 初二	4 初三	5 初四	6 白露	7 初六
8 初七	9 初八	10 初九	11 初十	12 十一	13 十二	14 十三
15 十四	16 十五	17 十六	18 十七	19 十八	20 十九	21 二十
22 秋分	23 廿二	24 廿三	25 廿四	26 廿五	27 廿六	28 廿七
29 廿八	30 廿九					

10

一	二	三	四	五	六	日
		1 九月	2 初二	3 初三	4 初四	5 初五
6 初六	7 寒露	8 初八	9 初九	10 初十	11 十一	12 十二
13 十三	14 十四	15 十五	16 十六	17 十七	18 十八	19 十九
20 二十	21 廿一	22 霜降	23 廿三	24 廿四	25 廿五	26 廿六
27 廿七	28 廿八	29 廿九	30 三十	31 十月		

11

一	二	三	四	五	六	日
					1 初二	2 初三
3 初四	4 初五	5 初六	6 立冬	7 初八	8 初九	9 初十
10 十一	11 十二	12 十三	13 十四	14 十五	15 十六	16 十七
17 十八	18 十九	19 二十	20 廿一	21 小雪	22 廿三	23 廿四
24 廿五	25 廿六	26 廿七	27 廿八	28 廿九	29 十一月	30 初二

12

一	二	三	四	五	六	日
1 初三	2 初四	3 初五	4 初六	5 初七	6 大雪	7 初九
8 初十	9 十一	10 十二	11 十三	12 十四	13 十五	14 十六
15 十七	16 十八	17 十九	18 二十	19 廿一	20 廿二	21 冬至
22 廿四	23 廿五	24 廿六	25 廿七	26 廿八	27 廿九	28 三十
29 十二月	30 初二	31 初三				

招财猪仔

题注：猪仔偕音为“主宰”，是权力的象征，心宽体胖，管理自如，不费心费神，但却大权在握。招财猪仔摆放在管理人士的办公桌上，可增强管理能力、领导能力以及组织能力。

中国吉祥图案鉴赏

2093年（癸丑 牛年1月27日始 闰六月）

1

一	二	三	四	五	六	日
				2 初五	3 初六	4 小寒
5 初八	6 初九	7 初十	8 十一	9 十二	10 十三	11 十四
12 十五	13 十六	14 十七	15 十八	16 十九	17 二十	18 廿一
19 大寒	20 廿三	21 廿四	22 廿五	23 廿六	24 廿七	25 廿八
26 廿九	27 正月	28 初二	29 初三	30 初四	31 初五	

2

一	二	三	四	五	六	日
						1 初六
2 初七	3 立春	4 初九	5 初十	6 十一	7 十二	8 十三
9 十四	10 十五	11 十六	12 十七	13 十八	14 十九	15 二十
16 廿一	17 廿二	18 雨水	19 廿四	20 廿五	21 廿六	22 廿七
23 廿八	24 廿九	25 二月	26 初二	27 初三	28 初四	

3

一	二	三	四	五	六	日
30 初四	31 初五					1 初五
2 初六	3 初七	4 初八	5 惊蛰	6 初十	7 十一	8 十二
9 十三	10 十四	11 十五	12 十六	13 十七	14 十八	15 十九
16 二十	17 廿一	18 廿二	19 廿三	20 春分	21 廿五	22 廿六
23 廿七	24 廿八	25 廿九	26 三十	27 三月	28 初二	29 初三

4

一	二	三	四	五	六	日
		1 初六	2 初七	3 初八	4 清明	5 初十
6 十一	7 十二	8 十三	9 十四	10 十五	11 十六	12 十七
13 十八	14 十九	15 二十	16 廿一	17 廿二	18 廿三	19 谷雨
20 廿五	21 廿六	22 廿七	23 廿八	24 廿九	25 三十	26 四月
27 初二	28 初三	29 初四	30 初五			

5

一	二	三	四	五	六	日
				1 初六	2 初七	3 初八
4 初九	5 立夏	6 十一	7 十二	8 十三	9 十四	10 十五
11 十六	12 十七	13 十八	14 十九	15 二十	16 廿一	17 廿二
18 廿三	19 廿四	20 小满	21 廿六	22 廿七	23 廿八	24 廿九
25 五月	26 初二	27 初三	28 初四	29 初五	30 初六	31 初七

6

一	二	三	四	五	六	日
1 初八	2 初九	3 初十	4 十一	5 芒种	6 十三	7 十四
8 十五	9 十六	10 十七	11 十八	12 十九	13 二十	14 廿一
15 廿二	16 廿三	17 廿四	18 廿五	19 廿六	20 夏至	21 廿八
22 廿九	23 三十	24 六月	25 初二	26 初三	27 初四	28 初五
29 初六	30 初七					

7

一	二	三	四	五	六	日
		1 初八	2 初九	3 初十	4 十一	5 十二
6 小暑	7 十四	8 十五	9 十六	10 十七	11 十八	12 十九
13 二十	14 廿一	15 廿二	16 廿三	17 廿四	18 廿五	19 廿六
20 廿七	21 廿八	22 大暑	23 六月	24 初二	25 初三	26 初四
27 初五	28 初六	29 初七	30 初八	31 初九		

8

一	二	三	四	五	六	日
31 初十					1 初十	2 十一
3 十二	4 十三	5 十四	6 十五	7 立秋	8 十七	9 十八
10 十九	11 二十	12 廿一	13 廿二	14 廿三	15 廿四	16 廿五
17 廿六	18 廿七	19 廿八	20 廿九	21 三十	22 七月处暑	23 初二
24 初三	25 初四	26 初五	27 初六	28 初七	29 初八	30 初九

9

一	二	三	四	五	六	日
	1 十一	2 十二	3 十三	4 十四	5 十五	6 十六
7 白露	8 十八	9 十九	10 二十	11 廿一	12 廿二	13 廿三
14 廿四	15 廿五	16 廿六	17 廿七	18 廿八	19 廿九	20 三十
21 八月	22 秋分	23 初三	24 初四	25 初五	26 初六	27 初七
28 初八	29 初九	30 初十				

10

一	二	三	四	五	六	日
			1 十一	2 十二	3 十三	4 十四
5 十五	6 十六	7 十七	8 十八	9 十九	10 寒露	11 廿一
12 廿二	13 廿三	14 廿四	15 廿五	16 廿六	17 廿七	18 廿八
19 廿九	20 九月	21 初二	22 霜降	23 初四	24 初五	25 初六
26 初七	27 初八	28 初九	29 初十	30 十一	31 十二	

11

一	二	三	四	五	六	日
30 十二						1 十三
2 十四	3 十五	4 十六	5 十七	6 立冬	7 十九	8 二十
9 廿一	10 廿二	11 廿三	12 廿四	13 廿五	14 廿六	15 廿七
16 廿八	17 廿九	18 三十	19 十月	20 初二	21 小雪	22 初四
23 初五	24 初六	25 初七	26 初八	27 初九	28 初十	29 十一

12

一	二	三	四	五	六	日
	1 十三	2 十四	3 十五	4 十六	5 十七	6 大雪
7 十九	8 二十	9 廿一	10 廿二	11 廿三	12 廿四	13 廿五
14 廿六	15 廿七	16 廿八	17 廿九	18 十一月	19 初二	20 初三
21 冬至	22 初五	23 初六	24 初七	25 初八	26 初九	27 初十
28 十一	29 十二	30 十三	31 十四			

中国吉祥图案鉴赏

仰鼻象

题注：大象禀性驯良，将其放置在家中表示吉祥如意。大象善于吸水，水为财，凡家居大窗见海或水池，均称之为“明堂聚水”。仰鼻象可使大财、小财均为己所纳。

2094 年（甲寅 虎年 2 月 15 日始）

1

一	二	三	四	五	六	日
				1 十五	2 十六	3 十七
4 十八	5 小寒	6 二十	7 廿一	8 廿二	9 廿三	10 廿四
11 廿五	12 廿六	13 廿七	14 廿八	15 廿九	16 三十	17 十二月
18 初二	19 大寒	20 初四	21 初五	22 初六	23 初七	24 初八
25 初九	26 初十	27 十一	28 十二	29 十三	30 十四	31 十五

2

一	二	三	四	五	六	日
1 十六	2 十七	3 立春	4 十九	5 二十	6 廿一	7 廿二
8 廿三	9 廿四	10 廿五	11 廿六	12 廿七	13 廿八	14 廿九
15 正月	16 初二	17 初三	18 雨水	19 初五	20 初六	21 初七
22 初八	23 初九	24 初十	25 十一	26 十二	27 十三	28 十四

3

一	二	三	四	五	六	日
1 十五	2 十六	3 十七	4 十八	5 惊蛰	6 二十	7 廿一
8 廿二	9 廿三	10 廿四	11 廿五	12 廿六	13 廿七	14 廿八
15 廿九	16 二月	17 初二	18 初三	19 初四	20 春分	21 初六
22 初七	23 初八	24 初九	25 初十	26 十一	27 十二	28 十三
29 十四	30 十五	31 十六				

4

一	二	三	四	五	六	日
			1 十七	2 十八	3 十九	4 清明
5 廿一	6 廿二	7 廿三	8 廿四	9 廿五	10 廿六	11 廿七
12 廿八	13 廿九	14 三十	15 三月	16 初二	17 初三	18 初四
19 谷雨	20 初六	21 初七	22 初八	23 初九	24 初十	25 十一
26 十二	27 十三	28 十四	29 十五	30 十六		

5

一	二	三	四	五	六	日
31 十八					1 十七	2 十八
3 十九	4 二十	5 立夏	6 廿二	7 廿三	8 廿四	9 廿五
10 廿六	11 廿七	12 廿八	13 廿九	14 四月	15 初二	16 初三
17 初四	18 初五	19 初六	20 小满	21 初八	22 初九	23 初十
24 十一	25 十二	26 十三	27 十四	28 十五	29 十六	30 十七

6

一	二	三	四	五	六	日
	1 十九	2 二十	3 廿一	4 廿二	5 芒种	6 廿四
7 廿五	8 廿六	9 廿七	10 廿八	11 廿九	12 三十	13 五月
14 初二	15 初三	16 初四	17 初五	18 初六	19 初七	20 初八
21 夏至	22 初十	23 十一	24 十二	25 十三	26 十四	27 十五
28 十六	29 十七	30 十八				

7

一	二	三	四	五	六	日
			1 十九	2 二十	3 廿一	4 廿二
5 廿三	6 小暑	7 廿五	8 廿六	9 廿七	10 廿八	11 廿九
12 六月	13 初二	14 初三	15 初四	16 初五	17 初六	18 初七
19 初八	20 初九	21 初十	22 大暑	23 十二	24 十三	25 十四
26 十五	27 十六	28 十七	29 十八	30 十九	31 二十	

8

一	二	三	四	五	六	日
30 二十	31 廿一					1 廿一
2 廿二	3 廿三	4 廿四	5 廿五	6 廿六	7 立秋	8 廿八
9 廿九	10 三十	11 七月	12 初二	13 初三	14 初四	15 初五
16 初六	17 初七	18 初八	19 初九	20 初十	21 十一	22 处暑
23 十三	24 十四	25 十五	26 十六	27 十七	28 十八	29 十九

9

一	二	三	四	五	六	日
		1 廿二	2 廿三	3 廿四	4 廿五	5 廿六
6 廿七	7 白露	8 廿九	9 三十	10 八月	11 初二	12 初三
13 初四	14 初五	15 初六	16 初七	17 初八	18 初九	19 初十
20 十一	21 十二	22 秋分	23 十四	24 十五	25 十六	26 十七
27 十八	28 十九	29 二十	30 廿一			

10

一	二	三	四	五	六	日
				1 廿二	2 廿三	3 廿四
4 廿五	5 廿六	6 廿七	7 廿八	8 寒露	9 九月	10 初二
11 初三	12 初四	13 初五	14 初六	15 初七	16 初八	17 初九
18 初十	19 十一	20 十二	21 十三	22 十四	23 霜降	24 十六
25 十七	26 十八	27 十九	28 二十	29 廿一	30 廿二	31 廿三

11

一	二	三	四	五	六	日
1 廿四	2 廿五	3 廿六	4 廿七	5 廿八	6 廿九	7 立冬
8 十月	9 初二	10 初三	11 初四	12 初五	13 初六	14 初七
15 初八	16 初九	17 初十	18 十一	19 十二	20 十三	21 十四
22 小雪	23 十六	24 十七	25 十八	26 十九	27 二十	28 廿一
29 廿二	30 廿三					

12

一	二	三	四	五	六	日
		1 廿四	2 廿五	3 廿六	4 廿七	5 廿八
6 大雪	7 三十	8 十一月	9 初二	10 初三	11 初四	12 初五
13 初六	14 初七	15 初八	16 初九	17 初十	18 十一	19 十二
20 十三	21 冬至	22 十五	23 十六	24 十七	25 十八	26 十九
27 二十	28 廿一	29 廿二	30 廿三	31 廿四		

弥勒佛

题注：弥勒佛在佛教中被称为未来世佛，有着最慈悲的胸怀，最无边的法力，能帮助世人度过苦难。弥勒佛以大肚、大笑为典型特征，有“大肚能容天下难容之事，笑天下可笑之人”之说，代表了人们向往宽容、和善、幸福的愿望。

中国吉祥图案鉴赏

2095年（乙卯 兔年2月5日始）

1

一	二	三	四	五	六	日
31廿六					1廿五	2廿六
3廿七	4廿八	5小寒	6十二月	7初二	8初三	9初四
10初五	11初六	12初七	13初八	14初九	15初十	16十一
17十二	18十三	19十四	20大寒	21十六	22十七	23十八
24十九	25二十	26廿一	27廿二	28廿三	29廿四	30廿五

2

一	二	三	四	五	六	日
	1廿七	2廿八	3立春	4三十	5正月	6初二
7初三	8初四	9初五	10初六	11初七	12初八	13初九
14初十	15十一	16十二	17十三	18雨水	19十五	20十六
21十七	22十八	23十九	24二十	25廿一	26廿二	27廿三
28廿四						

3

一	二	三	四	五	六	日
	1廿五	2廿六	3廿七	4廿八	5惊蛰	6二月
7初二	8初三	9初四	10初五	11初六	12初七	13初八
14初九	15初十	16十一	17十二	18十三	19十四	20春分
21十六	22十七	23十八	24十九	25二十	26廿一	27廿二
28廿三	29廿四	30廿五	31廿六			

4

一	二	三	四	五	六	日
				1廿七	2廿八	3廿九
4清明	5三月	6初二	7初三	8初四	9初五	10初六
11初七	12初八	13初九	14初十	15十一	16十二	17十三
18十四	19十五	20谷雨	21十七	22十八	23十九	24二十
25廿一	26廿二	27廿三	28廿四	29廿五	30廿六	

5

一	二	三	四	五	六	日
30廿七	31廿八					1廿七
2廿八	3廿九	4四月	5立夏	6初三	7初四	8初五
9初六	10初七	11初八	12初九	13初十	14十一	15十二
16十三	17十四	18十五	19十六	20十七	21小满	22十九
23二十	24廿一	25廿二	26廿三	27廿四	28廿五	29廿六

6

一	二	三	四	五	六	日
		1廿九	2五月	3初二	4初三	5芒种
6初五	7初六	8初七	9初八	10初九	11初十	12十一
13十二	14十三	15十四	16十五	17十六	18十七	19十八
20十九	21夏至	22廿一	23廿二	24廿三	25廿四	26廿五
27廿六	28廿七	29廿八	30廿九			

7

一	二	三	四	五	六	日
				1三十	2六月	3初二
4初三	5初四	6初五	7小暑	8初七	9初八	10初九
11初十	12十一	13十二	14十三	15十四	16十五	17十六
18十七	19十八	20十九	21二十	22大暑	23廿二	24廿三
25廿四	26廿五	27廿六	28廿七	29廿八	30廿九	31七月

8

一	二	三	四	五	六	日
1初二	2初三	3初四	4初五	5初六	6初七	7立秋
8初九	9初十	10十一	11十二	12十三	13十四	14十五
15十六	16十七	17十八	18十九	19二十	20廿一	21廿二
22廿三	23处暑	24廿五	25廿六	26廿七	27廿八	28廿九
29三十	30八月	31初二				

9

一	二	三	四	五	六	日
			1初三	2初四	3初五	4初六
5初七	6初八	7白露	8初十	9十一	10十二	11十三
12十四	13十五	14十六	15十七	16十八	17十九	18二十
19廿一	20廿二	21廿三	22廿四	23秋分	24廿六	25廿七
26廿八	27廿九	28九月	29初二	30初三		

10

一	二	三	四	五	六	日
31初四					1初四	2初五
3初六	4初七	5初八	6初九	7初十	8寒露	9十二
10十三	11十四	12十五	13十六	14十七	15十八	16十九
17二十	18廿一	19廿二	20廿三	21廿四	22廿五	23霜降
24廿七	25廿八	26廿九	27三十	28十月	29初二	30初三

11

一	二	三	四	五	六	日
	1初五	2初六	3初七	4初八	5初九	6初十
7立冬	8十二	9十三	10十四	11十五	12十六	13十七
14十八	15十九	16二十	17廿一	18廿二	19廿三	20廿四
21廿五	22小雪	23廿七	24廿八	25廿九	26三十	27十一月
28初二	29初三	30初四				

12

一	二	三	四	五	六	日
			1初五	2初六	3初七	4初八
5初九	6初十	7大雪	8十二	9十三	10十四	11十五
12十六	13十七	14十八	15十九	16二十	17廿一	18廿二
19廿三	20廿四	21冬至	22廿六	23廿七	24廿八	25廿九
26三十	27十二月	28初二	29初三	30初四	31初五	

中国吉祥图案鉴赏

招财金翅鸟

题注：金翅鸟是法力无边的护法神，传说龙的神通虽然很广，但是碰到金翅鸟，就神通全无，只等金翅鸟来食。

2096 年（丙辰 龙年 1 月 25 日始 闰四月）

1

一	二	三	四	五	六	日
30 初六	31 初七					1 初六
2 初七	3 初八	4 初九	5 小寒	6 十一	7 十二	8 十三
9 十四	10 十五	11 十六	12 十七	13 十八	14 十九	15 二十
16 廿一	17 廿二	18 廿三	19 廿四	20 大寒	21 廿六	22 廿七
23 廿八	24 廿九	25 正月	26 初二	27 初三	28 初四	29 初五

7

一	二	三	四	五	六	日
30 十一	31 十二					1 十二
2 十三	3 十四	4 十五	5 十六	6 小暑	7 十八	8 十九
9 二十	10 廿一	11 廿二	12 廿三	13 廿四	14 廿五	15 廿六
16 廿七	17 廿八	18 廿九	19 三十	20 六月	21 初二	22 大暑
23 初四	24 初五	25 初六	26 初七	27 初八	28 初九	29 初十

2

一	二	三	四	五	六	日
		1 初八	2 初九	3 初十	4 立春	5 十二
6 十三	7 十四	8 十五	9 十六	10 十七	11 十八	12 十九
13 二十	14 廿一	15 廿二	16 廿三	17 廿四	18 雨水	19 廿六
20 廿七	21 廿八	22 廿九	23 三十	24 二月	25 初二	26 初三
27 初四	28 初五	29 初六				

8

一	二	三	四	五	六	日
		1 十三	2 十四	3 十五	4 十六	5 十七
6 立秋	7 十九	8 二十	9 廿一	10 廿二	11 廿三	12 廿四
13 廿五	14 廿六	15 廿七	16 廿八	17 廿九	18 七月	19 初二
20 初三	21 初四	22 处暑	23 初六	24 初七	25 初八	26 初九
27 初十	28 十一	29 十二	30 十三	31 十四		

3

一	二	三	四	五	六	日
			1 初七	2 初八	3 初九	4 惊蛰
5 十一	6 十二	7 十三	8 十四	9 十五	10 十六	11 十七
12 十八	13 十九	14 二十	15 廿一	16 廿二	17 廿三	18 廿四
19 春分	20 廿六	21 廿七	22 廿八	23 廿九	24 三月	25 初二
26 初三	27 初四	28 初五	29 初六	30 初七	31 初八	

9

一	二	三	四	五	六	日
					1 十五	2 十六
3 十七	4 十八	5 十九	6 白露	7 廿一	8 廿二	9 廿三
10 廿四	11 廿五	12 廿六	13 廿七	14 廿八	15 廿九	16 八月
17 初二	18 初三	19 初四	20 初五	21 初六	22 秋分	23 初八
24 初九	25 初十	26 十一	27 十二	28 十三	29 十四	30 十五

4

一	二	三	四	五	六	日
30 初八						1 初九
2 初十	3 十一	4 清明	5 十三	6 十四	7 十五	8 十六
9 十七	10 十八	11 十九	12 二十	13 廿一	14 廿二	15 廿三
16 廿四	17 廿五	18 廿六	19 谷雨	20 廿八	21 廿九	22 三十
23 四月	24 初二	25 初三	26 初四	27 初五	28 初六	29 初七

10

一	二	三	四	五	六	日
1 十六	2 十七	3 十八	4 十九	5 二十	6 廿一	7 寒露
8 廿三	9 廿四	10 廿五	11 廿六	12 廿七	13 廿八	14 廿九
15 三十	16 九月	17 初二	18 初三	19 初四	20 初五	21 初六
22 霜降	23 初八	24 初九	25 初十	26 十一	27 十二	28 十三
29 十四	30 十五	31 十六				

5

一	二	三	四	五	六	日
	1 初九	2 初十	3 十一	4 立夏	5 十三	6 十四
7 十五	8 十六	9 十七	10 十八	11 十九	12 二十	13 廿一
14 廿二	15 廿三	16 廿四	17 廿五	18 廿六	19 廿七	20 小满
21 廿九	22 四月	23 初二	24 初三	25 初四	26 初五	27 初六
28 初七	29 初八	30 初九	31 初十			

11

一	二	三	四	五	六	日
			1 十七	2 十八	3 十九	4 二十
5 廿一	6 立冬	7 廿三	8 廿四	9 廿五	10 廿六	11 廿七
12 廿八	13 廿九	14 三十	15 十月	16 初二	17 初三	18 初四
19 初五	20 初六	21 小雪	22 初八	23 初九	24 初十	25 十一
26 十二	27 十三	28 十四	29 十五	30 十六		

6

一	二	三	四	五	六	日
				1 十一	2 十二	3 十三
4 芒种	5 十五	6 十六	7 十七	8 十八	9 十九	10 二十
11 廿一	12 廿二	13 廿三	14 廿四	15 廿五	16 廿六	17 廿七
18 廿八	19 廿九	20 五月 夏至	21 初二	22 初三	23 初四	24 初五
25 初六	26 初七	27 初八	28 初九	29 初十	30 十一	

12

一	二	三	四	五	六	日
31 十七					1 十七	2 十八
3 十九	4 二十	5 廿一	6 大雪	7 廿三	8 廿四	9 廿五
10 廿六	11 廿七	12 廿八	13 廿九	14 三十	15 十一月	16 初二
17 初三	18 初四	19 初五	20 初六	21 冬至	22 初八	23 初九
24 初十	25 十一	25 十二	27 十三	28 十四	29 十五	30 十六

如意观音

题注：观音就是观世音菩萨，是人们普遍崇拜的佛。观音从印度传入中国时为男身，后被中国人改造为女身。按照佛教的观点：佛无所谓男身还是女身，由男变女，正体现了佛无处不在的真谛。佛教认为观世音菩萨大慈大悲，以各种化身救苦救难，有求必应。一般可将其用于催财、转运及保平安，适合家庭或从事复杂人事机构的人士使用。

中国吉祥图案鉴赏

2097 年（丁巳 蛇年 2 月 12 日始）

1

一	二	三	四	五	六	日
	1 十八	2 十九	3 二十	4 小寒	5 廿二	6 廿三
7 廿四	8 廿五	9 廿六	10 廿七	11 廿八	12 廿九	13 十二月
14 初二	15 初三	16 初四	17 初五	18 初六	19 大寒	20 初八
21 初九	22 初十	23 十一	24 十二	25 十三	26 十四	27 十五
28 十六	29 十七	30 十八	31 十九			

2

一	二	三	四	五	六	日
				1 二十	2 廿一	3 立春
4 廿三	5 廿四	6 廿五	7 廿六	8 廿七	9 廿八	10 廿九
11 三十	12 正月	13 初二	14 初三	15 初四	16 初五	17 初六
18 雨水	19 初八	20 初九	21 初十	22 十一	23 十二	24 十三
25 十四	26 十五	27 十六	28 十七			

3

一	二	三	四	五	六	日
				1 十八	2 十九	3 二十
4 廿一	5 惊蛰	6 廿三	7 廿四	8 廿五	9 廿六	10 廿七
11 廿八	12 廿九	13 三十	14 二月	15 初二	16 初三	17 初四
18 初五	19 初六	20 春分	21 初八	22 初九	23 初十	24 十一
25 十二	26 十三	27 十四	28 十五	29 十六	30 十七	31 十八

4

一	二	三	四	五	六	日
1 十九	2 二十	3 廿一	4 清明	5 廿三	6 廿四	7 廿五
8 廿六	9 廿七	10 廿八	11 廿九	12 三月	13 初二	14 初三
15 初四	16 初五	17 初六	18 初七	19 谷雨	20 初九	21 初十
22 十一	23 十二	24 十三	25 十四	26 十五	27 十六	28 十七
29 十八	30 十九					

5

一	二	三	四	五	六	日
		1 二十	2 廿一	3 廿二	4 廿三	5 立夏
6 廿五	7 廿六	8 廿七	9 廿八	10 廿九	11 三十	12 四月
13 初二	14 初三	15 初四	16 初五	17 初六	18 初七	19 初八
20 小满	21 初十	22 十一	23 十二	24 十三	25 十四	26 十五
27 十六	28 十七	29 十八	30 十九	31 二十		

6

一	二	三	四	五	六	日
					1 廿一	2 廿二
3 廿三	4 廿四	5 芒种	6 廿六	7 廿七	8 廿八	9 廿九
10 五月	11 初二	12 初三	13 初四	14 初五	15 初六	16 初七
17 初八	18 初九	19 初十	20 夏至	21 十二	22 十三	23 十四
24 十五	25 十六	26 十七	27 十八	28 十九	29 二十	30 廿一

7

一	二	三	四	五	六	日
1 廿二	2 廿三	3 廿四	4 廿五	5 廿六	6 小暑	7 廿八
8 廿九	9 六月	10 初二	11 初三	12 初四	13 初五	14 初六
15 初七	16 初八	17 初九	18 初十	19 十一	20 十二	21 十三
22 大暑	23 十五	24 十六	25 十七	26 十八	27 十九	28 二十
29 廿一	30 廿二	31 廿三				

8

一	二	三	四	五	六	日
			1 廿四	2 廿五	3 廿六	4 廿七
5 廿八	6 立秋	7 三十	8 七月	9 初二	10 初三	11 初四
12 初五	13 初六	14 初七	15 初八	16 初九	17 初十	18 十一
19 十二	20 十三	21 十四	22 处暑	23 十六	24 十七	25 十八
26 十九	27 二十	28 廿一	29 廿二	30 廿三	31 廿四	

9

一	二	三	四	五	六	日
30 廿五						1 廿五
2 廿六	3 廿七	4 廿八	5 廿九	6 八月	7 白露	8 初三
9 初四	10 初五	11 初六	12 初七	13 初八	14 初九	15 初十
16 十一	17 十二	18 十三	19 十四	20 十五	21 十六	22 秋分
23 十八	24 十九	25 二十	26 廿一	27 廿二	28 廿三	29 廿四

10

一	二	三	四	五	六	日
	1 廿六	2 廿七	3 廿八	4 廿九	5 九月	6 初二
7 寒露	8 初四	9 初五	10 初六	11 初七	12 初八	13 初九
14 初十	15 十一	16 十二	17 十三	18 十四	19 十五	20 十六
21 十七	22 霜降	23 十九	24 二十	25 廿一	26 廿二	27 廿三
28 廿四	29 廿五	30 廿六	31 廿七			

11

一	二	三	四	五	六	日
				1 廿八	2 廿九	3 三十
4 十月	5 初二	6 立冬	7 初四	8 初五	9 初六	10 初七
11 初八	12 初九	13 初十	14 十一	15 十二	16 十三	17 十四
18 十五	19 十六	20 十七	21 小雪	22 十九	23 二十	24 廿一
25 廿二	26 廿三	27 廿四	28 廿五	29 廿六	30 廿七	

12

一	二	三	四	五	六	日
30 廿七	31 廿八					1 廿八
2 廿九	3 三十	4 十一月	5 初二	6 大雪	7 初四	8 初五
9 初六	10 初七	11 初八	12 初九	13 初十	14 十一	15 十二
16 十三	17 十四	18 十五	19 十六	20 十七	21 冬至	22 十九
23 二十	24 廿一	25 廿二	26 廿三	27 廿四	28 廿五	29 廿六

中国吉祥图案鉴赏

年年有余

题注：因鱼与余谐音，莲与年谐音。以鱼、莲花寓丰收、兴旺、富裕之意，是由来已久的习俗。历代均有“双鱼”、“鱼乐”、“年年有余”等以鱼为主的图案，表达了欢庆之情及来年吉利。鞭炮则寓意过年。

2098年（戊午 马年2月1日始）

1

一	二	三	四	五	六	日
		1廿九	2十二月	3初二	4初三	5小寒
6初五	7初六	8初七	9初八	10初九	11初十	12十一
13十二	14十三	15十四	16十五	17十六	18十七	19十八
20大寒	21二十	22廿一	23廿二	24廿三	25廿四	26廿五
27廿六	28廿七	29廿八	30廿九	31三十		

2

一	二	三	四	五	六	日
					1正月	2初二
3立春	4初四	5初五	6初六	7初七	8初八	9初九
10初十	11十一	12十二	13十三	14十四	15十五	16十六
17十七	18雨水	19十九	20二十	21廿一	22廿二	23廿三
24廿四	25廿五	26廿六	27廿七	28廿八		

3

一	二	三	四	五	六	日
31廿九					1廿九	2三十
3二月	4初二	5惊蛰	6初四	7初五	8初六	9初七
10初八	11初九	12初十	13十一	14十二	15十三	16十四
17十五	18十六	19十七	20春分	21十九	22二十	23廿一
24廿二	25廿三	26廿四	27廿五	28廿六	29廿七	30廿八

4

一	二	三	四	五	六	日
	1三十	2三月	3初二	4清明	5初四	6初五
7初六	8初七	9初八	10初九	11初十	12十一	13十二
14十三	15十四	16十五	17十六	18十七	19十八	20十九
21二十	22谷雨	23廿二	24廿三	25廿四	26廿五	27廿六
28廿七	29廿八	30廿九				

5

一	二	三	四	五	六	日
			1四月	2初二	3初三	4初四
5立夏	6初六	7初七	8初八	9初九	10初十	11十一
12十二	13十三	14十四	15十五	16十六	17十七	18十八
19十九	20小满	21廿一	22廿二	23廿三	24廿四	25廿五
26廿六	27廿七	28廿八	29廿九	30三十	31五月	

6

一	二	三	四	五	六	日
30初二						1初二
2初三	3初四	4初五	5芒种	6初七	7初八	8初九
9初十	10十一	11十二	12十三	13十四	14十五	15十六
16十七	17十八	18十九	19二十	20廿一	21夏至	22廿三
23廿四	24廿五	25廿六	26廿七	27廿八	28廿九	29六月

7

一	二	三	四	五	六	日
	1初三	2初四	3初五	4初六	5初七	6小暑
7初九	8初十	9十一	10十二	11十三	12十四	13十五
14十六	15十七	16十八	17十九	18二十	19廿一	20廿二
21廿三	22大暑	23廿五	24廿六	25廿七	26廿八	27廿九
28七月	29初二	30初三	31初四			

8

一	二	三	四	五	六	日
				1初五	2初六	3初七
4初八	5初九	6初十	7立秋	8十二	9十三	10十四
11十五	12十六	13十七	14十八	15十九	16二十	17廿一
18廿二	19廿三	20廿四	21廿五	22处暑	23廿七	24廿八
25廿九	26八月	27初二	28初三	29初四	30初五	31初六

9

一	二	三	四	五	六	日
1初七	2初八	3初九	4初十	5十一	6十二	7白露
8十四	9十五	10十六	11十七	12十八	13十九	14二十
15廿一	16廿二	17廿三	18廿四	19廿五	20廿六	21廿七
22秋分	23廿九	24三十	25九月	26初二	27初三	28初四
29初五	30初六					

10

一	二	三	四	五	六	日
		1初七	2初八	3初九	4初十	5十一
6十二	7十三	8寒露	9十五	10十六	11十七	12十八
13十九	14二十	15廿一	16廿二	17廿三	18廿四	19廿五
20廿六	21廿七	22廿八	23霜降	24十月	25初二	26初三
27初四	28初五	29初六	30初七	31初八		

11

一	二	三	四	五	六	日
					1初九	2初十
3十一	4十二	5十三	6十四	7立冬	8十六	9十七
10十八	11十九	12二十	13廿一	14廿二	15廿三	16廿四
17廿五	18廿六	19廿七	20廿八	21廿九	22小雪	23十一月
24初二	25初三	26初四	27初五	28初六	29初七	30初八

12

一	二	三	四	五	六	日
1初九	2初十	3十一	4十二	5十三	6大雪	7十五
8十六	9十七	10十八	11十九	12二十	13廿一	14廿二
15廿三	16廿四	17廿五	18廿六	19廿七	20廿八	21冬至
22十二月	23初二	24初三	25初四	26初五	27初六	28初七
29初八	30初九	31初十				

官上加官

题注：鸡冠花，苋科一年生草本植物，夏秋季开花，穗状花序，因带化现象而成为鸡冠状，颜色多为紫红色；图案以鸡冠花和公鸡冠的相映，表达了"官上加官"的寓意，用于贺人仕途顺利，步步高升。

中国吉祥图案鉴赏

2099 年（己未 羊年 1月21日始 闰二月）

1

一	二	三	四	五	六	日
			1十一	2十二	3十三	4十四
5小寒	6十六	7十七	8十八	9十九	10二十	11廿一
12廿二	13廿三	14廿四	15廿五	16廿六	17廿七	18廿八
19廿九	20大寒	21正月	22初二	23初三	24初四	25初五
26初六	27初七	28初八	29初九	30初十	31十一	

2

一	二	三	四	五	六	日
						1十二
2十三	3立春	4十五	5十六	6十七	7十八	8十九
9二十	10廿一	11廿二	12廿三	13廿四	14廿五	15廿六
16廿七	17廿八	18雨水	19三十	20二月	21初二	22初三
23初四	24初五	25初六	26初七	27初八	28初九	

3

一	二	三	四	五	六	日
30初九	31初十					1初十
2十一	3十二	4十三	5惊蛰	6十五	7十六	8十七
9十八	10十九	11二十	12廿一	13廿二	14廿三	15廿四
16廿五	17廿六	18廿七	19廿八	20春分	21三十	22二月
23初二	24初三	25初四	26初五	27初六	28初七	29初八

4

一	二	三	四	五	六	日
		1十一	2十二	3十三	4清明	5十五
6十六	7十七	8十八	9十九	10二十	11廿一	12廿二
13廿三	14廿四	15廿五	16廿六	17廿七	18廿八	19廿九
20三月 谷雨	21初二	22初三	23初四	24初五	25初六	26初七
27初八	28初九	29初十	30十一			

5

一	二	三	四	五	六	日
				1十二	2十三	3十四
4十五	5立夏	6十七	7十八	8十九	9二十	10廿一
11廿二	12廿三	13廿四	14廿五	15廿六	16廿七	17廿八
18廿九	19三十	20四月	21小满	22初三	23初四	24初五
25初六	26初七	27初八	28初九	29初十	30十一	31十二

6

一	二	三	四	五	六	日
1十三	2十四	3十五	4十六	5芒种	6十八	7十九
8二十	9廿一	10廿二	11廿三	12廿四	13廿五	14廿六
15廿七	16廿八	17廿九	18三十	19五月	20初二	21夏至
22初四	23初五	24初六	25初七	26初八	27初九	28初十
29十一	30十二					

7

一	二	三	四	五	六	日
		1十三	2十四	3十五	4十六	5十七
6十八	7小暑	8二十	9廿一	10廿二	11廿三	12廿四
13廿五	14廿六	15廿七	16廿八	17廿九	18六月	19初二
20初三	21初四	22大暑	23初六	24初七	25初八	26初九
27初十	28十一	29十二	30十三	31十四		

8

一	二	三	四	五	六	日
31十六					1十五	2十六
3十七	4十八	5十九	6二十	7立秋	8廿二	9廿三
10廿四	11廿五	12廿六	13廿七	14廿八	15廿九	16七月
17初二	18初三	19初四	20初五	21初六	22初七	23处暑
24初九	25初十	26十一	27十二	28十三	29十四	30十五

9

一	二	三	四	五	六	日
	1十七	2十八	3十九	4二十	5廿一	6廿二
7白露	8廿四	9廿五	10廿六	11廿七	12廿八	13廿九
14三十	15八月	16初二	17初三	18初四	19初五	20初六
21初七	22初八	23秋分	24初十	25十一	26十二	27十三
28十四	29十五	30十六				

10

一	二	三	四	五	六	日
			1十七	2十八	3十九	4二十
5廿一	6廿二	7廿三	8寒露	9廿五	10廿六	11廿七
12廿八	13廿九	14九月	15初二	16初三	17初四	18初五
19初六	20初七	21初八	22初九	23霜降	24十一	25十二
26十三	27十四	28十五	29十六	30十七	31十八	

11

一	二	三	四	五	六	日
30十九						1十九
2二十	3廿一	4廿二	5廿三	6廿四	7立冬	8廿六
9廿七	10廿八	11廿九	12十月	13初二	14初三	15初四
16初五	17初六	18初七	19初八	20初九	21初十	22小雪
23十二	24十三	25十四	26十五	27十六	28十七	29十八

12

一	二	三	四	五	六	日
	1二十	2廿一	3廿二	4廿三	5廿四	6廿五
7大雪	8廿七	9廿八	10廿九	11三十	12十一月	13初二
14初三	15初四	16初五	17初六	18初七	19初八	20初九
21冬至	22十一	23十二	24十三	25十四	26十五	27十六
28十七	29十八	30十九	31二十			

中国吉祥图案鉴赏

八仙的图像

题注：中国古代神话传说中的八位神仙，分别是汉钟离（即钟离权）、张果老、韩湘子、铁拐李、吕洞宾、曹国舅、蓝采和、何仙姑。他们各自有得道成仙的历史和独特的法宝与法术，常为百姓解除疾苦，甚得民间崇信。八仙手持的八宝物暗称八仙，分别汉钟离的蕉叶扇、张果老的渔鼓、韩湘子的玉萧、铁拐李的宝葫芦、吕洞宾的宝剑、曹国舅的玉版、蓝采和的花篮、何仙姑的荷花。每件宝物均有不同的神通，人们将这些宝物用于装饰图案中，寓意有八仙的佑护。暗八仙图案可系列使用，也可单独使用。

2100 年（庚申 猴年 2 月 9 日始）

1

一	二	三	四	五	六	日
				1廿一	2廿二	3廿三
4廿四	5小寒	6廿六	7廿七	8廿八	9廿九	10十二月
11初二	12初三	13初四	14初五	15初六	16初七	17初八
18初九	19初十	20大寒	21十二	22十三	23十四	24十五
25十六	26十七	27十八	28十九	29二十	30廿一	31廿二

2

一	二	三	四	五	六	日
1廿三	2廿四	3廿五	4立春	5廿七	6廿八	7廿九
8三十	9正月	10初二	11初三	12初四	13初五	14初六
15初七	16初八	17初九	18雨水	19十一	20十二	21十三
22十四	23十五	24十六	25十七	26十八	27十九	28二十

3

一	二	三	四	五	六	日
1廿一	2廿二	3廿三	4廿四	5惊蛰	6廿六	7廿七
8廿八	9廿九	10三十	11二月	12初二	13初三	14初四
15初五	16初六	17初七	18初八	19初九	20春分	21十一
22十二	23十三	24十四	25十五	26十六	27十七	28十八
29十九	30二十	31廿一				

4

一	二	三	四	五	六	日
			1廿二	2廿三	3廿四	4廿五
5清明	6廿七	7廿八	8廿九	9三十	10三月	11初二
12初三	13初四	14初五	15初六	16初七	17初八	18初九
19初十	20谷雨	21十二	22十三	23十四	24十五	25十六
26十七	27十八	28十九	29二十	30廿一		

5

一	二	三	四	五	六	日
31廿三					1廿二	2廿三
3廿四	4廿五	5立夏	6廿七	7廿八	8廿九	9四月
10初二	11初三	12初四	13初五	14初六	15初七	16初八
17初九	18初十	19十一	20十二	21小满	22十四	23十五
24十六	25十七	26十八	27十九	28二十	29廿一	30廿二

6

一	二	三	四	五	六	日
	1廿四	2廿五	3廿六	4廿七	5芒种	6廿九
7三十	8五月	9初二	10初三	11初四	12初五	13初六
14初七	15初八	16初九	17初十	18十一	19十二	20十三
21夏至	22十五	23十六	24十七	25十八	26十九	27二十
28廿一	29廿二	30廿三				

7

一	二	三	四	五	六	日
			1廿四	2廿五	3廿六	4廿七
5廿八	6廿九	7六月小暑	8初二	9初三	10初四	11初五
12初六	13初七	14初八	15初九	16初十	17十一	18十二
19十三	20十四	21十五	22十六	23大暑	24十八	25十九
26二十	27廿一	28廿二	29廿三	30廿四	31廿五	

8

一	二	三	四	五	六	日
30廿五	31廿六					1廿六
2廿七	3廿八	4廿九	5三十	6七月	7立秋	8初三
9初四	10初五	11初六	12初七	13初八	14初九	15初十
16十一	17十二	18十三	19十四	20十五	21十六	22十七
23处暑	24十九	25二十	26廿一	27廿二	28廿三	29廿四

9

一	二	三	四	五	六	日
		1廿七	2廿八	3廿九	4八月	5初二
6初三	7白露	8初五	9初六	10初七	11初八	12初九
13初十	14十一	15十二	16十三	17十四	18十五	19十六
20十七	21十八	22十九	23秋分	24廿一	25廿二	26廿三
27廿四	28廿五	29廿六	30廿七			

10

一	二	三	四	五	六	日
				1廿八	2廿九	3三十
4九月	5初二	6初三	7初四	8寒露	9初六	10初七
11初八	12初九	13初十	14十一	15十二	16十三	17十四
18十五	19十六	20十七	21十八	22十九	23霜降	24廿一
25廿二	26廿三	27廿四	28廿五	29廿六	30廿七	31廿八

11

一	二	三	四	五	六	日
1廿九	2十月	3初二	4初三	5初四	6初五	7立冬
8初七	9初八	10初九	11初十	12十一	13十二	14十三
15十四	16十五	17十六	18十七	19十八	20十九	21二十
22小雪	23廿二	24廿三	25廿四	26廿五	27廿六	28廿七
29廿八	30廿九					

12

一	二	三	四	五	六	日
		1十一月	2初二	3初三	4初四	5初五
6初六	7大雪	8初八	9初九	10初十	11十一	12十二
13十三	14十四	15十五	16十六	17十七	18十八	19十九
20二十	21廿一	22冬至	23廿三	24廿四	25廿五	26廿六
27廿七	28廿八	29廿九	30三十	31十二月		

中国吉祥图案鉴赏

第六章

对联文化

中国有着悠久的历史，中华文化更是博大精深，在这片文化海洋中，对联文化是一颗璀璨的明珠，它体现了从古到今人们对于文化的摸索与研究，同时展现了深厚的文化底蕴。

一、传统对联文化简介

对联，雅称“楹联”，俗称“对子”，是我国特有的文学形式之一，特别是它与书法的美妙结合，为中华民族绚烂多彩的艺术增加了夺目的一笔。可以说，对联艺术是中华民族的文化瑰宝。对联的种类约分为春联、喜联、寿联、挽联、装饰联、行业联、交际联和杂联（包括谐趣联）等。

对联以文字为内容、以书法为载体，制品种类繁多，包括纸裱、镜框、木刻、石刻、竹刻等。在对联发展过程中，出现了大量的相关著述，各类对联典籍数以万计。

对联应用广泛，除名胜宫殿、亭台楼阁、厅堂书屋悬挂外，还广泛应用于节庆、题赠、祝贺、哀挽、陵墓等场合。依据功用之不同，它可分为春联、寿联、风景名胜联、自题联及各种技巧联等。

对联习俗在华人乃至全球使用汉语的地区以及与汉语汉字有文化渊源的民族中传承、流播，对于弘扬中华民族文化有着重大价值。

对联文字长短不一，短的仅一两个字，长的可达几百字。其形式多样，有正对、反对、流水对、联球对、集句对等。但不管何类对联，使用何种形式，都必须具备以下特点：

相等，断句一致。

相合，音调和谐。

相对，位置相同。

相关，上下衔接。

此外，张挂对联时，传统做法是必须直写竖贴，自右而左，由上而下，不能颠倒。与对联紧密相关的横批，可以说是对联的题目，也是对联的中心，好的横批在对联中可以起到画龙点睛的作用。

二、对联故事

纵观中国古今，关于对联的故事层出不穷，文人墨客，名人圣贤，对于对联的热衷程度让人惊叹不已，研究成果也让人拍案叫绝。

1. 苏东坡与佛印

苏东坡在杭州时，喜欢与西湖寺僧交朋友。他和圣山寺佛印和尚最要好，两人饮酒吟诗之余，还常常开玩笑。

佛印和尚好吃，每逢苏东坡宴会请客，他总是不请自来。有一天晚上，苏东坡邀请黄庭坚去游西湖，船上备了许多酒菜。游船离岸，苏东坡笑着对黄庭坚说：“佛印每次聚会都要赶到，今晚我们乘船到湖中去喝酒吟诗，玩个痛快，他无论如何也来不了啦。”谁知佛印和尚老早打听到苏东坡要与黄庭坚游湖，就预先在他俩没有上船的时候，在船舱板底下藏了起来。

明月当空，凉风送爽，荷香满湖，游船慢慢地来到西湖三塔，苏东坡把着酒杯，拈着胡须，高兴地对黄庭坚说：“今天没有佛印，我们倒也清静，先来个行酒令，前两句要用即景，后两句要用‘哉’字结尾。”黄庭坚说：“好吧！”

苏东坡先说：“浮云拨开，明月出来，天何言哉？天何言哉？”

黄庭坚望着满湖荷花，接着说道：“莲萍拨开，游鱼出来，得其所哉！得其所哉！”

这时候，佛印在船舱板底下早已忍不住了，一听黄庭坚说罢，就把船舱板推开，爬了出来，说道：“船板拨开，佛印出来，憋煞人哉！憋煞人哉！”

苏东坡和黄庭坚看见船板底下突然爬出一个人来，吓了一大跳，仔细一看，原来是佛印，又听他说出这样的四句诗，禁不住都哈哈大笑起来。

苏东坡拉着佛印就坐，说道：“你藏得好，对得也妙，今天到底又被你吃上了！”于是，三人赏月游湖，谈笑风生。

一天，苏东坡指点厨师，用一尾西湖活草鱼，洗净剖开，裂上五刀，用火腿、葱、姜蒸制。厨师烧制好鱼，送到书房。苏东坡一见这盘鱼热腾腾、香喷喷，鱼身上刀痕如柳，连声呼道：“好一尾五柳鱼！”刚举筷想吃，忽然看到窗外人影一闪，佛印和尚来啦。苏东坡心想："好个赶饭和尚，早不来，晚不来！我刚要吃鱼，你却赶来了。今天我偏不让你吃，看你怎么办？"一伸手便把这盘鱼搁到书架上去了。

佛印在窗外早已见到那盘鱼了，心想：好啊，你藏得再好！我也要叫你拿出来！苏东坡笑嘻嘻招呼佛印坐下，问道："大和尚不在寺院，到此有何见教？"佛印一本正经地回答："小弟今天特地来跟你打听一个字。""什么字啊？""你姓苏的'蘇'字怎么写？"苏东坡一听，眉头一皱，知道佛印学问好，不会连个"蘇"字也不会写， 一定有名堂，便装作认真地回答："喔，'蘇'字嘛，上面一个草字头，下面左边一个'魚'字，右边一个'禾'字。"佛印也假装糊涂地问："喔，假如草字头下面左边是'禾'右边是'魚'呢？"苏东坡说："那还是念'蘇'啊。"佛印接着说："那把'魚'搁到草字头上边呢？"苏东坡急忙说："嗳，那可不行啊！"佛印哈哈大笑说："好啊！你说把鱼搁到上面不行，那就把鱼拿下来吧！"苏东坡一下子醒悟过来，佛印说来说去，就是要吃他那盘五柳鱼。

有一次，佛印在寺院，知道苏东坡要来，也照样清蒸一盘五柳鱼。当苏东坡进来时，佛印想：上次你开我玩笑，今天我也要难难你。正巧旁边有只磬，他就随手将鱼放在磬里。

苏东坡早已看见，装作不知。刚坐下就故意"唉"地叹了口气。佛印素知苏东坡性格乐观，疑惑地问道："太守，今天为何愁眉不展？"苏东坡回答说："唉，大和尚你有所不知，早上我想写副对联，谁知刚写好上联，下联就难住啦，一直想不出，所以心烦啊！"佛印问："不知上联是什么？"苏东坡回答说："上联是'向阳门第春常在'。"佛印一听，心中好笑：这对联家家户户都贴烂了，他却拿来戏弄我，不知道苏东坡葫芦里卖的什么药。于是不动声色的说："我来给你对吧，下联是'积善人家庆有余'。"苏东坡连呼："啊呀，高才高才！原来你磬（庆）里有鱼（余）啊！快， 拿出来吃吧。"佛印这才恍然大悟，乖乖地从磬里把鱼拿出来了。

2. 李贽自警联

明代进步思想家李贽（卓吾）到云南姚安县做官时，在自己办公的厅堂挂了一幅对联：

从故乡而来，两地疮痍同满目；

当兵事之后，万家疾苦早关心。

李贽是福建泉州人，他从故乡出发到云南，沿途看到民间疾苦，所以写了这幅对联来警示自己。后来他被明朝统治者害死狱中。

三、对联荟萃

中国对联文化源远流长，从古代一直延续到现代，凡是遇到各种喜丧节气，或者逢年过节比较重要的活动时，就会在门上张贴对联，以表重视。

1. 结婚对联

芝兰茂千载
琴瑟乐百年

祥云绕屋宇
喜气盈门庭

香掩芙蓉帐
烛辉锦绣帏

笙箫奏凤凰
鼓乐迎嘉宾

才高鹦鹉赋
春暖凤凰楼

吹箫堪引凤
攀桂喜乘龙

百年恩爱双心结
千里姻缘一线牵

皓月描来双影雁
寒霜映出并头梅

红妆带绾同心结
碧树花开并蒂莲

杯交玉液飞鹦鹉
乐奏瑶池舞凤凰

比飞却似关雎鸟
并蒂常开连理枝

琴韵谱成同梦语
灯花笑对含羞人

一岭桃花红锦绣
万盏银灯引玉人

眉黛春生杨柳绿
玉楼人映杏花红

凤翔鸾鸣春正丽

莺歌燕舞日初长

花灿银灯鸾对舞
春归画栋燕双栖

绣阁昔曾传跨凤
德门今喜近乘龙

梧桐枝上栖双凤
菡萏花间立并鸳

银镜台前人似玉
金莺枕侧语如花

文窗绣户垂帘幕
银烛金杯映翠眉

方借花容添月色
欣逢秋夜作春宵

紫箫吹月翔丹凤
翠袖临风舞彩鸾

红梅吐芳喜成连理
绿柳含笑永结同心

下玉镜台笑谈佳话
种蓝田玉喜结良缘

白首齐眉鸳鸯比翼
青阳启瑞桃李同心

春暖花朝彩鸾对箅
风和日丽红杏添妆

槐荫连枝百年启瑞
荷开并蒂五世征祥

秋水银堂鸳鸯比翼
天风玉宇鸾凤和声

海枯石烂同心永结
地阔天高比翼齐飞

2. 贺寿对联

菊花不皆寿
桃源尽是仙

鹤算千年寿
松龄万古春

椿树千寻碧
蟠桃几度红

杏花雨润韶华丽
椿树云深淑景长

红梅绿竹称佳友
翠柏苍松耐岁寒

天上星辰应做伴
人间松柏不知年

北海开樽本园载酒
南山献寿东阁延宾

岭上梅花报春早
庭前椿树护芳龄

琥珀盏斟千岁酒
琉璃瓶插四时花

慈竹荫东阁
灵萱茂北堂

蔷薇香送清和月
芍药祥添吉庆花

丹桂飘香开月阙
金萱称庆咏霓裳

黄花拟节凌秋晚
谏果回甘索味长

屈指三秋天上又逢七夕
齐眉百岁人间应有双星

花甲齐年同臻上寿
芝房联句共赋长春

人近百年尤赤子
天留二老看玄孙

3. 丧葬对联

难忘手泽
永忆天伦

难忘淑德
永记慈恩

继承遗志
克颂先芬

音容已杳
德泽犹存

精神不死
风范永存

灵魂驾鹤去
正气乘风来

良操美德千秋在
高风亮节风骨存

流芳百世，遗爱千秋
音容宛在，浩气永存

一生俭朴留典范
遗训长昭谓世人

蝶化竟成辞世梦
鹤鸣犹作步虚声

天上陨颗明星
人间少名俊杰

朗月清风怀旧宇
残山剩水读遗诗

4. 生肖对联

一日时辰子为首
十二生肖鼠占头

牛耕沃野层层绿
雀闹红梅朵朵红

虎跃龙腾华夏人民多俊杰
莺歌燕舞阳春山水尽朝晖

岁岁平安日
虎虎正气春

人勤春来早
草发牛更肥

灵鼠跳枝月影晃
春牛耕地谷香飘

红梅迎春笑
玉兔出月欢

无限春光来大地
有角金龙越古今

龙去神威在，蛇来灵气生
万马奔腾日，千门幸福春

天泰地泰三阳泰
家和人和万事和

日暖神州春辉万里
兔回大地气象一新

风和日丽送玉兔
水秀山青接神龙

金龙送冬归，大地风光无限美
银蛇衔春至，神州春色更多娇

马蹄声声迎春到
飞雪片片传佳音

一元二气三阳泰
四时五福六合春

大地春回山河壮丽
金猴奋起玉宇澄清

天兆丰年降瑞雪
世报佳音鸣金鸡

犬护一门喜无恙
人勤四季庆有余

亥时春回神州大地

猪岁福临农家之门

5. 春节对联

一夜连双岁岁岁如意
五更分二年年年称心

春入春天春不老
福临福地福无疆

处处红花红处处
重重绿树绿重重

凤来春正好
龙起日初长

田园风光绝好
农家岁月更新

东西南北八方永泰
春夏秋冬四季平安

天增岁岁岁风光好
年复年年年好气象

爆竹两三声人家改岁
梅花四五点天下皆春

东风引紫气江山壮丽
大地发春华桃李争芳

春日春风春满院
燕歌燕舞燕临门

腊尽千门暖
春归万物苏

一元复始
万象更新

和气自生君子屋
春光先到吉人家

喜气洋洋盈门喜
春风煦煦满屋春

美酒千盅辞旧岁
梅花万树迎新春

早花香千里
春风暖万家

春在江山里
人居福气中

冬去祥光入户
春来喜气盈门

三阳临地家吉
五福映门人昌

冬去山明水秀

春来鸟语花香

天赐一门吉庆
春来二字平安

共喜春回大地
同歌福到人间

一冬无雪天藏玉
三春有雨地生金

和风入户添瑞气
旭日临门得春晖

华夏处处皆丽日
神州户户尽春风

6. 其他节日对联

立春联：
柳条漏绿传春早
梅叶芳菲得气先

元宵联：
玉宇无尘千顷碧
银花有焰万家春

清明联：
山清水秀风光好
月明星稀祭扫多

端午联：
堂前萱草舒眉绿
石上榴花照眼红

七夕联：
帝女合欢，盈盈泪水天桥溅
牵牛含笑，脉脉情思喜鹊传

两地相隔，往日牛郎常拭泪
七夕已至，今宵织女要停工

中秋联：
中天一轮满
秋野万里香

重阳联：
黄菊倚风村酒熟
紫门临水稻花香

步步登高开视野
年年重九胜春光

高阁滕王，何人赋就
曲江学士，此日齐来

冬至联：
登台人寿宇
吹律太平年

第七章

解读民间习俗

中国民间有很多习俗，其中包含了深刻的中华传统文化，体现出鲜明的中国特色。很多民间习俗一直流传到现代，仍被很多地区的群众所采用。

一、婚嫁礼俗

常言道：男大当婚，女大当嫁。旧时人们将婚姻视为神圣之事，《礼记》中记载："昏礼者，合二姓之好；上以事宗庙，下以继后世也。"这句话告诉我们婚姻的实质在于宗族的延续。

1. 六礼

传统汉族婚俗基本上延续了古代的"六礼"制度。传说周文王卜得吉兆，亲迎太姒于渭河之滨，整个过程包括纳采、问名、纳吉、纳征、请期、亲迎六道仪式，后来这六道仪式演变为婚俗仪礼的范本，即为六礼。

（1）纳采

纳采是传统婚仪的第一步，即男方父母托媒向中意的女家表达求婚之意。旧时婚姻多是"父母之命，媒妁之言"，不能自由恋爱。男孩子长到十七八岁，家长就开始托媒找女家，如果相中哪家姑娘，就托媒人去提亲。若女方不允，也会婉言谢绝，俗话说"一家女，百家求"，女方可以不允，但不可以得罪媒人。只有女方同意婚事，男方才能再去女家求婚。

古代纳采所带礼物是雁，因为首先人们认为雁"木落南翔，冰泮北徂"，顺乎阴阳往来；其次雁失配偶，终生不再成双，取其忠贞，以雁为礼表达求婚之诚意。

（2）问名

问名是六礼中第二礼，即男方请媒人到女家询问女方姓名以及生辰八字。取回庚帖之后，卜吉合八字，查其是否相生相克，谓之"合八字"。一个人的出生年、月、日、时对应的天干地支，两字一组，四组共八个字。据五行之说，相生相克即木生火，火生土，土生金，金生水，水生木；水克火，火克金，金克木，木克土，土克水。

（3）纳吉

纳吉是将合八字得吉的结果通知对方。这一礼俗在唐代叫"报婚书"，近代又称"换帖"，即现代意义的"订婚"。纳吉时，男方要备礼到女家，双方互换婚书，表示婚约达成。旧时男方备礼用雁，到了近代逐渐演变为耳坠、戒指、银帽等饰物。纳吉之后男女双方就算定下了婚事，至此，女孩子就是“有人家了”。

（4）纳征

纳征亦称下彩礼、下财、下礼、过礼、过彩礼、放定、下定、行大盘、行聘、行聘礼等，即完婚前男家向女家送彩礼。彩礼的数量和品质，各地不同，主要视男方家境的贫富而定。下彩礼即依礼制，也要征得女方同意。行聘前，先由媒人执彩礼帖（礼品清单）与女家商议，往往双方对数量、品质多存争议，需商议多次方能定下。

在古代行聘时，男家备礼书，置于红漆木盘上，排队手捧、肩挑礼品，伴以鼓乐送至女家，女家协助将礼品摆开，供女家亲友邻人观赏过目。女方收下，下彩礼毕，婚约正式成立。聘礼中的物品多用双数，忌讳单数。

（5）请期

请期又称看日子、送娶牌、下婆帖，旧时只是男方查定迎娶日期，同女方商议。其程序是先请算命先生卜得吉日，再将日期及迎娶事项写成帖，请媒人送至女方家中征求意见，故称“请期”。一般要卜得两个吉日，一个在上半月，一个在下半月，然后经女方筛选，将选中的日子确定，俗称“定日子”。在迎娶之前还要进行迎亲“过礼”仪式。过礼多在上午进行。礼品数量不限，但必为双数。必备礼品为活鹅一对，代雁；酒一坛；衣服、首饰、衣料；喜饼，为大盒酥皮点心；喜果、干鲜各四盘，多为枣、栗子、花生、桂圆，取吉祥寓意；茶叶，取“三茶六礼”之意。

（6）亲迎

亲迎是迎娶新娘的仪式，俗称“娶媳妇”，它是婚嫁礼仪的中心环节。汉族地区大致有迎亲、祭拜天地、行合卺礼、入洞房等多道程序。吉日确定后，男女双方都要为婚嫁做准备，称为“备嫁”。

到了娶亲之日，一般都是新郎亲自去迎接新娘。早晨吃过喜面后，迎亲的花轿就要启程。新郎换上礼帽，胸前系大红花，一切就绪后，迎亲的队伍夹带着鼓乐队浩浩荡荡去迎接新娘。

花轿到女家门前，鼓乐队要吹三遍才开门，意为“憋性”，故意把新郎拒之门外。新郎进门后，首先要拜女方祖先和家长。新娘出嫁的着装不论哪个季节都是一袭红，通常喜棉忌单。若是夏天出嫁即在腰间缠一缕棉絮，据说这是寓意“儿女厚实”。新娘离屋上轿时，是不着地的，一般由新郎或家中兄长背出或抱上花轿。待新郎、新娘在轿中坐稳后，同时起轿，一前一后，娶亲的队伍开始返回男方家中。起轿后，走在最前面的带喜字帖，遇到桥、井、庙宇或拐弯处都要贴青龙帖，中途不能落轿。等到迎娶队伍返回男方家中，花轿冲着喜神的位置落定，迎亲的姑娘们铺下红毯，掀开轿帘，新娘在伴娘的搀扶下下轿后，就开始拜天地仪式。一般天地桌摆放在堂屋门前，女东男西站定，在司仪的喊声中，开始拜天地、拜高堂、夫妻对拜的仪式，随后送入洞房。

2. 离娘肉

男子娶亲时，要准备几十公斤的猪肉给女方送去，此肉称为“礼肉”或“离娘肉”，这是数十种彩礼中必不可少的一种。

离娘肉的选择很有讲究，一般多为新鲜的生猪肋条肉和猪后腿。有些地区习惯送一块，这块肉就要大一些，少则15公斤，多则20公斤。送肋条肉时，肉块有6根肋骨为最好，以求吉利。有些地区送肉的数量要根据新娘亲戚的数量来决定，像新娘的外祖母、姨、舅、叔、伯、爷等亲属，每家都有享受一块礼肉的权利。所以，男方家要准备数十块2～3公斤重的肉块，到女家时分送给新娘的各门亲戚。若是送猪后腿，必须是整腿赠送，不能切开。这叫“有腿去、有腿回”，表示两家以后将常来常往。

3. 婚宴

婚礼设宴是一种庆贺形式，对送礼者来说也是一种答谢。无论是在饭庄设宴，还是在家摆席，按传统成规，席次要依礼而行。由于中国传统观念强调男女有别，一般来说婚宴上男女分席而坐。未成年的孩子不分性别随家长一同就座。最早的是6人席、8人席，后来兴起圆桌9人席，又出现10人席。

席的类别大致可以分成：

（1）贵宾席（上宾席）

如邀请来的娶亲人员（娶亲太太、送亲太太、娶亲官客、送亲官客）、做官的人、有功名的人、社会名流等。按官位大小及社会地位排列桌次、座次。一般由本家社会地位、身份相等的人物作陪。

（2）新亲席

男家招待女家主婚人及家庭成员，由男家主婚人及其家庭成员作陪。女家招待男家主婚人及其家庭成员，由女家主婚人及其家庭成员作陪。

（3）近亲席

父系的近本家、姑姑家、母亲的姥姥家、姨家、表亲家等来宾单开席。

（4）朋情席

根据来宾情况，按长幼次序（年长者上座，年轻者下座）来安排桌次、座次。席间，本家要挨桌谢席。新郎、新娘一般也要敬酒、布菜，说客气话。

4. 进洞房的礼俗

（1）坐帐

新娘被送入洞房后，朝着喜神的方位坐下，谓之“坐帐”。过去坐帐要坐三天，为此新娘在婚前几天便要节食，避免坐帐时难堪，后改成一天，或者象征性地坐一下午。

（2）撒帐

将栗子、红枣、花生等撒在新人的床上，边撒边念“一把栗子一把枣，明年生个大胖小”，此谓之“撒帐”。

（3）吃“子孙饺子”

旧时，京西一带结婚前一天，男方要给女方家抬去食盒，内装米、面、肉、点心等，女方家要请“全福人”用送来的东西做饺子和长寿面，所谓“子孙饺子长寿面”，男方把包好的饺子再带回家。结婚这天，新娘下轿，先吃子孙饽饽长寿面。入洞房后，新郎、新娘同坐，并由“全福人”喂没煮熟的饺子吃，边喂边问：“生不生？”，新娘定要回答：“生（与生孩子同音）！”

（4）合卺

新婚夫妇在新房内共饮合欢酒。此风俗起于上古。本用匏（葫芦）一剖为二，将两器（瓢）之柄相连，以之盛酒，夫妇共饮，表示从此成为一体，名为“合卺”。后世改用杯盏，乃称“交杯酒”。

（5）结发

结发本来指束发，即将新婚夫妻的头发象征性地结扎一下，也有新郎、新娘分别剪一绺头发用彩线扎在一起做信物的。后世把元配夫妻称作结发夫妻。

5. 回门

旧称回鸾，又叫请回门。新娘小弟乘轿到男家邀请姐姐、姐夫回家。男方要备“太平面”请郎舅，并给红包，然后新婚夫妇乘坐女家来接的轿子回娘家。回门的礼节与新婚典礼的礼节大体相同，要叩拜祖先、岳父母、亲友长辈，并参加饮宴。新婚夫妇多在酒席结束前赶回男家。新娘要亲自下厨，象征性地烧一两道菜答谢结婚之日前来帮忙的亲友，此谓“试厨”。

二、寿诞礼俗

寿，是年龄久长之称。古时候，人有上、中、下寿之分，100岁称上寿，80岁称中寿，60岁称下寿。所以年轻人庆祝生辰，只能称“做生日”，不能够称“做寿”。50岁或60岁以上老人庆祝生辰，才可以称为“做寿”。

从60岁开始，各地风俗每逢五、逢十，或者逢九就要为当事者举行祝寿活动。一般不能自己给自己庆祝，而应由子女或亲戚朋友出面举行。子女或亲朋在决定给“寿星”庆祝寿辰之后，较讲究的做法是预先发请帖给其他的亲朋好友。请帖要大方、庄重，措辞要精练达意。内容主要说明为谁祝寿、寿期何日、地点何处即可。

1. 寿礼

寿礼的范围很广，但最常见的有寿糕、寿桃（如季节不当令，也有用面粉做成桃子样的）、寿面、寿联、寿幛等。只准备其中一两样即可。主办庆寿活动的人家，应预先设立“寿堂”。寿堂正中用纸或绸剪贴一个大红“寿”字，有的则挂一幅书法家书写的“百寿”于中堂，两旁张挂寿联。

2. 寿庆柬帖

这是庆祝生日应用的柬帖。寿庆柬帖与其他喜庆柬帖不同，通常都是由子孙或亲友具名的，不由自己具名。

（1）子孙具名

子孙具名的寿庆请帖：父寿用“家严”或“家父”字样，母寿用“家慈”或“家母”字样，双寿则用“家严”、“家慈”字样并列。兄弟众多的，可由长兄或推兄弟中对外最有声誉的代表具名，数代同堂者也可用“率子孙鞠躬”字样，不必全体连署。

（2）亲友具名

亲友具名的寿庆请帖：多半适用于在政治上或社会上较有声望的人士，下面应列亲友代表的姓名。

3. 寿幛

寿幛是用绸布题字作为祝寿之礼，也称礼幛。寿幛用字简短，有一个字的，如“寿”字；有四个字的，如“长寿百岁”等。有用红纸的立轴，通称“寿轴”；也有外装玻璃框的，通称“寿屏”。

（1）通用寿幛

人寿年丰　良师益友
乃福乃寿　青松不老
文韬武略　松柏常青
长寿百岁　松鹤延年
心旷神怡　余热生辉
白首壮心　济人自寿
老当益壮　家和人乐
老不服老　知足常乐
老骥伏枥　福如东海
乐享余年　福休长泰
有福有寿　福寿全归
年高气壮　福寿同享
安享晚年　莱彩承欢
如竹如梅　高风亮节
寿翁德大　康乐宜年

（2）男寿通用寿幛

日永椿庭　齿德俱尊
古柏常春　庚星耀彩
甲第增辉　南极星辉
庆衍桑弧　览揆良辰
庆溢悬弧　颂祝冈陵
共颂期颐　颂献九如
如松柏茂　海屋常春
天赐纯嘏　绛悬仙翁
天赐遐龄　高寿延年
鸠杖熙春　钟灵寿考
寿并河山　树茂椿庭
寿如日升　桑弧耀彩
寿富康宁　唯仁者寿
寿人寿世　崧生岳降
寿征大德　畴陈五福
寿考维祺　俾寿而康
寿山福海　既寿而康
灵椿益寿　椿树常春
松鹤延龄　椿庭日暖
松柏同春　榴花献瑞

（3）分龄男寿寿幛

五十岁：
乐天知命　年齐大衍
学到知非　福禄艾之
六十岁：
甲篆重周　花开甲子
年臻耳顺　算周花甲
七十岁：
从心所欲　古稀人瑞
欲不逾矩　德寿古稀
八十岁：
平安磐石　刻鸠进杖
筹添八百　富贵寿考
九十岁：
九大日丽　天保九如
颂献九如　福备九畴
百岁：
百年人瑞　百福骈臻
寿庆期颐　荣登上寿

（4）女寿通用寿幛

寿征坤德　萱堂集祜
寿添萱禄　萱帏日永
花灿金萱　萱茂北堂
松鹤遐龄　婺宿腾辉
金萱焕彩　婺曜呈祥
金萱不老　婺焕中天
图呈王母　婺彩星辉
寿田宜家　紫绶金章
宝婺星辉　辉生锦帨
宝婺呈辉　慈云荫浓
春晖永驻　慈闱日永
星辉宝婺　慈竹生辉
春满北堂　慈竹长青
春浓萱幄　慈竹恒春
耄晋期颐　瑞凝萱室
耄耋富贵　福寿康宁
获教仁凤　锦帨呈祥
彩说延龄　瑶池桃熟
祥呈桃实　瑶池益算
欢腾萱室　瑶池春水
堂北萱荣　璇闺大喜
萱庭日丽　璇闺日暖
萱阁常春　璇闺喜溢

（5）分龄女寿寿幛

五十岁：
百龄半度　百岁平分
六十岁：
甲子重开　萱开周甲

（6）双寿通用寿幛

人月同圆　极婺联辉
日月并明　弧帨同悬
日升月恒　星月争辉
双星并耀　神仙眷属
双星朗照　眉齐鸿案
凤凰娱志　酒介年眉
仙耦齐龄　福寿双全
仙眷常春　福禄鸳鸯
台婘合耀　鸿案相庄
百年偕老　笙箫合奏
寿并冈陵　鸾笙合奏
庚婺同明　椿萱不老
柏翠松青　椿萱并茂

4. 几种类型的寿诞

（1）花甲寿

60岁寿诞称花甲寿。旧时年满60称“花甲”，认为60岁的人真正达到了寿数，故寿庆要大办，一般由寿者儿孙出面张罗。诞日之前，子女还得把丧葬用的一切准备好。所备之物，其名以“寿”字起首，如寿衣、寿材、寿坟。

“六十三，鲤鱼跳沙滩”，63岁被认为是凶兆之年。为挨过这一关，有人买条鲤鱼到阿育王寺放生池里放生。

“六十六，阎罗大王请吃肉”，66岁是杀年，女儿烧66块肉给老人吃，认为能化凶为吉。如果吃素，可以用烤麸代替。

（2）古稀寿

特指70岁老人的寿仪。因为杜甫《曲江》诗里有“酒债寻常行处有，人生七十古来稀”的诗句，所以，人们把70岁叫作“古稀之年”，把70岁生日做的寿仪叫做“古稀寿”。

（3）过大寿

从60岁生日开始，凡逢整十如60、70、80岁生日时举行的寿礼，皆称为“过大寿”，同时也特指80岁生日时举行的寿礼庆典，所以又叫做“庆八十”。不分大江南北，流行在全国大部分地区。

5. 寿诞宜忌

做寿的时候一般做“九”不做“十”。

在为老人做寿时，民间有做“九”不做“十”、做虚岁不做实岁的习俗。也就是说遇到50、60、70和80等整十岁生日时，要将其提前到49、59、69、79岁时举行隆重的祝寿仪式。但是到了整十岁的时候，反而无所表示了，这是因为民间认为“十”有到头、到顶的意思，“十全为满，满则招损”，这当然是不吉利的。所以人们将整十岁的寿辰提前到虚岁逢九的寿辰来做，“九”与“久”谐音，用以表示寿还没有到头呢。

6. 长寿的吉祥物

（1）龟、鹤、松

龟、鹤、松被认为是长寿的三大象征。

其中龟因为其长寿而被视为长寿的象征；鹤被视为羽族之长，民间称为“一品鸟”，仅在凤凰之下。传说鹤寿量无限，被视为“长寿之王”；松树终年常青，是斗严寒、抗风霜、生命力极强的植物，其树龄很长，可达数千年，民间也常用松树代表长寿。

（2）五瑞图

五瑞图是象征长寿的一种图，古人常画来祝寿祈福求平安。这五瑞指：椿树、萱草、芝兰、磐石和竹。

椿树代表高寿。《庄子》中记载：“上古有大椿，以八千岁为春，以八千岁为秋”，后来人们把椿树看做长寿的象征。

萱草又叫忘忧草，据说能够使人忘记忧愁。

芝兰是一种种于庭阶的家养植物，比喻子孙是养于家中而不是野生。

磐石是又扁又厚的大石头，放在地上屹然不动。因为它坚实，长久不坏，有“寿石”的雅号，也被人们看做是长寿的象征。

竹子象征平安，古人以竹板做纸写信回家，说在外百事都好，就称为“竹报平安”，后人又在信笺上印有竹枝或竹叶，以代语“平安”。

春节的时候，如果家里挂上一幅五瑞图，象征着这家在新的一年里顺利无忧，子孙昌隆，家基稳固，百事平安。

（3）“寿”字吉祥物

“寿”本来是普通的汉字，但是由于人们长寿的观念使其远远超越了一般的汉字，不仅字意延伸丰富，而且字体变化多端，在“寿”的文字图像上人民也大做文章而把它图案化、艺术化了，将其变成了一种长寿吉祥物。据统计，“寿”字有三百多种图形。

（4）寿面

民间祝寿，尤其是家庭中祝寿，一般都要吃寿面，寿面是一种长长的面条，在祝寿时，红烛高照，寿星坐上方，全家人陪寿星吃长长的寿面。

（5）其他长寿吉祥物

寿幛用绸布题字为祝寿之礼，一般用大红色。寿联即贺寿用的对联，一般写上吉祥平安、长寿不老等含义的句子。

7. 长寿保健谚语

饭后百步走，能活九十九
家有百样宝，不如身体好
吃药不忌嘴，医生跑断腿
戒掉烟和酒，健康伴你走
坚持勤锻炼，不用进医院
要想身体好，锻炼要起早
笑口常开，青春常在
少怄气不发愁，活到八十不白头
儿女孝敬，不如身体强硬
家有老，是个宝；要得好，小敬老
早吃饱，午吃好，晚吃少
朝食三片姜，犹如人参汤
晚上少吃一口，肚里舒服一宿
饥不暴食，渴不狂饮
吃饭先喝汤，胜过开药方
吃少养命，吃多害命
饭吃八分饱，到老胃口好
一顿吃伤，十顿喝汤
饭前不要跑，吃饭莫太饱
大蒜是个宝，常吃身体好
美酒不过量，好菜不过食
暴饮暴食易生病，定时定量保安全
节食能祛病，寡欲能强身
睡前烫烫脚，胜过安眠药
热不马上脱衣，冷不立即穿棉

8. 婴幼儿的生日习俗

婴幼儿的生日分为很多种，其中有各自的讲究，每一种生日都包含对于孩子健康成长的美好祝愿。

（1）洗三

在我国的习俗仪式中，有许多是

为婴儿祈福的，如“洗三”、“满月”、“抓周”、“周岁”等，其中，“洗三”最为特别。婴儿在出生后三朝时，招集亲友，替婴儿洗身，叫做“洗三”，又叫“洗儿会”，为古时风俗，自唐代已盛行。清代的“洗三”形式，在固有的基础上又融入了满族特有的内容，如洗三婆子在给婴儿洗浴的同时，口中念念有词，说一些“洗洗腿，长大以后做侍卫；洗洗腰，健康长大身体好；洗洗头，辈辈做王侯”之类的吉祥语。

（2）满月

婴儿出生满一个月叫“满月”，一般男婴在出生后的第三十天，女婴则是第二十九天，满月时所做的庆贺称“做满月”。这一天要剃掉婴儿的头发，称作“理胎发”。理胎发的规矩很多，要先备妥葱、红鸭蛋、红鸡蛋、石头、金锁片、铜钱放在浴缸内。婴儿剃发前须先沐浴，并用红鸡蛋及鸭蛋在婴儿头上轻轻滚动三次，取其“红顶”之意，希望他平步青云、功成名就；葱取“聪明”之意；红鸡蛋有“再生、繁殖及圆满”之意，也希望长个鸡蛋脸；红鸭蛋取“长得高壮”之意；石头取意“压胆”，小朋友头壳快快长硬，如同石子般坚硬、健壮；金锁片及铜钱取“财运及好运”之意。

（3）百日

我国民间非常重视给孩子过“百岁”，孩子百日这天，家里要为孩子举行隆重的百岁庆祝仪式，亲友们都携带礼品前来祝贺。在北方一些地区，外婆家要送一百个发面馒头，个个都点上大红点，叫“蒸（争）百岁”或曰“发百岁”。南方一些地区要送烧饼百个，象征幸福圆满。

（4）抓周

满周岁行“抓周”礼的风俗，在民间流传已久。

“抓周”的仪式一般都在吃中午的长寿面之前进行。讲究一些的富户都要在床（炕）上设大案，上摆印章，儒、释、道三教的经书，笔、墨、纸、砚、算盘、钱币、账册、首饰、花朵、胭脂、吃食、玩具。如是女孩“抓周”，还要加摆铲子、勺子（炊具）、剪子、尺子（缝纫用具）、绣线、花样子（刺绣用具）等。一般人家，限于经济条件，多予以简化，仅用一铜茶盘，内放私塾启蒙课本《三字经》或《千字文》一本，毛笔一支，算盘一个，烧饼油果一套。女孩加摆铲子、剪子、尺子各一把。由大人将小孩抱来，令其端坐，不受任何诱导，任其挑选，视其先抓何物，后抓何物，以此来测卜其志趣、前途和将来要从事的职业。

如果小孩先抓了印章，则谓长大以后必承天恩祖德，官运亨通；如果先抓了文具，则谓长大以后好学，必写得一手好文章；如是小孩先抓算盘，则谓将来善于理财，必成陶朱事业。如是女孩先抓剪、尺之类的缝纫用具或铲子、勺子之类的炊事用具，则谓长大善于料理家务。反之，小孩先抓了吃食、玩具，也不能当场就斥之为“好吃”、“贪玩”，也要被说成“孩子长大之后，必有口道福，善于及时行乐……总之，抓周是长辈们对小孩的前途寄予厚望，在一周岁之际，对小孩祝愿一番的形式而已。

（5）挂长命锁

长命锁也叫“寄名锁”，是挂在儿童脖子上的一种装饰物。新生儿满百日或周岁举行的仪式中最为流行的是挂长命锁。锁是一种起封闭作用的器具，门、箱等一旦上锁，就只有用钥匙才能打开。把锁的用处加以夸张引申，便可用来锁住无形的事物。按照迷信的说法，只要佩挂上这种饰物，就能辟灾去邪，“锁”住生命，所以许多儿童从出生不久起，就挂上长命锁，一直挂到成年。

长命锁在明清时期的汉族地区十分流行。小孩出生后为了消灾避邪，永葆平安，父母或亲朋出资请银匠打制一副银锁给小孩佩戴，意在“锁”住生命。长命锁一般要挂到成年后才取下。长命锁多是用白银打制，也有用黄金打制或者用玉石雕琢的。錾刻的吉语内容有“长命百岁”、“福寿双全”、“长命富贵”、“福寿万年”等等，装饰的纹样大多是吉祥八宝、莲花蝙蝠、祥云瑞兽，以及一些相关的寓意吉祥的民间故事和神话传说等等，十分的丰富多彩。长命锁从造型到装饰都富于巧思，给人感受得最多的却是一种超越“长命百岁”具体形式的人生理想和生命情怀。千百年来，中国人通过生命历程的经验，经过千锤百炼、精雕细琢，把最重要、最美好的祝福凝固在长命锁上，并怀着无比虔诚的心情把长命锁佩戴到孩子身上。

三、丧葬礼俗

丧葬仪礼是人生仪礼中的最后一次。如果以太阳在一天中的运行轨道来形容人一生的话，生育仪礼有如喷薄而出的朝阳，充满生机活力，而丧葬仪礼则似那隐没西山的夕阳，人生舞台的大幕也随之沉重地降下。然而丧葬仪礼之隆重，却不亚于人生仪礼中的任何一次，甚至有过之而无不及。究其原因，很重要的一点，即与人们传统的灵魂不灭观念和佛教“转世再生说”的影响有关。在人生仪礼中，丧葬仪礼被认为具有承前启后的作用，就像太阳晚上从西方落下以后，第二天早上又会从东方升起一样。

1. 送终

老人生命垂危之时，子女等直系亲属守护在其身边，听其最后的遗言，直到老人去世，这在习俗中被称为“送终”。有没有子女送终，是不是所有子女都来送终了，又是老人是否有福的一个判别标准。在老人临终之时，家人要将其从卧房移到正庭中临时铺设的板床上，在较穷的人家板床就用临时卸下的门板做成。在许多地方，人死之后，家人都会烧纸钱，称为“烧倒头纸”，有的地方叫“烧落气纸”。此外，还鸣放鞭炮，一是表示死者归西，二是向邻居报丧。人死之后，家人要围在死者身边恸哭，人未死时，则忌讳家人哭泣。

2. 报丧

死者咽气后，家人应尽快向亲友发出报丧帖，或登门通报死讯，对远方的亲友，要告诉其开吊下葬的日期。报丧的孝子要穿孝服，戴孝帽，到了别人家，不能进门，有人来迎接时，无论长幼，都要磕头。

3. 入殓

死者入棺前，要为之整容，如剃头、刮脸、洗身、穿寿衣等，然后再以白绸（有的地方也用纸钱）掩面。民俗以为，不能给死者穿皮衣皮裤，否则死者会转世为兽；为死者穿衣时，不要将眼泪滴到死者身上，否则以后做梦就见不到死者。在死者死后的24小时内，要由专人选择好时刻，正式将尸体移入棺中，入棺时，死者一般是头朝里脚朝外。

4. 守铺

死者家人在老人死后到将其正式放入棺材期间，要昼夜轮流守护在死者铺侧，以示服孝，叫做“守铺”。死者入棺之后，家人守护、睡卧在棺旁，叫“守灵”，也叫“困棺材”。

5. 令搁棺

因为要选择吉日吉地安葬死者，因此，可能要停柩在家，称为“搁棺”或“停棺”。“搁棺”的风俗，在古代常见，一般要搁七天，有的甚至搁棺十几天、几个月，现今则不常见，即使搁棺，时间也不长。

6. 居丧

居丧是指死者家人后辈自死者断气时起服丧。男子不穿华丽的衣服，穿草鞋（现在已不常见）；女子则要摘去身上的装饰品，脱下彩色衣服。男女各依其与死者关系的远近，穿孝服，戴孝帽。孝子在居丧期间（一般为一个月或百日）不能理发，不能同房，不能会见亲友、参加宴会、进寺庙等。尤其是在安葬之前，这些习俗必须严守，否则不吉。

居丧之礼节，对于孝子要求最严。在古时候，孝子要居丧三年。三年之间还会有很多小的礼仪，礼仪繁多，要求严格。

7. 吊唁

吊唁是丧葬礼俗中比较重要的内容，吊唁的方式因各地风俗不同而有区别。吊唁时，根据与死者关系的远近不同，吊唁的礼数、方式也不同。死者子女在接到讯息以后，首先要哭悼，然后问明死因，尽一切努力尽快奔丧。临到家时，要“望乡而哭”，出嫁的女儿，有的甚至一路哭来。到家后，先要在灵前跪叩，哭悼，直到有人安慰才停止。亲朋友邻，虽不至于和孝子一样悲痛，但也要尽量表现得比较哀痛一些。

亲友前往吊唁时，一般都要携带礼品或礼金。礼金用黄色、蓝色签封好，在正中的蓝签上写上“折祭X元”、“奠敬X元”的字样。礼品有匾额、挽联、挽幛、香烛、纸钱等。

8. 接三

接三也叫“迎三”、“送三”。民俗认为，人死了三天，他的灵魂要正式去阴曹地府，或者被神、佛或神、佛的使者迎接去。这个仪式叫“迎三”，也叫“送三”。送三时，要用纸扎一些车马，以供死者上路时用。

9. 出殡

出殡又叫“出山”，出殡要先请阴阳先生选择吉日吉时，叫做“开殃榜”。出殡之前，要辞灵。先装“馅食罐”，把最后一次祭奠的饭食装在瓷罐里，出殡时，由长媳抱着，最后埋在棺材前头。然后是“扫材”，即把棺材头抬起，孝子放些铜钱在棺下，然后用新笤帚、簸箕扫棺盖上的浮土，倒在炕席底下，取“捎财起官”的意思。

出殡的程序为：先转棺，将棺材移出门外，再抬起棺材头，备好祭祀用品，由礼生主持礼仪，丧主跪拜，礼生读完祭文后，由僧道引导孝男孝妇“旋棺”，在棺材周围绕行三圈之后，再用绳索捆好棺材，盖上棺盖。抬棺即将起行，送葬队伍也要准备好，一般是长子打幡在前，次子抱灵牌，次子以下的孝属们持裹着白纸的“哭丧棒”，长媳抱“馅食罐”。

准备妥当后，即可起杠。伴随起杠，还有两项礼仪：一项是把死者生前所用的枕头拆开，把里边的荞麦皮等和枕头套一起烧掉；另一项礼仪是“摔盆”，即把灵前祭奠烧纸所用的瓦盆摔碎。这个盆叫“阴阳盆”，俗称“丧盆子”，不过也叫“吉祥盆”。这个仪式很重要，摔盆者一般是死者的长子或长孙，是关系非常近的人，如果无儿无孙，而不得不由别人来摔盆，这一仪式就会使摔盆者与死者的关系变近，甚至确立财产继承关系。摔盆讲究一次摔碎，甚至越碎越好，瓦盆一摔，杠夫起杠，正式出殡，送葬队伍随行。

出殡的顺序一般为：草龙—铭旗—孝灯—吉灯—放生笼—铭旌—香亭—像亭—魂轿—纸桥—乐队—灵柩—遗族—僧道—金童玉女—送葬亲友。当然，各地风俗不同，出殡的队列、形式也有差别。在传统丧礼出殡路上，还有其他礼仪。如扬纸钱，扬纸钱是扬撒由白纸做成的状如铜钱的纸钱，一般由专人在孝子前面扬撒。在起杠后，遇有路祭，经过十字路口、河沿、桥梁、寺庙、城门以及下葬时，都要扬撒纸钱。

10. 落葬

到达墓地后，再次整理墓坑，把随葬的馅食罐、长明灯放在墓坑壁上龛内，扫去脚印，然后将棺木徐徐放下，由阴阳先生用罗盘仪矫正方向，由丧主铲土掩棺，并堆土成坟堆。

四、传统节日

中国的传统节日有很多，都是具有中国特色的节日，现在仍旧被沿用，比如春节、中秋等在民间深受重视。

1. 春节

春节的历史很悠久，它起源于殷商时期的祭神祭祖活动。按照我国农历，正月初一称为元旦、元辰、元正、元朔，俗称年初一，到了民国时期，改用公历，公历的一月一日称为元旦，农历的一月一日称为春节。

春节是汉族最重要的节日，但是满族、蒙古族、瑶族、壮族、高山族、哈尼族、侗族、黎族等十几个少数民族也有过春节的习俗，只是过节的形式有自己的民族特色，更韵味无穷。

（1）春节的由来与传说

“春节”和“年”这两个概念，其意最初来自农业，古时候人们把谷的生长周期称为“年”。传统意义上的春节是指从腊月初八的腊祭或腊月二十三的祭灶，一直到正月十五，其中以除夕和正月初一为高潮。关于春节的传说有很多，现介绍其中一种——熬年守岁。

守岁，就是在除夕夜整夜不睡，以迎接新年的到来，也叫除夕守岁，俗名“熬年”。探究这个习俗的来历，在民间流传着一个有趣的故事：

在太古时期，有一种非常凶猛的怪兽，在深山密林中散居，人们称之为“年”。它形象狰狞，生性凶残，专食飞禽走兽、鳞介虫豸，一天换一种口味，甚至吃人，因此人们谈“年”色变。后来，大家慢慢发现“年”都是每隔三百六十五天窜到人群聚居的地方尝一次鲜，而且都是在天黑以后出没，等到鸡鸣破晓，它们便返回山林。

算准了“年”肆虐的日期，百姓们便把这可怕的一夜视为关口，称作“年关”，并且想出了一整套度过年关的办法：每到这一天晚上，每家每户都提前做好晚饭，熄火净灶，再把鸡架牛栏全部拴牢，把宅院的前后门都封住，躲在屋里吃“年夜饭”，由于这顿晚餐具有凶吉未卜的意味，所以置办得很丰盛，除了要求全家老小围在一起用餐表示和睦团圆外，还得在吃饭前先供祭祖先，祈求祖先神灵保佑自己平安地度过这一夜，吃过晚饭后，大家都不敢睡觉，挤坐在一起闲聊壮胆，这就逐渐形成了除夕熬年守岁的习惯。

春节的扫尘习俗。“腊月二十四，掸尘扫房子”，按民间的说法是，“尘”与“陈”谐音，新春扫尘有“除陈布新”的含义，其用意是要把一切穷运、晦气统统扫出门。这一习俗寄托着人们破旧立新的愿望和辞旧迎新的祈求。每逢春节来临，家家户户都要打扫，清洗各种器具，拆洗被褥窗帘，洒扫六闾庭院，掸拂尘垢蛛网，疏浚明渠暗沟。所以到处洋溢着“欢欢喜喜搞卫生、干干净净迎新春”的欢乐气氛。

（2）春节的习俗

春节的时候，会有贴春联、贴窗花、守岁、压岁等等习俗。做这些也是很有讲究的。

贴春联的讲究：

每当新年到来之际，百姓家家户户都在门上贴对联，红底黑字，鲜明耀眼，内容吉祥喜庆，烘托出一派节日气氛，使千家万户焕然一新。

春联又叫“门对”、“春贴”。春联起源于古代桃符。《山海经》中记载：很久以前，东海有座度塑山，山上有一棵硕大无比的桃树，它有一根拱形树干，弯曲到地面就像一扇大门，山上各种魔鬼都要从此门经过。有神荼、郁垒两兄弟善于捉鬼，天帝怕魔鬼扰乱人间，就派神荼、郁垒把守此门。因为桃木是五木之精，属仙木，而且味辛气恶，能避邪御鬼，后来人们就用桃木雕成神荼、郁垒的模样挂在门口避邪。随着时间的推移，人们为了省事就在长二三尺、宽四五寸的桃木板上画上神荼和郁垒的图像，写上郁垒、神荼的名字来代替雕像，这便是“桃符”的来历。每年除夕晚上，大家纷纷将桃符挂上，下一年除夕再换上新桃符。北宋王安石《元旦日》诗写到：“千门万户瞳瞳日，总把新桃换旧符。”对此作了形象的描述。

贴春联在我国农村较为普遍，人们把大门、二门、角门、厢房门、影壁、灶前、水缸、猪圈、牛栏等处都要贴上对联，看上去红红火火、喜气洋洋。贴春联从内容到形式都很讲究，内容吉祥、喜庆，字迹工整、美观。如贴“福”字 时要倒过来贴， 目的是让人看了说：“福倒（到）了。”有的还把两扇大门的合缝处贴上一个大“财”

字，开门时“财”字撕开意味着“财门大开”。贴春联的风俗几千年来长盛不衰，是因为其内容丰富、形式多样。

我国很多地区在贴春联的同时，还要贴门神。门神们一个个金盔甲胄，威风凛凛，他们的神圣使命是避邪祛鬼、招财进宝，并为百姓人家祈求平安顺利、幸福美满。

有些地方还会贴窗花和“福”字。在民间人们还喜欢在窗户上贴上各种剪纸——窗花。窗花不仅烘托了喜庆的节日气氛，也集装饰性、欣赏性和实用性于一体。在贴春联的同时，一些人家要在屋门上、墙壁上、门楣上贴上大大小小的“福”字。“福”字指福气、福运，寄托了人们对幸福生活的向往和对美好未来的祝愿。

压岁的讲究：

除夕岁更后小辈向长辈辞岁，合家团拜，拜完后长者散发金银锞锭给晚辈。亲戚朋友来拜年辞岁的，先留下喝茶、吃饭，然后给来者一个装着金银锞锭或手饰的宫制荷包，这就是中国民间盛传悠久的压岁。

古代对压岁很讲究，要讲究大钱、新钱，用红线穿成各种形状，有的穿上百枚铜钱取其“长命百岁”之意，有的穿成鲤鱼形、如意形、龙形等吉祥形状，取“钱龙”、“钱余’之意。除了“压岁钱”之外，有的地区还有“压岁果”，就是把桔子、荔枝放在小孩的枕边，取其谐音“吉利”，来寓意孩子来年大吉大利。

关于压岁习俗的另一个说法流行于北方，认为孩子天真烂漫，自卫能力差，容易受到鬼魔的侵扰，因此，要用压岁钱来买通神祇，压住年岁，使孩子健康成长。

守岁的讲究：

守岁的习俗也由来已久，最早记载于西晋《风土记》：“终夜不眠，以待天明，曰守岁。”传说远古时代有一种独角兽叫“年”，这种怪兽异常凶猛，每年腊月三十就窜到人间掠食吃人，但它最怕火光、红色和声响。人们为了不受年兽的伤害，到了这一天都穿红衣、点红灯、贴红纸、放烟火鞭炮，并烧香祈祷，彻夜不眠，这种习俗流传下来就叫“守岁”。“一夜连双岁，五更分二年”，所以人们很重视这个日子。

吉祥夜：有的地方把除夕夜叫“吉祥夜”，要求无论大人孩子，这一晚都要说吉祥话，若说了晦气话就认为下一年要倒霉。

长寿夜：台湾一些地区把这一夜叫“长寿夜”，他们认为守岁可以使父母长寿。大陆一些地区也有“小辈守岁十年，长辈添寿一岁”之说。

屠苏酒：古代民间守岁时人们常喝，其酒由一种阔叶草入酒泡制而成，据说除夕饮用可以防治瘟疫，起到保健康无病之作用。

更年饺子：北方人守到午夜后还要吃“更年饺子”，最好是午夜12点吃，因为饺子呈元宝形，更岁时吃预示着来年财运兴旺。

拜年的讲究：

如前所述，拜年习俗与年兽有关，人们守岁一夜未受年兽侵扰，初一早晨家家开门互相道喜，恭贺平安无事，从而形成了拜年的习惯。

拜年时，人们以新喜、发财、如意、长寿等吉祥语互祝，有些地方还要准备“百事大吉盒”招待客人，内放柿饼、荔枝、桂圆、核桃、枣、栗子、花生等物，而且一物必佐以吉语。柿饼曰“事事如意”，核桃曰“和和气气”，枣、花生、桂圆、栗子合称“早生贵子”，以求新年吉利。

跪拜礼：在不同的地方，拜年的仪式也各不相同，藏族拜年献哈达，回族拜年送香油，汉族拜年行“跪拜礼”，其寓意也各不相同。

贺年片：由于登门拜年费时费力，一些上层士大夫改用名帖相互致贺。这种名帖即贺年片，两汉时称“名刺”，唐代叫“门状”，宋代称“门刺”，明清时叫“寸楮”或“红单”。到了清代初年开始兴“拜盒”，即将贺年片放入盒中送给对方，以示庄重。

（3）春节诗词选

除夜

事关休戚已成空，万里相思一夜中。
愁到晓鸡声绝后，又将憔悴见春风。

——（唐）来鹄

除夜作

旅馆寒灯独不眠，客心何事转凄然？
故乡今夜思千里，霜鬓明朝又一年。

——（唐）高适

除夜

病眼少眠非守岁，老心多感又临春。
火销灯尽天明后，便是平头六十人。

——（唐）白居易

除夜

岁暮纷多思，天涯渺未归。老添新甲子，病减旧容辉。

乡国仍留念，功名已息机。明朝四十九，应转吾前非。

——（唐）白居易

2. 元宵节

每年农历的正月十五，是中国的传统节日——元宵节。

正月是农历的元月，古人称之为“宵”，所以称正月十五为元宵节。正月十五日是一年中第一个月圆之夜，也是一元复始、大地回春的夜晚，人们对此加以庆祝，也是庆贺新春的延续。元宵节又称为“上元节”。

（1）元宵节的由来与传说

元宵节是中国的传统节日，早在两千多年前的西汉就有了，元宵赏灯始于东汉明帝时期，明帝提倡佛教，听说佛教有正月十五日僧人观佛舍利、点灯敬佛的做法，就命令这一天夜晚在皇宫和寺庙里点灯敬佛，并令士族庶民都挂灯。以后这种佛教礼仪节日逐渐演变成民间盛大的节日。该节经历了由宫廷到民间，由中原到全国的发展过程。

关于元宵节的说法很多，有一种说法是汉高祖死后，吕后一度篡权，周勃、陈平灭杀诸吕，迎立刘恒为帝。因戡平“诸吕之乱”的日子是正月十五，故每年此日，刘恒出宫与万民同欢，并将此日定为元宵节。

另外还有一个关于元宵节来源的美丽传说。传说中的主人公是东方朔与元宵姑娘。相传汉武帝有个宠臣名叫东方朔，他聪明、风趣又善良。有一天下雪后，东方朔到御花园去给武帝折梅花。刚进园门，就发现有个宫女泪流满面、正准备投井。东方朔慌忙上前劝阻，并问明她要自杀的原因。原来，这个宫女名叫元宵，家里还有双亲及一个妹妹。自从她进宫以后就再也无法和家人见面。每年到了腊尽春来的时节，她更加思念家人。而且她觉得自己不能在双亲跟前尽孝，不如一死了之。东方朔听了她的遭遇，非常同情，于是就答应她想办法使她与家人团聚。

有一天，东方朔在长安街上摆了一个算卦摊。不少人都争着向他占卜求卦。然而，每个人所占所求，都是“正月十六火焚身”的签语。一时之间，都城里的人都极其恐慌。人们纷纷求问解灾的办法。东方朔就说：“正月十三日傍晚，火神君会派一位赤衣神女下凡查访，她就是奉旨烧长安的使者，我把抄录的偈语给你们，可让当今天子想想办法。”说完，便扔下一张红帖，扬长而去。老百姓拿起红帖，不敢耽搁，迅速将其送到宫中。

汉武帝接过红帖一看，只见写着：“长安在劫，火焚帝阙，十五天火，焰红宵夜。”汉武帝心中大惊，连忙请来东方朔。东方朔假意地沉思了一会儿，就说：“听说火神君最爱吃汤圆，宫中的元宵不是经常给你做汤圆吗？十五晚上可让元宵做好汤圆。万岁焚香上供，传令京都家家都做汤圆，一齐敬奉火神君。再传谕臣民一起在十五晚上挂灯，满城点鞭炮、放烟火，就好像满城大火，这样就可以瞒过玉帝了。同时，还要通知城外百姓，十五晚上进城观灯以消灾解难。”武帝听后，十分高兴，就传旨照东方朔的办法去做。

到了正月十五这一天，长安城里张灯结彩，热闹非常。宫女元宵的父母也带着妹妹进城观灯。当他们看到写有“元宵”字样的大宫灯时，惊喜得高喊：“元宵！元宵！”元宵听到喊声，终于和亲人团聚了。如此热闹了一夜，长安城果然平安无事。汉武帝便下令以后每到正月十五都做汤圆供火神君，正月十五照样全城挂灯放烟火。因为元宵做的汤圆最好，人们就把汤圆叫元宵，把这天称作元宵节。

（2）元宵节习俗

中国的情人节：元宵节也是一个浪漫的节日，元宵灯会在封建的传统社会中，给未婚男女相识提供了一个机会。元宵灯节期间，是男女青年与情人相会的最佳时机。

走百病：元宵节除了有庆祝活动外，还有信仰性的活动。那就是“走百病”，又称“烤百病”、“散百病”。参与者多为妇女，她们结伴而行或走墙边，或过桥过走郊外，为的是祛病除灾。

祭紫姑：元宵节时湖南有“迎紫姑”的习俗，河北有邀厕姑的习俗，江苏有接坑姑的习俗等等。虽各地说法不同，但百姓祭紫姑占卜诸事，目的都是祈求紫姑赐福降祥，消难免灾。

传说紫姑是唐人，名何媚，寿阳刺史李景见其貌美，害死其夫，将何媚纳为侍妾。李景的大老婆嫉恨她年轻漂亮，将其杀死在厕所中，后来玉帝怜悯她，封为厕神，并赐予她占卜祸福的能力。凡农桑耕织、建房造屋、生儿育女、商贾贸易、功名利禄，乃至战争国事，她都能预先告知。

闹花灯：农历正月十五是“元宵节”，此节民间有挂灯、打灯、观灯等习俗，故也称灯节。

从正月十四开始各地就剪彩做狮，糊纱为龙，锣鼓喧天，鞭炮齐鸣。有的地方十四上灯、开灯，十五正灯，十六才落灯，灯节中都悬挂吉祥灯。有象征夫妻和睦的“鸳鸯灯”，有象征吉庆有余的“金鱼灯”，有象征富贵荣华的“富贵牡丹灯”，有象征新婚志喜的“龙凤呈祥灯”，有象征福寿双全的“福禄寿星灯”，还有象征儿孙满堂的“贵子麒麟灯”和“送子娘娘灯”。也有象征丰收的“五谷棉花灯”，还有象征财源茂盛的“摇钱聚宝灯”。除此之外，还有龙灯、狮灯、走马灯，山水书画灯、飞禽走兽灯、虫鱼蜂蝶灯、亭台楼阁灯、珠帘伞花灯等，都是富贵吉祥的象征。

古代元宵节除了观灯祈吉外，民间

还有许多求福习俗。福建地区“夫妻点烛”表示白头偕老、早生贵子。大部分地区还有落灯走百病的习俗，正月十六落灯后，离家走亲叫“走百病”、“脱晦气”。苏州民间这一天要插芝麻梗于屋檐下，称“节节高”，象征生活一天比一天好。广东把正月十三称‘灯头生日”，新娘要回娘家，前一年生子的人家要置办“请灯酒”，举杯时大家要说“恭喜添丁，多生贵子”。

吃元宵：民间有元宵节吃元宵的习俗，元宵在有些地方又称“汤圆”、“汤团”，这些名称取团圆之意，象征全家人团团圆圆，和睦幸福，人们也以此怀念离别的亲人，寄托了人们对未来生活的美好愿望。

“元宵”作为食品，在我国也由来已久。宋代，民间即流行一种食品，用各种果饵做馅，外面裹以糯米粉滚成丸子，煮熟后，吃起来香甜可口，饶有滋味。女诗人朱淑贞在《米圆子》诗中赞曰：“轻圆绝胜鸡头肉，滑腻偏宜蟹眼汤。”这种糯米丸子在锅中时浮时沉，正如周必大在《平园续稿》中描绘的“星灿乌云里，珠浮浊水中”，所以最早叫“浮元子”，后来有人又改称“元宵圆”。泉州和晋江一带，“元宵圆”的制作方法是先将馅捏成圆粒，然后沾湿，放置在干糯米粉中不断翻滚，反复数次，直到滚成适当的大小为止。其馅的调配较精，它以炒熟捣烂的花生为主，加上糖、芝麻，拌以冬瓜糖和少量的鲜橘皮丝，甜而不腻，美味可口。

（3）元宵节诗词选

观灯乐行

月色灯山满帝都，香车宝盖隘通衢。
身闲不睹中兴盛，羞逐乡人赛紫姑。

——（唐）李商隐

正月十五夜

火树银花合，星桥铁锁开。
灯树千光照，明月逐人来。
游妓皆秾李，行歌尽落梅。
金吾不禁夜，玉漏莫相催。

——（唐）苏道味

青玉案·元夕

东风夜放花千树，更吹落，星如雨。宝马雕车香满路，凤箫声动，玉壶光转，一夜鱼龙舞。

蛾儿雪柳黄金缕，笑语盈盈暗香去。众里寻他千百度，蓦然回首，那人却在，灯火阑珊处。

——（宋）辛弃疾

生查子·元夕

去年元夜时，花市灯如昼。
月上柳梢头，人约黄昏后。
今年元夜时，月与灯依旧。
不见去年人，泪湿春衫袖。

——（宋）欧阳修

3. 清明节

清明是我国的二十四节气之一。但是清明作为节日，与纯粹的节气有所不同。节气是我国物候变化、时令顺序的标志，而节日则包含着一定的风俗活动和纪念意义。清明节是我国传统节日，也是最重要的祭祀节日。

清明节，又称为踏青节，按阳历来说，它是在每年的4月4日至6日之间，正是春光明媚、草木吐绿的时节，适合人们春游（古代叫做踏青），所以古人有清明踏青、并开展一系列体育活动的习俗。

（1）清明节的由来与传说

清明节大约始于周代，已有两千五百多年的历史。民间有“清明前后，种瓜种豆”，“植树造林，莫过清明”的农谚。后来，因为清明与寒食的日子接近，而寒食是民间禁火扫墓的日子，所以渐渐的，寒食与清明就合二为一了，而寒食既成为清明的别称，也变成为清明时节的一个习俗，清明之日不动烟火，只吃凉的食品。

关于寒食，有这样一个传说：春秋战国时代，晋献公的妃子骊姬为了让自己的儿子奚齐继位，设计谋害太子申生，申生被逼自杀。申生的弟弟重耳为了躲避祸害，被迫流亡。在流亡期间，重耳受尽了屈辱。身边只剩下少数几个忠心耿耿的人，其中有一人叫介子推。有一次，重耳饿晕了过去，介子推为救重耳，从自己腿上割下一块肉，用火烤熟了送给重耳吃。十九年后，重耳回国做了君主，即春秋五霸之一——晋文公。

重耳做上国君后，封赏了那些和他同甘共苦的臣子，唯独忘了介子推。有人在他面前为介子推叫屈，晋文公猛然忆起旧事，心中有愧，马上差人去请介子推上朝受赏封官，可是却被介子推婉拒。晋文公只好亲自去请，当他来到介子推家时，只见大门紧闭，经打听才知道介子推不愿意见他，已经背着老母亲进了绵山（在今山西节介休县东南）。晋文公于是命令御林军上绵山搜索，未果。就有人说，不如放火烧山，三面点火，留上一面，大火起时介子推就会出来了。然而大火过后，大家上山一看，介子推抱着一棵烧焦的大柳树已经死了。晋文公望着介子推的尸体哭拜了一阵，然后准备安葬尸体，突然发现介子推的脊梁堵着一个柳树树洞，洞里面有一片衣襟，上面题了一首血诗：

割肉奉君尽丹心，但愿主公常清明。柳下做鬼终不见，强似伴君做谏臣。倘若主公心有我，忆我之时常自省。臣在九泉心无愧，勤政清明复清明。

晋文公悲痛地将血书藏于袖中，然后把介子推和他母亲分别安葬在那棵烧焦的大柳树下。为了纪念介子推，晋文公下令将“绵山”改为“介山”，在山上建立祠堂，并且把放火烧山的这一天定为“寒食节”，晓谕全国，每年的这一天禁止烟火，只能够吃寒食。

第二年，晋文公率领群臣，素衣步行登山祭奠。行至坟前，只见那棵老柳树死而复活，千万条绿枝随风飘舞。晋文公望着复活的柳树，像见到了介子推一样，他敬重地走上前，珍爱地掐下一枝，编了一个圈戴在头上。祭扫完毕后，晋文公把复活的老柳树命为“清明树”，又把这天定为清明节。

(2) 清明节的习俗

荡秋千：这个是我国古代清明节习俗。秋千，即揪着皮绳迁移，古人叫做“千秋”。远在原始社会，先民们为猎获食物就发明了这种活动。到了汉朝，汉武帝在后庭所祷千秋之寿，宫女们耍绳戏为乐，为避忌讳，遂将“千秋”改谓“秋千”。以后，逐渐发展成为两根绳索加上踏板的“秋千”。打秋千不仅可以锻炼身体，增强身心健康和脑的平衡功能，而且还能培养人的勇敢品质，所以长期以来，一直是民间流传甚广的一项活动。

蹴鞠：鞠是一种皮球，球皮用皮革制成，球内用毛塞紧。蹴鞠，就是用足去踢球。这是古代清明节时人们喜爱的一种游戏，相传是黄帝发明的，最初的目的是为了训练武士。

踏青：又叫春游，古时候叫做探春、寻春等。清明踏青历史久远，史书亦多有记载。其中最著名的是宋代张择端的风俗画《清明上河图》，以画的形式生动地反映了当时以宋都汴京为中心的清明节盛况。

植树：清明节前后，春阳临照，春雨飞洒，种植树苗的成活率高，成长快，因此自古以来，我国就有清明植树的习俗。有人还把清明节叫做“植树节”，植树的风俗一直流传至今。其实，清明植树来源于插柳。民间有一传说：柳永是景祜进士，官至屯田员外郎，世号柳屯田。柳为举子时，多游狭斜，善为歌词。教坊乐工每得新腔，必求柳为词，始行于世。柳词旖旎近情，使人易入。

柳曾客居扬州，当地教坊多唱柳词，据说凡受柳青睐的歌伎，无不声誉鹊起。柳死于京口，后每年清明之日，北里歌伎率往墓前致祭，祭罢，则在路边折柳簪发，以为悼念，遂成后世插柳的习俗。

放风筝：也是清明时节人们所喜爱的活动，放风筝不仅是一件赏心乐事，也是一项益于身心健康的体育活动。而风筝的制作，本身就包含着美学原理和物理知识。关于风筝的作用，还流传着许多故事。如春秋时公输班首创以风筝进行战争侦察；楚汉之争时，韩信让人坐在风筝上，乘风飞上楚营上空，唱凄婉的楚歌以涣散楚兵军心。每逢清明时节，人们不仅白天放，夜间也放。夜里在风筝下或风筝拉线上挂上一串串彩色的小灯笼，像闪烁的明星，被称为“灯神”。过去，有的人把风筝放上蓝天后，便剪断牵线，任凭清风把他们送往天涯海角，据说这样能够除病消灾，给自己带来好运。

扫墓：即在墓前祭祀祖先或受尊敬的人。这一天城内外的居民，扶老携幼，前往墓地扫墓，烧纸钱，燃蜡烛，以及妇女们的放声哭泣，皆为扫墓的主要内容。秦以前就有祭祀活动，而在寒食节之后扫墓，始于唐明皇。以后代代相传，相沿成习俗。清明节的很多习俗里，扫墓是被保留下来最主要的一项活动。

（3）清明节诗选

清明

清明时节雨纷纷，路上行人欲断魂。
借问酒家何处有？牧童遥指杏花村。

——（唐）杜牧

寒食

春城无处不飞花，寒食东风御柳斜。
日暮汉宫传蜡烛，轻烟散入五侯家。

——（唐）韩翃

清明

无花无酒过清明，兴味萧然似野僧。
昨日邻家乞新火，晓窗分与读书灯。

——（宋）王禹

清明

佳节清明桃李笑，野田荒冢只生愁。
雷惊天地龙蛇蛰，雨足郊原草木柔。
人乞祭余骄妾妇，士甘焚死不公侯。
贤愚千载知谁是，满眼蓬蒿共一丘。

——（北宋）黄庭坚

望江南

春未老，风细柳斜斜。试上超然台上看，半壕春水一城花，烟雨暗千家。

寒食后，酒醒却咨嗟。休对故人思故国，且将新火试新茶，诗酒趁年华。

——（宋）苏轼

生查子

金鞭美少年，去跃青骢马。恰醽玉楼人，绣被春寒夜。

消息未归来，寒食梨花谢。无处说相思，背面秋千下。

——（宋）晏几道

送陈秀才还沙上省墓

满衣血泪与尘埃，乱后还乡亦可哀。
风雨梨花寒食过，几家坟上子孙来？

——（明）高启

4. 端午节

农历五月初五，是中国民间的传统节日——端午节，它是中华民族古老的节日之一。端午节又称为端五、端阳。此外，端午节还有许多别称，比如午日节、重五节、五月节、浴兰节、女儿节、天中节、地蜡、诗人节、龙日等。

（1）端午节的由来与传说

端午节是古老的传统节日，始于春秋战国时期，至今已有两千多年的历史。端午节的由来与传说很多，这里仅介绍以下两种：

纪念屈原

屈原，是春秋时期楚怀王的大臣。他倡导举贤授能，富国强兵，力主联齐抗秦，遭到当时贵族子兰等人的强烈反对，屈原因此遭谗去职，被赶出都城，流放到湘流域。在流放途中，他写下了忧国忧民的《离骚》、《天问》、《九歌》等不朽诗篇，影响深远（因而端午节又称为诗人节）。公元278年，秦军攻破楚国京都。屈原看着自己的祖国被侵略，心如刀割，于五月初五，在写下了绝笔作《怀沙》之后，抱石投汨罗江身死。

传说屈原死后，楚国百姓哀痛异常，纷纷到汨罗江边去凭吊屈原。渔夫们划起船只，打捞他的真身。有位渔夫拿出为屈原准备的饭团、鸡蛋等食物丢进江里，为的是让鱼鳖虾蟹吃饱，以避免它们咬坏屈原的身体，人们见后纷纷仿效。有一位老医师则拿来雄黄酒倒进江里，说是要药晕蛟龙水兽，以免它们伤害屈原。后来为怕饭团为蛟龙所食，人们想出用楝树叶包饭的办法，外缠彩丝，这就是后来的粽子。

后来，就有了每年的五月初五赛龙舟、吃粽子、喝雄黄酒的风俗，以此来纪念爱国诗人屈原。

纪念伍子胥

在江浙一带流传着关于端午节的另一个传说，据说端午节是纪念春秋时期的伍子胥。

伍子胥是楚国人，父兄均为楚王所杀，后来子胥为报仇，奔向吴国，助吴伐楚，五战而入楚都郢城。当时楚平王已死，子胥掘墓鞭尸三百，以报杀父兄之仇。吴王阖闾死后，其子夫差继位，伐越。吴军士气高昂，百战百胜，越国大败，越王勾践请和，夫差许之。子胥建议应彻底消灭越国，夫差不听，吴国大宰受越国贿赂，谗言陷害子胥，夫差信之，赐子胥宝剑，子胥以此死。子胥本为忠良，视死如归，在死前对邻舍人说：“我死后，将我的眼睛挖出悬挂在吴京之东门上，以看越国军队入城灭吴”，便自刎而死，夫差闻言大怒，令取子胥之尸体装在皮革里于五月初五投入大江。

伍子胥死后三年，吴国被越所灭，夫差掩面自杀，吴国百姓更加怀念国之柱石伍子胥。千百年来江浙一带相传伍子胥死后忠魂不灭化为涛神，端午节即为纪念伍子胥之日。

（2）端午节的习俗

赛龙舟：相传起源于古时楚国人因舍不得贤臣屈原投江死去，许多人划船追赶拯救。他们争先恐后，追至洞庭湖时不见踪迹。

佩香囊：端午节小孩佩香囊，传说有避邪驱瘟之意，实际是用于襟头点缀装饰。香囊内有朱砂、雄黄、香药，外包以丝布，清香四溢，再以五色丝线旋扣成索，作各种不同形状，结成一串，形形色色，玲珑可爱。

悬艾叶菖蒲：民谚说：“清明插柳，端午插艾”。在端午节，人们把插艾和菖蒲作为重要内容之一。家家都洒扫庭除，以菖蒲、艾条插于门楣，悬于堂中。并用菖蒲、艾叶、榴花、蒜头、龙船花，制成人形或虎形，称为艾人、艾虎；制成花环、佩饰，美丽芬芳，妇人争相佩戴，用以驱瘴。菖蒲是一种水草，有开窍、行气、止痛、除风湿等作用。古书有“菖蒲放花，人食长年”、“共存菖蒲酒，君王寿万春”的赞誉。所以古人在端午节这一天，采菖蒲做成剑形，挂于门首，以镇妖邪、保平安。它们也被称“艾虎蒲剑”。

吃粽子：粽子，又叫“角黍”、“筒粽”。其由来已久，花样繁多。农历五月初五为端午节，我国大部分地区都有吃粽子的习俗。

吃五黄：江南民间过端午节历来有“吃五黄”的食俗，五黄是指黄鱼、黄鳝、黄瓜、咸蛋黄和雄黄酒。据说“饮了雄黄酒，百病都远走”。

《帝京岁时纪胜》载：五月初，家家都悬挂朱符，插着蒲龙艾虎，窗户上贴着红纸做的吉祥葫芦。女人们剪“彩”叠“福”，用软布缝制“老寿星”、蒜头五毒、老虎等东西给小孩子佩戴。有人用切细的蒲根拌上雄黄泡在酒里，抹在小孩子的脸和鼻子上，以避毒虫的侵害。

沐浴：古人把五月五日视为“恶日”，所以每到这一天，人们用枸杞枝、菖蒲草、车前子、艾草等煮沸制成的“香汤”沐浴，以求避邪免灾，健康平安。广东地区还要加上凤仙花、白玉兰，边洗边念“艾蒲洗身，百病消除”。据说，这一洗能消除灾难和邪恶，荡涤晦气和消除疾病。其中虽有迷信色彩但也有药物的实际效用。

躲五：古代人视农历五月五日为不吉利的日子，所以一些地方称这天生的小孩为“五日仔”，一般都不抚养。汉代应劭《风俗通义》说：“五月五日生仔，男害其父，女害其母。”为了躲避这个日子，民间未满周岁的孩子，都要到外婆家过端午，谓之“躲午”（五），以免病魔恶鬼来侵害。

天津一带有在端午节避灾星的习俗。各家用棉花、棉布缝制小狗、小人、小口袋等物件，戴在孩子身上，等到端午节这天中午前，由妈妈领着孩子往河岸、沟边躲避灾星，回家时将所带之物抛入水中，意为狗咬灾星，小人代替孩子受灾，口袋装走灾病，认为这样就能使孩子免灾避祸。

（3）端午节诗选

端午

节分端午自谁言，万古传闻为屈原。
堪笑楚江空渺渺，不能洗得直臣冤。

——（唐）文秀

端午

少年佳节倍多情，老去谁知感慨生。
不效艾符趋习俗，但祈蒲酒话升平。
鬓丝日日添白头，榴锦年年照眼明。
千载贤愚同瞬息，几人湮没几垂名。

——（唐）殷尧藩

端午日赐衣

宫衣亦有名，端午被恩荣。
细葛含风软，香罗叠雪轻。
自天题处湿，当暑著来清。
意内称长短，终身荷圣情。

——（唐）杜甫

端午

端午临中夏，时清日复长。
盐梅已佐鼎，曲糵且传觞。
事古人留迹，年深缕积长。
当轩知槿茂，向水觉芦香。
亿兆同归寿，群公共保昌。
忠贞如不替，贻厥后昆芳。

——（唐）李隆基

鹧鸪天

仗下仪客笔下文，天风驾鹤住仙真。榴花三日迎端午，蕉叶千春纪诞辰。

经图志，立朝身。暂烦高手活吴民。明朝莫遣书丹篆，怕引新符刻玉麟。

——（宋）范成大

端阳

樱桃桑葚与菖蒲，更买雄黄酒一壶。
门外高悬黄纸帖，却疑账主怕灵符。

——（清）李静山

5. 七夕节

在我国，农历七月初七的夜晚，天气温暖，草木飘香，这就是人们俗称的七夕节，也有人称之为“乞巧节”，这是中国传统节日中最具浪漫色彩的一个，也是古时候姑娘们最重视的日子。

（1）七夕的由来与传说

七夕乞巧，起源于汉代，东晋葛洪的《西京杂记》有“汉彩女常以七月七日穿七孔针于开襟楼，人俱习之”的记载，这便是我们于古代文献中所见到的最早的关于乞巧的记载。后来的唐宋诗词中，妇女乞巧也被屡屡提及，唐朝王建有诗说“阑珊星斗缀珠光，七夕宫娥乞巧忙”。据《开元天宝遗事》载：唐太宗与妃子每逢七夕在清宫夜宴，宫女们各自乞巧，这一习俗在民间也经久不衰，代代延续。

牛郎织女的传说

七夕节始终和一个千古流传的美丽爱情故事相连，这就是我国四大民间爱情传说之一。相传在很久以前，南阳城西牛家庄里有个聪明、忠厚的小伙子，父母早亡，跟着哥哥嫂子度日，嫂子马氏心肠极狠，经常虐待他。一年秋天，嫂子逼他去放牛，给他九头牛，却让他等到有了十头牛时才能回家，牛郎无奈只好赶着牛出了村。在草深林密的山上，他不知何时才能回家，一个人坐在树下伤心，这时，有位须发皆白的老人出现在他的面前，问他为何伤心。当得知他的遭遇后，笑着对他说：“别难过，在伏牛山里有一头病倒的老牛，你去好好喂养它，等老牛病好以后，你就可以赶着它回家了。”

牛郎听后非常高兴，于是翻山越岭，终于找到了那头牛，他看到老牛病得厉害，就去打来一捆捆草，连续喂了三天，老牛才吃饱，就抬起头告诉他：自己本是天上的灰牛大仙，因触犯天规被贬下凡尘，摔坏了腿，无法动弹。自己的伤需要用百花的露水洗一个月才能好。牛郎听后不畏辛苦，细心地照料了老牛一个月，到老牛病好后，牛郎高高兴兴赶着十头牛回了家。回家后，嫂子对他仍旧不好，曾几次要加害他，都被老牛救了下来，嫂子最后恼羞成怒直接把牛郎赶出了家门，牛郎只要了那头老牛相随。

一天，天上的织女和诸仙女一起下凡，在河里洗澡，牛郎在老牛的帮助下认识了织女，二人互生情意，后来织女便偷偷下凡，做了牛郎的妻子。

牛郎和织女成亲后，男耕女织，情深意重，他们育有一男一女两个孩子，一家和和美美，很幸福。但是好景不长，这事很快便让天帝知道了，王母娘娘亲自下凡，把织女带回天上。

牛郎虽然伤心，但苦于上天无路。于是老牛告诉牛郎，在它死后，可以用它做成鞋，穿着就可以上天了。牛郎按照老牛的话，穿上牛皮做的鞋，拉着自己的儿女，一起腾云驾雾上天去追织女，就快要追上的时候，王母娘娘拔下头上的金簪一挥，一道波涛汹涌的天河出现了，牛郎和织女被隔在两岸，只能相对流泪。他们的爱情感动了喜鹊，千万只喜鹊飞来，搭成鹊桥，让牛郎织女相会，王母娘娘对此也无奈，只好允许两人于每年七月初七在鹊桥相会。

后来，每到农历七月初七，姑娘们就会来到花前月下，寻找银河两边的牛郎星和织女星，希望能看到他们一年一度的相会，并乞求上天能让自己能像织女那样心灵手巧，自己也能有称心如意的美满婚姻，由此形成了七夕节。

（2）七夕节的习俗

由于七夕节有着美丽的神话故事，所以对于七夕人们的渴望值也很高。如果说阳历的二月十四日是西方情人节，那么农历的七月初七就是中国的情人节。七夕的时候人们会举办很多高雅的活动来庆祝。

乞巧：七夕节最普遍的习俗，就是妇女们在七月初七的夜晚进行的各种乞巧活动。穿针乞巧是七夕中小女儿们的节目之一，据说在汉代已经盛行。《荆楚岁时记》也说：“七月七日，为牵牛织女聚会之夜，是夕，人家妇女结彩缕穿七孔针。或以金银玉石为针，陈几筵酒、脯瓜果于庭中以乞巧。有嬉于网瓜上，则以为符应。”

一位擅画山水人物的画家尤风丘，就曾把七夕小女儿穿针的情状画成图画，这便是《七夕穿针图》。画中景物是富裕之家的庭园。树木假山之旁，摆设着茶果祭品，天空高悬眉月和星星，有年轻妇女两人各拈针对空，又另一手捏线，作穿孔状——就是表示谁先穿好针，就是“乞”到“巧”了。

也有把“穿针”转为“丢针”的。形式是在七夕夜晚，盛一碗水，放在星光下，然后把绣花针丢入水里，让它飘浮在水面上，星光辉映下的针影，照在碗底，会产生浮动的阴影，变化多端。依其形状，就可以占卜投针姑娘针绣功夫是拙是巧。

乞文采：女子乞巧，男子则乞文采。传说魁星王司文采，这天某些信仰此道的地方也兼拜魁星。拜魁星事先要糊一个纸人（魁星），高二尺许，宽五六寸，蓝面环眼，锦袍皂靴，左手斜捋飘胸红髯，右手执朱笔，置案上。祭品隆重，不可缺的是羊头（公羊，留须带角），煮熟，两角束红纸，置盘中，摆魁星像前。其他祭品茶酒等随便。拜魁星活动于烛月交辉中进行，鸣炮焚香礼拜罢，就在香案前围桌会餐。席间必玩一种“取功名”的游戏助兴，以桂圆、榛子、花生三种干果，代表状元、榜眼、探花三鼎甲，每人手握上述三种干果中的一种（一颗），往桌上投，随它自行滚动，某种干果滚到某人跟前停止下来，那么，某人即状元、榜眼或探花；如投下的干果各方向都滚偏，则大家都没有“功名”，须重新再投，称“复考”；都投中，称“三及第”；其中二颗方位不正——比如桂圆、榛子都不中，只花生到某人跟前，而某人即中“探花”。这样投一次，饮酒一巡，称“一科”，而谓“这科出探花”，大家向“探花”敬酒一杯。敬酒的“落第考生”下“一科”继续“求取功名”，而有了“功名”的不再参加。这样吃吃玩玩，一直玩到大家都有“功名”为止。

香桥会：牛郎织女故事是我国四大民间传说之一，世代相传，家喻户晓。在嘉兴的塘汇乡古窦泾村，每年皆有一次七月七香桥会，方圆十余里的男女老少都来敬香赶会，很有一番热闹。那天，附近各村的香客，各自忙碌着。有人用红纸绿纸包着檀香，有人用一市尺左右长的线将香每十支一束裹好（这称作裹头香），还有人准备了粗官香和其他物品。大家纷纷聚拢来，然后，由几名手艺好的男女香客，用裹头香搭起一座四五公尺长、五十公尺宽的香桥，再用双支粗官香装成桥栏杆，并在栏杆上扎上各种颜色毛线编成的花纹装饰。香桥搭成之后，各家还陆续送来一串串纸折的、金黄色的元宝锭，也全堆放在桥上。于是，红绿相间，金碧辉煌，一座香桥在烛光照耀下屹立着，煞是好看。多少年来，多少人的祝愿和希望，都堆放在这香桥之上。从上午开始搭香桥起，众多的孩子就在这里玩乐嬉戏。下午过后，各村香客也纷纷汇集，既来祝愿，也来娱乐。是夜，香桥点燃焚烧。人们想象着牛郎织女走过自己献赠的香桥相会了，便获得极大的满足，尽兴而归。

吃赤豆求福寿：七月七日民间还有“观天河，祈五谷”、“吃赤豆，求福寿”的风俗。古人认为这一天天河明亮，就预示年成好、粮价低，天河昏暗就要歉收，粮价就高。因此，有些地区人们便集资做“青苗会”，以祈五谷丰登。

有的地方每年七月七日要命男子吞吃小豆，说能祛病除灾、延年益寿。妇女们则于这天取乌鸡血和三月三日的桃花粉末涂面及全身，据说二三天后就会肌白如雪，健康美丽。

旧时每逢七夕，店铺中都出售各

种叫“巧果”的食物，传说吃后能使人心灵手巧。在山东一些地区，这天家家都用面粉做成金鱼、荷花、竹篮等形状，统称“巧花”，据说在七夕食用可得智巧。

（3）七夕节的诗词

古诗十九首之一

迢迢牵牛星，皎皎河汉女。
纤纤擢素手，札札弄机杼。
终日不成章，泣涕零如雨。
河汉清且浅，相去复几许。
盈盈一水间，脉脉不得语。

——（汉）佚名

七夕

未会牵牛意若何，须邀织女弄金梭。
年年乞与人间巧，不道人间巧已多。

——（五代·后唐）杨璞

鹊桥仙

纤云弄巧，飞星传恨，银汉迢迢暗渡。金风玉露一相逢，便胜却人间无数。柔情似水，佳期如梦，忍顾鹊桥归路！两情若是久长时，又岂在朝朝暮暮！

——（宋）秦观

6. 中秋节

农历八月十五日，是传统的中秋佳节。在中国的农历里，一年分为四季，每季又分为孟、仲、季三个部分，因而中秋又称仲秋。

八月十五的月亮比其他几个月的满月更圆，更明亮，所以又叫做“月夕”、“八月节”。此夜人们仰望天空如玉如盘的朗朗明月，乞盼家人团聚。远在他乡的游子，也借此寄托自己对故乡和亲人的思念之情。所以，中秋又称为“团圆节”。

（1）中秋节的由来与传说

中秋节的传说是非常丰富的，嫦娥奔月、吴刚伐桂、玉兔捣药之类的神话故事流传甚广。现介绍其中一种——嫦娥奔月。

相传，远古时天上十日同时出现，使得庄稼枯死，民不聊生，一个名叫后羿的英雄非常同情受苦的百姓，于是登上昆仑山顶，射下九个太阳，并严令最后一个太阳按时起落，为民造福。后羿因此受到百姓的尊敬和爱戴。不少志士慕名前来投师学艺，心术不正的逢蒙也混了进来。后羿有个美丽善良的妻子，名叫嫦娥。后羿除传艺狩猎外，终日和妻子在一起，人们都羡慕这对郎才女貌的恩爱夫妻。

有一次后羿巧遇王母娘娘，求得一包不死药。据说服下此药，能即刻升天成仙。然而后羿舍不得撇下妻子，就暂时把不死药交给嫦娥保管。嫦娥将药藏进梳妆台的百宝匣里，不料被逢蒙看见了，他想偷吃不死药成仙。

有一天，后羿率众徒外出狩猎，逢蒙假装生病，留了下来。待后羿率众人走后，逢蒙手持宝剑闯入内宅，威逼嫦娥交出不死药。嫦娥知道自己不是逢蒙的对手，情急之下，拿出不死药一口吞了下去，她的身子立时飘离地面、冲出窗口，向天上飞去。嫦娥由于牵挂着丈夫，便飞落到离人间最近的月亮上成了仙。

傍晚，后羿回到家中，侍女们哭诉了白天发生的事。后羿既惊又怒，抽剑去杀恶徒，逢蒙早已逃走了，后羿捶胸顿足，悲痛欲绝，仰望着夜空呼唤爱妻的名字，这时他惊奇地发现，那晚的月亮格外明亮，而且还有个晃动的身影酷似嫦娥。他拼命朝月亮追去，可是他追三步，月亮退三步，他退三步，月亮进三步。后羿无可奈何，又思念妻子，只好派人到嫦娥喜爱的后花园里摆上香案，放上她平时最爱吃的蜜食鲜果，遥祭着她。百姓们闻知嫦娥奔月成仙的消息后，也纷纷在月下摆设香案，向善良的嫦娥祈求吉祥平安。

从此，中秋节拜月的习俗便在民间流传开了。

（2）中秋节的习俗

吃月饼：我国城乡群众过中秋都有吃月饼的习俗，俗话说："八月十五月正圆，中秋月饼香又甜。"中国地缘广大，人口众多，风俗各异，中秋节的过法也是多种多样。一些地方有着很多特殊的中秋习俗。

中秋吃月饼是我国长盛不衰的传统习俗，《西湖游览志余》写道："八月十五谓之中秋，民间以月饼相送，取团圆之意。"

"月饼"一词最早见于宋代，苏东坡就有"小饼如嚼月，中有酥和饴"的佳句，看来当时人们就已把月饼列为中秋必备食品了。

祭月：每到八月十五晚上，人们就设案摆香，摆上月宫符像，以圆饼、圆果供奉明月，并在月光牌位前焚烧月光纸，有的祈求五谷丰登，有的祈求天下太平，有的祈求家庭幸福，有的祈求步步高升。广州一带中秋祭月要用大盘盛芋头，中间放一大块，周围放许多小块，这是象征多子多福。

拜月：《新编醉翁谈录》中记载了宋代中秋拜月的习俗，书中说："倾城人家子女，登楼或中庭焚香拜月，各有所朝，男愿早步蟾宫，高攀仙桂；女则愿貌似嫦娥，圆如皓月。"古人中秋拜月都是祈望月神能恩赐高官厚禄，保佑家庭幸福、万事如意、心想事成。

摸秋：中秋除祭月、拜月、赏月等风俗外，民间还有摸秋的习俗，目的是求得某种吉祥征兆。中秋之夜，江苏一带农村的妇女们都摸黑跑到菜园里去"摸秋"，认为摸到瓜豆就生儿子，摸到植物的花叶就生女儿。安徽一带也有类似的风俗，以为摸到南瓜定能得子，因为他们取"南（男）瓜（娃）"的谐音，以为摸到扁豆就得女，如果摸到白扁豆则象征夫妻白头偕老。

偷"月光菜"：湖南侗乡中秋之夜流行偷"月光菜"的风俗。相传月宫仙女于中秋降临下界，洒甘露于人们，所以人们在这天晚上纷纷到田地里去偷洒有甘露的瓜果蔬菜，以求吉祥。

中秋晚上，姑娘们用花伞遮住自己，跑到自己心目中的白马王子家的果园里去采摘瓜果，并有意大声喊着："喂！你家的瓜果被我摘走了，你到我家去吃油茶吧！"原来，她们是借助"月老"牵线呢！姑娘们摘到一个并蒂瓜果，就预示着二人能成双成对，喜结良缘，所以姑娘们都借着月光寻找"并蒂瓜"、"连梗豆"。小伙子也希望月宫仙女赐给他们一个漂亮姑娘，建立一个美满幸福的小家庭。不过，小伙子们偷了瓜果蔬菜只能在野地里煮着吃，不能带回家中。偷"月光菜"是一种有趣而吉祥的民间习俗，谁也不会把那些姑娘、小伙子们当做小偷看待。

（3）中秋节诗词选

八月十五日夜湓亭望月

昔年八月十五夜，曲江池畔杏园边。
今年八月十五夜，湓浦沙头水馆前。
西北望乡何处是，东南见月几回圆。
昨风一吹无人会，今夜清光似往年。

——（唐）白居易

天竺寺八月十五日夜桂子

玉颗珊珊下月轮，殿前拾得露华新。
至今不会天中事，应是嫦娥掷与人。

——（唐）皮日休

水调歌头

丙辰中秋，欢饮达旦。大醉，作此篇，兼怀子由。

明月几时有？把酒问青天。不知天上宫阙，今夕是何年？我欲乘风归去，又恐琼楼玉宇，高处不胜寒！起舞弄清影，何似在人间？

转朱阁，低绮户，照无眠。不应有恨，何事长向别时圆？人有悲欢离合，月有阴晴圆缺，此事古难全。但愿人长久，千里共婵娟。

——（宋）苏轼

中秋月

暮云收尽溢清寒，银汉无声转玉盘，
此生此夜不长好，明月明年何处看。

——（宋）苏轼

太常引

一轮秋影转金波，飞镜又重磨。
把酒问姮娥：被白发欺人奈何！
乘风好去，长空万里，直下看山河。斫去桂婆娑，人道是清光更多。

——（宋）辛弃疾

木兰花慢·中秋

可怜今夕月，向何处、去悠悠？是别有人间，那边才见，光影东头？
是天外空汗漫，但长风、浩浩送中秋？飞镜无根谁系？嫦娥不嫁谁留？
谓经海底问无由，恍惚使人愁。怕万里长鲸，纵横触破，玉殿琼楼。
虾蟆故堪浴水，问云何、玉兔解沉浮？若道都齐无恙，云何渐渐如钩？

——（宋）辛弃疾

减字木兰花

中秋无雨，醉送月衔西岭去。
笑口须开，几度中秋见月来。
前年江外，儿女传杯兄弟会。
此夜登楼，小谢清吟慰白头。

——（宋）黄庭坚

7. 重阳节

农历九月初九为传统的重阳节。因为古老的《易经》中把“六”定位阴数，把“九”定为阳数，九月初九，日月并阳两九相重，故而叫做“重阳”，也叫做重九，古人认为是个值得庆贺的日子，并且从很早就开始过此节日。

九九重阳，因为与“久久”同音，九在数字钟又是最大数字，有长久长寿的含意，何况秋季又是一个收获的季节，重阳佳节，寓意深远，人们对此节历来有着特殊的感情。

（1）重阳节的由来和传说

九九重阳，早在春秋战国时的《楚辞》中已提到了。屈原的《远游》里写道：“集重阳人帝宫兮，造旬始而观清都。”这里的“重阳”是指天，还不是指节日。

重阳节有如下传说：

相传东汉时，汝河有个瘟魔，只

要它一出现，每家都有人病倒，天天有人丧命，那一带的百姓受尽了瘟魔的蹂躏。一场瘟疫夺走了青年恒景的父母，他自己也差点儿丧了命。病愈之后，他辞别了心爱的妻子和父老乡亲，发誓为民除掉瘟魔，决心出去访仙学艺。恒景四处访师寻道，终于听说在东方一座最古老的山上有一个法力无边的仙长，恒景不畏艰险和路途遥远，终于到了那座山，找到了那位仙长，仙长为他的精神所感动，收留了他，并且教给他降妖剑术，还赠他一把降妖宝剑。恒景废寝忘食苦练，练就了一身非凡的武艺。

这一天，仙长把恒景叫到跟前说："明天是九月初九，瘟魔又要出来作恶，你本领已经学成，应该回去为民除害了。"仙长送给恒景一包茱萸叶，一盅菊花酒，并且密授辟邪之法，之后便让恒景骑着仙鹤赶回家去。

恒景回到家乡，在九月初九的清晨，按仙长的叮嘱把乡亲们领到附近的一座山上，给每人一片茱萸叶，一盅菊花酒，做好了降魔的准备。中午时分，瘟魔冲出汝河，刚扑到山下，突然闻到阵阵茱萸奇香和菊花酒气，便戛然止步，脸色突变，这时恒景手持降妖宝剑追下山来，几个回合就把瘟魔刺死在剑下，从此九月初九登高避疫的风俗年复一年地传了下来。

（2）重阳节的习俗

登高：在古代，民间在重阳有登高的风俗，故重阳节又叫"登高节"。民间登高插茱萸的风俗始于东汉，据梁朝吴均《续齐谐载》载：东汉时汝南县有一个叫桓景的人，拜著名道士费长房为师多年。一天，费长房告诉他："九月九日你家会有灾难。"并叫他速回告诉家里人，每人做一绛囊，里面装上茱萸带在胳膊上，于九月九日这天全家去登高饮菊花酒，此祸可除。桓景按照师父的吩咐，于九月九日这天举家登高饮酒，妇人带茱萸绛囊，晚上回家后则见鸡、犬、牛、羊全部暴死。从此人们就纷纷于重阳这天登高，戴茱萸以避灾难。

茱萸是一种具有浓烈香味的植物，又名"越椒"或"艾子"，唐朝诗人王维诗云："独在异乡为异客，每逢佳节倍思亲。遥知兄弟登高处，遍插茱萸少一人。"

吃重阳糕：据史料记载，古代重阳节有吃重阳糕的习俗，人们大概是取其谐音而寓意重阳登高和祈求高寿之意。重阳糕又称花糕、菊糕、五色糕，制无定法，较为随意。

据《西京杂记》记载：汉代吃的重阳糕是用蓬草和粘黍米做的花糕。唐代武则天也曾命宫女采集百花和米捣碎，蒸制花糕，以赏众臣。宋代开始用面粉蒸糕，用枣、栗子、松子肉等作辅料。重阳糕要做成九层，上面做两只小羊象征“九九重阳”，有的地方在重阳糕上插一小红旗，并点上蜡烛，这大概是用“点灯”、“吃糕”、“插红旗”来代替“登高”、“插茱萸”。在明朝，九月九日天刚明时，百姓把花糕切成薄片，搭在未成年的儿女额头上，并祝福道：“愿儿百事俱高。”同时，儿女们也祝福父母“福如东海，寿比南山”。这就是吃重阳糕的含义吧。

赏菊并饮菊花酒：重阳节正是一年的金秋时节，菊花盛开，据传，赏菊及饮菊花酒起源于晋朝大诗人陶渊明。菊花是我国的传统中药，古人认为饮菊花酒能延年益寿，所以当时人们都把茱萸和菊花泡在酒里饮用，称茱萸为“避邪翁”，称菊花为“延寿客”，借此两物同时服用，以求驱邪、长寿。

插茱萸和簪菊花：古人认为在重阳节这一天插茱萸可以避难消灾；或佩戴于臂，或作香袋把茱萸放在里面佩戴，还有插在头上的。大多是妇女、儿童佩戴，有些地方，男子也佩戴。

（3）重阳节诗词选

九月十日即事

昨日登高罢，今朝再举觞。
菊花何太苦，遭此两重阳。

——（唐）李白

醉花阴

薄雾浓云愁永昼，瑞脑销金兽。
佳节又重阳，玉枕纱橱，半夜凉初透。
东篱把酒黄昏后，有暗香盈袖。
莫道不销魂，帘卷西风，人比黄花瘦！

——（宋）李清照

8. 冬至节

冬至是我国农历中一个非常重要的节气，也是一个传统节日，至今仍有不少地方有过冬至节的习俗。冬至俗称“冬节”、“亚岁”、“长至节”等。早在两千多年前的春秋时代，我国已经用土圭观测太阳测定出冬至，它是二十四节气中最早被制定出的一个。时间在每年的12月22日或者12月23日。

在我国古代人们对冬至很重视，冬至被视作一个较大节日，曾有“冬至大如年”的说法，而且有庆贺冬至的习俗。

(1)冬至节的由来与传说

冬至过节源于汉代，盛于唐宋，相沿至今。

汉朝时，匈奴经常骚扰边境，百姓很难过上安宁的日子。当时匈奴部落中有浑氏和屯氏两个首领，十分凶残。百姓对其恨之入骨，于是用肉馅包成角儿，取“浑”与“屯”之音，呼作“馄饨”，恨而食之。因最初制成馄饨是在冬至这一天，所以后来在冬至这天家家户户吃馄饨。

吃“捏冻耳朵”是在河南人冬至吃饺子的俗称。相传南阳医圣张仲景曾在长沙为官，他告老还乡时正是大雪纷飞的冬天，寒风刺骨。他看见南阳白河两岸的乡亲衣不遮体，有不少人的耳朵被冻烂了，心里非常难过，就叫弟子在南阳关东搭起医棚，把羊肉、辣椒和一些驱寒药材放置锅里煮熟，捞出来剁碎，用面皮包成耳朵的样子，再放入锅里煮熟，做成一种叫“驱寒矫耳汤”的药物给百姓吃。服食后，乡亲们的耳朵都痊愈了。后来，每逢冬至人们便模仿做着吃，于是形成了“捏冻耳朵”的习俗。后来人们称它为“饺子”，也有称它为“扁食”和“烫面饺”，传说吃了冬至的饺子不冻人。

(2)冬至节的风俗

冬至经过数千年发展，形成了独特的节令食文化。诸如馄饨、饺子、汤圆、赤豆粥、黍米糕等都可作为年节食品。曾较为时兴的“冬至亚岁宴”的名目也很多，如吃冬至肉、献冬至盘、供冬至团、馄饨拜冬等。

吃“冬至圆”：我国很多地方在这一天吃“冬至圆”，以求成双成对、早生贵子、团团圆圆、万事如意。许多人家利用这一年之中最长的一夜用糯米粉做成“冬至圆”，叫做“添岁”。做“冬至圆”时还顺便做些小动物玩具，让孩子们开心。吃“冬至圆”前，在门窗、桌柜、床头上面分别粘上一个圆子叫做“耗饷”，要等到腊月二十三“送灶”时，才取下来用火烤。这时如果家中有孕妇的话，通常认为圆子膨发就生男，反之就生女，吃圆子时必须成双成对，也就是要两粒两粒地吃，最后如剩余两粒，家中的已婚人士就会被认为万事如意，若剩一粒，未婚者就会被认为凡事吉祥。

吃“搓丸”：在晋江一带，人们把“冬至圆”叫“搓丸”，丸子要做成红、白两色，也同样捏成几件玩具，称“捏鸡母、狗仔”，同时要做“三牲”、“五果”。“三牲”即猪头、猪脚、花鱼，“五果”即荔枝、桃、梨、柑、桔。“三牲”、“五果”象征六畜兴旺，田园丰登。冬至这天早晨，农家户户都要煮甜丸敬奉祖先，然后用做早餐，还要将吃剩的几粒红丸粘在门窗、谷仓、器物上，这叫庆丰收、谢神祇。

除此之外，家家都要用面粉做寿龟，用粘米面蒸年糕，以祈福寿年丰。

吃馄饨：有谚语说：“冬至馄饨夏至面。”古代人认为吃了馄饨，可以得到聪明与智慧。北方人在冬至这天吃饺子，和吃馄饨原意相似。

冬至食俗各地有所不同，我国南方一些地区在冬至这天吃包头角，留下鱼头和鱼尾，用碗盛了放在米桶中，叫“吃剩有余”。还有的地方冬至吃“米糖团”、“肉沙团”、“冬至肉”，这些习俗都有求得平安团圆、身体健康之意。

在我国台湾还保存着冬至用九层糕祭祖的传统，用糯米粉捏成鸡、鸭、龟、猪、牛、羊等象征吉祥中意福禄寿的动物，然后用蒸笼分层蒸成，用以祭祖，以示不忘老祖宗。

冬至是一个内容丰富的节日，据传，冬至在历史上的周代是新年元旦，曾经是个很热闹的日子。在今天江南一带仍有吃了冬至夜饭长一岁的说法，俗称“添岁”。

（3）冬至诗词

九九歌

一九二九不出手；三九四九冰上走；五九六九沿河看柳；七九河开八九雁来；九九加一九，耕牛遍地走。

小至

天时人事日相催，冬至阳生春又来。
刺绣五纹添弱线，吹葭六管动飞灰。
岸容待腊将舒柳，山意冲寒欲放梅。
云物不殊乡国异，教儿且覆掌中杯。

——（唐）杜甫

邯郸冬至夜

邯郸驿里逢冬至，抱膝灯前影伴身。
想得家中夜深坐，还应说著远行人。

——（唐）白居易

9. 除夕

除夕，俗称“大年夜”、“除日”或“除夜”，是农历月穷岁尽之日的称谓，另有岁除、岁暮、岁尽、暮岁、年关等别称。起先，除日单指白天，除夕则指这一天的夜晚。后来，通常把月末岁尽这一天的白天和黑夜统称为除日或除夕。除日也好，除夕也罢，关键在一个“除”字，这“除”字作何解？原来，“除”是驱除病魔和种种恶鬼的意思。

（1）除夕的由来与传说

古代的社会，缺医少药，瘟疫横行，加上各种自然灾害，古人深受其害，尤其是春季流行病侵袭之际，更是家家自危，户户不安。古代传说中的“年”，就是一位吞噬人畜的巨鬼恶兽。长期生活在神话与历史混杂难辨年代中的古人，对各种自然现象都不能作出科学的解释，无奈中只好在除夕将大量肉食置于门外，让“年”饱餐后离去。后来，人们以为“年”和其他鬼魔怕火光、怕烟气、怕爆响、怕热烈氛围、怕药酒，于是，在年关来临之际开展驱傩、饮屠苏、挂桃符和燃爆竹等驱鬼疫、祈太平、保安康的系列活动，并逐渐形成了以“除”为主题的风俗。

（2）除夕的习俗

除夕是一年中的最后一天，辛苦劳动一年的人们，在这一天会选择吃个团圆饭，舒舒服服的过一天。由于地区差异，并不是所有地方的庆祝除夕的方式都是一样的，但是吃年夜饭却是每个地方都不可缺少的。

年饭：年饭也叫“团圆饭”，一是象征一家人平安无事、团圆美满，二是象征大家一起分享丰年。

各地年饭的吃法虽然不同，但都取吉祥的寓意。湖南一些地方的年饭一定要有12道菜，表示一年12个月“月月有财（菜）”。台湾地区的年饭中一定要有“菜头”，取其“财头”的谐音，意为吃了菜头就找到了财源之头；还吃用油炸过的食品，象征日子火爆、家运兴旺；吃鱼丸，象征“有余”、“团圆”；还要吃“蚶”，意为发财发福；最后一道菜要吃甜菜，取意为日子甜到头。广东一带吃年饭时家家都要烧一盆“发菜汤”，取其发财的谐音，以祝财运亨通。北方一些地方吃年饭要有鱼，象征“年年有余”；吃饺子，称“元宝汤”，含发财之意；吃“年糕”是借“年高”的寓意，另外在年三十还要蒸上几锅发面馒头，取其“发财”和“蒸蒸日上”之意。

洗脚：我国许多地区都有除夕洗脚的习俗，目的是消灾免祸、添福添寿、出门吉利、万事如意。除夕洗脚时，洗脚水要多，洗的时间要长，洗脚的顺序为晚辈开头，长辈收尾。

击钟：寒山寺钟声确有定时、定额。其实，钟声并非为了报时，而是按佛教的法事规程击钟。所谓“击”，其实是“撞”，即以一段木头，悬在钟边，由和尚用手推掷，碰撞庞大的钟体而发音，真可谓“做一天和尚撞一天钟”。据该寺老僧介绍，击钟每天早晚各一次，一次在黎明拂晓四时左右，群聚师徒，到法堂诵经，称之为“早课”，必须撞钟；另一次在晚上九时左右，为“晚课”，同样诵经撞钟。每次撞一百零八下，意思是，人生有一百零八个烦恼，每撞一下钟，即消除一个烦恼。所以，在撞钟时，全体同诵《击钟仪》：“闻钟声，烦恼净，智慧长，菩提增。离地狱，出火坑，愿成佛，度众生。”每诵到“洪钟初叩，宝偈高吟，上彻天堂，下通地府”，巨钟应诵而响，连敲36下；然后再复诵“洪钟二叩……洪钟三叩……”每遍36下，共108下。

现在，每年除夕，苏州寒山寺仍遵循岁久日长的古老习俗，击钟以分岁。姑苏城乡，到守岁的最后一刻，会从无线电台和有线广播中传播出宏亮的寒山寺钟声，报道新的一年的开始。千家万户，听到钟声，爆竹齐鸣，一片欢腾，使古老的寒山寺钟声成为时代的强音，激励人们跨向新的未来。

（3）除夕诗词

田家元日

昨夜斗回北，今朝岁起东；
我年已强壮，无禄尚忧农。
桑野就耕父，荷锄随牧童；
田家占气候，共说此年丰。

——（唐）孟浩然

元日

爆竹声中一岁除，
春风送暖入屠苏；
千门万户曈曈日，
总把新桃换旧符。

——（宋）王安石

鹊桥仙

立春除夕，并为一日，此事今年创见。席间三世共团栾，随分有、笙歌满院。

一名喜雪，二名饯岁，三则是名春宴。从教一岁大家添，但只要、明年强健。

——（宋）郭应祥

十二月二十九日夜半雨雪作披衣起听

腊雪瑞丰登，春雨相发生，二者皆可贺，爱此打窗声。

披衣起静听，萧萧乱疏更。岂惟肺渴苏，耳目为一清。

孤灯不结花，相对翳复明。明朝遂除夕，岁月惊峥嵘。

——（宋）陆游

五、民间禁忌

民间流传着很多有趣的民俗禁忌趣闻，但是某些会具有较强的迷信色彩，随着社会进步和人们文化知识提高，其中很多已经废弃，而只是作为一种趣谈存在。

禁忌是人们对于神圣的或者不洁的、危险的事物所持有的忌讳心理及行为。一般认为，对于神圣的东西如果太过于随便，就有可能贬低其神圣性，是一种亵渎神灵的行为，而对于受鄙视的不洁或危险物，最好也不要乱动，这些禁忌遵守了就会带来平安、幸福，若是不遵守则很可能导致不幸。

1. 人体禁忌

在民间，人体同样有很多禁忌需要遵守。人体的五官及四肢等，包含了很多禁忌讲究。

（1）耳朵禁忌

耳朵主听觉，也是人体通神之一窍。一聋三分傻，民间以为耳朵也是有灵性的。耳朵发热、发烧，通常以为是有人背地里在咒骂自己，往往用手搓耳朵来破解之。

还有关于耳屎（耳垢）的禁忌。民间以为自己的耳屎不可乱扔，让别人脚踏了对自己身体不利。如果自己吞食了自己的耳屎，则会变成哑巴或聋子。

（2）口齿禁忌

民以食为天，吃饭必以口，所以民间有许多关于口形的俗信，认为口形关系到人的吉凶祸福。一般有“男人嘴大吃八方，女人嘴大吃菜糠”的俗谚，意思是说，男人嘴大有福，女人嘴大无福。

民间也有关于嘴角有纹路入口主被饿死的俗信存在。此外，还有“合嘴出现弯弓样，其人恶毒心极狂”，“唇厚忠实，辱薄奸猾”等有关嘴形的说法。同时嘴唇颜色也有讳忌，所谓唇红者主贵，唇白者身寒，唇暗者自卑，唇黑者主危。

唇齿相依，牙齿也是有灵气的。民间俗信认为，小孩子掉牙，上牙要扔到沟里，下牙要扔到房上，这样牙齿长得快，而且形状也好，不然就长不出牙齿了。扔牙要扔到无人处，谨防被人用脚踩了，以免倒霉。小孩子掉牙或长新牙时，大人会不停叮嘱不要用舌头舔牙根，否则长出的新牙就歪斜不正。牙齿忌漏在唇外，忌牙色发黄发黑。不该掉牙的时候掉牙是不吉利的预兆，主丧亲族。

（3）脖子禁忌

俗语说：“脖子短，不是瘸腿，就是瞎眼。”脖项短的人看上去显得呆板、笨拙，但如果一定说这必然会造成后世的残疾，也显然是非常武断的。

（4）肩膀禁忌

人们劳动依靠体力，靠肩挑手提，肩膀是力量的象征。生活中有年长的人拍打年幼的人肩膀的习惯，而忌讳年幼的拍打年长的肩膀，以为那是对年长者的不尊重。同时民间也习称男女调情为“调膀子”，男人忌碰、摸女人的肩膀。

（5）手脚禁忌

俗语说：“男人手如绵，生来一世闲，男人手如鸡爪，一辈子好不了。”这种俗信很可能来自对生活的直接观察。生活中，手指粗大，足骨瘦长干燥者，其人必辛苦；手若细软润泽，足若骨肉圆肥者，其人必逸乐。这种推测有其客观性。

民间对于对脚形也有禁忌。俗语云：“一支脚毛，管三个鬼。”所以民间禁忌拔脚毛。脚毛不拔，胆就不怯。拔下脚毛，就心中发怵。这也是民间常用恪守禁忌来保持和增强自身魔力、神性的一个例证。

2. 婚姻禁忌

婚姻是人生经营最久的一种事业，婚姻的幸福是最大的幸福，所以民间对于婚姻的禁忌研究也很多。

（1）礼服禁忌

中国民间结婚办喜事时候，绝大多数地区和民族都会有特制的新婚礼服。婚服要新，取“新婚大喜”之意。要是穿旧装就不吉利，或有新人不贞之嫌。做嫁衣是要选择吉时的。嫁衣要由福寿双全、儿女双全的妇女裁剪，忌寡妇、不孕妇等裁剪缝制。新娘的礼服忌有口袋，是害怕将娘家的福气与财产带走了。礼服要用一块整布料裁剪，忌讳用两块或两块以上的布料缝接，取“从一而终”之意。一般的新嫁衣崇尚红色，忌讳白色。此俗流行于汉族，其他民族也很常见。旧时，男子娶妻称为“小登科”，可以穿九品官服，新娘则必须用凤冠霞帔，以象征吉祥。过去此俗多流行于满族、汉族、朝鲜族及其他民族。辛亥革命以后，随着帝制的垮台，此俗逐渐变革。如今穿九品官服，用凤冠霞帔的已很少见了。汉族等多以漂亮、崭新的西服、时装为时兴婚嫁衣。新娘戴红绒花，取谐音“荣华”，象征富贵。

（2）迎亲禁忌

迎亲是大喜的日子，这一天是阴阳合配，男女双方成就百年之好的第一天，民间十分看重，总想有一个吉祥如意的好兆头。因此，这一天禁忌也特别繁多。新娘要哭嫁，因为哭嫁会让娘家有面子，不舍女儿惜别家人的意思；新婚忌三相，即上轿、下轿和坐帐的方面，忌迎新路来回重复，忌喜冲喜。

（3）送亲禁忌

送亲是指女方亲友送新娘出嫁。送亲的人也要是“全活人”，忌寡妇、孕妇送亲。

（4）婚宴禁忌

民间在闹洞房之前，有大办宴席招待来宾的习俗，叫做“吃喜酒”。婚宴忌讳寡妇、孕妇及戴孝者参加，否则不吉利。

吃完喜酒，收拾盘碟时，忌讳将空盘相叠，以免犯了“重婚”之讳。如果酒宴上有客人不小心打破了碗碟，也是犯忌讳的。懂得破解的方法的人会将碎片收拾起来，放入石臼的圆心处，表示破了又圆，以避凶求吉。

（5）洞房禁忌

洞房是特意为新婚夫妇准备的寝房，俗称“新房”。一般都布置得富丽堂皇，花团锦簇，喜气充盈。不过，洞房内忌摆生花（鲜花），因生花易萎，恐不吉利。唯莲蕉花不忌，取“连招贵子”之意。

安床时要选择吉日吉辰，安床的位置也要配合男女双方的生庚干支，并视门窗与神位坐落的方向而定，民间俗信，十分忌讳床与桌椅、橱柜的尖角相对。

洞房花烛夜点燃的灯烛忌吹灭，要一夜长明。洞房从婚日起算起，一个月内忌空房，亦即忌讳新婚夫妇不在洞房内度过整整一个蜜月。如果婚后新娘回娘家去，也应吃过午饭即往回赶，当天尽早回到婆家，以避空房之忌讳。否则，便会有灾厄发生。

3. 孕妇养生禁忌

孕，怀子也。孕是两性结合的直接后果，有孕才有育。孕，又是生命之开始，在重子孙的中国社会，孕是一件喜事，妇女怀孕称为“有喜了”。面对这一喜事，大家都觉得有必要而且应当乐于遵守一些共同的禁忌。

（1）室内禁忌

忌捆绑东西，据说在室内捆绑东西，会生十指不能伸直或手脚弯曲的怪孩子，也有的说会使胎儿出生时肚脐带缠绕在脖子上。

忌搬动大型家具、器物。以防孕妇流产滑胎。

忌声响过大。恐生下耳聋的孩子。

忌烧烤东西。恐生下有痣、胎印（紫斑）或被烧伤的孩子。

忌冷水洗浴，恐伤胎气。

忌肩披线、绳。

以上孕妇室内的禁忌所起的作用，明显地是要给孕妇制造一个清静的环境，让其平平稳稳地产下婴儿。由于科学知识的普及教育，人们不但不再相信胎神、胎魂，甚至也放弃了一切靠静养保胎的办法。

（2）室外禁忌

忌夜晚不归，在外露宿。

忌接近牲畜。

忌跨过牵牛绳。据说孕妇跨过了牵牛绳，就会导致难产。

忌把澡盆拿到室外。

忌见月食、月晕。

以上室外活动禁忌，多数仍与禁忌有关，是为孕妇及孕妇腹中胎儿的安全着想的。

（3）冲犯禁忌

另外有一些孕妇的禁忌内容，是从冲犯的观念出发的。冲犯观念，又源于妇女不洁和妇女的不洁会亵渎神明等观点。

忌接触嫁娶，由于妇女不洁的观念和“喜冲喜”忌讳，孕妇禁忌接触婚嫁方面的事物。

忌接触产妇、孕妇。

忌接触丧葬，许多民族都有忌孕妇接触丧葬方面各种事物的习俗。习俗中认为是“凶冲喜”，会对胎儿不利。

忌接触神事，封建的说法会认为妇女的不洁会亵渎神明。

忌接近要地。

忌接触巫事。

以上的禁忌在某种程度上却是是属于封建迷信，以及对于男尊女卑的不平等观念。此处列举出来只是当做民间不科学的习俗来看看了之，切记不可迷信。

（4）炊饮禁忌

旧时的妇女就是家庭主妇，每天忙着张罗家人的吃饭事情，像俗语中常说的“妇女围着锅台转”。旧时一般的人家多是妇女执炊。虽然现在有的家庭中会有男士做饭，有的家庭甚至不用做饭，直接到外面吃饭。但是还是有相当多的家庭都是女的来做饭的。但是当妇女有了身孕后，在做饭方面也就有了很多忌讳。

忌煎焦食物。民间还忌讳孕妇在锅里将鱼、肉、蛋等食物煎焦炒煳。

忌烤肉食。

忌夹肢窝夹葱。河南郑州一带有此禁忌，据说恐生下的孩子得狐臭。

以上执炊禁忌，都是将执炊中各

类现象与胎儿的未来相互联想，由此可以推断，此类禁忌最初可能是由孕妇本人心中生发出的某种禁忌思想，经过传播、递继，造成一定影响，而成为一方一地之习俗的。

（5）饮食禁忌

由于妇女在怀孕期，自身需要营养，而且胎儿也需要营养，并且胎儿的成长以及日后生下小儿的形象、禀性，都与孕妇的饮食有关。所以这个时候的饮食问题就尤为关键，在饮食方面，孕妇也有很多禁忌。

忌想吃的吃不到，据说，孕妇想吃什么实际上也是胎儿想“吃”什么。这时一定要让孕妇吃到她想吃的东西，而且，最好是让她吃足吃够。

忌食兔肉，这一禁忌在中国流行最广泛，也最久远。意思是恐吃了兔子肉，胎儿会像兔子一样长一张“豁嘴”。

忌食驴、马肉。这一禁忌也是流行很广的。据说孕妇如果吃了驴、马肉，会使孕期延长。

忌食羊肝、羊肉。古俗。据说孕妇食羊肝，令子多厄，食山羊肉，令子多病。

忌食糯米、鸡肉。古俗。据说孕妇食糯米、鸡肉，令子多生白虫。

忌食鸭肉。古俗。据说孕妇食鸭肉，令子倒出。

忌食鱼肉，河南一些地区，有孕妇禁食鱼肉的习俗，据说会使婴儿皮肤上生鱼鳞刺。

忌食狗肉，黑龙江一些地区有孕妇忌食狗肉的习俗，据说孕妇吃了狗肉，将来生下孩爱咬人，吃奶时爱咬奶头。河南也有孕妇禁食狗肉的习俗。豫东虞城县一带尤忌孕妇吃黑狗肉。据说孕妇吃了黑狗肉，会化胎、流产。旧时汉族未生育的妇女也禁食狗肉，以为狗肉不洁，食之日后有孕时会导致难产。

忌食豆酱、雀肉。古俗。据说孕妇食雀肉和豆酱，令子满面多雀斑。如食雀肉和酒，令子心淫情乱，不知羞耻。

忌食虾米，古俗。据说孕妇吃了虾米、鳝鱼，令子喑哑。

忌食鳖肉，古俗。据说孕妇若食鳖肉，令子短项，此是出于老鳖常将头缩进龟壳中的联想。

忌食桑葚，古俗。据说孕妇若食桑葚，令子倒出。

忌食梅、李、梨，古俗。据说孕妇食梅、李子，令子目青失明。梨性寒，孕妇亦忌食用。

忌食豆酱和茴香。古俗。据说孕妇食豆酱和茴香，会导致堕胎。

忌食鲜姜，这一禁忌习俗也非常普遍。鲜姜外形“多指”，恐孕妇食后生下的孩子有余指。

忌食生冷物，俗以为，孕妇不能吃生冷食物，不能喝凉水。否则会闹肚子，影响胎儿生长。

以上孕妇饮食禁忌主要是从食物的性能，包括外形和内质可能对胎儿造成影响这一角度进行的考虑。其依据无非是“同类互感”的俗信原则，担心对胎儿或者孕妇会造成灾难祸患，所以要禁止食用。

（6）分娩产地禁忌

分娩时随着婴儿的降生，会有血水、羊水相伴而下。民间以为这些东西是污秽不洁的，会亵渎神明，带来灾害，俗语所谓“血光之灾”。因此，在分娩产地方面就有许多禁忌事项存在，现略归纳如下：

忌在原住处分娩。产妇分娩是一件吉凶未卜的要事，因此，通常都专门特设一产地，忌讳在原来的住处分娩。

忌回娘家分娩。汉族、哈尼族、壮族、苗族等许多民族中都有孕妇忌回娘家分娩的习俗。据说还会因分娩的血污、秽气，给娘家带来“血光之灾”。

忌在他人家中分娩。

产房禁忌，即便是在自家分娩，也有“不洁”的忌讳，因而产房安置在何处，也很有讲究，忌在神圣尊贵处设产房。

产床禁忌，旧社会，生孩子忌讳沾炕，必须把炕席掀起来，铺上谷草，把孩子生在谷草上，俗称为“落草了”。否则，如果在炕席上生孩子，会认为脏了当家人的脸，今后日子必定过不好。

玉器禁忌，满族产房内禁忌放置玉器，产妇忌见玉器，产前要把玉器拿出去，或者用红布包好。

出入产房禁忌。产房是禁地，许多人是被禁止出入产房的。产房不但禁忌男人进入，女人也不宜随便出入。产房内的人数不能太多。

产地忌刮锅、劈柴。产房宜静，尤其是产妇分娩后，忌讳在产地附近刮锅、劈柴。这是怕刮锅时发出的刺耳的噪声和劈柴时发出的巨响吓着婴儿。

产褥忌烧毁，产妇分娩使用过的产褥，一般是埋掉或抛进河中冲走，忌讳烧掉。

产房内忌烧金冥纸。俗传，如不注意，在产房内烧了金冥纸，还会使婴儿身上长红斑或黑斑。

忌乱丢胎盘。胎盘，即胎衣，又称胞衣。民间很重视胎盘的保存，常用石灰铺垫，装在大瓦壶内，埋在床底下，忌讳乱丢乱弃。

忌乱丢肚脐带。

4. 语言禁忌

语言是人们用来交流，传递思想的表达方式，但是它不仅仅只是一个介质，更多的则是风俗与精神文化的一部分。语言也是存在禁忌的，小到个人，大到整个社会，语言的禁忌无处不在，因此必须要特别注意。

（1）称呼禁忌

称呼禁忌，即名称方面的避忌，中国人一向有尊祖敬宗的习俗，祖先的名字和长辈的名字都不能直呼不讳。不但晚辈忌呼长辈名字，即使是同辈人之间，称呼时也有所忌讳。在人际交往中，往往出于对对方的尊敬，也不宜呼其名。一般常以兄、弟、姐、妹、先生、女士、同志、师傅等相称。在必须问到对方名字时，还要客气地说“请问尊讳”，“阁下名讳是什么”等等。

在给孩子起名字的时候，忌讳也很多。避忌与祖先、长辈之名同字、同音之外，还要考虑命相克妨，比如命中缺金，忌讳以火或火旁字命名。总之，命相八字不得以之字命名。

因为民间有浓重的地方观念和民族自尊观念，所以在地域与民族方面存在着差异。带有轻蔑、歧视意味的贬称或讳称。例如中国有“南蛮子”、“北侉子”的说法，就是北南地域中人对异域人的蔑称、贬称。

（2）岁数、属相禁忌

人的名字要避讳，人的岁数、属相也有所避讳。中原一带最普遍的岁数忌讳是四十五、七十三、八十四、一百岁等。

因为属相可以表明一个人的年龄，而且又可以指代自我的本命，所以民间有忌言属相的禁忌。

（3）亵渎词语禁忌

民间的荣辱观也促使一些带有亵渎意味的词语成为禁忌。民间通常认为性行为及和性器官相关的词语是一种亵渎语，一般所谓“有教养的”或者“老实本分的”人都羞于启齿。在除了与性器官、性行为有关的一些语言禁忌之外，还有一些其他方面的带有亵渎性质的语言禁忌。例如“兔”、“狗”、“驴”、“牛”等畜类常常被用来咒骂人，因而平时便忌讳在人前说到这些动物，尤其不能和人相提并论，否则，会伤害别人，引起斗殴纠纷。总计起来一点，凡属于对人不尊重、轻慢待人的亵渎话语一般都是有所忌讳的。

（4）凶祸词语禁忌

民间有“说凶即凶，说祸即祸”的畏惧心理，因而禁忌凶祸一类的字眼，唯恐因此而致凶祸的真正来临。死亡是人们最恐惧、最忌讳的了。所以“死”字是不能提及的。平时与死亡、丧葬相关的事，也忌讳提及，以免引起不好的联想。比如民间忌讳说“棺材”，要说成“财（材）”、“寿材”、“寿器”等。

民间以为睡眠时灵魂会暂时离开肉体，直到清晨灵魂回到体内，人们才醒转过来。因此，清晨有许多禁忌，如不许讲龙、虎、鬼、梦等词语。

有些数字在民间也有吉凶的分别，因而也有宜忌。数字的单双有吉凶的感应性质，一般喜事忌单喜双，凶事忌双喜单。

（5）破财词语禁忌

旧时，中国人见面打招呼，爱拱手说“恭喜发财，恭喜发财”。因为财运好坏直接关系到人们的切身利益，俗话说“人为财死，鸟为食亡”，所以民间很看重此事，时时处处惦念着发财，也时时处处提防着破财。因此与他人说话时要禁止说破财词。有关财运衰败的语言禁忌很多，都是为了避防破财倒运的。但这根据各地的语言习惯的不同有很大的差别。

（6）数字禁忌

数字中最吉利的要属“六”和“八”了，所谓“六六大顺”，“要得发，不离八”，就道出了其中的原委。当今社会，花很多钱买下一个含六或含八最多的电话号码或是车牌号都已经不是新鲜事情了，更有的人游戏账号等都要花钱去买吉利的数字。

与吉利相反的忌讳的数字很多。从总体来说，忌讳单数，好事成双，所以给人送礼或者礼金都忌单数。“二”是个双数，但是只要是这个日子忌出殡，因为人们不希望坏事成双。“三”谐音是“散”，所以做寿和结婚都忌讳这个数字。“四”谐音是“死”，大凶，所以人们的门牌号、手机号、汽车牌号都很忌讳这个数字。在有的地方妇女比较忌讳“七”这个数字，这是因为在封建社会对妇女有“七出”的戒，犯了七条就要被休，所以在扬州地区有“七不出，八不归”之说，“八”在这一点上被禁忌。是因为有“分”的意思。“九”在音乐界是比较忌讳的，因为贝多芬就是在写完第九部交响曲后死去的。

忌“十三“本来是西方的习俗，但是改革开放以来，很多宾馆、酒店为了迎合西方人，也就开始忌讳这个数字，不再设十三层。江浙一带忌“二十”，一碰到这个数字就读作“念”，据说是由于春秋战国时期吴王有个女儿叫做“尔释”，是被鱼骨梗死的。而“尔释”与“二十”谐音，所以也要避忌。湖北长阳一带忌“三十六”，据说是因为周瑜死于三十六岁。忌七十三、八十四，民间有俗语说“七十三，八十四，阎王叫你商量事”，可能是因为孔子卒年是七十三，孟子卒年是八十四。

5. 居家禁忌

居家生活中很多细节也是要注意的，平常的行为举止等都是有很多禁忌的。

忌拔白发，俗说“拔一根，生三根”，一般认为白发会越拔越多。

忌讳远行前洗脚，台湾人认为夏天远行前洗脚，会越走越热，冬天则会越走越冷。

吃饭时候，碗中不能够剩余米粒，大人经常告诫小孩：若不将碗中米饭吃干净，就会嫁猫男，娶猫女（“猫”字取麻脸之意）。这种说法是民间对谷神敬仰的延伸，无非教训孩童养成敬谷惜福的观念，养成朴素节俭的好习惯。

吃饭时候，不要用筷子敲碗盘，否则可能会沦为乞丐，因为只有乞丐才会敲着空碗，挨家挨户的要饭。吃饭时不可将筷子插在饭碗中，因为这样会使人想起丧俗中“拜脚尾饭”的风俗，给人不快不祥的感觉。

忌食母鸡肉，如果小孩子吃了母鸡肉，皮肤就会像鸡一样多皱纹。

房屋坐向忌“坐南朝北”，俗称：坐南朝北，饿到揽仆。所以为了避穷命，忌讳坐南朝北，而从地理环境的角度而言，坐南朝北的房子必然冬冷夏热，不宜居住。

忌房屋大门与路口或柱子、树木相对。对着路口易与鬼煞对濡，要用“八卦镜”镇邪。若对着柱子、树木，会破坏风水，家道中落，要挂一个“对我生财”的小木牌化解。

家中打扫忌由内扫到外，因恐将财运福气扫出门。反之，若想驱霉运，则须由内扫到外了。打扫时亦不可将椅子椅脚朝上堆叠，因丧事中亦有将椅子翻叠的习俗，亦使人联想到丧事，自然力求避免。忌在屋中张伞，俗信在屋内张伞会遭小偷。

禁止日落后探病。因日落后阴气重，病人生病时阴气亦重，所以俗信晚间探病会使病人的病情加重。

第八章

用农历择吉日

农历发展到现代，并不只是单纯地用来查阅时间，它还糅合了很多天文、地理、历法及风水方面的知识，能够指导人们选择适合进行各项活动的吉日，具有很强的实用性。

一、择吉概述

人们在从事某些活动的时候，当时机成熟时就属于适宜干这件事情的吉日，当时机尚未成熟则不能认为是吉日，所以择吉也是一种技术，是对日子进行选择的技术。

1. 什么是择吉？

择吉古称“选择”，又称“涓吉”，民间叫做“看日子”或“拣日子”，凡祭祀祈福、赴任应试、婚姻丧葬、修房动土、捕鱼狩猎等都要先择一个吉日吉时，然后行之。这种择吉日吉时的方法，即为择吉术。

择吉有广义与狭义之分。

从广义上说，一切追求及选择吉祥信息的行为都是“择吉”，包括八卦、太乙、六壬、奇门遁甲、禽星、丛辰、建除、堪舆、风角、占星、孤虚等在内的所有术数，都可统称为择吉术，它们都是通过一定的方式为人们提供关于吉凶的信息的。清人姚承舆《择吉会要》、张祖同《诹吉述正》，都是既有择日选方的基础理论与方法，又包含有奇门遁甲、六壬、堪舆等内容的，使用的就是广义上的择吉概念。

狭义上的择吉，是指以干支历法为基础，附注以八卦、九星、二十八宿、十二直、六曜、干支五行，并根据年、月、日、时各种神煞进行推算，寻找吉日吉时的一种方法。简单地说，就是根据一定的方法选择吉利的日时和方位，所以民间直接称之为“择日”、“看日子”、“拣日”。本书所探讨的就是这种狭义概念上的“择吉”。

2. 择吉方法

农历的编纂过程很复杂，但是查农历来择吉却很方便。然而农历中所推崇的择吉方法是否对于每一个人都是非常吉祥的？其实不是的。因此，古人又创造了“四选择日时捷法”，按照六十甲子年命，逐一注明应避日期干支，以备择日；又依六十甲子逐干支选出上吉之时，以备择时。前者编为“四选择应避日干表”，后者则编为“四选择逐日吉时表”，使用时将此二表与时宪书即农历互相参考。首先据农历择出所需的“黄道吉日”的干支，再查对

“四选择应避日干表”，如果不对表中的“应避日干”，即与年命没有妨碍，可以取用其日，最后据此日的干支，查阅“四选择逐日吉时表”，获取吉时。程序简单，使用方便，不须学习也能应用自如，所以这种方法非常流行。

“四选择日时捷法”其实就是“四选择应避日干表”和“四选择逐日吉时表”两个表。二表具体内容如下：

四选择应避日干表

年命	应避日干	年命	应避日干
甲子	甲子 甲午 庚子 庚午	丁丑	丁丑 丁未 癸丑 癸未
乙丑	乙丑 乙未 辛丑 辛未	戊寅	戊寅 戊申 甲寅 甲申
丙寅	丙寅 丙申 壬寅 壬申	己卯	己卯 己酉 乙卯 乙酉
丁卯	丁卯 丁酉 癸卯 癸酉	庚辰	庚辰 庚戌 丙辰 丙戌
戊辰	戊辰 戊戌 甲辰 甲戌	辛巳	辛巳 辛亥 丁巳 丁亥
己巳	己巳 己亥 乙巳 乙亥	壬午	壬午 壬子 戊午 戊子
庚午	庚午 庚子 丙午 丙子	癸未	癸未 癸丑 己未 己丑
辛未	辛未 辛丑 丁未 丁丑	甲申	甲申 甲寅 庚申 庚寅
壬申	壬申 壬寅 戊甲 戊寅	乙酉	乙酉 乙卯 辛酉 辛卯
癸酉	癸酉 癸卯 己酉 己卯	丙戌	丙戌 丙辰 壬戌 壬辰
甲戌	甲戌 甲辰 庚戌 庚辰	丁亥	丁亥 丁巳 癸亥 癸巳
乙亥	乙亥 乙巳 辛亥 辛巳	戊子	戊子 戊午 甲子 甲午
丙子	丙子 丙午 壬子 壬午	己丑	己丑 己未 乙丑 乙未
庚寅	庚寅 庚申 丙寅 丙申	乙巳	乙巳 乙亥 辛巳 辛亥
辛卯	辛卯 辛酉 丁卯 丁酉	丙午	丙午 丙子 壬午 壬子
壬辰	壬辰 壬戌 戊辰 戊戌	丁未	丁未 丁丑 癸未 癸丑
癸巳	癸巳 癸亥 己巳 己亥	戊申	戊申 戊寅 甲申 甲寅
甲午	甲午 甲子 庚午 庚子	己酉	己酉 己卯 乙酉 乙卯
乙未	乙未 乙丑 辛未 辛丑	庚戌	庚戌 庚辰 丙戌 丙辰
丙申	丙申 丙寅 壬申 壬寅	辛亥	辛亥 辛巳 丁亥 丁巳
丁酉	丁酉 丁卯 癸酉 癸卯	壬子	壬子 壬午 戊子 戊午
戊戌	戊戌 戊辰 甲戌 甲辰	癸丑	癸丑 癸未 己丑 己未
己亥	己亥 己巳 乙亥 乙巳	甲寅	甲寅 甲申 庚寅 庚申
庚子	庚子 庚午 丙子 丙午	乙卯	乙卯 乙酉 辛卯 辛酉
辛丑	辛丑 辛未 丁丑 丁未	丙辰	丙辰 丙戌 壬辰 壬戌
壬寅	壬寅 壬申 戊寅 戊申	丁巳	丁巳 丁亥 癸巳 癸亥

癸卯	癸卯 癸酉 己卯 己酉	戊午	戊午 戊子 甲午 甲子
甲辰	甲辰 甲戌 庚辰 庚戌	己未	己未 己丑 乙未 乙丑
庚申	庚申 庚寅 丙申 丙寅	壬戌	壬戌 壬辰 戊戌 戊辰
辛酉	辛酉 辛卯 丁酉 丁卯	癸亥	癸亥 癸巳 己亥 己巳

四选择逐日吉时表

日干	吉时	日干	吉时	日干	吉时
甲子	子丑	丁丑	己亥	庚寅	丑辰
乙丑	寅卯申	戊寅	辰未	辛卯	寅卯
丙寅	子丑未	己卯	寅卯午	壬辰	巳酉亥
丁卯	戊未	庚辰	寅巳亥	癸巳	辰
戊辰	巳申酉	辛巳	丑午未	甲午	卯
己巳	辰未午	壬午	巳未	乙未	寅卯申
庚午	卯申酉	癸未	寅卯巳	丙申	子丑未
辛未	寅卯申	甲申	丑辰巳	丁酉	子午未
壬申	丑辰巳	乙酉	子寅	戊戌	申
癸酉	寅午	丙戌	寅申亥	己亥	戊未戌
甲戌	寅巳亥	丁亥	丑辰午	庚子	丑申酉
乙亥	丑辰戌	戊子	申酉	辛丑	寅卯申
丙子	子丑	乙丑	寅卯巳	壬寅	子丑未
癸卯	寅卯午	庚戌	巳申亥	丁巳	辰午未
甲辰	乙亥	辛亥	丑午未	戊午	卯申酉
乙巳	丑辰戌	壬子	子丑酉	己未	寅卯巳
丙午	申酉	癸丑	巳申	庚申	辰巳
丁未	巳申亥	甲寅	辰未戌	辛酉	寅午未
戊申	辰巳未	乙卯	寅卯	壬戌	巳亥
乙酉	子午未	丙辰	寅申亥	癸亥	辰午

表中所列“应避日干”可以归纳为这样三种情况：

① 与年命干支完全相重的日子；

② 与年命天干相同，地支相冲的日子（如子对午，卯对酉之类，亦可从年命地支顺数，至第七位即是）；

③ 由年命天干顺数至第七位，地支则与前二者相同，即为第三、第四个应避日干。如甲子年命，甲顺数至第七位为庚，再取与前二日相同的地支，即得第三、第四个应避日干为庚子，庚午。因此，只要记住这三个规律，所有六十甲子年命的“应避日干”，不须查表也可推算出来。

3. 择日宜忌专业术语

人们翻看农历时，看得最多的应是每日宜做什么、忌做什么这一项，通过此项内容，人们就可以自己择吉。但是农历宜忌项中有很多专业用语，会带来理解上的困难。现将农历中常见的择日用事术语批注列于下：

祭祀：祠堂之祭祀，即拜祭祖先、拜神明等事。

祈福：祈求神明降福或设醮还愿之事。

求嗣：向神明祈求后嗣（子孙）之意。

开光：神、佛像塑成后，供奉上位之事。

塑绘：寺庙之绘画或雕刻神像、画人像等。

出行：外出旅行、观光游览。

斋醮：设醮建立道场祈拜、求平安等事。

出火：谓移动神位，火指香火。

纳采：缔结婚姻中授受聘金的仪式。

裁衣：裁制新娘衣服或制作寿衣。

合帐：制作蚊帐之事。

冠笄：冠指男，笄指女，举行男女成人的仪式，称之为冠笄。

嫁娶：男娶女嫁，举行结婚大典之意。

纳婿：男方入赘于女方为婿之意，同嫁娶。

沐浴：沐浴斋戒之意。

剃头：初生婴儿剃胎头或削发出家。

整手足甲：初生婴儿第一次修剪手足甲。

分居：大家庭分家，各自另起炉灶之意。

进人口：收纳养子女而言。

解除：冲洗清扫宅舍、解除灾厄等事。

修造：阳宅之坚造与修理。

起基动土：建筑时，第一次动起锄头挖土。

伐木做梁：砍伐树木制作屋顶梁木等事。

竖柱：竖立建筑物的柱子。

上梁：装上建筑物屋顶的梁木。

开柱眼：做柱木之事。

穿屏扇架：制作门扇、屏障等工作。

安门：房屋装设门户等工事。

盖屋合脊：装盖房屋的屋顶等工作。

求医疗病：求医治疗痼疾或动手术。

安床：安置睡床卧铺之意。

移徙：搬家迁移人住所之意。

入宅：迁入新宅，所谓新居落成典礼也。

挂匾：悬挂招牌或各种匾额。

开市：开业之意，商店行号开张做生意。开幕礼、开工与此意同，包括年初开始营业或开工等事、新设店铺商行或新厂开幕等事。

立券交易：订立各种契约、互相买卖之事。

纳财：购置产业、进货、收账、收租、讨债、贷款、五谷入仓等。

酝酿：酿酒、造酱料等事。

捕捉：扑灭农作物害虫或生物。

栽种：种植物，接果，种田禾与此意同。

畋猎：打猎或捕捉禽兽。

纳畜：买人家畜饲养之事。

教牛马：调训练牛马之工作。

破屋坏垣：拆除房屋或围墙。

拆卸：拆掉建筑物。

开井、开池：开凿水井、挖掘池塘。

作陂、放水：建筑蓄水池、将水灌入蓄水池。

开厕：建造厕所。

造仓库：建筑仓库或修理仓库。

塞穴：堵塞洞穴或蚁穴等。

平治道涂：铺平道路等工事。

修墓：修理坟墓等事。

启攒：出葬。停放棺木，暂时不葬谓攒。

开生坟：开造坟墓。

合寿木：制作棺材。

谢土：建筑物完工后所举行的祭祀。

安葬：举行埋葬等仪式。

入殓：将尸体放入棺材之意。

成服、除服：穿上丧服、脱下丧服。

移柩：举行葬仪时，将棺木移出屋外之事。

破土：仅指埋葬用的破土，与一般建筑房屋的动土不同——破土属阴宅，动土指阳宅也，现今社会上多已滥用，择日时，须辨别之。

二、各种凶吉日简述

了解了各种活动的吉凶日，对于人们从事活动有一定的指导意义，人们可以根据某一日是否为吉日来决定是否要进行某项活动。

1. 吉日

吉日包含很多，每一个日子由于所要从事的活动不同，所以吉日并不是固定的。

（1）天赦日：宜修造动土等

春：戊寅日，三月戊寅日最吉；

夏：甲午日，四月甲午日最吉；

秋：戊申日，七月戊申日最吉；

冬：甲子日，十月甲子日为四季首甲子日，又为绝烟火日，动土可用，但忌竖造阳宅、安葬、嫁娶、移徙入新宅。

（2）各旬建造新宅吉日

甲子旬己巳、辛未二日，富贵荣华，后代子孙荣华富贵；

甲戌旬乙亥、壬午、己卯日，六十年富贵发达大吉；

甲申旬乙酉、戊子、己丑、庚寅四日，六十年富贵发福，安宁大吉；

甲辰旬丙午、丁未、戊申、己酉、壬子五日，八十年富贵大吉；

甲寅旬乙卯、己未、庚申三日，住三年出官人，富贵大吉。

（3）十全富贵大吉大利日：造葬特别吉

己巳、辛未、戊申、己酉、壬子、乙卯、庚申七日。

（4）五合吉日：最宜嫁娶、办喜事等

甲寅乙卯天地合，丙寅丁卯日月合，戊寅己卯人民合，庚寅辛卯金石合，壬寅癸卯江河合。

（5）三合吉日：以三合之中神为最吉

寅月午戌日、卯月亥未日、辰月申子日、巳月酉丑日、午月寅戌日、未用亥卯日、申月子辰日、酉月巳丑日、戌月寅午日、亥用卯未日、子月申辰日、丑月巳酉日。

（6）六合吉日：日辰与月令六合，一般都为吉日

六合吉日要根据各月实用日选之。

寅月亥日、卯月戌日、辰月酉日、巳月申日、午月未日、未月午日、申月巳日、酉月辰日、戌月卯日、亥月寅日、子月丑日、丑月子日。

（7）大葬日和鸣吠日：宜埋葬和安葬等

大葬日：壬申、癸酉、壬午、甲申、乙酉、丙申、丁酉、壬寅、丙午、己酉、庚申、辛酉；

鸣吠日：庚午、壬申、癸酉、壬午、甲申、乙酉、己酉、丙申、丁酉、壬寅、丙午、庚寅、庚申、辛酉；

大葬日与鸣吠日基本相同，只是鸣吠日多了庚午、庚寅二日，这些日最宜埋葬死人，利亡灵安稳。

（8）小葬日和鸣吠对日：宜安葬等

小葬日：庚午、壬辰、甲辰、乙巳、甲寅、丙辰、庚寅。

鸣吠对日：丙寅、丁卯、丙子、辛卯、甲午、庚子、癸卯子、甲寅、乙卯。

小葬日有四日为辰巳日，为重葬日，不能埋葬死人，但安葬祖先骸骨则不忌。鸣吠对日特别宜埋葬死人，利于亡灵安稳，当安葬祖先骸骨亦可以。

2. 吉凶两并日

有的日子，对于某项活动来说是吉日，而对于另外一项活动来说就有可能是凶日，这样的日子就是吉凶两并日。

（1）复日：红喜事吉，凶事埋葬事凶

正月甲日、二月乙日、三月戊日、四月丙日、五月丁日、六己日、七月庚日、八月辛日、九月戊日、十月壬日、十一月癸、十二月己日。

据考证：安葬祖先骸骨，以喜事论，此日吉亦用。

（2）重日：红喜事吉，凶事葬事凶

专指每月的巳、亥二日。

3. 凶日

有的日子里，坚决不能够进行某种活动，不然很可能发生不好的情况，这种日子就被称为凶日。

（1）绝烟火日

绝烟火日，也为大时，乃将军之象，五行到此败绝，为极之神。所以，造葬、移徙进新宅、结婚嫁娶均忌之。

正、五、九月丁卯日，二、六、十月甲子日，三、七、十一癸酉日，

四、八、十二月庚午日。

(2)四绝日：一切用事皆忌之

立春、立夏、立秋、立冬节前一日。

(3)四离日：有书云忌结婚会客，有书云只忌行军出兵

春分、秋分，夏至、冬至前一日。

(4)大小哭日：忌建宅、入宅

据验证，信息吉者由哭笑，亦可慎用。

正月子酉日、二月丑戌日、三月寅未日、四月寅亥日、五月丑日，六月寅巳日、七月寅午日、八月未辰日、九月申未日、十月申巳月、十一月戌亥日、十二月亥申日为大小哭日。

(5)五离日：忌结婚嫁娶

甲申乙酉天地离，丙申丁酉日月离，戊申己酉人民离，壬申酉汉河离。

(6)八专日：忌嫁娶

据考证，信息吉者亦可慎用。

丁未、己未、庚申、甲寅、癸丑日。

(7)死别日：忌上官赴任、结婚姻，吉多可慎用

春戌日、夏午日、秋辰日、冬未日。

(8)四耗日：忌求财、开业、建仓库

春壬子、夏乙卯、秋戊午、冬辛酉。

(9)四废日：忌出行、求财开业、竖造移步、嫁娶

春庚申辛酉、夏壬子癸亥、秋甲寅乙卯、冬丙午丁巳。

(10)四忌日：忌嫁娶

春甲子、夏丙子、秋庚子、冬壬子。

(11)四穷日：忌开业求财，嫁娶

在四穷日里竖造、移动慎用。

春乙亥、夏丁亥、秋辛亥、冬癸亥。

(12)触水龙日：忌行船渡水涉江河

丙子、癸丑、癸未三日。

(13)八风日：忌行船渡水涉江河

春丁丑、丁巳日，夏甲申、甲辰日，秋丁亥、丁未日，冬甲戌、甲辰日。

(14)丧葬凶日：特忌埋葬

重丧日：专指每月辰日。

三丧日：春辰日，秋戌日，夏未日，冬丑日。

三、结婚吉日的选择

结婚是人生大事，对于结婚日子的选择也一定要慎重，选择了吉日，婚姻生活才会美满幸福。

1. 男女婚配法则

结婚是人生三大喜事之一。俗语云:“人生三件喜：金榜提名时，洞房花烛夜，他乡遇故知。”对于结婚成家，每一个人都向往，并为达到目标努力行动。但是，出于人体的信息不同，成婚后有的人婚姻幸福美满，有的人不过不失，有的人争争吵吵，凑合地过一生，而有的人却婚姻灾难叠临，甚至生离死别。本段旨在教你如何选择结婚吉日，在叙述怎样选择结婚日前，附带阐述一下配婚的法则：

（1）男女命虽忌年命相克但为喜用神则不忌

结婚男女双方，首要年命相生为吉，忌年命相克。如金命的男子娶土、水命的女子吉，忌娶火命或木命的女子。因火克金为女克男，金克木为男克女，都是不吉。年命相克为不吉，婚后多不和或易出婚灾，特别是相克之命为对方的忌神者。相生之义为和好，得生助，婚后多是夫妻和睦婚姻美满，特别是相生之命为对方的喜用神者。年命相克有克性大小之分。如白蜡金命，最怕火克；而大林木命不怕白蜡金，钗钏金，海中金克，但最怕剑锋金克。天上火不怕泉中水、大海水、大溪水克，但最怕天河水克，其他年命同理。

以上说的是男女年命相克对婚后不利的情况，但在实践中发现，有的男女命虽是相克，但同样是夫妻恩爱白头到老，究其原因是对方的年命或命局中用神刚好是自己命局中的喜用神，起到调节阴阳五行的作用。虽相克也无大碍，反而对自己有利。如一个为火命的人，命局中火或土太旺，其命局中金、水为喜用神，如分别与属水或属金的人结合，虽年命相克，最多平时有些争吵，但由于金水为其命局中的喜用神，反对其有利，可诱导其婚后有所发迹和夫妻白头到老。所以，相克之命星为对方命局的喜用神时，年命相克功，不忌，如为忌神时则切忌之。

（2）男女双方忌年柱犯天克地冲

成婚男女的出生年支，最怕犯天克地冲，男女年命相差六周年，为犯天克地冲。如男命为丙午年生人，取庚子、壬子年出生的女子，就是犯天克地冲。犯天克地冲，虽年命相生亦不吉。犯天克地冲的年命夫妇，如果双方命局中没有年柱相合者（如男命甲日，女命己日为甲己合），又没有天月二德到日时且旺者，均不能化冲。在男女命五十四周岁时，又与流年犯天克地冲，特别是男命，是很难度过的。因为五十四周岁之年又正好是其妻的本命年，所以，女方多有克夫伤夫或离婚之悲。但如年柱有相合或日时有天月二德，则可解五十四周岁的凶灾之关。

（3）男女命忌年支犯相害

男女合婚也有忌年支相害之说。年支相害即生肖相害是古代忌婚配的原则，古有歌曰：“从来白马怕青牛，羊鼠相逢一旦休。蛇见猛虎如刀断，猪遇猴头不到头。龙逢兔儿云端去，金鸡见犬泪交流。”所以，午丑年、子未年、巳寅年、辰卯年、酉戌年出生之男女，是不能婚配的。据验证，如男女双方无婚灾或男女命中如有化解的吉室或相互为命局中喜用神者可不忌。

（4）配婚方位宜吉利

现代易学预测家邵伟华先生经过长期研究，发现男女配婚还有一个方位问题。配婚方位也是男女婚姻白头偕老的重要因素之一。正确的配婚方位，是化解婚灾的重要法则之一。所以，男女恋爱时，除重视年命、生肖等外，还应重视配偶的方位（以父母生育之地为标准）问题。

东北对西南方

日子 / 月份	日子
正月	1、6、7、12、13、18、19、24、25、30
二月	5、6、11、12、17、18、23、24、29、30
三月	4、5、10、11、16、17、22、23、28、29
四月	3、4、9、10、15、16、21、22、27、28
五月	2、3、8、9、14、15、20、21、26、27
六月	1、2、7、8、13、14、19、20、25、26

七月	1、6、7、8、13、18、19、24、25、30
八月	5、6、11、12、17、18、23、24、29、30
九月	4、5、10、11、16、17、22、23、28、29
十月	3、4、9、15、16、21、22、27、28、30
十一月	2、3、8、9、14、15、20、21、26、27
十二月	1、2、7、8、13、14、19、20、25、26

东方对西方

日子 / 月份	日　子
正月	2、8、14、20、26
二月	1、7、13、19、25
三月	6、12、18、24、30
四月	5、11、17、23、29
五月	4、10、16、22、27
六月	3、9、15、21、27
七月	2、8、14、20、26
八月	1、7、13、19、25
九月	6、12、18、24、30
十月	5、11、17、23、29
十一月	4、10、16、22、28
十二月	3、9、15、21、27

西北方对东南方

日子 / 月份	日　　子
正月	3、4、9、10、15、16、21、22、27、28
二月	2、3、8、9、14、15、20、21、26、27
三月	1、2、7、8、13、14、19、20、25、30
四月	1、6、7、12、13、18、19、24、25、30
五月	5、6、1、12、17、18、23、24、29、30
六月	4、5、10、11、16、17、22、23、28、29
七月	3、4、9、10、15、16、21、22、27、28
八月	2、4、8、9、14、19、20、21、26、27
九月	1、2、7、8、13、14、19、20、25、26
十月	1、6、7、10、13、18、19、24、29、30
十一月	5、6、11、12、17、18、23、24、29、30
十二月	4、5、10、11、16、17、22、23、28、29

北方对南方

日子 / 月份	日　　子
正月	5、11、17、23、29
二月	4、10、16、22、28
三月	3、9、15、21、27
四月	2、8、14、20、26
五月	1、7、13、19、25
六月	6、12、18、24、30
七月	5、11、17、23、29
八月	4、10、16、22、28
九月	3、9、15、21、27
十月	2、8、14、20、26
十一月	1、7、13、19、25
十二月	6、12、18、24、30

（5）化解婚灾

负责任和懂命座预测的择吉师，在择结婚日前，还应先预测男女双方的命运信息，看男女双方是否有婚灾信息。如果婚灾期近，要告诉结婚者先避过婚灾期再结婚；婚灾期远，要告诉结婚者采取有效的补救解灾措施。又如婚灾期闹离婚或有灾，要暂时分居，离开一段时间，克运一般五到十年，克运过去了就好了，同时，还要采取其他的补救解灾措施，顺利地度过婚灾期。因此，择吉师除会择日外，还应该懂命运预测和懂得化解婚灾之法。

古时有“男命要假不能假，女命要真不能真”“女命是缸瓦命，不能真”的错误说法。所以，女家多是开假八字给男家，给有婚灾者化解婚灾设置了障碍，又给择结婚日造成了假吉真凶的情况，这是害人害己的做法，是不应该的。因为一个人从娘腹生下时，命运信息已定，如有婚灾信息，不经后天化解，改了没有婚灾信息之命造，婚灾期一到，同样会发生婚灾，这是很多实例证实了的。俗语说“人生落地哭三声，好歹命运已生成”。这女子如是低贱的命运，改成大富大贵的皇后命、贵夫人命，同样也当不了皇后，成不了贵夫人，同样是劳碌奔波之贫民百姓！所以，用改出生八字的方法来配合、合婚，是极不可取的。

2. 各月婚嫁吉日的选取

正月：丙子 己卯 辛卯 庚子 丙寅 壬午 癸卯 戊子 丙午 辛未 乙未 乙卯

二月：乙丑 丙子 丁丑 丙戌 丙寅 戊子 己丑 庚子 庚寅 庚戌 乙未

三月：甲子 戊寅 壬寅 甲寅 丁卯 乙卯 己卯 庚午 丙午

四月：甲子 丙子 戊子 丙戌 甲戌 丁卯 己卯 辛卯 癸卯 乙卯

五月：甲戌 丙戌 戊戌 乙未 癸未 乙丑 丁丑 己丑 辛丑

六月：甲午 乙未 甲戌 癸未 戊戌 壬戌 午卯 戊寅 庚寅

七月：乙巳 乙未 甲午 戊辰 癸巳 癸未 壬午 丙子 壬子 丙辰 戊午

八月：甲辰 甲午 戊辰 戊午 癸巳 壬辰 壬午 乙丑 丁丑 戊戌 己丑

九月：甲子 庚午 壬午 戊午 癸巳 辛巳 辛未 辛未 癸未 辛卯 己卯 癸卯 丙午 乙卯

十月：庚午 壬午 己卯 乙卯 癸卯 辛卯 庚寅 壬寅 庚辰 壬辰 戊辰

辛未 丁未 戊寅

十一月：庚寅 壬寅 丁丑 己丑 辛丑 庚辰 壬辰 戊辰 甲辰 丙辰

十二月：丙寅 辛丑 辛卯 庚子 庚寅 庚辰 戊寅 丁卯 己卯 癸卯 乙卯 丙辰 甲寅 戊辰 己巳 癸巳

3. 各月远行吉日的选取

正月：丁卯 庚午 辛未 乙亥 丙子 己卯 壬午 丁亥 辛卯 壬辰 甲午 丁酉 己亥 癸卯 丙午 丁未 辛亥 壬子 乙卯 丙辰 戊午

二月：乙丑 丁卯 辛未 甲戌 乙亥 丁丑 庚辰 辛巳 癸未 丁亥 己丑 辛卯 壬辰 己亥 辛丑 癸卯 甲辰 丁未 辛亥 癸丑 乙卯 丙辰 己未

三月：甲子 丙寅 丙子 丁丑 戊寅 壬午 乙酉 戊子 庚寅 丁酉 庚子 壬寅 壬子 甲寅

四月：乙丑 丙寅 庚午 癸酉 丙子 丁丑 壬午 乙酉 己丑 庚寅 辛卯 甲午 丙申 乙酉 戊戌 庚子 辛丑 己酉 癸丑 乙卯 庚申 辛酉

五月：丙寅 戊辰 辛未 壬申 甲戌 戊寅 庚辰 癸未 甲申 丙戌 庚寅 壬辰 乙未 丙申 戊戌 壬寅 甲辰 丁未 戊申 庚戌 甲寅 丙辰 己未 庚申

六月：甲子 丁卯 辛未 戊寅 己卯 癸未 庚寅 辛卯 乙未 己亥 壬寅 癸卯 甲辰 丁未 己酉 辛亥 乙酉 己未

七月：甲子 丁卯 壬申 丙子 丁丑 壬午 丁亥 戊子 壬辰 戊戌 庚子 癸卯 戊申 壬子 癸丑 戊午 庚申 壬戌

八月：乙丑 辛未 乙亥 丁丑 庚辰 癸未 丙戌 丁亥 己丑 乙未 戊戌 己亥 丁未 戊申 庚戌 辛亥 癸丑 己未 庚申 壬戌

九月：庚午 壬申 丙子 戊寅 己卯 壬午 甲申 丙戌 辛卯 甲午 丙申 癸卯 丙午 戊申 庚戌 辛亥 戊午 庚申 壬戌

十月：甲子 丙寅 丁卯 庚午 丙子 戊寅 甲申 乙酉 庚寅 辛卯 甲午 庚子 壬寅 癸卯 甲寅 乙卯 庚申

十一月：乙丑 丙寅 戊辰 壬申 甲戌 丁丑 戊寅 庚辰 甲申 己丑 庚寅 壬辰 丙申 辛丑 壬寅 甲辰 戊申 癸丑 甲寅 丙辰 庚申

十二月：庚午 壬申 癸申 甲申 乙酉 庚寅 丙申 丁酉 戊申 己酉 乙卯 庚申 辛酉

四、其他吉日的选择

1. 各月安葬吉日的选择

正月：庚午 辛未 丙子 丙寅 戊寅 壬午 丙戌 辛卯 丁酉 壬子 丙辰 戊午 丙午 壬寅 壬辰 壬戌 丁未

二月：丁卯 甲戌 戊寅 甲辰 甲寅 乙未 丙寅 庚寅 壬寅

三月：丙寅 丙子 丁丑 戊寅 壬午 乙酉 庚寅 丁酉 己酉 庚子 壬寅 壬子 甲寅

四月：乙丑 丙寅 癸酉 甲午 壬午 乙酉 庚寅 辛卯 丙申 丁酉 庚子 辛丑 己酉 庚戌 癸丑 乙卯 庚申 辛酉

五月：丙寅 辛未 壬申 戊寅 癸未 甲申 丙戌 庚寅 丙申 壬寅 己未 乙未 庚申 壬寅 甲寅

六月：丁卯 甲申 庚寅 辛卯 壬寅 癸卯 甲辰 庚午 丙寅 壬午 甲午 甲寅 乙卯 壬申 庚申

七月：丁卯 戊辰 壬申 丙子 丁丑 乙酉 戊子 壬辰 丁酉 戊戌 癸卯 戊申 壬子 癸丑 壬戌 辛酉

八月：乙丑 壬申 庚寅 甲申 丙戌 戊申 庚戌 庚申 丙申 丁丑 癸丑 丙辰

九月：庚午 壬申 丙子 戊寅 己卯 壬午 甲申 丙戌 辛卯 甲午 丙申 癸卯 丙午 戊申

十月：丙寅 庚午 辛未 丙子 戊寅 己卯 庚辰 甲申 庚寅 辛卯 甲午 乙未 庚子 壬寅 癸卯 甲辰 甲寅 乙卯 己未 庚申

十一月：乙丑 丙寅 壬申 丁丑 甲申 己丑 丙申 辛丑 壬寅 癸丑 甲寅 庚申

十二月：甲子 乙丑 丙寅 壬申 癸酉 丙子 甲申 乙酉 庚寅 丙申 丁酉 庚子 甲寅 乙卯 壬寅 庚申 辛酉

2. 各月入宅吉日的选择

正月：庚午 辛未 丁亥 己卯 壬午 辛卯 甲午 辛亥 壬子 丙辰 戊午 丙午 壬辰 丁未

二月：乙丑 辛未 丁亥 辛亥 己未 甲辰 丁未 丁丑 己亥 丁卯 辛丑 丙辰 癸丑

三月：丙子 丁丑 戊寅 壬午 乙酉 丁亥 戊子 庚寅 庚子 壬子 甲寅

丁巳

四月：乙丑 癸酉 丙子 甲午 乙酉 庚寅 辛卯 丙申 丁酉 戊戌 庚子 乙巳 己酉 庚戌 乙卯 庚申 辛酉

五月：丙寅 戊辰 辛未 庚辰 甲申 丙戌 壬辰 庚寅 丙申 戊戌 壬寅 甲辰 丁未 戊申 丙辰 己未 庚申

六月：丁卯 辛未 戊寅 己卯 甲申 辛卯 己亥 癸卯 甲辰 甲寅 乙卯 己未

七月：甲子 丁卯 己巳 壬申 丙子 壬午 丁亥 戊子 癸巳 戊戌 庚子 癸卯 戊申 壬子 戊午 丁己

八月：乙丑 己巳 辛未 丁丑 辛巳 癸未 丙戌 己丑 癸巳 乙未 甲辰 乙巳 庚戌 丁巳

九月：庚午 丙子 戊寅 己卯 辛巳 壬午 丙戌 辛卯 癸巳 甲午 癸卯 丙午 戊午

十月：丙寅 丁卯 庚午 戊寅 己卯 庚辰 庚寅 辛卯 甲午 庚子 壬寅 癸卯 甲辰 乙卯

十一月：乙丑 戊辰 甲戌 庚辰 丁丑 己丑 庚寅 壬辰 辛丑 壬寅 甲辰 癸丑 丙辰

十二月：丙寅 己巳 庚寅 乙巳 甲寅 乙卯 庚辰 戊寅

3. 各月修建吉日的选择

正月：丁卯 庚午 辛未 丁亥 戊寅 己卯 壬午 丙戌 乙亥 辛卯 甲午 辛亥 壬子 丙辰 戊午 丙午 壬辰 壬戌 丁未

二月：乙丑 辛未 乙亥 丁亥 辛亥 己未 甲辰 丁未 癸未 己亥 辛丑 丙辰 癸丑

三月：丙子 丁丑 戊寅 壬午 乙酉 丁亥 戊子 庚寅 庚于 壬寅 壬子 甲寅 丁巳

四月：乙丑 癸酉 丙子 甲午 丁丑 乙酉 己丑 辛卯 丙申 丁酉 戊戌 庚子 辛丑 庚戌 癸丑 乙卯 庚申 辛酉

五月：丙寅 辛未 甲戌 戊寅 庚辰 丙戌 壬辰 庚寅 丙申 戊戌 壬寅 丁未 戊申 庚戌 甲寅 丙辰 己未

六月：丁卯 乙亥 戊寅 己卯 甲申 辛卯 己亥 癸卯 甲辰 辛亥 甲寅 乙卯 己未 丁亥

七月：甲子 己巳 丙子 丁丑 壬午 丁亥 戊子 壬辰 癸巳 丁酉 戊戌 庚子 戊申 壬子 癸丑

八月：乙丑 己巳 乙亥 丁丑 辛巳 戊申 己丑 癸巳 乙巳 癸丑 丁巳

九月：庚午 壬申 丙子 戊寅 壬午 甲申 辛卯 癸巳 甲午 丙申 癸卯 丙午 戊申 戊午 庚申

十月：丙寅 丁卯 庚午 辛未 己

卯 庚辰 癸未 甲申 乙酉 庚寅 辛卯 甲午 乙未 庚子 壬寅 癸卯 丁未 甲寅 乙卯 己未 庚申

十一月：乙丑 丙寅 戊辰 壬申 庚辰 丁丑 戊寅 甲申 己丑 庚寅 壬辰 丙申 辛丑 壬寅 甲辰 戊申 癸丑 甲寅 丙辰

十二月：丙寅 己巳 癸酉 乙亥 辛巳 甲申 乙酉 庚寅 癸巳 丁酉 乙巳 己酉 甲寅 壬寅 乙卯 戊寅 庚申 辛酉

4. 各月开业求财吉日的选择

正月：庚午 辛未 乙亥 丙子 壬午 丙戌 丁亥 辛卯 壬辰 甲午 丁酉 丙午 丁未 辛亥 丙子 丙辰 戊午 壬戌

二月：丙寅 己巳 辛未 甲戌 癸未 己丑 癸巳 乙未 己亥 乙巳 甲辰 丁未 辛亥 甲寅 丁巳 己未

三月：甲子 丙寅 丙子 丁丑 戊寅 壬午 乙酉 丁亥 戊子 庚寅 庚子 壬寅 壬子 癸丑 甲寅 丁巳

四月：乙丑 丙寅 庚午 癸酉 丙子 丁丑 乙酉 乙丑 庚寅 辛卯 甲午 丙申 丁酉 戊戌 庚子 辛丑 己酉 庚戌 癸丑 乙卯 庚申 辛酉

五月：丙寅 辛未 壬申 甲戌 戊寅 癸未 甲申 丙戌 庚寅 乙未 丙申 戊戌 壬寅 丁未 戊申 庚戌 甲寅 丙辰 己未 庚申 壬戌

六月：丙寅 丁卯 辛未 乙亥 戊寅 己卯 甲申 庚寅 乙亥 壬寅 癸卯 己酉 辛亥 甲寅 乙卯 己未

七月：甲子 丁卯 戊辰 己巳 壬申 癸酉 丙子 丁丑 壬午 戊子 壬辰 癸巳 戊戌 庚子 癸卯 乙巳 戊申 壬子 丁巳 戊午 壬戌

八月：乙丑 己巳 壬申 乙亥 丁丑 辛己 甲申 丙戌 丁亥 己丑 癸巳 乙未 己亥 乙巳 戊申 庚戌 癸丑 丁巳

九月：庚午 壬申 丙子 戊寅 壬午 甲申 辛卯 甲午 丙申 丙午 戊申 戊午 庚申 壬戌

十月：甲子 丙寅 丁卯 庚午 辛未 戊寅 己卯 癸未 乙酉 庚寅 甲午 乙未 壬寅 丁未 甲寅 乙卯 己未 庚申

十一月：乙丑 丙寅 戊辰 壬申 甲戌 丁丑 戊寅 庚辰 甲申 己丑 庚寅 壬辰 丙申 辛丑 壬寅 甲辰 戊申 癸丑 丙辰 甲寅 庚申 壬戌

十二月：己巳 乙丑 壬申 癸酉 乙亥 辛巳 甲申 乙酉 庚寅 癸巳 丙申 丁酉 辛丑 乙巳 戊申 乙酉 乙卯 庚申 辛酉

第九章

日常实用知识

“处处留心皆学问”，在日常生活中，有很多知识非常实用，所以我们应该处处留意，将这些知识拿来为我所用。

一、生活小窍门

生活中杂七杂八的事情最是繁琐，但是如果掌握一定的技巧，那么繁琐的家务活兴许会让你产生兴趣，以下就介绍一些关于生活常识的小窍门。

1. 饮食

① 将虾仁放入碗内，加一点精盐、食用碱粉，用手抓搓一会儿后用清水浸泡，然后再用清水洗净，这样能使炒出的虾仁透明如水晶，爽嫩可口。

② 和饺子面的窍门：在1斤面粉里掺入6个蛋清，使面里蛋白质增加，包的饺子下锅后蛋白质会很快凝固收缩，饺子起锅后收水快，不易粘连。

③ 煮饺子时要添足水，待水开后加入2g的食盐，待食盐溶解后再下饺子，能增加面筋的韧性，饺子不会粘皮、粘底，饺子的色泽会变白，汤清饺香。

④ 烹调蔬菜时如果必须要焯，焯好菜的水要尽量利用。如做水饺的菜，焯好的水可适量放在肉馅里，这样既保存营养，又使水饺馅味美有汁。

⑤ 炒鸡蛋的窍门：将鸡蛋打入碗中，加入少许温水搅拌均匀，倒入油锅里炒，炒时往锅里滴少许酒，这样炒出的鸡蛋蓬松、鲜嫩、可口。

⑥ 夹生饭重煮法：如果米饭夹生，可用筷子在饭内扎些直通锅底的孔，洒入少许黄酒重焖，若只表面夹生，只要将表层翻到中间再焖即可。

⑦ 如何使用砂锅1：新买来的砂锅第一次使用时，最好用来熬粥，或者用它煮一煮浓淘米水，以堵塞砂锅的微细孔隙，防止渗水。

如何使用砂锅2：用砂锅熬汤、炖肉时，要先往砂锅里放水，再把砂锅置于火上，先用文火，再用旺火。

⑧ 巧用“十三香”：炖肉时用陈皮，香味浓郁；吃牛、羊肉加白芷，可除膻增鲜；自制香肠用肉桂，味道鲜美；熏肉熏鸡用丁香，回味无穷。

⑨ 香菜是一种伞形花科类植物，富含香精油，香气浓郁，但香精油极易挥发，且经不起长时间加热，香菜最好在食用前加入，以保留其香气。

⑩ 烹调蔬菜时，加点菱粉类淀粉，使汤变得稠浓，不但可使烹调出的蔬菜美味可口，而且由于淀粉含谷胱甘肽，对维生素有保护作用。

⑪ 米饭若烧糊了，赶紧将火关掉，在米饭上面放一块面包皮，盖上锅盖，5分钟后，面包皮即可把糊味吸收。

⑫ 许多人爱吃青菜却不爱喝菜汤，事实上，烧菜时，大部分维生素已溶解在菜汤里。如小白菜炒好后，会有70%的维生素C溶解在菜汤里。

⑬ 烧荤菜时，在加了酒后，再加点醋，菜就会变得香喷喷的。烧豆芽之类的素菜时，适当加点醋，味道好营养也好，因为醋对维生素有保护作用。

⑭ 炒鲜虾的窍门：炒鲜虾之前，可先将虾用煮过桂皮的沸水冲烫一下，然后再炒，这样炒出来的虾，味道更鲜美。

⑮ 蔬菜尽可能做到现炒现吃，避免长时间保温和多次加热。另外，为使菜梗易熟，可在快炒后加少许水闷熟。

⑯ 豆腐一般都会有一股卤水味。豆腐下锅前，如果先在开水中浸泡10多分钟，便可除去卤水味，这样做出的豆腐不但口感好，而且味美香甜。

⑰ 煮鸡蛋时，可先将鸡蛋放入冷水中浸泡一会，再放入热水里煮，这样煮好的鸡蛋蛋壳无裂痕，且易于剥掉。

⑱ 用微波炉做菜时，首先要用调料将原料浸透。这是因为微波烹饪过程快，若不浸润透很难入味，且葱、姜、蒜等增香的作用也难以发挥。

⑲ 煮饭不宜用生水。因为自来水中含有氯气，在烧饭过程中，它会破坏粮食中所含的维生素B_1，若用开水煮饭，维生素B_1可免受损失。

⑳ 砧板防裂小窍门：买回新砧板后，在砧板上下两面及周边涂上食用油，待油吸干后再涂，涂三四遍，油干后即可使用，这样砧板便会经久耐用。

㉑ 炸馒头片时，先将馒头片在冷水里浸一下，然后再入锅炸，这样炸好的馒头片焦黄酥脆，既好吃又省油。

㉒ 做菜或做汤时，如果做咸了，可拿一个洗净的土豆切成两半放入汤里煮几分钟，这样，汤就能由咸变淡了。

㉓ 忌食鲜黄花菜！因为鲜黄花菜内含有毒物质秋水仙碱，食用后会导致恶心、腹泻等。而加工后的干黄花菜已将秋水仙碱溶出，食用则不会中毒。

㉔ 如果用陈米做米饭，淘过米之后，可在往米中加水的同时，加入注入水量的1/4或1/5的啤酒，这样蒸出来的米饭香甜，且有光泽，如同新米蒸出的一样。

㉕ 烤肉防焦小窍门：烤肉时，可在烤箱里放一只盛有水的器皿，因为器皿中的水可随烤箱内温度的升高而变成水蒸气，防止烤肉焦糊。

㉖ 巧洗带鱼：带鱼身上的腥味和

油腻较大，用清水很难洗净，可把带鱼先放在碱水中泡一下，再用清水洗，就会很容易洗净，而且无腥味。

㉗ 巧剥蒜皮：将蒜用温水泡3～5分钟捞出，用手一搓，蒜皮即可脱落。如需一次剥好多蒜，可将蒜摊在案板上，用刀轻轻拍打即可脱去蒜皮。

㉘ 面包与饼干不宜一起存放。面包含水分较多，饼干一般则是干而脆，两者如果存放在一起，就会使面包变硬，饼干也会因受潮失去酥脆感。

㉙ 烧糖醋鱼块及其它需放醋的菜肴时，最好在即将起锅时再放醋，这样能充分保持醋味，若放的过早，醋就会在烹调过程中蒸发掉而使醋味大减。

㉚ 煮肉的时候，如果想使汤味鲜美，应该把肉放入冷水中慢慢地煮；如果想使肉味鲜美，则应该把肉放在热水里煮。

㉛ 茶叶与食糖、糖果不宜一起存放。茶叶易吸潮，而食糖、糖果却恰恰含水分多，这两类物品存放在一起，就会使茶叶因受潮而发霉或变味。

㉜ 巧切松花蛋：用刀切松花蛋，蛋黄会粘在刀上，可用丝线将松花蛋割开，既均匀又不粘蛋黄。将刀在热水中烫一下再切，也能切的整齐漂亮。

㉝ 瓜果的清洗：食用前，先将瓜果在盐水中浸泡20～30分钟，可去除瓜果表皮残存的农药或寄生虫卵，且盐水还有杀灭某些病菌的作用。

㉞ 洗铁锅油垢：炒菜锅用久了，锅上积存的油垢很难清除掉，如果将新鲜的梨皮放在锅里加水煮一会儿，油垢就很容易清除了。

㉟ 海参的贮藏：将海参晒得干透，装入双层食品塑料袋中，加几颗蒜，然后扎紧袋口，悬挂在高处，海参就不会变质生虫。

㊱ 切肥肉的窍门：切肥肉时，可先将肥肉蘸一下凉水，然后放在案板上，一边切一边洒点凉水，这样切着省力，肥肉也不会滑动，且不易粘案板。

㊲ 将待熟的香蕉放入冰箱内贮存，能使香蕉在较长时间内保鲜，即使外皮变色，里面也一样新鲜如初。

㊳ 你非常口渴而家中又无凉开水时，可把装有热水的杯子放入冷水中浸泡，然后在冷水中撒上一把盐，这样能加速开水的冷却。

㊴ 将西瓜放入盐水中3～5日，将西瓜捞出揩干，再用西瓜蔓叶中挤出的水汁涂一遍，密封于聚乙稀塑料袋内，放入地窖，可使西瓜保鲜半年。

㊵ 巧洗葡萄：将葡萄去蒂放在水盆里，加入适量面粉，用手轻搅几下，然后将浑浊的面粉水倒掉，用清水冲净即可。

㊶ 吃羊肉有助于保持健美体形，羊肉是理想的肉碱来源，这种与氨基酸类似的物质能“烧”掉人体多余的

脂肪。

㊷ 炒青菜脆嫩法：在炒黄瓜、莴笋等青菜时，洗净切好后，撒少许盐拌合，腌渍几分钟，倒去水分后再炒，青菜能保持脆嫩清鲜。

㊸ 鱼刺卡喉的救治窍门1：吞咽橙皮。鱼刺卡喉时，可剥取橙皮，块窄一点，含着慢慢咽下，可化解鱼刺。

鱼刺卡喉的救治窍门2：用维生素C软化。细小鱼刺卡喉，可取维生素C一片，含服慢慢咽下，数分钟后，鱼刺就会软化清除。

㊹ 吃过大蒜后，喝杯牛奶，可消除大蒜遗留在口中的异味。抽屉、壁橱、衣箱里有霉味时，在里面放块肥皂，即可去除。

㊺ 自来水刚煮沸就关火对健康不利，煮沸3-5分钟再熄火，烧出来的开水亚硝酸盐和氯化物等有毒物质含量都处于最低值，最适合饮用。

㊻ 巧刮鱼鳞：将鱼装一较大塑料袋里，放到案板上，用刀背反复拍打鱼体两面的鳞，然后将勺伸入袋内轻轻地刮，鱼鳞即可刮净，且不外溅。

㊼ 巧煮面条：煮面时在水面加一汤匙油，面条就不会沾了，还能防止面汤起泡沫溢出锅外。

㊽ 买肉常识：看肉色，新鲜肉肥肉乳白，瘦肉粉红。如肥肉发黄或肉呈黑紫色或有淤血，则不能要。含瘦肉精的肉则特别鲜亮，色泽红艳。

㊾ 煮挂面时不要等水沸再下，当锅底有小气泡往上冒时就可下面，搅几下盖锅煮沸，适量加冷水，再盖锅煮沸即熟。这样煮出的面，面柔而汤清。

㊿ 将白菜帮、叶切斜片，锅内油热后放花椒10粒左右，炸黑后放白菜，紧跟着将一小酒杯米醋倒入锅，翻炒后勾淀粉少许，此菜有助防流感。

51 袋装牛奶在冬季或冰箱放置后，其油脂会凝结附着在袋壁上，不易刮下，可在煮之前将其放暖气片上或火炉旁预热片刻，油脂即溶。

2. 清洁卫生

① 可将洗衣粉、吸烟剩下的烟头一起放在水里，待溶解后，拿来擦玻璃窗、纱窗，效果不错。

② 将残茶叶浸入水中数天后，浇在植物根部，可促进植物生长；把残茶叶晒干，放到厕所或沟渠里燃熏，可消除恶臭，还可驱除蚊蝇。

③ 面包能消除衣服上的油迹：用餐时，衣服如果被油迹所染，可用新鲜白面包轻轻摩擦，油迹即可消除。

④ 面包能消除地毯上的污迹：家中的小块地毯如果脏了，可用热面包渣擦拭，然后将其挂在阴凉处，24小时后污迹即可除净。

⑤ 用墩布拖地很沉，且容易腰酸背疼，地面也要很长时间才干。用旧毛

巾当抹布擦地，干净、干得快、省时间。用旧化纤料效果更好。

⑥ 若衣服不太脏或洗涤时泡沫过多，则要减少洗衣粉用量，避免洗衣粉使用过量，适量使用洗衣粉不仅省钱而且环保，还可令洗衣机更耐用。

⑦ 当进行高温洗涤或干洗程序时，不可碰触机门玻璃，以免烫伤。拿出烘干的衣物时，要小心衣物上的金属部分，如拉链、纽扣等，以免烫伤。

⑧ 如果衣领和袖口较脏，可将衣物先放进溶有洗衣粉的温水中浸泡15～20分钟，再进行正常洗涤，就能洗干净。

⑨ 白袜子若发黄了，可用洗衣粉溶液浸泡30分钟后再进行洗涤；对于衣服上的奶渍，可用洗衣粉进行污渍预处理，然后再进行正常洗涤。

⑩ 用残茶叶擦洗木、竹桌椅，可使之更为光洁；把残茶叶晒干，铺撒在潮湿处，能够去潮；残茶叶晒干后，还可装入枕套充当枕芯，非常柔软。

⑪ 晾晒衣服要诀1：衣服最好不要在阳光下曝晒，应在阴凉通风处晾至半干时，再放到较弱的太阳光下晒干，以保护衣服的色泽和寿命。

晾晒衣服要诀2：晾晒衣服不可拧得太干，应带水晾晒，并用手将衣服的襟、领、袖等处拉平，这样晾晒干的衣服会保持平整，不起褶皱。

⑫ 男子剃须时，可用牙膏代替肥皂，由于牙膏不含游离碱，不仅对皮肤无刺激，而且泡沫丰富，气味清香，使人有清凉舒爽之感。

⑬ 刷油漆前，先在双手上抹层面霜，刷过油漆后把奶油涂于沾有油漆的皮肤上，用干布擦拭，再用香皂清洗，就能把附着于皮肤上的油漆除掉。

⑭ 牙膏也有洁肤功能！洗澡时用牙膏代替浴皂搓身去污，既有明显的洁肤功能，还能使浴后浑身凉爽，而且还有预防痱子的作用。

⑮ 室内厕所即使冲洗得再干净，也常会留下一股臭味，只要在厕所内放置一小杯香醋，臭味便会消失。其有效期为六七天，可每周换一次。

⑯ 在洗碗水中放几片柠檬皮和橘子皮，或滴几滴醋，能消除碗碟等餐具上的异味，同时，它还能使硬水软化，同时增加瓷器的光泽感。

⑰ 皮鞋霉斑清除法：皮鞋放久了发霉时，可用软布蘸酒精加水（1∶1）溶液进行擦拭，然后放在通风处晾干。对发霉的皮包也可如此处理。

⑱ 宝石戒指如何清洗？可用棉棒在氧化镁和氨水混合物，或花露水、甘油中沾湿，擦洗宝石和框架，然后用绒布擦亮即可。

⑲ 牛仔裤穿时间长了就会褪色。可以把新买来的牛仔裤放入浓盐水中浸泡12小时后，再用清水洗净，以后再

洗涤时就不会褪色了。

⑳ 巧除家电缝隙里的灰尘：家用电器的缝隙里常常会积藏很多灰尘，且用布不宜擦净，可将废旧的毛笔用来清除缝隙里的灰尘，非常方便。

㉑ 首饰收藏与保养的窍门：轻拿轻放，避免碰撞与磨擦；避免接触高温和酸、碱溶液；经常检查，防止宝石脱落；及时取下收藏和清洗保存。

㉒ 毛巾科学消毒法：将毛巾先用开水煮10分钟左右，再用肥皂洗涤，然后用清水充分洗净，最后将毛巾折叠好放入微波炉中，加热5分钟。

㉓ 白背心穿久了会出现黑斑，可取鲜姜2两捣烂放锅内加1斤水煮沸，稍凉后倒入洗衣盆，浸泡白背心十分钟，再反复揉搓几遍，黑斑即可消除。

㉔ 减少洗衣粉泡沫的窍门：往洗涤液中加少量肥皂粉，泡沫会明显减少。若用洗衣机洗衣，可在洗衣缸里放一杯醋，洗衣粉泡沫就会消失。

㉕ 巧除领带上的皱纹：打皱了的领带，不用熨斗烫也能变得既平整又漂亮，只要把领带卷在啤酒瓶上，第二天再用时，原来的皱纹就消失了。

㉖ 使衣物香气袭人：用完的香水瓶、化妆水瓶等不要立即扔掉，把它们的盖打开，放在衣箱或衣柜里，会使衣物变得香气袭人。

㉗ 用洁厕灵当疏通剂：隔三差五地将适量洁厕灵倒入马桶，盖上马桶盖闷一会儿，再用水冲洗，能保持马桶通畅。

㉘ 电动剃须刀可修整衣裤：毛料衣裤、毛衣等穿久了会起很多小球，很不美观，可用电动剃须刀像剃胡须一样将衣服剃一遍，衣服即可平整如新。

㉙ 圆珠笔油弄到手上很难洗掉，可用酒精棉球（也可用白酒）放在手上被污染处，圆珠笔油很快就被吸附，再用清水冲洗即能洗净。

㉚ 要防止毛线衣缩水，洗涤时水温不要超过30度，用中性肥皂片或洗涤剂洗涤，过最后一遍水时加少许食醋，能有效保持毛衣的弹性和光泽。

㉛ 用大号针头的废旧注射器，把胶水或其他无色、无腐蚀、流动性较好的粘合剂，均匀适量注入西服的气泡处，再熨干、熨平，西服会挺括如初。

㉜ 毛巾常洗且每隔一段时间用肥皂、洗衣粉或碱液煮沸数分钟，可防发硬。煮时毛巾应全部浸水中，以免与空气接触发生氧化而降低其柔软度。

㉝ 毛衣穿久了，有些部位会磨得发亮，可用醋、水各半的混合液在发亮部位喷洒一下，再洗涤，就可恢复原样。

㉞ 不要因为兔毛衫掉毛就不再穿它了，可把它装进一个塑料袋中放入冰箱内冷藏3天，就可以防止它掉毛了。

㉟ 很多除油烟机上有油盒，油满

倒掉后，油盒很难清洗，可在干净油盒里先放点水再安在油烟机上，让油滴在水上，快满时一倒，油就全出来了。

㊱ 白色毛衣穿旧了会逐渐发黑，将毛衣清洗后放入冰箱冷冻1小时，再取出晾干，即可洁白如新。

3. 健康美容

① 若有小面积皮肤损伤或烧伤、烫伤，抹上少许牙膏，可立即止血止痛，也可防止感染，疗效颇佳。

② 葡萄汁送服降压药效果好！用葡萄汁代替白开水送服降压药，能使血压降得平稳，且不会出现血压忽高忽低的现象。

③ 要睡觉的时候，拿小黄瓜切薄放置脸上过几分钟拿下来，由于皮肤吸收了天然瓜果中的营养成分，一个月后您的脸就会变得白嫩。

④ 舒缓眼部疲劳小窍门：用水浸泡药用小米草或母菊花，然后将毛巾浸湿，敷于眼部10～15分钟，可有效舒缓眼部疲劳。

⑤ 身上有伤口流血时，可立即在伤口上撒些白糖，因为白糖能减少伤口部分的水分，抑制细菌的繁殖，有助于伤口收敛愈合。

⑥ 蜂蜜能洁齿：蜂蜜含有类似溶菌酶的成分，有较强的杀菌和抑菌能力，经常食用蜂蜜并注意口腔卫生，能预防龋齿的发生。

⑦ 冬季室内湿度不够易诱发疾病，家中应配备加湿器，此外，向地上洒些水、用湿拖把每天拖几次地，或在室内养几盆水仙花也能增加湿度！

⑧ 夏日天气炎热，身上容易长痱子，可用温水将长有痱子的部位洗净，涂擦一层牙膏，痱子不久即可消失。

⑨ 巧除软刺：仙人掌之类的植物软刺扎进皮肤时，可用伤湿止痛膏贴在扎刺的部位，在灯泡下烘烤一会儿，然后快速将其揭去，刺就会被拔出。

⑩ 热水泡双手可治偏头痛。把双手浸入热水中，水量以浸过手腕为宜，并不断地加热水，以保持水温。半小时后，痛感即可减轻，甚至完全消失。

⑪ 皮肤小面积擦伤会导致局部肿胀，这时可在伤口处涂些牙膏，不仅具有止痛、止血、减轻肿胀的功效，还有防止伤口化脓的作用。

⑫ 芥末煮水洗脚可降血压。将80克芥末面放在洗脚盆里，加半盆水搅匀，用炉火煮开，稍凉后洗脚。每天早晚各1次，1天后血压就可下降。

⑬ 梨可防晒。常食梨能使肌肤保持弹性，不起皱纹。梨中含有丰富的维生素E，对太阳光的暴晒能起到防护作用。

⑭ 电吹风治疗肩周炎！用电吹风以适当距离对准患者肩部用热风吹约10分钟，每天两次，3周可愈。若先在

患者肩部擦上药酒再吹，效果更佳。

⑮ 芦笋可减肥！芦笋能提高人体的基础代谢，促进人体内热量的消耗，并有很强的脱水能力，因此，多吃新鲜芦笋能变得苗条。

⑯ 西红柿可治病：每天生食1～2个鲜熟西红柿可防癌；每早吃1～2个鲜熟西红柿蘸白糖可降血压；西红柿汁和西瓜汁各半杯混饮，可退烧。

⑰ 白萝卜美容：将白萝卜切碎捣烂取汁，加入适量清水，用来洗脸，长期坚持，可以使皮肤变得清爽润滑。

⑱ 戳伤手指的救护窍门：用冷湿布冷却患处，用厚纸作夹板固定受伤手指，再用绷带包扎好。普通扭伤或脱位，可自行将患处整复好，恢复原状。

⑲ 心绞痛病人的急救：让患者保持最舒适坐姿，头部垫起；如随身携带药品则给患者用药；松开紧身的衣服使其呼吸通畅；安慰患者。

⑳ 专家指出，学生用纸应注意：纸并非越白越好！有些厂家为使纸色更白，加入大量超标的荧光增白剂，该物质含多种致病物，且危害视力！

㉑ 将一瓣大蒜切成薄片，与三百毫升凉开水一起装入密封容器内6～7小时，然后加入三十克碎冰糖，每天早晚漱口一次，可防感冒。

㉒ 丝瓜治慢性喉炎。用丝瓜绞汁或将丝瓜藤切断，让其汁自然滴出，放入碗内，上锅蒸熟，再加适量冰糖饮用，就能有效治疗慢性喉炎。

㉓ 有的人吃药总是把药片掰开吃，以为药片小了利于吞咽。其实药片掰开后变成尖的，反而不利于下咽，还易划伤食道，所以药片不要掰开吃。

㉔ 指甲油长久不脱落法：涂指甲油之前，先用棉花蘸点醋把指甲擦干净，等醋干后再涂指甲油，这样指甲油就不容易脱落了。

㉕ 洋葱防衰老。洋葱对人体的结缔组织和关节有益。洋葱不仅能提供人体需要的许多养分，还含有微量元素硒，因此，多食洋葱能够预防衰老。

㉖ 豆腐可用来美容！每天早晨起床后，用豆腐一块，放在掌心，用以摩擦面部几分钟，坚持一个月，面部肌肤就会变得白嫩滋润。

㉗ 抽烟或长时间使用深色指甲油会使指甲变色，可每天用半个新鲜柠檬擦拭，连续擦上两周即可除去污渍。

㉘ 在服用四环素类药物时，不宜吃豆腐，因豆腐中含有较多钙，用盐卤做的石膏中含有较多镁，四环素遇到钙、镁会发生反应，降低杀菌效果。

㉙ 喝烫过的白酒对人体有益。因白酒中的醛对人体损害较大，只要把酒烫热一些，就可使大部分醛挥发掉，这样对人身体的危害就会少一些。

㉚ 车船行驶途中，将鲜姜片随时放在鼻孔下面闻，使辛辣味吸入鼻中，可以防晕车晕船；将姜片贴在肚脐上，

用伤湿止痛膏固定好，有相同效果。

㉛ 旅途中处理脚泡的方法：先用热水烫脚十分钟，用消过毒的针刺破脚泡，使泡内液体流出、排干，再将脚泡部位消毒。忌剪去泡皮，以防感染。

㉜ 旅途中小腿抽筋的治疗扳脚法：取坐姿，一手用力压迫痉挛的腿肚肌肉，一手抓住足趾向后扳脚，使足部背曲，再活动一下，即可缓解。

㉝ 旅途中遭遇雷雨时，千万不要在巨石、悬崖下和山洞口躲避，电流从这些地方通过时会产生电弧，击伤避雨者。若山洞很深，可躲在里面，

㉞ 酿酒用的葡萄皮有丰富的抗氧化剂，经常适量饮点红酒，能增加好的胆固醇，减少血管硬化。

㉟ 治疗风湿症的窍门：生姜皮晒干研末，装入瓶内储存备用。每次取姜皮末半茶匙冲酒（低度白酒）饮服，可缓解风湿症状。

㊱ 枕头应有一定弹性，但弹性过大也不好，头部不断受到外加的弹力作用，易产生肌肉疲劳和损伤。如弹簧枕、气枕等，都不能算是有利健康的枕头。

㊲ 冬季当心“低热烫伤”！热水袋内水温不要太热，热力表面不要直接贴近皮肤。糖尿病人或末梢感觉神经迟钝者及婴幼儿最好不用热水袋取暖。

㊳ 苹果的另类疗效：治疗头痛！头痛时，把苹果磨成泥状，涂在纱布上，贴在头痛部位，头痛症状可减轻。

㊴ 仰卧位是护送急症病人的常用体位。如病人处于昏迷状态，还应将其头部偏向一侧，以免咽喉部分泌物或呕吐物吸入气管，引起窒息。

㊵ 轻度烫伤，可涂紫药水，不必包扎。皮肤若起泡，不要把泡弄破，可用涂有凡士林的纱布轻轻包扎。病人要注意保暖，多喝开水，吃点止痛药。

㊶ 意外烫伤后，还可用鸡蛋清、熟蜂蜜或香油，混合调匀涂敷在受伤处，有消炎止痛作用。

4. 其他

① 风油精的妙用：在电风扇的叶子上洒上几滴风油精，随着风叶的不停转动，可使满室清香，而且有驱赶蚊子的效用。

② 手表受磁，会影响走时准确。消除方法很简单，只要找一个未受磁的铁环，将表放在环中，慢慢穿来穿去，几分钟后，手表就会退磁复原。

③ 蚊香定时熄灭法：用一个铁夹子，用时夹在蚊香所需要的长度上，当蚊香烧到铁夹夹住的地方时，就会熄灭，既不影响睡眠，也可节约蚊香。

④ 各种染发剂在室温或炎热的天气中，均会失去部分功能或改变色泽。若放在冰箱中保存，可长期保持其原有的功能，不会变质。

⑤ 彩电不能自行接地线，如果接

地线，一旦电源插头接反，会使机内地线与电源的火线接通而使机架等部件带电，有触电的危险。

⑥ 揭胶纸、胶带的妙法：贴在墙上的胶纸或胶带，如果生硬地去揭，会损坏物件，可用蒸汽熨斗熨一下，就能很容易揭去了。

⑦ 如何让蜡烛不“流泪”？生日蜡烛用之前先放到冰箱的冷冻室里冷冻24小时，再插到蛋糕上，点燃后就没有烛油流下弄脏蛋糕了。

⑧ 在灯下挂一把香葱，或用纱袋装几根葱段，各种小虫都不会飞来；蚊子最怕橘红色光，用橘红色玻璃纸或绸布套在灯泡上，蚊子就不会靠近了。

⑨ 将废药瓶上的橡皮盖子搜集起来，按纵横交错位置，一排排钉在一块长方形木板上（钉子须钉在盖子凹陷处），就成为一块很实用的搓衣板。

⑩ 手表内不小心进水，可用一种叫硅胶的颗粒状物质与手表一起放入密闭的容器内，数小时后取出，表中的积水即可消失。硅胶可反复使用。

⑪ 将废弃无用的橡皮盖子用双面胶固定在房门的后面，可防止门在开关时与墙的碰撞，能起到保护房门的作用。

⑫ 电视机或电脑着火时，先拔掉插头或关上总开关，再用毯状物扑灭火焰。切勿用水或灭火器救火，因机体内可能仍有残余电力，会引致电击。

⑬ 背阴客厅的“亮”招：补充人工光源。厅内色调统一，忌沉闷。选白榉、枫木饰面哑光漆家具并合理摆放。地面砖宜亮色，如浅米黄色光面的。

⑭ 巧用淘米水：从市面上买回的肉，有时会沾上灰土等脏物，用自来水洗不干净。如果用热淘米水洗两遍，再用清水洗一遍，脏物就被清洗干净了。

⑮ 盐水冷冻鱼不变干：鱼放在冰箱中冷冻时，常会变得干硬，若置于盐水中冷冻，鱼不会发干。

用盐洗菜保洁：清洗青菜时，在清水里撒一些盐，可把蔬菜里的虫子清洗出来。

盐可使蔬菜黄叶返绿：菠菜等青菜的叶，如果有些（轻度）变黄，焯时放一点盐，颜色能由黄变绿。

凉拌西红柿宜放盐：用糖凉拌西红柿时，放少许盐会更甜，因为盐能改变西红柿的酸糖比。

二、火灾与地震中的逃生法则

火灾与地震都是对人的生命危害严重的灾难，在火灾或地震来临时，一定要冷静，想出正确的办法，灵活运用，进行自救与他救。

1. 火灾中的逃生法则

火魔无情，当你被困在火场内生命受到威胁时，在等待消防员救助的时间里，如果你能够利用地形和身边的物体采取积极有效的自救措施，就可以让自己的命运由“被动”转化为“主动”，为生命赢得更多的“生机”。火场逃生不能寄希望于“急中生智”，只有在平时对消防常识进行学习、掌握和储备，危难关头才能应对自如，从容逃离险境。

(1) 火灾逃生的要诀

第一要诀：不入险地，不贪财物。生命是最重要的，不要因为害羞或者顾及贵重的物品，而把宝贵的逃生时间浪费在了穿衣或者寻找、拿走贵重物品上。

第二要诀：简易防护，不可缺少。公司、家中、酒店都应该备有防烟面罩，最简易的方法也可以用毛巾、口罩蒙着鼻子，用水浇身，匍匐前进。因为烟气相对于空气比较轻而飘在上空，所以要贴近地面逃离避免吸入烟气。

第三要诀：缓降逃生，滑绳自救。千万不要盲目的跳楼，可以利用疏散楼梯、阳台、落水管道等逃生自救，也可以利用身边的绳索、床单、窗帘、衣服自制简易救生绳，并用水打湿，紧栓在窗框、暖气管、铁栏杆等固定物上，用毛巾、布条等保护手心，顺绳滑下，滑到未着火的楼层脱离险境。

第四要诀：当机立断，快速撤离。受到火势威胁时候，要当机立断披上浸湿的衣物、被褥等向安全出口方向冲出去，千万不要盲目地跟从人流相互拥挤，相互乱撞。撤离时候，要注意朝明亮处或外面空旷的地方跑。当火势不大的时候，尽量往楼层下面跑，要是通道被烟火封阻，则应该背向烟火方向离开，逃到天台、阳台处。

第五要诀：大火来袭，固守待援。当大火来袭的时候，假如用手摸到房门已经发烫，这个时候要是打开门，火焰和浓烟就会扑过来，要赶紧关紧门窗，用湿毛巾、湿布堵塞门缝，或者用水浸湿棉被，蒙上门窗，防治烟火渗入，等待救援的人到来。

第六要诀：火已烧身，切勿逃跑。如果身上已经着火了，那么就千万不要奔跑，可以就地打滚或者用厚重的衣物压灭火苗。

第七要诀：善用通道，莫入电梯。遇到火灾不可乘坐电梯或者是扶梯，特别是木梯，要向安全方向逃生。

第八要诀：发出信号，寻求救助。若所有逃生线路被大火封锁，要立即退回室内，用打手电筒、挥舞衣物、呼叫等方式向外发出信号，引起救援人员的注意。

第九要决：熟悉环境，暗记出口。无论是居家，还是到酒店、商场、歌厅，务必留心疏散通道、安全出口及楼梯方位等，当大火燃起、浓烟密布的时候，便可以摸清道路，尽快逃离现场。

（2）火灾逃生注意事项

第一，逃生时候勿入电梯。虽然说火场逃生要迅速，动作越快越好，但是，也要记住，千万不要轻易乘坐普通的电梯。因为发生火灾后，都会因断电而造成电梯卡壳，逃生者会被困在电梯里，反而处于更危险的境地，也会给救援工作也带来麻烦，增加救援难度；另外，电梯口直通大楼各层，火场上烟火涌入电梯极易形成“烟囱效应”，人在电梯里随时会被浓烟毒气熏呛而窒息。

第二，可以用楼梯救急。逃生时候应该尽量利用建筑物内的防烟楼梯间、封闭楼梯间、有外窗的通廊、避难层和室内设置的缓降器、救生袋、安全绳等设施，对老、弱、病、孕妇、儿童及不熟悉环境的人要引导疏散，互相帮助，共同逃生。平时在楼梯这种安全角落都应配有应急指示灯作为标志，火灾发生时候，人们可以循着指示灯逃生。对于专门设有避难层的高层建筑，如果无法逃离大楼，可以暂时待在避难所等待援助。

第三，不可以钻到床底、衣橱、阁楼里。高层建筑火灾中千万要记得不可钻到床底下、衣橱内、阁楼上躲避火焰或烟雾，因为这些都是火灾中最危险的地方，而且又不易被消防人员发觉，难以获得及时的营救。

第四，学会使用求救信号。除了打手机外，也可以从阳台或者临街的窗户向外发出呼救信号，比如向楼下抛扔沙发垫、枕头和衣物等软体信号物；夜间则可以用打开手电、应急照明灯等方式发出求救信号，帮助营救人员找到确切目标。

（3）几种特殊情况的应对

第一，众所周知，穿越火灾区是最重要也最困难的，那么如何穿越火灾区呢？消防人员告诉我们，逃生前最好用水将衣服浇湿、用湿毯子裹住全身或用湿衣服包住头部等裸露部位，这样穿过火灾区域时，身上的衣服不易着火，身上裸露部位不至被烧伤，万一衣服着火，可就地打滚压灭火苗，不宜带火奔跑，以免加快空气的相对流动。

第二，如果火灾的着火点在自己所处位置的上层，此时应向楼下逃去，直至到达安全地点；如果着火点位于中间所处位置的下层，并且火和烟雾已经封锁向下逃生的通道，应尽快往楼上逃生，楼顶平台是一个比较安全的场所；如果顶楼有水箱，可以用水浇湿自己的衣服，以抵御火焰的高温熏烧；如果在向楼顶平台逃生的过程里，发现自己被火、烟追赶且又封锁了向上的道路，此时应果断地改选横向逃生路线，从另一层楼的走廊通道逃生，或者退守到该层有利于逃避的房间内，寻找其他的自救方法。

第三，如果所有的安全通道这个时候已经被切断，那么唯一的选择就是退到相对较安全的卫生间做短暂避难。被困者进入卫生间后应该将门窗关紧，缝隙堵严，拧开所有的水龙头放水，特别是浴缸中应不断放水，始终保持较高的水位，一方面便于取水泼浇门窗降温，另一方面火势发展到卫生间时，人还可以躺在浴缸中暂时躲避一下。

（4）火灾逃生的紧急措施

第一，沉着冷静：根据火势实情选择最佳的自救方案，千万不要慌乱。凡火灾幸存者大多方寸不乱，不大呼大叫，而是根据火势、房型冷静而又迅速地选择最佳自救方案，争取到了最好的结果。

第二，防烟堵火：这是非常关键的，当火势尚未蔓延到房间内时，紧闭门窗、堵塞孔隙，防止烟火窜入。若发现门、墙发热，说明大火逼近，这时千万不要开窗、开门，可以用浸湿的棉被等堵封，并不断浇水，同时用折成8层的湿毛巾捂住嘴、鼻，一时找不到湿毛巾可以用其他棉织物替代，其除烟率达60%～100%，可滤去10%～40%的一氧化碳。另外，应低首俯身，贴近地面，设法离开火场，以避开处于空气上方的毒烟。

第三，设法脱离险境：底层的居民自然应夺门而出。楼上的住户若楼道火势不大或没有坍塌危险时，可裹上浸湿了的毯子、非塑制的雨衣等，快速冲下楼梯。若楼道被大火封住而无法通过，可顺墙排水管下滑或利用绳子缘阳台逐层跳下。

第四，尽快发出求救信号：发生火灾时，呼叫往往不易被发现，可以用竹竿撑起鲜明衣物，不断摇晃，红色最好，黄色、白色也可以，或打手电或不断向窗外掷不易伤人的衣服等软物品，或敲击面盆、锅、碗等。

第五，切不可因贪恋钱财而贻误脱险时机。

2. 地震中的逃生法则

虽然人类目前无法避免和控制地震，但只要掌握一些技巧，也是可以从灾难中将伤害降到最低的。

（1）出现预警现象后的果断避险

发现地震预警信号之后，作为个人的避险行动应当因时因地采取应急措施，消除一切可能危及生命的不安全因素。

第一，平时要设想好各种避震方式、方法，准备好可能的救护药品及避震器物。

第二，尽可能迅速逃离建筑物，转移到空旷场地。

第三，来不及逃出时，尽量躲在室内墙角或支撑结构较多的空间部位及器物之下。

第四，迅速切断电源和煤气管道。

第五，迅速远离易燃易爆及有毒气体源。

第六，避险时要远离高楼、大烟囱、高压线以及桥梁、隧道、峭壁陡坡或海边等，更不要在狭窄的巷道和楼梯上停留。

（2）地震前的预兆

地震发生前会有宏观异常发生，这就需要我们仔细地捕捉震前信息，主动避震自防好处很多。对动物的异常反应，群众总结了这样的歌谣：

震前动物有预兆，群测群防很重要。
牛羊骡马不进圈，老鼠搬家往外逃；
鸡飞上树猪乱拱，鸭不下水狗乱咬；
冬眠蛇儿早出洞，鸽子惊飞不回巢；
兔子竖耳蹦又撞，鱼儿惊慌水面跳；
家家户户细留心，分析识别防范好。

对地下水异常，群众也总结得好：

井水是个宝，前兆来得早；
无雨泉水浑，天旱井水冒；
水位升降大，翻花冒气泡；
有的变颜色，有的变味道；
天变雨要到，水变地要闹；
建立观测网，异常快报告。

除以上异常外，还有植物异常，如花草树木不合时令开花结果；气象异常，如严寒酷暑，洪涝干旱；电磁异常，如日光灯自亮，电磁器件奇变，收音通讯设备严重受干扰；地表形变异常，如地面鼓包，裂缝、塌陷等都可能与地震有关。如发生这些异常现象及时向地方政府及有关部门报告，并及时果断地采取措施避震，都能起到自我防御作用。

（3）地震中的自救

平时应当积累一些关于地震逃生的

经验，以便在地震来临的时候，能够以正确的方法迅速逃生。以下是关于地震中如何自救的方法：

第一，为了您自己和家人的人身安全请躲在桌子等坚固家具的下面。

大的晃动时间约为1分钟左右。这时首先应顾及的是您自己与家人的人身安全。首先，在重心较低、且结实牢固的桌子下面躲避，并紧紧抓牢桌子腿。在没有桌子等可供藏身的场合，无论如何，也要用坐垫等物保护好头部。

第二，摇晃时立即关火，失火时立即灭火。

大地震时，也会有不能依赖消防车来灭火的情形。因此，我们每个人关火、灭火的这种努力，是能否将地震灾害控制在最小程度的重要因素。从平时就养成即便是小的地震也关火的习惯吧。

在地震的时候，关火的机会有三次：第一次机会在大的晃动来临之前的小的晃动之时，在感知小的晃动的瞬间，即刻互相招呼："地震！快关火！"，关闭正在使用的取暖炉、煤气炉等；第二次机会在大的晃动停息的时候，在发生大的晃动时去关火，放在煤气炉、取暖炉上面的水壶等滑落下来，那是很危险的。大的晃动停息后，再一次呼喊："关火！关火！"，并去关火；第三次机会在着火之后，即便发生失火的情形，在1～2分钟之内，还是可以扑灭的。为了能够迅速灭火，请将灭火器、消防水桶经常放置在离用火场所较近的地方。

第三，不要慌张地向户外跑。

地震发生后，慌慌张张地向外跑，碎玻璃、屋顶上的砖瓦、广告牌等掉下来砸在身上，是很危险的。此外，水泥预制板墙、自动售货机等也有倒塌的危险，不要靠近这些物体。

第四，将门打开，确保出口。

钢筋水泥结构的房屋等，由于地震的晃动会造成门窗错位，打不开门，曾经发生有人被封闭在屋子里的事例。请将门打开，确保出口。

平时要事先想好万一被关在屋子里该如何逃脱，准备好梯子、绳索等。

第五，户外的场合，要保护好头部，避开危险之处。当大地剧烈摇晃，人们站立不稳的时候，都会有扶靠、抓住什么的心理。身边的门柱、墙壁大多会成为扶靠的对象。但是，这些看上去挺结实牢固的东西，实际上却是危险的。

在2008年四川地震的时候，由于水泥预制板墙、门柱的倒塌，造成过多人死伤。千万不要靠近水泥预制板墙、门柱等。

第六，在百货公司、剧场时依工作人员的指示行动。

在百货公司、地下街等人员较多的地方，最可怕的是发生混乱。请依照商店职员、警卫人员的指示来行动。

就地震而言，据说地下街是比较安全的。即便发生停电，紧急照明电也会即刻亮起来，请镇静地采取行动。如发生火灾，即刻会充满烟雾。以压低身体的姿势避难，并做到绝对不吸烟。

第七，搭乘电梯时候发生地震。在发生地震、火灾时，不能使用电梯。万一在搭乘电梯时遇到地震，将操作盘上各楼层的按钮全部按下，一旦停下，迅速离开电梯，确认安全后避难。高层大厦以及近来的建筑物的电梯，都装有管制运行的装置。地震发生时，会自动的动作，停在最近的楼层。万一被关在电梯中的话，请通过电梯中的专用电话与管理室联系、求助。

第八，汽车靠路边停车，管制区域禁止行驶。

发生大地震时，汽车会象轮胎泄了气似的，无法把握方向盘，难以驾驶。必须充分注意，避开十字路口将车子靠路边停下。为了不妨碍避难疏散的人和紧急车辆的通行，要让出道路的中间部分。

都市中心地区的绝大部分道路将会全面禁止通行。充分注意汽车收音机的广播，附近有警察的话，要依照其指示行事。

有必要避难时，为不致卷入火灾，请把车窗关好，车钥匙插在车上，不要锁车门，并和当地的人一起行动。

第九，务必注意山崩、断崖落石或海啸。

在山边、陡峭的倾斜地段，有发生山崩、断崖落石的危险，应迅速到安全的场所避难。

在海岸边，有遭遇海啸的危险。感知地震或发出海啸警报的话，请注意收音机、电视机等的信息，迅速到安全的场所避难。

第十，避难时要徒步，携带物品应在最少限度。

因地震造成的火灾，蔓延燃烧，出现危机生命、人身安全等情形时，采取避难的措施。避难的方法，原则上以市民防灾组织、街道等为单位，在负责人及警察等带领下采取徒步避难的方式，携带的物品应在最少限度。绝对不能利用汽车、自行车避难。

对于病人等的避难，当地居民的合作互助是不可缺少的。从平时起，邻里之间有必要就避难的方式等进行商定。

第十一，不要听信谣言，不要轻举妄动。在发生大地震时，人们心理上易产生动摇。为防止混乱，每个人须依据正确的信息，冷静地采取行动。可以从携带的收音机中，把握正确的信息；相信从政府、警察、消防等防灾机构直接得到的信息，决不轻信不负责任的流言蜚语，不要轻举妄动。

三、家居风水与商业风水

近几年，风水学越来越流行，人们在布置家居设计或者是进行商铺设计的时候，都会参照一定的风水学原理，希望能够为家庭与事业带来好运。

1. 家居风水

家居风水自古有之，是古人对自然和居住环境的理解。在现代社会，家居风水仍然有一定的意义。

家居风水包括如何让家居更加舒适，如何让家居环境更加安全，如何让家居环境成为事业及财运的助力。

如何让家更为舒适？在风水里，坐向最为重要。在玄空风水九星排出的盘中，好的风水格局，以坐北朝南为多，这也表明了，古人对阳光的重视。在风水里色彩、五行都有讲究。一般来讲，家居装修避免使用刺激的色彩。

(1) 家具摆放的五大禁忌

禁忌一：猛烈的阳光会令沙发表面褪色，直接影响沙发的耐用性，所以无论沙发采用哪种材料制造，都不能长期摆放在窗户旁边，尤其房间朝向西面的，就更要避免。

禁忌二：摆放影音器材的位置也要远离窗户，原因有两个：一是由于电视机的荧光屏被光线照射时，会产生反光的效果，令人欣赏电视节目时眼睛不舒服。二是靠近窗户会沾染尘埃，下雨时，雨水更可能溅到器材，影响其安全，甚至发生漏电的现象。

禁忌三：市场上的灯饰许多以吊灯为主，使用必须得当。如房子太低，就要留意吊灯的高度，太低会妨碍走动。吊灯安装在中间位置，光线会更平均。至于吊灯的高度，最理想的距离为离人的头顶部50～60厘米，太高的话可能会令人感到耀眼，太低又会撞到头。

禁忌四：写字台的桌面应低于肘部以方便活动。吊柜顶部与地面的距离最好不要超过两米。艺术柜有两层的话，第一层最好以平视能看到里面放置的物件为理想高度，第二层则以手举高即可拿取到东西为佳。

禁忌五：床不宜对着镜子，因为镜子反射其他事物，当人在模糊的状态下，可能会受惊。床亦不宜位于梁下，因为躺在梁下，潜意识会感到受压迫。

(2)家居四戒

一戒窗台作床。由于居住环境问题，许多住宅都将窗台用作睡床，认为这样便可以物尽其用，增加睡床的宽度。虽然这个方法可以充分利用窗台的面积，但当睡眠时一不小心，便会弄破玻璃或造成人命伤亡的惨剧。尤其是儿童睡床更不应该太靠近窗台，因为他们好奇心重，往往会被窗外事物所吸引而向窗外望或爬出窗框，酿成危险意外。所以，儿童的睡床位置是最好靠近墙角位。同时，屋内的窗不要太多或太低，只要室内空气流通就没有问题。如果睡床太贴近窗口，若窗与街道太近，睡眠时就像睡在街道上一般。遇到打雷闪电或灯光照射，会因而导致睡眠不足和心理恐惧。其实风水亦是心理学和环境学，只要恰当地改善环境去迎合风水之道，便不是迷信的事情。

二戒床头留空。睡床是用作休息的地方，若床头留空，则缺乏安全感，会有不舒适的感觉。所谓留空是指没有背山或靠山的意思。当我们熟睡或做梦的时候，身体就会不知不觉地向四周移动，头部可能伸出睡床范围因而受伤。

三戒饰物凶猛。大多数人旅游的时候，都习惯买一些当地特产或手工艺品作为纪念，如陶瓷器具、木雕制品、巨型折扇、羊皮牛角、木刀、木叉等装饰物品。他们会将那些装饰物品陈设于客厅或室内。以气氛营造而言，摆置一些含有戾气的饰物，如日本军刀、凶鹰猛虎、鬼怪面谱等，都会使人脾气暴躁，容易冲动。相反，挂吉祥饰物会增添喜气和带来财运。故家居摆设切莫标新立异，犯风水大忌。

饰物的形态也很重要。中国人是讲“意头”的，倘若牡丹花不开，骏马垂头丧气，何来花开富贵、马到成功，何来大吉利呢?

从风水的角度看，摆放不同装饰物品都有其作用，但要视其方位位置而定吉凶。

那么，家中应该摆放哪些饰物才合乎风水之道呢?这是没有规定的，原则上，不是奇形怪状，更不要过量地堆砌，否则，便成为风水道具场了。一般来说，福禄寿三星、九鱼图、牡丹花、孔雀开屏等吉祥饰物或图画，都适合每个家庭。其栩栩如生的造型，不但可为住所带来吉祥之气，还可以点缀家居美观。

如果每天都望着挂在墙壁上那些肃杀的画像或悲伤文字，就会产生联想和触景生情。儿童床前张贴海报壁画亦要注意，生动有趣、启发益智的可以贴，恐惧感觉的图案形象却不可有。

四戒炉灶方位不佳。许多人对住宅的风水只注重客厅和睡房的布置，而忽略厨房的重要性。厨房是经常要用水和火的地方，《易经》有所谓“水火既济”的说法，意思是指水和火是饮食必需之物，有了火和水的调理，便可达到阴阳调和的状态。因此，只有达到“既济”的状态，才能家运顺畅、人口安宁。

根据五行相生相克的理论，东方属木，南方属火，故炉灶宜朝向南方火旺方位为佳。

其实，炉灶朝向东方或南方是非常符合五行方位的。因为古时用来烧饭的燃料，不外乎野草及柴枝，当烧饭时灶口朝向东方便可以配合风向，容易生火。厨房炉灶要坐煞向吉才可达到风水原则。如果位于吉方，则家中人口健康，夫妻感情融洽。相反，婚姻难得美满，夫妻会经常争吵或体弱多病。

其次，厨房内的摆设，如灶位、洗碗盆、碗碟框等都要摆放在正确位置。炉灶最忌被水龙头冲射，否则很容易染上痢疾和胃肠病。若洗碗盆和炉灶成一直线，则为水火不容，会影响夫妻感情和健康。若炉灶摆放位置与水龙头成曲尺形(L形)，则可避免水火冲射，亦符合风水之道。

2. 商业风水

商业风水首先表现在办公室风水上。这是因为，大部分人从事商业活动都是在办公室中进行的，而办公室中如果有了好的风水，对于人们进行工作，商业活动的进展大有裨益。办公室风水最主要的讲究就是工作台。而对于写字台的布置一定要牢记，写字台不能够正对着门，因为如果写字台正对着门，人在里面办公，会受到外面的干扰，不能够安心办公。

（1）公司、办公室实用风水十九则

办公室风水需以负责人或最高主管为主，来寻找吉利的方位。

办公室的大门须比对面的门大，因为大则在气势上赢，小则败。

办公室天花板或墙壁渗水、漏水或龟裂，是漏财的象征，宜速补救。

办公室天花板以高为吉，太低有压迫感，不吉利，且影响业务的推进同时通风不良。

办公室大门最忌对着电线杆、大树、烟囱、路冲。

办公室的主管、负责人座位旁边有水龙头则漏财。

办公室的楼梯不可对着大门，否则纳气与排气相冲，对财气、健康不利。

办公室的财位应摆在进门斜对角，该位置要明亮、干净，忌空门、放假花。

入办公室大门，厕所就在旁边是大凶。因为厕所阻断生气进来，故对财运、业务相当不利。

办公室没有窗户是大凶。因为空气无法流通，死气沉沉。

办公桌对着厕所门，会受厕所污气熏，日久必败。

办公桌不可破旧或损坏，否则对运途有所损。

办公桌最好是用木质材料，用铁皮、钢制会影响磁场，稍微不佳。

办公桌上方不可有横梁或吊灯，否则对升迁、财运不利。

办公桌后方最忌空门。所谓空门就是后方是门或窗，如果是空门，则缺乏安全感，最不易集中精神办公。

办公桌一端最好靠墙，较稳固，最忌将办公桌斜放。

办公桌的后方必须是不动方，最忌后方是走道或有人走动。因为缺乏安全感，心神不宁。

办公桌后方必须有靠山。所谓靠山就是一面墙，有靠山做起事来较稳当，对业务推展有帮助。负责人或会计之办公桌，要有隐蔽性。

办公室的光线要明亮，而其光线是以自然阳光最佳，人工光线不好。

（2）打造职场风水的五个秘诀

秘诀一：座位周围不要种藤类植物。室内的植物应以阔叶类为主，因为叶子大，可以挡煞，又可以吸收天地的能量，而叶子小或是会缠绕的线型植物，基本上都属阴，会吸我们的能量，最好不要摆。

秘诀二：植物化煞法。如果你的座位前方或旁边刚好有厕所，可在座位和厕所之间，放一些大型盆栽：一来可吸掉来自厕所的秽气，二来可以挡掉不好的磁场。

秘诀三：屏风挡大门煞气。如果你的座位刚好对着大门，除非你本身的磁场非常强，可以挡住大门的强力能量流，否则时间一久，你的磁场一定会被干扰，运势和脑子就跟着不稳了，所以你需要用屏风来帮你挡住煞气。

秘诀四：台灯化煞法。如果你的座位上方有梁柱的话，可以在梁柱的正下方放一盏台灯，时常让灯泡亮着，可以减少上方来的不良气场。

秘诀五：座位旁边的墙上不宜挂图。一些比较阴沉或恐怖的图画，不宜挂出来每天看，猛兽或线条激烈的图画也不宜挂出来，因为这些东西有不良的暗示作用，看久了会影响潜意识的稳定。办公室最好以素面或线条柔和简单的图来布置，这样最能提高效率。

（3）财位的“五宜”与“六忌”

财位五宜：

财位宜亮。明亮则生机勃勃，故财位应有阳光或灯光照射，这对生旺位大有帮助。

财位宜生。所谓“生”，是指生机茂盛，故此应该在财位旁边摆放常绿植物，尤其是以叶大或叶厚的黄金葛、橡胶树及巴西铁树等最为适宜。但要留意，这些植物应用泥土种植，若以水来培养则不宜。有一点应该特别注意：财位旁边不宜种植有刺的仙人掌类植物，否则弄巧成拙。

财位宜坐。财位是一家财气所聚的方位，故此应该加以利用，例如，把沙发放在财位旁边，当一家大小坐在那里休息谈天时，多沾染财气，便自然会家肥屋阔。此外，倘若把饭桌摆在财位旁边亦甚适宜，因为这会令一家大小均受益。

财位宜卧。人约三分之一的时间用在睡眠上，故此睡床方位的吉凶对运程有很大的影响。倘若睡床摆在财位旁边，旦夕在那里躺卧，日积月累，自会对财运有益处。

有些人误会，以为睡床是沉重的家具，可能会压损财位，故此不敢把床摆放在那里，其实是浪费了财位。

财位宜吉。财位是旺气凝聚的所在地，若在那里摆放一些寓意吉祥的物件，例如是福、禄、寿三星或是文武财神的塑像，这会吉上加吉，有锦上添花的作用。

财位六忌：

财位忌压。在风水学来说，财位受压是绝对不适宜的，倘若用沉重的大柜、书柜或组合柜等压财位，那便会对这间房屋财运有损无益。

财位忌水。有些人喜欢把鱼缸摆放在财位旁边，其实这并非适宜，因为这无异于是把财神推落水缸变成“见财化水”了。财位忌水，故此不宜在那里摆放用水培养的植物。

财位忌空。财位背后宜有坚固的墙，因为象征有靠山可倚，保证无后顾之忧，这样才可藏风聚气。反过来说，倘若财位背后是透明的玻璃窗，这便非但难以积聚财富，而且还因为泄气，会有破财之虞。

财位忌冲。风水学最忌尖角冲射，故财位附近不宜有尖角，以免影响财运。

财位忌污。倘若厕所浴室在财位旁边或杂物放在财位旁边，都会污损财位，令财运大打折扣，不但不能招财进宝，反而会令家财损耗。

财位忌暗。财位宜亮不宜暗，明亮则生机勃勃，昏暗则暮气沉沉，有滞财运，需点长明灯化解。

附　　录

一、农历诸神诞生千秋表

月份	日期	诸神名称
正月	正月初一日	元始天尊万寿
	正月初一日	弥勒尊佛佛日
	正月初四日	孙天医真人千秋
	正月初六日	清水祖师佛辰
	正月初八日	五殿阎罗王圣诞
	正月初九日	玉皇大帝万寿
	正月十三日	关圣帝君飞升
	正月十五日	门丞户尉诞
	正月十五日	上元天官圣诞
	正月十五日	临水夫人陈靖姑千秋
	正月二十四日	雷都光耀大帝圣诞
二月	二月初一日	一殿秦广王千秋
	二月初二日	济公菩萨佛辰
	二月初二日	福德正神千秋
	二月初三日	文昌梓潼帝君千秋
	二月初八日	三殿宋帝王千秋
	二月十五日	九天玄女娘娘圣诞
	二月十五日	太上老君万寿
	二月十五日	精忠岳王千秋
	二月十五日	三山国王千秋
	二月十六日	开漳圣王千秋
	二月十八日	四殿五官王千秋
	二月十九日	观世音菩萨佛辰
	二月二十一日	普贤菩萨佛辰
三月	三月初一日	二殿楚江王千秋
	三月初三日	玄天上帝万寿
	三月初八日	六殿卞城王千秋
	三月十五日	保生大帝吴真人千秋
	三月十五日	中路财神赵元帅圣诞
	三月十九日	太阳星君圣诞
	三月二十日	注生娘娘千秋
	三月二十三日	天上圣母圣诞
	三月二十六日	鬼谷先师千秋
	三月二十八日	东狱大帝圣诞

四月	四月初一日	八殿都市王千秋
	四月初四日	文殊菩萨佛辰
	四月初八日	释迦佛祖万寿
	四月初八日	九殿平等王千秋
	四月十四日	吕纯阳祖师圣诞
	四月十七日	十殿轮转王千秋
	四月十八日	北极紫薇帝君千秋
	四月二十一日	李托塔天王圣诞
	四月二十五日	武安尊王千秋
	四月二十六日	南鲲鯓李王爷千秋
	四月二十七日	南鲲鯓范五王爷千秋
	四月二十八日	神农五谷先帝万寿
五月	五月初一日	南极长生帝君千秋
	五月初六日	清水祖师成道
	五月初七日	巧圣先师鲁班节
	五月十一日	天下都城隍爷千秋
	五月十三日	关圣帝君关羽圣诞
	五月十七日	萧府王爷千秋
	五月十八日	张天师张道陵圣诞
六月	六月初三日	韦驮尊佛佛辰
	六月十一日	田都元帅千秋
	六月十五日	王灵天君圣诞
	六月十八日	南鲲鯓池二王爷千秋
	六月十九日	观世音菩萨得道纪念
	六月二十四日	关圣帝君圣诞
	六月二十四日	西秦王爷千秋
	六月二十四日	雷祖大帝圣诞
	六月二十四日	南极大帝圣诞
七月	七月初七日	七星娘娘千秋
	七月初七日	大成魁星圣诞
	七月十四日	开基恩主千秋
	七月十五日	中原地官大帝圣诞
	七月十八日	王母娘娘圣诞
	七月十九日	值年太岁星君千秋
	七月二十三日	诸葛武侯千秋
	七月二十四日	郑延平郡王千秋
	七月三十日	地藏王菩萨佛辰

八月	八月初三日	北斗星君圣诞
	八月初三日	九天司命灶君千秋
	八月初五日	雷声普化天尊圣诞
	八月初八日	瑶池大会
	八月十五日	临水夫人林姑千秋
	八月十五日	南鲲鯓朱四王爷千秋
	八月二十二日	燃灯古佛万寿
	八月二十二日	广泽尊王千秋
	八月二十三日	刑天王爷千秋
	八月二十七日	至圣先师孔子圣诞
九月	九月初一日	南斗星君圣诞
	九月初九日	临水夫人李姑千秋
	九月初九日	丰都大帝圣诞
	九月初九日	斗母星君圣诞
	九月初九日	九皇大帝圣诞
	九月十三日	孟婆尊神千秋
	九月十五日	朱圣夫子圣诞
	九月十五日	南鲲鯓吴三王爷千秋
	九月十八日	仓颉先师千秋
	九月十九日	观世音菩萨诞
十月	十月初五日	达摩祖师佛辰
	十月初十日	水仙尊王千秋
	十月十二日	齐天大圣佛辰
	十月十五日	下元水官大帝圣诞
	十月二十二日	青山灵安尊王千秋
	十月二十三日	周仓将军千秋
	十月二十五日	感天大帝许真人千秋
十一月	十一月初四日	安南尊王千秋
	十一月十一日	太乙救苦天尊圣诞
	十一月十九日	九莲菩萨佛辰
	十一月二十三日	张仙大帝圣诞
	十一月二十七日	董公真仙圣诞日
十二月	十二月十六日	福德正神千秋
	十二月二十四日	送灶神
	十二月二十五日	天神下降
	十二月二十九日	南北斗星君下降

二、干支纪年与公历生肖对照表

午 马	庚午 2050 1990 1930	戊午 2038 1978 1918	丙午 2026 1966 1906	甲午 2014 1954 1894	壬午 2002 1942 1882	子 鼠	甲子 2044 1984 1924	壬子 2032 1942 1912	庚子 2020 1960 1900	戊子 2008 1948 1888	丙子 1996 1936 1876
巳 蛇	己巳 2049 1989 1929	丁巳 2037 1977 1917	乙巳 2025 1965 1905	癸巳 2013 1953 1983	辛巳 2001 1941 1881	亥 猪	癸亥 2043 1983 1923	辛亥 2031 1971 1911	己亥 2019 1959 1899	丁亥 2007 1947 1887	乙亥 1995 1935 1875
辰 龙	戊辰 2048 1988 1928	丙辰 2036 1976 1916	甲辰 2024 1964 1904	壬辰 2012 1952 1892	庚辰 2000 1952 1892	戌 狗	壬戌 2042 1982 1922	庚戌 2030 1970 1910	戊戌 2018 1958 1898	丙戌 2006 1946 1886	甲戌 1994 1934 1874
卯 兔	丁卯 2047 1987 1927	乙卯 2035 1975 1915	癸卯 2023 1963 1903	辛卯 2011 1951 1891	己卯 1999 1939 1879	酉 鸡	辛酉 2041 1981 1921	己酉 2029 1969 1909	丁酉 2017 1957 1897	乙酉 2005 1945 1885	癸酉 1993 1933 1873
寅 虎	丙寅 2046 1986 1926	甲寅 2034 1974 1914	壬寅 2022 1962 1902	庚寅 2010 1950 1890	戊寅 1998 1938 1878	申 猴	庚申 2040 1980 1920	戊申 2028 1968 1908	丙申 2016 1956 1896	甲申 2004 1944 1884	壬申 1992 1932 1872
丑 牛	乙丑 2045 1985 1925	癸丑 2033 1973 1913	辛丑 2021 1961 1901	己丑 2009 1949 1889	丁丑 1997 1937 1877	未 羊	己未 2039 1979 1919	丁未 2027 1967 1907	乙未 2015 1955 1895	癸未 2003 1943 1883	辛未 1991 1931 1871

三、生肖推算表

生月 生时	寅正月	卯二月	辰三月	巳四月	午五月	未六月	申七月	酉八月	戌九月	亥十月	子冬月	丑腊月
子（23：00~01：00）鼠	卯	寅	丑	子	亥	戌	酉	申	未	午	巳	辰
丑（01：00~03：00）牛	寅	丑	子	亥	戌	酉	申	未	午	巳	辰	卯
寅（03：00~05：00）虎	丑	子	亥	戌	酉	申	未	午	巳	辰	卯	寅
卯（05：00~07：00）兔	子	亥	戌	酉	申	未	午	巳	辰	卯	寅	丑
辰（07：00~09：00）龙	亥	戌	酉	申	未	午	巳	辰	卯	寅	丑	子
巳（09：00~11：00）蛇	戌	酉	申	未	午	巳	辰	卯	寅	丑	子	亥
午（11：00~13：00）马	酉	申	未	午	巳	辰	卯	寅	丑	子	亥	戌
未（13：00~15：00）羊	申	未	午	巳	辰	卯	寅	丑	子	亥	戌	酉
申（15：00~17：00）猴	未	午	巳	辰	卯	寅	丑	子	亥	戌	酉	申
酉（17：00~19：00）鸡	午	巳	辰	卯	寅	丑	子	亥	戌	酉	申	未
戌（19：00~21：00）狗	巳	辰	卯	寅	丑	子	亥	戌	酉	申	未	午
亥（21：00~23：00）猪	辰	卯	寅	丑	子	亥	戌	酉	申	未	午	巳

四、疾病征兆一览表

器官	疾病征兆	可能性
头发	每次梳头都梳落几十根	用脑过度、贫血病、心脏病、神经衰弱
	容易折断没有光泽像衰草一样	缺乏维生素A
眼皮	眼皮浮肿	饮食过度、疲劳、心脏病、肾脏病、甲状腺分泌不佳、血液乳酸过多
	眼皮里面发白	必是贫血
	眼皮里面发黄	必是黄疸
	上眼皮整个下垂	脑脊髓炎
眼白	下眼皮内侧有黄色颗粒	砂眼
	眼白呈雾状	失眠、疲劳、便秘
	眼白变黄色	肝胆有病
	眼白血丝常出现	疲劳、失眠、高血压症
眼睛	眼睛突起眼缘发红	甲状腺分泌失常
	异常晶亮，面容却无生气	胰脏有恶性疾病
	四周发黑或有褐黑 色斑点	失眠、工作劳累、糖尿病、月经不调、血液循环不佳、缺少维生素C
	常常发炎	肺病
	斜视	脑部肿瘤、酒毒
眼角膜	有细微红点	糖尿病
	有扇状小白块	肾脏病
瞳孔	瞳孔扩散不省人事	必是脑充血
	双眼瞳孔不同或是瞳孔不圆	脊髓痨
嘴唇	发黑	肾上腺皮质功能欠佳
	发红	心脏衰竭、缺氧，肺病
嘴角	生疱疹	肺炎、消化性疾病
舌边缘	舌的边缘鲜红且眼白发黄	黄疸病
耳后	淋巴腺肿大或颈淋巴腺肿大	德国麻疹
耳垂	部分呈青色	风湿性关节炎
脸颊	异常鲜红	肺病
脸部	整个脸部呈苍白色	必是贫血

指甲	指甲呈绿色	肝有疾病
	指甲呈紫色	血液循环不正常
	出现白点	钙质不足
	有黑点似有向外扩张之势	恶心瘤
	指甲苍白，指头有破纹	贫血的症状
	有长条形细纹	肠胃病、甲状腺衰退、风湿病
	浮起像要脱落，指头末端粗大	必是心脏病
	指甲上有凸起横纹	猩红热、伤寒、流行性感冒
	指甲和指头甚至掌心都发红	高血压
	长得很长而且发亮	脑下垂体亢进
	指甲窄长发亮、眉痕大而昏黄	甲状腺亢进
	呈圆形凸出有较大的眉痕	肺病、慢性心脏病
	根部白色，眉痕突然消失	心脏衰弱，血液循环不良
手指	灰暗而枯燥	缺乏营养
手掌	根部泛红	肝硬化
	变红、发热、潮湿、柔软	甲状腺功能过于发达
	发白、发冷、干燥、粗糙	甲状腺分泌不足
	发黄	黄疸病、伤寒
	手掌、足底板及脸部呈黄色	水果吃太多无害健康
	呈橙黄色	糖尿病
	呈灰色	肝脏有病
手背	一天比一天肥大，苍白	甲状腺分泌衰退
	出现不平常的色素	副肾有病
手	经常手颤	甲状腺分泌过多，心脏病
	手颤之外还出汗	十有八九是心脏病
	手部出汗	汗腺分泌过剩
皮肤	呈青紫色	慢性心尖瓣疾
	发白	营养不良、肠胃、腹部或子宫有病
	发黄	恶心贫血、胆结石、传染性肝炎、输胆管发炎
	呈青灰色或蓝色	肝炎、哮喘、肺气肿、先天性心脏衰竭
	呈暗褐色，且肿胀	必是恶性肿瘤
	呈暗色斑点	肾脏疾患
	有白斑	必是鼠疫
	发黑且臂部肿胀	癌症
	粗糙又富有油质	肺结核
	某处泛红色或有红色蛛网花纹	肝硬化
脚背	浮肿	黑热病
脚	整个浮肿，非因久坐之故	肾脏有病

五、民间生男生女膳食法

控制两周的食物使得女性的血液为碱性则生男，血液为酸性则为女。

决定生男女的条件：男女性别的决定，是在卵子受精的瞬间，而决定其命运者有二，一是精子，二是接受精子的女性生理状况。

男性的精子有成为男孩的Y精子和成为女孩的X精子，它们在精液中混合，它们和女性的卵子结合，就决定生男或生女。

人体细胞中另有一种决定性别的染色体，称为“性染色体”。女性的“性染色体”有两个，刚好成一对，叫做X染色体。女性产生卵子时，原先成对的染色体分裂为二，各含一个同样的X染色体，因此女性并没有决定生男孩或生女孩的特性。

受精的瞬间，卵子若与Y精子结合，就生男孩，若与X精子结合就是女孩了。所以先前说过“精子是决定生男生女的关键”。如果女性卵子能够自由选择Y精子或X精子就能够随心所欲的生男育女了。

为了能够选择精子，这里我们推荐“酸性或碱性”理论。其依据是，Y精子爱好碱性环境，而X精子则爱好酸性环境。如果能够控制受精时精子必须通过的阴道为碱性或是酸性，即可以帮助卵子与两种精子的活动。

1. 想生男孩的饮食

太太要多吃，而先生禁食的食谱为：莴笋、马铃薯、蒜、豆腐、芽类蔬菜、花菜、面包、主食面类等。

先生多吃，而太太禁用的食谱为：菠菜、番茄、番茄酱、一切酸的果类。要注意，太太照此吃饭容易缺少蛋白质，故需饮用一杯较浓的脱脂奶以补充体力。

2. 想生女孩的饮食

与前面想生男孩的先生太太的吃饭刚好相反，太太三餐都得吃酸性食品“鱼”，而先生则必须禁食一切鱼肉类。

生男孩的食谱

		第1日	第2日	第3日	第4日	第5日	第6日	第7日	第8日	第9日	第10日	第11日	第12日	第13日	第14日
早餐	妻子	牛奶 地瓜	牛奶 山芋	牛奶 通心粉	咖啡 马铃薯	牛奶 豆腐	茶 香蕉	马铃薯 茶	豆腐 牛奶	通心粉 茶	牛奶 通心粉	马铃薯 茶	通心粉 咖啡	牛奶 香蕉	通心粉 茶
	丈夫	番茄 蛋	花生 稀饭	橘子 面包	麦片 猪肉	蛋鸡汤	火腿蛋	花生 菠萝	稀饭 牛肉	鸡肉 番茄	稀饭 苹果	鱼 面包	火腿 番茄	橘子 菠萝	稀饭 蛋
午餐	妻子	茄子 芦笋	黄瓜 洋葱	洋葱 马铃薯	茄子 莲藕	黄瓜 牛蒡	马铃薯 紫菜	茄子 洋葱	黄瓜 大豆 香蕉	马铃薯 青菜	洋葱 昆布	茄子 大豆 西瓜	马铃薯 栗子	黄瓜 豆腐	洋葱 苋菜
	丈夫	牛肉 鸡	木鱼	牛肉 蚕豆	牛肉 面包	鸡肉 沙丁鱼	牛肉 番茄	葡萄 牡蛎	橘子 鲭鱼	鲑 葡萄	火腿 沙丁鱼	猪肉 鲭鱼	荞麦 木鱼	牡蛎 牛肉	蚕豆
晚餐	妻子	香蕉	昆布 马铃薯	西瓜 紫菜	通心粉 胡萝卜	豆腐 西瓜	牛蒡 紫菜	胡萝卜 昆布	苋菜	豆腐 胡萝卜	胡萝卜 豆腐	牛蒡 苋菜	豆腐 洋葱	茄子 洋葱	黄瓜 紫菜 昆布
	丈夫	金枪鱼 猪肉	橘子 番茄	猪肉 草莓	火腿 牡蛎	牛肉 干贝	鳗鱼 菠菜	牛肉 啤酒	豌豆 牛肉	猪肉 啤酒	金枪鱼 鸡	牛肉 番茄	牛肉 啤酒	木鱼 番茄	鲑鱼 猪肉 啤酒

生女孩的食谱

		第1日	第2日	第3日	第4日	第5日	第6日	第7日	第8日	第9日	第10日	第11日	第12日	第13日	第14日
早餐	妻子	火腿 稀饭	面包 橘子	蛋 番茄	鸡肉 草莓	苹果 面包	木鱼 稀饭	沙丁鱼 荞麦	蛋 稀饭	火腿 面包	沙丁鱼 橘子	牡蛎 稀饭	番茄 鲷	稀饭 番茄	面包 蛋
	丈夫	牛奶 通心粉	咖啡 马铃薯	茶 豆腐	牛奶 马铃薯	咖啡 豆腐	通心粉 茶	豆腐 牛奶	咖啡 通心粉	马铃薯 茶	牛奶 香蕉	咖啡 马铃薯	番茄 鲷	牛奶 胡萝卜	咖啡 青扁豆
午餐	妻子	鸡肉 番茄	金枪鱼 蚕豆	金枪鱼 豌豆	牛肉 木瓜	鸡肉 菠萝	番茄 蛋	草莓 泥鳅	荞麦 鲑鱼	蛋 鲑鱼	葡萄 鸡肉	猪肉 苹果	通心粉 茶	干贝 蛋	木瓜 鲭鱼
	丈夫	牛蒡 芜菁	莲藕 茄子	胡萝卜 黄瓜	莲藕 茄子 牛蒡	香蕉 洋葱	苋菜 鸭儿芹	黄瓜 昆布	茄子 西瓜 牛蒡	胡萝卜 昆布 茄子	马铃薯 洋葱	豆腐 紫菜	牛肉 花生	青扁豆 苋菜 通心粉	黄瓜 牛蒡 栗子
晚餐	妻子	牛肉 牡蛎	牛肉 花生	鳗鱼 猪肉	沙丁鱼 菠萝	牛肉 草莓	猪肉 花生	木鱼 火腿	牛肉 番茄	干贝 猪肉	菠萝 鲷	草莓 鸡肉	茄子 昆布 莲藕	猪肉 花生	牛肉 草莓
	丈夫	茄子 栗子	黄瓜 青扁豆	洋葱 马铃薯	苋菜 黄瓜 青扁豆	昆布 牛蒡 芜菁	胡萝卜 西瓜	青扁豆 苋菜 芜菁	牛奶 豆腐 芜菁	牛肉 紫菜	通心粉 豆腐 茄子	来耨 黄瓜 昆布	干贝 橘子	牛蒡 黄瓜 西瓜	洋葱 马铃薯

六、二十四种点香谱

神傳二十四種點香譜知吉凶

消災香	催命香	平安香
●災消難滿百福並生	●月內有命終之人或半年傷小口	●平安無事
疾病香	**孝服香**	**增財香**
●七日之內有疾病人	●七日內主家中有孝服穿	●十日內有進財之兆
口舌香	**催供香**	**大天眞**
●七日之內有疾病人	●三日內有祖師來收香煙急獻供	●神仙臨急焚香火
獻瑞香	**成林香**	**小天眞**
●三日內有吉祥之兆	●行功立德自有護法創作喜事自有天相	●佛祖臨急焚香火

惡事香	天地香	大蓮花香
●七日內有人來爭打是非	●天地採香急焚香火	●七日內來喜財
長生香	**功德香**	**小蓮花香**
●三日內有人來相邀請	●功行全備神靈默佑	●三日內必有人來吉事相望
緣	**極樂香**	**催丹香**
●左搭右滅右搭左滅	●修仙自有金丹成庶人終有喜慶成	●道家生丹身輕體壯庶人長智發福生財
壽	**賊盜香**	**增福香**
●左搭右增右搭左滅	●早有土寇晚有盜賊	●十日內有吉祥如意

七、民间红白喜事用语

小儿三朝	三洗之喜、汤饼之会、汤饼流香
生子满月	弄璋之喜、玉燕投怀、悬弧之敬、天降麟儿、梦熊之喜、梦罴之喜、麟趾呈祥、日出之光、嵩岳降神
生女满月	弄瓦之喜、设月之喜、月出之光、梦媛之喜
男孙满月	兰芳之敬、庆衍龙孙
女孙满月	兰芳之敬、庆衍孙娇
曾孙满月	芝瑞之敬
满月通用	弥月之敬、柿仪
小儿挂灯	灿灯之敬、香灯高照、香灯长明、花灯结彩
小儿对岁	谇盘之喜、试周之喜
养子	螟蛉之敬、承桃之敬、嗣承之敬
养女	移瓦添辉
包花	花荣之敬
男生日	南极星辉、悬弧令胆、设矢佳晨
女生日	珍焕之敬、珍焕中天、设悦佳晨
生日通用	千秋之敬、桃仪、九如之敬、生申令旦、寿域宏开、高寿之敬、延龄之敬

双寿用	椿萱并茂　日月齐辉　双星并耀　双寿之喜　弧悦同悬　双添鹤算　双登寿域
升学	升学之喜　登科之喜　深造之喜　鹏程万里　前途无量
升学	金榜题名　独占鳌头　独步蟾宫　青云得路　云程发轫　高攀丹桂　折桂之喜　释褐之喜
新居	新居之喜　荣创之喜　轮奂之喜　燕贺之喜
迁居	乔迁之喜　迁居之喜　迁居叶吉　乔仪
起屋兴工	宏开基址　宏基创建　开基之敬
起屋升梁	升梁之喜　升梁叶吉　隆梁之敬
分家	析圭之敬　分居之敬　分枝叶茂
铺新开张	新张之喜　开业之喜　开张之喜　开张鸿发
船新航	发桡之敬　起航之培　扬帆之喜
参军	从戎之敬　征衣之敬　为国争光
上任	荣任之喜　指日荣升

参加工作	获职之敬、登岗之敬、走向生活
作客归来	濯足之敬、容旋之敬
送行	饯别之敬、祖践之敬
娶孙媳	新太翁之喜
娶儿媳	新翁之喜
娶妻	新婚之喜、荣谐伉俪
续娶	续弦之敬、重圆之敬
另娶	易弦之敬
贺娶通用	扇仪、贺仪
嫁孙女	令孙于归之敬
嫁女	令爱于归之敬、千金于归之敬、令媛于归之敬、于归之敬、出闺之敬、出阁之敬
贺嫁通用	粉仪、脂仪
定亲	订盟之敬、文定之敬、订婚之敬
谢媒人	月老之敬、冰仪
谢使人	劳之之金、酬之之仪、旌使之敬
求人作文	润笔之资
启蒙	启蒙之敬、颖悟时开

事别	封包皮词语
新年	恭贺新禧　纳新之敬
元宵节	灯节之敬
端午节	蒲节之敬
中秋节	桂节之敬
冬至节	亚岁之敬
节日通用	节仪
新女婿回门	玉趾初旋　旋吉之敬
谢医生	妙手回春　医仪
谢择日	择吉之敬　择仪
谢木匠	班门高手　巧比公输
谢泥水	建宇巧匠　建筑良师
谢裁缝	裁缝之师　缝仪
谢地理	点穴之敬
喜事通用	贺仪
国外归来	归国之敬
庙宇落成	神安之敬
乡村安龙	龙吐宝光
安山龙	龙卷佳成
藏山	失眠之敬　藏吉之敬
冥寿	冥寿之敬
祭奠吊丧	奠仪　香仪　幽仪　调仪　奠敬　哀敬

八、命理称骨轻重表

出生的年数	鼠	甲子年生	丙子年生	戊子年生	庚子年生	壬子年生
		一两二钱	一两六钱	一两五钱	七钱	五钱
	牛	乙丑年生	丁丑年生	己丑年生	辛丑年生	癸丑年生
		七钱	八钱	七钱	七钱	七钱
	虎	丙寅年生	戊寅年生	庚寅年生	壬寅年生	甲寅年生
		六钱	八钱	九钱	九钱	一两二钱
	兔	丁卯年生	己卯年生	辛卯年生	癸卯年生	乙卯年生
		七钱	一两九钱	一两二钱	一两二钱	八钱
	龙	戊辰年生	庚辰年生	壬辰年生	甲辰年生	丙辰年生
		一两二钱	一两二钱	一两	八钱	八钱
	蛇	己巳年生	辛巳年生	癸巳年生	乙巳年生	丁巳年生
		五钱	六钱	七钱	七钱	六钱
	马	庚午年生	壬午年生	甲午年生	丙午年生	戊午年生
		九钱	八钱	一两五钱	一两三钱	一两九钱
	羊	辛未年生	癸未年生	乙未年生	丁未年生	己未年生
		八钱	七钱	六钱	五钱	六钱
	猴	壬申年生	甲申年生	丙申年生	戊申年生	庚申年生
		七钱	五钱	五钱	一两四钱	八钱
	鸡	癸酉年生	乙酉年生	丁酉年生	己酉年生	辛酉年生
		八钱	一两五钱	一两四钱	五钱	一两六钱
	狗	甲戌年生	丙戌年生	戊戌年生	庚戌年生	壬戌年生
		一两五钱	六钱	一两四钱	九钱	一两
	猪	乙亥年生	丁亥年生	己亥年生	辛亥年生	癸亥年生
		九钱	一两六钱	九钱	一两七钱	七钱

出生的月数	正月	二月	三月	四月	五月	六月	七月	八月	九月	十月	十一月	十二月
	六钱	七钱	一两八钱	九钱	五钱	一两六钱	九钱	一两五钱	一两八钱	八钱	九钱	九钱

出生的日数															
	初一	初二	初三	初四	初五	初六	初七	初八	初九	初十	十一	十二	十三	十四	十五
	五钱	一两	八钱	一两五钱	一两六钱	一两五钱	八钱	一两六钱	八钱	一两六钱	九钱	一两七钱	八钱	一两七钱	一两
	十六	十七	十八	十九	二十	二十一	二十二	二十三	二十四	二十五	二十六	二十七	二十八	二十九	三十
	八钱	九钱	一两八钱	五钱	一两五钱	一两	九钱	八钱	九钱	一两五钱	一两八钱	七钱	八钱	一两六钱	六钱

出生的时数	子时	丑时	寅时	卯时	辰时	巳时	午时	未时	申时	酉时	戌时	亥时
	一两六钱	六钱	七钱	一两	九钱	一两六钱	一两	八钱	八钱	九钱	六钱	六钱

二两一：此乃衣食奔波出外之命也。短命非业谓大凶，平生灾难事重重，凶祸频临陷逆境，终世困苦事不成。

二两二：此乃幼年劳碌中年清泰之命也。身寒骨冷苦伶仃，此命推来行乞人，劳劳碌碌无度日，终年打拱过平生。

二两三：此乃先难后易出外求人之命也。此命推来骨轻轻，求谋做事事难成，妻儿兄弟应难许，别处他乡作散人。

二两四：此乃为人智巧多能出家求食之命也。此命推来福禄无，门庭困苦总难荣，六亲骨肉皆无靠，留作他乡作老人。

二两五：此乃身闲心不闲九流艺术之命也。此命推来祖业微，门庭营度似稀奇，六亲骨肉如水炭，一世勤劳自把持。

二两六：此乃先贫后富劳碌之命也。平生衣禄苦中求，独自营谋事不休，离祖出门宜早计，晚来衣禄自无忧。

二两七：此乃聪明近贵衣禄之命也。一生做事少商量，难靠祖宗做主张，独马单枪空做去，早年晚岁总无长。

二两八：此乃自卓为人才能近贵之命也。一年件事似飘蓬，祖宗产业在梦中，若不过房并改姓，也当移徙二三通。

二两九：此乃才能客商达变智慧之命也。初年运限未曾亨，纵有功名在后成，需过四旬才可上，移居改姓始为良。

三两：此乃衣食有余为人近贵成家之命也。劳劳碌碌苦中求，东走西奔何日休，苦使终身勤与俭，老来稍可免忧愁。

三两一：此乃先贫后富近贵衣食足用之命也。忙忙碌碌苦中求，何日云开见日头，难得祖基家可立，中年衣食渐无忧。

三两二：此乃性巧过人衣食到老近贵之命也。初年运蹇事难谋，渐有财源如水流，到得老年衣食旺，那时名利一齐来。

三两三：此乃衣食丰满富贵根基之命也。早年做事事难成，百计徒劳枉费心，半世自如流水去，后来运始到得金。

三两四：此乃财谷有余主得内助富贵之命也。此命福气果如何，僧道门中衣禄多，离祖出家方得妙，终朝拜佛念弥陀。

三两五：此乃先难后易过房入赘近贵之命也。生平福量不周全，祖业根基觉少传，营事生涯宜守旧，时来衣食胜从前。

三两六：此乃超群拔类衣禄重之命也。不须劳禄过平生，独自成家福不轻，早有福星常照命，任君行去百般成。

三两七：此乃聪明富贵有福寿之命也。此命般般事不成，弟兄少力自孤成，虽然祖业须微有，来的明时去得时。

三两八：此乃财帛丰厚宜称之命也。一生骨肉最清高，早入黉门姓名标，待看年将三十六，蓝衣脱去换红袍。

三两九：此乃利上近贵福有禄之命也。此命终生运不穷，劳劳做事尽皆空，苦心竭力成家计，得到那时在梦中。

四两：此乃富贵近益生汇鼎盛机关之命也。平生衣禄是绵长，件件心中自主张，前面风霜多受过，后来必定享安康。

四两一：此乃税户近贵专才衣禄之命也。此命推来事不同，为人能干异凡庸，中年还有逍遥福，不比前年运未通。

四两二：此乃兵权有职富贵才能之命也。得宽怀处且宽怀，何用双眉皱不开，若使中年命运济，那时名利一齐来。

四两三：此乃财禄厚重白手成家之命也。为人心性最聪明，作事轩昂近贵人，衣禄一生天数定，不需劳碌是丰亨。

四两四：此乃才能好学近贵财禄之命也。来事来天莫苦求，须知福禄胜前途，当年财帛难如意，晚景欣然便不忧。

四两五：此乃福禄丰厚极富且贵之命也。名利推来竟若何，前途辛苦后奔波，命中难养男与女，骨肭扶持也不多。

四两六：此乃富贵有余福寿双全之命也。东西南北尽皆通，出姓移名更觉隆，衣禄无亏天数定，中年晚景一般同。

四两七：此乃高官厚禄学业饱满之命也。此命推来旺末年，妻荣子贵自怡然，平生原有滔滔福，可有财源如水流。

四两八：此乃官员财禄厚重之命也。幼年运道未曾亨，苦是蹉跎再不兴，兄弟六亲无皆靠，一身事业晚年成。

四两九：此乃性巧精神仓库财禄之命也。此命推来福不轻，自立自成显门庭，从来富贵人亲近，使婢差奴过一生。

五两：此乃文武才能钱谷丰盛之命也。为利为名终日劳，中年福禄也多遭，老来是有财星照，不比前番目下高。

五两一：此乃官职财禄荣华富贵之命也。一世荣华事事通，不须劳碌自亨通，弟兄叔侄皆如意，家业成时福禄宏。

五两二：此乃掌握兵权富贵长寿之命也。一世亨通事事能，不须劳思自然能，宗施欣然心皆好，家业丰亨自称心。

五两三：此乃僧道门中近贵之命也。此格推来气象真，兴家发达在其中，一生福禄安排定，却是人间一富翁。

五两四：此乃有威权富贵财禄之命也。此命推来厚且清，诗书满腹看功成，丰衣足食自然稳，正是人间有福人。

五两五：此乃官职财禄丰盛之命也。走马扬鞭争利名，少年做事费筹论，一朝福禄源源至，富贵荣华显六亲。

五两六：此乃官职长享荣华富贵之命也。此格推来礼义通，一生福禄用无穷，甜酸苦辣皆尝过，财源滚滚稳且丰。

五两七：此乃官职文章压众精通之命也。福禄盈盈万事全，一生荣耀显双亲，名扬威振人钦敬，处世逍遥似遇春。

五两八：此乃官禄旺相才能性直富贵之命也。平生福禄自然来，名利兼全福寿偕，雁塔题名为贵客，紫袍金带走金谙。

五两九：此乃官职财禄厚重之命也。细推此格妙且清，必定财高礼义通，甲第之中应有分，扬鞭走马显威荣。

六两：此乃官职荣华福寿财禄之命也。一朝金榜快题名，显祖荣宗立大勋，衣食定然原裕足，田园财帛更丰盈。

六两一：此乃法身官掌风雷权柄之命也。不作朝中金榜客，定为世上一财翁，聪明天赋经书熟，名显高科自是荣。

六两二：此乃官职有权柄之命也。此命生来福不穷，读书必定显亲荣，紫衣金带为卿相，富贵荣华皆可同。

六两三：此乃指挥太守万户封侯之命也。命主为官福禄长，得来富贵定非常，名题金塔传金榜，定中高科天下扬。

六两四：此乃官职尚书侍郎之命也。此格权威不可当，紫袍金带坐高堂，荣华富贵谁能及，积玉堆金满储仓。

六两五：此乃威权发无边财福禄之命也。细推此命福不轻，定国安邦极品人，文绣雕梁徵富贵，威声照耀四方闻。

六两六：此乃公侯驸马丞相之命也。此格人间一福人，堆金积玉满堂春，从来富贵由天定，正笏重绅谒圣君。

六两七：此乃冠世万国来朝上格之命也。此命生来福自宏，田园家业最高隆，平生衣禄丰盈足，一世荣华万事通。

六两八：此乃温和幸福富贵极吉之命也。富贵由天莫苦求，万金家计不须谋，十年不比前番事，祖业根基水上舟。

六两九：此乃惠受高位功名显达之命也。君是人间衣禄星，一生富贵众人钦，总然福禄由天定，安享荣华过一生。

七两：此乃权力俱备志望上流之命也。此命推来福不轻，不须愁虑苦劳心，一生天定衣与禄，富贵荣华主一生。

七两一：此乃大志大业势如破竹之命也。此命生来大不同，公侯卿相在其中，一生自有逍遥福，富贵荣华极品隆。

九、民间称谓一览表

1.亲属称谓

称呼对象	称呼	自称
父亲的祖父	曾祖父	曾孙、曾孙女
父亲的祖母	曾祖母	
母亲的祖父	外曾祖父	外曾孙、外曾孙女
母亲的祖母	外曾祖母	
父亲的父亲	祖父（爷爷）	孙、孙女
父亲的母亲	祖母（奶奶）	
父亲的伯父	伯祖父（伯公、伯祖）	侄孙、侄孙女
父亲的伯母	伯祖母（姆婆）叔祖	
父亲的叔父	公（叔公、叔祖）	侄孙、侄孙女
父亲的叔母	叔祖母（叔婆、婶婆）	
母亲的父亲	外祖父（外公）	外孙、外孙女
母亲的母亲	外祖母（外婆、姥姥）	
母亲的伯父	外伯祖父（外伯祖）	外侄孙、外侄孙女
母亲的伯母	外伯祖母（外姆婆）	
母亲的叔父	外叔祖父（外叔祖）	外侄孙、外侄孙女
母亲的叔母	外叔祖母（外叔婆）	

<table>
<tr><th>称呼对象</th><th>称呼</th><th>自称</th></tr>
<tr><td>祖父的姐夫、妹夫</td><td>姑祖父</td><td>内侄孙（侄孙）</td></tr>
<tr><td>祖父的姐妹</td><td>姑祖母（姑婆）</td><td>内侄孙女（侄孙女）</td></tr>
<tr><td>祖母的兄弟</td><td>舅祖父</td><td>外甥孙</td></tr>
<tr><td>祖母的嫂嫂、弟妇</td><td>舅祖母</td><td>外甥孙女</td></tr>
<tr><td>祖母的姐夫、妹夫</td><td>姨祖父（姨公）</td><td>姨甥孙</td></tr>
<tr><td>祖母的姐妹</td><td>姨祖母（姨婆）</td><td>姨甥孙女</td></tr>
<tr><td>父</td><td>父亲（爸爸）</td><td>儿</td></tr>
<tr><td>母</td><td>母亲（妈妈）</td><td>女儿</td></tr>
<tr><td>父亲的哥哥</td><td>伯父（伯伯）</td><td>侄、侄儿</td></tr>
<tr><td>父亲的嫂嫂</td><td>伯母（姆）</td><td>侄、侄女</td></tr>
<tr><td>父亲的弟弟</td><td>叔父（叔叔）</td><td>侄、侄儿</td></tr>
<tr><td>父亲的弟妇</td><td>叔母（婶母、婶婶）</td><td>侄、侄女</td></tr>
<tr><td>父亲的姐夫、妹夫</td><td>姑父（姑丈）</td><td>内侄（侄）</td></tr>
<tr><td>父亲的姐妹</td><td>姑母（姑妈）</td><td>内侄女（侄女）</td></tr>
<tr><td>父亲的表兄</td><td>表伯父（表伯）</td><td>表侄</td></tr>
<tr><td>父亲的表嫂</td><td>表伯母（表姆）</td><td>表侄女</td></tr>
<tr><td>丈夫的祖父</td><td>祖翁（爷爷）</td><td rowspan="2">孙媳妇（孙媳）</td></tr>
<tr><td>丈夫的祖母</td><td>祖姑（奶奶）</td></tr>
<tr><td>丈夫的外祖父</td><td>外祖父</td><td rowspan="2">外孙媳妇（外孙媳）</td></tr>
<tr><td>丈夫的外祖母</td><td>外祖母</td></tr>
<tr><td>丈夫的父亲</td><td>公公（爸爸）</td><td rowspan="2">媳妇（儿媳、媳）</td></tr>
<tr><td>丈夫的母亲</td><td>婆婆（妈妈）</td></tr>
<tr><td>丈夫的伯父</td><td>伯父（伯伯）</td><td rowspan="2">侄媳妇（侄媳）</td></tr>
<tr><td>丈夫的伯母</td><td>伯母</td></tr>
<tr><td>父亲的表弟</td><td>表叔父（表叔）</td><td rowspan="2">表侄</td></tr>
<tr><td>父亲的表弟妇</td><td>表叔母（表婶）</td></tr>
</table>

称呼对象	称呼	自称
父亲的表姐夫、表妹夫	表姑父（表姑丈）	表内侄（表侄）
父的的表姐妹	表姑母（表姑妈、表姑）	表内侄女（表侄女）
母亲的兄弟	舅父（舅舅）	外甥（甥）
母的嫂嫂、弟妇	舅母（舅妈、妗）	外甥女（甥女）
母亲的姐夫、妹夫	姨父（姨丈、姨夫）	姨甥（甥）
母亲的姐妹	姨母（姨妈、姨姨）	姨甥女（甥女）
母亲的表兄、表弟	表舅父（表舅）	表外甥（表甥）
母亲的表嫂、表弟妇	表舅母（表舅妈）	表外甥女（表甥女）
母亲的表姐（妹）夫	表姨父（表姨丈）	表姨甥（表甥）
母亲的表姐、表妹	表姨母（表姨）	表姨甥女（表甥女）
丈夫的叔父	叔父（叔叔）	侄媳妇（侄媳）
丈夫的叔母	叔母（婶母、婶婶）	
丈夫的舅父	舅父（舅舅）	外甥媳（甥媳）
丈夫的舅母	舅母（妗）	
丈夫的姑父	姑父（姑丈）	内侄媳女（内侄媳）
丈夫的姑母	姑母（姑妈）	侄媳妇（侄媳）
丈夫的姨父	姨父（姨丈）	姨甥媳妇（姨甥媳）
丈夫的姨母	姨母（姨妈）	
妻子的祖父	岳祖父	孙女婿（孙婿）
妻子的祖母	岳祖母	
妻子的父亲	岳丈（丈人、爸爸）	女婿（婿）
妻子的母亲	岳母（丈母、妈妈）	
妻子的叔父	岳叔父	侄女婿（侄婿）
妻子的叔母	岳叔母	
妻子的伯父	岳伯父	侄女婿（侄婿）
妻子的伯母	岳伯母	

称呼对象	称呼	自称
妻子的舅父	舅父（舅舅）	外甥女婿（甥女婿）
妻子的舅母	舅母（妗）	
妻子的姑父	姑父（姑丈）	内侄女婿（内侄婿）
妻子的姑母	姑母（姑妈、姑姑）	侄女婿（侄婿）
妻子的姨父	姨父（姨丈、姨夫）	姨甥女婿（甥婿）
妻子的姨母	姨母（姨妈、姨姨）	
儿子的岳父	亲家（亲翁）	姻弟、姻弟妇
儿子的岳母	亲姆	
女儿的家翁	亲家	姻弟
女儿的婆婆	亲姆	姻弟妇
丈夫	夫（或称名字）	妻（或写名字）
妻子	妻（或称名字）	夫（或写名字）
哥哥	哥哥（兄）	弟、妹
哥哥的妻子	嫂嫂（嫂）	
弟弟	弟弟（弟、或写名字）	兄、姐（或写名字）
弟妇	弟妇	
伯父、叔父的儿女	堂兄、堂弟	堂弟、堂兄
	堂姐、堂妹	堂妹、堂姐
姐夫	姐夫	内弟（弟）
姐姐	姐姐（姐）	内妹（妹）
妹夫	妹夫（或写名字）	内兄（兄、或写名字）
妹妹	妹妹（或写名字）	
姑母、舅父、姨母的	表哥（表兄）、表弟	表兄、表弟
儿子、媳妇	表嫂、表弟妇	表姐、表妹
姑母、舅父、姨母的	表姐夫、表妹夫	表兄、表弟
女婿、女儿	表姐、表妹	表姐、表妹

称呼对象	称呼	自称
丈夫的哥哥	哥哥	弟妇
丈夫的嫂嫂	嫂嫂	
丈夫的弟弟	弟弟	嫂（或写名字）
丈夫的弟妇	弟妇	
丈夫的姐夫	姐夫	内弟妇（弟妇）
丈夫的姐姐	姐姐	
丈夫的妹夫	妹夫	内嫂（嫂、或称名字）
丈夫的妹妹	妹妹	
丈夫的表兄	表兄	表弟妇
丈夫的表嫂	表嫂	
丈夫的表弟	表弟	表嫂（或写名字）
丈夫的表弟妇	表弟妇	
妻子的哥、嫂	内兄（兄）	妹夫
	内嫂（嫂）	
妻子的弟弟、弟妇	内弟（弟）	姐夫（或写名字）
	内弟妇（弟妇）	
妻子的姐夫、妹夫	襟兄、襟弟	襟弟、襟兄
妻子的姐妹	内姐（姐）、内妹（妹）	妹夫、姐夫
妻子的表兄嫂	表兄	表妹夫
	表嫂	
妻子的表弟	表弟	表姐夫（或写名字）
妻子的表弟妇	表弟妇	
妻子的表姐夫	表姐夫	表妹夫
妻子的表姐	表姐	
妻子的表妹夫	表妹夫	表姐夫（或写名字）
妻子的表妹	表妹	

2.非亲属称谓

称呼对象	称呼	自称
个人	同志、先生、太太、小姐、同志们、先生们、小姐们	写名字
集体		
老师	老师	学生
老师的妻子	师母	
父母亲的同事、朋友	伯伯（伯）、叔叔（叔）、姨姨、阿姨	侄、侄女
同事、朋友的父母亲	伯伯（伯）、叔叔（叔）、伯母、叔母、婶母（婶）	侄、侄女
同事、朋友	友、同志（也可尊称兄、姐）	只写名字或自称为弟、妹
同学	同学、学友（也可尊称对方为学兄、学姐）	同学（或写名字、不用自称、或自称为学弟、学妹）
学生	同学（或写名字）	老师（师）、师母（或写名字）
儿女的同事朋友	侄、侄女（对不太熟的可称“同志”或写名字）	伯、伯母、叔、叔母（或写名字、不用自称）
同事、朋友的儿女	侄、侄女（对不太熟的可称“同志”或写名字）	伯、伯母、叔、叔母（或写名字、不用自称）

十、直、旁亲系表

				直系亲				
			旁系亲	高祖父母	旁系亲			
		旁系亲	曾伯叔祖母	曾祖父母	曾伯叔祖父	旁系亲		
	旁系亲	堂伯叔祖母	伯叔祖母	祖父母	伯叔祖父	堂伯叔祖父	旁系亲	
旁系亲	再堂伯叔母	堂伯叔母	伯叔母	父母	伯叔父	堂伯叔父	再堂伯叔父	旁系亲
三堂姐妹	二堂姐妹	堂姐妹	胞姐妹	己身	胞兄弟	堂兄弟	二堂兄弟	三堂兄弟
	再堂侄女	堂侄女	胞侄女	子	胞侄男	堂侄男	再堂侄男	
		堂侄孙女	胞侄孙女	孙	胞侄孙男	堂侄孙男		
			曾侄孙女	曾孙	曾侄孙男			
				玄孙				
				直系亲				

图书在版编目(CIP)数据

老黄历/王伟光编著. 一海口：南方出版社，2010. 2
(中国神秘文化)
ISBN 978-7-80760-572-0

Ⅰ. 老… Ⅱ. 王… Ⅲ. 历书—中国 Ⅳ. P195.2

中国版本图书馆CIP数据核字(2009)第208180号

中国神秘文化10 · 老黄历
王伟光 编著

责任编辑	陈正云
出版发行	南方出版社
邮政编码	570208
社　　址	海南省海口市和平大道70号
电　　话	(0898)66160822　传真：(0898)66160830
印　　刷	深圳市佳信达印务有限公司
经　　销	各地新华书店
开　　本	700mm×965mm　1/16
印　　张	29
字　　数	450千
版　　次	2010年2月第1版　2010年2月第1次印刷
书　　号	ISBN 978-7-80760-572-0
定　　价	29.80元